ADVANCED ENGINEERING MATHEMATICS

공업수학

공업수학교재연구회 저

도서출판 구미서관

머리말

공업수학은 공학 분야에서 가장 **중요한 기초과목** 중의 하나이다. 이 교재는 공업수학을 처음 접하는 학생들에게 공업수학의 **수학적 원리**와 개념을 명확히 이해시키는데 많은 노력을 기울였다. 또한, 이 교재는 공업수학에 대한 철저한 **개념정리**와 **예제** 등을 체계적으로 **분석·기술**하였고 실제 공학 분야에 수학이 적용될 수 있도록 서술되었기 때문에 **수학적 사고**를 **습득**하는데 많은 도움이 되리라고 판단된다.

이 교재의 구성을 보면 먼저, 1장에서 6장까지는 **상미분방정식**[1계 상미분방정식, 2계 상미분방정식, n계 상미분방정식, 연립상미분방정식, 상미분방정식의 급수해와 특수함수, 라플라스(Laplace)변환]의 해법에 대하여 기본원리를 명확히 이해할 수 있도록 자세한 설명을 아끼지 않았으며, **원리를 이해하는데 도움**이 될 수 있는 **예제**와 연습문제를 수록하였다. 다음으로, 7장에서 9장까지는 **선형대수·벡터미적분**에 대하여 기본원리를 명확히 이해할 수 있도록 자세한 설명과 **예제**들을 수록하였다. 또한, 10장과 11장에서는 **푸리에(Fourier)해석·편미분방정식**에 대하여 기본원리를 명확히 이해할 수 있도록 자세한 설명과 **예제**들을 수록하였다. 마지막으로, 12장에서 14장까지는 **복소해석**의 **개념**과 **예제풀이**를 소개하였다.

이 교재에서는 학생들에게 공업수학의 공학적 기본개념과 깊이 있는 이해에 다소나마 도움이 되었으면 하여 모든 연습문제의 해답(자세한 연습문제 풀이집은 강의하시는 교수님에게만 배포함)을 부록에 수록하였다. 책을 집필하면서 많은 노력을 기울이긴 했지만 보완이 필요하리라고 생각된다. 이 교재의 내용 중 미비한 부분에 대해서는 지속적으로 수정·보완을 하여 간결하면서 **최고**의 **공업수학교재**가 될 수 있도록 한다는 **원칙**을 약속드린다.

끝으로, 출판에 많은 지원을 아끼지 않으신 도서출판 구미서관 대표님을 비롯한 편집부 관계자 여러분의 노고에 깊이 감사드린다.

2019년 1월

공업수학교재연구회

목 차

contents

목 차

PART 2 선형대수 · 벡터미적분

contents

ADVANCED ENGINEERING MATHEMATICS

목 차

부 록

PART

01

상미분방정식

CHAPTER 1 1계 상미분방정식

CHAPTER 2 2계 상미분방정식

CHAPTER 3 n계 상미분방정식

CHAPTER 4 연립상미분방정식

CHAPTER 5 상미분방정식의 급수해와 특수함수

CHAPTER 6 라플라스(Laplace)변환

CHAPTER 01

1계 상미분방정식

1.1 기본개념, 미분방정식의 예

어떤 물리적인 현상을 수학적으로 나타내는 것을 **모델링**(modeling)이라고 한다. 즉, 모델링은 물리학, 공학, 화학, 생물학, 약학, 의학, 경제학 등의 거의 모든 분야에서 물리적 현상을 **수학적 모델**(mathematical model)로 나타내는 일반적인 과정이다. 어떤 물리적인 현상을 수학적으로 기술하기 위해서는 본질적으로 영향을 주는 중요한 인자들은 선택하고 중요하지 않은 것은 버리는 작업이 필요하다. 이러한 과정을 거쳐 수학적으로 표현된 많은 물리법칙과 관계들은 **미분방정식**(differential equation)의 형태로 표현될 수 있다. 모델링을 통하여 얻어진 미분방정식은 해석적으로 해가 구해지는 경우와 구해지지 않는 경우가 있다. 일반적으로, 전자의 경우는 수학적 계산 작업으로 정확한 해(exact solution)를 구하고, 후자의 경우는 전자계산기인 컴퓨터 등을 사용하여 수치적으로 근사 해(approximate solution)를 구한다. 여기서는 전자의 해석적인 해를 구하는 방법에 대하여 중점적으로 기술한다. 미분방정식에 의하여 기술되는 문제는 많이 있지만, 특히 기하학적 문제, 역학문제, 생물집단의 성장과 소멸 문제, 함수적분 값의 최소·최대를 구하는 변분문제 등이 유명하다.

독립변수와 **미지함수** 그리고 **도함수**(derivative) 간의 관계를 나타내는 방정식을 미분방정식이라고 부른다. 미지함수가 1개의 독립변수로 나타내어질 때, 그 방정식을 **상미분방정식**(ordinary differential equation, ODE)이라고 한다. 미지함수가 1개인 경우에도 독립변수가 2개 이상이고 각각의 독립변수의 편도함수를 가지고 있으면 이러한 관계식은 **편미분방정식**(partial differential equation)이 된다. 미지함수가 2개 이상일 경우에 미분방정식은 미지함수의 수만큼 존재하고, 이들을 독립변수의 수에 대응시켜 **연립상미분방정식** 또는 **연립편미분방정식**이라고 부른다.

(1) 상미분방정식의 예

- xy 평면에 존재하는 곡선 위의 점 P(x, y)에서 접선이 좌표원점 O와 점 P를 잇는 선과 직교하는 경우, 이 평면곡선은 원이 되고 원의 지배방정식은 다음과 같은 상미분방정식으로 나타낼 수 있다. 즉,

$$\frac{dy}{dx} = -\frac{x}{y} \tag{1.1}$$

여기서, x : 독립변수, $y = y(x)$: 미지함수, $\frac{dy}{dx} = y' = -\frac{x}{y}$

- 그림 1.1과 같이 천정에 매달려 있는 스프링상수(spring constant)가 k인 스프링에 질량 m인 질점이 부착되어 있다. 작용하는 외력 $f(t)$에 의하여 이 스프링 구조물은 연직상하방향으로 변위 $u(t)$를 발생시킨다. 공기저항에 의한 감쇠효과를 감쇠계수 c로 평가할 경우, 이 스프링 구조물 진동의 지배방정식은 달랑베르(D' Alembert) 원리로부터 다음과 같은 상미분방정식으로 표현된다.

$$m\frac{d^2u(t)}{dt^2} + c\frac{du(t)}{dt} + ku(t) = f(t) \tag{1.2}$$

여기서, t : 독립변수, $u(t) = u$: 미지함수, m: 질량(상수), c : 감쇠계수(상수),

k : 스프링상수, $f(t)$: 외력(상수), $\frac{d^2u(t)}{dt^2} = \frac{d^2u}{dt^2} = \ddot{u}$, $\frac{du(t)}{dt} = \frac{du}{dt} = \dot{u}$

- 길이가 l이고 휨강성이 EI인 연직기둥에 그림 1.2와 같이 자유단인 상단에 축방향 압축하중 P를 작용시키면, 기둥은 그림 1.2에서 점선처럼 휨변형이 발생한다. 기둥의 하단으로부터 단면도심의 축선을 따라 위치좌표를 x라고 하면, 위치 x에서 기둥 단면의 회전각 $\theta(x)$는 다음과 같은 미분방정식으로 나타낼 수 있다.

$$EI\frac{d^2\theta(x)}{dx^2} = -P\sin\theta(x) \tag{1.3}$$

여기서, x : 독립변수, $\theta(x) = \theta$: 미지함수, E : 탄성계수(상수), I : 단면2차모멘트(상수),

P : 외력(상수), $\frac{d^2\theta(x)}{dx^2} = \frac{d^2\theta}{dx^2} = \theta''$

• 그림 1.3과 같이 인덕턴스가 L인 인덕터(inductor, 유도기)에 시간 $t=0$에서 스위치 S를 닫고 직류전압 E를 흐르게 하였을 때, $t>0$에서 전류 I는 다음과 같은 1계 상미분방정식(ODE of the first order)으로 표현된다. 즉,

$$\frac{dI}{dt}=\frac{E}{L} \tag{1.4}$$

참고로 E와 L이 상수인 경우, 위 식 (1.4)를 적분하면 전류 $I=\frac{E}{L}t+K$가 구해진다. 여기서, K는 초기 조건으로부터 구해지는 적분상수이다.

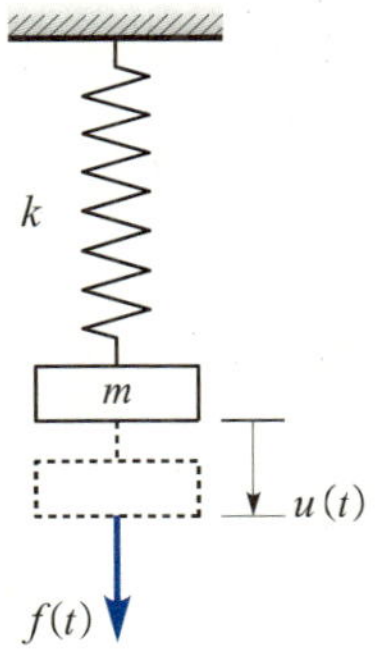

그림 1.1 단자유도계 스프링 진동

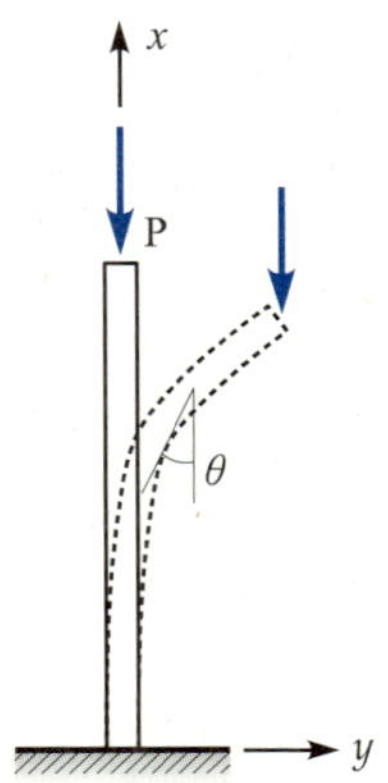

그림 1.2 압축력을 받는 기둥의 변형

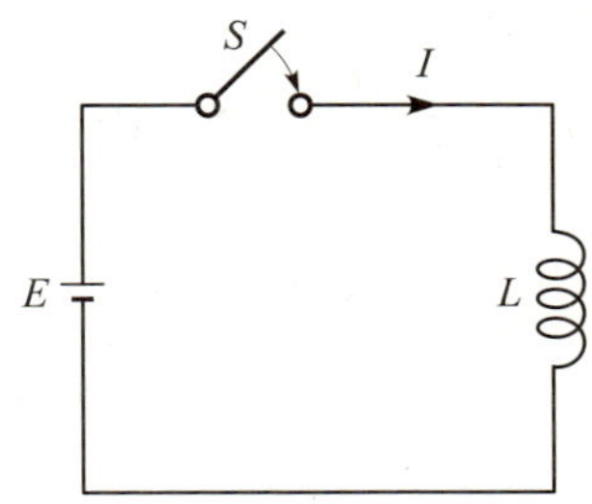

그림 1.3 전기회로

• 어떤 생물의 개체 수 $u(t)$는 그 수가 적으면 그 개체 수에 비례해서 증가한다. 그러나 그 수가 포화 값 a에 근접하면 증가량은 급격히 감소한다. 증가 비례상수를 k라고 하면, 그 증가과정의 개체 수는 다음과 같은 상미분방정식으로 표현될 수 있다.

$$\frac{du}{dt}=ku(a-u) \tag{1.5}$$

여기서, t : 독립변수, $u(t)$: 미지함수, k, a : 상수, $\frac{du}{dt}=\dot{u}$

(2) 편미분방정식의 예

- 그림 1.4와 같이 포화한 점토층의 과잉 간극수압 $u(z,t)$를 테르자기(Terzaghi)의 압밀 방정식으로 나타내면 다음과 같은 편미분방정식이 된다. 즉,

$$\frac{\partial u(z,t)}{\partial t} = c_d \frac{\partial^2 u(z,t)}{\partial z^2} \tag{1.6}$$

여기서, t : 시간(독립변수), z : 연직방향의 위치좌표(독립변수), $u(z,t)=u$: 미지함수,

c_d : 압밀계수(상수), $\frac{\partial u(z,t)}{\partial t} = \frac{\partial u}{\partial t} = \dot{u}$, $\frac{\partial^2 u(z,t)}{\partial z^2} = \frac{\partial^2 u}{\partial z^2} = u''$

- 파의 진폭을 $v(x,t)$, 파의 속도를 k, 파의 위치좌표를 x, 그리고 시간을 t라고 하면, 1차원 파동방정식은 다음과 같은 편미분방정식으로 나타낼 수 있다.

$$\frac{\partial^2 v(x,t)}{\partial t^2} = k^2 \frac{\partial^2 v(x,t)}{\partial x^2} \tag{1.7}$$

여기서, x, t : 독립변수, $v(x,t)=v$: 미지함수, k : 상수, $\frac{\partial^2 v(x,t)}{\partial t^2} = \frac{\partial^2 v}{\partial t^2} = \ddot{v}$,

$\frac{\partial^2 v(x,t)}{\partial x^2} = \frac{\partial^2 v}{\partial x^2} = v''$

- 휨강성이 D인 그림 1.5와 같은 직사각형 평판이 있다. 직교하는 xy좌표계를 직사각형 평면의 중앙면으로 하고 그 중앙면에 직각으로 분포하중 $q(x,y)$를 작용시킬 때, z축 방향의 평판 변 형 $w(x,y)$는 다음과 같은 4계(4th order) 편미분방정식으로 표현된다.

$$D\left(\frac{\partial^4 w}{\partial x^4} + 2\frac{\partial^4 w}{\partial x^2 \partial y^2} + \frac{\partial^4 w}{\partial y^4}\right) = q(x,y) \tag{1.8}$$

여기서, x, y : 독립변수, $w = w(x,y)$: 미지함수, D : 상수, $q(x,y)$: 주어진 xy함수

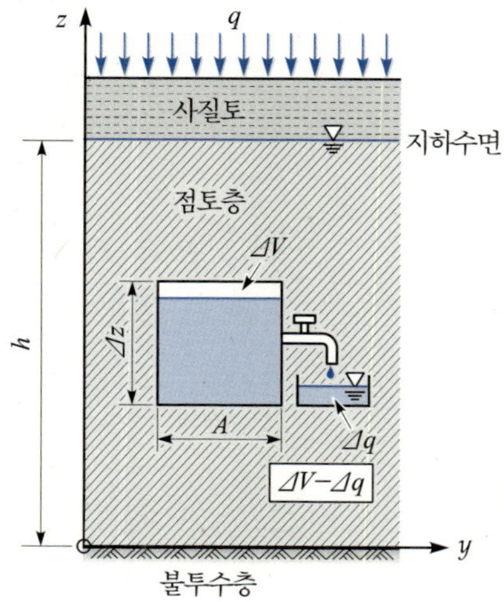

그림 1.4 점토층의 압밀

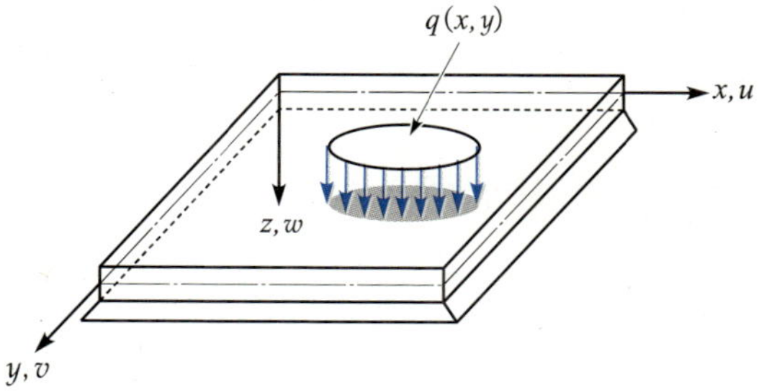

그림 1.5 평판(plate)의 변형

(3) 연립상미분방정식의 예

- 휨강성이 EI인 보에 분포하중 $q(x)$가 재하되어 보의 단면에 휨모멘트 $M(x)$가 발생되었다. 이때, 이들 $q(x)$, $M(x)$의 크기와 보의 변형량 $w(x)$의 관계는 다음과 같은 연립상미분방정식으로 나타낼 수 있다. 즉,

$$\begin{aligned} EI\frac{d^2w(x)}{dx^2} &= -M(x) \\ \frac{d^2M(x)}{dx^2} &= -q(x) \end{aligned} \tag{1.9}$$

여기서, $q(x), M(x)$: 미지함수, x : 독립변수, E, I : 상수, $\frac{d^2w(x)}{dx^2}=\frac{d^2w}{dx^2}=w''$,

$\frac{d^2M(x)}{dx^2}=\frac{d^2M}{dx^2}=M''$

- 어떤 영역 내에서 포식자 A와 피포식자(먹이) B가 함께 살고 있다고 하자. 이 경우에 포식자 A의 수 y_A는 피포식자의 수 y_B가 많으면 그것에 비례하여 증가하지만, 피포식자가 없다면 포식자 자신도 사멸하여 없어질 것이다. 피포식자의 수 y_B는 그것 자체의 증가 모델에 포식자 A에 의한 감소량을 고려한다. 이상의 결과를 고려하여 포식자의 수와 먹이의 수의 관계를 나타내면, 다음과 같은 연립상미분방정식이 된다.

$$\frac{dy_A}{dt} = ay_A(y_B - b)$$
$$\frac{dy_B}{dt} = ly_B[s - (y_B + ky_A)] \tag{1.10}$$

여기서, $y_A = y_A(t)$, $y_B = y_B(t)$: 미지함수, t : 독립변수, a, b, l, k, s : 상수

(4) 연립편미분방정식의 예

- 복소평면의 점 (x, y)에 복소수 $z = x + iy$를 대응시킬 때, 복소함수 $f(z) = u(x, y) + iv(x, y)$가 어떤 영역 R에서 미분이 가능하기 위한 필요충분조건은 다음과 같은 코시–리만(Cauchy–Riemann)방정식(연립편미분방정식)을 만족해야 한다. 즉,

$$\frac{\partial u(x, y)}{\partial x} - \frac{\partial v(x, y)}{\partial y} = 0$$
$$\frac{\partial v(x, y)}{\partial x} + \frac{\partial u(x, y)}{\partial y} = 0 \tag{1.11}$$

여기서, x, y : 독립변수, $u(x, y) = u, v(x, y) = v$: 미지함수

(5) 상미분방정식의 계, 해의 형태, 선형, 비선형, 제차, 비제차, 초기조건, 경계조건

미지함수가 n계(order)의 도함수를 가지고 있고 이것보다 더 높은 도함수가 존재하지 않을 때, 이것을 n계 미분방정식이고 하고 이 최고계의 도함수가 m승을 가지고 있으면 m차(degree)라고 부른다. 예를 들면, 다음의 상미분방정식은 가장 높은 도함수가 존재하는 좌변의 첫 번째 항으로부터 2계 3차, 즉 2계 3차 상미분방정식이 된다.

$$\left(\frac{d^2y}{dx^2}\right)^3 + 4y\left(\frac{dy}{dx}\right) + 2y^2\left(\frac{dy}{dx}\right)^2 = 3x^2 \tag{1.12}$$

미분방정식의 **해**(solution)를 구하는 것은 적분을 하여 미지함수를 결정하는 것이다. 해는 보통 **양형태**(explicit form)인 **양함수해**(explicit solution) $y = h(x)$로 나타낸다. 그러나 해를 양형태와 구별하여 **음형태**(implicit form)인 **음함수해**(implicit solution)로 변환하여 표현하기도 한다. 예를 들면, 다음은 미분방정식을 양형태로 나타낸 것이다.

$$x\frac{dy}{dx} = y - \sqrt{x^2 + y^2} \tag{1.13}$$

위 식 (1.13)의 해를 적분하여 구하고 음형태인 음함수해로 나타내면 다음과 같이 된다.

$$y + \sqrt{x^2 + y^2} = C \tag{1.14}$$

여기서, 우변의 C는 임의의 상수이다.

독립변수 x를 갖는 미지함수 $y[=y(x)]$의 n계 미분방정식을 다음과 같이 음형태로 나타낼 수 있다.

$$f\left(x, y, \frac{dy}{dx}, \cdots, \frac{d^n x}{dx^n}\right) = 0 \tag{1.15}$$

식 (1.15)를 최고 n계의 도함수에 대하여 나타내면 다음과 같이 된다.

$$\frac{d^n y}{dx^n} = g\left(x, y, \frac{dy}{dx}, \cdots, \frac{d^n - 1y}{dx^{n-1}}\right) \tag{1.16}$$

위 식 (1.16)과 같이 표현하는 것을 **정규형**이라고 부른다.

미분방정식이 미지함수 및 그것의 모든 도함수에 대하여 1차식이 되었을 때, 이 미분방정식을 **선형**(linear)이라고 말한다. 예를 들면, 다음의 미분방정식은 미지함수 y 및 그것의 모든 도함수($\frac{d^n y}{dx^n}$, $\frac{d^{n-1} y}{dx^{n-1}}$, $\frac{dy}{dx}$)에 대하여 1차식인 전형적인 **n계 선형상미분방정식**을 보여주고 있다.

$$p_n(x)\frac{d^n y}{dx^n} + p_{n-1}(x)\frac{d^{n-1} y}{dx^{n-1}} + \cdots + p_1(x)\frac{dy}{dx} + p_0(x)\,y = r(x) \tag{1.17}$$

여기서, $r(x)$는 주어진 x함수이고, $p_n(x), p_{n-1}(x), \cdots, p_1(x), p_0(x)$은 **계수**(coefficient)로서 또한 주어진 x함수이다. 만약 식 (1.17)의 양변을 $p_n(x)$으로 나누어 도함수 $\frac{d^n y}{dx^n}$의 계수를 1로 만들었을 때, 이러한 형태를 **표준형**(standard form)이라고 부른다.

반면에 미지함수 및 그것의 모든 도함수에 대하여 어느 하나라고 1차식이 되지 않았을 때, 즉 식 (1.17)의 형태로 쓸 수 없는 경우의 미분방정식을 **비선형**(nonlinear)이라고 부른다. 예를 들면, 식 (1.3)은 **비선형상미분방정식**이다. 왜냐하면 미지함수인 기둥 단면의 회전각 $\theta(x)$가 1차식이 아닌 sin함수로 표현되었기 때문이다. 참고로, 다음의 다핑(duffing)방정식은 좌변 3항이 1차식이 아닌 $u^3(t)$가 포함되어 있어서 비선형 상미분방정식이 된다.

$$\frac{d^2u}{dt^2}+c\frac{du}{dt}+u^3(t)=r(t) \tag{1.18}$$

상미분방정식 중에 미지함수 및 그것의 모든 도함수를 포함하는 항 이외에는 항이 존재하지 않는 경우, 즉 식 (1.17)에서 우변 항의 함수가 $r(x)=0$일 때 이것을 **제차**(homogeneous) 상미분방정식이라고 부른다. 만약 $r(x)$가 0이 아니라면, 이 상미분방정식은 **비제차**(nonhomogeneous)라고 부른다. 식 (1.17)에서 $r(x)$는 **입력함수**(힘, 하중 등) 또는 **구동함수**라고 불리고 있고, y는 **출력함수**(운동의 변위, 전기적 전류, 다양한 물리적 양 등) 또는 입력함수에 대한 **응답함수**(response function)라고도 부른다.

식 (1.15) 또는 식 (1.17)의 상미분방정식을 풀어 임의의 상수 $C_1, C_2, \cdots, C_n$이 포함된 다음과 같은 해가 구해졌다고 하자. 즉,

$$y=g(x, C_1, C_2, \cdots, C_n) \tag{1.19}$$

또는

$$g(x, y, C_1, C_2, \cdots, C_n)=0 \tag{1.20}$$

위 식과 같이 임의의 상수를 가진 해를 **일반해**(general solution)라고 부른다. 이 일반해의 임의의 상수 $C_1, C_2, \cdots, C_n$에 특정한 값을 대입시켜 확정된 해를 선택하면, 상미분방정식의 **특수해**(particular solution)라고 부르는 해를 얻는다. 선형상미분방정식은 일반해와 특수해만 존재한다. 그러나 비선형상미분방정식은 일반해와 특수해를 가질 수 있을 뿐만 아니라, 일반해로부터 얻을 수 없고 그래서 **특이해**(singular solution)라고 부르는 추가적인 해를 가질 수도 있다.

상미분방정식 (1.15) 또는 (1.17)의 일반해 식 (1.19) 또는 식 (1.20)을 xy(직교)좌표계 상에 그림으로 나타내면 어떤 **평면곡선**(plane curve, 평면상의 곡선)이 얻어진다. 일반해의 임의의 상수 C_i(즉, $C_1, C_2, \cdots, C_n$)를 변화시키면 무한히 많은 수의 평면곡선을 그릴 수 있다. 이 평면곡선을 **해곡선**(solution curve) 또는 적분곡선이라고 부른다.

상미분방정식의 미지함수 및 그것의 모든 도함수 앞의 계수, 즉 식 (1.17)에서 계수 $p_n(x), p_{n-1}(x), \cdots, p_1(x), p_0(x)$가 모두 상수일 때, **상수계수**(constant coefficient) 상미분방정식이라고 부른다. 그러나 계수 $p_n(x), p_{n-1}(x), \cdots, p_1(x), p_0(x)$ 중에서 하나라도 상수가 아니고 함수로 나타나 있으면 **변수계수**(variable coefficient) 상미분방정식이라고 말한다.

공학 분야에서는 물리적 현상에 동반한 조건을 고려하여 임의의 상수 값을 지정함으로써 특수해를 구한다. **특수해**는 어떤 임의의 상수도 포함하지 않으므로 대부분의 경우 주어진 문제의 **유일한 해**이다. 물리적 현상에 동반한 조건에는 보통 2종류, 즉 **초기조건**(initial condition)과 **경계조건**(boundary condition)이 존재하고 있다. 그중에 독립변수의 원점, 예를 들면 시간 t를 독립변수로 하여 $t=0$일 때 동반한 조건을 **초기조건**이라 부르고, 이것을 만족하는 특수해를 구하는 문제를 **초기값 문제**(initial value problem)라고 한다. 이것에 비하여, 독립변수의 원점과 종점의 양단(both ends)에 동반한 조건을 **경계조건**이라 부르고, 이것을 만족하는 특수해를 구하는 문제를 **경계값 문제**(boundary value problem)라고 한다. 일반적으로 진동문제에는 초기조건이 많이 사용되고, 정역학문제에는 경계조건이 적용되고 있다.

복잡한 상미분방정식의 경우, 초기값 문제가 해를 가지지 못하거나 정확하게 한 개의 해를 갖거나 혹은 두 개 이상의 해를 가질 수 있다. 어떤 조건[예를 들면, 어떤 영역 내의 모든 점에서 연속이고 유계인(bounded) 조건 등] 하에서 상미분방정식의 초기값 문제가 한 개 이상의 해를 갖는 것이 **존재의 문제**이고, 단 한 개의 해를 갖는 것이 **유일성의 문제**이다. 이러한 조건을 각각 기술한 정리를 **존재의 정리**(existence theorem)와 **유일성의 정리**(uniqueness theorem)라고 말한다.

1.2 1계 상미분방정식, 방향장

(1) 1계 상미분방정식과 해

함수 $y=f(x)$의 **도함수** $y', y'', y^{(3)}, y^{(4)}, \cdots, y^{(n-1)}, y^{(n)}$ 및 x, y에 관한 방정식을 **상미분방정식**이라고 부른다. 상미분방정식에 포함된 도함수의 최고 차수가 $y^{(n)}$일 때, 그 방정식을 **n계 상미분방정식**이라고 한다. 그러므로 $n=1$일 때는 본 장에서 설명하는 **1계 상미분방정식**이 되고, $n=2$일 때는 2장에서 설명하는 **2계 상미분방정식**이 된다. 예를 들면, $y'=2xy$는 1계 상미분방정식이고, $y''+4y=0$은 2계 상미분방정식이다.

예제 1.1

수직선상을 운동하는 점 P의 시간 x에서 위치가 $y=y(x)$일 때, 점 P의 속도는 y'이고 가속도는 y''이 된다. 속도 40m/sec의 등속운동은 1계 상미분방정식 $y'=40$으로 나타낼 수 있고, 가속도 12m/sec^{2}의 등가속도운동은 2계 상미분방정식 $y''=12$로 나타낼 수 있다. 이 경우, 1계 상미분방정식 $y'=40$ 및 2계 상미분방정식 $y''=12$의 해를 구하시오. 또, 1계 상미분방정식의 경우 $y(0)=50$의 초기조건을 만족하는 특수해를 구하시오.

풀이

1) $y'=40$의 해

양변을 한번 적분하면 다음과 같이 1계 상미분방정식의 해 y가 구해진다. 즉,

$$\int y'\,dx = \int \frac{dy}{dx}dx = \int dy = \int 40dx \ \Rightarrow\ y = 40x + C_1$$

위의 해 y는 임의의 상수 C_1을 포함하고 있으므로 일반해이다.

$y(0)=50$의 초기조건을 만족하는 위 식의 해는 다음과 같이 된다. 즉,

$$y(0)=40(0)+C_1=50 \ \Rightarrow\ C_1=50$$

$$\therefore y=40x+50$$

위의 해($y=40x+50$)는 초기조건을 일반해($y=40x+C_1$)에 대입시켜 임의의 상수 C_1을 특정한 값 $C_1=50$으로 확정시켰으므로 특수해이다.

2) $y''=12$의 해

양변을 두 번 적분하면 다음과 같이 2계 상미분방정식의 해 y가 구해진다. 즉,

$$\iint y''\,dxdx = \iint 12dxdx \ \Rightarrow\ y=6x^2+A_1x+A_2$$

위의 해 y는 임의의 상수 A_1, A_2를 포함하고 있으므로 일반해이다.

예제 1.2

1계 상미분방정식 $xy' - 2y = 0$에 대하여 함수 $y = C_1x^2$이 일반해라는 것을 보이고, 또 $y(3) = 4$의 초기조건을 만족하는 특수해를 구하시오.

풀이

1) $y = C_1x^2$이 일반해임을 증명

주어진 미분방정식에 $y = C_1x^2$을 대입하고 미분방정식이 성립하는 것을 보여주면 된다. 먼저 y'를 구하면 다음과 같다.

$$y' = \left(C_1x^2\right)' = 2C_1x$$

위 식을 $xy' - 2y = 0$에 대입하면

$$xy' - 2y = x(2C_1x) - 2\left(C_1x^2\right) = 0$$

이 되므로, $y = C_1x^2$가 주어진 미분방정식의 일반해라는 것이 분명하다.

2) 초기조건을 만족하는 특수해

초기조건 $y(3) = 4$를 일반해 $y = C_1x^2$에 대입하면 다음과 같이 특수해가 구해진다. 즉,

$$y(3) = C_1(3)^2 = 4 \Rightarrow C_1 = \frac{4}{9}$$

따라서 특수해는 다음과 같이 된다.

$$y = \frac{4}{9}x^2$$

(2) 방향장

일반적으로, 상미분방정식의 해는 임의의 상수 값을 초기조건 등을 사용하여 1개 결정하였을 때 1개의 함수가 된다. 이 함수를 그래프로 나타내면 상미분방정식의 1개 **해곡선**이 된다. 그리고 일반해의 임의의 상수 값을 변화시키면 무한히 많은 수의 해곡선을 그릴 수 있다.

1계 상미분방정식 $y' - y = x$의 해곡선을 그림으로 나타내 보자. 이 상미분방정식을 **정규형**으로 나타내면 $y' = x + y$가 된다. 미분의 정의로부터, y의 도함수인 y'는 y의 기울기라는 것을 알 수 있다. 그러므로 점 (x, y)를 지나는 상미분방정식 $y' = x + y$의 해곡선은 그 점에서의 함수 값과 같은 기울기 y'을 그 점에서 가져야 한다. 예를 들면, 다음과 같이 점 (x, y)를 지나는 접선의 기울기를 구할 수 있다. 즉,

점 $P(-3, 1)$에서 접선의 기울기 : $y' = -3 + 1 = -2$

점 $Q(-2, 2)$에서 접선의 기울기 : $y' = -2 + 2 = 0$

점 R(2, 0)에서 접선의 기울기 : $y' = 2 + 0 = 2$

이와 같은 방법으로 좌표평면상의 각 점을 지나는 1계 상미분방정식 $y' - y = x$의 해곡선의 접선 기울기를 구하여 짧은 접선으로 표시하면 그림 1.6과 같이 된다. 즉, 그림 1.6은 상미분방정식 $y' - y = x$의 해곡선의 방향을 보여주고 있으므로 $y' - y = x$의 **방향장**(direction field)[혹은 **기울기장**(slope field)]이라고 한다. 이러한 방법으로 해곡선의 방향장(기울기장)을 얻을 수 있으며 근사적으로 해곡선을 이 방향장에 맞춰 넣을 수 있고, 이것이 상미분방정식의 풀이가 어렵거나 또는 불가능할 경우에 상미분방정식을 풀지 않고서도 상미분방정식 해의 전체 모임의 특성을 전형적으로 보여줄 수 있다. 이러한 사실을 이용하여 상미분방정식의 근사해를 구할 수 있는 **그래픽 방법** 혹은 **수치해석법**을 개발할 수 있으며, 수치해석법은 복잡한 상미분방정식이나 해를 전혀 갖고 있지 않은 상미분방정식의 해를 실용적으로 구할 수 있는 중요한 방법 중의 하나이다.

일반적으로, 상미분방정식 $y' = f(x, y)$의 방향장은 함수 $f(x, y) = c$ (여기서, c는 임의의 상수)로 주어지는 함수 $f(x, y)$의 **등경사선**(isocline, 같은 경사를 갖는 점들의 곡선을 의미하며 **등위선**이라고도 함)을 몇 개 먼저 그린 후에 각각의 등경사선에 평행한 선 요소에 맞춰 해곡선을 근사적으로 그려 넣으면 구해진다(예제 1.4 참조). 그림 1.7은 이러한 방법으로 그린 1계 상미분방정식 $y' - y = x$의 방향장과 해곡선을 보여주고 있다.

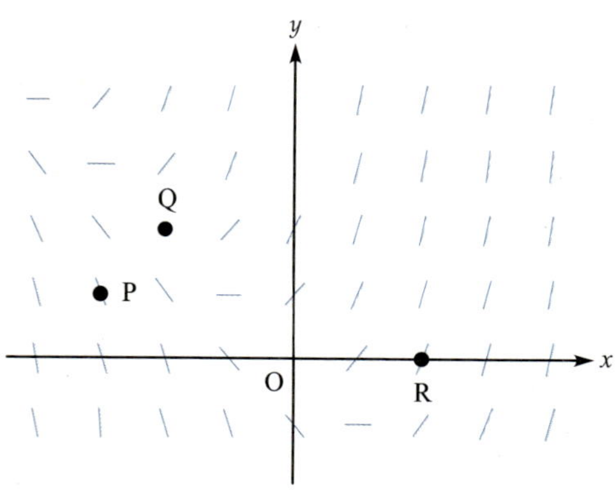

그림 1.6 $y' - y = x$의 방향장(기울기장)

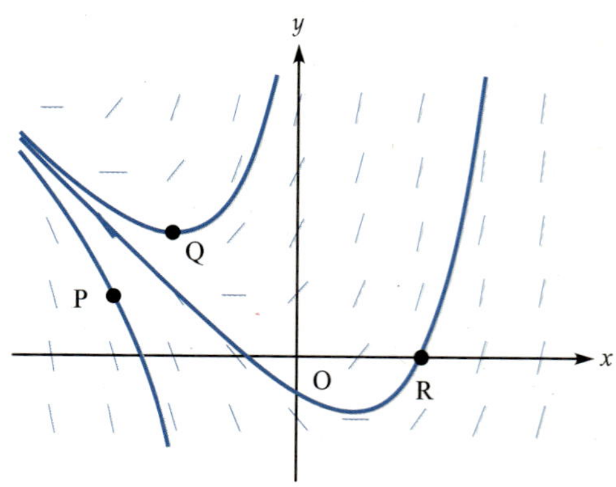

그림 1.7 $y' - y = x$의 방향장과 해곡선

예제 1.3

1계 상미분방정식 $y'-x=0$의 방향장과 $y(0)=0$의 초기조건을 만족하는 특수해의 곡선을 구하시오.

풀이

1) $y'-x=0$의 해

우변의 $-x$를 좌변으로 이항하면 $y'=x$이 되고 양변을 한번 적분하면, 다음과 같이 1계 상미분방정식의 해 y가 구해진다. 즉,

$$\int y'dx=\int xdx \Rightarrow y=\frac{1}{2}x^2+C_1$$

위의 해 y는 임의의 상수 C_1을 포함하고 있으므로 일반해이다.

$y(0)=0$의 초기조건을 만족하는 위 식의 특수해는 다음과 같이 된다.

$$y(0)=\frac{1}{2}(0)+C_1=0 \Rightarrow C_1=0$$

$$\therefore y=\frac{1}{2}x^2$$

2) 방향장과 해곡선

따라서 $y'-x=0$의 방향장과 초기조건을 만족하는 특수해의 곡선을 그래프로 나타내면 다음 그림과 같이 된다.

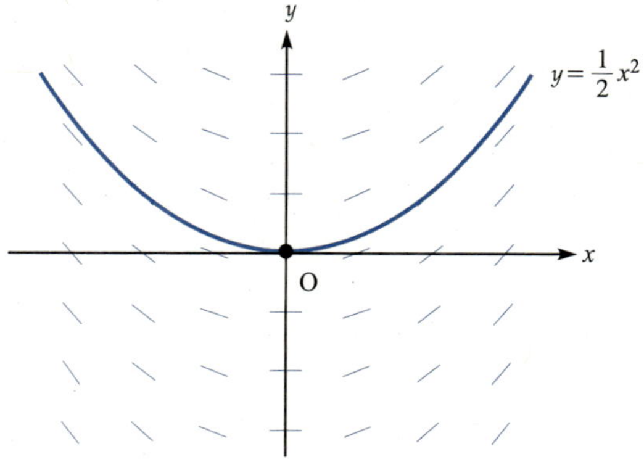

예제 1.4

1계 상미분방정식 $y' = -\dfrac{x}{y}$ 의 방향장, 등경사선, 해곡선을 구하시오.

풀이

상미분방정식 $y' = -\dfrac{x}{y}$ 는 다음과 같이 분해하여 나타낼 수 있다.

$$\frac{dy}{dx} = y' = c$$

$$f(x, y) = -\frac{x}{y} = c$$

여기서, c는 임의의 상수이다. 위의 상단의 식으로부터는 해곡선을, 하단의 식으로부터는 등경사선을 얻을 수 있다.

하단의 식으로부터 주어진 기울기 $-\dfrac{1}{c}$ 의 직선의 방정식(등경사선)은 다음과 같이 된다.

$$y = -\frac{1}{c}x$$

따라서 $y' = -\dfrac{x}{y}$ 의 방향장, 등경사선, 해곡선을 그래프로 나타내면 다음 그림과 같이 된다. 그림에 보여준 것처럼 이 상미분방정식의 해곡선은 원점을 중심으로 한 무수히 많은 동심원을 나타내고 있다.

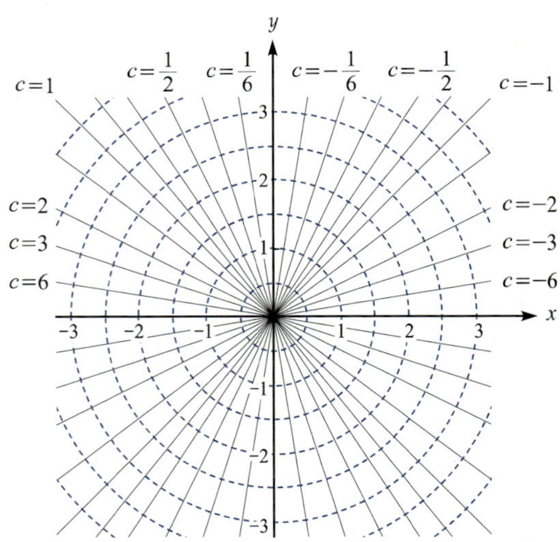

1.3 분리가능 1계 상미분방정식

(1) 분리가능 1계 상미분방정식의 해법

$y'=-\frac{x}{y}$와 $y'=-\frac{y+1}{x}$ 등과 같이 $y'=f(x)g(y)$로 표시되어 방정식의 좌변은 y만으로, 우변은 x만으로 표시할 수 있는 상미분방정식을 **분리가능**(separable) **상미분방정식**이라 부르고, 이러한 형태의 1계 상미분방정식은 다음과 같이 **변수분리법**(method of separating variables)을 적용하여 해를 구할 수 있다. 즉,

1) $g(x)\neq 0$일 때, $y'=\frac{dy}{dx}$로 미분 표시를 바꾸어 $y'=f(x)g(y)$를 나타내고 양변을 $g(x)$로 나누면 다음과 같이 된다.

$$\frac{1}{g(y)}\frac{dy}{dx}=f(x) \tag{1.21}$$

위 식의 양변에 dx를 곱하면 다음과 같이 좌변은 y만의 항으로 우변은 x만의 항으로 변수가 분리된다.

$$\frac{1}{g(x)}dy=f(x)dx \tag{1.22}$$

위 식의 양변을 적분하면 다음과 같이 된다.

$$\int\frac{1}{g(x)}dy=\int f(x)dx+C_1 \tag{1.23}$$

여기서, C_1은 임의의 상수이다. 만약 $f(x)$와 $g(y)$가 연속이면 식 (1.23)의 적분들은 존재하고, 이 적분들을 계산하면 상미분방정식 $y'=f(x)g(y)$의 일반해가 구해진다.

2) $g(k)=0$을 만족하는 상수 k가 존재할 때, 함수 $y=k$도 이 상미분방정식 $y'=f(x)g(y)$의 해가 된다. 즉, $y=k$일 때, $y'=0$이고 $f(x)g(k)=0$이 된다. 따라서 $y'=f(x)g(y)$이 성립한다.

예제 1.5

다음과 같은 1계 상미분방정식의 해를 구하시오.

(1) $y' = -xy$ (2) $y' = -\frac{x}{y}$

풀이

(1) $y' = -xy$의 해

$y \neq 0$일 때, 주어진 방정식의 양변을 y로 나누고 $y' = \frac{dy}{dx}$로 미분 표시를 바꾸어 나타내면 다음과 같은 식이 얻어진다. 즉,

$$\frac{1}{y}\frac{dy}{dx} = -x \Rightarrow \frac{1}{y}dy = -xdx$$

위의 변수 분리된 식의 양변을 적분하면 다음과 같이 된다.

$$\int \frac{1}{y}dy = -\int xdx + C_1 \rightarrow \ln|y| = -\frac{1}{2}x^2 + C_1$$

여기서, C_1은 임의의 상수이다. 따라서 일반해 y가 다음과 같이 구해진다. 즉,

$$|y| = \exp(-\frac{1}{2}x^2 + C_1) = e^{\left(-\frac{1}{2}x^2 + C_1\right)} = e^{C_1}e^{\left(-\frac{1}{2}x^2\right)}$$

$$\therefore y = C_0 e^{\left(-\frac{1}{2}x^2\right)}$$

여기서, $C_0 = \pm e^{C_1}$이다.

$y=0$일 때는 위 식의 일반해 $y = C_0 e^{\left(-\frac{1}{2}x^2\right)}$이 $C_0 = 0$인 경우에만 성립하는 특수해에 해당한다. 따라서 $y' = -xy$의 일반해는

$$y = C_0 e^{\left(-\frac{1}{2}x^2\right)}$$

이 된다. 여기서, C_0은 임의의 상수이다.

(2) $y' = -\frac{x}{y}$의 해

주어진 방정식을 $y' = \frac{dy}{dx}$로 미분 표시를 바꾸어 나타내면 다음과 같은 식이 얻어진다. 즉,

$$y\frac{dy}{dx} = -x \Rightarrow ydy = -xdx$$

위의 변수 분리된 식의 양변을 적분하면 다음과 같이 된다.

$$\int ydy = -\int xdx + C_2 \Rightarrow \frac{1}{2}y^2 = -\frac{1}{2}x^2 + C_2 \Rightarrow x^2 + y^2 = 2C_2$$

여기서, C_2은 임의의 상수이다. 따라서 일반해는

$$x^2 + y^2 = C_1$$

이 된다. 여기서, $C_1(=2C_2)$은 음수가 아닌 임의의 상수이다. 이 일반해는 예제 1.4의 그림과 같이 xy좌표계에서 원점 $(0,0)$을 중심으로 한 무수히 많은 동심원의 모임을 나타낸다. 그리고 앞으로 예제와 연습문제의 풀이에서는 이 예제처럼 $g(y)=0$일 때의 해를 생략하기도 한다.

예제 1.6

1계 상미분방정식 $y' = \dfrac{y+1}{x}$의 일반해를 구하고 또, $y(2)=2$의 초기조건을 만족하는 특수해를 구하시오.

풀이

1) $y' = \dfrac{y+1}{x}$의 일반해

주어진 방정식의 양변을 $y+1$로 나누고 $y' = \dfrac{dy}{dx}$로 미분 표시를 바꾸어 나타내면 다음과 같은 식이 얻어진다. 즉,

$$\frac{1}{y+1}\frac{dy}{dx} = \frac{1}{x} \Rightarrow \frac{1}{y+1}dy = \frac{1}{x}dx$$

위의 변수 분리된 식의 양변을 적분하면 다음과 같이 된다.

$$\int \frac{1}{y+1}dy = \int \frac{1}{x}dx + C_2 \Rightarrow \ln|y+1| = \ln|x| + C_2$$

$$\Rightarrow \ln|y+1| - \ln|x| = C_2 \Rightarrow \ln\left|\frac{y+1}{x}\right| = C_2$$

여기서, C_2은 임의의 상수이다. 따라서 위 식은 다음과 같이 된다.

$$\left|\frac{y+1}{x}\right| = e^{C_2} \Rightarrow \frac{y+1}{x} = \pm e^{C_2} \Rightarrow y = \pm e^{C_2}x - 1$$

따라서 일반해 y는

$$y = C_1 x - 1$$

이 된다. 여기서, $C_1 = \pm e^{C_2}$이고 임의의 상수이다.

2) $y(2)=2$의 초기조건을 만족하는 특수해

$y(2) = C_1 \times 2 - 1 = 2$로부터 $C_1 = \dfrac{3}{2}$이 얻어진다. 따라서 주어진 초기조건을 만족하는 특수해는 다음과 같다. 즉,

$$y = \frac{3}{2}x - 1$$

상미분방정식 $y' = f\left(\dfrac{y}{x}\right)$의 형태를 동차형이라고 부른다. 이 경우에 $\dfrac{y}{x} = w$로 놓으면, $y = wx$가 된다. 식 $y = wx$의 양변을 미분하면 $y' = w + w'$, 즉 $\dfrac{dy}{dx} = w + x\dfrac{dw}{dx}$가 된다. 이들을 동차형 상미분방정식 $y' = f\left(\dfrac{y}{x}\right)$에 대입하면, w와 x의 **변수분리 상미분방정식**으로 변형되어 다음의 예제처럼 변수분리법으로 해를 구할 수가 있다.

예제 1.7

1계 상미분방정식 $y' = \dfrac{x-y}{x+y}$ 의 일반해를 구하시오.

풀이

주어진 식의 우변을 $y' = \dfrac{dy}{dx}$ 로 나타내고, 좌변을 x로 나누어 나타내면 다음과 같은 동차형의 1계 미분방정식이 얻어진다. 즉,

$$\frac{dy}{dx} = \frac{1-\frac{y}{x}}{1+\frac{y}{x}}$$

$\dfrac{y}{x} = w$로 놓으면 $y = wx$가 되고, $y = wx$ 양변을 미분하면 $\dfrac{dy}{dx} = w + x\dfrac{dw}{dx}$가 된다. 이들을 주어진 동차형 1계 상미분방정식에 대입하면 다음과 같은 변수분리된 식이 구해진다.

$$w + x\frac{dw}{dx} = \frac{1-w}{1+w} \;\Rightarrow\; x\frac{dw}{dx} = \frac{1-w}{w+1} - w = -\frac{w^2+2w-1}{w+1}$$

$$\therefore \frac{1}{x}dx = -\frac{w+1}{w^2+2w-1}dw$$

위의 변수분리된 식의 양변을 적분하면 다음과 같이 된다.

$$\int \frac{1}{x}dx = -\frac{1}{2}\int \frac{(w^2+2w-1)'}{w^2+2w-1}dw \;\Rightarrow\; \ln x^2 = -\ln|w^2+2w-1| + C_2$$

여기서, C_2은 임의의 상수이다. 따라서 위 식은 다음과 같이 된다.

$$x^2(w^2+2w-1) = \pm e^{C_2}$$

$\pm e^{C_2} = C_1$으로 놓고 $w = \dfrac{y}{x}$를 대입하여 정리하면, 일반해는

$$x^2 - 2xy - y^2 = C_1$$

이 된다. 여기서, C_1은 임의의 상수이다.

(2) 분리가능 1계 상미분방정식의 응용

모델링의 기본개념은 1.1절에서 설명하였는데, 분리가능 미분방정식은 다양하고 유용한 수학적 모델을 제공한다. 여기서는 다음의 전형적인 예제를 통하여 이것을 논의한다.

예제 1.8

중력가속도 g가 작용하고 있는 공간상에서 질량이 m인 물체를 초기 정지 상태에서 자유낙하시켰을 때, 시간 t에서 이 물체의 낙하속도 v와 낙하거리 y를 구하시오. 또, 시간이 무한대($t=\infty$)가 될 때에 낙하속도를 구하시오. 단, 공기저항은 속도에 비례하여 증가한다.

풀이

1) 낙하속도 v와 낙하거리 y

공기저항력 F_D가 속도에 비례하여 증가하는 경우에는

$$F_D = cv$$

로 표시될 수 있다. 여기서, c는 임의의 상수이다. 자유낙하할 때, 물체에 작용하는 중력($F_G = mg$), 관성력[**뉴턴의 제2법칙**(Newton's second law), $F_A = ma = m\dfrac{dv}{dt}$], 공기저항력($F_D = cv$)의 합은 0이 되므로 다음과 같은 관계식이 얻어진다. 즉,

$$+\uparrow \sum F = -F_G + F_A + F_D = 0\ ;\ \left(-mg + m\frac{dv}{dt} + cv\right) = 0$$

$$\therefore m\frac{dv}{dt} = mg - cv$$

위 식은 1계 상미분방정식이고, 변수분리시키면

$$dt = \frac{m}{mg - cv}dv$$

가 된다. 위의 변수분리된 식의 양변을 적분하면 다음과 같이 된다.

$$\int dt = \int \frac{m}{mg - cv}dv + C_1 \Rightarrow t = -\frac{m}{c}\ln(mg - cv) + C_1$$

여기서, C_1은 임의의 상수이고 초기 정지 상태인 초기조건, 즉 $t = t_0 = 0$에서 $v = v_0 = 0$으로부터 다음과 같이 구해진다. 즉,

$$C_1 = \frac{m}{c}\ln(mg)$$

$$\therefore t = -\frac{m}{c}\ln\left(1 - \frac{cv}{mg}\right)$$

위 식을 낙하속도 v에 대하여 구하면

$$v = \frac{mg}{c}\left(1 - e^{-ct/m}\right)$$

가 된다. $v = \dfrac{dy}{dt}$이기 때문에, 낙하거리 y와 시간 t의 관계는 다음과 같이 1계 상미분방정식이 된다.

$$\frac{dy}{dt} = \frac{mg}{c}\left(1 - e^{-ct/m}\right)$$

위 식을 변수분리시키고 적분을 하면

$$y = \left(\frac{mg}{c}\right)t + \frac{m^2 g}{c^2}\left(e^{-ct/m}\right) + C_2$$

가 된다.

여기서, C_2은 임의의 상수이고 초기조건, 즉 $t = t_0 = 0$에서 $y = y_0 = 0$으로부터 다음과 같이 구해진다. 즉,

$$C_2 = -\frac{m^2 g}{c^2}$$

따라서

$$y = \left(\frac{mg}{c}\right)t - \frac{m^2 g}{c^2}\left(1 - e^{-ct/m}\right)$$

가 된다.

2) $t = \infty$가 될 때에 낙하속도 v_∞

초기속도 $v = v_0 = 0$로부터 낙하속도가 v가 급격하게 증가하지만, 시간이 경과하면 낙하속도의 증가율이 격감하고 시간이 무한대($t = t_\infty = \infty$)가 될 때에 $e^{-ct_\infty/m} = 0$이 되어 낙하속도는 $v_\infty = \dfrac{mg}{c}$에 수렴한다.

이와 같이 낙하속도가 어떤 속도를 초과하지 않고 어떤 속도에 근접하는 현상은 지표면 근처의 빗방울에서 관찰할 수 있다. 즉, 빗방울은 자유낙하 중에 공기저항 때문에 어떤 속도에 수렴하여 떨어진다.

1.4 제차, 비제차 1계 선형상미분방정식

(1) 제차 1계 선형상미분방정식의 해

$p(x), r(x)$가 x의 1차 함수일 때, 다음과 같은 형태의 미분방정식은 **1계 선형상미분방정식**이 된다.

$$y' + p(x)y = r(x) \tag{1.24}$$

위 식에서 $r(x) = 0$이면,

$$y' + p(x)y = 0 \tag{1.25}$$

이 되고, 이 식 (1.25)를 **제차** 1계 선형상미분방정식이라고 부른다. 한편 식 (1.24)에서

$r(x) \neq 0$일 때, **비제차** 1계 선형상미분방정식이라고 부른다.

일반적으로, **제차 1계 선형상미분방정식**은 분리가능 1계 선형상미분방정식이 되기 때문에 예제 1.5처럼 변수분리 후에 적분하여 해를 구할 수 있고 또는 해를 가정하여 구할 수도 있다.

예제 1.9

제차 1계 상미분방정식 $y' - Py = 0$의 일반해를 변수분리법과 해를 가정하여 각각 구하시오. 단, P는 임의의 상수이다.

풀이

1) 변수분리법에 의한 해법

주어진 방정식은 식 (1.25)에서 $p(x) = -P$(여기서, P는 임의의 상수)인 경우로 **제차 1계 선형상미분방정식**(또는 **상수계수 제차 1계 선형상미분방정식**이라고도 함)이다. 주어진 방정식에서 $-Py$를 우변으로 이항한 후, 양변을 y로 나누고 $y' = \dfrac{dy}{dx}$로 미분표시를 바꾸어 나타내면 다음과 같은 식이 얻어진다. 즉,

$$\frac{1}{y}\frac{dy}{dx} = P \Rightarrow \frac{1}{y}dy = Pdx$$

위의 변수분리된 식의 양변을 적분하면 다음과 같이 된다.

$$\int \frac{1}{y}dy = \int Pdx + C_1 \Rightarrow \ln|y| = Px + C_1$$

여기서, C_1은 임의의 상수이다. 따라서 일반해 y가 다음과 같이 구해진다. 즉,

$$|y| = \exp(Px + C_1) = e^{(Px + C_1)} = e^{C_1}e^{Px}$$

$$\therefore y = C_0 e^{Px}$$

여기서, $C_0 = \pm e^{C_1}$이다.

2) 해를 가정하여 구하는 방법

P가 임의의 상수이기 때문에 지수함수의 미분특성을 이용하여 $y = C_0 e^{Px}$를 주어진 방정식 $y' - Py = 0$의 일반해라고 가정하자. 단, C_0은 임의의 상수이다.

주어진 미분방정식 $y' - Py = 0$에 $y = C_0 e^{Px}$을 대입하고 미분방정식이 성립하는 것을 보여주면 된다.

먼저 y'를 구하면 다음과 같다.

$$y' = \left(C_0 e^{Px}\right)' = C_0 P e^{Px}$$

위 식을 주어진 미분방정식 $y' - Py = 0$에 대입하면

$$y' - Py = C_0 P e^{Px} - P\left(C_0 e^{Px}\right) = 0$$

이 되므로, 따라서 $y = C_0 e^{Px}$가 주어진 미분방정식 $y' - Py = 0$의 일반해이다.
일반해 $y = C_0 e^{Px}$에서 $C_0 = 0$을 선택하면, 그 구간의 모든 x에 대하여 **자명한 해**(trivial solution)인 $y = 0$을 얻을 수도 있다.

(2) 비제차 1계 선형상미분방정식의 해

제차 1계 선형상미분방정식 $y' + p(x)y = 0$을 **비제차 1계 선형상미분방정식** $y' + p(x)y = r(x)$의 **보조방정식**(complementary equation)이라고 부른다. 보조방정식 $y' + p(x)y = 0$의 일반해를 $y = C_0 f(x)$라고 하고[여기서 C_0는 임의의 상수이고, $y = C_0 f(x)$를 **보조해**(complementary solution)라고 부르기도 함], 비제차 1계 선형상미분방정식 $y' + p(x)y = r(x)$의 특수해를 $y = \psi(x)$라고 하자. 이때, 보조해와 특수해를 합하면

$$y = C_0 f(x) + \psi(x) \tag{1.26}$$

이 되고, 위 식을 비제차 1계 선형상미분방정식 $y' + p(x)y = r(x)$의 좌변에 대입하면

$$\begin{aligned} y' + p(x)y &= [C_0 f(x) + \psi(x)]' + p(x)[C_0 f(x) + \psi(x)] \\ &= C_0[f'(x) + p(x)f(x)] + [\psi'(x) + p(x)\psi(x)] \\ &= 0 + [\psi'(x) + p(x)\psi(x)] \\ &= r(x) \end{aligned} \tag{1.27}$$

이 된다. 따라서 보조해 $y = C_0 f(x)$와 특수해 $y = \psi(x)$를 합한 $y = C_0 f(x) + \psi(x)$는 비제차 1계 선형상미분방정식 $y' + p(x)y = r(x)$의 일반해가 된다. 따라서 예제 1.9와 같은 방법으로 **제차 1계 선형상미분방정식** $y' + p(x)y = 0$의 일반해를 구하고 **비제차 1계 선형상미분방정식** $y' + p(x)y = r(x)$의 특수해 $\psi(x)$를 알면, **비제차 1계 선형상미분방정식** $y' + p(x)y = r(x)$의 일반해가 식 (1.26)과 같이 구해진다. 이때, 특수해 $\psi(x)$는 다음의 예제 1.10처럼 비제차 1계 선형상미분방정식의 우변 $r(x)$의 형태와 비슷한 모양으로 예상하여 결정하는 경우가 많다[이러한 방법으로 비제차 상미분방정식의 특수해를 구하는 것을 **미정계수법**(method of undetermined coefficient)이라고 함].

예제 1.10

상미분방정식 $y' = -18x + 3y$의 일반해를 구하시오.

풀이

우변의 $3y$를 좌변으로 이항하면, 주어진 방정식은 $y' - 3y = -18x$가 되고 $r(x) = -18x$인 비제차 1계 선형상미분방정식임을 알 수 있다.

1) 보조방정식인 제차 1계 선형상미분방정식 $y' - 3y = 0$의 일반해

방정식 $y' - 3y = 0$에서 $-3y$를 우변으로 이항한 후, 양변을 y로 나누고 $y' = \frac{dy}{dx}$로 미분표시를 바꾸어 나타내면 다음과 같은 식이 얻어진다. 즉,

$$\frac{1}{y}\frac{dy}{dx} = 3 \Rightarrow \frac{1}{y}dy = 3dx$$

위의 변수분리된 식의 양변을 적분하면 다음과 같이 된다.

$$\int \frac{1}{y}dy = \int 3dx + C_1 \Rightarrow \ln|y| = 3x + C_1$$

여기서, C_1은 임의의 상수이다. 따라서 일반해 y가 다음과 같이 구해진다. 즉,

$$|y| = \exp(3x + C_1) = e^{(3x + C_1)} = e^{C_1}e^{3x}$$

$$\therefore y = C_0 e^{3x}$$

여기서, $C_0 = \pm e^{C_1}$이고 임의의 상수이다. 위 식은 제차 1계 선형상미분방정식 $y' - 3y = 0$의 일반해이고, 주어진 비제차 1계 선형상미분방정식 $y' = -18x + 3y$의 보조해이다.

2) 비제차 1계 선형상미분방정식 $y' = -18x + 3y$의 특수해

$r(x) = -18x$가 1차식이기 때문에, 특수해 $\psi(x)$는 $r(x)$의 형태와 비슷한 모양으로 예상하여, 즉 미정계수법에 의하여 $\psi(x) = A_1x + A_0$이라고 할 수 있다. 여기서, A_1, A_0은 임의의 상수이다. $\psi(x) = A_1x + A_0$을 $y' = -18x + 3y$, 즉 $y' - 3y = -18x$에 대입하고 정리하면 다음과 같이 된다.

$$(A_1x + A_0)' - 3(A_1x + A_0) = -18x \Rightarrow -3A_1x + (A_1 - 3A_0) = -18x$$

양변의 계수를 비교하면, $-3A_1 = -18$, $A_1 - 3A_0 = 0$으로부터 $A_1 = 6$, $A_0 = 2$가 얻어진다. 따라서 $\psi(x) = 6x + 2$는 $y' = -18x + 3y$의 특수해가 된다.

3) 비제차 1계 선형상미분방정식 $y' = -18x + 3y$의 일반해

보조해 $y = C_0e^{3x}$와 특수해 $\psi(x) = 6x + 2$를 합한 $y = C_0e^{3x} + 6x + 2$는 비제차 1계 선형상미분방정식 $y' = -18x + 3y$의 일반해가 된다.

예제 1.11

비제차 1계 선형상미분방정식 $y' + 2xy = -8x$ 의 일반해를 구하시오.

풀이

1) 보조방정식인 제차 1계 선형상미분방정식 $y' + 2xy = 0$의 일반해

방정식 $y' + 2xy = 0$에서 $2xy$를 우변으로 이항한 후, 양변을 y로 나누고 $y' = \dfrac{dy}{dx}$로 미분표시를 바꾸어 나타내면 다음과 같은 식이 얻어진다. 즉,

$$\frac{1}{y}\frac{dy}{dx} = -2x \Rightarrow \frac{1}{y}dy = -2x\,dx$$

위의 변수분리된 식의 양변을 적분하면 다음과 같이 된다.

$$\int \frac{1}{y}dy = -\int 2x\,dx + C_1 \Rightarrow \ln|y| = -x^2 + C_1$$

여기서, C_1은 임의의 상수이다. 따라서 일반해 y가 다음과 같이 구해진다. 즉,

$$|y| = \exp(-x^2 + C_1) = e^{(-x^2 + C_1)} = e^{C_1}e^{-x^2}$$

$$\therefore y = C_0 e^{-x^2}$$

여기서, $C_0 = \pm e^{C_1}$이고 임의의 상수이다. 위 식은 제차 1계 선형상미분방정식 $y' + 2xy = 0$의 일반해이고, 주어진 비제차 1계 선형상미분방정식 $y' + 2xy = -8x$의 보조해이다.

2) 비제차 1계 선형상미분방정식 $y' + 2xy = -8x$의 일반해

보조해 $y = C_0 e^{-x^2}$에서 상수 C_0을 함수 $u(x)$로 바꾸면,

$$y = u(x)e^{-x^2}$$

이 된다. 위 식이 $y' + 2xy = -8x$의 해가 되도록 하는 $u(x)$를 구해보자[이러한 방법으로 비제차 상미분방정식의 일반해를 구하는 것을 **매개변수변환법**(method of variation of parameter)이라고 함]. $y = u(x)e^{-x^2}$를 주어진 미분방정식 $y' + 2xy = -8x$에 대입하면 다음과 같이 된다.

$$\left[u(x)e^{-x^2}\right]' + 2xu(x)e^{-x^2} = -8x \Rightarrow u'(x)e^{-x^2} - 2xu(x)e^{-x^2} + 2xu(x)e^{-x^2} = -8x$$

$$\Rightarrow u'(x)e^{-x^2} = -8x, \quad \therefore u'(x) = -8xe^{x^2}$$

위 식을 적분하면

$$u(x) = -\int 8xe^{x^2}dx + C_2 = -4e^{x^2} + C_2$$

가 얻어진다. 여기서, C_2는 임의의 상수이다. 따라서 비제차 1계 선형상미분방정식 $y' + 2xy = -8x$의 일반해는 다음과 같다.

$$y = u(x)e^{-x^2} = \left(-4e^{x^2} + C_2\right)e^{-x^2} = C_2 e^{-x^2} - 4$$

왜냐하면 위 식은 임의의 상수 C_2를 포함하고 있기 때문에 일반해가 된다.

식 (1.24)의 $r(x)$가 고려되는 구간 내의 모든 점에서 0이 되지 않을 때, 즉 $r(x) \neq 0$일 때의 **비제차 1계 선형상미분방정식** $y' + p(x)y = r(x)$를 풀어보자. $h'(x) = p(x)$인 함수 $h(x)$를 정의하고, $y' + p(x)y = r(x)$의 양변에 $e^{h(x)}$를 곱하면

$$e^{h(x)}y' + p(x)e^{h(x)}y = r(x)e^{h(x)} \tag{1.28}$$

이 된다. 위 식의 좌변은 $\left[e^{h(x)}y\right]'$이기 때문에

$$\left[e^{h(x)}y\right]' = r(x)e^{h(x)} \tag{1.29}$$

가 된다. 식 (1.29)의 양변을 적분하면 $e^{h(x)}y = \int r(x)e^{h(x)}dx + C_1$이 되기 때문에, 즉 **비제차 1계 선형상미분방정식** $y' + p(x)y = r(x)$의 일반해는 $h(x) = \int p(x)dx$일 때에 다음과 같이 공식으로 표현된다.

$$y = e^{-h(x)}\left[\int r(x)e^{h(x)}dx + C_1\right] \tag{1.30}$$

여기서, C_1은 임의의 상수이고, $h(x)$를 구하는 과정에서 절댓값은 필요하지 않다.

예제 1.12

비제차 1계 선형상미분방정식 $y' - \frac{1}{x}y = x$의 일반해를 구하시오.

풀이

식 (1.30)의 공식을 사용하여 주어진 미분방정식의 일반해를 구해보자. 먼저 $h(x)$를 구하면,

$$h(x) = \int p(x)dx = \int -\frac{1}{x}dx = -\ln x = \ln x^{-1}$$

이 된다. 위에서 구한 $h(x)$를 식 (1.30)에 대입하여 일반해 y를 구하면 다음과 같이 된다. 즉,

$$y = e^{-h(x)}\left[\int r(x)e^{h(x)}dx + C_1\right] = e^{\ln x}\left[\int xe^{\ln x^{-1}}dx + C_1\right] = x\left[\int dx + C_1\right]$$

$$\therefore y = x^2 + C_1 x$$

여기서, C_1은 임의의 상수이다.

예제 1.13

다음 그림과 같이 저항기(resistor) R과 인덕터(inductor, 유도기) L이 직렬 연결된 전기회로에서 시간 $t=0$에서 스위치 S를 닫고 직류전압 E를 흐르게 하였을 때, $t>0$에서 전류 I를 구하시오.

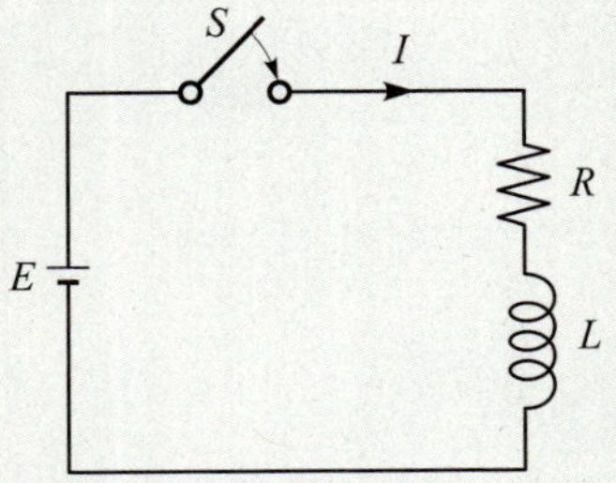

그림 예제 1.13

풀이

회로에 흐르는 전류 I는 **옴의 법칙**(Ohm's law)에 의하면 저항기 양단에서 전압강하 RI를 발생시키고, **키르히호프의 전압법칙**(Kirchhoff's voltage law)에 의하면 인덕터 양단에서 전압강하 LI'를 발생시킨다. 그리고 닫힌 전기회로에 가해진 전압 E는 양단의 전압강하의 합과 같다는 **키르히호프의 전류법칙**(Kirchhoff's current law)을 사용하면, 그림 예제 1.13의 전기회로는 다음과 같이 비제차 1계 선형상미분방정식으로 모델링할 수 있다. 즉,

$$LI' + RI = E \tag{1}$$

1) 변수분리법을 적용한 경우

방정식 $LI' + RI = E$에서 RI를 우변으로 이항한 후, 양변을 L로 나누고 $I' = \dfrac{dI}{dt}$로 미분표시를 바꾸어 나타내면 다음과 같은 식이 얻어진다. 즉,

$$\frac{dI}{dt} = \frac{1}{L}(E - RI) = -\frac{R}{L}\left(I - \frac{E}{R}\right) \Rightarrow \frac{dI}{I - \frac{E}{R}} = -\frac{R}{L}dt$$

위의 변수분리된 식의 양변을 적분하면 다음과 같이 된다.

$$\int \frac{1}{I - \frac{E}{R}} dI = \int \left(-\frac{R}{L}\right) dt \Rightarrow \ln\left(I - \frac{E}{R}\right) = -\frac{R}{L}t + C_2$$

여기서, C_2은 임의의 상수이다. 따라서 전류 I의 일반해가 다음과 같이 구해진다. 즉,

$$I - \frac{E}{R} = e^{[-(R/L)t + C_2]} = e^{C_2}e^{-(R/L)t}$$

$$\therefore I = \frac{E}{R} + C_1 e^{-(R/L)t} \tag{2}$$

여기서, $C_1 = e^{C_2}$이고 임의의 상수이다.

$t=0$일 때 $I=0$이라는 초기조건으로부터 다음과 같은 특수해가 얻어진다. 즉,

$$I|_{t=0} = \frac{E}{R} + C_1 e^0 = 0 \Rightarrow C_1 = -\frac{E}{R}$$

$$\therefore I = \frac{E}{R}\left[1 - e^{-(R/L)t}\right]$$

2) 적분공식을 적용한 경우

식 (1)의 양변을 L로 나누면

$$I' + \frac{R}{L}I = \frac{E}{L}$$

가 된다. 식 (1.30)의 공식을 사용하여 위의 상미분방정식의 일반해를 구해보자. 위 식과 식 (1.24)를 비교해 보면, $y = I, x = t, p(x) = p(t) = \frac{R}{L}, r(x) = r(t) = \frac{E}{L}$가 되기 때문에 먼저 $h(x) = h(t)$를 구하면

$$h(t) = \int p(t)dt = \int \frac{R}{L}dt = (R/L)t$$

가 된다. 위에서 구한 $h(t)$를 식 (1.30)에 대입하여 일반해 I를 구하면 다음과 같이 된다. 즉,

$$I = e^{-h(t)}\left[\int r(t)e^{h(t)}dt + C_1\right] = e^{-(R/L)t}\left[\int \frac{E}{L}e^{(R/L)t}dt + C_1\right]$$

$$= e^{-(R/L)t}\left[\frac{E}{R}e^{(R/L)t} + C_1\right]$$

$$\therefore I = \frac{E}{R} + C_1 e^{-(R/L)t} \tag{3}$$

여기서, C_1은 임의의 상수이다. 식 (3)과 식 (2)는 동일한 일반해이다.

변수분리법을 적용한 경우와 똑같은 방법으로, $t=0$일 때 $I=0$이라는 초기조건으로부터 다음과 같은 특수해가 얻어진다. 즉,

$$I|_{t=0} = \frac{E}{R} + C_1 e^0 = 0 \Rightarrow C_1 = -\frac{E}{R}$$

$$\therefore I = \frac{E}{R}\left[1 - e^{-(R/L)t}\right]$$

예제 1.14

베르누이방정식(Bernoulli equation) $\frac{du}{dx}+p(x)u=r(x)u^n \ (n \neq 1)$은 비선형상미분방정식이지만 매개변수변환, 즉 $y=u^{1-n}$에 의하여 선형상미분방정식으로 변환시킬 수 있다. 베르누이방정식을 1계 선형상미분방정식으로 변환시키고 일반해 u를 구하시오.

풀이

매개변수변환식 $y=u^{1-n}$을 x로 미분하면,

$$\frac{dy}{dx}=\frac{du}{dx}(1-n)u^{-n}$$

이 된다. 따라서

$$\frac{du}{dx}=\frac{u^n}{1-n}\frac{dy}{dx}$$

가 된다. 매개변수변환식 $y=u^{1-n}$을 u에 대하여 다시 쓰면

$$u=yu^n$$

이 된다. 위의 $\frac{du}{dx}=\frac{u^n}{1-n}\frac{dy}{dx}$, $u=yu^n$을 베르누이방정식 $\frac{du}{dx}+p(x)u=r(x)u^n$에 대입하면

$$\frac{u^n}{1-n}\frac{dy}{dx}+p(x)u^n=r(x)u^n$$

이 된다. 자명한 해인 $u=0$을 제외하면, 즉 $u \neq 0$일 때, 양변을 $\frac{u^n}{1-n}$으로 나누면 다음과 같은 1계 선형상미분방정식이 얻어진다.

$$\frac{dy}{dx}+(1-n)p(x)y=(1-n)r(x)$$

위 식과 식 (1.24)를 비교해보면 $p(x)=(1-n)p(x), r(x)=(1-n)r(x)$가 되기 때문에 식 (1.30)의 공식에 대입하면 y가 다음과 같이 구해진다. 즉,

$$y=e^{-\int(1-n)p(x)dx}\left\{\int(1-n)r(x)e^{\int(1-n)p(x)dx}dx+C_1\right\}$$

여기서, C_1은 임의의 상수이다. 따라서 매개변수변환식 $y=u^{1-n}$을 u로 나타내면 다음과 같이 베르누이방정식 $\frac{du}{dx}+p(x)u=r(x)u^n$의 일반해 u가 얻어진다. 즉,

$$y=u^{1-n} \Rightarrow u=y^{1/(1-n)}$$

$$\therefore u=\left[e^{-\int(1-n)p(x)dx}\left\{\int(1-n)r(x)e^{\int(1-n)p(x)dx}dx+C_1\right\}\right]^{1/(1-n)} \qquad (1)$$

1.5 완전상미분방정식

(1) 완전상미분방정식

미분방정식 $M(x,y)+N(x,y)\dfrac{dy}{dx}=0$을 다른 형태로 나타내면, 즉 양변에 dx를 곱하면

$$M(x,y)dx+N(x,y)dy=0 \tag{1.31}$$

이 된다. 미분방정식 $M(x,y)dx+N(x,y)dy=0$에 대하여

$$\frac{\partial f(x,y)}{\partial x}=M(x,y),\quad \frac{\partial f(x,y)}{\partial y}=N(x,y) \tag{1.32}$$

가 되는 2변수함수 $f(x,y)$가 존재할 때, $M(x,y)dx+N(x,y)dy=0$과 같은 형태의 미분방정식을 **완전미분방정식**(exact differential equation)이라고 부른다. 이때, $f(x,y)$의 **전미분**[total differential 또는 **미분**(differential)이라고도 함]은

$$df=\frac{\partial f(x,y)}{\partial x}dx+\frac{\partial f(x,y)}{\partial y}dy=M(x,y)dx+N(x,y)dy=0 \tag{1.33}$$

이 되기 때문에, 식 (1.31)의 미분방정식의 일반해는 위 식을 한번 적분하면 구해진다. 즉, 완전상미분방정식의 일반해는 $f(x,y)=C_1$이 된다. 여기서, C_1은 임의의 상수이다.

완전미분방정식은 다음 사항이 성립된다.

완전미분방정식이 되는 조건

$M(x,y)$, $N(x,y)$가 편미분이 가능하고 모든 도함수가 연속일 때, 미분방정식 $M(x,y)dx+N(x,y)dy=0$가 **완전미분방정식**이 되기 위한 **필요충분조건**은 다음 식이 성립해야 한다.

$$\frac{\partial M(x,y)}{\partial y}=\frac{\partial N(x,y)}{\partial x} \tag{1.34}$$

증명

미분방정식 $M(x,y)dx+N(x,y)dy=0$이 완전미분방정식이 되기 위해서는 $\dfrac{\partial f}{\partial x}=M(x,y)$, $\dfrac{\partial f}{\partial y}=N(x,y)$

를 만족하는 $f(x, y)$가 존재해야 한다. 이때, $\frac{\partial M}{\partial y} = \frac{\partial}{\partial y}\left(\frac{\partial f}{\partial x}\right)$와 $\frac{\partial N}{\partial x} = \frac{\partial}{\partial x}\left(\frac{\partial f}{\partial y}\right)$는 연속이기 때문에 다음 식이 성립한다. 즉,

$$\frac{\partial}{\partial y}\left(\frac{\partial f}{\partial x}\right) = \frac{\partial}{\partial x}\left(\frac{\partial f}{\partial y}\right) \Rightarrow \frac{\partial M}{\partial y} = \frac{\partial N}{\partial x}$$

역으로, $\frac{\partial M}{\partial y} = \frac{\partial N}{\partial x}$인 경우에는

$$\frac{\partial}{\partial x}\left(N - \frac{\partial}{\partial y}\int M dx\right) = \frac{\partial N}{\partial x} - \frac{\partial M}{\partial y} = 0$$

이 되기 때문에, $N - \frac{\partial}{\partial x}\int M dx$ 는 y만의 함수가 된다. 여기서,

$$f = \int M dx + \int \left(N - \frac{\partial}{\partial y}\int M dx\right) dy$$

라면,

$$\frac{\partial f}{\partial x} = M,\ \frac{\partial f}{\partial y} = \frac{\partial}{\partial y}\int M dx + N - \frac{\partial}{\partial y}\int M dy = N$$

이 되기 때문에, 미분방정식 $M(x, y)dx + N(x, y)dy = 0$은 완전미분방정식이 된다.

예제 1.15

미분방정식 $(2x + y)dx + (x + 2y)dy = 0$이 완전미분방정식임을 보이고 일반해를 구하시오.

풀이

$M = 2x + y,\ N = x + 2y$로 놓으면,

$$\frac{\partial M}{\partial y} = 1,\ \frac{\partial N}{\partial x} = 1$$

이 되기 때문에 $\frac{\partial M}{\partial y} = \frac{\partial N}{\partial x}$이 성립한다. 따라서 주어진 방정식은 완전미분방정식이다.

다음으로 $\frac{\partial f}{\partial x} = M = 2x + y,\ \frac{\partial f}{\partial y} = N = x + 2y$를 만족하는 2변수함수 $f(x, y)$를 구해보자.

$\frac{\partial f}{\partial x} = 2x + y$를 x에 대하여 적분하면, 임의의 상수는 y만의 함수이기 때문에 $f(x, y)$는 다음과 같이 된다. 즉,

$$f(x, y) = \int (2x + y)dx = x^2 + xy + g(y) \tag{1}$$

위 식을 y에 대하여 편미분하면, $\frac{\partial f}{\partial y} = x + g'(y)$가 된다. 한편 $\frac{\partial f}{\partial y} = N = x + 2y$이기 때문에 $g'(y) = 2y$가 되고, 따라서 $g(y) = y^2 + C_2$가 된다. 여기서, C_2는 임의의 상수이다.

$g(y) = y^2 + C_2$를 식 (1)에 대입하면

$f(x, y) = x^2 + xy + y^2 + C_2$

가 구해지고, 따라서 임의의 상수의 위치를 바꾸면 다음과 같이 일반해가 얻어진다. 즉,

$x^2 + xy + y^2 = C_1$

여기서, C_1는 임의의 상수이다.

(2) 적분인자

미분방정식 $M(x, y)dx + N(x, y)dy = 0$이 완전미분방정식이 아닐 때, 어떤 함수를 곱하면 완전미분방정식의 형태가 되는 경우가 있다. 즉, 2변수함수 $F(x, y)$를 곱하여

$$F(x, y)M(x, y)dx + F(x, y)N(x, y)dy = 0 \tag{1.35}$$

이 완전미분방정식으로 되었을 때, 함수 $F(x, y)$를 **적분인자**(integrating factor)라고 부른다. 적분인자는 언제나 존재한다고 할 수는 없지만, 존재하는 경우에는 다음과 같은 정리가 성립한다.

적분인자의 정리

완전미분방정식이 아닌 $M(x, y)dx + N(x, y)dy = 0$에 대하여

1) $S = \dfrac{1}{N}\left(\dfrac{\partial M}{\partial y} - \dfrac{\partial N}{\partial x}\right)$이 x만의 함수일 때, $F(x, y) = F(x)$가 되고 $F(x) = e^{\int S dx}$는 **적분인자**가 된다.

2) $T = \dfrac{1}{M}\left(\dfrac{\partial N}{\partial x} - \dfrac{\partial M}{\partial y}\right)$이 y만의 함수일 때, $F(x, y) = F(y)$가 되고 $F(y) = e^{\int T dy}$는 **적분인자**가 된다.

증명

미분방정식 $M(x, y)dx + N(x, y)dy = 0$이 완전미분방정식이 되기 위해서는 $\dfrac{\partial M(x, y)}{\partial y} = \dfrac{\partial N(x, y)}{\partial x}$이 되어야 한다. 식 (1.35)는 2변수 x, y를 생략하여 간략하게 $FMdx + FNdy = 0$으로 나타낼 수 있고, 따라서 이 식이 완전미분방정식되기 위해서는

$$\frac{\partial}{\partial y}(FM) = \frac{\partial}{\partial x}(FN) \tag{1.36}$$

이 되어야 한다. 위 식을 곱의 미분법과 편도함수를 사용하여 나타내면,

$$\frac{\partial F}{\partial y}M + F\frac{\partial M}{\partial y} = \frac{\partial F}{\partial x}N + F\frac{\partial N}{\partial x} \tag{1.37}$$

이 얻어진다. 따라서 위 식으로부터 단 한 개의 변수에 의존하는 적분인자를 찾으면 된다. 이와 같은 적분인자는 많은 실제적인 경우에 존재하는데 $F = F(x)$ 라고 하면, $\frac{\partial F}{\partial y} = 0$ 이고 $\frac{\partial F}{\partial x} = \frac{dF}{dx}$ 가 된다. 따라서 식 (1.36)은

$$F\frac{\partial M}{\partial y} = \frac{dF}{dx}N + F\frac{\partial N}{\partial x} \tag{1.38}$$

이 된다. 위 식의 양변을 FN 으로 나누고 정리하면

$$\frac{1}{F}\frac{dF}{dx} = \frac{1}{N}\left(\frac{\partial M}{\partial y} - \frac{\partial N}{\partial x}\right) \tag{1.39}$$

위 식의 양변을 적분하고 정리하면, 다음과 같은 적분인자의 공식이 얻어지므로 적분인자의 정리 1)에 대한 증명이 된다. 즉,

$$F(x) = e^{\int S dx} \quad \text{여기서, } S = \frac{1}{N}\left(\frac{\partial M}{\partial y} - \frac{\partial N}{\partial x}\right) \tag{1.40}$$

같은 방법으로 $F = F(y)$ 라고 하면, 식 (1.39) 대신에

$$\frac{1}{F}\frac{dF}{dy} = \frac{1}{M}\left(\frac{\partial N}{\partial x} - \frac{\partial M}{\partial y}\right) \tag{1.41}$$

으로 나타낼 수 있다. 위 식의 양변을 적분하고 정리하면, 다음과 같은 적분인자의 공식이 얻어지므로 적분인자의 정리 2)에 대한 증명이 된다. 즉,

$$F(y) = e^{\int T dy} \quad \text{여기서, } T = \frac{1}{M}\left(\frac{\partial N}{\partial x} - \frac{\partial M}{\partial y}\right) \tag{1.42}$$

예제 1.16

미분방정식 $(x^2+y^2)dx+xydy=0$의 적분인자를 정하고 일반해를 구하시오.

풀이

$M=x^2+y^2, N=xy$로 놓으면,

$$\frac{\partial M}{\partial y}=2y,\ \frac{\partial N}{\partial x}=y$$

가 되기 때문에 $\frac{\partial M}{\partial y}\neq\frac{\partial N}{\partial x}$이다. 따라서 주어진 방정식은 완전미분방정식이 아니다.

적분인자의 공식을 적용하기 위하여 S값을 구하면,

$$S=\frac{1}{N}\left(\frac{\partial M}{\partial y}-\frac{\partial N}{\partial x}\right)=\frac{1}{xy}(2y-y)=\frac{1}{x}$$

이 된다. 따라서 적분인자 $F=F(x)$는 다음과 같이 구해진다. 즉,

$$F=e^{\int Sdx}=e^{\int\frac{1}{x}dx}=e^{\ln x}=x$$

주어진 미분방정식 $(x^2+y^2)dx+xydy=0$의 양변에 위에서 구한 적분인자 x를 곱하면, 다음과 같은 완전미분방정식이 얻어진다.

$$(x^3+xy^2)dx+x^2ydy=0$$

다음으로 $\frac{\partial f}{\partial x}=x^3+xy^2$, $\frac{\partial f}{\partial y}=x^2y$를 만족하는 2변수함수 $f(x,y)$를 구해보자.

$\frac{\partial f}{\partial y}=x^2y$을 y에 대하여 적분하면, 임의의 상수는 x만의 함수이기 때문에 $f(x,y)$는 다음과 같이 된다. 즉,

$$f(x,y)=\int x^2ydy=\frac{1}{2}x^2y^2+g(x) \tag{1}$$

위 식을 x에 대하여 편미분하면, $\frac{\partial f}{\partial x}=xy^2+g'(x)$가 된다. 한편 $\frac{\partial f}{\partial x}=x^3+xy^2$이기 때문에 $g'(x)=x^3$가 되고, 따라서 $g(x)=\frac{1}{4}x^4+C_2$가 된다. 여기서, C_2는 임의의 상수이다.

$g(x)=\frac{1}{4}x^4+C_2$를 식 (1)에 대입하면

$$f(x,y)=\int x^2ydy=\frac{1}{4}x^4+\frac{1}{2}x^2y^2+C_2$$

가 구해지고, 따라서 위 식의 양변에 4를 곱하고 임의의 상수의 위치를 바꾸면 다음과 같이 일반해가 얻어진다. 즉,

$$x^4+2x^2y^2=C_1$$

여기서, C_1는 임의의 상수이다.

연습문제

1.1 다음 미분방정식의 해를 구하시오.

(1) $y' = xe^{2y}$

(2) $(x+3)y' = y+2$

(3) $y'\sin x - y\cos x = \sin 2x$

(4) $(x^2-y^2)y' = 2xy$

(5) $y'\sqrt{x^2+1} = y$

(6) $\dfrac{dy}{dx} = \dfrac{y}{1+e^x}$, $y(0)=2$

(7) $y' = -(\sin x)y$, $y\left(\dfrac{\pi}{2}\right)=7$

1.2 다음 미분방정식의 방향장과 $y(0)=4$의 초기조건을 만족하는 특수해의 곡선을 구하시오.

(1) $y' - y = 0$

(2) $y' + 2xy = 0$

1.3 다음 미분방정식의 해를 구하시오.

(1) $y' = 3e^{-x} + 2y$

(2) $y' = x^2 - y$

(3) $y'\tan y = \tan x$

(4) $xu' = x^2u^2 + 2u$

(5) $(2y^2+x)dx + (y+4xy)dy = 0$

(6) $(-y^3+xy^2)dx + (-xy^2+1)dy = 0$

1.4 다음 그림과 같이 질량이 M인 도르래에 질량 m의 추를 매달아 놓았을 경우, 초기 평형상태에서 도르래에 장력 T가 작용하고 있으며 초기 낙하시간 $t=t_0=0$에서 추의 초기 속도와 초기 낙하거리는 각각 $v=v_0=0$과 $h=h_0=0$이다. 추가 낙하하기 시작하여 시간 t에서 추의 낙하속도 v와 낙하거리 h를 구하시오. 단, 공기저항력은 무시하고, 도르래에는 축에 작용하는 토크(torque) TR과 축에 직각으로 작용하는 회전토크 Ib는 $TR=Ib$로 표시된다. 여기서, I는 도르래의 관성모멘트로 $I=\frac{1}{2}Mr^2$이고 b는 회전각가속도이다.

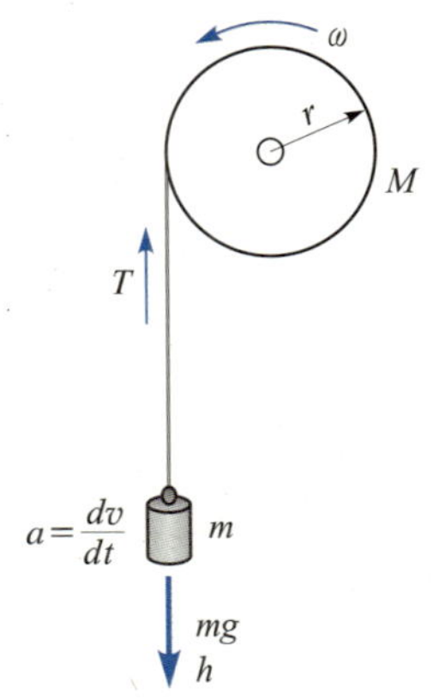

그림 연습문제 1.4

1.5 다음 그림과 같이 질량이 M인 로켓이 엔진의 노즐로부터 일정하게 분사되는 가스분사속도 u에 의하여 로켓의 비행속도 v로 비행하고 있다. Δt시간 후에 연료분사에 의하여 로켓의 질량이 Δm 감소하였을 때, 로켓의 비행속도는 $v+\Delta v$이 되고 로켓의 질량은 $M-\Delta m$이 되었다. 이러한 조건에서 운동량 보존법칙을 사용하여 로켓에 작용하는 추진력 F와 비행속도 v와의 관계를 미분방정식으로 모델링하시오. 단, 단위시간당 로켓 밖으로 배출되는 질량은 일정하고, 즉 $\frac{dM}{dt}=m_e$이고, 공기저항력은 무시한다.

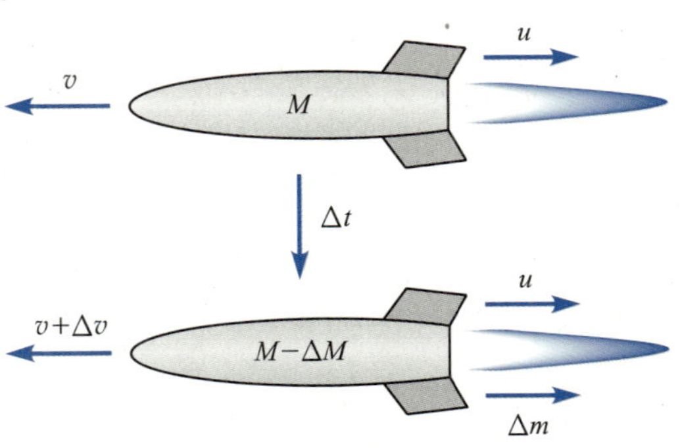

그림 연습문제 1.5

1.6 용기 내에 들어 있는 세균의 증식 문제는 개체군 역학(population dynamics)에서 중요한 역할을 하는 전형적인 로지스틱 방정식(logistic equation)으로 표현되는 분야이다. 다음은 용기 내에 들어 있는 세균이 증식하고 있을 때에 대한 개체군 역학문제로서, 시간 t에 있어서 세균의 양을 u라고 할 때,

(1) 세균이 증식하는 속도가 현재의 세균 양에 비례한다고 하면, t와 u의 관계를 다음과 같은 상미분방정식을 이용하여 나타낼 수 있다. 즉,

$$\frac{du}{dt} = Au$$

여기서, A가 임의의 상수일 때, 위의 상미분방정식의 일반해를 구하시오.

(2) 세균이 증식할 수 있는 양의 상한값을 1로 할 때, 세균이 증식하는 속도가 현재의 세균 양 u와 상한값과의 차 $1-u$곱에 비례한다면 다음과 같은 로지스틱 미분방정식으로 나타낼 수 있다. 즉,

$$\frac{du}{dt} = Au(1-u)$$

위 미분방정식의 초기조건 $u(0) = \frac{1}{2}$을 만족하는 특수해를 구하시오.

CHAPTER 02

2계 상미분방정식

2.1 제차 2계 선형상미분방정식

(1) 2계 선형상미분방정식

$p(x), q(x)$를 x의 함수라고 할 때,

$$y'' + p(x)y' + q(x)y = 0 \tag{2.1}$$

의 형태를 **제차 2계 선형상미분방정식**이라 부른다. $y = f(x), y = g(x)$가 식 (2.1)의 해라고 하면, 임의의 상수 A_1, A_2에 대하여

$$y = A_1 f(x) + A_2 g(x) \tag{2.2}$$

도 해가 된다. 즉, 식 (2.2)를 식 (2.1)의 좌변에 대입하면, $f(x), g(x)$가 식 (2.1)의 해이기 때문에

$$\begin{aligned} & y'' + p(x)y' + q(x)y \\ &= [A_1 f(x) + A_2 g(x)]'' + p(x)[A_1 f(x) + A_2 g(x)]' + q(x)[A_1 f(x) + A_2 g(x)] \\ &= [A_1 f''(x) + A_2 g''(x)] + p(x)[A_1 f'(x) + A_2 g'(x)] + q(x)[A_1 f(x) + A_2 g(x)] \\ &= A_1[f''(x) + p(x)f'(x) + q(x)f(x)] + A_2[g''(x) + p(x)g'(x) + q(x)g(x)] \\ &= 0 \end{aligned} \tag{2.3}$$

이 된다. 따라서 $y = A_1 f(x) + A_2 g(x)$도 **선형상미분방정식**인 식 (2.1)의 해이다. 이러한 성질을 해의 **선형성 원리**(linearity principle)라고 부른다. 식 (2.2)는 2개의 임의의

상수를 포함하고 있기 때문에, 선형상미분방정식인 식 (2.1)의 일반해이다.

일반적으로, 2개의 함수 $f(x), g(x)$에 대하여

$$a_1 f(x) + a_2 g(x) = 0 \tag{2.4}$$

이 되는 상수가 $a_1 = a_2 = 0$뿐일 때, $f(x), g(x)$를 **1차독립**(linearly independent)이라고 부른다. 2개의 함수 $f(x), g(x)$가 1차독립이라고 하는 것은 한 개의 함수가 다른 한 개의 함수의 정수배가 되지 않을 때이다. 만약 위 방정식이 둘 중 적어도 하나는 0이 아닌 a_1, a_2 대해서도 성립되면, $f(x), g(x)$를 **1차종속**(linearly dependent)이라고 한다. 1차종속의 경우에만 $f(x)$와 $g(x)$는 비례하므로, $f(x) = kg(x)$ 또는 $g(x) = lf(x)$가 된다.

이와 같은 식 (2.1)의 해의 특성으로부터 다음과 같은 내용을 알 수 있다.

제차 2계 선형상미분방정식의 일반해

$y = f(x), y = g(x)$가 제차 2계 선형상미분방정식 $y'' + p(x)y' + q(x)y = 0$의 1차독립인 2개의 해라고 하면, 이 미분방정식의 일반해는

$$y = A_1 f(x) + A_2 g(x)$$

로 주어진다. 여기서, A_1, A_2는 임의의 상수이다. 이 형태의 함수를 $f(x)$와 $g(x)$의 **1차결합**(linear combination)이라고 한다. 이 개념을 통하여 **중첩의 원리** 또는 **선형성 원리**를 공식화할 수 있다. 이와 같은 $f(x), g(x)$를 식 (2.1)의 해의 **기저**(basis) 또는 **기본계**(fundamental system)라고 부른다.

참고로, 선형대수의 관점에서 보면 제차 2계 선형상미분방정식의 해 집합은 2개의 1차독립인 해로 확장한 2차원 선형공간이 된다.

위의 **제차 2계 선형상미분방정식의 일반해**의 특성으로부터 제차 2계 선형상미분방정식을 푼다는 것은 2개의 1차독립인 해를 구하는 것이다. 2개의 함수가 1차독립인지 아닌지는 다음과 같이 하여 확인할 수 있다. 즉, 식 (2.4)와 이 식을 미분한 식을 a_1, a_2에 대한 **연립방정식**으로 나타내면

$$\begin{aligned} a_1 f(x) + a_2 g(x) &= 0 \\ a_1 f'(x) + a_2 g'(x) &= 0 \end{aligned} \tag{2.5}$$

이 된다. 위의 연립방정식의 계수행렬을 **행렬식**(determinant)으로 나타내면

$$W\{f(x), g(x)\} = \begin{vmatrix} f(x) & g(x) \\ f'(x) & g'(x) \end{vmatrix} \tag{2.6}$$

가 된다. $W\{f(x), g(x)\} \neq 0$이 되는 x가 있으면, 식 (2.5)는 $a_1 = a_2 = 0$일 때만 성립하기 때문에 $f(x)$와 $g(x)$는 1차독립이 된다. 함수 $W\{f(x), g(x)\}$를 $f(x), g(x)$의 로스키행렬식 또는 론스키언(Wronskian)이라고 부른다. 따라서 두 개의 해 $f(x)$와 $g(x)$가 종속이 되기 위한 필요충분조건은 이 해들의 론스키언(Wronskian)이 0, 즉 $W\{f(x), g(x)\} = 0$이 될 때이다. 참고로, $f(x), g(x)$가 1차독립이어도 모든 x에 대하여 $W\{f(x), g(x)\} = 0$이 되는 경우도 있다.

예제 2.1

2개의 함수 e^{3x}, xe^{3x}가 1차독립임을 증명하시오.

풀이

2개의 함수 e^{3x}, xe^{3x}의 론스키언(Wronskian)을 구하면,

$$W\{e^{3x}, xe^{3x}\} = \begin{vmatrix} e^{3x} & xe^{3x} \\ 3e^{3x} & (3x+1)e^{3x} \end{vmatrix} = (3x+1)e^{6x} - 3xe^{6x} = e^{6x} \neq 0$$

이므로, 따라서 e^{3x}와 xe^{3x}는 1차독립이다.

(2) 상수계수를 갖는 제차 2계 선형상미분방정식

제차 2계 선형상미분방정식 중에서 a, b를 **상수계수**로 하여

$$y'' + ay' + by = 0 \tag{2.7}$$

의 형태로 표시되는 미분방정식을 **상수계수**를 갖는 **제차 2계 선형상미분방정식**(상수계수 제차 2계 선형상미분방정식)이라 부른다. **상수계수 제차 1계 상미분방정식** $y' - Py = 0$의 경우는 예제 1.9에서 보여준 것처럼 **지수함수** $y = C_0 e^{Px}$가 일반해임을 상기해 보자. 이러한 사실은 식 (2.7)의 해로서 함수

$$y = e^{Dx} \tag{2.8}$$

를 시도해보도록 하는 아이디어를 준다. 식 (2.8)을 1번 그리고 2번 미분하면,

$$y' = De^{Dx}$$
$$y'' = D^2 e^{Dx} \tag{2.9}$$

가 얻어진다. 식 (2.8), (2.9)를 식 (2.7)에 대입하면,

$$(D^2 + aD + b)e^{Dx} = 0 \tag{2.10}$$

을 얻는다. 위 식의 양변을 e^{Dx}로 나누면, 다음과 같은 **특성방정식**(characteristic equation) 또는 **보조방정식**(auxiliary equation)이 된다.

$$D^2 + aD + b = 0 \tag{2.11}$$

만약 D가 위의 특성방정식의 해라면, 지수함수 식 (2.8)은 선형상미분방정식 (2.7)의 해이다. 식 (2.11)의 2차방정식의 해는 다음과 같이 된다.

$$D = \frac{-a \pm \sqrt{a^2 - 4b}}{2} \tag{2.12}$$

위 식의 **미분연산자**(differential operator) D[여기서, 미분연산자 표기에서 $D = \frac{d}{dx}$ 라고 쓰고, $Dy = y' = \frac{dy}{dx}$, $D^2y = D(Dy) = y''$ 등으로 표기함]는 D_1, D_2로 다음과 같이 나누어 쓸 수 있다.

$$D_1 = \frac{-a + \sqrt{a^2 - 4b}}{2}, \quad D_2 = \frac{-a - \sqrt{a^2 - 4b}}{2} \tag{2.13}$$

유도과정에서 보듯이 함수

$$y_1 = e^{D_1 x}, \quad y_2 = e^{D_2 x} \tag{2.14}$$

가 식 (2.7)의 해이므로, 식 (2.12)와 식 (2.13)은 기초가 될 것이다. 식 (2.14)를 식 (2.7)에 대입하여 이것을 증명해 보라.

대수학으로부터 2차방정식 (2.11)은 **판별식** $a^2 - 4b$의 부호에 따라 3가지 종류의 근을 가짐을 알 수 있다. 따라서 상수계수를 갖는 제차 2계 선형상미분방정식의 일반해는

다음 표 2.1과 같이 정리할 수 있다. 표 2.1에서 A_1, A_2, B_1, B_2는 임의의 상수이고, $\omega^2 = b - \frac{a^2}{4}$ 이다.

표 2.1

경우	특성방정식의 해	식 (2.7)의 기저(basis)	일반해
경우 I $(a^2-4b=0)$	이중근 $D=-\frac{a}{2}$	e^{Dx} xe^{Dx}	$y=(B_1+B_2x)e^{Dx}$ $=(B_1+B_2x)e^{-ax/2}$
경우 II $(a^2-4b<0)$	컬레 복소근 $D=-\frac{a}{2}\pm i\omega$	$e^{-ax/2}\cos\omega x$ $e^{-ax/2}\sin\omega x$	$y=e^{-ax/2}(A_1\cos\omega x+A_2\sin\omega x)$
경우 III $(a^2-4b>0)$	서로 다른 실근 D_1, D_2	e^{D_1x} e^{D_2x}	$y=B_1e^{D_1x}+B_2e^{D_2x}$

예제 2.2

다음 상미분방정식의 일반해를 구하시오.

(1) $y''+y'-2y=0$ (2) $y''+y'+y=0$ (3) $y''+2y'+y=0$

풀이

(1) $y''+y'-2y=0$의 일반해

특성방정식은 $D^2+D-2=0$이 된다. $D^2+D-2=(D+2)(D-1)=0$으로부터, $D_1=-2$, $D_2=1$이 되어 표 2.1의 경우 III [판별식 $a^2-4b=1^2-4\times(-2)=9>0$]에 해당하므로 2개의 서로 다른 실근을 갖는다. 따라서 일반해는

$$y=B_1e^{D_1x}+B_2e^{D_2x}=B_1e^{-2x}+B_2e^{x}$$

가 된다. 여기서, B_1, B_2는 임의의 상수이다.

(2) $y''+y'+y=0$의 일반해

특성방정식은 $D^2+D+1=0$이 된다. 그러므로 $D=\frac{-1\pm\sqrt{-3}}{2}=\frac{-1\pm i\sqrt{3}}{2}$ 으로부터, 표 2.1의 경우 II [판별식 $a^2-4b=1^2-4\times(1)=-3<0$]의 컬레복소근을 갖는 경우에 해당하고 $a=1$, $\omega=\frac{\sqrt{3}}{2}$ 이 된다. 따라서 일반해는

$$y=e^{-ax/2}(A_1\cos\omega x+A_2\sin\omega x)=e^{-x/2}\left[A_1\cos\left(\frac{\sqrt{3}}{2}x\right)+A_2\sin\left(\frac{\sqrt{3}}{2}x\right)\right]$$

가 된다. 여기서, A_1, A_2는 임의의 상수이다.

(3) $y''+2y'+y=0$의 일반해

특성방정식은 $D^2+2D+1=0$이 된다. $D^2+2D+1=(D+1)^2=0$으로부터, $D=-1$이 되어 표 2.1의 경우 I [판별식 $a^2-4b=2^2-4\times(1)=0$]에 해당하므로 이중근을 갖는다. 따라서 일반해는

$$y=(B_1+B_2x)e^{Dx}=(B_1+B_2x)e^{-x}$$

가 된다. 여기서, B_1, B_2는 임의의 상수이다.

예제 2.3

다음 상미분방정식의 일반해와 [ ]안의 초기조건을 만족하는 특수해를 구하시오.

$$y''-2y'+2y=0,\quad [y(0)=2,\ y'(0)=0]$$

풀이

1) $y''-2y'+2y=0$의 일반해

특성방정식은 $D^2-2D+2=0$이 된다. 그러므로 $D=\dfrac{2\pm\sqrt{-4}}{2}=1\pm i$로부터, 표 2.1의 경우 II [판별식 $a^2-4b=(-2)^2-4\times(2)=-4<0$]의 컬레복소근을 갖는 경우에 해당하고 $a=-2$, $\omega=1$이 된다. 따라서 일반해는

$$y=e^{-ax/2}(A_1\cos\omega x+A_2\sin\omega x)=e^x[A_1\cos x+A_2\sin x]$$

가 된다. 여기서, A_1, A_2는 임의의 상수이다.

2) [ ]안의 초기조건을 만족하는 특수해

초기조건 $y(0)=2$로부터

$$e^0[A_1\cos 0+A_2\sin 0]=2$$

가 되고, 위 식으로부터 $A_1=2$가 얻어진다. y를 x에 대하여 한번 미분하면,

$$y'=e^x[A_1\cos x+A_2\sin x]+e^x[-A_1\sin x+A_2\cos x]$$
$$=e^x[(A_1+A_2)\cos x+(-A_1+A_2)\sin x]$$

가 된다. $y'(0)=0$이므로

$$e^0[(A_1+A_2)\cos 0+(-A_1+A_2)\sin 0]=0$$

이 된다. 위 식으로부터 $A_1+A_2=0$이 얻어지고, $A_1=2$이기 때문에 $A_2=-2$가 구해진다. 따라서 특수해는 다음과 같이 된다.

$$y=2e^x[\cos x-\sin x]$$

2.2 비제차 2계 선형상미분방정식

(1) 비제차 2계 선형상미분방정식

x의 함수 $p(x), q(x), r(x)$ $[r(x) \neq 0]$ 에 대하여

$$y'' + p(x)y' + q(x)y = r(x) \tag{2.15}$$

의 형태의 미분방정식을 **비제차 2계 선형상미분방정식**이라 부른다. 비제차 선형상미분방정식 (2.15)에 대하여, $r(x) = 0$인 제차 선형상미분방정식

$$y'' + p(x)y' + q(x)y = 0 \tag{2.16}$$

을 식 (2.15)의 **보조방정식**이라고 부른다.

1장의 1계 선형상미분방정식의 경우와 같은 방법으로 식 (2.15)의 일반해에 대하여 다음 사항이 성립하는 것을 증명할 수가 있다.

비제차 2계 선형상미분방정식의 일반해

비제차 2계 선형상미분방정식 (2.15)의 **보조방정식**을 $y'' + p(x)y' + q(x)y = 0$이라고 하자. 보조방정식의 일반해를 $y = A_1 f(x) + A_2 g(x)$ [**보조해**(complementary solution)라고 부르기도 하고, $y_c = A_1 f(x) + A_2 g(x)$로 나타내기도 함], 식 (2.15)의 특수해를 $y = \psi(x)$ [particular solution, $y_p = \psi(x)$로 나타내기도 함]라고 할 때, **비제차 2계 선형상미분방정식** (2.15)의 일반해는 다음과 같이 된다.

$$y = y_c(x) + y_p(x) = A_1 f(x) + A_2 g(x) + \psi(x) \tag{2.17}$$

즉, **비제차 2계 선형상미분방정식** (2.15)의 **일반해**는 **보조방정식** (2.16)의 **일반해**와 식 (2.15)의 **특수해**를 구하여 합하면 된다.

예제 2.4

다음 상미분방정식의 일반해를 구하시오.

$$y'' - 2y' + 2y = 10e^{-x}$$

풀이

예제 2.3으로부터, 보조방정식 $y'' - 2y' + 2y = 0$의 일반해는

$$y = e^x (A_1 \cos x + A_2 \sin x) \tag{1}$$

이다. 여기서, A_1, A_2는 임의의 상수이다. $y'' - 2y' + 2y = 10e^{-x}$의 특수해 $\psi(x)$를 $r(x)$의 형태로 다음과 같이 예상한다.

$$y = \psi(x) = a_1 e^{-x} \tag{2}$$

여기서, a_1는 임의의 상수이다. 위 식을 한 번 그리고 두 번 미분하면

$$y' = \psi'(x) = -a_1 e^{-x} \tag{3}$$

$$y'' = \psi''(x) = a_1 e^{-x} \tag{4}$$

가 된다. 식 (2), (3), (4)를 주어진 비제차 2계 선형상미분방정식에 대입하면

$$a_1 e^{-x} + 2a_1 e^{-x} + 2a_1 e^{-x} = 10e^{-x}$$

가 된다. 위 식을 정리하면 $5a_1 e^{-x} = 10e^{-x}$가 되어 $a_1 = 2$가 얻어지고, 이것을 식 (2)에 대입하면 특수해는

$$y = 2e^{-x} \tag{5}$$

가 구해진다. 따라서 주어진 비제차 2계 선형상미분방정식의 일반해는 보조방정식의 일반해인 식 (1)과 특수해인 식 (5)를 합하면 다음과 같이 구해진다.

$$y = e^x (A_1 \cos x + A_2 \sin x) + 2e^{-x}$$

(2) 상수계수를 갖는 비제차 2계 선형상미분방정식

비제차 2계 선형상미분방정식 중에서 a, b를 **상수계수**로 하여

$$y'' + ay' + by = r(x) \tag{2.18}$$

의 형태로 표시되는 미분방정식을 **상수계수**를 갖는 **비제차 2계 선형상미분방정식**(상수계수 비제차 2계 선형상미분방정식)이라 부른다. 다음 예제를 통하여 상수계수를 갖는 비제차 2계 선형상미분방정식의 일반해를 구해보자. 이때, **특수해**는 보통 $r(x)$의 형태를 보고 간단히 예상하여 구하는 경우가 많다.

예제 2.5

다음 비제차 2계 선형상미분방정식의 일반해를 구하시오.

(1) $y'' - 3y' + 2y = 4x^2 - 18$　　(2) $y'' - 3y' + 2y = 9e^x$

풀이

(1) $y'' - 3y' + 2y = 4x^2 - 18$의 일반해

주어진 미분방정식의 보조방정식은 $y''-3y'+2y=0$이고, 따라서 특성방정식은 $D^2-3D+2=0$이 된다. $D^2-3D+2=(D-1)(D-2)=0$으로부터, $D_1=1,\ D_2=2$가 되어 표 2.1의 경우 III [판별식 $a^2-4b=3^2-4\times2=1>0$]에 해당하므로 서로 다른 실근을 갖는다. 따라서 주어진 미분방정식의 **보조해** y_c는

$$y_c=B_1e^{D_1x}+B_2e^{D_2x}=B_1e^x+B_2e^{2x} \tag{1}$$

가 된다. 여기서, B_1, B_2는 임의의 상수이다.

다음으로, 특수해를 구해보자. 주어진 미분방정식의 우변이 2차식이기 때문에 주어진 미분방정식의 특수해를

$$y=\psi(x)=ax^2+bx+c \tag{2}$$

라고 예상한다. 여기서, a, b, c는 임의의 상수이다. 위 식을 한 번 그리고 두 번 미분하면

$$y'=\psi'(x)=2ax+b \tag{3}$$

$$y''=\psi''(x)=2a \tag{4}$$

가 된다. 식 (2), (3), (4)를 주어진 비제차 2계 선형상미분방정식 $y''-3y'+2y=4x^2-18$에 대입하고 정리하면

$$2ax^2+(-6a+2b)x+(2a-3b+2c)=4x^2-18 \tag{5}$$

이 된다. 위 식은 x에 대하여 항등식이 되기 때문에 양변의 계수를 비교하면 $2a=4$, $-6a+2b=$ $=0$, $2a-3b+2c=-18$이 되어 $a=2, b=6, c=-2$가 얻어지고, 이것을 식 (2)에 대입하면 **특수해**는

$$y_p=2x^2+6x-2 \tag{6}$$

가 된다.

따라서 보조방정식의 일반해 식 (1)과 특수해 식 (6)을 합하면(즉, $y=y_c+y_p$), 주어진 미분방정식 $y''-3y'+2y=4x^2-18$의 **일반해**가 다음과 같이 구해진다.

$$y=B_1e^x+B_2e^{2x}+2x^2+6x-2$$

(2) $y''-3y'+2y=9e^x$의 일반해

주어진 미분방정식 $y''-3y'+2y=9e^x$의 보조방정식은 $y''-3y'+2y=0$으로, 위의 (1)번의 미분방정식 $y''-3y'+2y=4x^2-18$의 보조방정식과 같은 식이다. 따라서 주어진 미분방정식의 **보조해** y_c는

$$y_c=B_1e^{D_1x}+B_2e^{D_2x}=B_1e^x+B_2e^{2x} \tag{7}$$

가 된다. 여기서, B_1, B_2는 임의의 상수이다.

다음으로, 특수해를 구해보자. $y=e^x$는 미분방정식의 보조해에 포함되어 있기 때문에, 주어진 미분방정식에 대입하면 좌변이 0이 되어 $y=a_1e^x$는 특수해가 되지 못한다. 그러므로 주어진 미분방정식의 특수해를

$$y=\psi(x)=a_1xe^x \tag{8}$$

라고 예상한다. 여기서, a_1은 임의의 상수이다. 위 식을 한 번 그리고 두 번 미분하면

$$y'=\psi'(x)=a_1e^x+a_1xe^x \tag{9}$$

$$y'' = \psi''(x) = 2a_1e^x + a_1xe^x \tag{10}$$

가 된다. 식 (8), (9), (10)을 주어진 비제차 2계 선형상미분방정식 $y'' - 3y' + 2y = 9e^x$에 대입하고 정리하면

$$(2a_1e^x + a_1xe^x) - 3(a_1e^x + a_1xe^x) + 2a_1xe^x = 9e^x \tag{11}$$

가 된다. 위 식을 정리하면, $-a_1e^x = 9e^x$가 되어 $a = -9$가 얻어지고, 이것을 식 (8)에 대입하면 **특수해**는

$$y_p = -9xe^x \tag{12}$$

가 된다.
따라서 보조방정식의 일반해 식 (7)과 특수해 식 (12)를 합하면(즉, $y = y_c + y_p$), 주어진 미분방정식 $y'' - 3y' + 2y = 9e^x$의 **일반해**가 다음과 같이 구해진다.

$$y = B_1e^x + B_2e^{2x} - 9xe^x$$

$y'' + ay' + by = r(x)$의 **특수해** $\psi(x)$는 $r(x)$의 형태에 따라 다음과 같이 예상할 수 있다. 여기서, a, b는 임의의 상수이다.

1) $r(x)$가 다항식인 경우

$\psi(x)$를 $r(x)$와 같은 **차수의 다항식**으로 예상한다.

2) $r(x) = e^{\beta x}$인 경우

$e^{\beta x}$가 보조방정식 $y'' + ay' + by = 0$의 일반해에 포함되어 있지 않을 때에는

$$\psi(x) = a_1e^{\beta x} \tag{2.19}$$

라고 예상한다. 여기서, a_1, β는 임의의 상수이다.

$e^{\beta x}$가 보조방정식의 일반해에 포함되어 있고, $xe^{\beta x}$에는 포함되어있지 않을 때에는

$$\psi(x) = a_1xe^{\beta x} \tag{2.20}$$

라고 예상한다.

$e^{\beta x}, xe^{\beta x}$가 보조방정식의 일반해에 포함되어 있을 때에는

$$\psi(x) = a_1x^2e^{\beta x} \tag{2.21}$$

라고 예상한다.

3) $r(x)= k\cos\beta x + l\sin\beta x$ 인 경우

보조방정식의 일반해가 $A_1\cos\beta x + A_2\sin\beta x$가 아닐 때에는

$$\psi(x)= a_1\cos\beta x + a_2\sin\beta x \tag{2.22}$$

라고 예상한다. 여기서, k, l, a_1, a_2, β는 임의의 상수이다.

$A_1\cos\beta x + A_2\sin\beta x$가 보조방정식의 일반해에 포함되어 있을 때에는

$$\psi(x)= x(a_1\cos\beta x + a_2\sin\beta x) \tag{2.23}$$

라고 예상한다.

2.3 2계 선형상미분방정식의 응용

(1) 상수계수 제차 2계 선형상미분방정식의 응용

그림 2.1과 같이 x축 위를 운동하는 질량(mass)이 m인 물체가 시간 t에서 위치 $u=u(t)$에 있을 때, 물체의 가속도는 $a=\dfrac{d^2u}{dt^2}=\ddot{u}$이다. **뉴턴의 제2법칙**(Newton's second law)으로부터 **관성력**의 운동방정식은

$$F_A = ma = m\ddot{u} \tag{2.24}$$

이다. 여기서, m은 0보다 큰 임의의 상수이다. 스프링(spring, 용수철)의 늘어난 양 u에 비례하는 **탄성력**은 **후크(Hooke)의 법칙**으로부터

$$F_S = ku \tag{2.25}$$

이고, $k(>0)$는 **스프링상수**(spring constant, **용수철상수**)라고 부른다. **탄성력**은 **복원력**(restoring force)이고 시스템을 복원하고자 하는, 즉 물체를 $u=0$의 위치로 되돌리고자 한다.

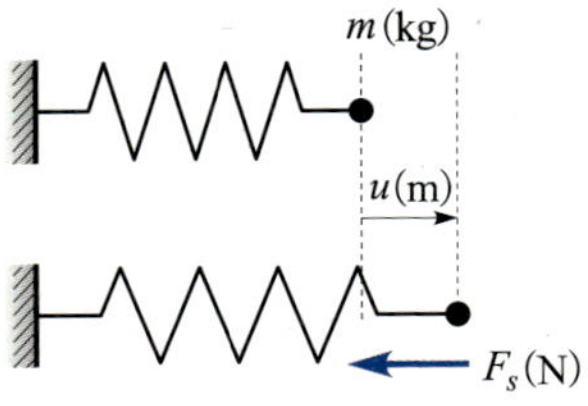

그림 2.1

예제 2.6

그림 2.1과 같이 수평면 x축 위를 운동하는 질량이 m(0보다 큰 임의의 상수, 즉 양수)인 물체가 시간 t(sec)에서 위치 u에 있을 때, 물체의 가속도는 $\ddot{u}$이다. 물체에 대한 운동방정식의 일반해를 구하고, 이 운동의 위치 형태를 그림으로 나타내시오. 단, 스프링상수는 $k(>0)$이고, 감쇠력(damping force, 공기저항력 등)은 무시한다.

풀이

주어진 문제의 상태(그림 2.1)에서 질량 m에 작용하는 관성력($F_A = m\ddot{u}$)과 스프링의 탄성력($F_S = ku$)의 합은 0(즉, 평형상태를 이루고 있음을 의미함)이 되므로 다음과 같은 관계식이 얻어진다. 즉,

$$+\rightarrow \Sigma F = -F_A - F_S = 0\,;\,(-m\ddot{u} - ku) = 0$$

$$\therefore m\ddot{u} + ku = 0 \tag{1}$$

위 식은 상수계수를 갖는 제차 2계 선형상미분방정식(**비감쇠 시스템의 상미분방정식**)이고, 그것의 특성방정식은 $mD^2 + k = 0$이 된다. 그러므로 $D = \dfrac{\pm\sqrt{-4mk}}{2m} = \pm\sqrt{-\dfrac{k}{m}} = \pm i\sqrt{\dfrac{k}{m}}$ $= \pm i\omega_0$으로부터, 표 2.1의 경우 II[판별식 $a^2 - 4b = (0)^2 - 4\times(m\times k) = -4mk < 0$]의 컬레 복소근을 갖는 경우에 해당하고 $a = 0$, $\omega = \sqrt{\dfrac{k}{m}} = \omega_0$이 된다. 따라서 일반해는

$$u = e^{-at/2}(A_1\cos\omega t + A_2\sin\omega t) = e^0\left[A_1\cos\sqrt{\frac{k}{m}}\,t + A_2\sin\sqrt{\frac{k}{m}}\,t\right]$$

$$= A_1\cos\sqrt{\frac{k}{m}}\,t + A_2\sin\sqrt{\frac{k}{m}}\,t = A_1\cos\omega_0 t + A_2\sin\omega_0 t \tag{2}$$

가 된다. 여기서, A_1, A_2는 임의의 상수이고, $\omega_0 = \sqrt{\dfrac{k}{m}}$ (rad/sec)는 그림 2.1 시스템의 **원고유진동수(circular natural frequency, 원고유주파수)**이다. 식 (2)를 그림으로 나타내면 다음과 같은 형태가 된다.

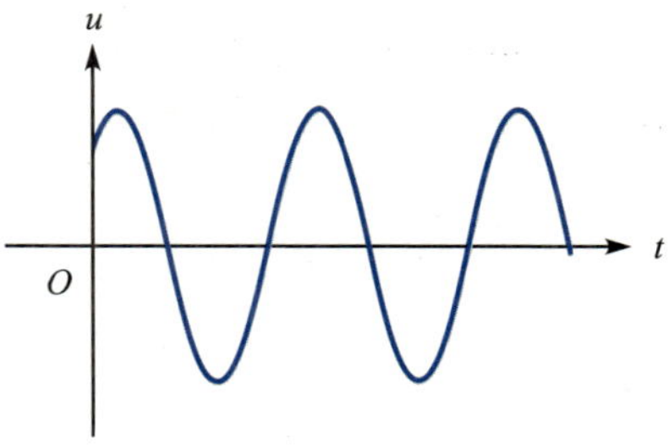

참고로, 시스템의 진동공학에서 **고유진동수(고유주파수,** natural frequency)로서 언급되는 순환진동수(cyclic frequancy) f는 $f=\dfrac{\omega_0}{2\pi}$으로 주어지고, 단위는 Hz[$=1/\text{sec}=\text{cps}$(cycle per second)]이다. 주기운동을 하는 시스템의 응답이 등시간 간격 T로 반복될 때, 이 시간 T를 **주기**(period)라고 하며 진동수의 역수이다. 즉, $T=\dfrac{1}{f}=\dfrac{2\pi}{\omega_0}$ (sec)이다. 따라서 진동수란 1초 동안에 완전한 주기가 반복되는 회수로 정의된다.

예제 2.7

예제 2.6의 시스템인 그림 2.1에서 속도의 반대방향으로 속도($\dot{u}$)의 크기에 비례하는 **감쇠력**(damping force, 공기저항력 등) F_D를 받고 운동을 할 때, 감쇠력은 $F_D=c\dot{u}$로 표시될 수 있다. 여기서, c는 **감쇠상수**(damping constant, 감쇠계수)로서 양수이다. 따라서, 이 경우 그림 2.1의 물체에 작용하는 관성력($F_A=m\ddot{u}$), 탄성력($F_S=ku$), 감쇠력($F_D=c\dot{u}$)의 합은 0(즉, 평형상태를 이루고 있음을 의미함)이 되므로 다음과 같은 관계식이 얻어진다. 즉,

$$+\rightarrow\Sigma F=-F_A-F_D-F_S=0\,;\,(-m\ddot{u}-c\dot{u}-ku)=0 \quad \therefore m\ddot{u}+c\dot{u}+ku=0$$

위 식은 양수인 감쇠계수 c를 포함한 상수계수 제차 2계 선형상미분방정식(**감쇠 시스템의 상미분방정식**)이다. 위 식에서 $m=1, k=100$일 때, 다음의 상미분방정식의 일반해를 구하고, 각각의 경우에 물체의 위치 u가 시간 t에 따라 어떤 형태로 운동하는가를 그림으로 나타내시오.

(1) $c=12$: $\ddot{u}+12\dot{u}+100u=0$ (저항이 비교적 작은 경우)

(2) $c=20$: $\ddot{u}+20\dot{u}+100u=0$

(3) $c=29$: $\ddot{u}+29\dot{u}+100u=0$ (저항이 비교적 큰 경우)

풀이

(1) $c=12$: $\ddot{u}+12\dot{u}+100u=0$인 경우

특성방정식은 $D^2+12D+100=0$이 된다. 그러므로 $D=\dfrac{-12\pm\sqrt{-256}}{2}=-6\pm i8$로부터, 표 2.1의 경우 II의 컬레복소근[**판별식**<0, **저감쇠**(underdamping)]을 갖는 경우에 해당하고 $a=12$, $\omega=8$이 된다. 따라서 일반해는

$$u = e^{-at/2}(A_1 \cos\omega t + A_2 \sin\omega t) = e^{-6t}(A_1 \cos 8t + A_2 \sin 8t)$$

가 된다. 여기서, A_1, A_2는 임의의 상수이다. 위 식을 그림으로 나타내면, 다음과 같은 형태가 된다.

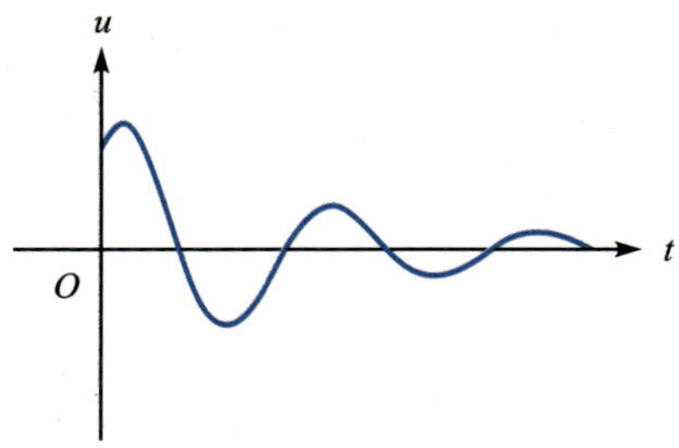

위 그림에서 보여준 것처럼, 감쇠상수 $c=12$를 갖는 이 스프링 시스템은 진동(oscillation)하면서 원래의 길이로 돌아간다. 이러한 운동을 **감쇠진동(damped oscillation)**이라 부른다.

(2) $c=20$: $\ddot{u}+20\dot{u}+100u=0$인 경우

특성방정식은 $D^2+20D+100=0$이 된다. $D^2+20D+100=(D+10)^2=0$으로부터, $D=-10$이 되어 표 2.1의 경우 I에 해당하므로 이중근[**판별식**$=0$, **임계감쇠(critical damping)**]을 갖는다. 따라서 일반해는

$$u=(B_1+B_2t)e^{Dt}=(B_1+B_2t)e^{-10t}$$

가 된다. 여기서, B_1, B_2는 임의의 상수이다. 위 식을 그림으로 나타내면, 다음과 같은 형태가 된다.

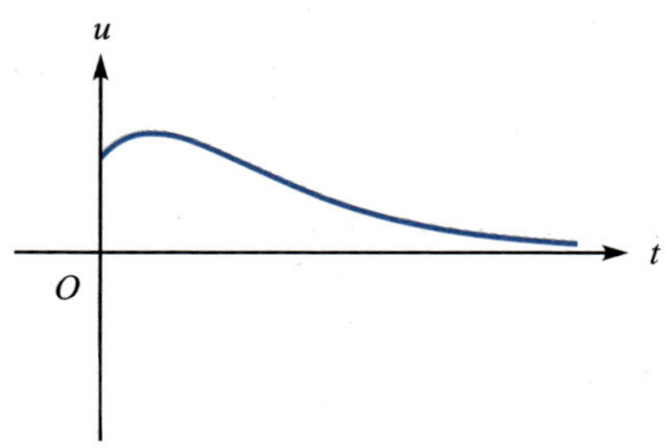

위 그림에서 보여준 것처럼, 감쇠상수 $c=20$을 갖는 이 스프링 시스템은 진동(oscillation)하지 않고 원래의 길이로 돌아간다.

(3) $c=29$: $\ddot{u}+29\dot{u}+100u=0$인 경우

특성방정식은 $D^2+29D+100=0$이 된다. $D^2+29D+100=(D+4)(D+25)=0$으로부터, $D_1=-4$, $D_2=-25$가 되어 표 2.1의 경우 III에 해당하므로 2개의 서로 다른 실근[**판별식**>0, **과감쇠(overdamping)**]을 갖는다. 따라서 일반해는

$$u=B_1e^{D_1x}+B_2e^{D_2x}=B_1e^{-4t}+B_2e^{-25t}$$

가 된다. 여기서, B_1, B_2는 임의의 상수이다. 위 식을 그림으로 나타내면, 다음과 같은 형태가 된다.

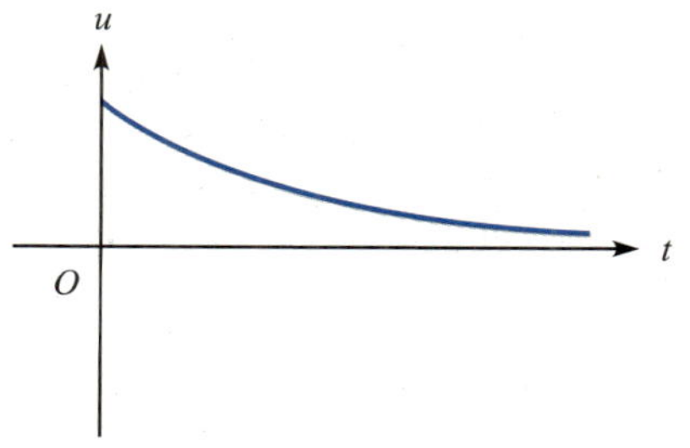

위 그림에서 보여준 것처럼, 감쇠상수 $c=29$를 갖는 이 스프링 시스템은 진동(oscillation)하지 않고 원래의 길이로 돌아간다.

(2) 상수계수 비제차 2계 선형상미분방정식의 응용

예제 2.6의 시스템인 그림 2.1의 비감쇠 스프링 시스템의 운동에 **외력**(external force) $r(t)$를 추가시켰을 때, 운동방정식은

$$m\ddot{u}+ku=r(t) \tag{2.26}$$

가 된다. 위 식은 **상수계수 비제차 2계 선형상미분방정식**이다. 식 (2.26)의 역학적 의미는 각 시간 t에서 **내력**(internal force)의 합력이 **강제함수**[forcing function, **입력**(input) 또는 **구동력**(driving force)으로 알려짐] $r(t)$와 평형을 이룬다는 것이고, 그 결과 얻어질 해 $u=u(t)$는 구동력에 대한 시스템의 응답(response) 또는 출력(output)이라고 부른다. 즉, 식 (2.26)은 전형적인 **비감쇠 강제진동**(forced vibration) **시스템의 상미분방정식**을 보여주고 있다.

예제 2.8

다음 식과 같이 감쇠가 없는 스프링 시스템의 운동에 대한 상미분방정식의 일반해를 구하고, 각각의 경우에 물체의 응답 u가 시간 t에 따라 어떤 형태로 운동하는가를 그림으로 나타내시오.

(1) $\ddot{u}+9u=28\cos 4t$　　　(2) $\ddot{u}+9u=24\cos 3t$

풀이

(1) $\ddot{u}+9u=28\cos 4t$인 경우

주어진 미분방정식의 보조방정식은 $\ddot{u}+9u=0$이고, 따라서 특성방정식은 $D^2+9=0$이 된다. 그러므로 $D=\pm i3$으로부터, 표 2.1의 경우 II[의 컬레복소근을 갖는 경우에 해당하고 $a=0$, $\omega=3$이 된다. 따라서 주어진 미분방정식의 **보조해** u_c[**자유운동**(free motion)의 **응답**을 의미함]는

$$u_c = e^{-at/2}(A_1 \cos\omega t + A_2 \sin\omega t) = A_1 \cos 3t + A_2 \sin 3t \tag{1}$$

가 된다. 여기서, A_1, A_2는 임의의 상수이다.

다음으로, 특수해를 구해보자. 주어진 미분방정식의 우변 $r(t)$에 $\cos 3t, \sin 3t$가 포함되어있지 않기 때문에, 주어진 미분방정식의 특수해를[식 (2.22) 참조 요망]

$$u = \psi = A_1 \cos 4t + A_2 \sin 4t \tag{2}$$

라고 예상한다. 위 식을 두 번 미분하면

$$\ddot{u} = \ddot{\psi} = -16A_1 \cos 4t - 16A_2 \sin 4t \tag{3}$$

가 된다. 식 (2), (3)을 주어진 방정식 $\ddot{u} + 9u = 28\cos 4t$에 대입하고 정리하면

$$-16A_1 \cos 4t - 16A_2 \sin 4t + 9A_1 \cos 4t + 9A_2 \sin 4t = 28\cos 4t$$

$$-7A_1 \cos 4t - 7A_2 \sin 4t = 28\cos 4t \tag{4}$$

가 된다. 위 식은 t에 대하여 항등식이 되기 때문에 양변의 계수를 비교하면 $A_1 = -4, A_2 = 0$이 얻어지고, 이것을 식 (2)에 대입하면 **특수해**는

$$u_p = \psi = -4\cos 4t \tag{5}$$

가 된다.

따라서 보조방정식의 일반해(**보조해**) 식 (1)과 **특수해** 식 (5)를 합하면(즉, $u = u_c + u_p$), 주어진 미분방정식 $\ddot{u} + 9u = 28\cos 4t$의 **일반해**가 다음과 같이 구해진다.

$$u = A_1 \cos 3t + A_2 \sin 3t - 4\cos 4t$$

위 식을 그림으로 나타내면, 다음과 같은 형태가 된다.

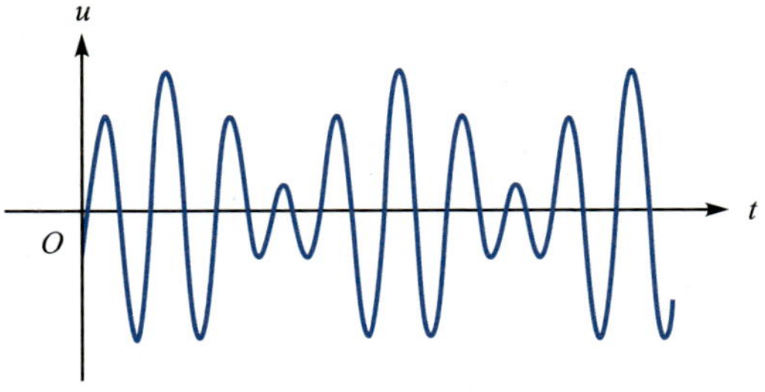

위의 예제 $\ddot{u} + 9u = 28\cos 4t$와 같이 외력의 고유진동수(고유주파수)와 시스템의 고유진동수(고유주파수)가 근접해 있을 때, 위의 그림과 같이 진동의 진폭이 크게 되었다가 작게 되었다가를 반복하는데 이러한 현상을 **맥놀이**라고 부른다.

(2) $\ddot{u} + 9u = 24\cos 3t$인 경우

주어진 미분방정식 $\ddot{u} + 9u = 24\cos 3t$의 보조방정식은 $\ddot{u} + 9u = 0$으로, 위의 (1)번의 미분방정식 $\ddot{u} + 9u = 28\cos 4t$의 보조방정식과 같은 식이다. 따라서 주어진 미분방정식의 **보조해** y_c는

$$u_c = e^{-at/2}(A_1 \cos\omega t + A_2 \sin\omega t) = A_1 \cos 3t + A_2 \sin 3t \tag{6}$$

가 된다. 여기서, A_1, A_2는 임의의 상수이다.

다음으로, 특수해를 구해보자. 주어진 미분방정식의 우변 $r(t)$에 $\cos 3t, \sin 3t$가 포함되어있기

때문에, 주어진 미분방정식의 특수해를[식 (2.23) 참조 요망]

$$u = \psi = t(A_1 \cos 3t + A_2 \sin 3t) \tag{7}$$

라고 예상한다. 위 식을 두 번 미분하면

$$\ddot{u} = \ddot{\psi} = -6A_1 \cos 3t - 6A_2 \sin 3t - 9A_1 t \cos 3t - 9A_2 t \sin 3t \tag{8}$$

가 된다. 식 (7), (8)을 주어진 방정식 $\ddot{u} + 9u = 24\cos 3t$에 대입하고 정리하면

$$-6A_1 \sin 3t + 6A_2 \cos 3t = 24 \cos 3t \tag{9}$$

가 된다. 위 식은 t에 대하여 항등식이 되기 때문에 양변의 계수를 비교하면 $A_1 = 0, A_2 = 4$가 얻어지고, 이것을 식 (7)에 대입하면 **특수해**는

$$u_p = \psi = 4t \sin 3t \tag{10}$$

가 된다.

따라서 보조방정식의 일반해(**보조해**) 식 (6)과 **특수해** 식 (10)을 합하면(즉, $u = u_c + u_p$), 주어진 미분방정식 $\ddot{u} + 9u = 24\cos 3t$의 **일반해**가 다음과 같이 구해진다.

$$u = A_1 \cos 3t + A_2 \sin 3t + 4t \sin 3t$$

위 식을 그림으로 나타내면, 다음과 같은 형태가 된다.

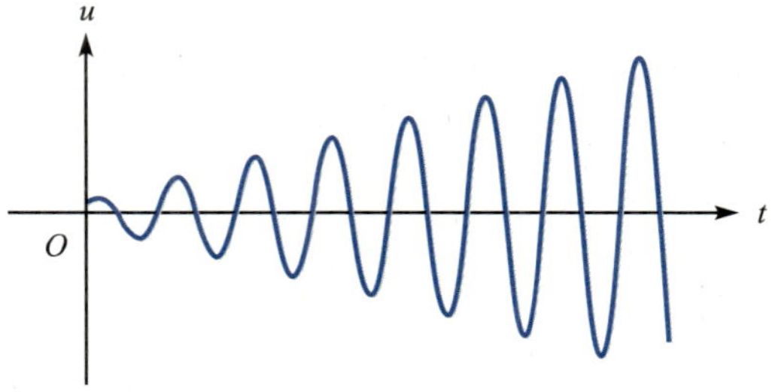

위의 예제 $\ddot{u} + 9u = 24\cos 3t$와 같이 외력의 고유진동수(고유주파수)와 시스템의 고유진동수(고유주파수)가 일치할 때, 위의 그림과 같이 진동의 진폭이 매우 크게 되며 이러한 현상을 **공진**(resonance)이라고 부른다.

이 절의 **2계 선형상미분방정식**의 응용에서는 전형적인 **기계역학시스템**인 **질량-스프링 시스템**에 대한 **상미분방정식**에 의하여 주어졌다. 그러나 완전히 다른 **물리시스템**에서도 이 절에서 기술한 **수학적 모델**의 내용이 그대로 사용될 수 있다. 예를 들면, 연습문제 2.7의 **전기회로**에 대한 **상미분방정식**이 이 절에서 기술한 질량-스프링 시스템에 대한 상미분방정식의 형태에 의하여 주어지고, 또한 같은 방법으로 해가 구해진다는 것이다(참고로, 전기회로에 대한 1계 선형상미분방정식의 경우는 1장의 그림 1.3, 예제 1.13 참조 요망). 즉, 기계역학시스템인 질량-스프링 시스템에 대한 상미분방정식은

$$m\ddot{u} + c\dot{u} + ku = r(t) \tag{2.27}$$

와 같고, 전기회로에 대한 상미분방정식은 다음과 같다.

$$LI'' + RI' + \frac{1}{C}I = E(t) \tag{2.28}$$

위의 두 식 (2.27), 식 (2.28)을 비교해보면 m은 L, c는 R, k는 $\frac{1}{C}$, $r(t)$는 $E(t)$에 각각 대응한다. 따라서 다음 표 2.2와 같이 관련된 다양한 양들 사이의 **상사성**(analogy)을 보여준다.

표 2.2 기계역학시스템 양과 전기회로시스템 양의 상사성

기계역학시스템	전기회로시스템
질량 m	인덕턴스 L
감쇠상수 c	저항 R
스프링상수 k	축전용량의 역수 $1/C$
구동력 $r(t)$	기전력의 도함수 $E(t) = E_0\omega\cos\omega t$
변위 $u = u(t)$	전류 $I = I(t)$

연 습 문 제

2.1 다음 2개의 함수가 1차독립임을 증명하시오. 단, $\beta, \mu(\mu \neq 0)$는 임의의 상수이다.

(1) $e^{\beta x}$, $xe^{\beta x}$

(2) $\cos\mu x$, $\sin\mu x$

(3) $e^{\beta x}\cos\mu x$, $e^{\beta x}\sin\mu x$

2.2 다음 상미분방정식의 해를 구하시오.

(1) $y''-10y'+16y=0$

(2) $y''+8y'+16y=0$

(3) $y''-4y'+8y=0$

(4) $y''+16y=0$

(5) $y''-12y'+36y=0$

2.3 다음 미분방정식의 특수해를 구하시오.

(1) $y''+y=4e^{2x}+2x+6$

(2) $y''-2y'-3y=2\cos x+4e^{x}$

(3) $y''-5y'+6y=2e^{2x}$

(4) $y''-2y'+y=2e^{x}$

2.4 다음 미분방정식의 해를 구하시오.

(1) $y''-2y'+y=2\sin x$, $y(0)=0$, $y'(0)=2$

(2) $y''-2y'+y=3$

(3) $2y''+y'-y=2x^3$

2.5 미분연산자가 $D=\dfrac{d}{dx}$ 일 때, 다음 식의 값을 구하시오.

(1) $(D^2+D-3)e^{-x}$

(2) $(D^2+1)xe^{-2x}$

(3) $(D^2+2D)(x^2+6x)$

2.6 그림 연습문제 2.6(a)와 같이 간단한 단자유도계에 대한 운동방정식은 질량 m에 작용하는 모든 힘의 평형상태를 직접적으로 표현하여 쉽게 구할 수 있다. 그림 (b)에 보여준 것처럼, 모든 힘들[여기서, 감쇠력 $f_D(t)=0$으로 무시함]은 변위 자유도의 방향으로 작용하는 외력 $f(t)$와 운동에 의해서 초래되는 2가지의 힘, 즉 관성력 $f_I(t)$와 탄성력 $f_S(t)$를 포함한다. 따라서 이런 모든 힘들의 직접평형화(+←$\Sigma F_x=0$)에 의해서 운동방정식을 다음과 같이 나타낼 수 있다.

$$f_I(t)+f_S(t)=f(t) \tag{1}$$

위 식의 좌변에 표시된 힘들은 변위 $u(t)$의 함수 또는 도함수이다. 이 힘들은 변위에 저항하여 발생하는 힘이므로 작용하는 외력에 반대방향으로 작용한다.

식 (1)에서 먼저 탄성력 $f_S(t)$를 고찰하면, 이 힘은 명백히 스프링상수 k와 그 변위 $u(t)$의 곱, 즉 $f_S(t)=ku(t)$로 나타낼 수 있다. 다음으로 관성력 $f_I(t)$를 고찰하면, 질량은 그것의 가속도에 비례하고 운동방향과 방향이 반대인 관성력을 산출한다는 달랑베르의 원리(d'Alembert's principle)로부터 구할 수 있다. 즉, 어떤 동적시스템에서 운동방정식은 질량 m에 작용하는 운동량의 변화량이 그것에 작용하는 힘과 같다는 뉴턴의 운동 제2법칙에 의해 나타낼 수 있다. 이 관계를 미분방정식에 의해 수학적으로 표현하면 $f_I(t)=m\dfrac{d^2u(t)}{dt^2}=m\ddot{u}(t)$ 와 같다. $f_S(t)=ku(t)$와 $f_I(t)=m\ddot{u}(t)$를 식 (1)에 대입하면, 다음과 같은 운동방정식이 구해진다.

$$m\ddot{u}(t)+ku(t)=f(t) \tag{2}$$

식 (2)의 구조계가 하중 진폭 f_0과 가진진동수(exciting frequency) ω_e인 조화하중 $f(t)=f_0\sin w_e t$를 받고 시간 $t=0$에서 정지상태, 즉 $u(0)=\dot{u}(0)=0$을 갖고 구조계가 진동을 시작할 때, 이 구조계의 응답 $u(t)$를 구하고 응답의 형태를 그림으로 나타내시오.

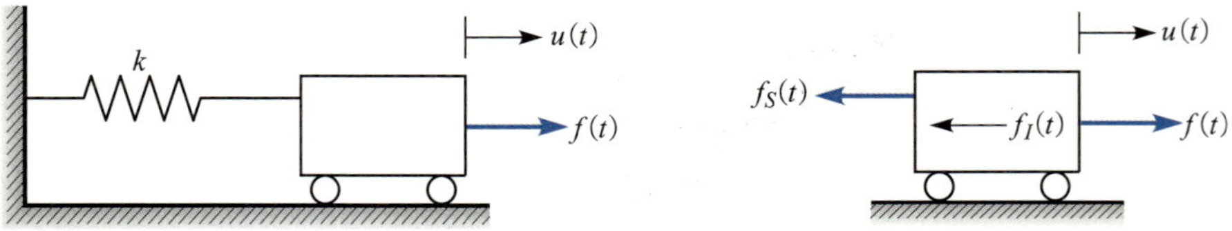

(a) 기본 힘의 성분 모델링　　　(b) 평형상태에서의 힘

그림 연습문제 2.6

2.7 다음 그림과 같이 인덕턴스 L과 저항 R이 직렬 연결된 전기회로에서 시간 $t=0$에서 스위치 S를 닫고 직류전압 $E(t)$를 흐르게 하였을 때, $t>0$에서 전류 I의 특수해를 구하시오. 단, 전기회로에 대한 상미분방정식은 $LI''+RI'+\frac{1}{C}I=E(t)$[식 (2.28)]로 모델링이 되고, $L=1$, $R=1$, $\frac{1}{C}=2$ (축전용량의 역수), $E(t)=\cos 2t$이다.

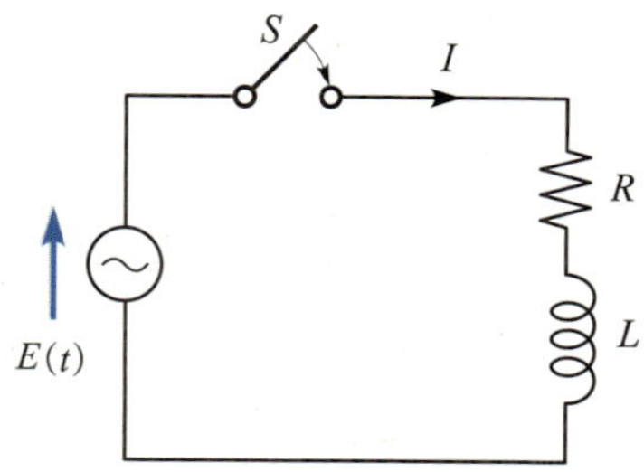

그림 연습문제 2.7

2.8 보(beam)의 처짐 y와 휨모멘트 M과의 관계는 상미분방정식 $y''=\frac{d^2y}{dx^2}=\frac{M}{EI}$으로 표시할 수 있다. 이 처짐의 상미분방정식을 이용하여, 다음 그림과 같이 등분포하중 w(여기서, w는 임의의 상수로서 단위길이당 작용하는 하중임)를 받고 있는 캔틸레버보(cantilever)의 x 위치에서 처짐곡선 y와 최대처짐 $y_{\max}$를 구하시오. 단, EI는 일정(constant)하다.

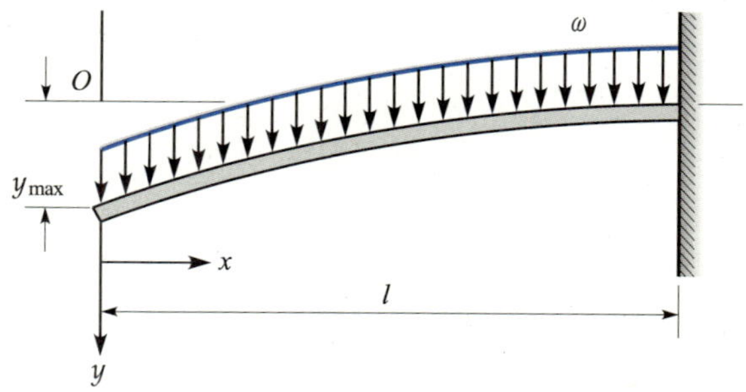

그림 연습문제 2.8

CHAPTER 03

n계 상미분방정식

3.1 n계 선형상미분방정식의 해의 구조

2장의 **2계 선형상미분방정식**을 푸는 개념과 해법이 높은 계수 n, 즉 $n=3, 4, \cdots$ 등의 임의의 **고계 선형상미분방정식**으로 즉시 확장된다. 따라서 이 장에서는 2계, 즉 $n=2$인 선형상미분방정식에 대한 해법을 더 확장하여 수행한다. 일반적으로 n이 커질수록 미분방정식이 보다 더 복잡해지고 **특성방정식**의 해가 보다 더 다양해지며 **론스키언**(Wronskian)이 보다 더 중요한 역할을 하게 된다는 것을 보게 될 것이다.

1.1절에 기술된 것처럼 미지함수가 n계의 도함수를 가지고 있고 이것보다 더 높은 도함수가 존재하지 않을 때, 이것을 n계 미분방정식이라고 한다. 식 (1.17)은 전형적인 **n계 선형상미분방정식**을 보여주고 있다. 식 (1.17)에서 $y^{(n)}=\dfrac{d^n y}{dx^n}$, $y^{(n-1)}=\dfrac{d^{n-1}y}{dx^{n-1}}$, $y'=\dfrac{dy}{dx}$로 나타낼 때, **n계 선형상미분방정식**의 일반형은 다음과 같이 된다.

$$p_n(x)y^{(n)}+p_{n-1}(x)y^{(n-1)}+\cdots+p_1(x)y'+p_0(x)y=r(x) \tag{3.1}$$

여기서, $r(x)$, $p_n(x), p_{n-1}(x), \cdots, p_1(x), p_0(x)$은 주어진 x함수이고 대상으로 하는 구간 R에서 연속인 함수이다. 이 경우도 주어진 n개의 **초기조건** $y(x_0)=y_0$, $y'(x_0)=y'_0$, $\cdots$, $y^{(n-1)}(x_0)=y_0^{(n-1)}$에서 해가 존재한다는 기본정리가 성립한다.

식 (3.1)의 **비제차 n계 선형상미분방정식**은 우변의 **입력함수**를 $r(x)=0$으로 놓고 좌변의 **해함수(응답함수)** $y[=y(x)]$를 $u[=u(x)]$로 놓으면, 다음과 같은 **제차 n계 선형상미분방정식**으로 표현된다.

$$p_n(x)u^{(n)}+p_{n-1}(x)u^{(n-1)}+\cdots+p_1(x)u'+p_0(x)u=0 \quad (3.2)$$

미분연산자 $D=\dfrac{d}{dx}$의 표기를 사용하여 비제차 식 (3.1)과 제차 식 (3.2)를 나타내면,

$$[p_n(x)D^{(n)}+p_{n-1}(x)D^{(n-1)}+\cdots+p_1(x)D+p_0(x)]y=r(x) \quad (3.3)$$

그리고

$$[p_n(x)D^{(n)}+p_{n-1}(x)D^{(n-1)}+\cdots+p_1(x)D+p_0(x)]u=0 \quad (3.4)$$

이 된다. 미분작용소를

$$L(D)=p_n(x)D^{(n)}+p_{n-1}(x)D^{(n-1)}+\cdots+p_1(x)D+p_0(x) \quad (3.5)$$

로 표기하면, 식 (3.3), (3.4)는 각각

$$\begin{aligned} &L[y]=r(x) \\ &L[u]=0 \end{aligned} \quad (3.6)$$

으로 나타내진다. 미분작용소 L은 n번 연속해서 미분 가능한 함수 $y_1, y_2, \cdots, y_n$에 대한 **선형성**(linearity), 즉

$$\begin{aligned} &L[0]=0 \\ &L[a_ky_k]=a_kL[y_k] \\ &L[a_1y_1+\cdots+a_ny_n]=a_1L[y_1]+\cdots+a_nL[y_n] \end{aligned} \quad (3.7)$$

을 갖고 있기 때문에 선형미분작용소라고 부른다. 여기서, $a_1, a_2, \cdots, a_n$은 임의의 상수이다.

제차 선형상미분방정식 $L[u]=0$의 해 $u_1, u_2, \cdots, u_n$에 대하여 이들의 **1차결합**(linear combination)인 $c_1u_1+c_2u_2+\cdots+c_nu_n$도 이 제차 선형상미분방정식의 해가 된다. 또한 $y_1, y_2, \cdots, y_n$을 각각 **비제차 선형상미분방정식** $L[y]=r_1(x)$, $L[y]=r_2(x), \cdots$, $L[y]=r_n(x)$의 해라고 하면, 해의 1차결합인 $y=a_1y_1+a_2y_2+\cdots+a_ny_n$은 $L[y]=a_1r_1(x)+a_2r_2(x)+\cdots+a_nr_n(x)$의 해가 된다. 이들은 식 (3.7)의 3번째 식에서 보여준 **선형성**으로부터 명백히

알 수 있고, 이것을 **중첩의 원리**(superposition principle)라고 부른다. 이러한 **선형상미분방정식**의 현저한 특징은 **비선형상미분방정식**에서는 성립하지 않는다.

비제차 선형상미분방정식 $L[y]=r(x)$의 **일반해** y의 구조를 조사해 보자. 이 비제차 선형상미분방정식의 **특수해**를 y_p라고 하면, 당연히 다음과 같이 된다.

$$L[y_p]=r(x) \tag{3.8}$$

비제차식의 **해**와 구분할 목적으로 표시한 식 (3.2)의 **제차 선형상미분방정식**의 **일반해**(**보조해**라고도 부름)를 u라고 표시하면,

$$L[u]=0 \tag{3.9}$$

이 된다. 미분작용소의 성질 식 (3.6), (3.7), (3.8)을 이용하면,

$$L[y-y_p]=L[y]-L[y_p]=r(x)-r(x)=0 \tag{3.10}$$

이 된다. 위 식의 좌변과 식 (3.9)의 좌변과 비교하면,

$$y-y_p=u \tag{3.11}$$

가 된다. 위 식의 우변에 있는 y_p를 좌변으로 이항하면, 다음과 같은 **비제차 선형상미분방정식**의 **일반해**가 얻어진다.

$$y=u+y_p \tag{3.12}$$

위 식을 글로 표현하면 다음과 같이 된다. 즉,

[**비제차식**의 **일반해**] = [**제차식**의 **일반해**(**보조해**)] + [**비제차식**의 **특수해**]

일반적으로, **n계 상미분방정식**의 **해공간**(solution space)은 **n차원**(dimension)이 된다. 구체적으로 **1차독립**(linearly independent)인 해, 즉 **기저**[basis 또는 **기본계**(fundamental system), **기본해**(fundamental solution)]를 계수와 같은 수인 n개 가지고 있다. 따라서 식 (3.2)의 일반해를 정의하기 위하여 1차독립성을 2개의 함수로부터 다음의 정의와 같이 n개의 함수로 확장할 필요가 있다.

정의 (1차독립과 1차종속)

$a_1, a_2, \cdots, a_n$이 임의의 상수일 때, 구간 R에서 정의된 n개의 함수 $u_1, u_2, \cdots, u_n$이 **1차독립**이라는 것은

$$a_1u_1 + a_2u_2 + \cdots + a_nu_n = 0 \tag{3.13}$$

이면 $a_1, a_2, \cdots, a_n$이 모두 0이 되어야 한다는 것을 말한다. 만약 식 (3.13)이 구간 R에서 적어도 하나는 0이 아닌 $a_1, a_2, \cdots, a_n$에 대하여 성립한다면, 이 함수들은 **1차종속**(linearly dependent)이라고 부른다.

1차독립의 판별법은 **론스키언**(Wronskian) **행렬식** W를 사용한다. $n \times n$의 W는 2.1절의 식 (2.6)을 계수 $n = 2$로부터 임의의 n으로 확장한다. 즉, 이 확장된 판별법은 n차 행렬식으로 정의되는 n개의 해 $u_1, u_2, \cdots, u_n$의 **론스키언**(Wronskian) W로 다음과 같이 된다.

$$W(u_1, u_2, \cdots, u_n) = \begin{vmatrix} u_1 & u_2 & \cdots & u_n \\ u_1' & u_2' & \cdots & u_n' \\ \vdots & \vdots & \ddots & \vdots \\ u_1^{(n-1)} & u_2^{(n-1)} & \cdots & u_n^{(n-1)} \end{vmatrix} \tag{3.14}$$

구간 R에서 정의된 n개의 함수 $u_1, u_2, \cdots, u_n$이 **1차독립**이 되려면, 그 구간 내의 x에 대하여

$$W(u_1, u_2, \cdots, u_n) \neq 0 \tag{3.15}$$

이라는 조건이 만족되어야 한다. 즉, **론스키언**(Wronskian) **행렬식** W가 0이 되지 않는 x가 있으면, $u_1, u_2, \cdots, u_n$은 1차독립이 된다.

이상으로부터, 2.1절에서 논의된 **제차 2계 선형상미분방정식**의 **일반해**에 대한 **중첩의 원리** 또는 **선형성 원리**를 **제차 n계 선형상미분방정식**의 **일반해**로 확장할 수 있다. 즉, 제차 n계 선형상미분방정식의 n개의 **기저**[basis 또는 기본계(fundamental system), 기본해(fundamental solution)]를 $u_1, u_2, \cdots, u_n$이라고 하면, 이 **제차 n계 선형상미분방정식**의 **일반해**는

$$u = a_1u_1 + a_2u_2 + \cdots + a_nu_n \tag{3.16}$$

이 된다.

3.2 상수계수를 갖는 제차 n계 선형상미분방정식의 일반해

상수계수 $c_n, \cdots, c_1, c_0$을 갖는 **제차 n계 선형상미분방정식**의 일반형은

$$c_n u^{(n)} + c_{n-1} u^{(n-1)} + \cdots + c_1 u' + c_0 u = 0 \tag{3.17}$$

으로 쓸 수 있다. 이 형식의 상미분방정식의 일반해는 앞 절에서 설명한 해의 구조를 가지고 있으며, 다음의 예제들을 통하여 일반해를 구하는 방법을 알아보자.

예제 3.1

다음 상미분방정식의 일반해를 구하시오. 단, $u^{(3)} = \dfrac{d^3u}{dx^3}$이다.

$$u^{(3)} - 4u'' - u' + 4u = 0$$

풀이

2.1절에서와 같은 개념을 확장하여 적용하면, 즉 주어진 3계 상미분방정식에 지수함수 $u = e^{Dx}$를 대입한다. 공통인자 e^{Dx}를 생략하면, 특성방정식은 $L[D] = D^3 - 4D^2 - D + 4 = 0$이 된다. $D^3 - 4D^2 - D + 4 = D^2(D-4) - (D-4) = (D^2-1)(D-4) = (D+1)(D-1)(D-4) = 0$으로부터 $D_1 = -1$, $D_2 = 1$, $D_3 = 4$가 된다. 이것으로부터 3개의 서로 다른 실근, 즉 $u_1 = e^{D_1x} = e^{-x}$, $u_2 = e^{D_2x} = e^{x}$, $u_3 = e^{D_3x} = e^{4x}$를 갖는다. 이 3개의 해(기저)가 1차독립이라면, 어떤 구간에서도 식 (3.16) 형태의 다음과 같은 일반해를 갖는다. 즉,

$$u = a_1u_1 + a_2u_2 + a_3u_3 = a_1e^{-x} + a_2e^{x} + a_3e^{4x}$$

여기서, a_1, a_2, a_3은 임의의 상수이다.

식 (3.14)를 사용하여 $u_1 = e^{-x}$, $u_2 = e^{x}$, $u_3 = e^{4x}$의 론스키언(Wronskian) 행렬식 W를 구하면[계산할 때 행렬식의 각각의 열(column)로부터 지수함수를 끄집어 냄],

$$W(u_1, u_2, u_3) = \begin{vmatrix} e^{-x} & e^{x} & e^{4x} \\ -e^{-x} & e^{x} & 4e^{4x} \\ e^{-x} & e^{x} & 16e^{4x} \end{vmatrix} = \begin{vmatrix} 1 & 1 & 1 \\ -1 & 1 & 4 \\ 1 & 1 & 16 \end{vmatrix}$$

$$= [1\times1\times16 + 1\times4\times1 + 1\times1\times(-1)] - [1\times1\times1 + 4\times1\times1 + 16\times(-1)\times1]$$

$$= 30$$

이 된다. 따라서 $W(u_1, u_2, u_3) \neq 0$이므로, 3개의 해(기저) e^{-x}, e^{x}, e^{4x}는 1차독립이다.

예제 3.2

다음 4계 상미분방정식의 일반해를 구하시오. 단, $u^{(4)} = \dfrac{d^4u}{dx^4}$이다.

$$u^{(4)} - 2u'' + u = 0$$

풀이

2.1절에서와 같은 개념을 확장하여 적용하면, 즉 주어진 4계 상미분방정식에 지수함수 $u = e^{Dx}$를 대입한다. 공통인자 e^{Dx}를 생략하면, 특성방정식은 $L[D] = D^4 - 2D^2 + 1 = 0$이 된다. $D^4 - 2D^2 + 1 = (D^2 - 1)^2 = (D+1)^2(D-1)^2 = 0$으로부터 $D_1 = -1$, $D_2 = 1$이 된다. 이것으로부터 2개의 서로 다른 실이중근, 즉 $u_1 = e^{D_1x} = e^{-x}$, $u_2 = e^{D_2x} = e^x$, $u_3 = xe^{D_1x} = xe^{-x}$, $u_4 = xe^{D_2x} = xe^x$를 갖는다. 따라서 어떤 구간에서도 식 (3.16) 형태의 다음과 같은 일반해를 갖는다. 즉,

$$u = a_1u_1 + a_2u_2 + a_3u_3 + a_4u_4 = a_1e^{-x} + a_2e^x + a_3xe^{-x} + a_4xe^x$$

여기서, a_1, a_2, a_3, a_4는 임의의 상수이다.

예제 3.3

다음 3계 상미분방정식의 일반해를 구하시오. 단, $u^{(3)} = \dfrac{d^3u}{dx^3}$이다.

$$u^{(3)} - 2u'' + 4u = 0$$

풀이

2.1절에서와 같은 개념을 확장하여 적용하면, 즉 주어진 4계 상미분방정식에 지수함수 $u = e^{Dx}$를 대입한다. 공통인자 e^{Dx}를 생략하면, 특성방정식은 $L[D] = D^3 - 2D + 4 = 0$이 된다. $D^3 - 2D + 4 = (D+2)(D^2 - 2D + 2) = 0$으로부터 $D_1 = -2$, $D_2 = 1 \pm i$가 된다. 이것으로부터 1개의 실근($u_1 = e^{D_1x} = e^{-2x}$)과 표 2.1의 경우 II의 컬레복소근[$e^x(A_1\cos x + A_2\sin x)$. 여기서, A_1, A_2는 임의의 상수]을 갖는 경우에 해당한다. 따라서 어떤 구간에서도 식 (3.16) 형태의 다음과 같은 일반해를 갖는다. 즉,

$$u = a_1e^{-2x} + e^x(A_1\cos x + A_2\sin x) = a_1e^{-2x} + e^x(a_2\cos x + a_3\sin x)$$

가 된다. 여기서, a_1, a_2, a_3은 임의의 상수이다.

3.3 비제차식의 특수해와 변수계수 상미분방정식

(1) 미정계수법

미정계수법은 **상수계수** $c_n, c_{n-1}, \cdots, c_1, c_0$을 갖는 **비제차 n계 선형상미분방정식**

$$c_n y^{(n)} + c_{n-1} y^{(n-1)} + \cdots + c_1 y' + c_0 y = r(x) \tag{3.18}$$

의 **특수해**를 구하는 가장 간단한 방법이다. 비제차 n계 선형상미분방정식에 적용하는 미정계수법은 위 식의 우변 $r(x)$의 형태에 따라 2.2절에서와 같은 다음의 규칙을 사용하면 된다.

미정계수법의 적용 규칙

1) 2.2절에서와 같은 **기본규칙**(basic rule), 즉 $r(x)$의 형태에 따라 $r(x)$와 같은 차수의 다항식이나 식 (2.19)~(2.23)의 형태로 **특수해**를 예상하여 적용한다.
2) 2.2절과 3.1절에서와 같은 **합규칙**(sum rule)을 적용한다.

실제적으로, 이 방법의 기술적인 내용이 2.2절과 동일함을 다음의 예제를 통하여 알아보자.

예제 3.4

다음 4계 상미분방정식의 초기값 문제를 푸시오. 단, $y^{(4)} = \dfrac{d^4y}{dx^4}$, $y^{(3)} = \dfrac{d^3y}{dx^3}$이다.

$$y^{(4)} - 2y'' + y = 4\cos x, \quad y(0) = y'(0) = y''(0) = y^{(3)}(0) = 0$$

풀이

1) **보조방정식** $u^{(4)} - 2u'' + u = 0$의 **일반해(보조해)**

예제 3.2로부터, 제차 4계 상미분방정식인 보조방정식 $u^{(4)} - 2u'' + u = 0$의 일반해(**보조해**) u는 다음과 같다.

$$u = a_1u_1 + a_2u_2 + a_3u_3 + a_4u_4 = a_1e^{-x} + a_2e^{x} + a_3xe^{-x} + a_4xe^{x} \tag{1}$$

여기서, a_1, a_2, a_3, a_4는 임의의 상수이다.

2) 주어진 상미분방정식 $y^{(4)}-2y''+y=4\cos x$의 **특수해**

$y^{(4)}-2y''+y=4\cos x$의 특수해 y_p를 식 (2.22)의 형태로 다음과 같이 예상한다.

$$y=y_p=A_1\cos x+A_2\sin x \tag{2}$$

여기서, A_1, A_2는 임의의 상수이다. 위 식을 두 번 그리고 네 번 미분하면

$$y''=y_p''(x)=-A_1\cos x-A_2\sin x \tag{3}$$

$$y^{(4)}=y_p^{(4)}(x)=A_1\cos x+A_2\sin x \tag{4}$$

가 된다. 식 (2), (3), (4)를 $y^{(4)}-2y''+y=4\cos x$에 대입하면

$$(4A_1)\cos x+(4A_2)\sin x=4\cos x$$

가 된다. 위 식의 계수를 비교하면 $A_1=1$, $A_2=0$이 얻어지고, 이것을 식 (2)에 대입하면 $y^{(4)}-2y''+y=4\cos x$의 **특수해**가 다음과 같이 구해진다.

$$y_p=\cos x \tag{5}$$

3) 따라서 식 (1)과 식 (5)를 합하면, 주어진 미분방정식 $y^{(4)}-2y''+y=4\cos x$의 **일반해** y가 다음과 같이 얻어진다.

$$y=u+y_p=a_1e^{-x}+a_2e^{x}+a_3xe^{-x}+a_4xe^{x}+\cos x \tag{6}$$

4) 마지막으로, 초기조건 $y(0)=y'(0)=y''(0)=y^{(3)}(0)=0$을 사용하여 임의의 상수 a_1, a_2, a_3, a_4를 구해보자. 식 (6)을 x에 대하여 한 번, 두 번, 세 번 미분하고 각각에 초기조건을 대입하면, 다음과 같은 연립방정식이 구해진다.

$$y(0)=a_1+a_2+1=0$$

$$y'(0)=-a_1+a_2+a_3+a_4=0$$

$$y''(0)=a_1+a_2-2a_3+2a_4-1=0$$

$$y^{(3)}(0)=-a_1+a_2+3a_3+3a_4=0$$

위의 연립방정식을 풀면

$$a_1=-\frac{1}{2},\ a_2=-\frac{1}{2},\ a_3=-\frac{1}{2},\ a_4=\frac{1}{2}$$

이 얻어진다. 따라서 구하고자 하는 해는

$$y=-\frac{1}{2}e^{-x}-\frac{1}{2}e^{x}-\frac{1}{2}xe^{-x}+\frac{1}{2}xe^{x}+\cos x$$

가 된다.

(2) 매개변수변환법

매개변수변환법은 **비제차 1계 선형상미분방정식**의 일반해를 구하는 1.4절의 식 (1.30)과 예제 1.11, 1.12에서 이미 설명하였으며, **비제차 n계 선형상미분방정식**의 해도 이러한 **비제차 1계 미분방정식**의 해를 구하는 개념을 확장하여 구할 수 있다. **미정계수법**은

상수계수를 갖는 **비제차 n계 선형상미분방정식**의 해를 구할 수밖에 없으나, **매개변수 변환법**은 **상수계수**는 물론 **변수계수**를 갖는 **비제차 n계 선형상미분방정식**의 해를 구할 수 있다는 것이 큰 특징이다. 단, **제차 미분방정식**의 **기저**(basis 또는 **기본계**, **기본해**)를 먼저 구해야 하고 **비제차 n계 선형상미분방정식**을 **표준형**[standard form, $y^{(n)}$의 계수가 1인 형태]으로 바꾸어야 한다.

변수계수를 갖는 **비제차 2계 선형상미분방정식**의 **표준형**

$$y'' + p_1(x)y' + p_0(x)y = r(x) \tag{3.19}$$

를 고려해 보자. 이 **비제차식**을 선형미분작용소로 나타내면 다음과 같이 된다.

$$L[y] = r(x) \tag{3.20}$$

단,

$$L(D) = D^2 + p_1(x)D + p_0(x) \tag{3.21}$$

이다. 이 **2계 선형상미분방정식**의 우변이 $r(x)=0$인 **제차식**의 일반해를 u라고 표기하면, 식 (3.20)과 같은 형태의 선형미분작용소를 사용해서

$$L[u] = 0 \tag{3.22}$$

의 **기저**(**기본계**, **기본해**) u_1, u_2를 구할 수 있다. 즉, $L[u_1]=0$, $L[u_2]=0$이다. 따라서 **제차식**의 일반해(보조해) u는 임의의 상수 a_1, a_2를 이용하면

$$u = a_1u_1 + a_2u_2 \tag{3.23}$$

가 된다. 위 식으로부터 **비제차식** (3.20)의 **특수해** y_p를 결정하기 때문에, **매개변수**를 **변환**시켜

$$y_p = a_1(x)u_1 + a_2(x)u_2 \tag{3.24}$$

라고 가정하여 보자. 식 (3.24)의 함수가 **비제차식** (3.20)을 만족하도록 $a_1(x)$, $a_2(x)$를 정하면 된다. 이 방법은 **라그랑주**(Lagrange) 업적으로, 식 (3.19)에서 $p_1(x)$, $p_0(x)$, $r(x)$는

어떤 열린구간에서 연속인 **변수계수**(주어진 x의 함수)라 가정한다. **라그랑주** 방법인 **매개변수변환법**은 구간 R에서 식 (3.19)의 **특수해** y_p를

$$y_p = a_1(x)u_1 + a_2(x)u_2 = u_1 \int \frac{-u_2 r(x)}{W(u_1,\, u_2)} dx + u_2 \int \frac{u_1 r(x)}{W(u_1,\, u_2)} dx \tag{3.25}$$

의 형태로 제공한다. 여기서, u_1, u_2는 구간 R에서 대응하는 **제차 선형상미분방정식**

$$y'' + p_1(x)\,y' + p_0(x)\,y = 0 \tag{3.26}$$

의 해의 **기저**(**기본해**)이고, $W(u_1,\, u_2)$는 u_1, u_2의 **론스키언**(Wronskian) **행렬식**이다.

예제 3.5

다음 상미분방정식의 해를 매개변수변환법으로 구하시오.

$$y'' - 2y' + y = xe^x$$

풀이

1) 제차식인 보조방정식 $u'' - 2u' + u = 0$의 일반해(**보조해**)

특성방정식은 $D^2 - 2D + 1 = 0$이 된다. $D^2 - 2D + 1 = (D-1)^2 = 0$으로부터, $D = 1$이 되어 표 2.1의 경우 I에 해당하므로 이중근을 갖는다. 따라서 보조방정식 $u'' - 2u' + u = 0$의 일반해(**보조해**) u는 다음과 같다.

$$u = (a_1 + a_2 x)e^{Dx} = (a_1 + a_2 x)e^{-x} \tag{1}$$

여기서, a_1, a_2는 임의의 상수이다.

2) 주어진 상미분방정식 $y'' - 2y' + y = xe^x$의 **특수해**

위의 보조해로부터 기저(기본해)는

$$u_1 = e^x,\ u_2 = xe^x$$

이다. 론스키언(Wronskian) 행렬식은

$$W(u_1, u_2) = \begin{vmatrix} e^x & xe^x \\ e^x & e^x + xe^x \end{vmatrix} = e^x \times (e^x - xe^x) - (xe^x \times e^x) = e^{2x} \neq 0$$

이 된다. 위의 값들을 매개변수변환법의 공식 (3.25)에 대입하고 적분하여 **특수해** y_p를 구하면,

$$y_p = u_1 \int \frac{-u_2 r(x)}{W(u_1, u_2)} dx + u_2 \int \frac{u_1 r(x)}{W(u_1, u_2)} dx$$

$$= e^x \int \frac{-xe^x xe^x}{e^{2x}} dx + xe^x \int \frac{e^x xe^x}{e^{2x}} dx = -e^x \int x^2 dx + xe^x \int x dx$$

$$=-\frac{1}{3}x^3e^x+\frac{1}{2}x^3e^x=\frac{1}{6}x^3e^x \qquad (2)$$

3) 따라서 식 (1)과 식 (2)를 합하면, 주어진 미분방정식 $y''-2y'+y=xe^x$의 **일반해** y가 다음과 같이 얻어진다.

$$y=u+y_p=(a_1+a_2x)e^{-x}+\frac{1}{6}x^3e^x$$

위에서 기술한 것과 완전히 똑같은 방법으로, **변수계수**를 갖는 **비제차 n계 선형상미분방정식**의 **표준형**[standard form, $y^{(n)}$의 계수가 1인 형태]

$$y^{(n)}+p_{n-1}(x)y^{(n-1)}+\cdots+p_1(x)y'+p_0(x)y=r(x) \qquad (3.27)$$

의 **특수해**도 **매개변수변환법**으로 구할 수 있다. 즉, **매개변수변환법**의 식 (3.25)를 임의의 n으로 확장하면, 위 식의 계수와 $r(x)$가 연속인 열린 공간 I에서 공식

$$\begin{aligned} y_p &= a_1(x)u_1+a_2(x)u_2+\cdots+a_n(x)u_n \\ &= \sum_{k=1}^{n} u_k \int \frac{W_k r(x)}{W}dx \\ &= u_1\int\frac{W_1 r(x)}{W}dx+u_2\int\frac{W_2 r(x)}{W}dx+\cdots+u_n\int\frac{W_n r(x)}{W}dx \end{aligned} \qquad (3.28)$$

에 의해서 **비제차식** (3.27)에 대한 **특수해** y_p를 제공한다. 식 (3.28)에서 W는 **제차 n계 선형상미분방정식** $u^{(n)}+p_{n-1}(x)u^{(n-1)}+\cdots+p_1(x)u'+p_0(x)u=0$의 **기저**(**기본해**) $u_1, u_2, \cdots, u_n$의 **론스키언**(Wronskian)이고, $W_k(k=1, 2, \cdots, n)$은 W의 k번째 열(column)을 $[0\ 0 \cdots 0\ 1]^T$의 열로 치환하여 얻어진다. 참고로, $W_k(k=1, 2, \cdots, n)$를 $n=2$일 때에 대하여 구하면

$$W(u_1,u_2)=\begin{vmatrix} u_1 & u_2 \\ u_1' & u_2' \end{vmatrix}, \quad W_1=\begin{vmatrix} 0 & u_2 \\ 1 & u_2' \end{vmatrix}=-u_2, \quad W_2=\begin{vmatrix} u_1 & 0 \\ u_1' & 1 \end{vmatrix}=u_1$$

이 된다. 위 식을 식 (3.28)에 대입하면 식 (3.25)와 일치한다.

식 (3.25), (3.28)의 증명은 문헌 "Ince, E. S., Ordinary Differential Equations, New Yurk: Dover, 1956"을 참고하길 바란다.

(3) 계수내림법

계수내림법은 **변수계수**를 갖는 **제차 선형상미분방정식**의 한 개의 **기저**(**기본해**)를 알았을 때, 나머지 한 개의 **기저**(**기본해**)를 구하는 수단으로 쓰인다. 상미분방정식

$$L(u)=u''+p_1(x)u'+p_0(x)u=0 \tag{3.29}$$

의 한 개의 해가 u_1이라고 이미 알려져 있을 때[즉, $L(u_1)=0$], 나머지의 해 u_2를 최초의 해 u_1과 어떤 함수 v의 곱으로 표시된다고 가정하고,

$$u_2=u_1v \tag{3.30}$$

라고 설정한다. 위 식을 식 (3.29)에 대입·정리하고 $L(u_1)=0$을 고려한 후, 양변을 해함수 u_1로 나누면

$$v''+\left[2\frac{u_1'}{u_1}+p_1(x)\right]v'=0 \tag{3.31}$$

이 된다. 위 식은 미지함수 v'에 관한 **제차 1계 선형상미분방정식**이다. 예제 1.9의 **변수분리법**과 같은 방법을 적용하여 위 식의 해를 구하면

$$\begin{aligned} v' = \exp\left[-2\frac{u_1'}{u_1}+p_1(x)\right]dx &= e^{-\int 2\frac{u_1'}{u_1}dx}e^{-\int p_1(x)dx} \\ &= e^{-2\ln|u_1|}e^{-\int p_1(x)dx} \\ &= |u_1|^{-2}e^{-\int p_1(x)dx} \end{aligned} \tag{3.32}$$

가 되고, 이것을 x에 관해 적분하여

$$v=\int\frac{e^{-\int p_1(x)dx}}{u_1^2}dx \tag{3.33}$$

가 얻어진다. 위 식을 식 (3.30)에 대입하면, 두 번째의 해가 다음과 같이 주어진다.

$$u_2 = u_1 \int \frac{e^{-\int p_1(x)dx}}{u_1^2} dx \tag{3.34}$$

그리고 첫 번째의 해 u_1과 두 번째의 해 u_2가 1차독립이라는 것을 확인하기 위하여 **론스키언**(Wronskian)을 계산하면, 다음과 같이 된다.

$$W(u_1, u_2) = \begin{vmatrix} u_1 & u_1 v \\ u_1' & |u_1 v|' \end{vmatrix} = u_1^2 v' = e^{-\int p_1(x)dx} \neq 0 \tag{3.35}$$

따라서 u_1과 u_2는 1차독립이고 **기저**(**기본해**)가 된다.

예제 3.6

다음 상미분방정식의 해를 계수내림법과 매개변수변환법으로 구하시오. 단, $x \neq -1$이다.

$$(x+1)y'' + (4x+5)y' + (4x+6)y = r(x)$$

풀이

1) 계수내림법에 의한 제차식의 일반해(**보조해**)

주어진 미분방정식에서 $r(x)=0$으로 놓으면 제차식이 된다. 즉, 미지함수 u로 구성되는 제차식 $(x+1)u'' + (4x+5)u' + (4x+6)u = 0$의 기저(기본해)를 u_1, u_2로 표기한다. 제차식의 좌변에 미지함수 u에 $u = e^{-2x}$를 대입하면, 즉

$$(x+1)u'' + (4x+5)u' + (4x+6)u$$
$$= (x+1)(4e^{-2x}) + (4x+5)(-2e^{-2x}) + (4x+6)(e^{-2x}) = 0$$

이 된다. 따라서

$$u_1 = e^{-2x}$$

는 이 변수계수를 갖는 제차 상미분방정식의 하나의 기저(기본해)가 된다. 나머지 기저(기본해) u_2는 계수내림법으로 결정한다. 주어진 미분방정식을 표준형으로 만들기 위하여 2계 도함수의 계수 $(x+1)$로 나누면, 1계 도함수의 계수는

$$p_1(x) = \frac{4x+5}{x+1}$$

가 된다. 위 식을 식 (3.34)에 대입하고 계산하면, 나머지의 기저(기본해)는 다음과 같이 된다.

$$u_2 = u_1 \int \frac{e^{-\int p_1(x)dx}}{u_1^2} dx = e^{-2x} \int \frac{e^{-\int \frac{4x+5}{x+1}dx}}{(e^{-2x})^2} dx = e^{-2x} \int \frac{e^{-\int \left(4+\frac{1}{x+1}\right)dx}}{(e^{-2x})^2} dx$$

$$= e^{-2x}\int \frac{e^{-(4x+\ln|x+1|)}}{e^{-4x}}dx = e^{-2x}\int e^{\ln|x+1|}dx = e^{-2x}\int \frac{1}{x+1}dx$$
$$= e^{-2x}\ln|x+1|$$

그리고 론스키언(Wronskian) 행렬식은

$$W(u_1, u_2) = \begin{vmatrix} e^{-2x} & e^{-2x}\ln|x+1| \\ e^{-2x} & (e^{-2x}\ln|x+1|)' \end{vmatrix} = \frac{e^{-4x}}{x+1} \neq 0$$

이 되므로, u_1과 u_2는 1차독립이고 기저(기본해)가 된다. 따라서 보조방정식의 일반해(**보조해**) u는 다음과 같다.

$$u = a_1u_1 + a_2u_2 = a_1e^{-2x} + a_2e^{-2x}\ln|x+1| \tag{1}$$

여기서, a_1, a_2는 임의의 상수이다.

2) 비제차식의 **특수해**와 주어진 미분방정식의 **일반해**

위에서 구한 값들을 매개변수변환법의 공식 (3.25)에 대입하고 적분하면, **특수해** y_p가 다음과 같이 구해진다.

$$y_p = -e^{-2x}\int e^{2x}(x+1)\ln|x+1|r(x)dx + e^{-2x}\ln|x+1|\int e^{2x}(x+1)r(x)dx \tag{2}$$

따라서 식 (1)과 식 (2)를 합하면, 주어진 미분방정식의 **일반해** y가 다음과 같이 얻어진다.

$$y = u + y_p$$
$$= a_1e^{-2x} + a_2e^{-2x}\ln|x+1|$$
$$-e^{-2x}\int e^{2x}(x+1)\ln|x+1|r(x)dx + e^{-2x}\ln|x+1|\int e^{2x}(x+1)r(x)dx$$

(4) 변수계수 상미분방정식

1) 변수계수 제차 선형상미분방정식

• 해를 구하는 순서

변수계수를 갖는 **제차 선형상미분방정식**

$$u'' + p_1(x)u' + p_0(x)u = 0 \tag{3.36}$$

은 다음의 순서에 따라 해를 구하는 것이 가능하다. 즉,

i) **기저(기본해)** 1개를 구한다.

상수계수를 갖는 **제차 선형상미분방정식**의 경우는 특성방정식을 이용하여 해를 구했지만, **변수계수**인 경우에는 일반적인 해법이 없다. **기저**(**기본해**)의 **함수형태**를 $u = x^m$ 또는$u = e^{mx}$라고 가정한 후, 이것을 주어진 미분방정식 (3.36)에 대입

하여 **기저(기본해)**가 되는 m을 결정한다(다음의 예제 3.7, 3.8 참조).

ii) i)에서 구한 **기저(기본해)**를 사용해서 변수계수 제차 미분방정식의 나머지 해를 구한다.

여기서는 위에서 설명한 **계수내림법**(비제차식인 경우에는 매개변수변환법도 적용해야 함)에 의하여 기계적으로 계산을 수행한다(예제 3.6 참조).

- 기저(기본해)의 함수형태가 $u = x^m$이 되는 예

변수계수를 갖는 **제차식** (3.36)에서 $p_1(x), p_0(x)$가

$$m(m-1)+mxp_1(x)+x^2p_0(x)=0 \tag{3.37}$$

을 만족할 때, **기저(기본해)**의 **함수형태**는

$$u = x^m \tag{3.38}$$

이 된다. 이것은 다음과 같이 확인할 수 있다. 즉,

$$\begin{aligned} u''+p_1(x)u'+p_0(x)u &= m(m-1)x^{m-2}+mx^{m-1}p_1(x)+x^m p_0(x) \\ &= x^{m-2}[m(m-1)+mxp_1(x)+x^2p_0(x)] \end{aligned}$$

가 되기 때문에, $m(m-1)+mxp_1(x)+x^2p_0(x)=0$이 되었을 때에 $u''+p_1(x)u'+p_0(x)u=0$이 된다.

예제 3.7

다음 변수계수 상미분방정식의 기저(기본해)의 함수형태가 $u=x^m$이라고 할 때, m값과 그 때의 기저(기본해) u_1을 구하시오. 단, $x \neq -1$이다.

$(x+1)u''+xu'-u=0$

풀이

주어진 상미분방정식의 양변을 $(x+1)$로 나누면, 다음과 같은 표준형이 된다.

$$u''+\frac{x}{x+1}y'-\frac{1}{x+1}y=0 \tag{1}$$

표준형인 위 식과 식 (3.36)을 비교해보면, $p_1(x)=\dfrac{x}{x+1}$, $p_0(x)=-\dfrac{1}{x+1}$이 되기 때문에

$$m(m-1)+mxp_1(x)+x^2p_0(x)=m(m-1)+mx\left(\frac{x}{x+1}\right)+x^2\left(-\frac{1}{x+1}\right)$$
$$=m(m-1)\left(\frac{m+x^2}{x+1}\right) \tag{2}$$

이 된다. 식 (2)에서 $m=1$일 때에 $m(m-1)+mxp_1(x)+x^2p_0(x)=0$이 되기 때문에,

$$u_1=x^1=x \tag{3}$$

가 주어진 상미분방정식의 기저(기본해)가 된다.

• 기저(기본해)의 함수형태가 $u=e^{mx}$가 되는 예

변수계수를 갖는 **제차식** (3.36)에서 $p_1(x)$, $p_0(x)$가

$$m^2+mp_1(x)+p_0(x)=0 \tag{3.39}$$

을 만족할 때, **기저**(**기본해**)의 **함수형태**는

$$u=e^{mx} \tag{3.40}$$

가 된다. 이것은 다음과 같이 확인할 수 있다. 즉, $u'=me^{mx}$, $u''=m^2e^{mx}$이기 때문에

$$u''+p_1(x)u'+p_0(x)u=m^2e^{mx}+mp_1(x)e^{mx}+p_0(x)e^{mx}$$
$$=e^{mx}\left[m^2+mp_1(x)+p_0(x)\right]$$

이 되기 때문에, $m^2+mp_1(x)+p_0(x)=0$이 되었을 때에 $u''+p_1(x)u'+p_0(x)u=0$이 된다.

예제 3.8

다음 변수계수 상미분방정식의 기저(기본해)의 함수형태가 $u=e^{mx}$라고 할 때, m값과 그 때의 기저(기본해) u_2 그리고 일반해 u를 구하시오. 단, $x\neq-1$이다.

$$(x+1)u''+xu'-u=0$$

풀이

주어진 상미분방정식의 양변을 $(x+1)$로 나누면, 다음과 같은 표준형이 된다.

$$u'' + \frac{x}{x+1}y' - \frac{1}{x+1}y = 0 \tag{1}$$

표준형인 위 식과 식 (3.36)을 비교해보면, $p_1(x) = \frac{x}{x+1}$, $p_0(x) = -\frac{1}{x+1}$이 되기 때문에

$$\begin{aligned} m^2 + mp_1(x) + p_0(x) &= m^2 + m\left(\frac{x}{x+1}\right) + \left(-\frac{1}{x+1}\right) \\ &= (m+1)\left(\frac{mx+m-1}{x+1}\right) \end{aligned} \tag{2}$$

이 된다. 식 (2)에서 $m=-1$일 때에 $m^2 + mp_1(x) + p_0(x) = 0$이 되기 때문에,

$$u_2 = e^{-1x} = e^{-x} \tag{3}$$

가 주어진 상미분방정식의 기저(기본해)가 된다.

예제 3.7로부터 첫 번째 기저(기본해) $u_1 = x^1 = x$이고 두 번째 기저(기본해) $u_2 = e^{-1x} = e^{-x}$이므로, 주어진 상미분방정식의 일반해 u는 다음과 같이 된다.

$$u = a_1 u_1 + a_2 u_2 = a_1 x + a_2 e^{-x}$$

여기서, a_1, a_2는 임의의 상수이다.

2) 오일러(Euler) 상미분방정식

예제 3.9

다음 변수계수 상미분방정식의 기저(기본해, u_1, u_2)와 해(u)를 구하시오.

$$2x^2u'' + 7xu' - 3u = 0$$

풀이

주어진 방정식은 오일러(Euler) 상미분방정식이다. 따라서 오일러(Euler)가 개발한 변수계수 상미분방정식에 대한 해법을 적용하면, 즉

$$x = e^t,\ D = \frac{d}{dt}$$

라 놓고, 위 식을 주어진 상미분방정식에 대입하면 다음과 같은 특성방정식이 얻어진다.

$$[2D(D-1) + 7D - 3]u = (2D^2 + 5D - 3)u = 0 \tag{1}$$

식 (1)로부터

$$2D^2 + 5D - 3 = (2D-1)(D+3) = 0$$

이 되고, $D_1 = \frac{1}{2}$, $D_2 = -3$이 얻어진다. 그러므로 주어진 방정식 $2x^2u'' + 7xu' - 3u = 0$의

기저(기본해) u_1, u_2는 다음과 같이 된다.

$$u_1 = e^{t/2} = \sqrt{x}\,,\ u_2 = e^{-3t} = \frac{1}{x^3}$$

따라서 주어진 상미분방정식의 해 u는

$$u = a_1 u_1 + a_2 u_2 = a_1 e^{t/2} + a_2 e^{-3t} = a_1 \sqrt{x} + a_2 \frac{1}{x^3}$$

여기서, a_1, a_2는 임의의 상수이다.

예제 3.10

다음 미분방정식의 기저(기본해, u_1, u_2, u_3)와 해(u)를 구하시오. 단, $y^{(3)} = \dfrac{d^3 y}{dx^3}$ 이다.

$$x^3 u^{(3)} + x^2 u'' - 4xu' = 0$$

풀이

주어진 방정식은 오일러(Euler) 상미분방정식이다. 따라서 오일러(Euler)가 개발한 변수계수 상미분방정식에 대한 해법을 적용하면, 즉

$$x = e^t,\ \ D = \frac{d}{dt}$$

라 놓고, 위 식을 주어진 상미분방정식에 대입하면 다음과 같은 특성방정식이 얻어진다.

$$[D(D-1)(D-2) + D(D-1) - 4D]u = (D^3 - 2D^2 - 3D)u = 0 \tag{1}$$

식 (1)로부터

$$D^3 - 2D^2 - 3D = D(D+1)(D-3) = 0$$

이 되고, $D_1 = 0$, $D_2 = -1$, $D_3 = 3$이 얻어진다. 그러므로 주어진 방정식의 기저(기본해) u_1, u_2, u_3은 다음과 같이 된다.

$$u_1 = e^0 = 1\,,\ u_2 = e^{-t} = \frac{1}{x}\,,\ u_3 = e^{3t} = x^3$$

따라서 주어진 상미분방정식의 해 u는

$$u = a_1 u_1 + a_2 u_2 + a_3 u_3 = a_1 e^0 + a_2 e^{-t} + a_3 e^{3t} = a_1 + a_2 \frac{1}{x} + a_3 x^3$$

여기서, a_1, a_2, a_3은 임의의 상수이다.

3) 변수계수 비제차 선형상미분방정식

위의 1) 또는 2)의 방법 등을 사용하여 구한 **변수계수**를 갖는 **제차 선형상미분방정식의 기저(기본해)**값들을 앞 절에서 기술한 **상수계수 비제차 선형상미분방정식**과

똑같은 방법으로 **매개변수변환법**의 공식 (3.25)[또는 식 (3.28)]에 대입하고 계산하면, **변수계수**를 갖는 **비제차 선형상미분방정식**의 **특수해**가 구해진다. 마지막으로, **제차식**의 일반해(**보조해**)와 **비제차식**의 **특수해**를 합하면, **변수계수 비제차 선형상미분방정식**의 **일반해**가 얻어진다[식 (3.12) 참조].

연습문제

3.1 다음 상미분방정식의 일반해를 구하시오. 단, $u^{(4)} = \dfrac{d^4u}{dx^4}$, $u^{(3)} = \dfrac{d^3u}{dx^3}$ 이다.

(1) $u^{(4)} + 2u^{(3)} - u'' - 2u' = 0$

(2) $4u^{(3)} + 12u'' + 9u' = 0$

(3) $u^{(4)} + 6u^{(3)} + 12u'' + 8u' = 0$

(4) $u^{(3)} - 8 = 0$

(5) $u^{(4)} + u'' = 0$

3.2 다음 4계 상미분방정식의 초기값 문제를 푸시오. 단, $y^{(4)} = \dfrac{d^4y}{dx^4}$ 이다.

$$y^{(4)} - 2y'' + y = e^x,\ \ y(0) = y'(0) = y''(0) = y^{(3)}(0) = 0$$

3.3 다음 4계 상미분방정식의 특수해와 일반해를 구하시오.단, $y^{(4)} = \dfrac{d^4y}{dx^4}$ 이다.

$$y^{(4)} - 2y'' + y = 4\cos x + e^x$$

3.4 다음 상미분방정식의 해를 매개변수변환법으로 구하시오. 단, $u^{(3)} = \dfrac{d^3u}{dx^3}$ 이다.

(1) $y'' + k^2y = r(x)$ [$k^2 \neq 0$, $r(x)$는 $-\infty < x < \infty$에서 연속임]

(2) $y'' - 2y' + y = e^x \ln x$

(3) $y'' + y = 3 + \sec x$

(4) $y'' + 6y' + 9y = \dfrac{e^{-3x}}{x^3}$

(5) $y^{(3)} + 3y'' + 4y' + 2y = e^{-x}\sec x + xe^{-x}$

(6) $y^{(3)} - 3y'' + 3y' - y = \dfrac{e^x}{2x-1} - 3e^x$

3.5 예제 3.7을 통하여, 다음 상미분방정식의 하나의 기저(기본해)가 $u_1 = x$라는 것을 알 수 있었다. 이 상미분방정식의 또 다른 나머지 기저(기본해) u_2를 계수내림법으로 구하시오. 단, $x \neq -1$이다.

$$(x+1)u'' + xu' - u = 0$$

3.6 다음 상미분방정식의 해를 구하시오. 단, $y^{(3)} = \dfrac{d^3y}{dx^3}$이다.

(1) $x^2y'' - xy' + 2y = 0$

(2) $x^3y^{(3)} + 6x^2y'' + 7xy' + y = 0$

(3) $x^3y^{(3)} + 3x^2y'' + xy' - y = 3x - 7$

(4) $xy^{(3)} + y'' = 0$

CHAPTER 04 연립상미분방정식

4.1 기본사항

$y^{(n)} = \dfrac{d^n y}{dx^n}$, $y^{(n-1)} = \dfrac{d^{n-1} y}{dx^{n-1}}$, $y' = y^{(1)} = \dfrac{dy}{dx}$ 로 나타낼 때, **n계 선형상미분방정식**의 **초기값 문제**는 다음과 같이 나타낼 수 있다.

$$\begin{aligned} & y^{(n)} + p_{n-1}(x)\, y^{(n-1)} + \cdots + p_1(x) y' + p_0(x)\, y = r(x) \\ & y(x_0) = y_0,\ y'(x_0) = y_0{}' = y_0^{(1)}, \cdots, y^{(n-1)}(x_0) = y_0^{(n-1)} \end{aligned} \tag{4.1}$$

미지함수 y를 y_1로 쓰고 새로운 함수 $y_2, y_3, \cdots, y_n$을

$$\begin{aligned} & y = y_1,\ y' = y_1{}' = y_2,\ y'' = y_2{}' = y_3, \cdots, \\ & y^{(n-1)} = y_{n-1}' = y_n \end{aligned} \tag{4.2}$$

이라고 정의하면, 식 (4.1)의 **n계 선형상미분방정식**은 다음과 같이 된다.

$$y_n{}' = - p_{n-1}(x) y_n - p_{n-2}(x) y_{n-1} - \cdots - p_0(x)\, y_1 + r(x) \tag{4.3}$$

위 식 (4.2), (4.3)으로부터, 식 (4.1)의 **정규형 n계 선형상미분방정식**은 다음과 같은 n개의 **정규형 1계 선형상미분방정식**의 **연립방정식**으로 **변환**될 수 있다. 즉,

$$\begin{aligned}
y_1{}' &= y_2 \\
y_2{}' &= y_3 \\
&\vdots \\
y'_{n-1} &= y_n \\
y_n{}' &= -p_{n-1}(x)y_n - p_{n-2}(x)y_{n-1} - \cdots - p_0(x)y_1 + r(x)
\end{aligned} \tag{4.4}$$

따라서 식 (4.4)의 **연립상미분방정식**을 **열벡터**(column vector)와 **행렬**(matrix)을 가진 **벡터방정식**의 형태로 나타내면, 식 (4.1)의 **정규형** n**계 선형상미분방정식** 및 **초기조건**은 n개의 **정규형 1계 선형상미분방정식** 및 **초기조건**

$$\begin{Bmatrix} y_1{}' \\ y_2{}' \\ \vdots \\ y'_{n-1} \\ y_n{}' \end{Bmatrix} = \begin{bmatrix} 0 & 1 & 0 & \cdots & 0 & 0 \\ 0 & 0 & 1 & \cdots & 0 & 0 \\ \vdots & \vdots & \vdots & \ddots & \vdots & \vdots \\ 0 & 0 & 0 & \cdots & 0 & 1 \\ -p_0(x) & -p_1(x) & -p_2(x) & \cdots & -p_{n-2}(x) & -p_{n-1}(x) \end{bmatrix} \begin{Bmatrix} y_1 \\ y_2 \\ \vdots \\ y_{n-1} \\ y_n \end{Bmatrix} + \begin{Bmatrix} 0 \\ 0 \\ \vdots \\ 0 \\ r(x) \end{Bmatrix} \tag{4.5}$$

$$y_1(x_0) = y_0,\ y_2(x_0) = y_0^{(1)},\ \cdots,\ y_{n-1}(x_0) = y_0^{(n-2)},\ y_n(x_0) = y_0^{(n-1)}$$

로 변환된다. **미지함수**인 **열벡터**의 n개의 **성분**(component) $y_1, y_2, \cdots, y_n$을 갖는 위의 **정규형 1계 연립선형상미분방정식** 및 **초기조건**은 **계수행렬** 및 비제차항인 **열벡터**를 보통 포함시켜서

$$\begin{Bmatrix} y_1{}' \\ y_2{}' \\ \vdots \\ y_n{}' \end{Bmatrix} = \begin{bmatrix} a_{11}(x) & a_{12}(x) & \cdots & a_{1n}(x) \\ a_{21}(x) & a_{22}(x) & \cdots & a_{2n}(x) \\ \vdots & \vdots & \ddots & \vdots \\ a_{n1}(x) & a_{n2}(x) & \cdots & a_{nn}(x) \end{bmatrix} \begin{Bmatrix} y_1 \\ y_2 \\ \vdots \\ y_n \end{Bmatrix} + \begin{Bmatrix} b_1(x) \\ b_2(x) \\ \vdots \\ b_n(x) \end{Bmatrix} \tag{4.6}$$

$$y_1(x_0) = y_{1,0},\ y_2(x_0) = y_{2,0},\ \cdots,\ y_{n-1}(x_0) = y_{n-1,0},\ y_n(x_0) = y_{n,0}$$

이라고 쓸 수 있다. 이후의 표기법으로, 다음과 같은 **벡터**와 **행렬**의 표시를 사용하여 식 (4.6)을 간단히

$$\begin{aligned}\mathbf{y}' &= \mathrm{A}(x)\mathbf{y}+\mathbf{b}(x)\\ \mathbf{y}(x_0) &= \mathbf{y}_0\end{aligned} \tag{4.7}$$

으로 나타낸다. 위 식에서 **미지함수 벡터성분**은

$$\mathbf{y}=\left[y_1\ y_2 \cdots\ y_n\right]^T \tag{4.8}$$

가 되고, 기호 T는 벡터의 **전치**(transposition)를 의미한다.

계수행렬 $\mathrm{A}(x)$ 및 비제차항 벡터 $\mathbf{b}(x)$의 모든 성분함수가 대상으로 하는 모든 구간 R에서 연속이면, 기본정리에 의하여 식 (4.7)로 표시되는 선형연립상미분방정식 및 초기조건을 만족하는 해는 단 한 개가 존재한다. 연립상미분방정식 (4.7)의 우변에 있는 비제차항이 $\mathbf{b}(x)=0$일 때, 미지함수 $\mathbf{y}$의 기호를 $\mathbf{u}$로 변경해서 이 **연립상미분방정식**을 나타내면 다음과 같이 된다.

$$\mathbf{u}'=\mathrm{A}(x)\mathbf{u} \tag{4.9}$$

위 식에서 $\mathbf{u}$는

$$\mathbf{u}=\left[u_1\ u_2 \cdots\ u_n\right]^T \tag{4.10}$$

가 된다. 위의 **제차 연립상미분방정식** (4.9)의 **해공간**(solution space)은 **벡터공간**을 형성하고, 벡터 $\mathbf{u}_1$ 및 $\mathbf{u}_2$를 이 제차연립상미분방정식의 해라고 하면

$$\mathbf{u}_1'-\mathrm{A}(x)\mathbf{u}_1=0,\ \mathbf{u}_2'-\mathrm{A}(x)\mathbf{u}_2=0 \tag{4.11}$$

이 된다. 또한, 제차식 (4.9)의 우변에 있는 $\mathrm{A}(x)\mathbf{u}$를 좌변으로 이항한 식에 위의 $\mathbf{u}_1$과 $\mathbf{u}_2$의 선형합 $c_1\mathbf{u}_1+c_2\mathbf{u}_2$를 대입하면(여기서, c_1, c_2는 임의의 상수),

$$\begin{aligned}&[c_1\mathbf{u}_1+c_2\mathbf{u}_2]'-\mathrm{A}(x)[c_1\mathbf{u}_1+c_2\mathbf{u}_2]\\ &=c_1\mathbf{u}_1'-c_1\mathrm{A}(x)\mathbf{u}_1+c_2\mathbf{u}_2'-c_2\mathrm{A}(x)\mathbf{u}_2=0\end{aligned} \tag{4.12}$$

이 된다. **제차 연립상미분방정식**의 어떤 해 $\mathbf{u}_j$의 **벡터성분**은 구체적으로

$$\mathbf{u}_j = [u_{1j}\ u_{2j} \cdots u_{nj}]^T \quad (j = 1, 2, \cdots, n) \tag{4.13}$$

로 표현된다. n개의 해 시스템(벡터함수) $\mathbf{u}_1$, $\mathbf{u}_2$, ⋯, $\mathbf{u}_n$으로부터 만들어진 행렬 U를 **해행렬**이라고 부르고, 식 (4.13)을 사용하여 나타내면 다음과 같이 정의된다.

$$\begin{aligned} \mathrm{U} &= [\mathbf{u}_1\ \mathbf{u}_2\ \cdot\ \cdot\ \cdot\ \mathbf{u}_n] \\ &= \begin{bmatrix} u_{11} & u_{12} & \cdot & \cdot & \cdot & u_{1n} \\ u_{21} & u_{22} & \cdot & \cdot & \cdot & u_{2n} \\ \cdot & \cdot & \cdot & \cdot & \cdot & \cdot \\ \cdot & \cdot & \cdot & \cdot & \cdot & \cdot \\ \cdot & \cdot & \cdot & \cdot & \cdot & \cdot \\ u_{n1} & u_{n2} & \cdot & \cdot & \cdot & u_{nn} \end{bmatrix} \end{aligned} \tag{4.14}$$

해행렬 U는 명백히 **벡터미분방정식**

$$\mathrm{U}' = \mathrm{A}(x)\mathrm{U} \tag{4.15}$$

를 만족한다.

단일함수의 **1차독립**과 **1차종속**에 대해서는 3.1절의 **정의(1차독립과 1차종속)**에서 설명하였다. **벡터함수**의 **1차독립**의 경우도 **단일함수**의 경우와 같은 방법으로 다음과 같이 정의된다.

정의 (1차독립과 1차종속)

$c_1, c_2, \cdots, c_n$이 임의의 상수일 때, 구간 R에서 정의된 n개의 벡터함수 $\mathbf{u}_1, \mathbf{u}_2, \cdots, \mathbf{u}_n$이 **1차독립**이라는 것은

$$c_1\mathbf{u}_1 + c_2\mathbf{u}_2 + \cdots + c_n\mathbf{u}_n = 0 \tag{4.16}$$

이면 $c_1, c_2, \cdots, c_n$이 모두 0이 되어야 한다는 것을 말한다. 만약 식 (4.16)이 구간 R에서 적어도 하나는 0이 아닌 $c_1, c_2, \cdots, c_n$에 대하여 성립한다면, 이 함수들은 **1차종속**이라고 부른다.

3.1절에서 **단일함수**에 대한 **1차독립**의 판별법으로 **론스키언**(Wronskian) **행렬식** W를 사용하였다. 이것과 같은 방법으로, n개의 벡터함수 $\mathbf{u}_1$, $\mathbf{u}_2$, ⋯, $\mathbf{u}_n$의 **1차독립**의 판정에 해행렬의 **론스키언**(Wronskian) **행렬식**

$$W(\mathbf{u}_1,\ \mathbf{u}_2, \cdots,\ \mathbf{u}_n)=\begin{vmatrix} u_{11} & u_{12} & \bullet & \bullet & \bullet & u_{1n} \\ u_{21} & u_{22} & \bullet & \bullet & \bullet & u_{2n} \\ \bullet & \bullet & \bullet & \bullet & \bullet & \bullet \\ \bullet & \bullet & \bullet & \bullet & \bullet & \bullet \\ \bullet & \bullet & \bullet & \bullet & \bullet & \bullet \\ u_{n1} & u_{n2} & \bullet & \bullet & \bullet & u_{nn} \end{vmatrix} \tag{4.17}$$

을 사용한다.

구간 R에서 정의된 n개의 벡터함수 $\mathbf{u}_1$, $\mathbf{u}_2$, $\cdots$, $\mathbf{u}_n$이 **1차독립**이 되려면, 그 구간 내의 x에 대하여

$$W(\mathbf{u}_1,\ \mathbf{u}_2, \cdots,\ \mathbf{u}_n) \neq 0 \tag{4.18}$$

이라는 조건이 만족되어야 한다. 즉, **론스키언**(Wronskian) **행렬식** W가 0이 되지 않는 x가 있으면, $\mathbf{u}_1$, $\mathbf{u}_2$, $\cdots$, $\mathbf{u}_n$은 1차독립이 된다.

이상으로부터 2.1, 3.1절에서 논의된 **제차 선형상미분방정식**의 **일반해**에 대한 **중첩의 원리** 또는 **선형성 원리**를 **제차 연립상미분방정식**의 **일반해**로 확장할 수 있다. 즉, 제차 연립상미분방정식의 n개의 기저(basis 또는 기본계, 기본해) 시스템(벡터함수)을 $\mathbf{u}_1$, $\mathbf{u}_2$, $\cdots$, $\mathbf{u}_n$이라고 하면, 이 **제차 연립선형상미분방정식**의 **일반해**는

$$\mathbf{u} = c_1\,\mathbf{u}_1 + c_2\mathbf{u}_2 + \cdots + c_n\,\mathbf{u}_n \tag{4.19}$$

이 된다. 또는, n개의 임의의 상수 $c_1, c_2, \cdots, c_n$을 벡터 $\mathbf{c}$로 나타내어

$$\mathbf{u} = [\mathbf{u}_1\ \mathbf{u}_2\ \cdots\ \mathbf{u}_n]\begin{Bmatrix} c_1 \\ c_2 \\ \bullet \\ \bullet \\ \bullet \\ c_n \end{Bmatrix} = \mathbf{Uc} \tag{4.20}$$

으로 쓸 수 있다. 더욱이 식 (4.9)의 해를 $n\times n$행렬 [U]로 확장시켜 표기하기 위해서는 식 (4.20)의 임의의 상수벡터 $\mathbf{c}$를 일반화시켜 임의의 상수행렬 C로 확장시켜 다음과 같이 나타내야 한다. 즉,

$$[\mathrm{U}] = [\mathbf{u}_1\ \mathbf{u}_2\ \cdots\ \mathbf{u}_n]\begin{bmatrix} c_{11} & c_{12} & \cdot & \cdot & \cdot & c_{1n} \\ c_{21} & c_{22} & \cdot & \cdot & \cdot & c_{2n} \\ \cdot & \cdot & \cdot & \cdot & \cdot & \cdot \\ \cdot & \cdot & \cdot & \cdot & \cdot & \cdot \\ \cdot & \cdot & \cdot & \cdot & \cdot & \cdot \\ c_{n1} & c_{n2} & \cdot & \cdot & \cdot & c_{nn} \end{bmatrix} = \mathrm{UC} \tag{4.21}$$

위 식에서 행렬식 $\det \mathrm{C} \neq 0$이면, [U]도 기저(기본계, 기본해) 시스템의 행렬이 되기 때문에 벡터미분방정식 (4.15)의 전체 해를 표시하는 식이 된다.

4.2 변수계수를 갖는 연립상미분방정식

변수계수 $\mathrm{A}(x)$를 갖는 **비제차 연립선형상미분방정식**

$$\mathbf{y}' = \mathrm{A}(x)\mathbf{y} + \mathbf{b}(x) \tag{4.22}$$

의 **일반해**를 구해보자. 이것에 따라오는 **제차 연립선형상미분방정식**

$$\mathbf{u}' = \mathrm{A}(x)\mathbf{u} \tag{4.23}$$

의 **일반해**를 식 (4.20)의 $\mathbf{u}$라고 한다. 단일미지함수에 관한 비제차 1계 상미분방정식의 해법에 사용한 1.4절의 **매개변수변환법**을 여기서도 적용할 수 있다. 즉, 비제차식 (4.22)의 일반해로서 제차식 (4.23)의 일반해 식 (4.20)에서 임의의 상수벡터 $\mathbf{c}$를 임의의 함수벡터 $\mathbf{c}(x)$로 변화시켜

$$\mathbf{y} = \mathrm{U}\mathbf{c}(x) \tag{4.24}$$

라고 가정한다. 위 식을 비제차식 (4.22)의 양변에 대입하면,

$$\begin{aligned} &\text{좌변} = \mathrm{U}'\mathbf{c}(x) + \mathrm{U}\mathbf{c}'(x) \\ &\text{우변} = \mathrm{A}(x)\mathrm{U}\mathbf{c}(x) + \mathbf{b}(x) \end{aligned} \tag{4.25}$$

가 된다. 기저(기본해) 행렬 U는 벡터미분방정식 (4.15)를 만족하고 있기 때문에, 위 식들의

우변의 제1항은 서로 같게 되므로 결국 다음과 같은 식이 유도된다.

$$\mathbf{U}\mathbf{c}'(x) = \mathbf{b}(x) \tag{4.26}$$

1차독립인 기저(기본해) 행렬 U는 론스키언(Wronskian) 행렬식 W가 0이 되지 않으므로, 역행렬 $\mathbf{U}^{-1}$이 존재한다. 식 (4.26)에 역행렬 $\mathbf{U}^{-1}$를 곱하면

$$\mathbf{c}'(x) = \mathbf{U}^{-1}\mathbf{b}(x) \tag{4.27}$$

가 된다. 독립변수 x의 임의의 위치 x_0를 고정하고 위 식을 적분하면, $\mathbf{c}(x)$가 다음과 같이 구해질 수 있다.

$$\mathbf{c}(x) = \mathbf{c}^* + \int_{x_0}^{x} \mathbf{U}^{-1}(\eta)\mathbf{b}(\eta)\,d\eta \tag{4.28}$$

여기서, $\mathbf{c}^*$는 적분상수벡터이다. 위 식을 식 (4.24)에 대입하면, **비제차식** (4.22)의 **일반해**

$$\mathbf{y} = \mathbf{U}\left[\mathbf{c}^* + \int_{x_0}^{x} \mathbf{U}^{-1}(\eta)\mathbf{b}(\eta)\,d\eta\right] \tag{4.29}$$

가 얻어진다. 위 식의 우변을 전개하면 다음과 같이 쓸 수 있다.

$$\mathbf{y} = \mathbf{U}\mathbf{c}^* + \mathbf{U}\int_{x_0}^{x} \mathbf{U}^{-1}(\eta)\mathbf{b}(\eta)\,d\eta \tag{4.30}$$

여기서, 좌변의 첫 번째 항 $\mathbf{U}\mathbf{c}^*$는 제차식 (4.23)의 일반해(**보조해**)이고, 적분을 포함한 좌변의 두 번째 항은 비제차식 (4.22)의 **특수해**이다.

4.3 상수계수를 갖는 연립상미분방정식

잘 알려진 **지수함수**(exponential function) e^a의 테일러(Taylor) 전개는

$$e^a = 1 + a + \frac{a^2}{2!} + \cdots + \frac{a^m}{m!} + \cdots = \sum_{m=0}^{\infty} \frac{a^m}{m!} \tag{4.31}$$

으로 표현된다. 이러한 형식으로 **정방행렬**(square matrix) A의 **지수함수**를 나타내면 다음과 같이 된다.

$$e^{\mathrm{A}} = \mathrm{I} + \mathrm{A} + \frac{1}{2!}\mathrm{A}^2 + \cdots + \frac{1}{m!}\mathrm{A}^m + \cdots = \sum_{m=0}^{\infty} \frac{1}{m!}\mathrm{A}^m \tag{4.32}$$

여기서, I는 $n \times n$ 정방행렬 A와 같은 크기(size)의 **단위행렬**(unit matrix, identity matrix, 주대각선상의 성분은 모두 1이고 그 외의 나머지 성분은 모두 0인 행렬)이다. 따라서 **행렬의 지수함수** e^{A}도 정방행렬 A와 같은 크기인 $n \times n$ 정방행렬이 된다. 같은 방법으로, 정방행렬 Ax의 지수함수도

$$e^{\mathrm{A}x} = \mathrm{I} + x\mathrm{A} + \frac{x^2}{2!}\mathrm{A}^2 + \cdots + \frac{x^m}{m!}\mathrm{A}^m + \cdots = \sum_{m=0}^{\infty} \frac{x^m}{m!}\mathrm{A}^m \tag{4.33}$$

으로 표현된다.

행렬의 지수함수 e^{A}의 성질을 열거하면 다음과 같다.

1) 식 (4.32)의 우변의 급수는 절대적으로 수렴한다.

2) 두 행렬 A와 B의 크기가 같은 경우, $e^{\mathrm{A+B}} = e^{\mathrm{A}}e^{\mathrm{B}}$가 된다.

3) 역행렬의 공식 $(e^{\mathrm{A}})^{-1} = e^{-\mathrm{A}}$가 성립한다.

4) 미분공식 $\frac{d}{dx}e^{\mathrm{A}x} = (e^{\mathrm{A}x})' = \mathrm{A}e^{\mathrm{A}x}$가 성립한다.

5) 행렬 A의 **행렬식**인 **특성방정식**(characteristic equation) $\det(\mathrm{A} - D\mathrm{I}) = |\mathrm{A} - D\mathrm{I}| = 0$의 해를 $D_1, D_2, \cdots, D_n$이라면, e^{A}의 행렬식인 특성방정식의 해는 $e^{D_1}, e^{D_2}, \cdots, e^{D_n}$이 된다.

제차 연립상미분방정식의 기저(기본해)가 되기 위해서는 론스키언(Wronskian) 행렬식 W가 0이 되지 않아야 하고, 위에서 열거된 행렬의 지수함수 e^{A}의 성질로부터 다음과 같은 정리 4.1이 얻어진다.

정리 4.1

상수계수 A를 갖는 제차 1계 연립선형상미분방정식 $\mathbf{u}'=\mathrm{A}\mathbf{u}$의 벡터미분방정식 $\mathrm{U}'=\mathrm{AU}$는 $\mathrm{U}=e^{\mathrm{A}x}$라는 한 개의 기저(기본해) 행렬을 갖는다.

상수계수 A를 갖는 **비제차 1계 연립선형상미분방정식**의 **초기값 문제**

$$\begin{aligned}\mathbf{y}'&=\mathrm{A}\mathbf{y}+\mathbf{b}(x)\\ \mathbf{y}(x_0)&=\mathbf{y}_0\end{aligned} \tag{4.34}$$

을 풀어보자. 위에서 초기조건식의 우변 $\mathbf{y}_0$은 주어진 n차원의 **벡터**이다. 변수계수를 갖는 비제차 1계 연립선형상미분방정식의 일반해 공식 (4.30)에 $\mathrm{U}=e^{\mathrm{A}x}$를 대입하면

$$\mathbf{y}=e^{\mathrm{A}x}\mathbf{c}^*+e^{\mathrm{A}x}\int_{x_0}^{x}e^{-\mathrm{A}\eta}\,\mathbf{b}(\eta)\,d\eta \tag{4.35}$$

가 된다. 위 식의 하단의 초기조건을 만족하게 하는 임의의 상수벡터를 $\mathbf{c}^*=e^{-\mathrm{A}x_0}\mathbf{y}_0$이라고 놓으면, 상수계수 A를 갖는 **비제차 1계 연립선형상미분방정식**의 **일반해** 공식은 다음과 같이 된다. 즉,

$$\mathbf{y}=e^{\mathrm{A}(x-x_0)}\mathbf{y}_0+\int_{x_0}^{x}e^{\mathrm{A}(x-\eta)}\mathbf{b}(\eta)\,d\eta \tag{4.36}$$

상수계수 A를 갖는 **제차 1계 연립선형상미분방정식**

$$\mathbf{u}'=\mathrm{A}\mathbf{u} \tag{4.37}$$

의 일반해는 비제차 1계 연립선형상미분방정식의 일반해 식 (4.35)의 우변항 $\mathbf{b}(\eta)$를 0으로 놓으면 다음과 같이 구해진다.

$$\mathbf{u} = e^{\mathbf{A}x}\mathbf{c}^* \tag{4.38}$$

미지함수벡터 u를 **정칙행렬**(nonsingular matrix) P를 사용하여 변환시키면,

$$\begin{aligned} \mathbf{u} &= \mathbf{P}\mathbf{v} \\ \mathbf{v} &= \mathbf{P}^{-1}\mathbf{u} \end{aligned} \tag{4.39}$$

가 된다. 여기서, 정칙행렬은 역행렬이 존재하는 행렬을 말하고, 역행렬을 갖지 않으면 **특이행렬**(singular matrix)이라고 한다. 위 식으로부터

$$\mathbf{v}' = \mathbf{P}^{-1}\mathbf{u}' = \mathbf{P}^{-1}\mathbf{A}\mathbf{u} = (\mathbf{P}^{-1}\mathbf{A}\,\mathbf{P})\,\mathbf{v} \tag{4.40}$$

가 된다. 여기서 $\mathbf{P}^{-1}\mathbf{A}\,\mathbf{P} = \mathbf{D}$라고 쓰면, 위 식은

$$\mathbf{v}' = \mathbf{D}\mathbf{v} \tag{4.41}$$

가 된다. **고유값 문제**(eigenvalue problem)를 풀어 적절히 구한 변환행렬 P를 사용하여 $\mathbf{D} = \mathbf{P}^{-1}\mathbf{A}\,\mathbf{P}$를 계산하면 행렬 D는 취급하기 쉬운 **대각행렬**(diagonal matrix, 주대각선의 위와 아래의 모든 성분들은 0이고 주대각선 상에서만 0이 아닌 성분을 가진 정방행렬을 대각행렬이라고 함) 형태 등으로 나타나고, 행렬 D를 이용하면 함수벡터 v의 해를 구할 수 있다. 이렇게 구한 v를 식 (4.39)의 u=Pv에 대입하면, 원래의 미지함수벡터 u가 구해진다.

(1) $\mathbf{D} = \mathbf{P}^{-1}\mathbf{A}\,\mathbf{P}$가 대각행렬이 되는 경우

행렬 A의 **고유값**(eigenvalue)을 $D_j(j = 1, 2, \cdots, n)$ 그리고 이 고유값에 대응하는 **고유벡터**(eigenvector)를 $\mathbf{p}_j(j = 1, 2, \cdots, n)$라고 하면, 대각화로 변환시키는 **정칙행렬** P는

$$\mathbf{P} = [\mathbf{p}_1\ \mathbf{p}_2 \cdots\ \mathbf{p}_n] \tag{4.42}$$

으로 쓸 수 있다. 이 경우, 계수행렬 A는 변환행렬 P에 의하여 다음과 같이 A의 고유값 $D_j(j = 1, 2, \cdots, n)$를 대각요소(성분)로 갖는 **대각행렬** D로 변환된다. 즉,

$$
\begin{aligned}
\mathrm{D} &= \mathrm{P}^{-1}\mathrm{A}\,\mathrm{P} \\
&= \begin{bmatrix} D_1 & & & & 0 \\ & D_2 & & & \\ & & \cdot & & \\ & & & \cdot & \\ & & & & \cdot \\ 0 & & & & D_n \end{bmatrix}
\end{aligned} \tag{4.43}
$$

위 식으로부터 $\mathrm{A} = \mathrm{PAP}^{-1}$의 관계가 유도되고, 이것을 이용하면

$$
\begin{aligned}
e^{\mathrm{A}x} &= e^{\mathrm{PAP}^{-1}x} = \sum_{m=0}^{\infty} \frac{1}{m!} (\mathrm{P\,A\,P}^{-1} x)^m \\
&= \mathrm{P} \sum_{m=0}^{\infty} \frac{1}{m!} (\mathrm{A}x)^m\ \mathrm{P}^{-1} x)^m = \mathrm{P}\, e^{\mathrm{A}x}\ \mathrm{P}^{-1} \\
&= \mathrm{P} \begin{bmatrix} e^{D_1 x} & & & & 0 \\ & e^{D_2 x} & & & \\ & & \cdot & & \\ & & & \cdot & \\ & & & & \cdot \\ 0 & & & & e^{D_n x} \end{bmatrix} \mathrm{P}^{-1}
\end{aligned} \tag{4.44}
$$

이 구해진다. 여기서, 행렬 D가 대각행렬이기 때문에 위와 같은 간단한 결과가 얻어진다.

상수계수 A를 갖는 제차 1계 연립선형상미분방정식의 일반해 (4.38)에 위의 결과를 대입시키면 다음과 같이 된다.

$$
\mathbf{u} = \mathrm{P} \begin{bmatrix} e^{D_1 x} & & & & 0 \\ & e^{D_2 x} & & & \\ & & \cdot & & \\ & & & \cdot & \\ & & & & \cdot \\ 0 & & & & e^{D_n x} \end{bmatrix} \mathrm{P}^{-1} \mathbf{c}^* \tag{4.45}
$$

위 식에 식 (4.42)의 P와 임의의 상수벡터인 $\mathrm{P}^{-1}\mathbf{c}^* = [c_1\ c_2 \cdots c_n]^T$를 대입하여 다시 쓰면 다음과 같이 된다.

$$\mathbf{u} = [\mathbf{p}_1\ \mathbf{p}_2\ \cdots\ \mathbf{p}_n] \begin{bmatrix} e^{D_1 x} & & & & 0 \\ & e^{D_2 x} & & & \\ & & \cdot & & \\ & & & \cdot & \\ & & & & \cdot \\ 0 & & & & e^{D_n x} \end{bmatrix} \begin{Bmatrix} c_1 \\ c_2 \\ \cdot \\ \cdot \\ \cdot \\ c_n \end{Bmatrix} \tag{4.46}$$

따라서 구하고자 하는 **제차 1계 연립선형상미분방정식**의 **일반해**는

$$\mathbf{u} = c_1\,\mathbf{p}_1 e^{D_1 x} + c_2 \mathbf{p}_2 e^{D_2 x} + \cdots + c_n\,\mathbf{p}_n e^{D_n x} \tag{4.47}$$

가 된다.

예제 4.1

다음 연립상미분방정식의 일반해를 구하시오.

$$u_1' = 7u_1 - 2u_2 - 4u_3$$

$$u_2' = -u_1 + 5u_2 + u_3$$

$$u_3' = 3u_1 - 2u_2$$

풀이

주어진 연립상미분방정식을 벡터와 행렬을 사용하여 나타내면 다음과 같이 된다.

$$\begin{Bmatrix} u_1' \\ u_2' \\ u_3' \end{Bmatrix} = \begin{bmatrix} 7 & -2 & -4 \\ -1 & 5 & 1 \\ 3 & -2 & 0 \end{bmatrix} \begin{Bmatrix} u_1 \\ u_2 \\ u_3 \end{Bmatrix}$$

위 식의 우변의 계수행렬 A의 고유값은

$$\det(\mathrm{A} - D\mathrm{I}) = |\mathrm{A} - D\mathrm{I}| = \begin{vmatrix} 7-D & -2 & -4 \\ -1 & 5-D & 1 \\ 3 & -2 & -D \end{vmatrix} = -(D-3)(D-4)(D-5) = 0$$

으로부터, $D_1 = 3$, $D_2 = 4$, $D_3 = 5$가 구해진다.

1) 고유값 $D_1 = 3$에 대응하는 고유벡터 $\mathbf{p}_1$

D_1, $\mathbf{p}_1$, 단위행렬 I에 대하여

$$(\mathrm{A} - D_1\mathrm{I})\,\mathbf{p}_1 = 0 \tag{1}$$

이 된다. 위 식으로부터

$$(\mathrm{A} - D_1\mathrm{I})\,\mathbf{p}_1 = \begin{bmatrix} 7-D_1 & -2 & -4 \\ -1 & 5-D_1 & 1 \\ 3 & -2 & -D_1 \end{bmatrix} \begin{Bmatrix} p_{11} \\ p_{21} \\ p_{31} \end{Bmatrix} = \begin{bmatrix} 7-3 & -2 & -4 \\ -1 & 5-3 & 1 \\ 3 & -2 & -3 \end{bmatrix} \begin{Bmatrix} p_{11} \\ p_{21} \\ p_{31} \end{Bmatrix}$$

$$= \begin{bmatrix} 4 & -2 & -4 \\ -1 & 2 & 1 \\ 3 & -2 & -3 \end{bmatrix} \begin{Bmatrix} p_{11} \\ p_{21} \\ p_{31} \end{Bmatrix} = \begin{Bmatrix} 0 \\ 0 \\ 0 \end{Bmatrix}$$

이 얻어진다. 따라서 위 식은 다음과 같은 연립방정식이 된다.

$$\begin{aligned} &4p_{11} - 2p_{21} - 4p_{31} = 0 \\ &-p_{11} + 2p_{21} + p_{31} = 0 \\ &3p_{11} - 2p_{21} - 3p_{31} = 0 \end{aligned} \qquad (2)$$

위 식은 0이 아닌 해벡터이다. 그러므로 위의 연립방정식을 p_{11}에 대하여 정규화(normalization)하면, 즉 $p_{11} = 1$을 식 (2)의 첫 번째 식과 두 번째 식에 대입하면 다음과 같은 식이 얻어진다.

$$\begin{aligned} &-2p_{21} - 4p_{31} = -4 \\ &2p_{21} + p_{31} = 1 \end{aligned}$$

위 식을 풀면, $p_{21} = 0$, $p_{31} = 1$이 얻어진다. 따라서 $D_1 = 3$에 대응하는 고유벡터 $\mathbf{p}_1$은 다음과 같이 된다.

$$\mathbf{p}_1 = \begin{Bmatrix} 1 \\ 0 \\ 1 \end{Bmatrix}$$

참고로, $p_{11} = 1$을 식 (2)의 두 번째 식과 세 번째 식에 대입하면 다음과 같은 식이 얻어진다.

$$\begin{aligned} &2p_{21} + p_{31} = 1 \\ &-2p_{21} - 3p_{31} = -3 \end{aligned}$$

위 식을 풀면, $p_{21} = 0$, $p_{31} = 1$이 얻어진다. 이 값들은 앞선 $p_{11} = 1$을 식 (2)의 첫 번째 식과 두 번째 식에 대입하여 구한 것과 같은 값을 보여주고 있다.

2) 고유값 $D_2 = 4$에 대응하는 고유벡터 $\mathbf{p}_2$

D_2, $\mathbf{p}_2$, 단위행렬 $\mathbf{I}$에 대하여

$$(\mathbf{A} - D_2\mathbf{I})\, \mathbf{p}_2 = \mathbf{0} \qquad (3)$$

이 된다. 위 식으로부터

$$(\mathbf{A} - D_2\mathbf{I})\, \mathbf{p}_2 = \begin{bmatrix} 7-D_2 & -2 & -4 \\ -1 & 5-D_2 & 1 \\ 3 & -2 & -D_2 \end{bmatrix} \begin{Bmatrix} p_{12} \\ p_{22} \\ p_{32} \end{Bmatrix} = \begin{bmatrix} 7-4 & -2 & -4 \\ -1 & 5-4 & 1 \\ 3 & -2 & -4 \end{bmatrix} \begin{Bmatrix} p_{12} \\ p_{22} \\ p_{32} \end{Bmatrix}$$

$$= \begin{bmatrix} 3 & -2 & -4 \\ -1 & 1 & 1 \\ 3 & -2 & -4 \end{bmatrix} \begin{Bmatrix} p_{12} \\ p_{22} \\ p_{32} \end{Bmatrix} = \begin{Bmatrix} 0 \\ 0 \\ 0 \end{Bmatrix}$$

이 얻어진다. 따라서 위 식은 다음과 같은 연립방정식이 된다.

$$\begin{aligned} &3p_{12} - 2p_{22} - 4p_{32} = 0 \\ &-p_{12} + p_{22} + p_{32} = 0 \\ &3p_{12} - 2p_{22} - 4p_{32} = 0 \end{aligned} \qquad (4)$$

위 식은 0이 아닌 해벡터이다. 그러므로 위의 연립방정식을 p_{12}에 대하여 정규화(normalization) 하면, 즉 $p_{12}=1$을 위의 식 (4)의 첫 번째 식과 두 번째 식에 대입하면 다음과 같은 식이 얻어진다.

$$-2p_{22}-4p_{32}=-3$$
$$p_{22}+p_{32}=1$$

위 식을 풀면, $p_{22}=0.5$, $p_{32}=0.5$이 얻어진다. 따라서 $D_2=4$에 대응하는 고유벡터 $\mathbf{p}_2$는 다음과 같이 된다.

$$\mathbf{p}_2=\begin{Bmatrix}1\\0.5\\0.5\end{Bmatrix}$$

3) 고유값 $D_3=5$에 대응하는 고유벡터 $\mathbf{p}_3$

D_3, $\mathbf{p}_3$, 단위행렬 I에 대하여

$$(\mathrm{A}-D_3\mathrm{I})\,\mathbf{p}_3=0 \tag{5}$$

이 된다. 위 식으로부터

$$(\mathrm{A}-D_3\mathrm{I})\,\mathbf{p}_3=\begin{bmatrix}7-D_3 & -2 & -4\\-1 & 5-D_3 & 1\\3 & -2 & -D_3\end{bmatrix}\begin{Bmatrix}p_{13}\\p_{23}\\p_{33}\end{Bmatrix}=\begin{bmatrix}7-5 & -2 & -4\\-1 & 5-5 & 1\\3 & -2 & -5\end{bmatrix}\begin{Bmatrix}p_{13}\\p_{23}\\p_{33}\end{Bmatrix}$$
$$=\begin{bmatrix}2 & -2 & -4\\-1 & 0 & 1\\3 & -2 & -5\end{bmatrix}\begin{Bmatrix}p_{13}\\p_{23}\\p_{33}\end{Bmatrix}=\begin{Bmatrix}0\\0\\0\end{Bmatrix}$$

이 얻어진다. 따라서 위 식은 다음과 같은 연립방정식이 된다.

$$\begin{aligned}2p_{13}-2p_{23}-4p_{33}&=0\\-p_{13}\quad+\quad p_{33}&=0\\3p_{13}-2p_{23}-5p_{33}&=0\end{aligned} \tag{6}$$

위 식은 0이 아닌 해벡터이다. 그러므로 위의 연립방정식을 p_{13}에 대하여 정규화(normalization)하면, 즉 $p_{13}=1$을 위의 식 (6)의 첫 번째 식과 두 번째 식에 대입하면 다음과 같은 식이 얻어진다.

$$-2p_{23}-4p_{33}=-2$$
$$p_{33}=1$$

위 식으로부터, $p_{23}=-1$이 얻어진다. 따라서 $D_3=5$에 대응하는 고유벡터 $\mathbf{p}_3$는 다음과 같이 된다.

$$\mathbf{p}_3=\begin{Bmatrix}1\\-1\\1\end{Bmatrix}$$

4) 이상의 결과로부터, 변환행렬 P와 그것의 역행렬 P^{-1}은

$$\mathrm{P}=[\mathbf{p}_1\ \mathbf{p}_2\ \mathbf{p}_3]=\begin{bmatrix}1 & 1 & 1\\0 & 0.5 & -1\\1 & 0.5 & 1\end{bmatrix},\ \mathrm{P}^{-1}=[\mathbf{p}_1\ \mathbf{p}_2\ \mathbf{p}_3]^{-1}=\begin{bmatrix}-2 & 1 & 3\\2 & 0 & -2\\1 & -1 & -1\end{bmatrix}$$

이 된다. 따라서 식 (4.43)의 행렬 D는

$$D = P^{-1}AP = \begin{bmatrix} -2 & 1 & 3 \\ 2 & 0 & -2 \\ 1 & -1 & -1 \end{bmatrix} \begin{bmatrix} 7 & -2 & -4 \\ -1 & 5 & 1 \\ 3 & -2 & 0 \end{bmatrix} \begin{bmatrix} 1 & 1 & 1 \\ 0 & 0.5 & -1 \\ 1 & 0.5 & 1 \end{bmatrix} = \begin{bmatrix} 3 & 0 & 0 \\ 0 & 4 & 0 \\ 0 & 0 & 5 \end{bmatrix}$$

가 된다. 위 식을 보면, 대각요소가 고유값의 순서로 배열되어 있다. 그러므로, $v' = Dv$[식 (4.41)]의 기저(기본해)의 행렬 V는

$$V = \begin{bmatrix} e^{D_1x} & 0 & 0 \\ 0 & e^{D_2x} & 0 \\ 0 & 0 & e^{D_3x} \end{bmatrix} = \begin{bmatrix} e^{3x} & 0 & 0 \\ 0 & e^{4x} & 0 \\ 0 & 0 & e^{5x} \end{bmatrix}$$

가 된다. 이상의 결과를 식 (4.47)에 대입하면, 주어진 연립상미분방정식의 일반해 u가 다음과 같이 구해진다.

$$u = c_1 p_1 e^{D_1x} + c_2 p_2 e^{D_2x} + c_3 p_3 e^{D_3x}$$

$$= c_1 \begin{Bmatrix} 1 \\ 0 \\ 1 \end{Bmatrix} e^{3x} + c_2 \begin{Bmatrix} 1 \\ 0.5 \\ 0.5 \end{Bmatrix} e^{4x} + c_3 \begin{Bmatrix} 1 \\ -1 \\ 1 \end{Bmatrix} e^{5x}$$

여기서, c_1, c_2, c_3은 임의의 상수이다.

(2) $D = P^{-1}AP$가 대각행렬이 되지 않는 경우

고유값 문제가 **이중근**을 갖는 경우, 고유값이 압축된다. 예를 들면, 고유값 문제 $(A-DI)p=0$의 근이 되는 고유값 D^*가 이중근인 경우에 대응하는 고유벡터를 p^*라고 하면

$$(A - D^*I)\,p^* = 0 \tag{4.48}$$

이 된다. 이 고유값 D^*에 대응하는 **기저**(**기본해**)벡터는 식 (4.47)로부터

$$u_1 = p^* e^{D^*x} \tag{4.49}$$

가 된다. 미지벡터 p, q를 이용하여, 감추어진 또 하나의 해벡터를

$$u_2 = (px + q)e^{D^*x} \tag{4.50}$$

라고 가정한다. 위 식을 제차 1계 연립선형상미분방정식 (4.37)의 양변에 대입하면 다음과 같이 된다.

$$\begin{aligned} &\text{좌변} : u_2' = [D^*(px+q)+p]e^{D^*x} \\ &\text{우변} : Au_2 = A(px+q)e^{D^*x} \end{aligned} \tag{4.51}$$

위 식의 양변이 같게 되기 위해서는

$$
\begin{aligned}
D^*\mathrm{p} &= \mathrm{Ap} \\
D^*\mathrm{q} + \mathrm{p} &= \mathrm{Aq}
\end{aligned}
\tag{4.52}
$$

가 되지 않으면 안 된다. 식 (4.52)의 첫 번째 식을 이항하면, $(\mathrm{A} - D^*\mathrm{I})\,\mathrm{p} = 0$이 된다. 이것은 최초의 기저(기본해)벡터 p^*를 구한 식 (4.48)과 동일하기 때문에, 결국

$$
\mathrm{p} = \mathrm{p}^* \tag{4.53}
$$

가 되지 않으면 안 된다. 위 식을 식 (4.52)의 두 번째 식에 대입하고 이항하면

$$
(\mathrm{A} - D^*\mathrm{I})\,\mathrm{q} = \mathrm{p}^* \tag{4.54}
$$

가 얻어진다. 식 (4.54)의 연립1차방정식을 풀면, 미지벡터 q가 구해진다. 이렇게 구한 p, q를 위에서 가정한 식 (4.50)에 대입하면, u_1에 독립인 제2의 기저(기본해) u_2가 얻어진다.

삼중근으로 압축되는 경우에는 삼중근의 기저(기본해)를

$$
\begin{aligned}
\mathrm{u}_1 &= \mathrm{p}e^{D^*x} \\
\mathrm{u}_2 &= (\mathrm{p}x + \mathrm{q})e^{D^*x} \\
\mathrm{u}_3 &= (\frac{1}{2}\mathrm{p}x^2 + \mathrm{q}x + \mathrm{r})e^{D^*x}
\end{aligned}
\tag{4.55}
$$

라고 가정한다. p, q, r은 미지벡터이다. 식 (4.55)를 앞서 기술한 이중근의 경우와 같은 방법으로 연산을 수행하면, p, q, r을 결정하기 위한 3개의 연립1차방정식

$$
\begin{aligned}
(\mathrm{A} - D^*\mathrm{I})\,\mathrm{p} &= 0 \\
(\mathrm{A} - D^*\mathrm{I})\,\mathrm{q} &= \mathrm{p} \\
(\mathrm{A} - D^*\mathrm{I})\,\mathrm{r} &= \mathrm{q}
\end{aligned}
\tag{4.56}
$$

가 얻어지고, 위 식을 순서대로 풀면 p, q, r이 구해진다. 구해진 p, q, r을 식 (4.55)에 대입하면, 1차독립인 기저(기본해) u_1, u_2, u_3이 얻어진다.

예제 4.2

다음 연립상미분방정식의 일반해를 구하시오.

$$u_1{}' = -u_1 + u_2$$

$$u_2{}' = -4u_1 + 3u_2$$

$$u_3{}' = 8u_1 - 5u_2 + 3u_3$$

풀이

주어진 연립상미분방정식을 벡터와 행렬을 사용하여 나타내면 다음과 같이 된다.

$$\begin{Bmatrix} u_1{}' \\ u_2{}' \\ u_3{}' \end{Bmatrix} = \begin{bmatrix} -1 & 1 & 0 \\ -4 & 3 & 0 \\ 8 & -5 & 3 \end{bmatrix} \begin{Bmatrix} u_1 \\ u_2 \\ u_3 \end{Bmatrix}$$

위 식의 우변의 계수행렬 A의 고유값은

$$\det(\mathrm{A} - D\mathrm{I}) = |\mathrm{A} - D\mathrm{I}| = \begin{vmatrix} -1-D & 1 & 0 \\ -4 & 3-D & 0 \\ 8 & -5 & 3-D \end{vmatrix} = -(D-3)(D-1)^2 = 0$$

으로부터, $D_1 = 3$, $D_2 = 1$(실이중근)이 구해진다.

1) 고유값 $D_1 = 3$에 대응하는 고유벡터 $\mathbf{p}_1$

D_1, $\mathbf{p}_1$, 단위행렬 I에 대하여

$$(\mathrm{A} - D_1\mathrm{I})\,\mathbf{p}_1 = 0 \tag{1}$$

이 된다. 위 식으로부터

$$(\mathrm{A} - D_1\mathrm{I})\,\mathbf{p}_1 = \begin{bmatrix} -1-D_1 & 1 & 0 \\ -4 & 3-D_1 & 0 \\ 8 & -5 & 3-D_1 \end{bmatrix} \begin{Bmatrix} p_{11} \\ p_{21} \\ p_{31} \end{Bmatrix} = \begin{bmatrix} -4 & 1 & 0 \\ -4 & 0 & 0 \\ 8 & -5 & 0 \end{bmatrix} \begin{Bmatrix} p_{11} \\ p_{21} \\ p_{31} \end{Bmatrix} = \begin{Bmatrix} 0 \\ 0 \\ 0 \end{Bmatrix}$$

이 얻어진다. 따라서 위 식은 다음과 같은 연립방정식이 된다.

$$\begin{aligned} -4p_{11} + p_{21} &= 0 \\ -4p_{11} \qquad &= 0 \\ 8p_{11} - 5p_{21} &= 0 \end{aligned} \tag{2}$$

위 식으로부터 $p_{11} = 0$, $p_{21} = 0$이 얻어지지만, 식 (2)는 0이 아닌 해벡터이다. 그러므로 p_{31}에 대하여 정규화(normalization)하면, 즉 $p_{31} = 1$로 놓으면 된다. 따라서 $D_1 = 3$에 대응하는 고유벡터 $\mathbf{p}_1$은 다음과 같이 된다.

$$\mathbf{p}_1 = \begin{Bmatrix} 0 \\ 0 \\ 1 \end{Bmatrix}$$

2) 고유값 $D_2 = 1$에 대응하는 고유벡터 $\mathbf{p}_2$

D_2, $\mathbf{p}_2$, 단위행렬 I에 대하여

$$(\mathrm{A} - D_2\mathrm{I})\,\mathbf{p}_2 = 0 \tag{3}$$

이 된다. 위 식으로부터

$$(\mathrm{A}-D_2\mathrm{I})\ \mathbf{p}_2=\begin{bmatrix}-1-D_2 & 1 & 0\\ -4 & 3-D_2 & 0\\ 8 & -5 & 3-D_2\end{bmatrix}\begin{Bmatrix}p_{12}\\p_{22}\\p_{32}\end{Bmatrix}=\begin{bmatrix}-2 & 1 & 0\\ -4 & 2 & 0\\ 8 & -5 & 2\end{bmatrix}\begin{Bmatrix}p_{12}\\p_{22}\\p_{32}\end{Bmatrix}=\begin{Bmatrix}0\\0\\0\end{Bmatrix}$$

이 얻어진다. 따라서 위 식은 다음과 같은 연립방정식이 된다.

$$\begin{aligned}&-2p_{12}+p_{22}=0\\&-4p_{12}+2p_{22}=0\\&8p_{12}-5p_{22}+2p_{32}=0\end{aligned}\qquad(4)$$

위 식은 0이 아닌 해벡터이다. 그러므로 위의 연립방정식을 p_{12}에 대하여 정규화(normalization)하면, 즉 $p_{12}=1$을 식 (4)의 첫 번째 식에 대입하면

$$p_{22}=2$$

가 얻어지고, $p_{12}=1$, $p_{22}=2$를 식 (4)의 세 번째 식에 대입하면

$$p_{32}=1$$

이 얻어진다. 따라서 $D_1=1$에 대응하는 고유벡터 $\mathbf{p}_2$는 다음과 같이 된다.

$$\mathbf{p}_2=\begin{Bmatrix}1\\2\\1\end{Bmatrix}$$

3) 고유값 $D_2=1$에 대응하는 또 하나의 고유벡터 $\mathbf{p}_3$

식 (4.54)로부터, D_2, $\mathbf{p}_3$, 단위행렬 I에 대하여

$$(\mathrm{A}-D_2\mathrm{I})\ \mathbf{p}_3=\mathbf{p}_2\qquad(5)$$

가 된다. 위 식으로부터

$$(\mathrm{A}-D_2\mathrm{I})\ \mathbf{p}_3=\begin{bmatrix}-1-D_2 & 1 & 0\\ -4 & 3-D_2 & 0\\ 8 & -5 & 3-D_2\end{bmatrix}\begin{Bmatrix}p_{13}\\p_{23}\\p_{33}\end{Bmatrix}=\begin{bmatrix}-1-1 & 1 & 0\\ -4 & 3-1 & 0\\ 8 & -5 & 3-1\end{bmatrix}\begin{Bmatrix}p_{13}\\p_{23}\\p_{33}\end{Bmatrix}$$

$$=\begin{bmatrix}-2 & 1 & 0\\ -4 & 2 & 0\\ 8 & -5 & 2\end{bmatrix}\begin{Bmatrix}p_{13}\\p_{23}\\p_{33}\end{Bmatrix}=\begin{Bmatrix}1\\2\\1\end{Bmatrix}$$

이 얻어진다. 따라서 위 식은 다음과 같은 연립방정식이 된다.

$$\begin{aligned}&-2p_{13}+p_{23}=1\\&-4p_{13}+2p_{23}=2\\&8p_{13}-5p_{23}+2p_{33}=1\end{aligned}\qquad(6)$$

위 식에서 $p_{33}=0$인 경우, 식 (6)의 두 번째 식과 세 번째 식은 다음과 같이 된다.

$$\begin{aligned}&-4p_{13}+2p_{23}=2\\&8p_{13}-5p_{23}=1\end{aligned}$$

위 식으로부터, $p_{13}=-3$, $p_{23}=-5$가 얻어진다. 따라서 $D_2=1$에 대응하는 또 하나의 고유벡터 $\mathbf{p}_3$은 다음과 같이 된다.

$$\mathbf{p}_3 = \begin{Bmatrix} -3 \\ -5 \\ 0 \end{Bmatrix}$$

4) 이상의 결과로부터, 변환행렬 P와 그것의 역행렬 P^{-1}은

$$P = [\mathbf{p}_1\ \mathbf{p}_2\ \mathbf{p}_3] = \begin{bmatrix} 0 & 1 & -3 \\ 0 & 2 & -5 \\ 1 & 1 & 0 \end{bmatrix}, \quad P^{-1} = [\mathbf{p}_1\ \mathbf{p}_2\ \mathbf{p}_3]^{-1} = \begin{bmatrix} -5 & -3 & 1 \\ -5 & 3 & 0 \\ -2 & 1 & 0 \end{bmatrix}$$

이 된다. 따라서 식 (4.43)의 행렬 D는

$$D = P^{-1}AP = \begin{bmatrix} -5 & -3 & 1 \\ -5 & 3 & 0 \\ -2 & 1 & 0 \end{bmatrix} \begin{bmatrix} -1 & 1 & 0 \\ -4 & 3 & 0 \\ 8 & -5 & 3 \end{bmatrix} \begin{bmatrix} 0 & 1 & -3 \\ 0 & 2 & -5 \\ 1 & 1 & 0 \end{bmatrix} = \begin{bmatrix} 3 & 0 & 0 \\ 0 & 1 & 1 \\ 0 & 0 & 1 \end{bmatrix}$$

이 된다. 위 식을 보면, 대각요소가 고유값의 순서로 배열되어 있다. 그러므로 $\mathbf{v}' = D\mathbf{v}$의 기저(기본해)의 행렬 V는

$$V = \begin{bmatrix} e^{D_1 x} & 0 & 0 \\ 0 & e^{D_2 x} & xe^{D_2 x} \\ 0 & 0 & e^{D_2 x} \end{bmatrix} = \begin{bmatrix} e^{3x} & 0 & 0 \\ 0 & e^{x} & xe^{x} \\ 0 & 0 & e^{x} \end{bmatrix}$$

가 된다. 이상의 결과를 식 (4.47), 식 (4.50)에 대입하면, 주어진 연립상미분방정식의 일반해 $\mathbf{u}$가 다음과 같이 구해진다.

$$\mathbf{u} = c_1 \begin{Bmatrix} 0 \\ 0 \\ 1 \end{Bmatrix} e^{3x} + c_2 \begin{Bmatrix} 1 \\ 2 \\ 1 \end{Bmatrix} e^{x} + c_3 \left[\begin{Bmatrix} 1 \\ 2 \\ 1 \end{Bmatrix} x + \begin{Bmatrix} -3 \\ -5 \\ 0 \end{Bmatrix} \right] e^{x}$$

여기서, c_1, c_2, c_3은 임의의 상수이다

4.4 연립상미분방정식의 응용

예제 4.3

ㄱ시와 ㄴ시가 있다. 매년 ㄱ시 인구의 9%가 ㄴ시로, ㄴ시 인구의 12%가 ㄱ시로 이동한다. 이 외에, 매년 ㄱ시에서는 ㄴ시 이외의 다른 지역으로 ㄱ시 인구의 4%가 유출되고, ㄴ시에서는 ㄱ시 이외의 다른 지역으로 ㄴ시 인구의 16%가 매년 유출된다. t년을 단위로 하여 ㄱ시와 ㄴ시의 인구를 각각 $u_1 = u_1(t)$와 $u_2 = u_2(t)$라 할 때, u_1, u_2에 관한 연립상미분방정식을 유도하고 그것의 해를 구하시오. 단, ㄱ시와 ㄴ시의 초년도(시작년도, $t=0$)의 인구는 각각 100,000명이다.

풀이

$(t, t+\Delta t)$년 간의 인구이동은

$$\begin{aligned} u_1(t+\Delta t) - u_1(t) &= (-0.04u_1 + 0.12u_2)\Delta t + \Delta t\text{의 2차 이상의 항} \\ &\cong (-0.04u_1 + 0.12u_2)\Delta t \end{aligned}$$

$$u_2(t+\Delta t)-u_2(t)=(0.09u_1-0.16u_2)\Delta t+\Delta t\text{의 2차 이상의 항}$$
$$\cong(0.09u_1-0.16u_2)\Delta t$$

가 된다. $\Delta t\to dt$라고 하면. 위 식은 다음과 같은 **연립상미분방정식**이 된다.

$$u_1{}'=-0.04u_1+0.12u_2$$

$$u_2{}'=0.09u_1-0.16u_2$$

위 식을 벡터와 행렬을 사용하여 나타내면 다음과 같이 된다.

$$\begin{Bmatrix}u_1{}'\\u_2{}'\end{Bmatrix}=\begin{bmatrix}-0.04 & 0.12\\0.09 & -0.16\end{bmatrix}\begin{Bmatrix}u_1\\u_2\end{Bmatrix}$$

위 식의 우변의 계수행렬 $\mathrm{A}=\begin{bmatrix}-0.04 & 0.12\\0.09 & -0.16\end{bmatrix}$의 고유값은

$$\det(\mathrm{A}-D\mathrm{I})=|\mathrm{A}-D\mathrm{I}|=\begin{vmatrix}-0.04-D & 0.12\\0.09 & -0.16-D\end{vmatrix}=(D-0.02)(D+0.22)=0$$

으로부터, $D_1=0.02$, $D_2=-0.22$가 구해진다.

1) 고유값 $D_1=0.02$에 대응하는 고유벡터 $\mathbf{p}_1$

D_1, $\mathbf{p}_1$, 단위행렬 I에 대하여

$$(\mathrm{A}-D_1\mathrm{I})\,\mathbf{p}_1=0$$

이 된다. 위 식으로부터

$$(\mathrm{A}-D_1\mathrm{I})\,\mathbf{p}_1=\begin{bmatrix}-0.04-D_1 & 0.12\\0.09 & -0.16-D_1\end{bmatrix}\begin{Bmatrix}p_{11}\\p_{21}\end{Bmatrix}=\begin{bmatrix}-0.04-0.02 & 0.12\\0.09 & -0.16-0.02\end{bmatrix}\begin{Bmatrix}p_{11}\\p_{21}\end{Bmatrix}$$
$$=\begin{bmatrix}-0.06 & 0.12\\0.09 & -0.18\end{bmatrix}\begin{Bmatrix}p_{11}\\p_{21}\end{Bmatrix}=\begin{Bmatrix}0\\0\end{Bmatrix}$$

이 얻어진다. 따라서 위 식은 다음과 같은 연립방정식이 된다.

$$-0.06p_{11}+0.12p_{21}=0$$

$$0.09p_{11}-0.18p_{21}=0$$

위 식은 0이 아닌 해벡터이다. 그러므로 위의 연립방정식을 p_{11}에 대하여 정규화(normalization)하면, 즉 $p_{11}=1$을 위 식의 첫 번째 식에 대입하면

$$p_{21}=0.5$$

가 얻어진다. 따라서 $D_1=0.02$에 대응하는 고유벡터 $\mathbf{p}_1$은 다음과 같이 된다.

$$\mathbf{p}_1=\begin{Bmatrix}1\\0.5\end{Bmatrix}$$

2) 고유값 $D_2=-0.22$에 대응하는 고유벡터 $\mathbf{p}_2$

D_2, $\mathbf{p}_2$, 단위행렬 I에 대하여

$$(\mathrm{A}-D_2\mathrm{I})\,\mathbf{p}_2=0$$

이 된다. 위 식으로부터

$$(A-D_2I)\ \mathbf{p}_2=\begin{bmatrix}-0.04-D_2 & 0.12\\ 0.09 & -0.16-D_2\end{bmatrix}\begin{Bmatrix}p_{12}\\ p_{22}\end{Bmatrix}=\begin{bmatrix}-0.04+0.22 & 0.12\\ 0.09 & -0.16+0.22\end{bmatrix}\begin{Bmatrix}p_{12}\\ p_{22}\end{Bmatrix}$$

$$=\begin{bmatrix}0.18 & 0.12\\ 0.09 & 0.06\end{bmatrix}\begin{Bmatrix}p_{12}\\ p_{22}\end{Bmatrix}=\begin{Bmatrix}0\\ 0\end{Bmatrix}$$

이 얻어진다. 따라서 위 식은 다음과 같은 연립방정식이 된다.

$$0.18p_{12}+0.12p_{22}=0$$

$$0.09p_{12}+0.06p_{22}=0$$

위 식은 0이 아닌 해벡터이다. 그러므로 위의 연립방정식을 p_{12}에 대하여 정규화(normalization)하면, 즉 $p_{12}=1$을 위 식의 첫 번째 식에 대입하면 $p_{22}=-1.5$가 얻어진다. 따라서 $D_2=-0.22$에 대응하는 고유벡터 $\mathbf{p}_2$는 다음과 같이 된다.

$$\mathbf{p}_2=\begin{Bmatrix}1\\ -1.5\end{Bmatrix}$$

3) 이상의 결과로부터 변환행렬 P와 그것의 역행렬 P^{-1}은

$$P=[\mathbf{p}_1\ \mathbf{p}_2]=\begin{bmatrix}1 & 1\\ 0.5 & -1.5\end{bmatrix},\quad P^{-1}=[\mathbf{p}_1\ \mathbf{p}_2]^{-1}=\begin{bmatrix}0.75 & 0.5\\ 0.25 & -0.5\end{bmatrix}$$

가 된다. 따라서 식 (4.43)의 행렬 D는

$$D=P^{-1}AP=\begin{bmatrix}0.75 & 0.5\\ 0.25 & -0.5\end{bmatrix}\begin{bmatrix}-0.04 & 0.12\\ 0.09 & -0.16\end{bmatrix}\begin{bmatrix}1 & 1\\ 0.5 & -1.5\end{bmatrix}=\begin{bmatrix}0.02 & 0\\ 0 & -0.22\end{bmatrix}$$

가 된다. 위 식을 보면, 대각요소가 고유값의 순서로 배열되어 있다. 그러므로 $\mathbf{v}'=D\mathbf{v}$[식 (4.41)]의 기저(기본해)의 행렬 V는

$$V=\begin{bmatrix}e^{D_1t} & 0\\ 0 & e^{D_2t}\end{bmatrix}=\begin{bmatrix}e^{0.02t} & 0\\ 0 & e^{-0.22t}\end{bmatrix}$$

가 된다. 이상의 결과를 식 (4.47)에 대입하면, 주어진 연립상미분방정식의 일반해 $\mathbf{u}$가 다음과 같이 구해진다.

$$\mathbf{u}=c_1\,\mathbf{p}_1e^{D_1t}+c_2\mathbf{p}_2e^{D_2t}$$

$$=c_1\begin{Bmatrix}1\\ 0.5\end{Bmatrix}e^{0.02t}+c_2\begin{Bmatrix}1\\ -1.5\end{Bmatrix}e^{-0.22t} \qquad (1)$$

여기서, c_1, c_2는 임의의 상수이다.

4) 초기조건, 즉 ㄱ시와 ㄴ시의 초년도(시작년도, $t=0$)의 인구 100,000명을 식 (1)에 대입하면

$$\begin{Bmatrix}u_1(0)\\ u_2(0)\end{Bmatrix}=c_1\begin{Bmatrix}1\\ 0.5\end{Bmatrix}e^{0.02\times 0}+c_2\begin{Bmatrix}1\\ -1.5\end{Bmatrix}e^{-0.22\times 0}$$

$$=c_1\begin{Bmatrix}1\\ 0.5\end{Bmatrix}+c_2\begin{Bmatrix}1\\ -1.5\end{Bmatrix}=\begin{Bmatrix}100{,}000\\ 100{,}000\end{Bmatrix} \qquad (2)$$

이 된다. 식 (2)를 풀면, $c_1=125{,}000$, $c_2=-25{,}000$이 구해진다. 이것들을 식 (1)에 대입하면, 구하고자 하는 해가 다음과 같이 얻어진다.

$$\begin{Bmatrix}u_1\\ u_2\end{Bmatrix}=125{,}000\begin{Bmatrix}1\\ 0.5\end{Bmatrix}e^{0.02t}-25{,}000\begin{Bmatrix}1\\ -1.5\end{Bmatrix}e^{-0.22t}$$

$$= \begin{Bmatrix} 125{,}000 \\ 62{,}500 \end{Bmatrix} e^{0.02t} + \begin{Bmatrix} -25{,}000 \\ 37{,}500 \end{Bmatrix} e^{-0.22t}$$

즉,

$$u_1 = 125{,}000e^{0.02t} - 25{,}000\,e^{-0.22t}$$

$$u_2 = 62{,}500e^{0.02t} + 37{,}500\,e^{-0.22t}$$

이다.

4.5 비제차 연립상미분방정식의 해법

이 절에서는 **비제차 연립선형상미분방정식**

$$\mathbf{y}' = \mathbf{A}\mathbf{y} + \mathbf{b}(x) \tag{4.57}$$

의 해법을 예제 풀이를 통하여 알아본다. 이미 3.1절에서 설명한 것과 같은 방법으로 **비제차 연립선형상미분방정식**의 **일반해**는

[**비제차식**의 **일반해** y] = [**제차식**의 **일반해**(**보조해**) u] + [**비제차식**의 **특수해** $\mathbf{y}_p$]

로 표현된다. **제차식**의 **일반해**(**보조해**) u를 구하는 방법은 이미 4.1~4.4절에서 기술하였기 때문에, 이 절에서는 **비제차식**의 **특수해** $\mathbf{y}_p$를 구하는 방법에 대해서 중점적으로 설명한다. 이를 위해 2.2절과 3.3절의 미정계수법이나 매개변수변환법 등이 동일하게 적용될 수 있다.

예제 4.4

다음 비제차 연립상미분방정식의 일반해를 구하시오.

$$y_1{}' = 3y_1 + y_2 + x$$

$$y_2{}' = 2y_1 + 2y_2 + 1$$

풀이

주어진 비제차 연립상미분방정식을 벡터와 행렬을 사용하여 나타내면

$$\begin{Bmatrix} y_1{}' \\ y_2{}' \end{Bmatrix} = \begin{bmatrix} 3 & 1 \\ 2 & 2 \end{bmatrix} \begin{Bmatrix} y_1 \\ y_2 \end{Bmatrix} + \begin{Bmatrix} 1 \\ 0 \end{Bmatrix} x + \begin{Bmatrix} 0 \\ 1 \end{Bmatrix} \tag{1}$$

이 된다. $A=\begin{bmatrix}3 & 1\\2 & 2\end{bmatrix}$, $e_1=\begin{Bmatrix}1\\0\end{Bmatrix}$, $e_2=\begin{Bmatrix}0\\1\end{Bmatrix}$ 로 놓으면, 위 식은

$$\mathbf{y}'=\mathbf{A}\mathbf{y}+\mathbf{e}_1x+\mathbf{e}_2 \tag{2}$$

형태의 비제차 연립상미분방정식이 된다.

먼저, 위 식으로부터 제차 연립상미분방정식은

$$\begin{Bmatrix}u_1'\\u_2'\end{Bmatrix}=\begin{bmatrix}3 & 1\\2 & 2\end{bmatrix}\begin{Bmatrix}u_1\\u_2\end{Bmatrix}$$

가 되고, 위 식의 우변의 계수행렬 $A=\begin{bmatrix}3 & 1\\2 & 2\end{bmatrix}$의 고유값은

$$\det(A-DI)=|A-DI|=\begin{vmatrix}3-D & 1\\2 & 2-D\end{vmatrix}=(D-1)(D-4)=0$$

으로부터, $D_1=1$, $D_2=4$가 구해진다.

고유값 $D_1=1$, $\mathbf{p}_1$, 단위행렬 I에 대하여

$$(A-D_1I)\,\mathbf{p}_1=0$$

이 된다. 위 식으로부터

$$(A-D_1I)\,\mathbf{p}_1=\begin{bmatrix}3-D_1 & 1\\2 & 2-D_1\end{bmatrix}\begin{Bmatrix}p_{11}\\p_{21}\end{Bmatrix}=\begin{bmatrix}2 & 1\\2 & 1\end{bmatrix}\begin{Bmatrix}p_{11}\\p_{21}\end{Bmatrix}=\begin{Bmatrix}0\\0\end{Bmatrix}$$

이 얻어진다. 따라서 위 식은 다음과 같은 연립방정식이 된다.

$$2p_{11}+1p_{21}=0$$

위 식은 0이 아닌 해벡터이다. 그러므로 위의 연립방정식을 p_{11}에 대하여 정규화(normalization)하면, 즉 $p_{11}=1$을 위 식의 첫 번째 식에 대입하면 $p_{21}=-2$가 얻어진다. 따라서 $D_1=1$에 대응하는 고유벡터는 $\mathbf{p}_1=\begin{Bmatrix}1\\-2\end{Bmatrix}$가 된다.

고유값 $D_2=4$, $\mathbf{p}_2$, 단위행렬 I에 대하여

$$(A-D_2I)\,\mathbf{p}_2=0$$

이 된다. 위 식으로부터

$$(A-D_2I)\,\mathbf{p}_2=\begin{bmatrix}3-D_2 & 1\\2 & 2-D_2\end{bmatrix}\begin{Bmatrix}p_{12}\\p_{22}\end{Bmatrix}=\begin{bmatrix}-1 & 1\\2 & -2\end{bmatrix}\begin{Bmatrix}p_{12}\\p_{22}\end{Bmatrix}=\begin{Bmatrix}0\\0\end{Bmatrix}$$

이 얻어진다. 따라서 위 식은 다음과 같은 연립방정식이 된다.

$$-p_{12}+p_{22}=0$$

$$p_{12}-p_{22}=0$$

위 식은 0이 아닌 해벡터이다. 그러므로 위의 연립방정식을 p_{12}에 대하여 정규화(normalization)하면, 즉 $p_{12}=1$을 위 식의 첫 번째 식에 대입하면 $p_{22}=1$가 얻어진다. 따라서 $D_2=4$에 대응하는 고유벡터는 $\mathbf{p}_2=\begin{Bmatrix}1\\1\end{Bmatrix}\mathbf{p}_2$가 된다.

그리고 **제차 연립상미분방정식**의 **일반해(보조해)** u를 구하면 다음과 같이 된다.

$$\mathbf{u}=c_1\,\mathbf{p}_1e^{D_1x}+c_2\mathbf{p}_2e^{D_2x}=c_1\begin{Bmatrix}1\\-2\end{Bmatrix}e^x+c_2\begin{Bmatrix}1\\1\end{Bmatrix}e^{4x} \tag{3}$$

여기서, c_1, c_2는 임의의 상수이다.

다음으로, **비제차 연립선형상미분방정식**의 **특수해** $\mathbf{y}_p$를 2.2절과 3.3절에서 기술한 **미정계수법**을 적용하여 구해보자. 주어진 미분방정식의 우변의 x항이 1차식이기 때문에 주어진 비제차 연립상미분방정식의 특수해를

$$\mathbf{y}_p = \mathbf{c}x + \mathbf{d} \tag{4}$$

라고 예상한다. 여기서, $\mathbf{c}$, $\mathbf{d}$는 임의의 상수벡터이다. 위 식을 한 번 미분하면

$$\mathbf{y}_p{}' = \mathbf{c} \tag{5}$$

가 된다. 식 (4), (5)를 식 (2)에 대입하면

$$\mathbf{c} = \mathrm{A}(\mathbf{c}x + \mathbf{d}) + \mathbf{e}_1 x + \mathbf{e}_2$$

가 된다. 위 식을 정리하면,

$$(\mathrm{A}\mathbf{c} + \mathbf{e}_1)x + (\mathrm{A}\mathbf{d} - \mathbf{c} + \mathbf{e}_2) = 0 \tag{6}$$

이 된다. 위 식은 x에 대하여 항등식이 되기 때문에 $\mathrm{A}\mathbf{c} + \mathbf{e}_1 = 0$으로부터

$$\mathbf{c} = -\mathrm{A}^{-1}\mathbf{e}_1 = -\begin{bmatrix} 3 & 1 \\ 2 & 2 \end{bmatrix}^{-1} \begin{Bmatrix} 1 \\ 0 \end{Bmatrix} = \begin{Bmatrix} -0.5 \\ 0.5 \end{Bmatrix} \tag{7}$$

$\mathrm{A}\mathbf{d} - \mathbf{c} + \mathbf{e}_2 = 0$으로부터

$$\mathbf{d} = \mathrm{A}^{-1}(\mathbf{c} - \mathbf{e}_2) = \begin{bmatrix} 3 & 1 \\ 2 & 2 \end{bmatrix}^{-1} \left(\begin{Bmatrix} -0.5 \\ 0.5 \end{Bmatrix} - \begin{Bmatrix} 0 \\ 1 \end{Bmatrix} \right) = \begin{bmatrix} 3 & 1 \\ 2 & 2 \end{bmatrix}^{-1} \begin{Bmatrix} -0.5 \\ -0.5 \end{Bmatrix} = -\begin{Bmatrix} 0.125 \\ 0.125 \end{Bmatrix} \tag{8}$$

식 (7), (8)을 식 (4)에 대입하면 **특수해**는

$$\mathbf{y}_p = \mathbf{c}x + \mathbf{d} = \begin{Bmatrix} -0.5 \\ 0.5 \end{Bmatrix} x - \begin{Bmatrix} 0.125 \\ 0.125 \end{Bmatrix} \tag{9}$$

가 된다.

따라서 보조방정식인 제차 연립상미분방정식의 일반해(보조해) $\mathbf{u}$[식 (3)]와 비제차 연립선형상미분방정식의 특수해 $\mathbf{y}_p$[식 (9)를 합하면(즉, $\mathbf{y} = \mathbf{u} + \mathbf{y}_p$), 주어진 **비제차 연립상미분방정식**의 **일반해** $\mathbf{y}$가 다음과 같이 구해진다.

$$\mathbf{y} = \begin{Bmatrix} y_1 \\ y_2 \end{Bmatrix} = c_1 \begin{Bmatrix} 1 \\ -2 \end{Bmatrix} e^{x} + c_2 \begin{Bmatrix} 1 \\ 1 \end{Bmatrix} e^{4x} + \begin{Bmatrix} -0.5 \\ 0.5 \end{Bmatrix} x - \begin{Bmatrix} 0.125 \\ 0.125 \end{Bmatrix}$$

$$= \begin{Bmatrix} c_1 e^{x} + c_2 e^{4x} - 0.5x - 0.125 \\ -2c_1 e^{x} + c_2 e^{4x} + 0.5x - 0.125 \end{Bmatrix}$$

예제 4.5

예제 4.4의 비제차 연립상미분방정식을 대각화로의 변환행렬 P를 사용하여 매개변수를 변환시킨 후, 일반해를 구하시오.

풀이

주어진 비제차 연립상미분방정식을 벡터와 행렬을 사용하여 나타내면 다음과 같이 된다.

$$\begin{Bmatrix} y_1' \\ y_2' \end{Bmatrix} = \begin{bmatrix} 3 & 1 \\ 2 & 2 \end{bmatrix} \begin{Bmatrix} y_1 \\ y_2 \end{Bmatrix} + \begin{Bmatrix} x \\ 1 \end{Bmatrix} \tag{1}$$

$\mathrm{A} = \begin{bmatrix} 3 & 1 \\ 2 & 2 \end{bmatrix}$ 로 놓으면, 위 식은

$$\mathbf{y}' = \mathrm{A}\mathbf{y} + \begin{Bmatrix} x \\ 1 \end{Bmatrix} \tag{2}$$

형태의 비제차 연립상미분방정식이 된다.

위 식의 계수행렬은 $\mathrm{A} = \begin{bmatrix} 3 & 1 \\ 2 & 2 \end{bmatrix}$ 이다. 예제 4.4로부터, 계수행렬 A의 고유값과 고유벡터는 다음과 같다.

고유값 : $D_1 = 1$, $D_2 = 4$

고유벡터 : $\mathbf{p}_1 = \begin{Bmatrix} 1 \\ -2 \end{Bmatrix}$, $\mathbf{p}_2 = \begin{Bmatrix} 1 \\ 1 \end{Bmatrix}$

따라서 대각화로의 변환행렬 P는

$$\mathrm{P} = [\mathbf{p}_1 \ \mathbf{p}_2] = \begin{bmatrix} 1 & 1 \\ -2 & 1 \end{bmatrix}$$

이 된다. $\mathbf{y} = \mathrm{P}\mathbf{z}$라 놓고 매개변수를 변환시키면, 식 (2)는 다음과 같이 된다.

$$\mathrm{P}\mathbf{z}' = \mathrm{AP}\mathbf{z} + \begin{Bmatrix} x \\ 1 \end{Bmatrix}$$

이 된다. 위 식의 양변에 P^{-1}을 곱하면

$$\mathbf{z}' = \mathrm{P}^{-1}\mathrm{AP}\mathbf{z} + \mathrm{P}^{-1}\begin{Bmatrix} x \\ 1 \end{Bmatrix} \tag{3}$$

이 되고, 위 식을 벡터와 행렬을 사용하여 나타내면 다음과 같이 된다.

$$\begin{Bmatrix} z_1' \\ z_2' \end{Bmatrix} = \begin{bmatrix} 1 & 1 \\ -2 & 1 \end{bmatrix}^{-1} \begin{bmatrix} 3 & 1 \\ 2 & 2 \end{bmatrix} \begin{bmatrix} 1 & 1 \\ -2 & 1 \end{bmatrix} \begin{Bmatrix} z_1 \\ z_2 \end{Bmatrix} + \begin{bmatrix} 1 & 1 \\ -2 & 1 \end{bmatrix}^{-1} \begin{Bmatrix} x \\ 1 \end{Bmatrix} = \begin{bmatrix} 1 & 0 \\ 0 & 4 \end{bmatrix} \begin{Bmatrix} z_1 \\ z_2 \end{Bmatrix} + \frac{1}{3}\begin{bmatrix} 1 & -1 \\ 2 & 1 \end{bmatrix} \begin{Bmatrix} x \\ 1 \end{Bmatrix}$$

이 된다. 위 식은 변수 z_1, z_2에 대하여 2개의 독립인 방정식

$$z_1' = z_1 + \frac{1}{3}x - \frac{1}{3} \tag{4}$$

$$z_2' = 4z_2 + \frac{2}{3}x + \frac{1}{3} \tag{5}$$

이 된다. 위의 두 식 (4), (5)는 각각 독립인 개별적인 상수계수를 갖는 비제차 1계 선형상미분방정식이므로, 1.4절의 비제차 1계 선형상미분방정식의 해법과 동일한 방법을 적용하여 각각의 해를 구한다. 즉, 비제차 1계 선형상미분방정식인 식 (4)의 해는

$$z_1 = c_1 e^x - \frac{1}{3}x \tag{6}$$

가 된다. 그리고 비제차 1계 선형상미분방정식인 식 (5)의 해는

$$z_2 = c_2 e^{4x} - \frac{1}{6}x - \frac{1}{8} \tag{7}$$

이 된다. 여기서, c_1, c_2는 임의의 상수이다.

$\mathbf{y} = \mathbf{P}\mathbf{z}$이므로, 따라서 구하고자 하는 **비제차 연립상미분방정식**의 **일반해** $\mathbf{y}$는 다음과 같이 된다.

$$\mathbf{y} = \begin{Bmatrix} y_1 \\ y_2 \end{Bmatrix} = \mathbf{P}\mathbf{z} = \begin{bmatrix} 1 & 1 \\ -2 & 1 \end{bmatrix} \begin{Bmatrix} z_1 \\ z_2 \end{Bmatrix} = \begin{bmatrix} 1 & 1 \\ -2 & 1 \end{bmatrix} \begin{Bmatrix} c_1 e^x - \frac{1}{3}x \\ c_2 e^{4x} - \frac{1}{6}x - \frac{1}{8} \end{Bmatrix}$$

$$= \begin{Bmatrix} c_1 e^x + c_2 e^{4x} - 0.5x - 0.125 \\ -2c_1 e^x + c_2 e^{4x} + 0.5x - 0.125 \end{Bmatrix}$$

위의 일반해는 예제 4.4의 일반해와 같은 값을 보여주고 있다.

연습문제

4.1 다음 행렬의 고유값과 고유벡터를 구하시오.

(1) $\begin{bmatrix} 6 & 2 \\ 2 & 3 \end{bmatrix}$ (2) $\begin{bmatrix} 4 & -1 & 0 \\ -2 & 4 & -1 \\ 0 & -2 & 4 \end{bmatrix}$

4.2 다음 연립상미분방정식의 해를 구하시오.

$$u_1' = u_1 + 4u_2$$

$$u_2' = u_1 + u_2$$

4.3 2.3절에서 다룬 스프링에 부착된 질량의 자유진동을 모델링한 2계 선형상미분방정식 $mu'' + cu' + ku = 0$을 2개의 1계 선형상미분방정식의 연립방정식으로 식 (4.4)를 사용하여 변환시킨 후, 일반해를 구하시오. 단, $m = 2,\ c = 4,\ k = 1.5$이다.

4.4 다음 비제차 연립상미분방정식의 일반해를 구하시오.

$$y_1'' = -y_1 + 2y_2 + \sqrt{2}\,e^{2x}$$

$$y_2'' = 2y_1 - y_2 + \sqrt{2}\,e^{2x}$$

$$y_3'' = -y_3$$

4.5 다음 연립상미분방정식의 일반해를 구하시오.

$$y_1' = y_2$$

$$y_2'' = y_1 + 2x$$

4.6 다음 그림과 같이 질량 m_1과 질량 m_2가 두 개의 스프링(스프링상수 k_1과 k_2)에 의해 지지되어 있다.

(1) 제차 선형상미분방정식으로 표현되는 자유진동에 대한 운동방정식을 구하시오. (10점)

(2) 고유진동수를 구하기 위한 특성방정식(characteristic equation)을 세우시오. (5점)

(3) $m_1 = 100$kg, $m_2 = 50$kg, $k_1 = 50$kN/m, $k_2 = 50$kN/m일 때, 이 시스템의 고유진동수와 고유모드(고유벡터)를 구하시오. (5점)

[총 20점, 행정고등고시(기술직) 제2차 시험]

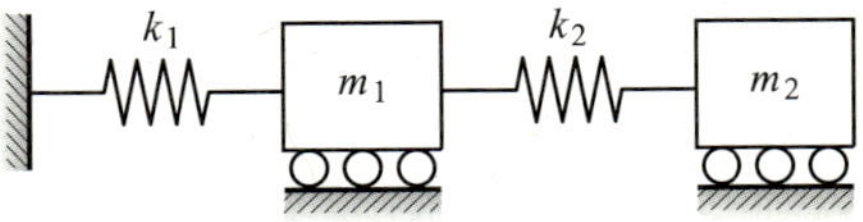

그림 연습문제 4.6

4.7 다음과 같은 3층 전단건물모델에서 동적힘의 평형조건을 사용하여 비제차 2계 연립선형상미분방정식으로 표현되는 운동방정식을 유도하시오.

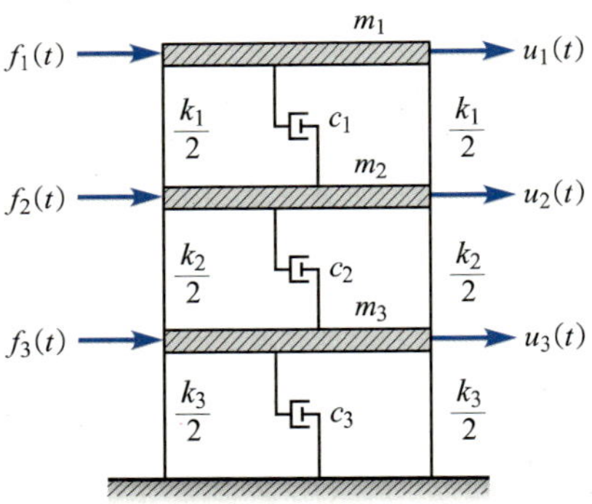

그림 연습문제 4.7

CHAPTER 05

상미분방정식의 급수해와 특수함수

5.1 기본사항

앞의 장들에서는 대수적인 방법으로 **상수계수**를 갖는 **선형상미분방정식**을 풀어, 그 해가 미적분에서 알고 있던 **초등함수**로 표현된다는 것을 보여주었다. 그러나 **변수계수**를 갖는 **상미분방정식**의 경우에는 상황이 보다 더 복잡하고 그 해가 초등함수가 아닐 수 있다. **르장드르(Legendre)방정식**과 **베셀(Bessel)방정식** 등이 이와 같은 종류의 상미분방정식이다. 이 **변수계수**를 갖는 상미분방정식들과 이것들의 해인 **르장드르**(Legendre)**다항식**과 **베셀**(Bessel)**함수**[미적분에서 나타나지 않는 **고등함수**(higher function) 또는 **특수함수**(special function)]가 공학적 모델링에서 중요하므로, 본 장에서는 이와 같은 상미분방정식의 표준적인 해법에 대하여 기술한다.

함수 $f(x)$가 $x = x_0$에서 **테일러**(Taylor)**급수**로 전개될 수 있을 때, 이 함수는 $x = x_0$에서 **해석적**(analytic)이라고 부른다. 이 함수가 정의역의 각 점에서 해석적일 때, 이것을 해석함수라고 부른다. 여기서, x는 변수이고, x_0은 상수로서 **중심**(center)이라고 부른다.

함수 $f(x)$를 **테일러**(Tylor)**급수**로 전개할 수 있다는 것은 $f(x)$의 $(x-x_0)$의 **거듭제곱급수**(**멱급수**, power series)

$$\sum_{m=0}^{\infty} \frac{f^{(m)}(x_0)(x-x_0)^m}{m!} \tag{5.1}$$

이 $x = x_0$에서 $f(x)$에 **수렴**(convergent)해야 한다는 것이다. 구체적으로 설명하면, $f(x)$는 무한번의 미분이 가능하고, $f^{(m)}(x)$의 분모가 $x = x_0$에서 0이 되지 않으며, 그리고 거듭제곱급수가 수렴해야 한다는 것이다. 거듭제곱급수의 연산에서는 거듭제곱급수를 항별로 미분할 수 있고, 각 항별로 더할 수 있으며, 각 항별로 곱할 수 있다. 그리고 수렴구간 전체에서 합이 항등적으로 0이라면, 급수의 모든 계수는 0이다.

$u^{(n)} = \dfrac{d^n u}{dx^n}$, $u^{(n-1)} = \dfrac{d^{n-1}u}{dx^{n-1}}$, $u^{(n-2)} = \dfrac{d^{n-2}u}{dx^{n-2}}$, $u' = \dfrac{du}{dx}$로 나타낼 때, **표준형 제차 n계 선형상미분방정식**은 다음과 같이 된다.

$$u^{(n)} + p_{n-1}(x)u^{(n-1)} + p_{n-2}(x)u^{(n-2)} + \cdots + p_1(x)u' + p_0(x)u = 0 \tag{5.2}$$

만약 계수가 되는 함수 $p_{n-1}(x), p_{n-2}(x), \cdots, p_1(x), p_0(x)$ 이 $x = x_0$에서 해석적이라면, 점 x_0은 미분방정식 (5.2)의 **정칙점**(regular point)이라고 부른다. 정칙점이 아니라면, 즉 $p_{n-1}(x)$, $p_{n-2}(x)$, $\cdots$, $p_1(x)$, $p_0(x)$이 $x = x_0$에서 해석적이지 않으면, 점 x_0은 미분방정식 (5.2)의 **특이점**(singular point)이라고 부른다. 특이점은 다음과 같이 2종류로 분류된다. 즉, 함수

$$(x-x_0)p_{n-1}(x), (x-x_0)^2 p_{n-2}(x), \cdots, (x-x_0)^{n-1}p_1(x), (x-x_o)^n p_0(x) \tag{5.3}$$

의 전체가 $x = x_0$에서 해석적이지 않으면, 점 x_0은 미분방정식 (5.2)의 **확정특이점**(regular singular point)이라고 부른다. 그러나 이 조건을 만족하지 않는 경우에는 점 x_0을 미분방정식 (5.2)의 **불확정특이점**(irregular singular point)이라고 부른다.

정리 5.1

1) 점 $x = x_0$이 제차 n계 선형상미분방정식 (5.2)의 정칙점이라면, 점 $x = x_0$에서 모든 해 $u = u(x)$는 다음과 같은 형태로 표현된다.

$$u = \sum_{m=0}^{\infty} a_m (x - x_0)^m \tag{5.4}$$

여기서, x는 변수이고, a_m은 임의의 상수로서 급수의 계수(coefficient)라 부른다.

2) 점 $x = x_0$이 제차 n계 선형상미분방정식 (5.2)의 확정특이점이라면, 점 $x = x_0$에서 모든 해는

$$u = (x - x_0)^D \sum_{m=0}^{\infty} a_m (x - x_0)^m \quad (a_0 \neq 0) \tag{5.5}$$

의 형태로 표현된다. 여기서, 지수 D는 임의의 상수이다.

위의 일반해 u는 n개의 임의의 상수 $a_1, a_2, \cdots, a_n$ 의 1차 결합식

$$u = a_1 u_1 + a_2 u_2 + \cdots + a_n u_n \tag{5.6}$$

으로 바꾸어 쓸 수 있다. 여기서, 함수 $u_1, u_2, \cdots, u_n$은 서로 1차독립인 기저(기본해)이다.

$x = x_0$을 중심으로 한 거듭제곱급수(멱급수)

$$\sum_{m=0}^{\infty} a_m (x - x_0)^m = a_0 + a_1(x - x_0) + \cdots + a_2(x - x_0)^m + \cdots \tag{5.7}$$

이 수렴하는 x의 다른 값들이 존재한다면, 이 값들은 **수렴구간**(convergence interval)이라고 부르는 구간 R[수렴반지름(radius of convergence)]을 형성하게 된다. 이 구간은 중점(midpoint) x_0을 가지고 유한할 수 있으며, 이러한 경우에 급수는 구간 내부의 모든 x_0에 대하여 다음과 같이 **수렴** 또는 **발산**(divergent)할 수 있다. 즉,

$$|x - x_0| < R \tag{5.8}$$

인 경우에는 모든 x에 대하여 수렴하고,

$$|x - x_0| > R \tag{5.9}$$

인 경우에는 모든 x에 대하여 발산한다. 만약 급수가 모든 x에 대하여 수렴한다면, $R = \infty$가 된다. 만약 수렴반지름의 극한값이 존재하고 0이 아니라면, 수렴반지름 R은 다음과 같은 식을 사용하여 결정할 수 있다.

$$R = \frac{1}{\lim_{m\to\infty} \left| \frac{a_{m+1}}{a_m} \right|}, \quad R = \frac{1}{\lim_{m\to\infty} \sqrt[m]{|a_m|}} \tag{5.10}$$

그리고 만약 거듭제곱급수가 모든 $|x - x_0| < R$ (여기서, $R > 0$)에 대하여 수렴하면, 항별 미분 혹은 적분하여 얻은 급수도 또한 같은 범위의 x에 대하여 수렴한다.

예제 5.1

다음 테일러(Taylor)급수의 수렴반지름 R을 구하시오.

$$e^x = 1 + x + \frac{x^2}{2!} + \cdots + \frac{x^m}{m!} + \cdots = \sum_{m=0}^{\infty} \frac{x^m}{m!}$$

풀이

주어진 급수에 대하여 $m \to \infty$ 라고 하자.

$$\left| \frac{a_{m+1}}{a_m} \right| = \frac{1/(m+1)!}{1/m!} = \frac{1}{m+1}$$

이므로, 식 (5.10)의 수렴반지름은

$$R = \frac{1}{\lim_{m \to \infty} \left| \frac{a_{m+1}}{a_m} \right|} = \frac{1}{\lim_{m \to \infty} \left| \frac{1}{m+1} \right|} = \frac{1}{0} = \infty$$

가 된다. 따라서 $R = \infty$ 이기 때문에, 주어진 급수는 모든 x에 대하여 수렴한다.

5.2 거듭제곱급수 해법

거듭제곱급수(멱급수)의 중심이 $x_0 = 0$이면, 식 (5.4)로 표현되는 상미분방정식의 해 u는 다음 식과 같은 거듭제곱급수로 전개될 수 있다.

$$u = \sum_{m=0}^{\infty} a_m x^m \tag{5.11}$$

위 식을 항별로 미분하여 도함수를 구할 수 있다. 즉, 1계 도함수와 2계 도함수는

$$u' = \sum_{m=0}^{\infty} m a_m x^{m-1} = \sum_{m=1}^{\infty} m a_m x^{m-1} = \sum_{m=0}^{\infty} (m+1) a_{m+1} x^m \tag{5.12}$$

$$\begin{aligned} u'' &= \sum_{m=0}^{\infty} m(m-1) a_m x^{m-2} = \sum_{m=2}^{\infty} m(m-1) a_m x^{m-2} \\ &= \sum_{m=0}^{\infty} (m+2)(m+1) a_{m+2} x^m \end{aligned} \tag{5.13}$$

이 된다. 다음으로, 위 식들을 상미분방정식에 대입하고, x의 거듭제곱이 같은 항끼리 모아 계수를 비교함으로서 계수 a_m을 구한다. 단, 이 방법은 경우에 따라 적용할 수 없는 상미분방정식이 있다는 것에 주의해야 한다.

예제 5.2

다음 상미분방정식의 해를 급수전개법으로 구하시오.

$$u' + u = 0$$

풀이

식 (5.11), (5.12)를 주어진 상미분방정식에 대입하면 다음과 같이 된다.

$$u' + u = \sum_{m=0}^{\infty}(m+1)a_{m+1}x^m + \sum_{m=0}^{\infty}a_m x^m = \sum_{m=0}^{\infty}[(m+1)a_{m+1} + a_m]x^m = 0$$

위 식에서 x^m의 계수가 항등적으로 0이기 때문에,

$$(m+1)a_{m+1} + a_m = 0$$

이 된다. 위 식에서 $m+1$을 m으로 교환하면,

$$ma_m + a_{m-1} = 0$$

이 된다. 따라서

$$a_m = -\frac{1}{m}a_{m-1} \tag{1}$$

이 된다. 같은 방법을 적용하면,

$$a_{m-1} = -\frac{1}{m-1}a_{m-2} \tag{2}$$

가 된다. 식 (2)를 식 (1)에 대입하면,

$$a_m = -\frac{1}{m}a_{m-1} = (-1)^2\frac{1}{m}\frac{1}{m-1}a_{m-2} = \cdots = (-1)^m\frac{1}{m!}a_0 \tag{3}$$

이 된다. 식 (3)을 식 (5.11)에 대입하면, 주어진 상미분방정식의 해 u가 다음과 같이 구해진다.

$$\begin{aligned} u &= \sum_{m=0}^{\infty}a_m x^m = \sum_{m=0}^{\infty}a_0(-1)^m\frac{1}{m!}x^m \\ &= a_0[1 + (-1)x] + \frac{(-1)^2}{2!}x^2 + \frac{(-1)^3}{3!}x^3 + \cdots] \\ &= a_0 e^{-x} \end{aligned} \tag{4}$$

여기서, a_0은 임의의 상수이다.

참고로, 1.4절의 변수분리법을 사용하여 주어진 상미분방정식을 풀어도(예제 1.9 참조) 식 (4)의 일반해와 같은 결과 값을 준다.

5.3 르장드르(Legendre) 방정식

제차 2계 선형상미분방정식

$$u'' + p_1(x)u' + p_0(x)u = 0 \tag{5.14}$$

의 해를 $x_0 = 0$에서 생각해 보자. 주어진 상미분방정식의 도함수의 계수 $p_1(x), p_0(x)$가 $|x| < R$에서 해석적이라면, 정리 5.1(1)의 식 (5.4)에 $x_0 = 0$을 대입하여 구한 식 (5.11)을 위의 상미분방정식의 해라고 가정한다. 식 (5.11)의 1계 도함수와 2계 도함수는 각각 식 (5.12)와 식 (5.13)이 된다. $|x| < R$에서 해석적이면, 계수 $p_1(x), p_0(x)$는

$$\begin{aligned} p_1(x) &= \sum_{m=0}^{\infty} c_m x^m = c_0 + c_1 x + c_2 x^2 + \cdots \\ p_0(x) &= \sum_{m=0}^{\infty} d_m x^m = d_0 + d_1 x + d_2 x^2 + \cdots \end{aligned} \tag{5.15}$$

의 테일러(Taylor)급수로 전개가 가능하다. 위 식 (5.13), (5.12), (5.11), (5.15)를 사용하여

$$\begin{aligned} u'' &= \sum_{m=0}^{\infty} (m+2)(m+1)a_{m+2}x^m \\ p_1(x)u' &= \sum_{m=0}^{\infty} c_m x^m \sum_{m=0}^{\infty} (m+1)a_{m+1}x^m \\ &= \sum_{m=0}^{\infty} \left[\sum_{n=0}^{m} (m-n+1)c_n a_{m-n+1} \right] x^m \\ p_0(x)u &= \sum_{m=0}^{\infty} d_m x^m \sum_{m=0}^{\infty} a_m x^m \\ &= \sum_{m=0}^{\infty} \left[\sum_{n=0}^{m} d_n a_{m-n} \right] x^m \end{aligned} \tag{5.16}$$

으로 나타낼 수 있다. 위 식들을 상미분방정식 (5.14)에 대입하면, 다음과 같이 된다.

$$\sum_{m=0}^{\infty} \left[(m+2)(m+1) + \sum_{n=0}^{m} \left((m-n+1)c_n a_{m-n+1} + d_n a_{m-n} \right) \right] x^m = 0 \tag{5.17}$$

위 식이 임의의 x에 대하여 성립하기 위해서는 식 (5.17)의 좌변 대괄호 $[\cdots]=0$이 되어야 한다. 이것으로부터, 계수의 **점화식**[recurrence formular 또는 **점화관계**(recurrence relation)]

$$a_{m+2}=-\frac{1}{(m+2)(m+1)}\sum_{n=0}^{m}[(m-n+1)c_n a_{m-n+1}+d_n a_{m-n}] \quad (m=0,1,2,\cdots) \tag{5.18}$$

이 얻어진다. 즉, a_0 및 a_1이 임의의 상수로 선택되어지면, 위의 점화식으로부터 a_2 이후의 모든 계수는 a_0, a_1을 이용하여 표현될 수 있다. 이들의 관계를 이용하여 가정한 해인 식 (5.11)을 a_0, a_1를 포함시켜 나타내면, 식 (5.14)의 일반해는

$$u=a_0u_1+a_1u_2 \tag{5.19}$$

로 표현된다. 여기서, u_1, u_2는 1차독립인 상미분방정식 (5.14)의 기저(기본해)들이다.

예제 5.3

다음과 같은 제차 2계 선형상미분방정식으로 표시되는 **르장드르(Legendre)방정식**의 해를 구하시오. 단, ν는 주어진 상수이다.

$$(1-x^2)u''-2xu'+\nu(\nu+1)u=0$$

풀이

주어진 미분방정식의 양변을 $(1-x^2)$으로 나누면, 식 (5.14) 형태의 계수가 다음과 같이 된다.

$$p_1(x)=-\frac{2x}{1-x^2},\quad p_0(x)=\frac{\nu(1-\nu)}{1-x^2}$$

위 식의 함수들은 $x=\pm 1$에서 발산하므로, 이 점 $x=\pm 1$은 **르장드르(Legendre)방정식**의 확정특이점이다. 그러나 위 식의 함수들은 $x=0$에서 해석적이므로, 점 $x=0$은 **르장드르(Legendre)방정식**의 정칙점이다. 이 정칙점 $x=0$에서 해를 생각해 보자. 정리 5.1(1)의 식 (5.4)에 $x_0=0$을 대입하여 구한 식 (5.11)이 주어진 **르장드르(Legendre)방정식**의 해라고 가정한다. 그리고 식 (5.11)의 1계 도함수와 2계 도함수는 각각 식 (5.12)와 식 (5.13)이 된다. 이들 식들로부터

$$2xu'=2\sum_{m=0}^{\infty}ma_mx^m$$

$$(1-x^2)u''=\sum_{m=0}^{\infty}m(m-1)a_mx^{m-2}-\sum_{m=0}^{\infty}m(m-1)a_mx^m$$

이 되기 때문에, 이 식들을 주어진 **르장드르(Legendre)방정식**에 대입하면

$$\sum_{m=0}^{\infty} m(m-1)a_m x^{m-2} - \sum_{m=0}^{\infty} m(m-1)a_m x^m - 2\sum_{m=0}^{\infty} m a_m x^m + \nu(\nu+1)\sum_{m=0}^{\infty} a_m x^m = 0$$

이 된다. 위 식의 1항에서 m을 $m+2$로 바꾸어 표시하고, 2항 이후를 $a_m x^m$을로 묶어 표시하면

$$\sum_{m=0}^{\infty}(m+2)(m+1)a_{m+2}x^m - \sum_{m=0}^{\infty}[m^2 - m + 2m - \nu(\nu+1)]a_m x^m = 0$$

이 된다. 따라서 위 식을 정리하면, 주어진 **르장드르(Legendre)방정식**은 다음과 같이 된다.

$$\sum_{m=0}^{\infty}[(m+2)(m+1)a_{m+2} - (m-\nu)(m+\nu+1))a_m]x^m = 0$$

위 식이 임의의 x에 대하여 성립하기 위해서는 위 식의 좌변 대괄호 $[\cdots]=0$이 되어야 한다. 이것으로부터, 계수의 점화식

$$a_{m+2} = \frac{(m-\nu)(m+\nu+1)}{(m+2)(m+1)}a_m \tag{1}$$

이 얻어진다. 위 식으로부터

$$a_m = \frac{(m-\nu-2)(m+\nu-1)}{m(m-1)}a_{m-2} \tag{2}$$

를 만족하지 않으면 안 된다. 주어진 **르장드르(Legendre)방정식**의 해로 가정한 식 (5.11)의 수렴반지름은 다음과 같이 된다.

$$R = \frac{1}{\lim\limits_{m\to\infty}\left|\frac{a_{m+2}}{a_m}\right|} = \frac{1}{\lim\limits_{m\to\infty}\left|\frac{(m-\nu)(m+\nu+1)}{(m+2)(m+1)}\right|} = \frac{1}{1} = 1$$

합을 표시하는 부호 m을 짝수와 홀수로 분리하기 위해서 짝수의 m을 $2k$로, 홀수의 m을 $2k+1$로 표현하면, 주어진 **르장드르(Legendre)방정식**의 해라고 가정한 식 (5.11)은

$$u = \sum_{k=0}^{\infty} a_{2k}x^{2k} + \sum_{k=0}^{\infty} a_{2k+1}x^{2k+1} \tag{3}$$

이 된다. 즉, 해 u는 a_0으로부터 시작하는 짝수 거듭제곱무한급수와 a_1로부터 시작하는 홀수 거듭제곱무한급수의 합으로 구성되어 있다.

제차 2계 선형상미분방정식의 일반해는 기저(기본해) $u_{1\nu}, u_{2\nu}$의 1차결합으로 표현되기 때문에, 기본해의 각각을

초기조건이 $u(0)=1, u'(0)=0$일 경우에는 $a_0=1, a_1=0$이 되는 해 $u_{1\nu}$

초기조건이 $u(0)=0, u'(0)=1$일 경우에는 $a_0=0, a_1=1$이 되는 해 $u_{2\nu}$

라고 설정한다. 점화식 (1), (2)로부터 위 식의 상단의 $a_1=0$이 되는 경우에는 모든 홀수의 합을 표시하는 계수 $a_{2k+1}(k=1,2,\cdots)$이 0이 된다. 동시에, 하단의 $a_0=0$이 되는 경우에는 모든 짝수의 합을 표시하는 계수 $a_{2k}(k=1,2,\cdots)$가 0이 된다. 그 결과

$$u_{1\nu} = 1 - \frac{\nu(\nu+1)}{2!}x^2 + \frac{(\nu-2)\nu(\nu+1)(\nu+3)}{4!}x^4 - \cdots \tag{4}$$

$$u_{2\nu} = x - \frac{(\nu-1)(\nu+2)}{3!}x^3 + \frac{(\nu-3)(\nu-1)(\nu+2)(\nu+4)}{5!}x^5 - \cdots \tag{5}$$

이 된다. 점 $x=0$에서 론스키언(Wronskian) 행렬식은

$$W(u_{1\nu}(0), u_{2\nu}(0)) = \begin{vmatrix} 1 & 0 \\ 0 & 1 \end{vmatrix} = 1 \neq 0$$

이기 때문에, 점 $x=0$에서 $u_{1\nu}, u_{2\nu}$는 1차독립이다. 따라서 일반해는 $|x|<1$에서 다음과 같이 나타낼 수 있다.

$$u = a_0^* u_{1\nu} + a_1^* u_{2\nu} \tag{6}$$

ν가 0 또는 양의 정수일 때, 점화식 (1), (2)에서 $a_{m+2}=0\,(m \geq \nu)$이 된다. 따라서 다음 i), ii)와 같이 $\nu=n$이 짝수이면 $u_{1\nu}=u_{1n}$이 n차 다항식으로 축소되고 만약 $\nu=n$이 홀수이면 $u_{2\nu}=u_{2n}$이 n차 다항식으로 축소된다. 이 다항식들에 어떤 상수를 곱한 것을 **르장드르(Legendre)다항식**이라고 한다.

i) $\nu=n$이 짝수일 경우, 점화식 (1), (2)에서 짝수 m을 $2k$로 바꾸면

$$\begin{aligned} a_{2k} &= \frac{(2k-n-2)(2k+n-1)}{2k(2k-1)}a_{2k-2} = \frac{(n-2k+2)(n+2k-1)}{2k(2k-1)}a_{2k-2} \\ &= (-1)^m \frac{n(n-2)\cdots(n-2k+2)(n+1)(n+3)\cdots(n+2k-1)}{(2k)!} \times 1 \end{aligned}$$

이 된다. 위 식을 간단히 하기 위해서 위 식에 어떤 상수

$$(-1)^{\frac{n}{2}} \frac{1 \cdot 3 \cdot 5 \cdots (n-1)}{2 \cdot 4 \cdot 6 \cdots n}$$

을 곱하고, 이것을 새로운 a_{2k}라고 놓으면

$$a_{2k} = (-1)^{\frac{n}{2}+k} \frac{(n+2k-1)!!}{(2k)!(n-2k)!!}$$

로 단순화된다. 여기서, $n!!$는 다음과 같이 정의한다.

$$(2n)!! = 2n(2n-2)\cdots 4 \cdot 2,\ (2n-1)!! = (2n-1)(2n-3)\cdots 3 \cdot 1,$$
$$0!! = 1,\ (-1)!! = 1$$

ii) $\nu=n$이 홀수일 경우, 점화식 (1), (2)에서 홀수 m을 $2k+1$로 바꾸면

$$\begin{aligned} a_{2k+1} &= \frac{(2k-n-1)(2k+n)}{(2k+1)2k}a_{2k-1} = -\frac{(n-2k+1)(n+2k)}{(2k+1)2k}a_{2k-1} \\ &= (-1)^m \frac{(n-1)(n-3)\cdots(n-2k+1)(n+2)(n+4)\cdots(n+2k)}{(2k+1)!} \times a_1 \end{aligned}$$

이 된다. 위 식을 간단히 하기 위해서 위 식에 어떤 상수

$$(-1)^{\frac{n-1}{2}} \frac{1 \cdot 3 \cdot 5 \cdots n}{2 \cdot 4 \cdot 6 \cdots (n-1)}$$

을 곱하고, 이것을 새로운 a_{2k+1}이라고 놓으면 다음과 같이 단순화된다.

$$a_{2k+1} = (-1)^{\frac{n-1}{2}+k} \frac{(n+2k)!!}{(2k+1)!(n-2k-1)!!}$$

이상의 결과를 요약하면, n이 짝수인가 또는 홀수인가에 따라 다음과 같이 된다.

$$n\text{이 짝수 : } u_{1n} = \sum_{k=0}^{n/2} (-1)^{\frac{n}{2}+k} \frac{(n+2k-1)!!}{(2k)!(n-2k)!!} x^{2k} \tag{7}$$

$$n\text{이 홀수 : } u_{2n} = \sum_{k=0}^{(n-1)/2} (-1)^{\frac{n-1}{2}+k} \frac{(n+2k)!!}{(2k+1)!(n-2k-1)!!} x^{2k+1} \tag{8}$$

결과적으로 얻어진 식 (7), (8)은 **르장드르(Legendre)다항식**으로서 n**차 르장드르(Legendre) 방정식**의 해이고 $P_n(x)$로 표기한다. 즉,

$$P_n(x) = \begin{cases} \displaystyle\sum_{k=0}^{n/2} (-1)^{\frac{n}{2}+k} \frac{(n+2k-1)!!}{(2k)!(n-2k)!!} x^{2k} & (n\text{이 짝수}) \\ \displaystyle\sum_{k=0}^{(n-1)/2} (-1)^{\frac{n-1}{2}+k} \frac{(n+2k)!!}{(2k+1)!(n-2k-1)!!} x^{2k+1} & (n\text{이 홀수}) \end{cases} \tag{9}$$

로 나타내어진다. 위 식은 $P_n(1)=1$이 되도록 정규화되어 있다. 구체적으로 나타내면

$$P_0(x)=1,\ P_1(x)=x,\ P_2(x)=\frac{1}{2}(3x^2-1),\ P_3(x)=\frac{1}{2}(5x^3-3x),$$

$$P_4(x)=\frac{1}{8}(35x^4-30x^2+3),\ P_5(x)=\frac{1}{8}(63x^5-70x^3+15x),\cdots$$

이고, 그림 5.1은 그 형상을 보여주고 있다. 한편, 다음 식에서 보여준 것처럼 **르장드르(Legendre)다항식** $P_n(x)$들은 구간 $-1 \le x \le 1$에서 **직교**(orthogonal)한다. 즉,

$$\int_{-1}^{1} P_k(x)P_n(x)dx = \begin{cases} 0 & (k \ne n) \\ \dfrac{2}{2k+1}x^{2k+1} & (k=n) \end{cases}$$

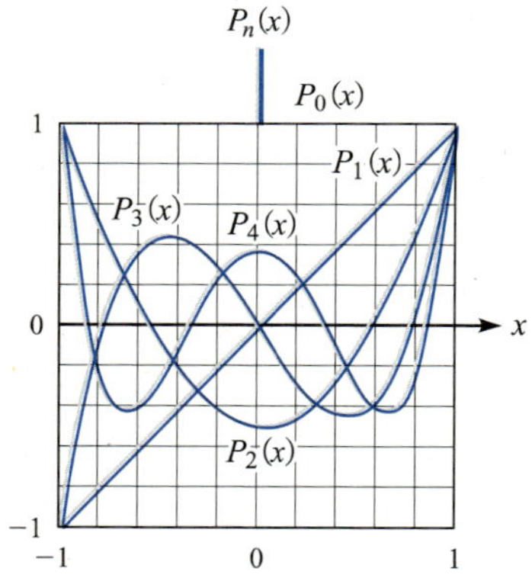

그림 5.1 $P_n(x)$의 분포

5.4 베셀(Bessel) 방정식

제차 2계 상미분방정식

$$u'' + \frac{q_1(x)}{x}u' + \frac{q_0(x)}{x^2}(x)u = 0 \tag{5.20}$$

의 해를 $x_0 = 0$에서 생각해 보자. 계수 $q_1(x), q_0(x)$가 $|x| < R$에서 해석적이라면, 주어진 상미분방정식은 $x = 0$에서 확정특이점이 된다. 정리 5.1(2)의 식 (5.5)에 $x_0 = 0$을 대입하여 구한

$$u = \sum_{m=0}^{\infty} a_m x^{D+m} \tag{5.21}$$

을 주어진 상미분방정식 (5.20)의 해라고 가정한다. 식 (5.21)의 1계 도함수와 2계 도함수를 계산하면

$$u' = \sum_{m=0}^{\infty} (D+m) a_m x^{D+m-1} \tag{5.22}$$

$$u'' = \sum_{m=0}^{\infty} (D+m)(D+m-1) a_m x^{D+m-2} \tag{5.23}$$

가 된다. $|x| < R$에서 해석적인 계수 $q_1(x), q_0(x)$는

$$\begin{aligned} q_1(x) &= \sum_{m=0}^{\infty} c_m x^m = c_0 + c_1 x + c_2 x^2 + \cdots \\ q_0(x) &= \sum_{m=0}^{\infty} d_m x^m = d_0 + d_1 x + d_2 x^2 + \cdots \end{aligned} \tag{5.24}$$

의 테일러(Taylor)급수로 전개가 가능하다. 위 식 (5.21), (5.22), (5.23), (5.24)를 사용하여

$$
\begin{aligned}
u'' &= D(D+1)a_0x^{D-2} + \sum_{m=1}^{\infty}(D+m)(D+m-1)a_m x^{D+m-2} \\
\frac{q_1(x)}{x}u' &= \sum_{m=0}^{\infty} c_m x^{m-1} \sum_{m=0}^{\infty}(D+m)a_m x^{D+m-1} \\
&= \sum_{m=0}^{\infty}\left[\sum_{n=0}^{m}(D+m-n)c_n a_{m-n}\right]x^{D+m-2} \\
&= Dc_0a_0x^{D-2} + \sum_{m=1}^{\infty}\left[(D+m)c_0a_m + \sum_{n=0}^{m-1}(D+n)c_{m-n}a_n\right]x^{D+m-2} \\
\frac{q_0(x)}{x^2}(x)u &= \sum_{m=0}^{\infty} d_m x^{m-2} \sum_{m=0}^{\infty} a_m x^{D+m} \\
&= \sum_{m=0}^{\infty}\left[\sum_{n=0}^{m} d_n a_{m-n}\right]x^{D+m-2} \\
&= d_0a_0x^{D-2} + \sum_{m=1}^{\infty}\left[d_0a_m + \sum_{n=0}^{m-1} d_{m-n}a_n\right]x^{D+m-2}
\end{aligned} \tag{5.25}
$$

로 나타낼 수 있다. 위 식들을 상미분방정식 (5.20)에 대입하면 다음과 같이 된다.

$$
\begin{aligned}
&[D(D-1)+Dc_0+d_0]a_0x^{D-2} + \sum_{m=1}^{\infty}[((D+m)(D+m-1)+(D+m)c_0+d_0)a_m \\
&+\sum_{n=0}^{m-1}((D+n)c_{m-n}+d_{m-n})a_n]x^{D+m-2} = 0
\end{aligned} \tag{5.26}
$$

위 식을 간단하게 나타내기 위하여 새로운 함수

$$
\begin{aligned}
f(D+m) &= (D+m)(D+m-1)+(D+m)c_0+d_0 \\
&= (D+m)(D+m-1)+(D+m)q_1(x)+q_0(x)
\end{aligned} \tag{5.27}
$$

를 정의하여 식 (5.26)에 대입하면

$$
f(D)a_0x^{D-2} + \sum_{m=1}^{\infty}[f(D+m)a_m + \sum_{n=0}^{m-1}((D+n)c_{m-n}+d_{m-n})a_n]x^{D+m-2} = 0 \tag{5.28}
$$

이 된다. 또 새로운 함수

$$g_m(D) = f(D+m)a_m + \sum_{n=0}^{m-1}((D+n)c_{m-n} + d_{m-n})a_n \tag{5.29}$$

를 정의하면, 식 (5.28)은 다음과 같이 된다.

$$f(D)a_0x^{D-2} + \sum_{m=1}^{\infty} g_m(D)x^{D+m-2} = 0 \tag{5.30}$$

임의의 값을 갖는 a_0 및 x에 대하여, 위 식이 항등적으로 성립하기 위해서는

$$f(D) = D(D-1) + Dc_0 + d_0 = 0 \tag{5.31}$$

$$g_m(D) = f(D+m)a_m + \sum_{n=0}^{m-1}((D+n)c_{m-n} + d_{m-n})a_n = 0 \quad (m = 1, 2, \cdots) \tag{5.32}$$

이 되어야 한다. D에 관한 2차방정식인 식 (5.31)을 상미분방정식 (5.20)의 **결정방정식** (indicial equation)이라고 부르는데, 이것을 풀면 D가 결정된다. 식 (5.32)에서 $f(D+m) \neq 0 (m = 1, 2, \cdots)$이라면, 계수 a_m의 **점화식**

$$a_m = -\frac{1}{f(D+m)}\sum_{n=0}^{m-1}[(D+n)c_{m-n} + d_{m-n}]a_n \tag{5.33}$$

이 얻어진다. 위 점화식으로부터 모든 $a_m (m \geq 1)$은 a_0으로부터 결정될 수 있다.

결정방정식 (5.31)의 2개의 근을 D_1, D_2라 하자. 그러면 다음 3가지 경우로 해가 존재한다.

- 경우 1. 두 근 D_1, D_2의 차가 정수가 아닌 서로 다른 근들

  이들 2개의 근에 대응하는 해의 계수를 각각 $a_m^{(1)}, a_m^{(2)}$라고 구별하여 쓰면, 2개의 해는 식 (5.21)로부터

$$u_1 = x^{D_1}\sum_{m=0}^{\infty} a_m^{(1)}x^m$$
$$u_2 = x^{D_2}\sum_{m=0}^{\infty} a_m^{(2)}x^m \tag{5.34}$$

이라고 표현할 수 있다. 단, $a_0^{(j)} \neq 0\ (j=1,2)$이다. 이들 u_1, u_2는 1차독립이고, 상미분방정식 (5.20)의 기저(기본해)들이다. 따라서 이들을 선형 합으로 나타내면, 상미분방정식 (5.20)의 일반해가 된다.

- 경우 2. 두 근 D_1, D_2의 차가 0, 즉 $D_1,= D_2 = D$인 이중근

이 근 D에 대응하는 2개의 해는

$$u_1 = x^D \sum_{m=0}^{\infty} a_m^{(1)} x^m$$
$$u_2 = u_1 \ln x + x^D \sum_{m=0}^{\infty} a_m^{(2)} x^m \tag{5.35}$$

이라고 표현할 수 있다.

- 경우 3. 두 근 D_1, D_2의 차가 정수인 다른 근들

이들 2개의 근에 대응하는 2개의 해는

$$u_1 = x^{D_1} \sum_{m=0}^{\infty} a_m^{(1)} x^m$$
$$u_2 = l u_1 \ln x + x^{D_2} \sum_{m=0}^{\infty} a_m^{(2)} x^m \tag{5.36}$$

이라고 표현할 수 있다. 여기서, $D_1 - D_2 > 0$이고, l은 0이 될 수도 있다.

예제 5.4

다음과 같은 제차 2계 선형상미분방정식으로 표시되는 **베셀(Bessel)방정식**의 해를 구하시오. 단, ν는 양수 또는 0인 주어진 실수이다.

$$u'' + \frac{1}{x}u' + \left(1 - \frac{\nu^2}{x^2}\right)u = 0$$

풀이

주어진 **베셀(Bessel)방정식**의 경우 일반적인 표시인 식 (5.20) 형태의 계수는 다음과 같이 된다.

$$q_1(x) = 1, \quad q_0(x) = x^2 - \nu^2 \tag{1}$$

위 식의 함수들은 $x=0$에서 발산하므로, 이 점 $x=0$은 **베셀(Bessel)방정식**의 확정특이점이다.

정리 5.1(2)의 식 (5.5)에 $x_0=0$을 대입하여 구한다.

$$u=\sum_{m=0}^{\infty} a_m x^{D+m} \tag{2}$$

을 주어진 **베셀(Bessel)방정식**의 해라고 가정한다. 식 (5.24)와 식 (1)로부터,

$$c_0=q_1(0)=1, \quad d_0=q_0(0)=0^2-\nu^2=-\nu^2$$

이 된다. 위의 값들을 식 (5.31)의 결정방정식에 대입하면,

$$f(D)=D(D-1)+D-\nu^2=D^2-\nu^2=0 \tag{3}$$

이 된다. 위 식을 풀면, 다음과 같은 2개의 근을 얻는다.

$$D_1=\nu, \quad D_2=-\nu$$

i) $D_1=\nu$에 대응하는 해 u_1

$$c_0=1, \quad c_1=0, \quad c_2=0, \quad c_3=c_4=\cdots=0$$

$$d_0=-\nu^2, \quad d_1=0, \quad d_2=1, \quad d_3=d_4=\cdots=0$$

이다. 식 (3)의 결정방정식으로부터

$$f(D_1+m)=(D_1+m)^2-\nu^2=(\nu+m)^2-\nu^2=m(2\nu+m)$$

이 되기 때문에, 식 (5.32)는

$$1(2\nu+1)a_1=0 \tag{4}$$

$$m(2\nu+m)a_m+a_{m-2}=0 \quad (m\geq 2) \tag{5}$$

이다. 식 (4)로부터 $a_1=0$이 되고, 식 (5)를 고려하면 홀수 항은 모두

$$a_1=a_3=\cdots=a_{2k+1}=0$$

이다. 짝수항의 점화식은 식 (5)를 이항한 후, m을 $2k$로 바꾸면

$$a_{2k}=-\frac{1}{2k(2\nu+2k)}a_{2k-2} \quad (k=1,2,\cdots)$$

를 얻는다. 즉,

$$a_{2k}=\left[-\frac{1}{2k(2\nu+2k)}\right]\left[-\frac{1}{(2k-2)(2\nu+2k-2)}\right]a_{2k-4}=\cdots$$

$$=(-1)^k\frac{1}{2^{2k}k!(\nu+k)(\nu+k-1)\cdots(\nu+1)}a_0$$

으로 표현된다. 우변의 임의의 상수 a_0을 **감마**(gamma)**함수**를 사용하여

$$a_0=\frac{1}{2^{\nu}\Gamma(\nu+1)}$$

이라고 설정하면,

$$a_{2k}=\frac{(-1)^k}{2^{\nu+2k}k!\Gamma(\nu+k+1)}$$

으로 표시된다. 단, 감마(gamma)함수의 성질

$$\Gamma(\nu)=\int_0^\infty x^{\nu-1}e^{-x}dx,\ \Gamma(\nu+1)=\nu\Gamma(\nu),\ \Gamma(k+1)=k!(k: \text{양수})$$

를 이용한다. 이 결과를 가정한 해인 식 (2)에 넣고, m을 $2k$로 바꾸면

$$u_1=\sum_{m=0}^{\infty}a_m x^{D_1+m}=\sum_{k=0}^{\infty}a_{2k}x^{\nu+2k}=\sum_{k=0}^{\infty}\frac{(-1)^k}{k!\Gamma(\nu+k+1)}\left(\frac{\pi}{2}\right)^{\nu+2k} \tag{6}$$

이 된다. 위 식 우변의 거듭제곱급수를 **ν차 제1종 베셀(Bessel)함수**(Bessel function of the first kind of order ν)라 부르며, 다음과 같은 기호 $J_\nu(x)$로 표시한다. 즉, $J_\nu(x)$으로 표기되는 **베셀(Bessel)방정식**의 특수해

$$J_\nu(x)=\sum_{k=0}^{\infty}\frac{(-1)^k}{k!\Gamma(\nu+k+1)}\left(\frac{\pi}{2}\right)^{\nu+2k} \tag{7}$$

을 얻는다(그림 5.2 참조).

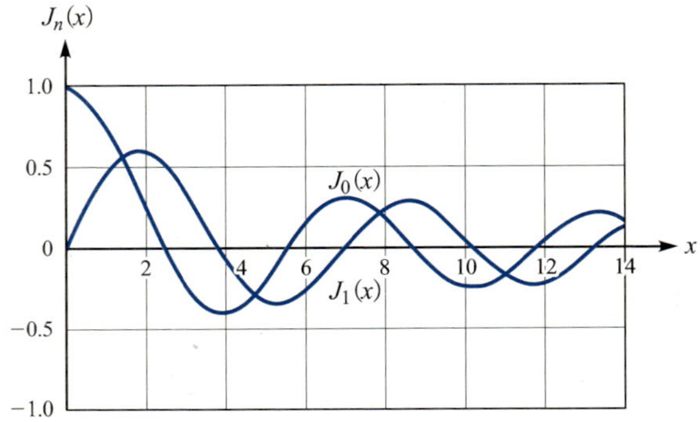

그림 5.2 $J_\nu(x)$의 분포

ii) $D_2=-\nu$에 대응하는 해 u_2

식 (3)의 결정방정식으로부터

$$f(D_2+m)=(D_2+m)^2-\nu^2=(-\nu+m)^2-\nu^2=m(-2\nu+m)$$

이 되기 때문에, 식 (5.32)는

$$1(-2\nu+1)a_1=0 \tag{8}$$

$$m(-2\nu+m)a_m+a_{m-2}=0 \quad (m\ge 2) \tag{9}$$

이다. 식 (8)로부터 $a_1=0$이 되고, 식 (9)를 고려하면 홀수 항은 모두

$$a_1=a_3=\cdots=a_{2k+1}=0$$

이다. 짝수항의 점화식은 식 (9)를 이항한 후, m을 $2k$로 바꾸면

$$a_{2k}=-\frac{1}{2k(-2\nu+2k)}a_{2k-2} \quad (k=1,2,\cdots)$$

를 얻는다. 즉,

$$a_{2k}=\left[-\frac{1}{2k(-2\nu+2k)}\right]\left[-\frac{1}{(2k-2)(-2\nu+2k-2)}\right]a_{2k-4}=\cdots$$

$$= (-1)^k \frac{1}{2^{2k} k!(-\nu+k)(-\nu+k-1)\cdots(-\nu+1)} a_0$$

으로 표현된다. 우변의 임의의 상수 a_0을 **감마**(gamma)**함수**를 사용하여

$$a_0 = \frac{1}{2^{-\nu}\Gamma(-\nu+1)}$$

이라고 설정하면,

$$a_{2k} = \frac{(-1)^k}{2^{-\nu+2k} k! \Gamma(-\nu+k+1)}$$

으로 표시된다. 이 결과를 가정한 해인 식 (2)에 넣고, m을 $2k$로 바꾸면

$$u_2 = \sum_{m=0}^{\infty} a_m x^{D_2+m} = \sum_{k=0}^{\infty} a_{2k} x^{-\nu+2k} = \sum_{k=0}^{\infty} \frac{(-1)^k}{k!\Gamma(-\nu+k+1)} \left(\frac{\pi}{2}\right)^{-\nu+2k} \tag{10}$$

이 된다. 위 식 우변의 거듭제곱급수를 **$-\nu$차 제1종 베셀(Bessel)함수**라 부르며, 다음과 같은 기호 $J_{-\nu}(x)$로 표시한다. 즉, $J_{-\nu}(x)$으로 표기되는 **베셀(Bessel)방정식**의 특수해

$$J_{-\nu}(x) = \sum_{k=0}^{\infty} \frac{(-1)^k}{k!\Gamma(-\nu+k+1)} \left(\frac{\pi}{2}\right)^{-\nu+2k} \tag{11}$$

을 얻는다.

iii) 베셀(Bessel)방정식의 일반해 u

독립변수 x가 0에 근접할 때, 2개의 해 $J_\nu(x)$와 $J_{-\nu}(x)$는 각각 함수 $a_0 x^\nu$와 $a_0 x^{-\nu}$에 근접한다. 이들 근사식의 론스키언(Wronskian) 행렬식을 계산하면, $W=-2a_0^2 \nu x^{-1}$ 이 된다. 그러므로 $J_\nu(x)$와 $J_{-\nu}(x)$는 1차독립이다. 따라서 주어진 **베셀(Bessel)방정식**의 일반해는

$$u = a_1 J_\nu(x) + a_2 J_{-\nu}(x) \tag{12}$$

로 주어진다. 단, ν가 0 또는 양수 n과 같을 때에 한하여 $J_\nu(x)$와 $J_{-\nu}(x)$는

$$J_{-n}(x) - (-1)^n J_n(x) = 0$$

의 관계를 가지므로 1차종속이 된다. 이 경우 $J_{-n}(x)$와 다른 1차독립인 해를 구하지 않으면 안 된다. $J_n(x)$에 1차독립인 해로서 **제2종 베셀(Bessel)함수** 또는 **노이만(Neumann)함수**라 불리는 함수를 이용한다. 노이만(Neumann)함수는 ν가 정수가 아닌 경우와 정수 n인 경우로 구분하여 다음과 같이 정의한다.

$$N_\nu(x) = \frac{J_\nu(x)\cos\nu\pi - J_{-\nu}(x)}{\sin\nu\pi} \qquad (\nu \neq n)$$

$$N_n(x) = \lim_{\nu\to n} N_\nu(x) = \frac{1}{\pi}\left[\left(\frac{\partial J_\nu}{\partial \nu}\right) - (-1)^n \left(\frac{\partial J_{-\nu}}{\partial \nu}\right)\right]_{\nu=n} \qquad (\nu = n)$$

위의 두 번째 식은 위의 첫 번째 식의 분모와 분자를 편미분한 후, $\nu\to n$의 극한값을 취하고 있다. 따라서 주어진 **베셀(Bessel)방정식**의 일반해로서

$$u = a_1 J_\nu(x) + a_2 N_\nu(x) \tag{13}$$

가 이용되고 있다. 그림 5.3은 **노이만(Neumann)함수** $N_n(x)$의 분포를 보여주고 있다.

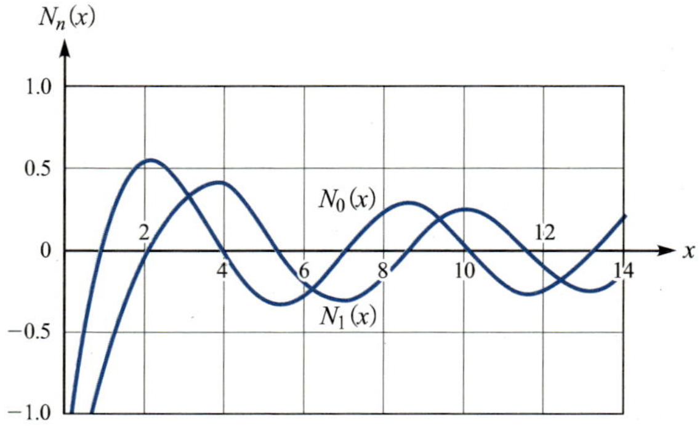

그림 5.3 $N_n(x)$의 분포

연습문제

5.1 다음 상미분방정식의 해를 급수전개법으로 구하시오. 단, t는 임의의 상수이다.

$$u' - 2tu = 0$$

5.2 다음 상미분방정식의 해를 급수전개법으로 구하시오.

$$u'' - xu' - u = 0$$

5.3 다음 상미분방정식을 베셀(Bessel)방정식으로 변환한 후에 해를 구하시오.

$$u'' + \frac{1}{x}u' + 3u - \frac{1}{4x^2}u = 0$$

5.4 다음 상미분방정식을 $t = x^2$으로 치환하여 베셀(Bessel)방정식으로 변환한 후에 해를 구하시오.

$$x^2u'' + xu' + 4(x^4 - \nu^2)u = 0$$

CHAPTER 06

라플라스(Laplace) 변환

6.1 라플라스(Laplace) 변환의 정의와 예

라플라스(Laplace) **변환**은 선형상미분방정식과 그것에 연관된 초기값 문제 그리고 연립선형상미분방정식의 풀이를 매우 쉽게 만들기 때문에 모든 공학자들의 수학 도구상자로서 필수적이다. 이 변환(transform)은 전기회로망, 스프링, 신호처리, 혼합문제 등의 공학과 물리학의 여러 영역에서 다양하게 응용·적용되고 있다. 라플라스(Laplace) 변환을 배우는 주된 목적은 선형상미분방정식을 푸는 과정이 대수적 문제로 단순화된다는 것이다. 그림 6.1은 상미분방정식의 해법으로서 라플라스(Laplace) 변환의 활용방법을 보여주고 있다.

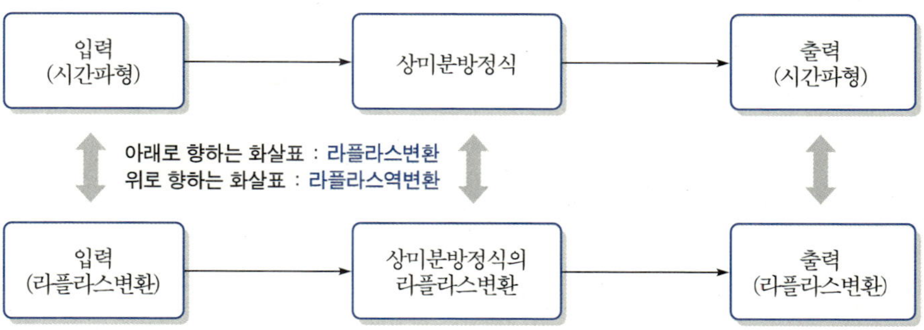

그림 6.1 라플라스(Laplace) 변환의 활용방법

라플라스(Laplace) 변환이 함수에 적용될 때, 적분을 포함하는 과정을 사용하여 그 함수를 새로운 함수로 변환한다. 만약 $f(t)$가 시간범위 $0 \le t < \infty$에서 정의된 함수(t 공간에서의 함수)라면, 라플라스(Laplace) 변환은 $f(t)$와 e^{-st}의 곱을 $t=0$에서 ∞까지 적분한 것으로, 그 결과는 s의 함수(s 공간에서의 함수)인 $F(s)$가 되며 $\mathcal{L}(f)$로 표기한다. 즉,

$$\mathcal{L}(f) = \mathcal{L}[f(t)] = F(s) = \int_0^\infty f(t)e^{-st}dt \tag{6.1}$$

로 정의된다. 그러므로 **소문자**(lower case letters)로 표기하는 원래의 함수는 t의 함수이고, 그 변환은 같은 문자의 **대문자**(letters in capital)로 s의 함수이다. 예를 들면, $F(s)$는 $f(t)$의 변환을, $R(s)$는 $r(t)$의 변환을, $I(s)$는 $i(t)$의 변환을, $Y(s)$는 $y(t)$의 변환을 나타낸다. 식 (6.1)에서 $f(t)$는 위의 적분값이 존재하는, 즉 유한한 값을 갖는 함수라야 한다. 식 (6.1)에서 보여준 것처럼, 라플라스(Laplace) 변환은 **핵**(kernel) e^{-st}를 포함하는 **적분과정**(process of integration)을 수행하여 한 공간에서의 함수를 다른 공간에서의 함수로 바꾸기(변환하기) 때문에 **적분변환**(integration transform)이라고 불린다.

그리고 식 (6.1)의 주어진 함수 $f(t)$를 $F(s)$의 라플라스(Laplace)**역변환**(inverse transform)이라고 부르고 $\mathcal{L}^{-1}(F)$로 나타낸다. 즉, 라플라스(Laplace)역변환은

$$f(t) = \mathcal{L}^{-1}(F) \tag{6.2}$$

라고 표기한다. 식 (6.1), (6.2)로부터, $\mathcal{L}^{-1}[\mathcal{L}(f)] = f$ 그리고 $\mathcal{L}^{-1}[\mathcal{L}(F)] = F$가 된다는 것을 주목하길 바란다.

다음은 자주 이용되는 라플라스(Laplace) 변환의 예를 보여주고 있다.

(1) 단위계단함수(unit step function, Heaviside function)

다음 식은 전형적인 공학함수(engineering function)로 공학적 응용에서 종종 꺼짐(off) 또는 켜짐(on) 상태가 되는 **단위계단함수**를 보여주고 있다(그림 6.2 참조). 즉,

$$U(t) = \begin{cases} 0 & (t < 0) \\ 1 & (t \geq 0) \end{cases}$$

위 식에 대하여 식 (6.1)의 라플라스(Laplace) 변환 $F(s)$를 구하면,

$$F(s) = \mathcal{L}(U) = \int_0^\infty U(t)e^{-st}dt = \int_0^\infty e^{-st}dt = \left[-\frac{e^{-st}}{s}\right]_0^\infty$$

$$= \frac{1}{s}$$

이 된다. 이와 같이 적분구간이 무한대인 적분을 **이상적분**(improper integral)이라 한다.

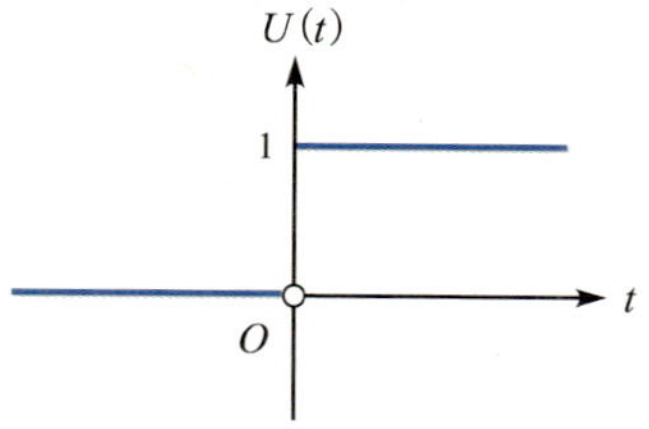

그림 6.2 단위계단함수

(2) 디렉델타함수[Dirac delta function, 단위충격함수(unit impulse function)]

다음 식은 아주 짧은 시간에 걸쳐 기계적인 또는 전기적인 힘(예를 들면, 쇠망치로 가격되는 기계시스템, 충격적으로 비상착륙하는 비행기, 높은 파도에 충격적으로 부딪히는 배, 전기회로에 작용하는 기전력 등)과 같은 현상과 문제를 모델링하는데 이용하는 **디렉델타함수** $\delta(t)$를 보여주고 있다(그림 6.3 참조). 즉,

$$\delta(t)=\begin{cases}\infty & (t=0)\\ 0 & (t\neq 0)\end{cases} \text{ 그리고 } \int_0^{\infty}\delta(t)dt=1$$

위 식에 대하여 식 (6.1)의 라플라스(Laplace) 변환 $F(s)$를 구하면,

$$F(s)=\mathcal{L}(\delta)=\int_0^{\infty}\delta(t)e^{-st}dt=\int_0^{\infty}\delta(t)dt=1$$

이 된다.

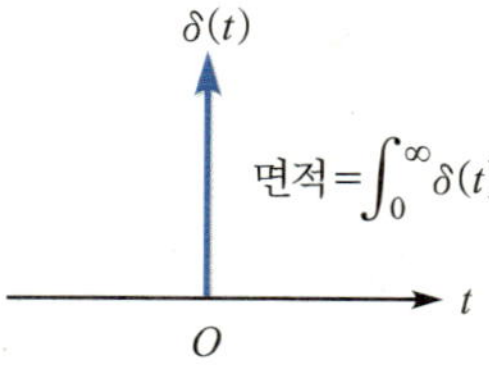

그림 6.3 디렉델타함수

(3) 감쇠함수

다음 감쇠함수

$$f(t)=\begin{cases}0 & (t<0)\\ e^{-at} & (t\geq 0)\end{cases} \quad (a\text{는 임의의 상수})$$

에 대하여 식 (6.1)의 라플라스(Laplace) 변환 $F(s)$를 구하면,

$$F(s) = \mathcal{L}(f) = \int_0^{\infty} f(t)e^{-st}dt = \int_0^{\infty} e^{-at}e^{-st}dt = \left[-\frac{e^{-(a+s)t}}{a+s}\right]_0^{\infty}$$
$$= \frac{1}{s+a}$$

이 된다.

(4) 삼각함수

다음 **삼각함수**

$$f(t) = \begin{cases} 0 & (t < 0) \\ \cos\omega t & (t \geq 0) \end{cases} \quad (\omega\text{는 임의의 상수})$$

에 대하여 식 (6.1)의 라플라스(Laplace) 변환 $F(s)$를 구해보자.

$F_1 = \mathcal{L}(\cos\omega t)$, $F_2 = \mathcal{L}(\sin\omega t)$라 하자. 먼저 부분적분하고, $s > 0$이면 적분이 없는 항은 상한 ∞에서 0이 되므로

$$F_1 = \int_0^{\infty} \cos\omega t\, e^{-st}dt = \left[\cos\omega t\frac{e^{-st}}{-s}\right]_0^{\infty} - \frac{\omega}{s}\int_0^{\infty} \sin\omega t\, e^{-st} = \frac{1}{s} - \frac{\omega}{s}F_2 \qquad (1)$$

$$F_2 = \int_0^{\infty} \sin\omega t\, e^{-st}dt = \left[\sin\omega t\frac{e^{-st}}{-s}\right]_0^{\infty} + \frac{\omega}{s}\int_0^{\infty} \cos\omega t\, e^{-st}dt = \frac{\omega}{s}F_1 \qquad (2)$$

이 구해진다. 식 (2)의 F_2를 식 (1)의 F_2에 대입하고, 그 다음에 식 (1)의 F_1을 식 (2)의 F_1에 대입하면 다음과 같이 된다.

$$F_1 = \frac{1}{s} - \frac{\omega}{s}F_2 = \frac{1}{s} - \frac{\omega}{s}\left(\frac{\omega}{s}F_1\right), \quad F_1\left(1 + \frac{\omega^2}{s^2}\right) = \frac{1}{s}$$

$$\therefore F_1 = \frac{s}{s^2 + \omega^2} \qquad (3)$$

$$F_2 = \frac{\omega}{s}F_1 = \frac{\omega}{s}\left(\frac{1}{s} - \frac{\omega}{s}F_2\right), \quad F_2\left(1 + \frac{\omega^2}{s^2}\right) = \frac{\omega}{s^2}$$

$$\therefore F_2 = \frac{\omega}{s^2 + \omega^2} \qquad (4)$$

따라서 구하고자 하는 **코사인**(cos)의 라플라스(Laplace) 변환 $F(s)$는 다음과 같이 된다.

$$F(s) = \mathcal{L}(f) = \int_0^\infty f(t)e^{-st}dt = \int_0^\infty \cos\omega t\, e^{-st}dt = F_1 = \frac{s}{s^2+\omega^2}$$

참고로, 식 (4)로부터 **사인**(sin)의 라플라스(Laplace) 변환은 다음과 같이 된다.

$$F_2 = \mathcal{L}(\sin\omega t) = \frac{\omega}{s^2+\omega^2}$$

(5) 직선

다음 직선

$$f(t) = \begin{cases} 0 & (t < 0) \\ t & (t \geq 0) \end{cases}$$

에 대하여 식 (6.1)의 라플라스(Laplace) 변환 $F(s)$를 구하면,

$$F(s) = \mathcal{L}(f) = \int_0^\infty f(t)e^{-st}dt = \int_0^\infty te^{-st}dt = \left[-\frac{te^{-st}}{s}\right]_0^\infty + \int_0^\infty \frac{e^{-st}}{s}dt$$

$$= \left[-\frac{e^{-st}}{s^2}\right]_0^\infty$$

$$= \frac{1}{s^2}$$

이 된다.

(6) 함수 t^n

다음 함수

$$f(t) = \begin{cases} 0 & (t < 0) \\ t^n & (t \geq 0) \end{cases}$$

에 대하여 식 (6.1)의 라플라스(Laplace) 변환 $F(s)$를 구하면,

$$F(s) = \mathcal{L}(f) = \int_0^\infty f(t)e^{-st}dt = \int_0^\infty t^n e^{-st}dt = \left[-\frac{t^n e^{-st}}{s}\right]_0^\infty + \int_0^\infty nt^{n-1}\frac{e^{-st}}{s}dt$$

$$= \frac{n}{s}\int_0^\infty t^{n-1}e^{-st}dt = \frac{n(n-1)}{s^2}\int_0^\infty t^{n-2}e^{-st}dt$$

$$= \frac{n!}{s^n}\int_0^\infty e^{-st}dt$$

$$= \frac{n!}{s^n}\left[-\frac{e^{-st}}{s}\right]_0^\infty$$

$$= \frac{n!}{s^{n+1}}$$

가 된다.

6.2 라플라스(Laplace) 변환의 성질

이 절에서는 라플라스(Laplace) 변환의 몇 가지 성질에 관하여 배운다.

(1) 선형성

정리 6.1 라플라스(Laplace) 변환의 선형성

라플라스(Laplace) 변환이 존재하는 2개의 어떤 함수 $f(t)$와 $g(t)$에 어떤 상수 a_1과 a_2를 각각 곱한 후 더한 것, 즉 $a_1 f(t)+a_2 g(t)$에 대해서도 라플라스(Laplace) 변환이 존재하고, 다음 식과 같은 **선형 연산**이 성립한다.

$$\mathcal{L}[a_1 f(t)+a_2 g(t)]=a_1\mathcal{L}[f(t)]+a_2\mathcal{L}[g(t)] \tag{6.3}$$

증명

식 (6.3)의 관계를 라플라스(Laplace) 변환의 **선형성**이라고 말한다. 이것은 다음과 같이 하여 확인할 수 있다. 즉, 라플라스(Laplace) 변환의 정의 식 (6.1)로부터

$$\mathcal{L}[f(t)]=F_1(s)=\int_0^\infty f(t)e^{-st}dt,\quad \mathcal{L}[g(t)]=F_2(s)=\int_0^\infty g(t)e^{-st}dt$$

이다. 따라서

$$\begin{aligned}\mathcal{L}[a_1 f(t)+a_2 g(t)]&=\int_0^\infty [a_1 f(t)+a_2 g(t)]e^{-st}dt\\&=a_1\int_0^\infty f(t)e^{-st}dt+a_2\int_0^\infty g(t)e^{-st}dt\\&=a_1\mathcal{L}[f(t)]+a_2\mathcal{L}[g(t)]\end{aligned}$$

가 된다. 여기서, a_1, a_2는 임의의 상수이다.

(2) 시간축의 이동(shift)

정리 6.2

$f(t)$를 시간축 상에서 τ만큼 이동한 함수의 라플라스(Laplace) 변환은 다음 식과 같이 표현된다.

$$\mathcal{L}[f(t-\tau)]=e^{-s\tau}\mathcal{L}[f(t)] \quad (\tau>0) \tag{6.4}$$

증명

식 (6.4)는 다음과 같이 하여 확인할 수 있다. 즉, 라플라스(Laplace)변환의 정의 식 (6.1)로부터

$$\mathcal{L}[f(t-\tau)]=\int_0^\infty f(t-\tau)e^{-st}dt$$

가 된다. $t-\tau=\bar{t}$ 라고 변수교환을 하면, $dt=d\bar{t}$가 되고 적분구간은 $-\tau\sim\infty$가 된다. 이 경우, $\bar{t}\leq-\tau\leq 0$ 이고 $f(\bar{t})=0$이기 때문에 적분의 하한을 0으로 해도 차이가 없다. 따라서

$$\begin{aligned}\mathcal{L}[f(t-\tau)]&=\int_0^\infty f(t-\tau)e^{-st}dt\\&=\int_0^\infty f(\bar{t})e^{-s(\bar{t}+\tau)}d\bar{t}= e^{-s\tau}\int_0^\infty f(\bar{t})e^{-s\bar{t}}d\bar{t}\\&=e^{-s\tau}\mathcal{L}[f(t)]\end{aligned}$$

가 된다.

(3) s 이동[라플라스(Laplace) 변환에서 s를 $s-a$로 대체]

정리 6.3

라플라스(Laplace) 변환은 $f(t)$의 변환을 알고 있다면 $e^{at}f(t)$의 변환을 쉽게 구할 수 있는 유용한 특성이 있는데, 이것을 s 이동이라 하고 다음 식과 같이 표현된다.

$$\mathcal{L}[e^{at}f(t)]=F(s-a) \tag{6.5}$$

증명

식 (6.5)는 다음과 같이 하여 확인할 수 있다. 즉, 라플라스(Laplace) 변환의 정의 식 (6.1)로부터

$$\begin{aligned}\mathcal{L}[e^{at}f(t)]&=\int_0^\infty e^{at}f(t)e^{-st}dt=\int_0^\infty f(t)e^{-(s-a)t}dt\\&=F(s-a)\end{aligned}$$

가 된다.

(4) 시간축의 확대

정리 6.4

라플라스(Laplace) 변환은 다음 식과 같이 시간축의 확대가 가능하다.

$$\mathcal{L}[f(at)]=\frac{1}{a}F\left(\frac{s}{a}\right) \quad (a>0) \tag{6.6}$$

증명

식 (6.6)은 다음과 같이 하여 확인할 수 있다. 즉, 라플라스(Laplace) 변환의 정의 식 (6.1)로부터

$$\mathcal{L}[f(at)]=\int_0^\infty f(at)e^{-st}dt$$

가 된다. $at=\bar{t}$ 라고 변수 교환을 하면, $dt=\frac{1}{a}d\bar{t}$ 가 되고 적분구간은 $0\sim\infty$ 가 된다. 따라서

$$\mathcal{L}[f(at)]=\int_0^\infty f(at)e^{-st}dt=\int_0^\infty f(\bar{t})e^{-s\frac{\bar{t}}{a}}\frac{1}{a}d\bar{t}=\frac{1}{a}F\left(\frac{s}{a}\right)$$

가 된다.

(5) 미분

정리 6.5 도함수의 라플라스(Laplace) 변환

함수 $f(t)$ 의 미분의 라플라스(Laplace) 변환은 다음과 같은 관계식으로 주어진다.

$$\mathcal{L}[f'(t)]=sF(s)-f(0) \tag{6.7}$$

$$\mathcal{L}[f''(t)]=s^2F(s)-sf(s)-f'(0) \tag{6.8}$$

$$\begin{aligned}\mathcal{L}[f^{(n)}(t)]&=s^nF(s)-s^{n-1}f(0)-s^{n-2}f'(0)\\&\quad-s^{n-3}f''(0)-\cdots-sf^{(n-2)}(0)-f^{(n-1)}(0)\end{aligned} \tag{6.9}$$

증명

식 (6.7)은 다음과 같이 하여 확인할 수 있다. 즉, 라플라스(Laplace) 변환의 정의 식 (6.1)로부터

$$\begin{aligned}\mathcal{L}[f'(t)]&=\int_0^\infty f'(t)e^{-st}dt=\left[f(t)e^{-st}\right]_0^\infty-\int_0^\infty f(t)(-s)e^{-st}dt\\&=sF(s)-f(0)\end{aligned}$$

이 된다. 식 (6.8)에 대한 증명은 $f''(t)$ 에 식 (6.7)을 적용하고, 그 다음에 식 (6.7)을 대입하면

$$\mathcal{L}[f''(t)] = s\mathcal{L}[f'(t)] - f'(0) = s[sF(s) - f(0)] - f'(0) = s^2F(s) - sf(s) - f'(0)$$

이 된다. 식 (6.8)의 증명에서와 같이 대입을 계속하고 귀납법을 이용하면, 식 (6.9)가 증명된다.

(6) 적분

정리 6.6 적분의 라플라스(Laplace) 변환

함수 $f(t)$ 의 적분의 라플라스(Laplace) 변환은 다음과 같은 관계식으로 주어진다.

$$\mathcal{L}\left[\int_a^t f(\tau)d\tau\right] = \frac{1}{s}\int_a^0 f(t)dt + \frac{1}{s}F(s) \tag{6.10}$$

증명

식 (6.10)은 다음과 같이 하여 확인할 수 있다. 즉, 라플라스(Laplace) 변환의 정의 식 (6.1)로부터

$$\begin{aligned}\mathcal{L}\left[\int_a^t f(\tau)d\tau\right] &= \int_0^\infty \left[\int_a^t f(\tau)d\tau\right]e^{-st}dt \\ &= \left[-\frac{e^{-st}}{s}\int_a^t f(\tau)d\tau\right]_0^\infty - \int_0^\infty\left(-\frac{e^{-st}}{s}\right)f(t)dt \\ &= \frac{1}{s}\int_a^0 f(t)dt + \frac{1}{s}F(s)\end{aligned}$$

가 된다.

(7) 합성곱(convolution)

일반적으로, 합성곱 $f(t) * g(t)$ 의 라플라스(Laplace) 변환은 곱을 구성하는 인자들의 곱의 변환과는 다르다. 여기서, **합성곱** $f(t) * g(t)$는 표준적인 기호 $f * g$로 표기되며 적분

$$f(t) * g(t) = (f * g)(t) = \int_0^t f(\tau)g(t-\tau)d\tau = \int_0^t f(t-\tau)g(\tau)d\tau \tag{6.11}$$

에 의하여 정의된다. 식 (6.11)에서 $t-\tau = \bar{t}$ 라고 변수교환을 하면, $-d\tau = d\bar{t}$ 가 된다. 또한, $\tau = 0$일 때는 $\bar{t} = t$ 그리고 $\tau = t$일 때는 $\bar{t} = 0$이기 때문에

$$\begin{aligned}f(t) * g(t) &= \int_0^t f(\tau)g(t-\tau)d\tau \\ &= \int_t^0 f(t-\bar{t})g(\bar{t})(-d\bar{t})\end{aligned}$$

$$= \int_0^t g(\bar{t})f(t-\bar{t})d\bar{t}$$

$$= g(t) * f(t)$$

가 되어, **합성곱**의 **교환법칙**이 성립한다. 그리고 합성곱은 수의 곱의 특성들과 유사한 특성들

$$f(t) * [g_1(t)+g_2(t)] = f(t) * g_1(t) + f(t)g_2(t) \qquad \textbf{(분배법칙)}$$

$$[f(t) * g_1(t)] * g_2(t) = f(t) * [g_1(t) * g_2(t)] \qquad \textbf{(결합법칙)}$$

$$f(t) * 0 = 0 * f(t) = 0$$

을 갖는다. 위의 분배법칙과 결합법칙 등도 라플라스(Laplace) 변환의 정의로부터 바로 증명할 수 있다.

예제 6.1

다음 합성곱을 구하시오.

$$\sin t * \cos t$$

풀이

$$\sin t * \cos t = \int_0^t f(\tau)g(t-\tau)d\tau = \int_0^t \sin\tau\cos(t-\tau)d\tau = \frac{1}{2}\int_0^t [\sin t + \sin(2\tau - t)]d\tau$$

$$= \frac{1}{2}\left([\tau \sin t]_0^t + \left[-\frac{1}{2}\cos(2\tau - t)\right]_0^t\right)$$

$$= \frac{1}{2}t\sin t$$

정리 6.7

합성곱 $f(t) * g(t)$의 라플라스(Laplace) 변환은 다음과 같은 관계식으로 주어진다.

$$\mathcal{L}[f(t) * g(t)] = \mathcal{L}[f(t)]\,\mathcal{L}[g(t)] \qquad (6.12)$$

증명

식 (6.12)는 다음과 같이 하여 확인할 수 있다. 즉, 라플라스(Laplace) 변환의 정의 식 (6.1)로부터

$$\mathcal{L}\left[f(t) * g(t)\right]=\int_0^\infty\left[\int_0^\infty f(\tau)g(t-\tau)d\tau\right]e^{-st}dt=\int_0^\infty f(\tau)\left[\int_0^\infty g(t-\tau)e^{-st}dt\right]d\tau$$

가 된다. $t-\tau=\bar{t}$라고 변수교환을 하면, $dt=d\bar{t}$가 되고 $g(\bar{t})$는 $\bar{t}<0$에서 0이기 때문에

$$\begin{aligned}\mathcal{L}\left[f(t) * g(t)\right]&=\int_0^\infty f(\tau)\left[\int_0^\infty g(\bar{t})e^{-s(\bar{t}+\tau)}d\bar{t}\right]d\tau=\int_0^\infty f(\tau)e^{-s\tau}d\tau\left[\int_0^\infty g(\bar{t})e^{-s\bar{t}}d\bar{t}\right]\\&=\mathcal{L}\left[f(t)\right]\ \mathcal{L}\left[g(t)\right]\end{aligned}$$

가 된다.

표 6.1은 여기까지 구한 라플라스(Laplace) 변환을 기본으로 하여 정리한 라플라스(Laplace) 변환의 공식들이다.

표 6.1 라플라스(Laplace) 변환표

성질	$f(t)$	$F(s)=\mathcal{L}\left[f(t)\right]$
단위계단함수	$U(t)$	$\frac{1}{s}$
	$U(t-a)$	$\frac{e^{-as}}{s}$
디렉델타함수	$\delta(t)$	1
	$\delta(t-a)$	e^{-as}
직선	t	$\frac{1}{s^2}$
	t^n	$\frac{n!}{s^{n+1}}$
감쇠함수	e^{-at}	$\frac{1}{s+a}$
	te^{-at}	$\frac{1}{(s+a)^2}$
미분	$f'(t)$	$sF(s)-f(0)$
	$f''(t)$	$s^2F(s)-sf(0)-f'(0)$
	$f^{(n)}(t)$	$s^nF(s)-s^{n-1}f(0)-s^{n-2}f'(0)$ $-s^{n-3}f''(0)-\cdots-sf^{(n-2)}(0)-f^{(n-1)}(0)$
	$tf(t)$	$-F'(s)$
	$t^2f(t)$	$F''(s)$
적분	$\int_a^t f(\tau)d\tau$	$\frac{1}{s}\int_a^0 f(t)dt+\frac{1}{s}F(s)$

성질	$f(t)$	$F(s)=\mathcal{L}[f(t)]$
적분	$\int_0^t f(\tau)d\tau$	$\frac{1}{s}F(s)$
	$\frac{f(t)}{t}$	$\int_s^\infty F(\bar{s})d\bar{s}$
삼각함수	$\cos\omega t$	$\frac{s}{s^2+\omega^2}$
	$\sin\omega t$	$\frac{\omega}{s^2+\omega^2}$
선형성	$a_1 f(t)+a_2 g(t)$	$a_1\mathcal{L}[f(t)]+a_2\mathcal{L}[g(t)]$
시간축의 이동	$f(t-\tau)$	$e^{-s\tau}F(s)$
s 이동	$e^{at}f(t)$	$F(s-a)$
시간축의 확대	$f(at)$	$\frac{1}{a}F\left(\frac{s}{a}\right)$
합성곱	$f(t)*g(t)$	$\mathcal{L}[f(t)]\mathcal{L}[g(t)]$

(8) 라플라스(Laplace) 역변환

일반적으로, 라플라스(Laplace) 역변환은 다음 예제에서 보여준 것처럼 앞 절에서 기술한 라플라스(Laplace) 변환의 관계 및 기본성질을 이용하여 수행하는 경우가 많다.

예제 6.2

라플라스(Laplace) 변환의 성질을 이용하여, 다음 함수의 라플라스(Laplace) 역변환을 구하시오.

$$F(s)=\frac{s+a}{(s+a)^2+7^2}$$

풀이

표 6.1로부터

$$\mathcal{L}(\cos\omega t)=\frac{s}{s^2+\omega^2},\quad \mathcal{L}(e^{-at})=\frac{1}{s+a}$$

이다. 위의 관계들을 이용하면, 주어진 함수의 라플라스(Laplace) 역변환이 다음과 같이 구해진다.

$$\mathcal{L}^{-1}\left[\frac{s+a}{(s+a)^2+7^2}\right]=e^{-at}\cos 7t$$

라플라스(Laplace) 변환이 **부분분수**로 표현될 수 있는 경우에는 라플라스(Laplace) 역변환이 쉽게 구해진다. 여기서는 부분분수로 분해하는 것이 편리한 헤비사이드(Heaviside)법을 소개한다. 먼저, 이 헤비사이드(Heaviside)법은 라플라스(Laplace) 변환 $F(s)$가 다음과 같은 부분분수로 주어진다고 가정한다.

$$F(s)=\frac{c_1}{s-a_1}+\frac{c_2}{s-a_2}++\cdots+\frac{c_n}{s-a_n} \tag{6.13}$$

여기서, $a_1, a_2, \cdots, a_n, c_1, c_2, \cdots, c_n$은 임의의 상수이다. 위의 식으로부터 1위의 극의 유수를 고려하면, $c_1, c_2, \cdots, c_n$을 다음과 같이 구할 수 있다. 즉,

$$\begin{aligned} &c_1=(s-a_1)F(s)|_{s=a_1},\ c_2=(s-a_2)F(s)|_{s=a_2}, \\ &\cdots,\ c_n=(s-a_n)F(s)|_{s=a_n} \end{aligned} \tag{6.14}$$

이 된다.

만약 분모에 다음과 같은 거듭제곱이 포함되어 있다면, 즉

$$F(s)=\frac{c_1}{s-a_1}+\frac{c_2}{(s-a_1)^2}++\cdots+\frac{c_n}{(s-a_1)^n} \tag{6.15}$$

에 대해서는 n위의 극의 유수를 고려하면, $c_1, c_2, \cdots, c_n$을 다음과 같이 구할 수 있다.

$$\begin{aligned} &c_1=\frac{1}{(n-1)!}\left[\frac{d^{n-1}}{ds^{n-1}}\{(s-a_1)^n F(s)\}\right]_{s=a_1}, \\ &c_2=\frac{1}{(n-2)!}\left[\frac{d^{n-2}}{ds^{n-2}}\{(s-a_1)^n F(s)\}\right]_{s=a_1}, \\ &\cdots,\ c_n=(s-a_1)^n F(s)|_{s=a_1} \end{aligned} \tag{6.16}$$

이 된다.

예제 6.3

다음 함수의 라플라스(Laplace) 역변환을 구하시오.

$$F(s)=\frac{s-1}{s^2-5s+6}$$

풀이

$$F(s)=\frac{s-1}{s^2-5s+6}=\frac{s-1}{(s-2)(s-3)}$$

로부터, 부분분수로 분해하면

$$F(s)=\frac{c_1}{s-2}+\frac{c_2}{s-3}$$

가 된다. 식 (6.14)로부터

$$c_1=(s-2)F(s)|_{s=2}=\frac{s-1}{s-3}|_{s=2}=-1$$

$$c_2=(s-3)F(s)|_{s=3}=\frac{s-1}{s-2}|_{s=3}=2$$

따라서 주어진 함수의 라플라스(Laplace) 역변환이 다음과 같이 구해진다.

$$\mathcal{L}^{-1}\left[\frac{s-1}{(s-2)(s-3)}\right]=\mathcal{L}^{-1}\left[\frac{-1}{(s-2)}+\frac{2}{s-3}\right]=\mathcal{L}^{-1}\left[\frac{-1}{(s-2)}\right]+\mathcal{L}^{-1}\left[\frac{2}{s-3}\right]$$
$$=-e^{2t}+2e^{3t}$$

예제 6.4

다음 함수의 라플라스(Laplace) 역변환을 구하시오.

$$F(s)=\frac{3s^2+4s+1}{(s-1)^3}$$

풀이

$$F(s)=\frac{3s^2+4s+1}{(s-1)^3}$$

로부터, 부분분수로 분해하면

$$F(s)=\frac{c_1}{s-1}+\frac{c_2}{(s-1)^2}+\frac{c_3}{(s-1)^3}$$

이 된다. 식 (6.16)으로부터

$$c_1=\frac{1}{2!}\left[\frac{d^2}{ds^2}\{(s-1)^3F(s)\}\right]_{s=1}=\frac{1}{2!}\left[\frac{d^2}{ds^2}(3s^2+4s+1)\right]_{s=1}=\frac{1}{2!}(6)=3$$

$$c_2 = \frac{1}{1!}\left[\frac{d}{ds}\{(s-1)^3F(s)\}\right]_{s=1} = \left[\frac{d}{ds}(3s^2+4s+1)\right]_{s=1} = [6s+4]_{s=1} = 10$$

$$c_3 = (s-1)^3F(s)|_{s=1} = [(3s^2+4s+1)]_{s=1} = 8$$

따라서 주어진 함수의 라플라스(Laplace) 역변환이 다음과 같이 구해진다.

$$\mathcal{L}^{-1}\left[\frac{3s^2+4s+1}{(s-1)^3}\right] = \mathcal{L}^{-1}\left[\frac{3}{s-1}+\frac{10}{(s-1)^2}+\frac{8}{(s-1)^3}\right]$$

$$= \mathcal{L}^{-1}\left[\frac{3}{s-1}+\frac{10}{(s-1)^2}+4\frac{2!}{(s-1)^3}\right] = 3e^t+10te^t+4t^2e^t$$

6.3 라플라스(Laplace) 변환을 이용한 상미분방정식의 해법

이 절에서는 6.1절, 6.2절에서 배운 라플라스(Laplace) 변환과 라플라스(Laplace) 역변환을 응용하여 상미분방정식의 해를 구한다.

(1) 상미분방정식의 풀이에 라플라스(Laplace) 변환의 적용

$f^{(n)}(t) = \frac{d^nf(t)}{dt^n}$, $f^{(n-1)}(t) = \frac{d^{n-1}f(t)}{dt^{n-1}}$, $f''(t) = \frac{d^2f(t)}{dt^2}$, $f'(t) = \frac{df(t)}{dt}$로 나타낼 때,

n계 상미분방정식은 다음과 같이 된다.

$$f^{(n)}(t)+a_{n-1}f^{(n-1)}(t)+\cdots+a_2f''(t)+a_1f'(t)+a_0f(t) = r(t) \tag{6.17}$$

여기서 $f(0)$, $f^{(n-1)}(0), \cdots,$ $f''(0)$, $f'(0)$이 초기값(초기조건)으로 주어질 때, $t \geq 0$에서 $f(t)$를 구해보자. 식 (6.17)의 양변을 라플라스(Laplace) 변환하면(표 6.1 참조),

$$\begin{aligned}&[s^nF(s)-s^{n-1}f(0)-s^{n-2}f'(0)-\cdots-sf^{(n-2)}(0)-f^{(n-1)}(0)]\\&\quad+a_{n-1}[s^{n-1}F(s)-s^{n-2}f(0)-s^{n-3}f'(0)-\cdots-sf^{(n-3)}(0)\\&\quad-f^{(n-2)}(0)]+a_{n-2}[s^{n-2}F(s)-s^{n-3}f(0)-s^{n-4}f'(0)-\cdots\\&\quad-sf^{(n-4)}(0)-f^{(n-3)}(0)]+\cdots+a_1[sF(s)-f(0)]+a_0F(s)\\&=R(s)\end{aligned} \tag{6.18}$$

가 된다. 식 (6.18)을 s의 거듭제곱으로 정리한 후, 좌변을 $F(s)$만을 포함한 항으로만 묶으면 다음과 같이 된다.

$$\begin{aligned}&[s^nF(s)+a_{n-1}s^{n-1}F(s)+a_{n-2}s^{n-2}F(s)+\cdots+a_1sF(s)+a_0F(s)]\\&=R(s)+f(0)(s^{n-1}+a_{n-1}s^{n-2}+a_{n-2}s^{n-3}+\cdots+a_1)\\&\quad+f'(0)(s^{n-2}+a_{n-2}s^{n-3}+a_{n-3}s^{n-4}+\cdots+a_2)\\&\quad+\cdots+f^{(n-2)}(0)(s+a_{n-1})+f^{(n-1)}(0)\end{aligned} \tag{6.19}$$

따라서 $F(s)$는 다음과 같이 구해진다.

$$\begin{aligned}F(s)=&[R(s)+f(0)(s^{n-1}+a_{n-1}s^{n-2}+a_{n-2}s^{n-3}+\cdots+a_1)\\&+f'(0)([s^{n-2}+a_{n-2}s^{n-3}+a_{n-3}s^{n-4}+\cdots+a_2)\\&+\cdots+f^{(n-2)}(0)(s+a_{n-1})+f^{(n-1)}(0)]\\&/[s^n+a_{n-1}s^{n-1}+a_{n-2}s^{n-2}+\cdots+a_1s+a_0]\end{aligned} \tag{6.20}$$

위 식에서 구한 $F(s)$를 라플라스(Laplace) 역변환하면, 해 $f(t)$가 얻어진다.

예제 6.5

라플라스(Laplace) 변환을 이용하여, 다음 상미분방정식의 해를 구하시오.

$f'(t)-af(t)=0,\ f(0)=5$

풀이

주어진 상미분방정식의 양변을 라플라스(Laplace) 변환하면, 다음과 같이 된다.

$\mathcal{L}[f'(t)-af(t)]=\mathcal{L}(0)$

여기서, $\mathcal{L}(0)=\int_0^\infty 0e^{-st}dt=0$이다. 표 6.1 참조하면, 위 식은 다음과 같이 된다.

$\mathcal{L}[f'(t)-af(t)]=\mathcal{L}[f'(t)]-\mathcal{L}[af(t)]=sF(s)-f(0)-aF(s)=(s-a)F(s)-5=0$

따라서

$$F(s)=\frac{5}{s-a} \tag{1}$$

가 된다. 위 식을 라플라스(Laplace) 역변환하면, 해 $f(t)$가 다음과 같이 구해진다(표 6.1 참조).

$f(t)=\mathcal{L}^{-1}[F(s)]=\mathcal{L}^{-1}\left[\frac{5}{s-a}\right]=5e^{at}$

참고로, 식 (6.20)을 사용하여 $F(s)$를 구하면

$$F(s)=[R(s)+f(0)]/[s+a_0]=[0+5]/[s-a]=\frac{5}{s-a}$$

이 되어, 식 (1)과 같은 결과를 주고 있다.

예제 6.6

라플라스(Laplace) 변환을 이용하여, 다음 상미분방정식의 해를 구하시오.

$$f''(t)+6f'(t)+10f(t)=0,\ f(0)=0,\ f'(0)=0$$

풀이

주어진 상미분방정식의 양변을 라플라스(Laplace) 변환하면, 다음과 같이 된다.

$$\mathcal{L}[f''(t)+6f'(t)+10f(t)]=\mathcal{L}(0)$$

여기서, $\mathcal{L}(0)=\int_0^\infty 0e^{-st}dt=0$이다. 표 6.1 참조하면, 위 식은 다음과 같이 된다.

$$\begin{aligned}\mathcal{L}[f''(t)+6f'(t)+10f(t)]&=\mathcal{L}[f''(t)]+\mathcal{L}[6f'(t)]+\mathcal{L}[10f(t)]\\&=s^2F(s)-sf(0)-f'(0)+6sF(s)-6f(0)+10F(s)\\&=s^2F(s)+6sF(s)+10F(s)\\&=0\end{aligned}$$

따라서

$$F(s)=\frac{1}{s^2+6s+10}=\frac{1}{(s+3)^2-3^2+10}=\frac{1}{(s+3)^2+1} \tag{1}$$

이 된다. 위 식을 라플라스(Laplace) 역변환하면, 해 $f(t)$가 다음과 같이 구해진다(표 6.1 참조).

$$f(t)=\mathcal{L}^{-1}[F(s)]=\mathcal{L}^{-1}\left[\frac{1}{(s+3)^2+1}\right]=e^{-3t}\mathcal{L}^{-1}\left[\frac{1}{s^2+1}\right]=e^{-3t}\sin t$$

(2) 부분분수 전개를 이용하는 방법

예제 6.7

라플라스(Laplace) 변환을 이용하여, 다음 상미분방정식의 해를 구하고 입력과 출력의 시간파형을 그림으로 나타내시오.

$$f'(t)+f(t)=1,\ f(0)=0$$

풀이

주어진 상미분방정식의 양변을 라플라스(Laplace) 변환하면, 다음과 같이 된다.

$$\mathcal{L}[f'(t)+f(t)]=\mathcal{L}(1)$$

표 6.1 참조하면, 위 식은 다음과 같이 된다.

$$\mathcal{L}[f'(t)+f(t)]=\mathcal{L}[f'(t)]+\mathcal{L}[f(t)]=sF(s)-f(0)+F(s)=(s+1)F(s)=\frac{1}{s}$$

따라서

$$F(s)=\frac{1}{s(s+1)} \tag{1}$$

이 된다. 위 식을 부분분분수로 분해하면

$$F(s)=\frac{c_1}{s-0}+\frac{c_2}{s+1}$$

가 된다. 식 (6.14)로부터

$$c_1=(s-0)F(s)|_{s=0}=\frac{1}{s+1}|_{s=0}=1$$

$$c_2=(s+1)F(s)|_{s=-1}=\frac{1}{s-0}|_{s=-1}=-1$$

$$\therefore\ F(s)=\frac{1}{s(s+1)}=\frac{1}{s}-\frac{1}{s+1} \tag{2}$$

식 (2)를 라플라스(Laplace) 역변환하면, 해 $f(t)$가 다음과 같이 구해진다(표 6.1 참조).

$$f(t)=\mathcal{L}^{-1}[F(s)]=\mathcal{L}^{-1}\left[\frac{1}{s}-\frac{1}{s+1}\right]=1-e^{-t} \tag{3}$$

따라서 입력 (1)과 출력$[f(t)=1-e^{-t}]$의 시간파형을 그림으로 나타내면, 다음과 같다.

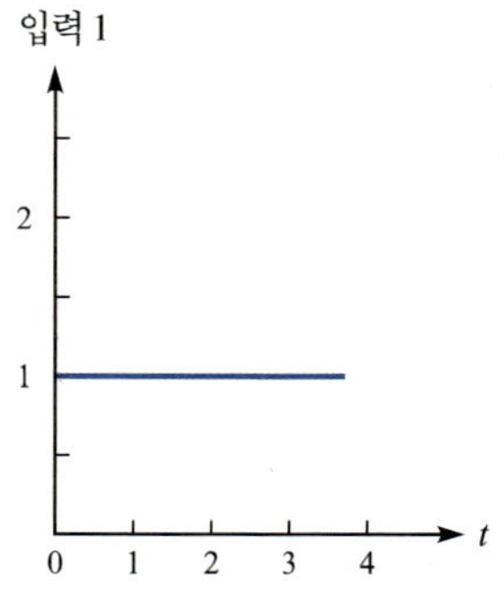

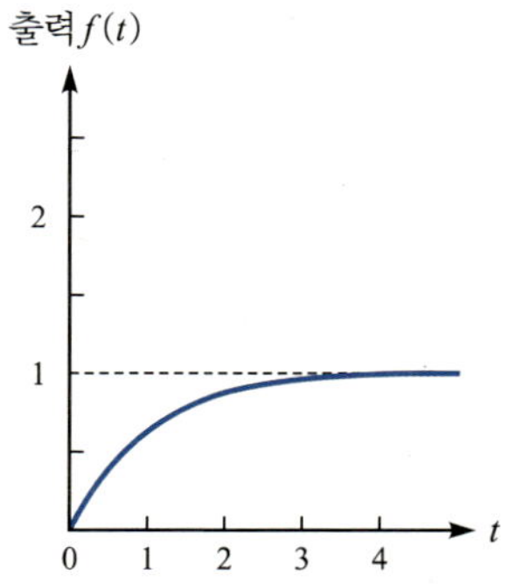

예제 6.8

라플라스(Laplace) 변환을 이용하여, 다음 상미분방정식의 해를 구하시오.

$$f^{(3)}(t)-3f''(t)+3f'(t)-f(t)=te^t,\ f(0)=1,\ f'(0)=0,\ f''(0)=-2$$

풀이

주어진 상미분방정식의 양변을 라플라스(Laplace) 변환하면, 다음과 같이 된다.

$$\mathcal{L}\,[f^{(3)}(t)-3f''(t)+3f'(t)-f(t)]=\mathcal{L}\,(te^t)$$

표 6.1 참조하면, 위 식은 다음과 같이 된다.

$$\mathcal{L}\,[f^{(3)}(t)-3f''(t)+3f'(t)-f(t)]=\mathcal{L}\,[f^{(3)}(t)-\mathcal{L}\,[3f''(t)]+\mathcal{L}\,[3f'(t)]-\mathcal{L}\,[f(t)]$$

$$=s^3F(s)-s^2f(0)-sf'(0)-f''(0)-3[s^2F(s)-sf(0)-f'(0)]+3[sF(s)-f(0)]-F(s)$$

$$=s^3F(s)-s^2+2-3[s^2F(s)-s]+3[sF(s)-1]-F(s)$$

$$=(s^3-3s^2+3s-1)F(s)-(s^2-3s+1)$$

$$=\frac{2}{(s-1)^3}$$

따라서

$$F(s)=\frac{s^2-3s+1}{s^3-3s^2+3s-1}+\frac{2}{(s^3-3s^2+3s-1)(s-1)^3}$$

$$=\frac{s^2-3s+1}{s^3-3s^2+3s-1}+\frac{2}{(s-1)^6} \tag{1}$$

가 된다. 부분분수로 분해하는 식 (6.16)과 표 6.1을 이용하면, 위의 $F(s)$는 다음과 같이 된다.

$$F(s)=\frac{1}{s-1}+\frac{(-1)}{(s-1)^2}+\frac{(-1)}{(s-1)^3}+\frac{2}{(s-1)^6}$$

$$=\frac{1}{s-1}-\frac{1}{(s-1)^2}-\frac{1}{2}\frac{2!}{(s-1)^3}+\frac{1}{60}\frac{5!}{(s-1)^6} \tag{2}$$

위 식을 라플라스(Laplace) 역변환하면, 해 $f(t)$가 다음과 같이 구해진다(표 6.1 참조).

$$f(t)=\mathcal{L}^{-1}[F(s)]=\mathcal{L}^{-1}\left[\frac{1}{s-1}-\frac{1}{(s-1)^2}-\frac{1}{2}\frac{2!}{(s-1)^3}+\frac{1}{60}\frac{5!}{(s-1)^6}\right]$$

$$=e^t-te^t-\frac{1}{2}t^2e^t+\frac{1}{60}t^5e^t$$

6.4 연립상미분방정식

이 절에서는 라플라스(Laplace) 변환을 사용하여 **연립상미분방정식**의 해를 구한다. 이를 위하여 먼저, 그림 6.4와 같은 전기회로망에서 전류의 방정식을 유도한다. 이 경우, **1계 연립선형상미분방정식**이 된다. 그 다음에, 예제 6.9를 통하여 전형적인 **상수계수**를 갖는 **연립상미분방정식**의 **해법**을 설명한다.

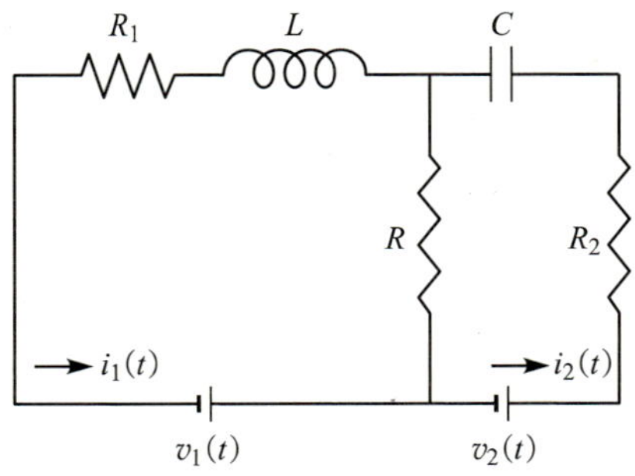

그림 6.4 회로망

회로에 있어서 저항, 인덕턴스, 콘덴서의 배치에 따라 여러 가지 종류의 미분방정식이 된다. 그림 6.4의 전기회로망의 경우, 스위치가 닫힐 때 동시에 작동하고 R, R_1, R_2는 전기 저항을, L은 인덕턴스를, C는 콘덴서를 나타낸다. **키르히호프의 법칙**(Kirchhoff's law)에 의하여 전류 $i_1(t), i_2(t)$에 관한 상미분방정식을 유도하면, 다음과 같이 된다.

$$\begin{aligned} &R[i_1(t)-i_2(t)]+L\,i_1'(t)+R_1\,i_1(t)=v_1(t) \\ &R_2\,i_2(t)+\frac{q(t)}{C}+R[i_2(t)-i_1(t)]=v_2(t) \end{aligned} \tag{6.21}$$

여기서, $q(t)$는 콘덴서의 전하량이다. 전류 $i_2(t)$는 $i_2(t)=q'(t)$이기 때문에, 식 (6.21)을 $i_1(t)$과 $q(t)$로 나타내면 다음과 같은 **1계 연립선형상미분방정식**이 된다.

$$\begin{aligned} &L\,i_1'(t)-Rq'(t)+[R+R_1]\,i_1(t)=v_1(t) \\ &[R+R_2]q'(t)-Ri_1(t)+\frac{q(t)}{C}=v_2(t) \end{aligned} \tag{6.22}$$

위 식을 라플라스(Laplace) 변환하면

$$L[sI_1(s)-I_1(0)]-R[sQ(s)-Q(0)]+(R+R_1)I_1(s)=V_1(s)$$
$$(R+R_2)[sQ(s)-Q(0)]+RI_1(s)+\frac{Q(s)}{C}=V_2(s) \tag{6.23}$$

가 된다. 여기서, $\mathcal{L}[i_1(t)]=I_1(s)$, $\mathcal{L}[q(t)]=Q(s)$, $\mathcal{L}[v_1(t)]=V_1(s)$, $\mathcal{L}[v_2(t)]=V_2(s)$를 한 것이다. 식 (6.23)을 정리하면

$$(Ls+R+R_1)I_1(s)-RsQ(s)=V_1(s)+I_1(0)-RQ(0)$$
$$-RI_1(s)+[(R+R_2)]s+\frac{1}{C}]Q(s)=V_2(s)+(R+R_2)Q(0) \tag{6.24}$$

이 된다. $I_1(s)$와 $Q(s)$에 대한 위의 연립방정식의 해를 구하고, 그것들을 각각 라플라스(Laplace) 역변환하면 전류 $i_1(t)$와 전하량 $q(t)$가 구해진다. 그리고 $q(t)$를 미분하면, 전류 $i_2(t)$가 구해진다.

참고로, **키르히호프의 법칙**(Kirchhoff's law)에는 **키르히호프의 전류법칙**(Kirchhoff's current law)과 **키르히호프의 전압법칙**(Kirchhoff's voltage law)이 있다. 키르히호프의 전류법칙(Kirchhoff's current law)은 전기회로상의 임의의 한 점으로 흘러 들어오는 전류의 합은 흘러 나가는 전류의 합과 같다는 것이고, 키르히호프의 전압법칙(Kirchhoff's voltage law)은 임의의 폐회로에서 모든 전압강하의 합은 가해진 기전력과 같다는 것이다.

예제 6.9

라플라스(Laplace) 변환을 이용하여, 다음과 같은 1계 연립선형상미분방정식의 해를 구하시오.

$$\begin{bmatrix}2 & -1\\1 & 1\end{bmatrix}\begin{Bmatrix}f_1'(t)\\f_2'(t)\end{Bmatrix}+\begin{bmatrix}3 & 0\\-1 & 4\end{bmatrix}\begin{Bmatrix}f_1(t)\\f_2(t)\end{Bmatrix}=\begin{Bmatrix}4\\0\end{Bmatrix},\ f_1(0)=0,\ f_2(0)=0$$

풀이

주어진 연립상미분방정식의 양변을 라플라스(Laplace) 변환하면, 다음과 같이 된다.

$$\begin{bmatrix}2 & -1\\1 & 1\end{bmatrix}\begin{Bmatrix}sF_1(s)-f_1(0)\\sF_2(s)-f_2(s)\end{Bmatrix}+\begin{bmatrix}3 & 0\\-1 & 4\end{bmatrix}\begin{Bmatrix}F_1(s)\\F_2(s)\end{Bmatrix}=\begin{Bmatrix}\frac{4}{s}\\0\end{Bmatrix}$$

위 식을 정리하면

$$\begin{bmatrix} 2s+3 & -s \\ -1 & s+4 \end{bmatrix} \begin{Bmatrix} F_1(s) \\ F_2(s) \end{Bmatrix} = \begin{Bmatrix} \dfrac{4}{s} + 2f_1(0) - f_2(0) \\ f_2(0) \end{Bmatrix}$$

이 된다. $F_1(s)$와 $F_2(s)$에 대한 위의 연립방정식의 해를 구하면

$$\begin{Bmatrix} F_1(s) \\ F_2(s) \end{Bmatrix} = \frac{1}{2(s^2+5s+6)} \begin{bmatrix} s+4 & s \\ 1 & 2s+3 \end{bmatrix} \begin{Bmatrix} \dfrac{4}{s} + 2f_1(0) - f_2(0) \\ f_2(0) \end{Bmatrix}$$

이 된다. 위 식에서 초기조건 $f_1(0)=0$, $f_2(0)=0$을 고려하고 부분분수로 분해하면

$$\begin{Bmatrix} F_1(s) \\ F_2(s) \end{Bmatrix} = \begin{Bmatrix} \dfrac{4}{3}\dfrac{1}{s} - \dfrac{2}{s+2} + \dfrac{2}{3}\dfrac{1}{s+3} \\ \dfrac{1}{3}\dfrac{1}{s} - \dfrac{1}{s+2} + \dfrac{2}{3}\dfrac{1}{s+3} \end{Bmatrix}$$

이 된다. 위 식의 $F_1(s)$와 $F_2(s)$를 각각 라플라스(Laplace) 역변환하면, 구하고자 하는 연립 선형상미분방정식의 해 $f_1(t)$와 $f_2(t)$가 다음과 같이 얻어진다.

$$\begin{Bmatrix} f_1(t) \\ f_2(t) \end{Bmatrix} = \begin{Bmatrix} \dfrac{4}{3} - 2e^{-2t} + \dfrac{2}{3}e^{-3t} \\ \dfrac{1}{3} - e^{-2t} + \dfrac{2}{3}e^{-3t} \end{Bmatrix}$$

연습문제

6.1 다음 함수의 라플라스(Laplace) 변환을 구하시오. 단, 자세한 풀이과정을 보이고, a, k는 상수이다.

(1) a (2) e^{at}

(3) t^2 (4) $\cosh t$

(5)

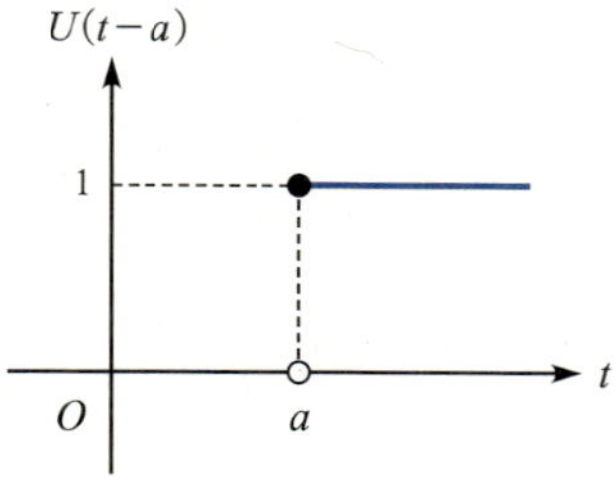

(6)

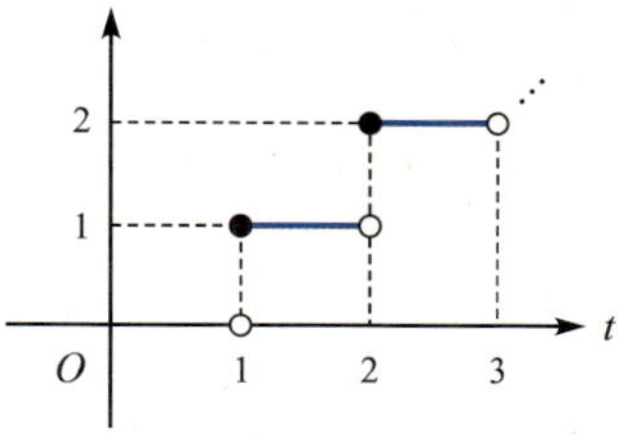

(7)

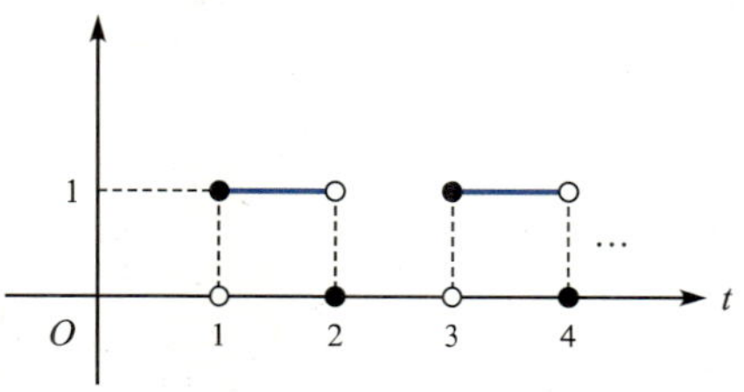

(8)

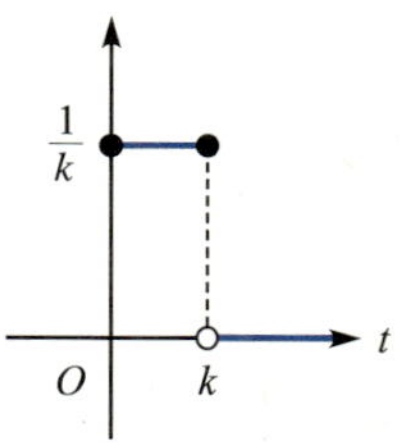

6.2 다음 합성곱을 구하시오.

(1) $e^t * 1$ (2) $t * t^2$

(3) $t * e^t$ (4) $e^t * e^{2t}$

6.3 다음 함수의 라플라스(Laplace) 변환을 구하시오. 단, 자세한 풀이과정을 보이고, a, k는 상수이다.

(1) $tf(t)$ (2) $\frac{f(t)}{t}$

(3) $e^{at}\cosh kt$

6.4 다음 함수의 라플라스(Laplace) 역변환을 구하시오. 단, a, k, ω는 임의의 상수이다.

(1) $\dfrac{k}{s+a}$

(2) $\dfrac{ks}{(s+a)^2+\omega^2}$

(3) $\dfrac{e^{-as}}{s-k}$

(4) $\dfrac{1}{(s-5)(s+5)}$

(5) $\dfrac{1}{s^3+6s^2+11s+6}$

(6) $\dfrac{1}{s^3-s^2+s-1}$

(7) $\dfrac{s}{(s^2+1)(s^2+1)}$

(8) $\dfrac{2s}{(s+1)^2}$

6.5 라플라스(Laplace) 변환을 이용하여, 다음 상미분방정식의 해를 구하시오. 단, a, k는 임의의 상수이다.

(1) $f'(t)=-5f(t),\ f(0)=3$

(2) $f'(t)+af(t)=k,\ f(0)=2$

(3) $f'(t)+3f(t)=e^{-t},\ f(0)=1$

(4) $f''(t)-5f'(t)+6f(t)=\sin t,\ f(0)=1,\ f'(0)=0$

(5) $f''(t)+4f'(t)+4f(t)=1$

(6) $f''(t)+f'(t)-2f(t)=3e^t,\ f(0)=1,\ f'(0)=-1$

6.6 다음 그림과 같이 길이가 l인 보(beam)가 t축을 따라 설치되어 있고, 양단$(t=0, t=l)$에서 고정되어 있다. 이 보에 단위길이당 q의 등분포하중이 가력되었을 때, 변위 y를 구하시오. 단, 변위의 탄성곡선 미분방정식은 $y^{(4)}=-\dfrac{q}{EI}$이다. 여기서, E, I는 각각 탄성계수와 단면2차모멘트로서 임의의 상수이다.

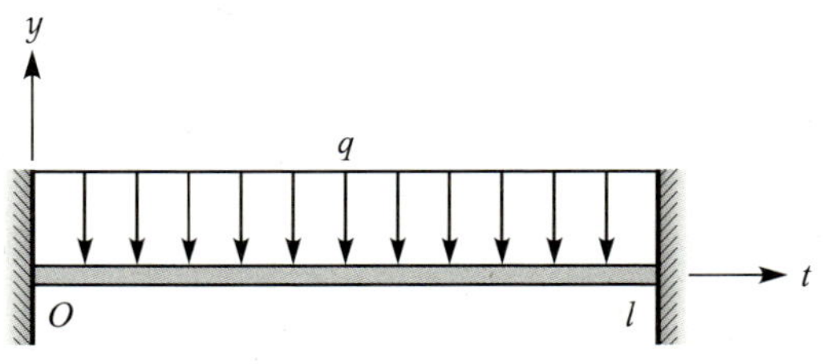

그림 연습문제 6.6

6.7 라플라스(Laplace) 변환을 이용하여, 다음과 같은 1계 연립선형상미분방정식의 해를 구하시오.

$$\begin{bmatrix} 2 & -1 \\ 0 & 1 \end{bmatrix}\begin{Bmatrix} f_1'(t) \\ f_2'(t) \end{Bmatrix}+\begin{bmatrix} 3 & 0 \\ -1 & 4 \end{bmatrix}\begin{Bmatrix} f_1(t) \\ f_2(t) \end{Bmatrix}=\begin{Bmatrix} 20\cos t \\ 0 \end{Bmatrix},\ f_1(0)=0,\ f_2(0)=0$$

6.8 다음 그림과 같은 회로에 흐르는 전류 $i_1(t), i_2(t)$를 구하시오. 단, 스위치를 닫는 순간에는 $i_1(0)=i_2(0)=0$이고 콘덴서 내의 전하량도 0이다.

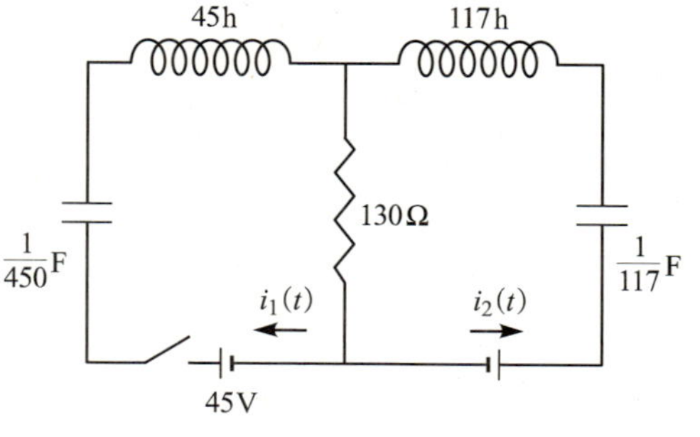

그림 연습문제 6.8

6.9 다음 그림과 같이 질량 m_1, m_2가 스프링으로 연결된 기계시스템(마찰과 감쇠가 없는)에서 동적힘의 평형조건을 사용하여 제차 2계 연립선형상미분방정식으로 표현되는 운동방정식을 구하시오.

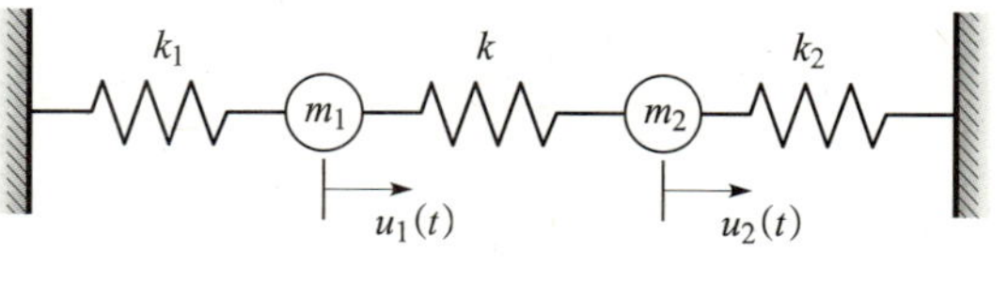

그림 연습문제 6.9

PART 02

선형대수·벡터미적분

CHAPTER 07

선형대수

7.1 행렬과 벡터

선형대수(linear algebra)는 수학의 골격을 이루는 분야로, **벡터**(vector), **행렬**(matrix), **행렬식**, **선형연립방정식**, **고유값 문제** 등을 포함한 방대한 주제를 다룬다. 이러한 주제들은 공학, 물리학, 경제학 등에 많이 응용되기 때문에 매력적인 연구 분야이며 수학을 깊이 있게 이해하는 데도 많은 도움을 준다. 이번 장에서는 행렬과 벡터에 대한 개념적인 소개, 행렬식, 역행렬, 가우스(Gauss)소거법에 의한 선형연립방정식의 해법을 다룬다. 참고로, **고유값 문제**는 이미 **4장**에서 다루었다.

n개의 실수 $a_i\,(i=1, 2, \cdots, n)$를 종방향 또는 횡방향으로 배열한 것을 **벡터**라고 부른다. 종방향으로 배열한

$$\mathbf{a}=\begin{Bmatrix} a_1 \\ a_2 \\ \vdots \\ a_n \end{Bmatrix} \tag{7.1}$$

을 **열벡터**(column vector)라고 부른다. 즉, 열벡터는 한 개의 열로 구성된 벡터이다. 반면에, 횡방향으로 배열한

$$\mathbf{b}=\{b_1\; b_2 \cdots\; b_n\} \tag{7.2}$$

을 **행벡터**(row vector)라고 부른다. 행벡터는 한 개의 행으로 구성된 벡터이다. 위에서 벡터의 i번째의 수 a_i를 i번째 **성분**(entry) 또는 **원소**(element)라고 부른다.

실수 성분을 n개 가진 모든 벡터의 집합을 **n차 실벡터공간**(real vector space) R^n이라고 부른다. 예를 들면, R^2는 2개의 성분으로 이루어진 모든 순서쌍의 집합이고 이는 **평면상의 벡터**가 된다. 그리고 R^3은 3개의 성분으로 이루어진 모든 순서쌍의 집합으로 이 순서쌍은 **3차원 공간상의 벡터**에 해당한다. 이러한 **벡터공간**들은 공학자, 물리학자, 수학자에게 기본이 되는 미적분, 기하학, 역학에 널리 이용되고 있다. 같은 방법으로 순서가 정해진 n개의 복소수를 벡터로 생각하고 동시에 복소수를 스칼라라고 택하면, 복소수 벡터공간 C^n이 얻어진다. 특히, 실수와 복소수의 구분이 필요 없는 경우에는 n차 벡터를 단순히 벡터라고 부른다.

또한, 벡터는 볼드체 소문자 **a** 또는 중괄호 안에 성분 표기를 써넣어 $\mathbf{a}=\{a_i\}$ 등으로 나타낸다. 마찬가지로, 행렬은 볼드체 대문자 **A** 또는 대괄호 안에 성분을 써넣어 $\mathbf{A}=[a_{jk}]$ 등으로 표기한다. 그리고 벡터에 대응하여, 실수와 복소수($1, 2i$ 등)를 스칼라라고 부른다.

성분이 모두 0인 벡터

$$\mathbf{o}=\begin{Bmatrix} 0 \\ 0 \\ \vdots \\ 0 \end{Bmatrix} \tag{7.3}$$

을 **영벡터**(zero vector)라 부른다. 위의 영벡터에서 i번째 성분만이 1인 벡터, 즉 i번째 성분만이 1이고 나머지 성분은 모두 0인 벡터

$$\mathbf{e}_1=\begin{Bmatrix} 1 \\ 0 \\ \vdots \\ 0 \end{Bmatrix},\ \mathbf{e}_2=\begin{Bmatrix} 0 \\ 1 \\ 0 \\ \vdots \end{Bmatrix},\ \cdots,\ \mathbf{e}_n=\begin{Bmatrix} 0 \\ \vdots \\ 0 \\ 1 \end{Bmatrix} \tag{7.4}$$

을 R^n의 **표준기저**(standard basis, 기본벡터)라 부른다. **3차원 공간**[간단하게 R^3으로 표기하기도 하나, 다음의 식 (7.7)과 같이 약속된 내적이 정의되었다면 이때의 공간을 나타내는 3차원 유클리드(Euclid)공간 E^3]에 대한 **표준기저**는 보통 $\mathbf{e}_1=\mathbf{i}$, $\mathbf{e}_2=\mathbf{j}$, $\mathbf{e}_3=\mathbf{k}$로 나타낸다. 즉,

$$\mathbf{i}=\begin{Bmatrix} 1 \\ 0 \\ 0 \end{Bmatrix},\ \mathbf{j}=\begin{Bmatrix} 0 \\ 1 \\ 0 \end{Bmatrix},\ \mathbf{k}=\begin{Bmatrix} 0 \\ 0 \\ 1 \end{Bmatrix} \tag{7.5}$$

이다. 식 (7.5)의 표준기저들은 통상의 좌표계인 **직교좌표계**에서 세 축의 양의 방향 단위벡터들이다. 여기서, 직교좌표계는 3개의 상호 직교하는 좌표축 상에서 축방향의 단위길이가 모두 같도록 만든 좌표계이다.

식 (7.1)과 같은 임의의 벡터 a는 표준기저를 이용하여

$$\mathbf{a}=\begin{Bmatrix} a_1 \\ a_2 \\ \vdots \\ a_n \end{Bmatrix}=a_1\mathbf{e}_1+a_2\mathbf{e}_2+\cdots\ +a_n\mathbf{e}_n \tag{7.6}$$

으로 나타낼 수 있다. 단, **벡터**의 **합**(sum)에 대해서는 아래의 정의를 따른다.

2개의 n차원 벡터 $\mathbf{a}=\begin{Bmatrix} a_1 \\ a_2 \\ \vdots \\ a_n \end{Bmatrix}$과 $\mathbf{b}=\begin{Bmatrix} b_1 \\ b_2 \\ \vdots \\ b_n \end{Bmatrix}$에 대하여, **벡터**의 **합**과 **스칼라곱**(scalar product)은 다음과 같이 정의한다.

정의 7.1

1) 모든 $i=1,2,\cdots,n$에 대하여 $a_i=b_i$일 때, a와 b는 같다고 하며, a=b로 나타낸다.

2) a와 b의 **합**은 $\mathbf{a}+\mathbf{b}=\begin{Bmatrix} a_1+a_1 \\ a_2+b_2 \\ \vdots \\ a_n+b_n \end{Bmatrix}$으로 정의한다.

3) 스칼라 c에 의한 **스칼라곱**은 $c\mathbf{a}=\begin{Bmatrix} ca_1 \\ ca_2 \\ \vdots \\ ca_n \end{Bmatrix}$으로 정의한다.

그리고 벡터의 **내적**[inner product 또는 **점곱**(dot product)]과 **길이**[또는 **노름**(norm), **절댓값**, **크기**라고도 함]는 다음과 같이 정의한다.

정의 7.2

a, b가 실벡터일 때, a와 b의 **내적**은

$$(\mathbf{a},\ \mathbf{b}) = \mathbf{a} \cdot \mathbf{b} = \mathbf{a}^{\mathrm{T}}\mathbf{b} = \sum_{i=1}^{n} a_i b_i = a_1 b_1 + a_2 b_2 + \cdots + a_n b_n \tag{7.7}$$

으로 정의한다. a의 **길이**는

$$|\mathbf{a}| = \sqrt{(\mathbf{a},\ \mathbf{a})} = \sqrt{\mathbf{a} \cdot \mathbf{a}} = \sqrt{a_1^2 + a_2^2 + \cdots + a_n^2} \quad (\geq 0) \tag{7.8}$$

으로 정의한다.

내적이 0인 두 벡터를 **직교**(orthogonal)한다고 하고, 길이가 1인 벡터를 **단위벡터**(unit vector)라고 부른다. 정의 7.1, 7.2로부터 명백히 다음 정리의 등식이 성립한다.

정리 7.1

1) 임의의 두 벡터 a, b에 대하여 다음의 **가환성**(commutativity)이 성립한다.
   a+b=b+a
2) 임의의 세 벡터 a, b, c에 대하여 다음의 **결합성**(associativity)이 성립한다.
   a+b+c=(a+b)+c=a+(b+c)
3) **영벡터** o가 공집합이 아닌 집합 V에 유일하게 존재하며, V의 모든 성분 a에 대하여 다음이 성립한다.
   a+o=a
4) 임의의 두 벡터 a, b에 대하여 다음의 **스칼라곱**의 기본성질을 만족한다. 단, c, k는 임의의 스칼라이다.
   $(c+k)\,\mathrm{a} = c\mathrm{a} + k\mathrm{a}$
   $c\,(\mathrm{a}+\mathrm{b}) = c\mathrm{a} + c\mathrm{b}$
5) 실벡터공간 V의 임의의 두 벡터 a와 b에 대하여 다음 **내적**의 **대칭성**이 성립한다.
   (a, b)=(b, a), 즉 a · b = b · a
6) 벡터 a, b, c에 대하여 다음 **내적**의 **분배법칙**을 만족한다.
   (a+b, c)=(a, c)+(b, c), 즉, (a+b) · c=a · c+b · c

위의 정의와 정리에서 실수 대신에 복소수를 스칼라로 선택하면 **복소벡터공간**(complex vector space)의 정의와 정리가 된다.

$m \times n$ **행렬**은 다음과 같이 m개의 **행**과 n개의 **열**로 이루어진 행렬을 말하며, 여기서 $m \times n$은 행렬의 **크기**를 나타낸다.

$$A = [a_{jk}] = \begin{bmatrix} a_{11} & a_{12} & \cdots & a_{1n} \\ a_{21} & a_{22} & \cdots & a_{2n} \\ \vdots & \vdots & \vdots & \vdots \\ a_{m1} & a_{m2} & \cdots & a_{mn} \end{bmatrix} \tag{7.9}$$

위의 $m \times n$행렬은 m행 n열 행렬(m by n matrix)이라고 읽고, 볼드체 대문자 A 또는 대괄호 안에 성분을 써넣어 $A = [a_{jk}]$ 등으로 표기한다. 식 (7.9)에서 각 성분의 이중첨자 표시 중 첫 번째 첨자 j는 성분이 속한 행을 나타내며, 두 번째 첨자 k는 성분이 속한 열을 나타낸다. 예를 들면, a_{12}는 1번째 행, 2번째 열에 놓인 성분을 나타낸다.

행렬의 **상등**(equality), **행렬**의 **합**(matrix sum), **행렬** A의 **스칼라곱**, **행렬**의 **곱**(matrix multiplication)은 다음과 같이 정의한다. 여기서, 행렬의 합과 행렬의 곱은 각각 행렬끼리의 합과 곱을 의미한다.

정의 7.3

두 행렬 $A = [a_{jk}]$와 $B = [b_{jk}]$에 대하여

1) 모든 j, k에 대하여 $a_{jk} = b_{jk}$일 때, A와 B는 같다고 하며(**행렬**의 **상등**), $A = B$로 나타낸다. 행렬의 상등의 조건이 만족되지 않는 행렬들을 서로 다르다고 말한다. 그러므로 크기(size)가 서로 다른 행렬들은 서로 다르다.
2) **행렬** A와 B의 **합**은 $A+B = [a_{jk} + b_{jk}]$로 정의한다.
3) 스칼라 c에 의한 **행렬** A의 **스칼라곱**은 $cA = [ca_{jk}]$로 정의한다.
4) **행렬** A와 B의 **곱**은 $AB = \left[\sum_{l=1}^{n} a_{jl} b_{lk}\right]$로 정의한다.

행렬의 합 A+B는 A와 B의 대응하는 행 개수와 열 개수가 같을 때만 정의되고(예제 7.1 참조), 행렬의 곱 AB는 A의 열 개수와 B의 행 개수가 서로 같을 때만 정의된다(예제 7.2 참조).

예제 7.1

다음 행렬 A와 B의 합을 구하시오.

$$A = \begin{bmatrix} 1 & 2 & -3 \\ -2 & 4 & 1 \end{bmatrix}, \quad B = 3\begin{bmatrix} 2 & 1 & -1 \\ 0 & 2 & 0 \end{bmatrix}$$

풀이

$$A+B=\begin{bmatrix}1&2&-3\\-2&4&1\end{bmatrix}+3\begin{bmatrix}2&1&-1\\0&2&0\end{bmatrix}$$
$$=[a_{jk}+b_{jk}]=\begin{bmatrix}1+6&2+3&-3-3\\-2+0&4+6&1+0\end{bmatrix}=\begin{bmatrix}7&5&-6\\-2&10&1\end{bmatrix}$$

예제 7.2

다음 행렬 A와 B의 곱을 구하시오.

$$A=\begin{bmatrix}1&2&3\\-2&4&1\end{bmatrix},\ B=\begin{bmatrix}2&0\\1&-1\\1&0\end{bmatrix}$$

풀이

$$AB=\begin{bmatrix}1&2&3\\-2&4&1\end{bmatrix}\begin{bmatrix}2&0\\1&-1\\1&0\end{bmatrix}$$
$$=\left[\sum_{l=1}^{n}a_{jl}b_{lk}\right]=\begin{bmatrix}1\times2+2\times1+3\times1&1\times0+2\times(-1)+3\times0\\-2\times2+4\times1+1\times1&-2\times0+4\times(-1)+1\times0\end{bmatrix}$$
$$=\begin{bmatrix}7&-2\\1&-4\end{bmatrix}$$

실제로 행렬의 계산을 해보면, 다음과 같은 정리의 등식이 성립함을 알 수 있다. 즉,

정리 7.2

임의의 세 행렬 A, B, C에 대하여 다음 좌변의 식이 정의되도록 가정되었을 경우,

1) 아래의 **결합법칙**(associative law)이 성립한다.
   A(BC) = (AB)C

2) 아래의 **분배법칙**(distributive law)이 성립한다.
   (A+B)C = AC+BC

3) 아래의 **분배법칙**(distributive law)이 성립한다.
   A(B+C) = AB+AC

4) A(kB) = k(AB) = (kA)B (단, k는 임의의 스칼라이다)

그러나 일반적으로 AB = BA는 성립하지 않는다.

7.2 여러 가지 행렬들

• 영행렬

모든 성분이 0인 행렬을 **영행렬**(zero matrix)이라고 부르고, 볼드체 **0**으로 표기한다. 크기가 $m \times n$인 영행렬 **0**과 크기가 같은 $m \times n$ 행렬 A에 대하여 다음의 성질을 만족한다.

$$A + \mathbf{0} = A$$

$$A + (-A) = \mathbf{0}$$

$$A\mathbf{0} = \mathbf{0}A = \mathbf{0}$$

• 정방행렬

같은 수의 행과 열을 가진 행렬을 **정방행렬**(square matrix)이라고 부른다. 만약 행 개수와 열 개수가 n으로 같으면, $n \times n$(n차)정방행렬이라고 한다. 정방행렬에서 a_{jj}, 즉 $a_{11}, a_{22}, \cdots, a_{nn}$이 놓인 대각선을 **주대각선**이라고 부르며, a_{jj}를 **대각성분**이라고 한다. 정방행렬 A에 대해서는 행렬의 곱 AA가 계산될 수 있고, $AA = A^2$으로 쓸 수 있다. 동시에 $A^3 = A^2A$, $A^4 = A^3A$, $\cdots$ 등이 정의될 수 있다. **사각행렬**(rectangular matrix)은 정방행렬이 아닌 임의의 $m \times n$행렬을 말하며, 정방행렬은 사각행렬의 특별한 경우에 속한다.

• 대각행렬

$n \times n$정방행렬 $A = [a_{jk}]$가 **주대각선**상의 대각성분 a_{jj} 이외의 성분이 모두 0일 때, 이러한 정방행렬을 **대각행렬**(diagonal matrix)이라고 부른다. 즉, 대각행렬 D는 다음과 같이 된다.

$$D = \begin{bmatrix} a_{11} & & & 0 \\ & a_{22} & & \\ & & \ddots & \\ 0 & & & a_{nn} \end{bmatrix} \tag{7.10}$$

• 스칼라행렬

대각행렬의 주대각선상의 대각성분 a_{jj}가 모두 **스칼라** c일 때, 이러한 행렬을 **스칼라행렬**(scalar matrix) S라고 부른다. 즉, 스칼라행렬은 다음과 같이 된다.

$$\mathbf{S} = \begin{bmatrix} c & & & 0 \\ & c & & \\ & & \ddots & \\ 0 & & & c \end{bmatrix} \tag{7.11}$$

• 단위행렬

$n \times n$대각행렬 중에서 주대각선(main diagonal)상의 a_{jj}성분이 모두 1일 때, 이러한 대각행렬을 **단위행렬**(unit matrix, identity matrix)이라고 부르며 I로 나타낸다. 즉, 단위행렬 I는 다음과 같이 된다.

$$\mathbf{I} = \begin{bmatrix} 1 & & & 0 \\ & 1 & & \\ & & \ddots & \\ 0 & & & 1 \end{bmatrix} \tag{7.12}$$

임의의 $n \times n$정방행렬 A에 대하여, AI=IA=A가 성립한다.

• 대칭행렬, 반대칭행렬

$\mathrm{A} = [a_{jk}]$에 대하여, $a_{jk} = a_{kj}$를 만족하는 정방행렬을 **대칭행렬**(symmetric matrix)이라고 부른다. 즉, 대칭행렬은 다음과 같이 된다.

$$\begin{bmatrix} a_{11} & a_{12} & \cdots & a_{1n} \\ a_{12} & a_{22} & \cdots & a_{2n} \\ \cdot & \cdot & \cdots & \cdot \\ \cdot & \cdot & \cdots & \cdot \\ \cdot & \cdot & \cdots & \cdot \\ a_{1n} & a_{2n} & \cdots & a_{nn} \end{bmatrix} \tag{7.13}$$

한편, $a_{jk} = -a_{kj}$를 만족하는 정방행렬을 **반대칭행렬**(skew-symmetric matrix)이라고 부른다. 이 경우, $j = k$일 때 $a_{jj} = a_{kk}$가 되기 때문에 반대칭행렬의 주대각선상의 성분은 0이 된다. 따라서 반대칭행렬은 다음과 같이 된다.

$$\begin{bmatrix} 0 & a_{12} & \cdots & a_{1n} \\ -a_{12} & 0 & \cdots & a_{2n} \\ \cdot & \cdot & \cdots & \cdot \\ \cdot & \cdot & \cdots & \cdot \\ \cdot & \cdot & \cdots & \cdot \\ -a_{1n} & -a_{2n} & \cdots & 0 \end{bmatrix} \tag{7.14}$$

여기서, 다음의 정리가 성립한다.

정리 7.3

임의의 정방행렬은 대칭행렬과 반대칭행렬의 합으로 분해될 수 있다.

위의 정리는 다음과 같은 2×2행렬을 이용하여 증명할 수 있다. 즉,

$$\begin{bmatrix} a_{11} & a_{12} \\ a_{21} & a_{22} \end{bmatrix} = \frac{1}{2}\begin{bmatrix} 2a_{11} & a_{12}+a_{21} \\ a_{21}+a_{12} & 2a_{22} \end{bmatrix} + \frac{1}{2}\begin{bmatrix} 0 & a_{12}-a_{21} \\ a_{21}-a_{12} & 0 \end{bmatrix}$$

이 된다. 위 식의 우변의 첫 번째 항은 대칭행렬이고, 두 번째 항은 반대칭행렬이다.

- 전치행렬

$m \times n$행렬 $\mathrm{A} = [a_{jk}]$에 대하여, 그 행과 열을 교환하여 얻은 행렬을 **전치행렬**(transpose)이라고 부르고 A^{T}로 나타낸다. 이것은 물론 벡터의 경우에도 적용되어, 열벡터가 행벡터가 되고 행벡터가 열벡터가 된다. 예를 들면, 다음과 같다.

$\mathbf{a} = \begin{Bmatrix} a_1 \\ a_2 \\ a_3 \end{Bmatrix}$ 일 때, $\mathbf{a}^{\mathrm{T}} = \{a_1 \ a_2 \ a_3\}$이 된다.

$\mathrm{A} = \begin{bmatrix} 1 & 3 & 5 \\ 2 & 4 & 6 \end{bmatrix}$ 일 때, $\mathrm{A}^{\mathrm{T}} = \begin{bmatrix} 1 & 2 \\ 3 & 4 \\ 5 & 6 \end{bmatrix}$ 이 된다.

$\mathrm{A} = [a_{jk}]$, $\mathrm{B} = [b_{jk}]$에 대해 $\mathrm{A}^{\mathrm{T}} = [a'_{jk}]$, $\mathrm{B}^{\mathrm{T}} = [b'_{jk}]$라 하면, $a'_{jk} = a_{kj}$, $b'_{jk} = b_{kj}$이다. AB의 (j, k)성분은 $\sum_{l=1}^{n} a_{jl}b_{lk}$이기 때문에, AB^{T}의 (j, k)성분은

$$\sum_{l=1}^{n} a_{kl}b_{lj} = \sum_{l=1}^{n} a'_{lk}b'_{jl} = \sum_{l=1}^{n} b'_{jl}a'_{lk} \tag{7.15}$$

가 된다. 식 (7.15)는 $\mathrm{B}^{\mathrm{T}}\mathrm{A}^{\mathrm{T}}$이기 때문에 다음의 정리가 얻어진다.

정리 7.4

1) 곱이 가능한 2개 행렬 A, B에 대하여, 다음 **전치**(transposition) 연산이 성립한다.
$(\mathrm{AB})^{\mathrm{T}} = \mathrm{B}^{\mathrm{T}}\mathrm{A}^{\mathrm{T}}$
2) $(\mathrm{A}+\mathrm{B})^{\mathrm{T}} = \mathrm{A}^{\mathrm{T}} + \mathrm{B}^{\mathrm{T}}$, $(\mathrm{A}^{\mathrm{T}})^{\mathrm{T}} = \mathrm{A}$, $(c\mathrm{A})^{\mathrm{T}} = c\mathrm{A}^{\mathrm{T}}$ (단, c는 임의의 스칼라이다.)

대칭행렬은 $A^T = A$, 반대칭행렬은 $A^T = -A$를 만족한다.

- 삼각행렬

  주대각선을 포함하여 그 위쪽으로만 0이 아닌 성분을 가질 수 있고 아래쪽으로는 성분이 모두 0인 정방행렬을 **위삼각행렬**(upper triangular matrix, U)이라고 부른다. 반대로, 주대각선을 포함하여 그 아래쪽으로만 0이 아닌 성분을 가질 수 있고 위쪽으로는 성분이 모두 0인 정방행렬을 **아래삼각행렬**(lower triangular matrix, L)이라 부른다. 삼각행렬에서 주대각선상의 성분들은 0이거나 혹은 0이 아닐 수 있다. 다음은 위삼각행렬과 아래삼각행렬의 예를 보여주고 있다.

위삼각행렬(U) **아래삼각행렬**(L)

$$\begin{bmatrix} 4 & 1 & 2 \\ 0 & 5 & 2 \\ 0 & 0 & 7 \end{bmatrix} \qquad \begin{bmatrix} 4 & 0 & 0 \\ 5 & 1 & 0 \\ 2 & 2 & 7 \end{bmatrix}$$

7.3 행렬식

이 절에서는 2차(2×2)와 3차(3×3) **행렬식**의 정의가 어떻게 유도되었는가에 대하여 설명하고, 이것을 일반화하여 n차($n \times n$) 행렬식을 정의한다. 행렬식의 성질은 2차와 3차 행렬식에 대한 설명만으로도 그 본질이 이해될 수 있다. 행렬식은 역행렬과 연립방정식의 해 등을 구할 때에 이용된다.

(1) 행렬식의 정의

- 2×2 정방행렬

  먼저, **2차 행렬식**이 어떻게 유추되었는가를 생각해 보자. 다음의 미지수가 2개인 2개의 **선형연립방정식**

$$\begin{aligned} a_{11}x_1 + a_{12}x_2 &= k_1 \\ a_{21}x_1 + a_{22}x_2 &= k_2 \end{aligned} \tag{7.16}$$

를 행렬을 이용하여 쓰면

$$\begin{bmatrix} a_{11} & a_{12} \\ a_{21} & a_{22} \end{bmatrix} \begin{Bmatrix} x_1 \\ x_2 \end{Bmatrix} = \begin{Bmatrix} k_1 \\ k_2 \end{Bmatrix} \tag{7.17}$$

가 된다. 여기서, $\mathrm{A} = \begin{bmatrix} a_{11} & a_{12} \\ a_{21} & a_{22} \end{bmatrix}$이다. 위의 연립방정식의 해는

$$x_1 = \frac{k_1 a_{22} - k_2 a_{12}}{a_{11}a_{22} - a_{12}a_{21}}, \quad x_2 = \frac{a_{11}k_2 - a_{21}k_1}{a_{11}a_{22} - a_{12}a_{21}} \tag{7.18}$$

이 된다. 단, $a_{11}a_{22} - a_{12}a_{21} \neq 0$이다. 위 식의 분모의 형태를 행렬에 대응시켜 나타내면, 다음 정의와 같이 2×2 정방행렬 A의 행렬식 |A|를 정의할 수 있다.

정의 7.4

$$|\mathrm{A}| = \det \mathrm{A} = \begin{vmatrix} a_{11} & a_{12} \\ a_{21} & a_{22} \end{vmatrix} = a_{11}a_{22} - a_{12}a_{21} \tag{7.19}$$

위의 행렬식의 정의를 사용하면, 해[식 (7.18)]는

$$x_1 = \frac{\begin{vmatrix} k_1 & a_{12} \\ k_1 & a_{22} \end{vmatrix}}{|\mathrm{A}|} = \frac{|\mathrm{A}_1|}{|\mathrm{A}|}, \quad x_2 = \frac{\begin{vmatrix} a_{11} & k_1 \\ a_{21} & k_2 \end{vmatrix}}{|\mathrm{A}|} = \frac{|\mathrm{A}_2|}{|\mathrm{A}|} \tag{7.20}$$

로 표현된다. 위 식의 $|\mathrm{A}_1|$, $|\mathrm{A}_2|$는 행렬식 (7.19) |A|에서의 첫째, 둘째 열을 식 (7.16)의 우변 열벡터로 각각 대체시켜서 얻은 행렬식들이다. 즉, $|\mathrm{A}_1| = \begin{vmatrix} k_1 & a_{12} \\ k_2 & a_{22} \end{vmatrix} = k_1a_{22} - a_{12}k_2$, $|\mathrm{A}_2| = \begin{vmatrix} a_{11} & k_1 \\ a_{21} & k_2 \end{vmatrix} = a_{11}k_2 - k_1a_{21}$이다.

- 3×3 정방행렬

다음으로, **3차 행렬식**의 경우도 위에서 기술한 **2차 행렬식**과 같은 방법으로 유추될 수 있다. 즉, 다음과 같은 미지수가 3개인 3개의 **선형연립방정식**

$$\begin{aligned} a_{11}x_1 + a_{12}x_2 + a_{13}x_3 &= k_1 \\ a_{21}x_1 + a_{22}x_2 + a_{23}x_3 &= k_2 \\ a_{31}x_1 + a_{32}x_2 + a_{33}x_3 &= k_3 \end{aligned} \tag{7.21}$$

을 행렬을 이용하여 쓰면

$$\begin{bmatrix} a_{11} & a_{12} & a_{13} \\ a_{21} & a_{22} & a_{23} \\ a_{31} & a_{32} & a_{33} \end{bmatrix} \begin{Bmatrix} x_1 \\ x_2 \\ x_3 \end{Bmatrix} = \begin{Bmatrix} k_1 \\ k_2 \\ k_3 \end{Bmatrix} \tag{7.22}$$

이 된다. 여기서, $\mathrm{A} = \begin{bmatrix} a_{11} & a_{12} & a_{13} \\ a_{21} & a_{22} & a_{23} \\ a_{31} & a_{32} & a_{33} \end{bmatrix}$ 이다. 위의 연립방정식의 해는

$$\begin{aligned} x_1 &= \frac{k_1 a_{22} a_{33} - k_2 a_{32} a_{13} + k_3 a_{12} a_{23} - k_1 a_{32} a_{23} - k_2 a_{12} a_{33} - k_3 a_{22} a_{13}}{a_{11} a_{22} a_{33} + a_{21} a_{32} a_{13} + a_{31} a_{12} a_{23} - a_{11} a_{32} a_{23} - a_{21} a_{12} a_{33} - a_{31} a_{22} a_{13}} \\ &= \frac{|\mathrm{A}_1|}{|\mathrm{A}|} \\ x_2 &= \frac{|\mathrm{A}_2|}{|\mathrm{A}|},\ x_3 = \frac{|\mathrm{A}_3|}{|\mathrm{A}|} \end{aligned} \tag{7.23}$$

이 된다. 따라서 다음 정의와 같이 3×3 정방행렬 A의 행렬식 |A|를 정의할 수 있다.

정의 7.5

$$\begin{aligned} |\mathrm{A}| = \det \mathrm{A} &= \begin{vmatrix} a_{11} & a_{12} & a_{13} \\ a_{21} & a_{22} & a_{23} \\ a_{31} & a_{32} & a_{33} \end{vmatrix} \\ &= a_{11} a_{22} a_{33} + a_{21} a_{32} a_{13} + a_{31} a_{12} a_{23} - a_{11} a_{32} a_{23} - a_{21} a_{12} a_{33} - a_{31} a_{22} a_{13} \end{aligned} \tag{7.24}$$

식 (7.23)의 $|\mathrm{A}_1|$, $|\mathrm{A}_2|$, $|\mathrm{A}_3|$은 3차 행렬식 |A|에서의 첫째, 둘째, 셋째 열을 식 (7.21)의 우변 열벡터로 각각 대체시켜서 얻은 행렬식들이다. 즉, $|\mathrm{A}_1| = \begin{vmatrix} k_1 & a_{12} & a_{13} \\ k_2 & a_{22} & a_{23} \\ k_3 & a_{32} & a_{33} \end{vmatrix}$, $|\mathrm{A}_2| = \begin{vmatrix} a_{11} & k_1 & a_{13} \\ a_{21} & k_2 & a_{23} \\ a_{31} & k_3 & a_{33} \end{vmatrix}$, $|\mathrm{A}_3| = \begin{vmatrix} a_{11} & a_{12} & k_1 \\ a_{21} & a_{22} & k_2 \\ a_{31} & a_{32} & k_3 \end{vmatrix}$ 이다. 식 (7.20), (7.23)은 **크래머**(Cramer)**법칙**이라 불리고 있고, 미지수가 n개인 n개의 선형연립방정식의 경우에도 성립된다. 이에 관한 **크래머**(Cramer)**법칙**의 자세한 도출은 다음 행렬식의 **여인수**(cofactor) 전개와 7.4절을 통하여 수행한다.

(2) 행렬식의 성질

행렬식의 값을 체계적으로 쉽게 계산하기 위해서는 7.1절에서 다루었던 행렬의 합과 곱에 관한 연산법칙, 7.2절의 여러 가지 행렬들의 특성, 그리고 이 절에서 기술하는 행렬식의 일반적인 성질 등을 알아야 한다. 여기서 설명하는 **행렬식**의 **성질**은 3×3행렬의 경우에 대한 것이지만, 이것은 수학적 귀납법에 의하여 일반적인 $n\times n$행렬에서도 성립한다.

• 전치행렬의 행렬식

정방행렬 A의 전치행렬 A^T의 행렬식에 대하여 다음이 성립한다.

전치행렬의 행렬식

전치행렬의 행렬식은 본래 행렬의 행렬식과 같다.

$$|A^T|=|A|,\ \text{즉}\ |A^T|=\begin{vmatrix}a_{11}&a_{21}&a_{31}\\a_{12}&a_{22}&a_{32}\\a_{13}&a_{23}&a_{33}\end{vmatrix}=\begin{vmatrix}a_{11}&a_{12}&a_{13}\\a_{21}&a_{22}&a_{23}\\a_{31}&a_{32}&a_{33}\end{vmatrix}=|A|$$

증명

$$\begin{aligned}|A^T|&=\begin{vmatrix}a_{11}&a_{21}&a_{31}\\a_{12}&a_{22}&a_{32}\\a_{13}&a_{23}&a_{33}\end{vmatrix}\\&=a_{11}a_{22}a_{33}+a_{12}a_{23}a_{31}+a_{13}a_{21}a_{32}-a_{31}a_{22}a_{13}-a_{11}a_{23}a_{32}-a_{21}a_{12}a_{33}\\&=a_{11}a_{22}a_{33}+a_{21}a_{32}a_{13}+a_{31}a_{12}a_{23}-a_{11}a_{32}a_{23}-a_{21}a_{12}a_{33}-a_{31}a_{22}a_{13}\\&=\begin{vmatrix}a_{11}&a_{12}&a_{13}\\a_{21}&a_{22}&a_{23}\\a_{31}&a_{32}&a_{33}\end{vmatrix}=|A|\end{aligned}$$

• 행렬식의 행에 관한 선형성

다음의 성질을 행렬식의 행에 관한 선형성이라고 부른다.

행렬식의 행에 관한 선형성

1) 1개의 행에서 공통인 수를 묶어낼 수 있다. 즉, 1개의 행을 c배하면 행렬식의 값은 c배가 된다.

$$\begin{vmatrix}a_{11}&a_{12}&a_{13}\\a_{21}&a_{22}&a_{23}\\ca_{31}&ca_{32}&ca_{33}\end{vmatrix}=c\begin{vmatrix}a_{11}&a_{12}&a_{13}\\a_{21}&a_{22}&a_{23}\\a_{31}&a_{32}&a_{33}\end{vmatrix}$$

2) 1개의 행이 2개의 행벡터의 합으로 되어있는 행렬식은 각각의 행벡터를 행으로 하는 행렬식의 합이 된다. 즉,

$$\begin{vmatrix} a_{11} & a_{12} & a_{13} \\ a_{21} & a_{22} & a_{23} \\ a_{31}+a'_{31} & a_{32}+a'_{32} & a_{33}+a'_{33} \end{vmatrix} = \begin{vmatrix} a_{11} & a_{12} & a_{13} \\ a_{21} & a_{22} & a_{23} \\ a_{31} & a_{32} & a_{33} \end{vmatrix} + \begin{vmatrix} a_{11} & a_{12} & a_{13} \\ a_{21} & a_{22} & a_{23} \\ a'_{31} & a'_{32} & a'_{33} \end{vmatrix}$$

증명

1) $\begin{vmatrix} a_{11} & a_{12} & a_{13} \\ a_{21} & a_{22} & a_{23} \\ ca_{31} & ca_{32} & ca_{33} \end{vmatrix}$

$$= a_{11}a_{22}(ca_{33}) + a_{21}(ca_{32})a_{13} + (ca_{31})a_{12}a_{23} - a_{11}(ca_{32})a_{23} - a_{21}a_{12}(ca_{33}) - (ca_{31})a_{22}a_{13}$$

$$= c(a_{11}a_{22}a_{33} + a_{21}a_{32}a_{13} + a_{31}a_{12}a_{23} - a_{11}a_{32}a_{23} - a_{21}a_{12}a_{33} - a_{31}a_{22}a_{13})$$

$$= c\begin{vmatrix} a_{11} & a_{12} & a_{13} \\ a_{21} & a_{22} & a_{23} \\ a_{31} & a_{32} & a_{33} \end{vmatrix}$$

2) $\begin{vmatrix} a_{11} & a_{12} & a_{13} \\ a_{21} & a_{22} & a_{23} \\ a_{31}+a'_{31} & a_{32}+a'_{32} & a_{33}+a'_{33} \end{vmatrix}$

$$= a_{11}a_{22}(a_{33}+a'_{33}) + a_{21}(a_{32}+a'_{32})a_{13} + (a_{31}+a'_{31})a_{12}a_{23}$$
$$- a_{11}(a_{32}+a'_{32})a_{23} - a_{21}a_{12}(a_{33}+a'_{33}) - (a_{31}+a'_{31})a_{22}a_{13}$$

$$= a_{11}a_{22}a_{33} + a_{21}a_{32}a_{13} + a_{31}a_{12}a_{23} - a_{11}a_{32}a_{23} - a_{21}a_{12}a_{33} - a_{31}a_{22}a_{13}$$
$$+ a_{11}a_{22}a'_{33} + a_{21}a'_{32}a_{13} + a'_{31}a_{12}a_{23} - a_{11}a'_{32}a_{23} - a_{21}a_{12}a'_{33} - a'_{31}a_{22}a_{13}$$

$$= \begin{vmatrix} a_{11} & a_{12} & a_{13} \\ a_{21} & a_{22} & a_{23} \\ a_{31} & a_{32} & a_{33} \end{vmatrix} + \begin{vmatrix} a_{11} & a_{12} & a_{13} \\ a_{21} & a_{22} & a_{23} \\ a'_{31} & a'_{32} & a'_{33} \end{vmatrix}$$

- 행렬식의 교환성

다음의 성질을 행렬식의 교환성이라고 부른다.

행렬식의 교환성

두 행을 바꾸면 행렬식의 부호가 바뀐다. 즉,

$$\begin{vmatrix} a_{11} & a_{12} & a_{13} \\ a_{21} & a_{22} & a_{23} \\ a_{31} & a_{32} & a_{33} \end{vmatrix} = -\begin{vmatrix} a_{11} & a_{12} & a_{13} \\ a_{31} & a_{32} & a_{33} \\ a_{21} & a_{22} & a_{23} \end{vmatrix}$$

증명

$$\begin{vmatrix} a_{11} & a_{12} & a_{13} \\ a_{31} & a_{32} & a_{33} \\ a_{21} & a_{22} & a_{23} \end{vmatrix}$$

$$= a_{11}a_{32}a_{23} + a_{21}a_{33}a_{12} + a_{31}a_{22}a_{13} - a_{11}a_{22}a_{33} - a_{31}a_{12}a_{23} - a_{21}a_{32}a_{13}$$

$$= -(a_{11}a_{22}a_{33} + a_{21}a_{32}a_{13} + a_{31}a_{12}a_{23} - a_{11}a_{32}a_{23} - a_{21}a_{12}a_{33} - a_{31}a_{22}a_{13}$$

$$= -\begin{vmatrix} a_{11} & a_{12} & a_{13} \\ a_{21} & a_{22} & a_{23} \\ a_{31} & a_{32} & a_{33} \end{vmatrix}$$

• 다음과 같이 행의 기본변형을 하였을 때에 행렬식의 값은 변하지 않는다. 즉,

행의 기본변형과 행렬식

1개의 행에 별도의 행을 c배하여 합하여도 행렬식의 값은 변하지 않는다.

증명

$$\begin{vmatrix} a_{11} & a_{12} & a_{13} \\ a_{21} & a_{22} & a_{23} \\ a_{31}+ca_{11} & a_{32}+ca_{12} & a_{33}+ca_{13} \end{vmatrix} = \begin{vmatrix} a_{11} & a_{12} & a_{13} \\ a_{21} & a_{22} & a_{23} \\ a_{31} & a_{32} & a_{33} \end{vmatrix} + \begin{vmatrix} a_{11} & a_{12} & a_{13} \\ a_{21} & a_{22} & a_{23} \\ ca_{11} & ca_{12} & ca_{13} \end{vmatrix}$$

$$= \begin{vmatrix} a_{11} & a_{12} & a_{13} \\ a_{21} & a_{22} & a_{23} \\ a_{31} & a_{32} & a_{33} \end{vmatrix} + c\begin{vmatrix} a_{11} & a_{12} & a_{13} \\ a_{21} & a_{22} & a_{23} \\ a_{11} & a_{12} & a_{13} \end{vmatrix} = \begin{vmatrix} a_{11} & a_{12} & a_{13} \\ a_{21} & a_{22} & a_{23} \\ a_{31} & a_{32} & a_{33} \end{vmatrix} + c0$$

$$= \begin{vmatrix} a_{11} & a_{12} & a_{13} \\ a_{21} & a_{22} & a_{23} \\ a_{31} & a_{32} & a_{33} \end{vmatrix}$$

(3) 행렬의 곱의 행렬식

$\mathrm{A} = \begin{bmatrix} a & b \\ c & d \end{bmatrix}$, $\mathrm{B} = \begin{bmatrix} e & f \\ g & h \end{bmatrix}$일 때, 행렬의 곱 AB의 행렬식에 대하여 알아보자. 앞에서 설명한 행렬식의 성질에 의하여

$$|\mathrm{AB}| = \left|\begin{bmatrix} a & b \\ c & d \end{bmatrix}\begin{bmatrix} e & f \\ g & h \end{bmatrix}\right| = \begin{vmatrix} ae+bg & af+bh \\ ce+dg & cf+dh \end{vmatrix} = \begin{vmatrix} ae & af+bh \\ ce & cf+dh \end{vmatrix} + \begin{vmatrix} bg & af+bh \\ dg & cf+dh \end{vmatrix}$$

$$= \begin{vmatrix} ae & af \\ ce & cf \end{vmatrix} + \begin{vmatrix} ae & bh \\ ce & dh \end{vmatrix} + \begin{vmatrix} bg & af \\ dg & cf \end{vmatrix} + \begin{vmatrix} bg & bh \\ dg & dh \end{vmatrix}$$

$$= \begin{vmatrix} a & a \\ c & c \end{vmatrix}ef + \begin{vmatrix} a & b \\ c & d \end{vmatrix}eh + \begin{vmatrix} b & a \\ d & c \end{vmatrix}gf + \begin{vmatrix} b & b \\ d & d \end{vmatrix}gh$$

$$= 0 + \begin{vmatrix} a & b \\ c & d \end{vmatrix} eh + \begin{vmatrix} b & a \\ d & c \end{vmatrix} gf + 0$$

$$= \begin{vmatrix} a & b \\ c & d \end{vmatrix} eh - \begin{vmatrix} a & b \\ c & d \end{vmatrix} gf$$

$$= \begin{vmatrix} a & b \\ c & d \end{vmatrix} (eh - gf)$$

$$= \begin{vmatrix} a & b \\ c & d \end{vmatrix} \begin{vmatrix} e & f \\ g & h \end{vmatrix} = |\mathbf{A}||\mathbf{B}|$$

가 얻어진다. 이것은 3차 이상의 행렬식에서도 성립하며, 정리하면 다음과 같다.

행렬의 곱의 행렬식

2개의 정방행렬의 곱은 각각 행렬의 행렬식의 곱과 같다. 즉, 다음의 식이 성립한다.

$$|\mathbf{AB}| = |\mathbf{A}||\mathbf{B}|$$

(4) 행렬식의 여인수 전개

4차 이상의 행렬식 계산은 3차 이하의 행렬식에 **여인수**(cofactor) **전개**를 실시하여 하는 경우가 많다. 또한, 여인수 전개는 **역행렬** 공식과 연립방정식 해의 공식인 **크래머**(Cramer)**법칙**을 도출할 때도 중요하다. 여기서는 이러한 여인수 설명을 3차 행렬식의 여인수 전개를 통하여 설명한다.

앞에서 기술한 **행렬식의 성질** 중 **행렬식의 행에 관한 선형성**으로부터, 3차 행렬식을 1열의 행렬성분으로 묶어서 쓰면

$$|\mathbf{A}| = \begin{vmatrix} a_{11} & a_{12} & a_{13} \\ a_{21} & a_{22} & a_{23} \\ a_{31} & a_{32} & a_{33} \end{vmatrix}$$

$$= \begin{vmatrix} a_{11} & a_{12} & a_{13} \\ 0 & a_{22} & a_{23} \\ 0 & a_{32} & a_{33} \end{vmatrix} + \begin{vmatrix} 0 & a_{12} & a_{13} \\ a_{21} & a_{22} & a_{23} \\ 0 & a_{32} & a_{33} \end{vmatrix} + \begin{vmatrix} 0 & a_{12} & a_{13} \\ 0 & a_{22} & a_{23} \\ a_{31} & a_{32} & a_{33} \end{vmatrix} \tag{7.25}$$

$$= a_{11} \begin{vmatrix} a_{22} & a_{23} \\ a_{32} & a_{33} \end{vmatrix} - a_{21} \begin{vmatrix} a_{12} & a_{13} \\ a_{32} & a_{33} \end{vmatrix} + a_{31} \begin{vmatrix} a_{12} & a_{13} \\ a_{22} & a_{23} \end{vmatrix}$$

이 된다. 여기서 **여인수**를 다음과 같이 정의한다.

$$C_{11} = \begin{vmatrix} a_{22} & a_{23} \\ a_{32} & a_{33} \end{vmatrix}, \quad C_{21} = -\begin{vmatrix} a_{12} & a_{13} \\ a_{32} & a_{33} \end{vmatrix}, \quad C_{31} = \begin{vmatrix} a_{12} & a_{13} \\ a_{22} & a_{23} \end{vmatrix} \tag{7.26}$$

그러므로, 여인수 표시를 사용하면

$$|\mathbf{A}| = a_{11}C_{11} + a_{21}C_{21} + a_{31}C_{31} \tag{7.27}$$

로 전개된다. 같은 방법으로 2열에 대하여 전개하면

$$|\mathbf{A}| = a_{12}C_{12} + a_{22}C_{22} + a_{32}C_{32} \tag{7.28}$$

가 되고, 여인수는

$$C_{12} = -\begin{vmatrix} a_{23} & a_{23} \\ a_{31} & a_{33} \end{vmatrix}, \quad C_{22} = \begin{vmatrix} a_{11} & a_{13} \\ a_{31} & a_{33} \end{vmatrix}, \quad C_{32} = -\begin{vmatrix} a_{11} & a_{13} \\ a_{21} & a_{23} \end{vmatrix} \tag{7.29}$$

으로 주어진다. 여인수 부호를 보면, a_{jk}에 대한 여인수 부호는 $(-1)^{j+k}$가 됨을 알 수 있다. 따라서 **a_{jk}에 대응하는 여인수 C_{jk}는 j행과 k열을 소거한 2×2행렬식에 부호 $(-1)^{j+k}$를 곱한 것이다.** 일반적으로, k를 1, 2, 3 중 하나로 하여 k열에 대해 **여인수 전개**를 하면 다음과 같이 된다.

정리 7.5

열에 대해 여인수 전개를 하면

$$|\mathbf{A}| = \sum_{j=1}^{3} a_{jk}C_{jk} = a_{1k}C_{1k} + a_{2k}C_{2k} + a_{3k}C_{3k} \tag{7.30}$$

가 된다.

앞에서 기술한 **행렬식의 성질** 중 **전치행렬의 행렬식**으로부터 행에 대해 여인수 전개를 같은 방법으로 할 수 있다. 즉, j행에 대해 **여인수 전개**를 하면 다음과 같이 된다.

정리 7.6

행에 대해 여인수 전개를 하면

$$|\mathbf{A}|=\sum_{k=1}^{3} a_{jk}C_{jk}=a_{j1}C_{j1}+a_{j2}C_{j2}+a_{j3}C_{j3} \tag{7.31}$$

이 된다.

위와 같은 방법으로, n차 행렬식에 대해서도 다음과 같이 여인수 전개가 가능하다.

정리 7.7

$$|\mathrm{A}|=\det\ \mathrm{A}=\sum_{j=1}^{n} a_{jk}C_{jk}=a_{1k}C_{1k}+a_{2k}C_{2k}+\cdots+a_{nk}C_{nk}$$

(k는 1, 2, ⋯, n 중 하나) (7.32)

$$|\mathrm{A}|=\det\ \mathrm{A}=\sum_{k=1}^{n} a_{jk}C_{jk}=a_{j1}C_{j1}+a_{j2}C_{j2}+\cdots+a_{jn}C_{jn}$$

(j는 1, 2, ⋯, n 중 하나)

예제 7.3

다음 행렬식의 값을 여인수 전개를 하여 구하시오.

$$|\mathbf{A}|=\begin{vmatrix}-1 & 4 & 0 & 2\\ 5 & -1 & 1 & 0\\ 2 & -2 & 0 & -1\\ -3 & 0 & 3 & 4\end{vmatrix}$$

풀이

식 (7.32)를 사용하여 $k=3$열에 대해 여인수 전개를 하면 다음과 같이 된다.

$$\begin{aligned}|\mathrm{A}|=\det\ \mathrm{A}&=\sum_{j=1}^{n} a_{jk}C_{jk}=a_{1k}C_{1k}+a_{2k}C_{2k}+\cdots+a_{nk}C_{nk}\\ &=\sum_{j=1}^{4} a_{j3}C_{j3}=a_{13}C_{13}+a_{23}C_{23}+a_{33}C_{33}+a_{43}C_{43}=0C_{13}+1C_{23}+0C_{33}+3C_{43}\\ &=C_{23}+3C_{43}\end{aligned} \tag{1}$$

여기서, a_{jk}에 대응하는 여인수 C_{jk}는 j행과 k열을 소거한 행렬식에 부호 $(-1)^{j+k}$를 곱한 것이므로

$$C_{23}=(-1)^{2+3}\begin{vmatrix}-1 & 4 & 2\\ 2 & -2 & -2\\ -3 & 0 & 4\end{vmatrix}=-\begin{vmatrix}-1 & 4 & 2\\ 2 & -2 & -2\\ -3 & 0 & 4\end{vmatrix} \tag{2}$$

가 된다. 마찬가지로 식 (7.32)를 사용하여 식 (2)의 행렬식을 $k=2$열에 대해 한 번 더 여인수 전개를 하면 다음과 같이 된다.

$$C_{23}=-\begin{vmatrix}-1 & 4 & 2\\ 2 & -2 & -2\\ -3 & 0 & 4\end{vmatrix}$$

$$=-4(-1)^{1+2}\begin{vmatrix}2 & -2\\ -3 & 4\end{vmatrix}-(-2)(-1)^{2+2}\begin{vmatrix}-1 & 2\\ -3 & 4\end{vmatrix}=12 \quad (3)$$

위의 C_{23}과 같은 방법으로 C_{43}의 여인수 전개를 하면,

$$C_{43}=(-1)^{4+3}\begin{vmatrix}-1 & 4 & 2\\ 5 & -1 & 0\\ 2 & -2 & -2\end{vmatrix}=-\begin{vmatrix}-1 & 4 & 2\\ 5 & -1 & 0\\ 2 & -2 & -2\end{vmatrix} \quad (4)$$

가 된다. 마찬가지로 식 (7.32)를 사용하여 식 (4)의 행렬식을 $k=3$열에 대해 한 번 더 여인수 전개를 하면 다음과 같이 된다.

$$C_{43}=-\begin{vmatrix}-1 & 4 & 2\\ 5 & -1 & 0\\ 2 & -2 & -2\end{vmatrix}$$

$$=-2(-1)^{1+3}\begin{vmatrix}5 & -1\\ 2 & -2\end{vmatrix}-(-2)(-1)^{3+3}\begin{vmatrix}-1 & 4\\ 5 & -1\end{vmatrix}=-22 \quad (5)$$

식 (3), (5)에서 구한 여인수 $C_{23}=12$, $C_{43}=-22$를 식 (1)에 대입하면

$$|\mathrm{A}|=\det \mathrm{A}=C_{23}+3C_{43}=12+3(-22)=-54$$

가 얻어진다.

7.4 역행렬과 연립방정식에의 응용

(1) 행렬식에 의한 역행렬 공식

여기서는 **역행렬**을 구하는 공식을 도출한다. 먼저, 3×3행렬 $\mathrm{A}=\begin{bmatrix}a_{11} & a_{12} & a_{13}\\ a_{21} & a_{22} & a_{23}\\ a_{31} & a_{32} & a_{33}\end{bmatrix}$의 역행렬을 구한다. 이를 위해 앞 절에서 도입한 **여인수** C_{jk}를 성분으로 한 여인수 전치행렬 C^{T}를 다음과 같이 만든다.

$$\mathrm{C}^{\mathrm{T}}=\begin{bmatrix}C_{11} & C_{21} & C_{31}\\ C_{12} & C_{22} & C_{32}\\ C_{13} & C_{23} & C_{33}\end{bmatrix} \quad (7.33)$$

위 식에서 첨자가 놓인 위치, 즉 C_{jk}의 위치가 행렬 A의 a_{jk}가 놓인 위치가 아니라 성분 a_{jk}가 놓인 위치라는 것에 주의하자. 행렬 A와 C^T의 곱을 계산하면

$$AC^T = \begin{bmatrix} a_{11} & a_{12} & a_{13} \\ a_{21} & a_{22} & a_{23} \\ a_{31} & a_{32} & a_{33} \end{bmatrix} \begin{bmatrix} C_{11} & C_{21} & C_{31} \\ C_{12} & C_{22} & C_{32} \\ C_{13} & C_{23} & C_{33} \end{bmatrix} = \begin{bmatrix} |A| & 0 & 0 \\ 0 & |A| & 0 \\ 0 & 0 & |A| \end{bmatrix} = |A|I \tag{7.34}$$

가 된다. 위 식으로부터 $I = \frac{1}{|A|}AC^T = AA^{-1}$이 되므로, 다음과 같은 정리가 성립한다.

정리 7.8

3×3행렬 A의 **역행렬** A^{-1}은 $|A| \neq 0$일 때,

$$A^{-1} = \frac{1}{|A|}C^T = \frac{1}{|A|}\begin{bmatrix} C_{11} & C_{21} & C_{31} \\ C_{12} & C_{22} & C_{32} \\ C_{13} & C_{23} & C_{33} \end{bmatrix} \tag{7.35}$$

이 된다.

위의 3×3행렬에 대한 역행렬의 도출방법은 일반적인 $n\times n$행렬의 역행렬을 구하는데도 다음의 정리와 같이 쉽게 적용될 수 있다.

정리 7.9

$n\times n$행렬 A의 **역행렬** A^{-1}은 $|A| \neq 0$일 때,

$$A^{-1} = \frac{1}{|A|}C^T = \frac{1}{|A|}\begin{bmatrix} C_{11} & C_{21} & \cdots & C_{n1} \\ C_{12} & C_{22} & \cdots & C_{n2} \\ \vdots & \vdots & \ddots & \vdots \\ C_{1n} & C_{2n} & \cdots & C_{nn} \end{bmatrix} \tag{7.36}$$

이 된다.

여기서는 $|A| \neq 0$일 때에 역행렬을 구하였다. 조건 $|A| \neq 0$은 행렬 A가 역행렬을 가질 **필요충분조건**이다. 따라서 $|A| = 0$일 때, 행렬 A의 역행렬은 존재하지 않는다. 즉, $|A| = 0$일 때, 행렬 A는 **정칙행렬**(nonsingular matrix)이 아니다.

역행렬에 대해 다음의 정리가 성립한다.

정리 7.10

$$(AB)^{-1}=B^{-1}A^{-1},\ (A^T)^{-1}=(A^{-1})^T$$

증명

$(AB)^{-1}(B^{-1}A^{-1})=A(BB^{-1})A^{-1}=AA^{-1}=I$ 이고 동시에 $(B^{-1}A^{-1})(AB)=B^{-1}(AA^{-1})B=B^{-1}B=I$ 이기 때문에, $(AB)^{-1}=B^{-1}A^{-1}$이 성립한다.
그리고 $I=(AA^{-1})^T=(A^{-1})^T(A^T)$이고 동시에 $I=(A^{-1}A)^T=(A^T)^T(A^{-1})$이기 때문에, $(A^T)^{-1}=(A^{-1})^T$가 성립한다.

예제 7.4

다음 행렬 A의 역행렬 A^{-1}을 구하시오.

$$A=\begin{bmatrix}1&2&3\\1&3&5\\1&5&6\end{bmatrix}$$

풀이

$$|A|=\det A=18+15+10-9-12-25=-3$$

$|A|\neq 0$이므로 역행렬이 존재한다. 여인수를 구하면 다음과 같이 된다.

$$C_{11}=(-1)^{1+1}\begin{vmatrix}3&5\\5&6\end{vmatrix}=-7,\quad C_{21}=(-1)^{2+1}\begin{vmatrix}2&3\\5&6\end{vmatrix}=3,\quad C_{31}=(-1)^{3+1}\begin{vmatrix}2&3\\3&5\end{vmatrix}=1$$

$$C_{12}=(-1)^{1+2}\begin{vmatrix}1&5\\1&6\end{vmatrix}=-1,\quad C_{22}=(-1)^{2+2}\begin{vmatrix}1&3\\1&6\end{vmatrix}=3,\quad C_{32}=(-1)^{3+2}\begin{vmatrix}1&3\\1&5\end{vmatrix}=-2$$

$$C_{13}=(-1)^{1+3}\begin{vmatrix}1&3\\1&5\end{vmatrix}=2,\quad C_{23}=(-1)^{2+3}\begin{vmatrix}1&2\\1&5\end{vmatrix}=-3,\quad C_{33}=(-1)^{3+3}\begin{vmatrix}1&2\\1&3\end{vmatrix}=1$$

따라서 역행렬은

$$A^{-1}=\frac{1}{|A|}\begin{bmatrix}C_{11}&C_{21}&C_{31}\\C_{12}&C_{22}&C_{32}\\C_{13}&C_{23}&C_{33}\end{bmatrix}=-\frac{1}{3}\begin{bmatrix}-7&3&1\\-1&3&-2\\2&-3&1\end{bmatrix}$$

이 된다.

(2) 연립방정식에의 응용

n**차 행렬식**의 경우도 식 (7.23)에서 기술한 **3차 행렬식**과 같은 방법으로 유추될 수 있다. 즉, 다음과 같은 미지수가 n개인 n개의 **선형연립방정식**

$$\begin{aligned} a_{11}x_1 + a_{12}x_2 + \cdots + a_{1n}x_n &= k_1 \\ a_{21}x_1 + a_{22}x_2 + \cdots + a_{2n}x_n &= k_2 \\ \cdots\cdots\cdots\cdots\cdots\cdots \\ \cdots\cdots\cdots\cdots\cdots\cdots \\ \cdots\cdots\cdots\cdots\cdots\cdots \\ a_{n1}x_1 + a_{n2}x_2 + \cdots + a_{nn}x_n &= k_n \end{aligned} \tag{7.37}$$

을 행렬을 이용하여 쓰면

$$\begin{bmatrix} a_{11} & a_{12} & \cdots & a_{1n} \\ a_{21} & a_{22} & \cdots & a_{2n} \\ \cdot & \cdot & \cdots & \cdot \\ \cdot & \cdot & \cdots & \cdot \\ \cdot & \cdot & \cdots & \cdot \\ a_{n1} & a_{n2} & \cdots & a_{nn} \end{bmatrix} \begin{Bmatrix} x_1 \\ x_2 \\ \cdot \\ \cdot \\ \cdot \\ x_n \end{Bmatrix} = \begin{Bmatrix} k_1 \\ k_2 \\ \cdot \\ \cdot \\ \cdot \\ k_n \end{Bmatrix} \tag{7.38}$$

이 된다. 식 (7.38)의 계수행렬 A의 행렬식이 $|A| \neq 0$일 때에 하나의 해를 갖고, 그 해는 **크래머**(Cramer)**법칙**으로 다음과 같이 주어진다.

$$x_1 = \frac{|A_1|}{|A|},\ x_2 = \frac{|A_2|}{|A|},\ \cdots,\ x_n = \frac{|A_n|}{|A|} \tag{7.39}$$

여기서, $|A_1|, |A_2|, |A_n|$은 n차 행렬식 $|A|$에서의 첫째, 둘째, n째 열을 식 (7.38)의 우변 열벡터로 각각 대체시켜서 얻은 행렬식들이다. 위 공식은 $|A| \neq 0$일 때만 사용될 수 있다. 식 (7.38)이 $|A| \neq 0$이고 제차이면, 그것은 **자명한 해** $x_1 = 0,\ x_2 = 0,\ \cdots,\ x_n = 0$만을 갖는다. 만약 식 (7.38)이 $|A| = 0$이고 제차이면, 그것은 자명한 해가 아닌 해도 갖는다. $|A| = 0$일 경우는 기본 행연산으로 식 (7.38)을 변형시켜 해를 구할 수 있다. 이때, 해는 부정이 되기도 하고 존재하지 않는 경우도 있다.

예제 7.5

다음 선형연립방정식의 해를 구하시오.

$$2x_1 + 4x_2 - 3x_3 = -3$$
$$3x_1 - 8x_2 + 6x_3 = -1$$
$$-8x_1 + 2x_2 - 9x_3 = -15$$

풀이

주어진 선형연립방정식을 행렬을 이용하여 쓰면, 다음과 같이 된다.

$$\begin{bmatrix} 2 & 4 & -3 \\ 3 & -8 & 6 \\ -8 & 2 & -9 \end{bmatrix}\begin{Bmatrix} x_1 \\ x_2 \\ x_3 \end{Bmatrix}=\begin{Bmatrix} -3 \\ -1 \\ -15 \end{Bmatrix}$$

따라서

$$|\mathrm{A}|=\begin{vmatrix} 2 & 4 & -3 \\ 3 & -8 & 6 \\ -8 & 2 & -9 \end{vmatrix}=144-18-192+192+108-24=210$$

$$|\mathrm{A}_1|=\begin{vmatrix} -3 & 4 & -3 \\ -1 & -8 & 6 \\ -15 & 2 & -9 \end{vmatrix}=-210$$

$$|\mathrm{A}_2|=\begin{vmatrix} 2 & -3 & -3 \\ 3 & -1 & 6 \\ -8 & -15 & -9 \end{vmatrix}=420$$

$$|\mathrm{A}_3|=\begin{vmatrix} 2 & 4 & -3 \\ 3 & -8 & -1 \\ -8 & 2 & -15 \end{vmatrix}=630$$

식 (7.23), (7.39)로부터

$$x_1=\frac{|\mathrm{A}_1|}{|\mathrm{A}|}=\frac{-210}{210}=-1,\ x_2=\frac{|\mathrm{A}_2|}{|\mathrm{A}|}=\frac{420}{210}=2,\ x_3=\frac{|\mathrm{A}_3|}{|\mathrm{A}|}=\frac{630}{210}=3$$

이 얻어진다.

예제 7.6

다음 선형연립방정식이 자명해가 되지 않을 조건을 구하시오.

$$x_1+x_2+3x_3=0$$

$$ax_1+bx_2+cx_3=0$$

$$bcx_1+cax_2+abx_3=0$$

풀이

주어진 제차 선형연립방정식을 행렬을 이용하여 쓰면

$$\begin{bmatrix} 1 & 1 & 1 \\ a & b & c \\ bc & ca & ab \end{bmatrix}\begin{Bmatrix} x_1 \\ x_2 \\ x_3 \end{Bmatrix}=\begin{Bmatrix} 0 \\ 0 \\ 0 \end{Bmatrix}$$

이 된다. 자명해가 되지 않을 조건은 위 식의 계수행렬의 행렬식이 다음과 같이 $|\mathrm{A}|=0$일 때이다. 즉, 자명해가 되지 않을 조건은

$$|\mathrm{A}| = \begin{vmatrix} 1 & 1 & 1 \\ a & b & c \\ bc & ca & ab \end{vmatrix} = \begin{vmatrix} 1 & 0 & 0 \\ a & b-a & c-a \\ bc & ca-bc & ab-bc \end{vmatrix} = \begin{vmatrix} b-a & c-a \\ c(a-b) & b(a-c) \end{vmatrix}$$

$$= (a-b)(c-a)\begin{vmatrix} -1 & 1 \\ c & -b \end{vmatrix} = (a-b)(b-c)(c-a) = 0$$

이 된다. 예를 들어, $a = b \neq c$라고 하면

$x_1 + x_2 = 0$, $x_3 = 0$

이 되기 때문에, 자명한 해가 아닌 해는 $x_1 = l, x_2 = -l, x_3 = 0$이다. 여기서, l은 임의의 상수이다.

예제 7.7

다음 회로에 흐르는 전류 I_1, I_2 를 구하시오.

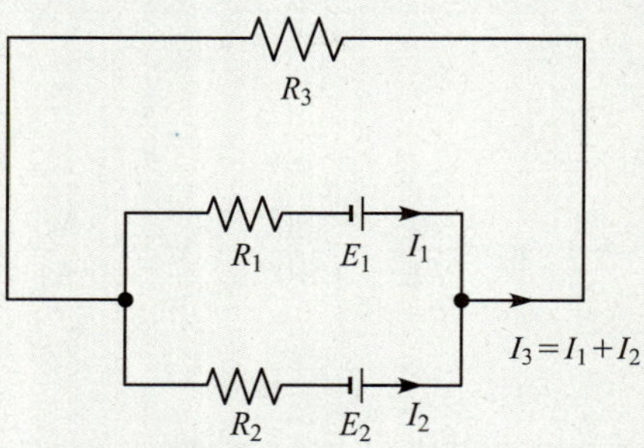

그림 예제 7.7

풀이

전류의 방향을 고려하여 키르히호프의 법칙(Kirchhoff's law)을 적용하면

$$R_1 I_1 - R_2 I_2 = E_1 - E_2 \tag{1}$$

$$R_1 I_1 + R_3 I_3 = R_1 I_1 - R_3(I_1 + I_2) = E_1 \tag{2}$$

이 된다. 식 (1), (2)로부터, 다음과 같은 선형연립방정식이 유도된다.

$$\begin{aligned} R_1 I_1 - R_2 I_2 &= E_1 - E_2 \\ (R_1 + R_3) I_1 + R_3 I_2 &= E_1 \end{aligned} \tag{3}$$

위 식을 행렬을 이용하여 쓰면, 다음과 같이 된다.

$$\begin{bmatrix} R_1 & -R_2 \\ R_1 + R_3 & R_3 \end{bmatrix} \begin{Bmatrix} I_1 \\ I_2 \end{Bmatrix} = \begin{Bmatrix} E_1 - E_2 \\ E_1 \end{Bmatrix} \tag{4}$$

따라서

$$|\mathrm{A}| = \begin{vmatrix} R_1 & R_2 \\ R_1 + R_3 & R_3 \end{vmatrix} = R_1 R_3 + R_2(R_1 + R_3)$$

$$|\mathrm{A}_1| = \begin{vmatrix} E_1 - E_2 & -R_2 \\ E_1 & R_3 \end{vmatrix} = (E_1 - E_2)R_3 + E_1R_2$$

$$|\mathrm{A}_2| = \begin{vmatrix} R_1 & E_1 - E_2 \\ R_1 + R_3 & E_1 \end{vmatrix} = E_1R_1 - (E_1 - E_1)(R_1 + R_3)$$

식 (7.20), (7.39)로부터

$$I_1 = \frac{|\mathrm{A}_1|}{|\mathrm{A}|} = \frac{(E_1 - E_2)R_3 + E_1R_2}{R_1R_3 + R_2(R_1 + R_3)} = \frac{E_1(R_2 + R_3) - E_2R_3}{R_1R_2 + R_3(R_1 + R_2)}$$

$$I_2 = \frac{|\mathrm{A}_2|}{|\mathrm{A}|} = \frac{E_1R_1 - (E_1 - E_2)(R_1 + R_3)}{R_1R_3 + R_2(R_1 + R_3)} = \frac{-E_1R_3 + E_2(R_1 + R_3)}{R_1R_2 + R_3(R_1 + R_2)}$$

이 얻어진다.

7.5 가우스(Gauss)소거법에 의한 선형연립방정식의 해법

(1) 가우스(Gauss)소거법

미지수가 n개인 n개의 **선형연립방정식**은 다음과 같다.

$$\begin{array}{l} a_{11}x_1 + a_{12}x_2 + \cdot \cdot \cdot + a_{1n}x_n = k_1 \\ a_{21}x_1 + a_{22}x_2 + \cdot \cdot \cdot + a_{2n}x_n = k_2 \\ \cdot \cdot \cdot \cdot \cdot \cdot \cdot \cdot \cdot \cdot \cdot \cdot \cdot \cdot \cdot \\ \cdot \cdot \cdot \cdot \cdot \cdot \cdot \cdot \cdot \cdot \cdot \cdot \cdot \cdot \cdot \\ \cdot \cdot \cdot \cdot \cdot \cdot \cdot \cdot \cdot \cdot \cdot \cdot \cdot \cdot \cdot \\ a_{n1}x_1 + a_{n2}x_2 + \cdot \cdot \cdot + a_{nn}x_n = k_n \end{array} \tag{7.40}$$

위 식은 직선과 일차방정식의 관계와 같이 각 변수 x_j에 대해 일차식으로 나타나기 때문에 이 연립방정식을 **선형**이라고 한다. 여기서, 우변의 $a_{11}, \cdots, a_{nn}$은 주어진 수로서 이 연립방정식의 **계수**이고, $k_1, \cdots, k_n$ 역시 주어진 수이다. 만약 k_j가 모두 0이면 이때의 식은 **제차 연립방정식**(homogeneous equation)이 되고, k_j 중에 하나가 0이 아니면 이때의 식은 **비제차 연립방정식**(nonhomogeneous equation)이 된다. **선형연립방정식**은 간단히 **선형계**(linear system)라고도 하며, 이는 공학, 통계학, 경제학 등 많은 분야의 여러 가지 응용문제, 즉 교통 흐름, 전력계통망, 상품 시장 모델 등에서 나타난다. 따라서 선형연립방정식의 해를 구하는 것은 중요한 것이고, 이 절에서는 **가우스**(Gauss)**소거법**에 의한 **선형연립방정식**의 **해법**을 공부해 본다.

식 (7.40)의 n개의 방정식을 하나의 벡터방정식으로 표현하면 다음과 같이 된다.

$$\mathbf{A}\mathbf{x} = \mathbf{k} \tag{7.41}$$

여기서, 계수행렬 A, 열벡터인 $\mathbf{x}$(해벡터) 및 $\mathbf{k}$는 각각 다음과 같다.

$$\mathrm{A} = \begin{bmatrix} a_{11} & a_{12} & \bullet\bullet\bullet & a_{1n} \\ a_{21} & a_{22} & \bullet\bullet\bullet & a_{2n} \\ \bullet & \bullet & \bullet\bullet\bullet & \bullet \\ \bullet & \bullet & \bullet\bullet\bullet & \bullet \\ \bullet & \bullet & \bullet\bullet\bullet & \bullet \\ a_{n1} & a_{n2} & \bullet\bullet\bullet & a_{nn} \end{bmatrix}, \quad \mathbf{x} = \begin{Bmatrix} x_1 \\ x_2 \\ \bullet \\ \bullet \\ \bullet \\ x_n \end{Bmatrix}, \quad \mathbf{k} = \begin{Bmatrix} k_1 \\ k_2 \\ \bullet \\ \bullet \\ \bullet \\ k_n \end{Bmatrix} \tag{7.42}$$

다음으로, 행렬

$$\widetilde{\mathrm{A}} = \left[\begin{array}{cccc|c} a_{11} & a_{12} & \bullet\bullet\bullet & a_{1n} & k_1 \\ a_{21} & a_{22} & \bullet\bullet\bullet & a_{2n} & k_2 \\ \bullet & \bullet & \bullet\bullet\bullet & \bullet & \bullet \\ \bullet & \bullet & \bullet\bullet\bullet & \bullet & \bullet \\ \bullet & \bullet & \bullet\bullet\bullet & \bullet & \bullet \\ a_{n1} & a_{n2} & \bullet\bullet\bullet & a_{nn} & k_n \end{array}\right] \tag{7.43}$$

을 연립방정식 (7.40)의 **첨가행렬**(augmented matrix)이라고 정의한다. 여기서 행렬 내의 수직선은 연립방정식의 우변이라는 것을 강조하기 위해서 사용한 것으로 생략해도 된다.

첨가행렬 $\widetilde{\mathrm{A}}$는 연립방정식 (7.40)에 주어진 모든 수들을 포함하고 있기 때문에 연립방정식 (7.40)과 동일하게 취급될 수 있다. 따라서 **가우스**(Gauss)**소거법**에 의한 **선형 연립방정식**의 **해법**을 설명할 때, 연립방정식에 대응하는 **첨가행렬**을 먼저 쓰고 그 후에 방정식을 쓴다. 다음은 규모가 큰 연립방정식에도 체계적으로 상용될 수 있는 **가우스**(Gauss)**소거법**에 의한 해법을 각 단계별로 설명한 것이다.

1) **1단계** : x_1의 소거

식 (7.40)의 첫 번째 식[1단계의 **추축방정식**(pivot equation)]을 a_{11}[1단계의 **추축**(pivot)]으로 나누고, 그것의 a_{i1}배를 식 (7.40)의 i번째 식으로부터 뺀다($i = 2, \cdots, n$). 즉, 1단계의 x_1의 소거를 **첨가행렬**의 행연산으로 나타내면[식 (7.43)의 첨가행렬 $\widetilde{A}$의 첫 번째 행을 1단계의 **추축행**(pivot row)이라고 함]

$$\left[\begin{array}{ccccc|c} 1 & a_{12}^{(1)} & \cdots & & a_{1n}^{(1)} & k_1^{(1)} \\ 0 & a_{22}^{(1)} & \cdots & & a_{2n}^{(1)} & k_2^{(1)} \\ \cdot & \cdot & \cdots & & \cdot & \cdot \\ \cdot & \cdot & \cdots & & \cdot & \cdot \\ \cdot & \cdot & \cdots & & \cdot & \cdot \\ 0 & a_{n2}^{(1)} & \cdots & & a_{nn}^{(1)} & k_n^{(1)} \end{array}\right] \quad \begin{array}{c} 1\text{행} \div a_{11} \\ 2\text{행} - a_{21} \times (1\text{행} \div a_{11}) \\ \vdots \\ n\text{행} - a_{n1} \times (1\text{행} \div a_{11}) \end{array}$$

이 되고, 방정식으로 나타내면

$$\begin{aligned} x_1 + a_{12}^{(1)} x_2 + \cdots + a_{1n}^{(1)} x_n &= k_1^{(1)} \\ a_{22}^{(1)} x_2 + \cdots + a_{2n}^{(1)} x_n &= k_2^{(1)} \\ &\cdots \\ a_{n2}^{(1)} x_2 + \cdots + a_{nn}^{(1)} x_n &= k_n^{(1)} \end{aligned}$$

이 된다.

2) **2단계** : x_2의 소거

위의 1단계에서 **추축방정식**으로 사용한 첫 번째 방정식은 그대로 둔다. 그 다음에, 2단계의 새로운 **추축방정식**으로 1단계의 두 번째 방정식을 선택한다. 이때, **추축**은 x_2의 계수인 $a_{22}^{(1)}$이 된다. 1단계와 같은 방법으로, 2단계 **추축방정식** $a_{22}^{(1)}x_2 + \cdots + a_{2n}^{(1)}x_n = k_2^{(1)}$을 2단계 추축 $a_{22}^{(1)}$으로 나누고, 그것의 $a_{i1}^{(1)}$배를 1단계의 i번째 식으로부터 뺀다($i = 3, \cdots, n$). 즉, 2단계의 x_2의 소거를 **첨가행렬**의 행연산으로 나타내면 [1단계 첨가행렬의 두 번째 행을 2단계의 **추축행**(pivot row)이라고 함]

$$\left[\begin{array}{ccccc|c} 1 & a_{12}^{(1)} & \cdots & & a_{1n}^{(1)} & k_1^{(1)} \\ 0 & 1 & a_{23}^{(2)} & \cdots & a_{2n}^{(2)} & k_2^{(2)} \\ \cdot & 0 & a_{33}^{(2)} & \cdots & a_{3n}^{(2)} & k_3^{(2)} \\ \cdot & \cdot & \cdots & & \cdot & \cdot \\ \cdot & \cdot & \cdots & & \cdot & \cdot \\ 0 & 0 & a_{n3}^{(2)} & \cdots & a_{nn}^{(2)} & k_n^{(2)} \end{array}\right] \quad \begin{array}{c} 1\text{단계 } 1\text{행} \\ 1\text{단계 } 2\text{행} \div a_{22}^{(1)} \\ 1\text{단계 } 3\text{행} - a_{32}^{(1)} \times \left(1\text{단계 } 2\text{행} \div a_{22}^{(1)}\right) \\ \vdots \\ 1\text{단계 } n\text{행} - a_{n2}^{(1)} \times \left(1\text{단계 } 2\text{행} \div a_{22}^{(1)}\right) \end{array}$$

가 되고, 방정식으로 나타내면

$$\begin{aligned} x_1 + a_{12}^{(1)}x_2 + \cdot\cdot\cdot\cdot + a_{1n}^{(1)}x_n &= k_1^{(1)} \\ x_2 + a_{23}^{(2)}x_3 + \cdot\cdot\cdot\cdot + a_{2n}^{(2)}x_n &= k_2^{(2)} \\ a_{33}^{(2)}x_3 + \cdot\cdot\cdot\cdot + a_{3n}^{(2)}x_n &= k_3^{(2)} \\ \cdot\cdot\cdot\cdot\cdot\cdot\cdot\cdot\cdot\cdot\cdot\cdot & \\ \cdot\cdot\cdot\cdot\cdot\cdot\cdot\cdot\cdot\cdot\cdot\cdot & \end{aligned}$$

가 된다.

3) n단계

위와 같은 방법으로, n단계의 소거를 한 후에 **첨가행렬**을 나타내면

$$\left[\begin{array}{cccc|c} 1 & a_{12}^{(1)} & \cdot\cdot\cdot & a_{1n}^{(1)} & k_1^{(1)} \\ 0 & 1 & a_{23}^{(2)}\ \cdot\cdot & a_{2n}^{(2)} & k_2^{(2)} \\ \cdot & 0 & 1\ a_{34}^{(3)}\ \cdot & a_{3n}^{(3)} & k_3^{(3)} \\ \cdot & \cdot & 0\ \cdot\cdot & \cdot & \cdot \\ \cdot & \cdot & \cdot\cdot\cdot & \cdot & \cdot \\ 0 & 0 & 0\ \cdot\cdot & a_{nn}^{(n)} & k_n^{(n)} \end{array}\right] \tag{1}$$

이 된다. 위의 행렬이 **가우스**(Gauss)**소거법**을 통하여 마지막으로 얻어지는 **첨가행렬**로 **행 사다리꼴**(row echelon form)이 된다. 위의 첨가행렬을 **연립방정식**으로 나타내면

$$\begin{aligned} x_1 + a_{12}^{(1)}x_2 + \cdot\cdot\cdot\cdot + a_{1n}^{(1)}x_n &= k_1^{(1)} \\ x_2 + a_{23}^{(2)}x_3 + \cdot\cdot\cdot\cdot + a_{2n}^{(2)}x_n &= k_2^{(2)} \\ x_3 + a_{34}^{(3)}x_4 + \cdot\cdot + a_{3n}^{(3)}x_n &= k_3^{(3)} \\ \cdot\cdot\cdot\cdot\cdot\cdot\cdot\cdot\cdot & \\ \cdot\cdot\cdot\cdot\cdot & \end{aligned} \tag{2}$$

이 된다.

4) 후치환

후치환(back substitution)은 **가우스**(Gauss)**소거법**에 의한 **해**를 구하는 최종단계로, n단계에서 얻어진 위삼각형 형태의 **연립방정식** (2)에서 첫 번째 방정식까지 아래로부터 계산하면, 먼저 x_n이 구해지고, 그 다음에 $x_{n-1}, \cdots, x_2, x_1$을 차례로 구할 수 있다.

위의 **가우스**(Gauss)**소거법**에서는 다음과 같은 3가지 **기본 행연산**이 사용된다.

① 두 행을 교환하는 것

② 한 행의 상수배를 다른 행에 더하는(빼는) 것

③ 한 행에 0이 아닌 상수를 곱하는 것(한 행을 0이 아닌 상수로 나누는 것)

이러한 기본 행연산을 하여도 선형연립방정식의 해집합은 바뀌지 않는다.

예제 7.8

다음 선형연립방정식의 해를 가우스(Gauss)소거법을 사용하여 구하시오.

$$3x_1+6x_2-2x_3=9$$

$$2x_1-3x_2+5x_3=11$$

$$x_1+x_2-x_3=0$$

풀이

주어진 선형연립방정식의 첨가행렬 $\widetilde{\mathrm{A}}=\left[\begin{array}{ccc|c}3 & 6 & -2 & 9\\ 2 & -3 & 5 & 11\\ 1 & 1 & -1 & 0\end{array}\right]$에 대하여, 다음과 같이 단계별로 기본 행연산을 하여 후치환을 위한 위삼각행렬의 형태를 만든다.

1) 계산의 편이를 위하여, 첨가행렬 $\widetilde{\mathrm{A}}$의 1행과 3행을 교환한다. 이 경우, 첨가행렬은 다음과 같이 변형된다.

$$\left[\begin{array}{ccc|c}1 & 1 & -1 & 0\\ 2 & -3 & 5 & 11\\ 3 & 6 & -2 & 9\end{array}\right] \tag{1}$$

2) **1단계** : x_1의 소거

변형된 첨가행렬 (1)의 1행을 1단계의 추축행으로 한 후, x_1의 소거를 다음과 같이 실시한다.

$$\left[\begin{array}{ccc|c}1 & 1 & -1 & 0\\ 0 & -5 & 7 & 11\\ 0 & 3 & 1 & 9\end{array}\right]\begin{array}{c}\text{행렬}(1)\text{의 }1\text{행}\\ \text{행렬}(1)\text{의 }2\text{행}-2\times\text{행렬}(1)\text{의 }1\text{행}\\ \text{행렬}(1)\text{의 }3\text{행}-3\times\text{행렬}(1)\text{의 }1\text{행}\end{array} \tag{2}$$

3) **2단계** : x_2의 소거

위의 1단계에서 추축행으로 사용한 변형된 첨가행렬 (2)의 1행은 그대로 둔다. 1단계의 변형된 첨가행렬 (2)의 2행을 2단계의 추축행으로 한 후, x_2의 소거를 다음과 같이 실시한다.

$$\left[\begin{array}{ccc|c}1 & 1 & -1 & 0\\ 0 & 1 & -7/5 & -11/5\\ 0 & 0 & 26/5 & 78/5\end{array}\right]\begin{array}{c}\text{행렬}(1)\text{의 }1\text{행}\\ \text{행렬}(2)\text{의 }2\text{행}\div(-5)\\ \text{행렬}(2)\text{의 }3\text{행}-3\times[\text{행렬}(2)\text{의 }2\text{행}\div(-5)]\end{array} \tag{3}$$

4) **후치환**

위삼각행렬 (3)에서 1행까지 아래로부터 계산하면

먼저, $\frac{26}{5}x_3 = \frac{78}{5}$로부터, $x_3 = 3$,

그 다음으로, $x_2 - \frac{7}{5}x_3 = -\frac{11}{5}$로부터, $x_2 = -\frac{11}{5} + \frac{7}{5}x_3 = -\frac{11}{5} + \frac{7}{5} \times 3 = 2$,

마지막으로, $x_1 + x_2 - x_3 = 0$으로부터, $x_1 = -x_2 + x_3 = -2 + 3 = 1$

이 얻어진다.

(2) 행렬의 계수(rank)

같은 수의 성분을 가진 n개의 벡터 $\mathbf{a}_{(1)}, \mathbf{a}_{(2)}, \cdots, \mathbf{a}_{(n)}$에 대해, 이들 벡터의 **1차결합**이란 임의의 스칼라에 대하여

$$c_1\mathbf{a}_{(1)} + c_2\mathbf{a}_{(2)} + \cdots + c_n\mathbf{a}_{(n)} \tag{7.44}$$

과 같이 나타낸 것을 말한다. 방정식

$$c_1\mathbf{a}_{(1)} + c_2\mathbf{a}_{(2)} + \cdots + c_n\mathbf{a}_{(n)} = 0 \tag{7.45}$$

을 고려하면, 이 방정식은 모든 c_j의 값이 0일 때 성립한다. 만약 이것이 식 (7.45)를 만족하는 유일한 n개의 스칼라라면, 벡터 $\mathbf{a}_{(1)}, \mathbf{a}_{(2)}, \cdots, \mathbf{a}_{(n)}$이 **1차독립** 집합을 형성한다고 하고, 이들 벡터를 1차독립이라고 말한다. 그러나 모두 0이 아닌 스칼라 집합에 대해서도 식 (7.45)가 성립한다면 이 벡터들을 **1차종속**이라고 말한다. 왜냐하면 이 경우에는 벡터 중 최소한 하나 이상을 다른 벡터들의 1차결합으로 표현할 수 없기 때문이다.

행렬의 계수(rank)는 **1차독립**인 행벡터의 최대 수를 말한다. 즉, 행렬 A에서 **1차독립**인 행벡터의 최대 수를 행렬 A의 **계수**(rank)라고 정의하며, rank(A)로 나타낸다.

미지수가 n개인 선형연립방정식 (7.40)의 계수행렬을 A[식 (7.42) 참조], 첨가행렬을 $\widetilde{A}$[식 (7.43) 참조]라고 할 때, 다음이 성립한다.

1) rank(A)=rank($\widetilde{\mathrm{A}}$)$=n$일 때, 선형연립방정식 (7.40)은 **유일한 해**를 갖는다.
2) rank(A)=rank($\widetilde{\mathrm{A}}$)$<n$일 때, 선형연립방정식 (7.40)은 **무수히 많은 해**를 갖는다.
3) rank(A)<rank($\widetilde{\mathrm{A}}$)일 때, 선형연립방정식 (7.40)은 **해를 갖지 않는다.**

예제 7.9

다음 행렬 $\widetilde{A}$의 계수(rank)를 구하시오.

$$\widetilde{A}=\begin{bmatrix} 1 & 0 & 2 & -2 & -1 \\ 3 & 2 & -1 & 0 & 6 \\ -1 & -2 & 5 & 6 & -8 \\ 4 & 2 & 1 & 3 & 5 \end{bmatrix}$$

풀이

주어진 행렬 $\widetilde{A}$에 대하여 다음과 같이 단계별로 기본 행연산을 시행하면, 그 결과로부터 행렬 $\widetilde{A}$의 계수(rank)를 알 수 있다.

1) **1단계**

행렬 $\widetilde{A}$의 1행을 1단계의 추축행으로 한 후, 소거를 다음과 같이 실시한다.

$$\begin{bmatrix} 1 & 0 & 2 & -2 & -1 \\ 0 & 2 & -7 & 6 & 9 \\ 0 & -2 & 7 & 4 & -9 \\ 0 & 2 & -7 & 11 & 9 \end{bmatrix} \begin{matrix} \text{행렬 }\widetilde{A}\text{의 1행} \\ \text{행렬 }\widetilde{A}\text{의 2행}-3\times\text{행렬 }\widetilde{A}\text{의 1행} \\ \text{행렬 }\widetilde{A}\text{의 3행}-(-1)\times\text{행렬 }\widetilde{A}\text{의 1행} \\ \text{행렬 }\widetilde{A}\text{의 4행}-4\times\text{행렬 }\widetilde{A}\text{의 1행} \end{matrix} \qquad (1)$$

2) **2단계**

위의 1단계에서 추축행으로 사용한 행렬 (1)의 1행은 그대로 둔다. 1단계의 변형된 행렬 (1)의 2행을 2단계의 추축행으로 한 후, 소거를 다음과 같이 실시한다.

$$\begin{bmatrix} 1 & 0 & 2 & -2 & -1 \\ 0 & 1 & -7/2 & 3 & 9/2 \\ 0 & 0 & 0 & 10 & 0 \\ 0 & 0 & 0 & 5 & 0 \end{bmatrix} \begin{matrix} \text{행렬 }\widetilde{A}\text{의 1행} \\ \text{행렬 (1)의 2행}\div 2 \\ \text{행렬 (1)의 3행}-(-2)\times[\text{행렬 (1)의 2행}\div 2] \\ \text{행렬 (1)의 4행}-2\times[\text{행렬 (1)의 2행}\div 2] \end{matrix} \qquad (2)$$

3) **3단계**

위의 1단계에서 추축행으로 사용한 행렬 (1)의 1행과 2단계에서 추축행으로 사용한 행렬 (2)의 2행은 그대로 둔다. 2단계의 변형된 행렬 (2)의 3행을 3단계의 추축행으로 한 후, 소거를 다음과 같이 실시한다.

$$\begin{bmatrix} 1 & 0 & 2 & -2 & -1 \\ 0 & 1 & -7/2 & 3 & 9/2 \\ 0 & 0 & 0 & 1 & 0 \\ 0 & 0 & 0 & 0 & 0 \end{bmatrix} \begin{matrix} \text{행렬 }\widetilde{A}\text{의 1행} \\ \text{행렬 (2)의 2행} \\ \text{행렬 (2)의 3행}\div 10 \\ \text{행렬 (2)의 4행}-5\times[\text{행렬 (2)의 3행}\div 10] \end{matrix} \qquad (3)$$

마지막 행렬 (3)은 행 사다리꼴이고 3개의 0이 아닌 행을 가진다. 따라서 $\mathrm{rank}(\widetilde{A})=3$이다.

(3) 기본 행연산에 의한 역행렬의 계산

정칙행렬 A를 **기본 행연산**에 의하여 단위행렬 I로 변형시키는 일련의 조작을 하면 **역행렬** A^{-1}을 구할 수 있다. 즉, A를 **아래삼각행렬**(L)과 **위삼각행렬**(U)의 곱 LU로 분해하여 A=LU라고 하면, 다음과 같이 행렬 A의 역행렬 A^{-1}이 구해진다.

$$[\mathrm{A\ I}] = [\mathrm{LU\ I}] \Rightarrow [\mathrm{U\ L}^{-1}] \Rightarrow [\mathrm{U}^{-1}\mathrm{U\ U}^{-1}\mathrm{L}^{-1}] \Rightarrow [\mathrm{I\ (LU)}^{-1}] = [\mathrm{I\ A}^{-1}]$$

다음 예제로부터 위의 기본 행연산에 의한 역행렬의 계산[이것은 일명 **가우스-요르단** (Gauss-Jordan)**소거법**에 의한 역행렬의 계산이라고도 함] 적용방법을 알아보자.

예제 7.10

다음 행렬 A의 역행렬 A^{-1}을 기본 행연산에 의해 구하시오.

$$A = \begin{bmatrix} 1 & 0 & 3 \\ 2 & 4 & 1 \\ 1 & 3 & 0 \end{bmatrix}$$

풀이

$$[\mathrm{A\ I}] = \begin{bmatrix} 1 & 0 & 3 & 1 & 0 & 0 \\ 2 & 4 & 1 & 0 & 1 & 0 \\ 1 & 3 & 0 & 0 & 0 & 1 \end{bmatrix}$$

위의 행렬 [A I]에 대하여, 다음과 같이 단계별로 기본 행연산을 시행하면 역행렬 A^{-1}이 구해진다. 즉,

1) **1단계**

행렬 [A I]의 1행을 1단계의 추축행으로 한 후, 소거를 다음과 같이 실시한다.

$$\begin{bmatrix} 1 & 0 & 3 & 1 & 0 & 0 \\ 0 & 4 & -5 & -2 & 1 & 0 \\ 0 & 3 & -3 & -1 & 0 & 1 \end{bmatrix} \begin{matrix} [\mathrm{A\ I}]\text{ 행렬의 1행} \\ \text{행렬 }[\mathrm{A\ I}]\text{의 2행} - 2\times\text{ 행렬 }[\mathrm{A\ I}]\text{의 1행} \\ \text{행렬 }[\mathrm{A\ I}]\text{의 3행} - 1\times\text{ 행렬 }[\mathrm{A\ I}]\text{의 1행} \end{matrix} \quad (1)$$

2) 계산의 편이를 위하여, 행렬 (1)의 2행과 3행을 교환한다. 이 경우, 행렬 (1)은 다음과 같이 변형된다.

$$\begin{bmatrix} 1 & 0 & 3 & 1 & 0 & 0 \\ 0 & 3 & -3 & -1 & 0 & 1 \\ 0 & 4 & -5 & -2 & 1 & 0 \end{bmatrix} \quad (2)$$

3) **2단계**

위의 1단계에서 추축행으로 사용한 행렬 (1)의 1행은 그대로 둔다. 행렬 (2)의 2행을 2단계의 추축행으로 한 후, 소거를 다음과 같이 실시한다.

$$\begin{bmatrix} 1 & 0 & 3 & 1 & 0 & 0 \\ 0 & 1 & -1 & -1/3 & 0 & 1/3 \\ 0 & 0 & -1 & -2/3 & 1 & -4/3 \end{bmatrix} \begin{matrix} [\mathrm{A\ I}]\text{ 행렬의 1행} \\ \text{행렬 (2)의 2행} \div 3 \\ \text{행렬 (2)의 3행} - 4\times[\text{행렬 (2)의 2행} \div 3] \end{matrix} \quad (3)$$

4) **3단계**

2단계의 변형된 행렬 (3)의 3행을 3단계의 추축행으로 한 후, 소거를 다음과 같이 실시한다.

$$\begin{bmatrix} 1 & 0 & 0 & -1 & 3 & -4 \\ 0 & 1 & 0 & 1/3 & -1 & 5/3 \\ 0 & 0 & 1 & 2/3 & -1 & 4/3 \end{bmatrix} \begin{matrix} \text{행렬 (3)의 1행} - 3\times[\text{행렬 (3)의 3행} \div (-1)] \\ \text{행렬 (3)의 2행} - (-1)\times[\text{행렬 (3)의 3행} \div (-1)] \\ \text{행렬 (3)의 3행} \div (-1) \end{matrix} \quad (4)$$

마지막 행렬 (4)는

$$\begin{bmatrix} 1 & 0 & 0 & -1 & 3 & -4 \\ 0 & 1 & 0 & 1/3 & -1 & 5/3 \\ 0 & 0 & 1 & 2/3 & -1 & 4/3 \end{bmatrix} = [\mathrm{I}\ \mathrm{A}^{-1}]$$

이므로, 따라서 구하고자 하는 역행렬은 $\mathrm{A}^{-1} = \begin{bmatrix} -1 & 3 & -4 \\ 1/3 & -1 & 5/3 \\ 2/3 & -1 & 4/3 \end{bmatrix}$가 된다.

7.6 선형변환

(1) 선형변환의 정의

행렬은 단지 수를 나열한 것만이 아니고 **선형변환**(linear transformation)으로서의 측면을 가지고 있다. 자연현상을 기술하는 방정식에는 선형변환을 이용하여 나타낼 수 있는 것이 많기 때문에, 선형변환으로서의 행렬 이론은 매우 중요하다. 선형변환은 다음과 같이 정의할 수 있다.

정의 7.6

임의의 n차원 벡터 a, b와 임의의 스칼라 c에 대하여, n차원 **벡터공간**(n차원 벡터의 집합)에서 m차원 **벡터공간**으로 **사상**(mapping) F가

$$F(\mathrm{a}+\mathrm{b}) = F(\mathrm{a}) + F(\mathrm{b}),\ \ F(c\mathrm{a}) = cF(\mathrm{a}) \tag{7.46}$$

를 만족할 때, F를 **선형변환** 또는 **선형사상**(linear mapping)이라고 한다.

선형변환[선형사상 또는 선형연산자(linear operator)]에서는 다음의 정리가 성립한다.

정리 7.11

F가 n차원 벡터공간에서 m차원 벡터공간으로 **선형변환**일 때, 대응하는 $m \times n$행렬 A가 존재하고

$$F(\mathrm{a}) = \mathrm{Aa} \tag{7.47}$$

가 성립한다.

증명

$\mathbf{e}_i$를 **표준기저**(standard basis)로 택하면, 식 (7.6)에 의하여 임의의 벡터 **a**는 $\mathbf{a}=a_1\mathbf{e}_1+a_2\mathbf{e}_2+\cdots+a_n\mathbf{e}_n$으로 표기된다. F가 선형변환일 때

$$F(\mathrm{a}) = a_1F(\mathrm{e}_1)+a_2F(\mathrm{e}_2)+\cdots+a_nF(\mathrm{e}_n) \tag{7.48}$$

이 되므로, 행렬 **A**는 $\mathbf{A}=[F(\mathbf{e}_1), F(\mathbf{e}_2), \cdots, F(\mathbf{e}_n)]$이 된다. 따라서 식 (7.48)은 $F(\mathbf{a})=\mathbf{Aa}$라고 쓸 수 있다.

이 행렬 **A**를 **선형변환** F의 **표현행렬**(representation matrix)이라고 부른다.

예제 7.11

다음과 같은 식으로 표기되는 선형변환 F의 표현행렬 A를 구하고, F에 의한 벡터 $\mathrm{a}=\begin{Bmatrix}5\\4\end{Bmatrix}$의 사상 $F(\mathrm{a})$를 구하시오.

$$y_1 = 3x_1 - x_2$$
$$y_2 = x_1 - 2x_2$$

풀이

주어진 식으로 표기되는 선형변환 F를 행렬을 이용하여 나타내면

$$\begin{Bmatrix}y_1\\y_2\end{Bmatrix}=\begin{bmatrix}3 & -1\\1 & -2\end{bmatrix}\begin{Bmatrix}x_1\\x_2\end{Bmatrix}$$

가 된다. 따라서 F의 표현행렬 $\mathrm{A}=\begin{bmatrix}3 & -1\\1 & -2\end{bmatrix}$이 되고, 벡터 $\mathrm{a}=\begin{Bmatrix}5\\4\end{Bmatrix}$의 F에 의한 사상(mapping)은 $F(\mathrm{a})=\mathrm{Aa}=\begin{bmatrix}3 & -1\\1 & -2\end{bmatrix}\begin{Bmatrix}5\\4\end{Bmatrix}=\begin{Bmatrix}11\\-3\end{Bmatrix}$이 된다.

(2) 선형변환의 합성

F, G를 각각 선형변환 $F(\mathrm{a})=\mathrm{b}$, $G(\mathrm{b})=\mathrm{c}$라고 하면, $\mathrm{c}=G(F(\mathrm{a})$가 된다. 이 경우, $\mathrm{c}=G(F(\mathrm{a})$는 a에서 c로 가는 선형변환이다. 이러한 선형변환을 F와 G의 선형변환의 **합성**(composition)이라고 부르고, $G\circ F$로 표기한다. 즉, 선형변환 F와 G의 표현행렬을 각각 A, B라고 하면

$$(G\circ F)(\mathrm{a}) = G(F(\mathrm{a}) = G(\mathrm{Aa}) = \mathrm{B}(\mathrm{Aa}) = (\mathrm{BA})\mathrm{a} \tag{7.49}$$

가 된다. 따라서 다음이 성립한다.

선형변환의 합성

선형변환 F와 G의 표현행렬을 각각 A, B라고 하면, F와 G의 선형변환의 **합성** $G \circ F$는 행렬 BA를 **표현행렬**로 하는 **선형변환**이다.

예제 7.12

선형변환 F와 G의 표현행렬이 각각 $A = \begin{bmatrix} 3 & -1 \\ -2 & -5 \end{bmatrix}$, $B = \begin{bmatrix} 1 & 0 \\ 2 & 3 \end{bmatrix}$일 때, 선형변환의 합성 $G \circ F$의 표현행렬을 구하시오.

풀이

$G \circ F$의 표현행렬은 $BA = \begin{bmatrix} 1 & 0 \\ 2 & 3 \end{bmatrix} \begin{bmatrix} 3 & -1 \\ -2 & -5 \end{bmatrix} = \begin{bmatrix} 3 & -1 \\ 0 & -17 \end{bmatrix}$이 된다.

(3) 역변환

선형변환 F의 **역변환**(inverse transformation)은 F^{-1}로 표기하며, 다음이 성립한다.

역변환

선형변환 F의 표현행렬을 A라고 하면, F의 **역변환**(inverse transformation) F^{-1}은 A가 **정칙행렬**인 경우에만 존재하고, F^{-1}의 **표현행렬**은 A^{-1}이다.

예제 7.13

선형변환 F의 표현행렬이 $A = \begin{bmatrix} 3 & -1 \\ -2 & -5 \end{bmatrix}$일 때, F의 역변환의 표현행렬과 $F(a) = \begin{Bmatrix} 4 \\ 3 \end{Bmatrix}$이 되는 벡터 a를 구하시오.

풀이

선형변환 F의 표현행렬이 $A = \begin{bmatrix} 3 & -1 \\ -2 & -5 \end{bmatrix}$일 때, $|A| = -17 \neq 0$이므로 A는 정칙행렬이다. 따라서 F의 역변환 F^{-1}은 존재하고, F^{-1}의 표현행렬은

$$A^{-1} = \begin{bmatrix} 3 & -1 \\ -2 & -5 \end{bmatrix}^{-1} = \begin{bmatrix} 5/17 & -1/17 \\ -2/17 & -3/17 \end{bmatrix}$$

이 된다.

식 (7.47) $F(a) = Aa$의 양변의 왼쪽에 A^{-1}을 곱하고 $AA^{-1} = I$를 이용하면, 역변환 $a = A^{-1}$

$F(\mathrm{a})$가 된다. 따라서 $F(\mathrm{a}) = \begin{Bmatrix} 4 \\ 3 \end{Bmatrix}$이 되는 벡터 a는

$$\mathrm{a} = \mathrm{A}^{-1}F(\mathrm{a}) = \mathrm{A}^{-1}\begin{Bmatrix} 4 \\ 3 \end{Bmatrix} = \begin{bmatrix} 5/17 & -1/17 \\ -2/17 & -3/17 \end{bmatrix}\begin{Bmatrix} 4 \\ 3 \end{Bmatrix} = \begin{Bmatrix} 1 \\ -1 \end{Bmatrix}$$

이 된다.

7.7 직교변환과 직교행렬

직교변환(orthogonal transformation)은 **직교행렬**(orthogonal matrix) A를 사용한

$$F(\mathrm{a}) = \mathrm{Aa} \tag{7.50}$$

와 같은 변환을 말한다. 이는 n차 실벡터공간 R^n에 속한 각 a에 대하여 R^n에 속한 각 $F(\mathrm{a})$를 대응하는 것으로, 예를 들면, 평면상에서 각도 θ만큼 회전하는 **직교변환**은

$$\begin{bmatrix} \cos\theta & -\sin\theta \\ \sin\theta & \cos\theta \end{bmatrix} \tag{7.51}$$

의 형태로 표시된다.

원점을 중심으로 하는 회전 및 원점을 통과하는 직선에 관한 대칭이동은 도형의 형태와 크기를 변화시키지는 않는다. 즉, 이러한 선형변형에 의하여 벡터의 크기와 각도는 변하지 않는다. 이러한 성질을 가진 **선형변환** F의 **표현행렬**을 $\mathrm{A} = \begin{bmatrix} a & b \\ c & d \end{bmatrix}$라고 하면, **표준기저** e_1, e_2는 서로 **직교**(orthogonal)하는 **단위벡터**이기 때문에 이들의 **사상**(mapping)

$$\begin{aligned} \mathrm{a}_1 &= F(\mathrm{e}_1) = \begin{bmatrix} a & b \\ c & d \end{bmatrix}\begin{Bmatrix} 1 \\ 0 \end{Bmatrix} = \begin{Bmatrix} a \\ c \end{Bmatrix} \\ \mathrm{a}_2 &= F(\mathrm{e}_2) = \begin{bmatrix} a & b \\ c & d \end{bmatrix}\begin{Bmatrix} 0 \\ 1 \end{Bmatrix} = \begin{Bmatrix} b \\ d \end{Bmatrix} \end{aligned} \tag{7.52}$$

도 서로 직교하는 단위벡터이다. 따라서

$$|\mathrm{a}_1|^2 = a^2 + c^2 = 1,\ |\mathrm{a}_2|^2 = b^2 + d^2 = 1,\ \mathrm{a}\cdot\mathrm{b} = ab + cd = 0$$

이 된다. 이때

$$A^TA = \begin{bmatrix} a & c \\ b & d \end{bmatrix}\begin{bmatrix} a & b \\ c & d \end{bmatrix} = \begin{bmatrix} a^2+c^2 & ab+cd \\ ab+cd & b^2+d^2 \end{bmatrix} = \begin{bmatrix} 1 & 0 \\ 0 & 1 \end{bmatrix} = I \quad (7.53)$$

가 성립한다. 따라서 직교행렬은 일반적으로 다음과 같이 정해진다.

직교행렬

$A^TA = AA^T = I$ 를 만족하는 **정방행렬** A를 **직교행렬**이라고 부른다.

$A^TA = AA^T = I$이기 때문에 **직교행렬** A는 **정칙행렬**이고 $A^{-1} = A^T$가 된다. 더욱이 $|A^TA| = I = 1$, $|A^T| = |A|$이기 때문에,

$$|A^TA| = |A^T||A| = |A|^2 = 1 \quad (7.54)$$

이 된다. 따라서 $|A| = \pm 1$이고, 직교행렬의 성질을 요약하면 다음과 같다.

직교행렬의 성질

1) $|A| = \pm 1$
2) $A^{-1} = A^T$

예제 7.14

다음 행렬에 대하여 열벡터가 상호 직교하고 있는 것을 확인하고, 크기가 1이 되는 직교행렬을 구하시오.

$$B = \begin{bmatrix} 3 & 4 \\ -2 & 6 \end{bmatrix}$$

풀이

주어진 행렬 $B = \begin{bmatrix} 3 & 4 \\ -2 & 6 \end{bmatrix}$의 열벡터를 $\mathbf{b}_1 = \begin{Bmatrix} 3 \\ -2 \end{Bmatrix}$, $\mathbf{b}_2 = \begin{Bmatrix} 4 \\ 6 \end{Bmatrix}$이라고 놓으면

$$\mathbf{b}_1 \cdot \mathbf{b}_2 = 3 \times 4 + (-2) \times 6 = 0$$

이기 때문에, $\mathbf{b}_1$, $\mathbf{b}_2$는 상호 직교한다.

$|\mathbf{b}_1| = \sqrt{3^2+(-2)^2} = \sqrt{13}$, $|\mathbf{b}_2| = \sqrt{4^2+6^2} = 2\sqrt{13}$ 이기 때문에

$$A = \begin{bmatrix} \frac{3}{\sqrt{13}} & \frac{4}{2\sqrt{13}} \\ \frac{-2}{\sqrt{13}} & \frac{6}{2\sqrt{13}} \end{bmatrix} = \begin{bmatrix} \frac{3}{\sqrt{13}} & \frac{2}{\sqrt{13}} \\ \frac{-2}{\sqrt{13}} & \frac{3}{\sqrt{13}} \end{bmatrix}$$

으로 하면, A는 직교행렬이 된다. 즉,

$$|A| = \begin{vmatrix} \frac{3}{\sqrt{13}} & \frac{2}{\sqrt{13}} \\ \frac{-2}{\sqrt{13}} & \frac{3}{\sqrt{13}} \end{vmatrix} = 1, \ A^{-1} = \begin{bmatrix} \frac{3}{\sqrt{13}} & \frac{2}{\sqrt{13}} \\ \frac{-2}{\sqrt{13}} & \frac{3}{\sqrt{13}} \end{bmatrix}^{-1} = \begin{vmatrix} \frac{3}{\sqrt{13}} & \frac{-2}{\sqrt{13}} \\ \frac{2}{\sqrt{13}} & \frac{3}{\sqrt{13}} \end{vmatrix} = A^T,$$

$$A^TA = \begin{bmatrix} \frac{3}{\sqrt{13}} & \frac{2}{\sqrt{13}} \\ \frac{-2}{\sqrt{13}} & \frac{3}{\sqrt{13}} \end{bmatrix} \begin{vmatrix} \frac{3}{\sqrt{13}} & \frac{-2}{\sqrt{13}} \\ \frac{2}{\sqrt{13}} & \frac{3}{\sqrt{13}} \end{vmatrix} = \begin{vmatrix} 1 & 0 \\ 0 & 1 \end{vmatrix} = I,$$

$$AA^T = \begin{vmatrix} \frac{3}{\sqrt{13}} & \frac{-2}{\sqrt{13}} \\ \frac{2}{\sqrt{13}} & \frac{3}{\sqrt{13}} \end{vmatrix} = \begin{bmatrix} \frac{3}{\sqrt{13}} & \frac{2}{\sqrt{13}} \\ \frac{-2}{\sqrt{13}} & \frac{3}{\sqrt{13}} \end{bmatrix} = \begin{vmatrix} 1 & 0 \\ 0 & 1 \end{vmatrix} = I$$

를 만족하므로, 위의 정방행렬 A는 주어진 행렬 B의 직교행렬이다.

TIP. 좌표변환행렬(직교변환)의 유도

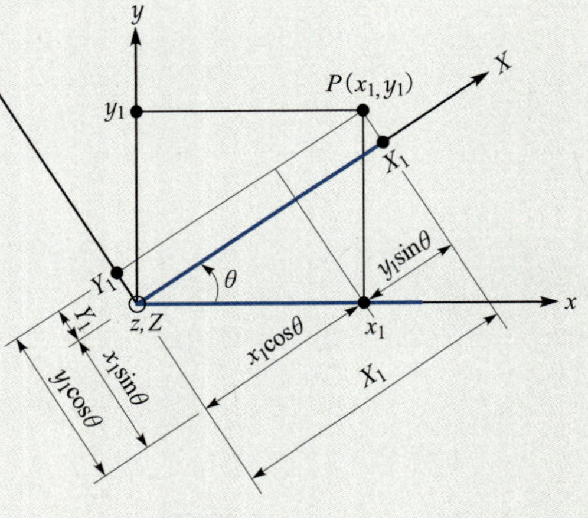

위 그림을 사용하여 **자유도**(degree of freedom, 1개의 절점에서 고려한 변위성분의 수를 자유도라고 함)가 3인 경우에 대한 **국부좌표계**(x, y, z축)에서 **전체좌표계**로(X, Y, Z축)의 **좌표변환행렬**[방향여현(direction cosine)] $[R]$을 유도하면 다음과 같다. 즉,

$$X_1 = x_1 \cos\theta + y_1 \sin\theta, \ Y_1 = -x_1 \sin\theta + y_1 \cos\theta, \ Z_1 = z_1$$

위 식을 행렬식으로 나타내면,

$$\begin{Bmatrix} X_1 \\ Y_1 \\ Z_1 \end{Bmatrix} = \begin{bmatrix} \cos\theta & \sin\theta & 0 \\ -\sin\theta & \cos\theta & 0 \\ 0 & 0 & 1 \end{bmatrix} \begin{Bmatrix} x_1 \\ y_1 \\ z_1 \end{Bmatrix} = [R] \begin{Bmatrix} x_1 \\ y_1 \\ z_1 \end{Bmatrix}$$

따라서

$$[R]=\begin{bmatrix}\cos\theta & \sin\theta & 0\\ -\sin\theta & \cos\theta & 0\\ 0 & 0 & 1\end{bmatrix}=\begin{bmatrix}L_{Xx} & L_{Xy} & L_{Xz}\\ L_{Yx} & L_{Yy} & L_{Yz}\\ L_{Zx} & L_{Zy} & L_{Zz}\end{bmatrix}$$

여기서 L_{Xx}는 X축과 x축이 이루는 각도 θ_{Xx}의 방향여현, 즉 $L_{Xx}=\cos\theta_{Xx}$이다. 같은 방법으로, L_{Xy}는 X축과 y축이 이루는 각도 θ_{Xy}의 방향여현, 즉 $L_{Xy}=\cos\theta_{Xy}$이다.

참고로, $L_{Xz}=L_{Yz}=L_{Zx}=L_{Zy}=\cos 90^\circ=0$이고 $L_{Zz}=\cos\theta_{Zz}=\cos 0^\circ=0$이므로

$$[R]=\begin{bmatrix}L_{Xx} & L_{Xy} & L_{Xz}\\ L_{Yx} & L_{Yy} & L_{Yz}\\ L_{Zx} & L_{Zy} & L_{Zz}\end{bmatrix}=\begin{bmatrix}L_{Xx} & L_{Xy} & 0\\ L_{Yx} & L_{Yy} & 0\\ 0 & 0 & 1\end{bmatrix}$$

최종적으로, 6×6자유도에서 좌표변환행렬 $[R]$을 나타내면 다음과 같이 된다,

$$[R]=\begin{bmatrix}L_{Xx} & L_{Xy} & 0 & 0 & 0 & 0\\ L_{Yx} & L_{Yy} & 0 & 0 & 0 & 0\\ 0 & 0 & 1 & 0 & 0 & 0\\ 0 & 0 & 0 & L_{Xx} & L_{Xy} & 0\\ 0 & 0 & 0 & L_{Yx} & L_{Yx} & L_{Yy}\\ 0 & 0 & 0 & 0 & 0 & 1\end{bmatrix}$$

위의 좌표변환행렬은 공학의 **유한요소법** 등의 분야에서 실제로 많이 적용되는 내용이다.

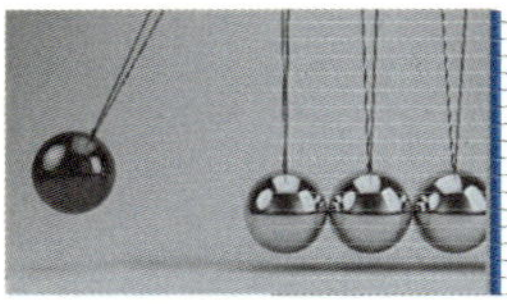

연습문제

7.1 다음 행렬을 구하시오.

(1) $\begin{bmatrix} 1 & -2 & 3 \\ -4 & 5 & -5 \end{bmatrix} + \begin{bmatrix} 3 & 2 & -1 \\ 4 & 1 & 3 \end{bmatrix}$ (2) $2\begin{bmatrix} 3 & 5 \\ 2 & 1 \end{bmatrix} - \begin{bmatrix} 1 & 1 \\ -2 & -1 \end{bmatrix}$

7.2 $A=\begin{bmatrix} 3 & 2 \\ 0 & 4 \end{bmatrix}$, $B=\begin{bmatrix} 1 & 4 \\ -2 & 6 \end{bmatrix}$일 때, 다음 식을 만족하는 행렬 C를 구하시오.

(1) $3C-A=C+A$ (2) $3(C-B)=A$

7.3 다음 행렬의 곱을 구하시오.

(1) $\begin{bmatrix} 4 & 1 & 2 \\ 3 & 5 & 1 \end{bmatrix}\begin{Bmatrix} 2 \\ 3 \\ 5 \end{Bmatrix}$ (2) $\begin{bmatrix} 1 & 2 \\ 3 & 4 \end{bmatrix}\begin{bmatrix} 5 & 6 \\ 7 & 9 \end{bmatrix}$

(3) $\begin{bmatrix} 1 & 0 \\ 0 & 1 \end{bmatrix}\begin{Bmatrix} a_1 \\ a_2 \end{Bmatrix}$ (4) $\begin{bmatrix} a & 0 \\ 0 & b \end{bmatrix}\begin{bmatrix} e & 0 \\ 0 & f \end{bmatrix}$

7.4 $A=\begin{bmatrix} 1 & -2 & 4 \\ -3 & 2 & 5 \end{bmatrix}$, $B=\begin{bmatrix} -2 & 3 \\ -1 & 0 \\ 2 & 6 \end{bmatrix}$일 때, 다음 식을 구하시오.

(1) AB (2) BA

7.5 다음 행렬식의 값을 여인수 전개를 하여 구하시오.

(1) $|A|=\begin{vmatrix} 1 & 2 & 3 \\ 0 & 0 & 4 \\ 5 & 6 & 8 \end{vmatrix}$ (2) $|A|=\begin{vmatrix} 1 & -3 & -5 & 2 \\ 0 & 1 & 2 & 0 \\ 4 & -1 & -1 & 8 \\ 3 & 3 & 4 & 5 \end{vmatrix}$

7.6 다음 행렬 A의 역행렬 A^{-1}을 구하시오.

(1) $A=\begin{bmatrix}2 & 1\\5 & 6\end{bmatrix}$

(2) $A=\begin{bmatrix}2 & 3 & 3\\3 & 2 & -1\\2 & 4 & 8\end{bmatrix}$

7.7 다음 선형연립방정식의 해를 구하시오.

(1) $2x_1+3x_2=3$
$4x_1+5x_2=5$

(2) $2x+3y+2z=3$
$3x+2y+2z=2$
$2x+2y+3y=3$

7.8 다음 그림과 같은 휘트스톤 브릿지(Wheatstone bridge)에서 내부저항 R_G의 검류계 G에 흐르는 전류 I_G를 구하고, 브릿지의 평형조건 $I_G=0$이 되기 위한 조건을 구하시오.

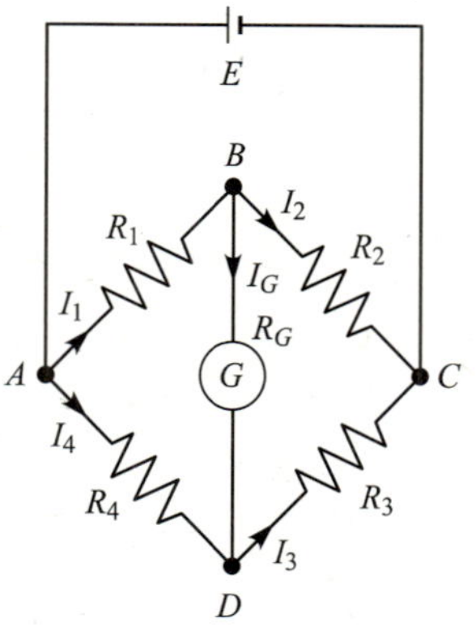

그림 연습문제 7.8 휘트스톤 브릿지

7.9 다음 선형연립방정식의 해를 가우스(Gauss)소거법을 사용하여 구하시오.

(1) $x_1+2x_2=1$
$2x_1+3x_2=9$

(2) $x_2+3x_3=5$
$x_1+3x_2+9x_3=8$
$2x_1+4x_2+15x_3=18$

(3) $x_1-3x_2+6x_3=1$
$x_1-2x_2+4x_3=2$
$3x_1-7x_2+14x_3=5$

(4) $x_1-3x_2+6x_3=1$
$x_1-2x_2+4x_3=2$
$3x_1-7x_2+14x_3=6$

7.10 다음 선형연립방정식이 자명한 해가 아닌 해를 갖는지 여부를 판정하시오.

(1) $x_1+2x_2=0$

$3x_1+5x_2=0$

(2) $2x_1-8x_2+11x_3=0$

$5x_1+6x_2-9x_3=0$

(3) $x_1+4x_2+x_3=0$

$3x_1-3x_2+x_3=0$

$4x_1+x_2+3x_3=0$

7.11 다음 행렬 A의 역행렬 A-1을 기본 행연산에 의해 구하시오.

(1) $A=\begin{bmatrix}2 & 6\\4 & 10\end{bmatrix}$

(2) $A=\begin{bmatrix}2 & -4 & 8\\0 & -1 & 2\\-1 & -3 & -2\end{bmatrix}$

7.12 다음과 같은 식으로 표기되는 선형변환 F의 표현행렬 A를 구하고, F에 의한 벡터 $a=\begin{Bmatrix}3\\2\end{Bmatrix}$의 사상 $F(a)$를 구하시오.

$$y_1=2x_1-2x_2$$
$$y_2=-3x_1+2x_2$$

7.13 2차원 평면 xy직교좌표계에서 원점을 중심으로 $\frac{\pi}{2}$ 회전하는 변환을 F, y축방향으로 2배 늘어나는 변환을 G라고 할 때, 회전한 후에 늘어나는 합성변환 $G\circ F$의 표현행렬 그리고 늘어난 후에 회전하는 합성변환 $F\circ G$의 표현행렬을 구하고, 점 (2, 4)는 각각 어느 정도 움직이는 가를 계산하시오.

7.14 선형변환 F의 표현행렬이 $A=\begin{bmatrix}4 & 1\\1 & -2\end{bmatrix}$일 때, F의 역변환의 표현행렬과 $F(a)=\begin{Bmatrix}6\\-2\end{Bmatrix}$가 되는 벡터 a를 구하시오.

7.15 다음 행렬에 대하여 열벡터가 상호 직교하고 있는 것을 확인하고, 크기가 1이 되는 직교행렬을 구하시오.

$$B=\begin{bmatrix}1 & -12\\3 & 4\end{bmatrix}$$

CHAPTER 08

벡터 내적, 외적, 기울기, 발산, 회전

8.1 벡터와 내적

벡터미적분은 공간상에서 곡선과 곡면에 관한 미적분학으로서 19세기에 물리학 문제와 연관되어 탄생하고 발전하였다. 8, 9장에서 배우는 **벡터장**(vector field)의 **기울기**, **발산**, **회전**, **벡터미적분**은 고체역학, 유체역학, 공기역학, 항공학, 열역학, 정전기학, 로봇학, 레이저기술, 양자물리학 등의 많은 분야에 활용되고 있을 뿐만이 아니라 다른 많은 학문 분야에서도 다양하게 응용되고 있다.

(1) 좌표공간

3차원 공간에서 그림 8.1과 같은 xyz **직교좌표계**(Cartesian coordinate system, 서로 수직인 직교좌표축에서 같은 척도를 갖는 좌표계)의 공간상 좌표를 정하여 보자. 그림 8.1에서 O를 **원점**이라 하고, 이 공간상의 원점 O에서 서로 수직인 **좌표축**을 각각 x축, y축, z축이라 부른다. 또, x축과 y축, y축과 z축, z축과 x축을 포함하는 평면을 각각 xy평면, yz평면, zx평면이라 부른다.

공간상의 임의의 점 A에 대하여, A점을 통과하고 yz평면, zx평면, xy평면에 평형한 평면과 x축, y축, z축이 만나는 점을 각각 a_1, a_2, a_3이라고 할 때, (a_1, a_2, a_3)을 점 A의 **좌표**라고 부른다. 점 A의 좌표를 표시하는 (a_1, a_2, a_3)에서 a_1, a_2, a_3을 각각 점 A의 x좌표, y좌표, z좌표라 한다. 따라서 원점 O의 좌표는 (0,0,0)이다. 그리고 좌표가 정해진 공간을 **좌표공간**이라 부른다.

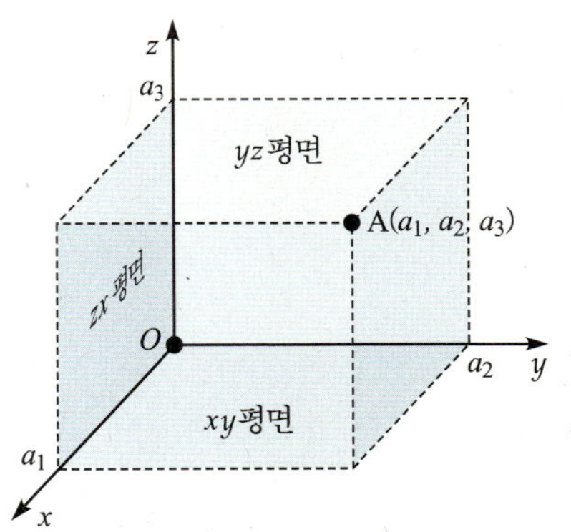

그림 8.1 직교좌표계

(2) 벡터

공간상의 점 A를 **시작점**(initial point), 점 B를 **끝점**(terminal point)으로 하는 **벡터**를 $\overrightarrow{AB}$로 나타낸다. 시작점과 끝점이 불분명한 경우에는 볼드체 소문자 **a** 또는 화살표(arrow)를 붙인 문자 $\vec{a}$로 나타낸다. 이러한 **벡터**는 **크기**와 **방향**을 가지는 양으로, 예를 들면 힘과 속도(빠르기와 운동방향을 가짐)가 벡터의 중요한 예이다. 한편, **스칼라**는 하나의 실수를 사용하여 **크기**만으로 측정되는 단위이다. 예를 들면, 길이, 거리, 시간, 속력, 온도, 밀도, 전압, 에너지양 등이 스칼라의 예이다.

2개의 벡터 $\mathbf{a}$, $\mathbf{b}$에 대하여, $\mathbf{a}=k\mathbf{b}$ 또는 $\mathbf{b}=k\mathbf{a}$가 되는 스칼라 k가 있을 때에 $\mathbf{a}$와 $\mathbf{b}$는 서로 **평행**하다고 한다.

벡터 $\mathbf{a}$ 또는 $\overrightarrow{AB}$의 **크기**(magnitude 또는 **길이**)를 각각 $|\mathbf{a}|$ 또는 $|\overrightarrow{AB}|$로 나타낸다. 크기가 1인 벡터를 **단위벡터**(unit vector)라 부른다. 성분이 모두 0인 벡터를 **영벡터**(zero vector)라 부른다[식 (7.3) 참조]. 영벡터에서 i번째 성분만이 1인 벡터, 즉 식 (7.4)에 보여준 것처럼, i번째 성분만이 1이고 나머지 성분은 모두 0인 벡터를 **표준기저**(standard basis, 기본벡터)라 한다. **3차원 실수 벡터공간** R^3에 대한 **표준기저**는 보통 $\mathbf{e}_1=\mathbf{i}$, $\mathbf{e}_2=\mathbf{j}$, $\mathbf{e}_3=\mathbf{k}$로 나타낸다. 즉,

$$\mathbf{i}=\begin{Bmatrix}1\\0\\0\end{Bmatrix},\quad \mathbf{j}=\begin{Bmatrix}0\\1\\0\end{Bmatrix},\quad \mathbf{k}=\begin{Bmatrix}0\\0\\1\end{Bmatrix} \tag{8.1}$$

이다. 위 식의 표준기저들은 그림 8.2에 보여준 것처럼 통상의 좌표계인 **직교좌표계**에서 세 축의 양의 방향 단위벡터들이다. 따라서 식 (7.7)에 의하여, $\mathbf{i}\cdot\mathbf{i}=\mathbf{j}\cdot\mathbf{j}=\mathbf{k}\cdot\mathbf{k}=1$이다.

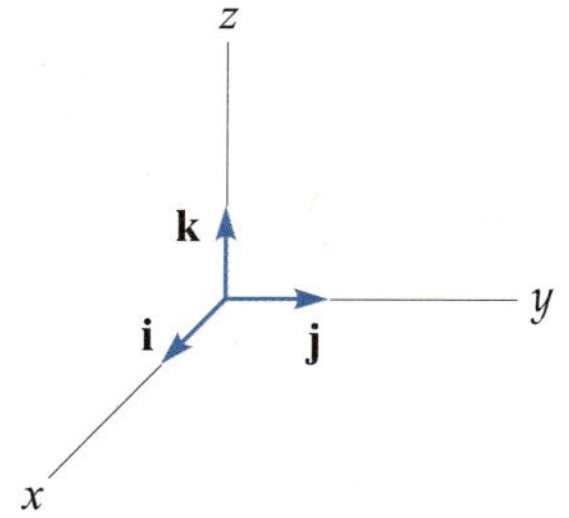

그림 8.2 단위벡터 i, j, k

(3) 공간벡터의 성분 표현

3차원 xyz **직교좌표계**인 그림 8.3의 공간상 임의의 점 $A(a_1, a_2, a_3)$에 대하여, 벡터 $\mathbf{a}$를 점 $A(a_1, a_2, a_3)$의 **위치벡터**(position vector)라 부른다. 즉, 직교좌표계에서 위치벡터 $\mathbf{a}$는 벡터의 시작점이 원점 $(0,0,0)$이고 끝점이 $A(a_1, a_2, a_3)$인 벡터로 정의된다. **3차원 실수 벡터공간** R^3에 대한 **표준기저** $\mathbf{i}$, $\mathbf{j}$, $\mathbf{k}$를 이용하여 그림 8.3의 벡터 $\mathbf{a}$를 나타내면

$$\mathbf{a} = \begin{Bmatrix} a_1 \\ a_2 \\ a_3 \end{Bmatrix} = a_1\mathbf{i} + a_2\mathbf{j} + a_3\mathbf{k} \tag{8.2}$$

가 된다. 여기서, a_1, a_2, a_3은 각각 $\mathbf{a}$의 x**성분**, y**성분**, z**성분**이라 부른다.

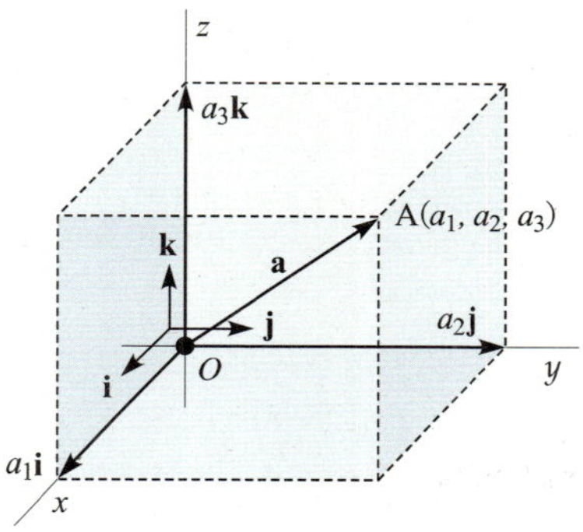

그림 8.3 벡터 a의 성분 표현

벡터 $\mathbf{a} = a_1\mathbf{i} + a_2\mathbf{j} + a_3\mathbf{k}$, $\mathbf{b} = b_1\mathbf{i} + b_2\mathbf{j} + b_3\mathbf{k}$, 스칼라 k에 대하여, 다음의 정의가 성립한다.

정의 8.1

1) $k\mathbf{a} = ka_1\mathbf{i} + ka_2\mathbf{j} + ka_3\mathbf{k}$
2) $\mathbf{a}+\mathbf{b} = (a_1+b_1)\mathbf{i} + (a_2+b_2)\mathbf{j} + (a_3+b_3)\mathbf{k}$
3) $\mathbf{a}-\mathbf{b} = (a_1-b_1)\mathbf{i} + (a_2-b_2)\mathbf{j} + (a_3-b_3)\mathbf{k}$
4) $|\mathbf{a}| = \sqrt{a_1^2 + a_2^2 + a_3^2}$ (≥ 0)
5) 영벡터가 아닌 벡터 $\mathbf{a}$에 대하여, 벡터 $\frac{1}{|\mathbf{a}|}\mathbf{a}$는 $\mathbf{a}$와 방향이 같은 **단위벡터**이다.

(4) 내적

벡터의 **내적**[inner product 또는 **점곱**(dot product)]은 다음과 같이 정의한다.

정의 8.2

벡터 a와 b가 이루는 각도(사잇각)를 $\theta\,(0 \le \theta \le \pi)$라고 할 때, a와 b의 **내적**은

$$\mathbf{a} \cdot \mathbf{b} = |\mathbf{a}||\mathbf{b}| \cos\theta \tag{8.3}$$

이다.

식 (8.3)으로부터, 두 벡터가 서로 **수직**한 경우는 내적이 0이 된다. 따라서 그림 8.2에서 $\mathbf{i} \cdot \mathbf{j} = \mathbf{j} \cdot \mathbf{k} = \mathbf{k} \cdot \mathbf{i} = \mathbf{j} \cdot \mathbf{i} = \mathbf{k} \cdot \mathbf{i} = \mathbf{k} \cdot \mathbf{j} = 0$이다. 즉, 단위벡터 **i**, **j**, **k**는 직교좌표계에서 정규직교 기저를 이룬다. 벡터 내적의 성질은 다음과 같다.

내적의 성질

두 벡터 $\mathbf{a} = a_1\mathbf{i} + a_2\mathbf{j} + a_3\mathbf{k}$와 $\mathbf{b} = b_1\mathbf{i} + b_2\mathbf{j} + b_3\mathbf{k}$의 **내적은**

$$\mathbf{a} \cdot \mathbf{b} = a_1 b_1 + a_2 b_2 + a_3 b_3 \tag{8.4}$$

이고, 다음의 성질이 성립한다. 단, k는 스칼라이다.

1) $\mathbf{a} \cdot \mathbf{a} = |\mathbf{a}|^2$, 특히 $|\mathbf{a}| = 0 \Leftrightarrow \mathbf{a} = 0$ 이다. 여기서, 0는 영벡터이다.
2) $\mathbf{a} \cdot \mathbf{b} = \mathbf{b} \cdot \mathbf{a}$
3) $\mathbf{a} \cdot (\mathbf{b} + \mathbf{c}) = \mathbf{a} \cdot \mathbf{b} + \mathbf{a} \cdot \mathbf{c}$
4) $(\mathbf{a} + \mathbf{b}) \cdot \mathbf{c} = \mathbf{a} \cdot \mathbf{c} + \mathbf{b} \cdot \mathbf{c}$
5) $(k\mathbf{a}) \cdot \mathbf{b} = \mathbf{a} \cdot (k\mathbf{b}) = k(\mathbf{a} \cdot \mathbf{b})$
6) $|\mathbf{a} \cdot \mathbf{b}| \le |\mathbf{a}||\mathbf{b}|$ (단, 등호는 a와 b가 서로 평행할 때, a=0, b=0일 때에 성립한다)

$|\mathbf{a} \cdot \mathbf{b}| \le |\mathbf{a}||\mathbf{b}|$의 증명

두 벡터 **a**와 **b**가 이루는 각도(사잇각)를 θ라고 하면, $|\cos\theta| \le 1$이기 때문에

$$|\mathbf{a} \cdot \mathbf{b}| = ||\mathbf{a}||\mathbf{b}|\cos\theta| = |\mathbf{a}||\mathbf{b}||\cos\theta| \le |\mathbf{a}||\mathbf{b}|$$

가 성립한다. 여기서, 등호가 성립하는 것은 $\cos\theta = \pm 1$일 때, 즉 $\theta = 0$ 또는 $\theta = \pi$이므로 이 경우에 **a**와 **b**가 서로 평행하게 된다. 그리고 $\mathbf{a} = \mathbf{0}$ 또는 $\mathbf{b} = \mathbf{0}$일 때도 등호가 성립한다. 여기서, **0**은 영벡터이다.

예제 8.1

벡터 a와 b가 다음의 조건을 만족할 때, 내적 $\mathbf{a}\cdot\mathbf{b}$를 구하시오. 단, θ는 a와 b가 이루는 각도(사잇각)이다.

(1) $|\mathbf{a}|=6,\ |\mathbf{b}|=4,\ \theta=\frac{\pi}{4}$ (2) $|\mathbf{a}|=6,\ |\mathbf{b}|=4,\ \theta=\frac{2\pi}{3}$

(3) $|\mathbf{a}|=6,\ |\mathbf{b}|=4,\ \theta=\frac{\pi}{2}$

풀이

(1) $|\mathbf{a}|=6,\ |\mathbf{b}|=4,\ \theta=\frac{\pi}{4}$의 경우, $|\mathbf{b}|\cos\theta=4\cos\frac{\pi}{4}=2\sqrt{2}$이다. 따라서 그림으로 나타내면, 다음과 같이 된다.

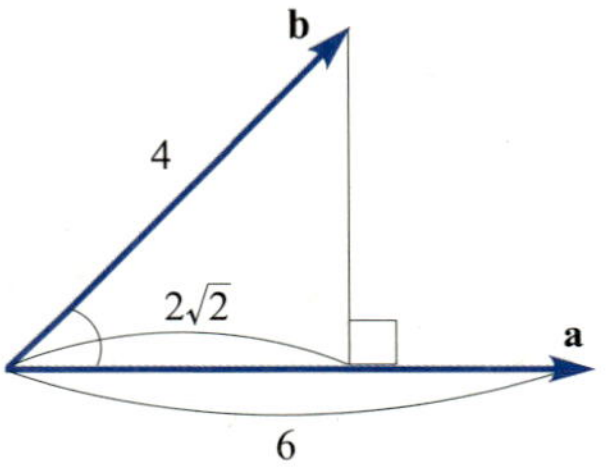

$\theta=\frac{\pi}{4}$일 때, 식 (8.3)에 의하여 벡터 a와 b의 내적은

$$\mathbf{a}\cdot\mathbf{b}=|\mathbf{a}||\mathbf{b}|\cos\theta=6\times4\cos\frac{\pi}{4}=12\sqrt{2}$$

가 된다.

(2) $|\mathbf{a}|=6,\ |\mathbf{b}|=4,\ \theta=\frac{2\pi}{3}$의 경우, $|\mathbf{b}|\cos\theta=4\cos\frac{2\pi}{3}=-2$이다. 따라서 그림으로 나타내면, 다음과 같이 된다.

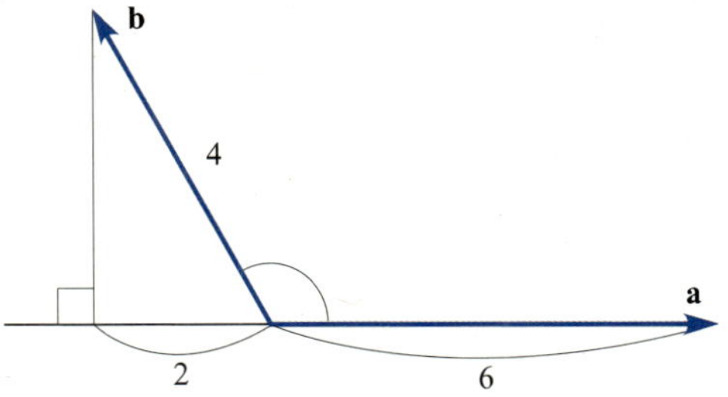

$\theta=\frac{2\pi}{3}$일 때, 식 (8.3)에 의하여 벡터 a와 b의 내적은

$$\mathbf{a}\cdot\mathbf{b}=|\mathbf{a}||\mathbf{b}|\cos\theta=6\times4\cos\frac{2\pi}{3}=-12$$

가 된다.

(3) $|\mathbf{a}|=6$, $|\mathbf{b}|=4$, $\theta=\dfrac{\pi}{2}$의 경우, $|\mathbf{b}|\cos\theta=4\cos\dfrac{\pi}{2}=0$이다. 따라서 그림으로 나타내면, 다음과 같이 된다.

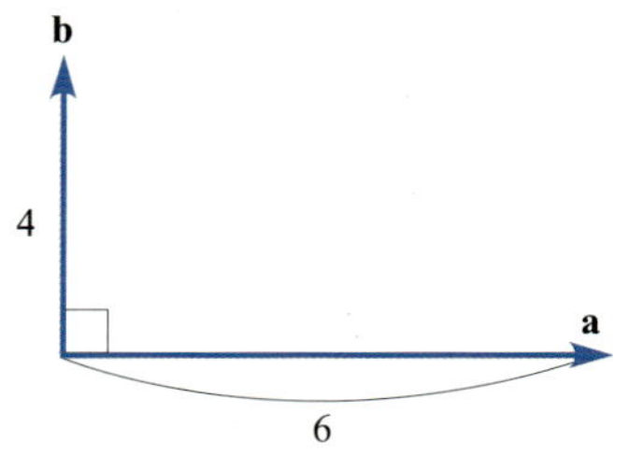

$\theta=\dfrac{\pi}{2}$일 때, 식 (8.3)에 의하여 벡터 a와 b의 내적은

$$\mathbf{a}\cdot\mathbf{b}=|\mathbf{a}||\mathbf{b}|\cos\theta=6\times 4\cos\frac{\pi}{2}=0$$

이 된다.

(5) 내적의 의미

물체가 일정한 **힘**을 받아 이동할 때, 이 이동에 대하여 힘이 한 **일**(work)은 힘의 이동방향의 성분과 이동길이(거리)의 곱으로서 정해진다. 예를 들면, 그림 8.4와 같이 물체가 힘 a를 받으면서 점 A에서 B까지 이동하였을 때, a의 $\overrightarrow{AB}$ 방향의 힘의 크기가 $|\mathbf{a}|\cos\theta$이기 때문에 이동 $\boldsymbol{x}=\overrightarrow{AB}$에 대하여 힘 a가 **일** W는

$$W=|\mathbf{a}|\cos\theta|\boldsymbol{x}|=|\mathbf{a}||\boldsymbol{x}|\cos\theta=\mathbf{a}\cdot\boldsymbol{x} \tag{8.5}$$

가 된다. 여기서, $|\mathbf{a}|\cos\theta$는 벡터 $\boldsymbol{x}$에 평행한 직선상에 **정사영**(projection) 벡터 a의 그림자의 길이를 나타낸다. 그러므로 $|\mathbf{a}|\cos\theta$는 벡터 a의 $\boldsymbol{x}$방향의 **성분**(component)임을 알 수 있다. 식 (8.5)는 **내적**으로 표현되는 힘이 한 **일**을 보여주고 있다. 즉, 일은 힘의 크기 $|\mathbf{a}|$와 이동한 길이 $|\boldsymbol{x}|$, 그리고 두 벡터 a와 $\boldsymbol{x}$가 이루는 각도(사잇각) θ에 대한 코사인 값을 곱한 것이다. 따라서 힘의 단위가 N이고 이동한 길이가의 단위가 m일 때, 일의 단위는 J이 된다. **내적**은 두 벡터의 곱으로 그 결과가 **스칼라**가 되므로, 내적을 **스칼라곱**(scalar product)이라고 부르기도 한다.

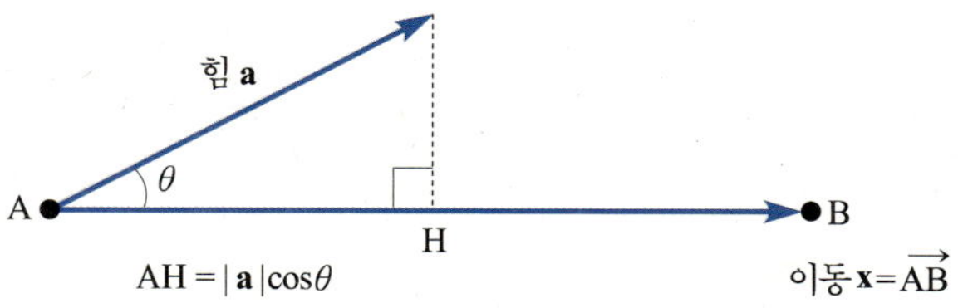

그림 8.4 힘 a가 한 일

참고로, 만약 예제 8.1(1)에서와 같이 $\theta < \frac{\pi}{2}$이면, $W > 0$이다. 만약 예제 8.1(2)에서와 같이 $\theta > \frac{\pi}{2}$이면, $W < 0$이고, 이러한 상황은 힘에 반하는 일을 함을 의미한다. 한편, 만약 예제 8.1(3)과 같이 $\theta = \frac{\pi}{2}$이면, $W = 0$이고, 이러한 상황은 일을 하지 않았음을 의미한다.

예제 8.2

$|\mathrm{a}| = 3$, $|x| = 2$, $|\mathrm{a} - x| = \sqrt{19}$ 일 때, 다음 값을 구하시오. 단, $\theta\ (0 \le \theta \le \pi)$는 a와 x가 이루는 각도(사잇각)이다.

(1) $\mathrm{a} \cdot x$ (2) θ

풀이

(1) $\mathrm{a} \cdot x$

$|\mathrm{a} - x|^2$을 전개하면,

$$|\mathrm{a} - x|^2 = (\mathrm{a} - x) \cdot (\mathrm{a} - x) = \mathrm{a} \cdot \mathrm{a} - \mathrm{a} \cdot x - x \cdot \mathrm{a} + x \cdot x$$
$$= |\mathrm{a}|^2 - 2\mathrm{a} \cdot x + |x|^2$$

이 된다. 따라서

$$\mathrm{a} \cdot x = \frac{1}{2}(|\mathrm{a}|^2 + |x|^2 - |\mathrm{a} - x|^2) = \frac{1}{2}(3^2 + 2^2 - (\sqrt{19})^2 = -3$$

(2) θ

$$\cos\theta = \frac{a \cdot x}{|a||x|} = \frac{-3}{3 \times 2} = -\frac{1}{2}$$

이 된다. $0 \le \theta \le \pi$이기 때문에, $\theta = \frac{2\pi}{3}$가 얻어진다.

(6) 내적의 응용

위에서 설명한 내적으로 표현되는 힘이 한 일이 대표적인 내적의 응용 사례이다. 다음은 내적의 응용에 대한 또 다른 예를 보여주고 있다.

1) 법선벡터와 직선방정식

그림 8.5와 같이 **좌표평면**상에 직선 L이 주어졌을 때, L에 수직한 벡터 $\boldsymbol{n}$ $(\boldsymbol{n} \neq 0)$을 직선 L의 **법선벡터**(normal vector)라 부르고, 길이(크기)가 1인 법선벡터를 **단위법선벡터**(unit normal vector)라 한다.

그림 8.5에서 점 P_0를 지나고 $\boldsymbol{n}$을 법선벡터로 하는 직선 L의 방정식을 구해보자. 직선 L상의 임의의 점 P를 잡고, 점 $\mathrm{P}(x, y)$ 및 P_0의 위치벡터를 각각 $\boldsymbol{p}, \boldsymbol{p}_0$이라고 하면 $\boldsymbol{n} \perp \overrightarrow{\mathrm{P}_0\mathrm{P}}$, 즉 $\boldsymbol{n}$과 $\overrightarrow{\mathrm{P}_0\mathrm{P}}$는 수직을 이룬다. $\overrightarrow{\mathrm{P}_0\mathrm{P}} = \boldsymbol{p} - \boldsymbol{p}_0$이기 때문에

$$\boldsymbol{n} \cdot (\boldsymbol{p} - \boldsymbol{p}_0) = 0 \tag{8.6}$$

이 된다. 위 식이 **내적**으로 표현되는 직선 L의 **벡터방정식**이다. 만약 $\boldsymbol{n} = \begin{Bmatrix} a_1 \\ a_2 \end{Bmatrix}$, $\boldsymbol{p} = \begin{Bmatrix} x \\ y \end{Bmatrix}$, $\boldsymbol{p}_0 = \begin{Bmatrix} x_0 \\ y_0 \end{Bmatrix}$이라면, 식 (8.6)으로부터 다음과 같은 직선 L의 방정식이 얻어진다.

$$a_1(x - x_0) + a_2(y - y_0) = 0 \tag{8.7}$$

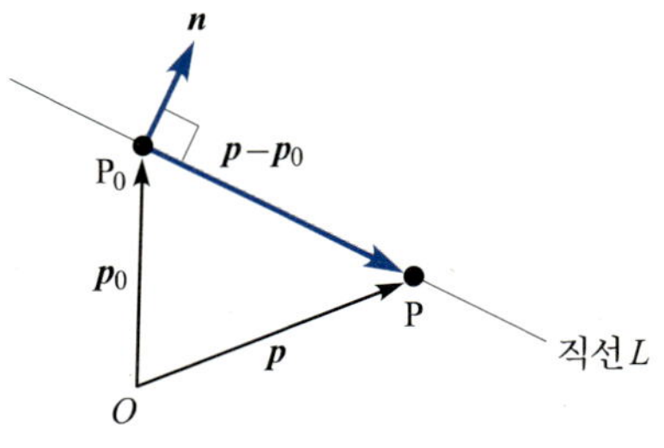

그림 8.5

예제 8.3

다음의 점 P_0를 지나고 $\boldsymbol{n}$을 법선벡터로 하는 직선방정식 L을 구하시오.

$\mathrm{P}_0(3, 3)$, $\boldsymbol{n} = \begin{Bmatrix} 4 \\ 9 \end{Bmatrix}$

풀이

점 $\mathrm{P}(x, y)$ 및 $\mathrm{P}_0(3, 3)$의 위치벡터를 각각 $\boldsymbol{p}, \boldsymbol{p}_0$이라고 하면,

$$\boldsymbol{p}=\begin{Bmatrix} x \\ y \end{Bmatrix}, \ \boldsymbol{p}_0=\begin{Bmatrix} 3 \\ 3 \end{Bmatrix}$$

이 된다. 식 (8.6)으로부터

$$\begin{aligned}\boldsymbol{n} \cdot (\boldsymbol{p}-\boldsymbol{p}_0) &= \begin{Bmatrix} 4 \\ 9 \end{Bmatrix} \cdot \left(\begin{Bmatrix} x \\ y \end{Bmatrix} - \begin{Bmatrix} 3 \\ 3 \end{Bmatrix}\right) = \begin{Bmatrix} 4 \\ 9 \end{Bmatrix} \cdot \begin{Bmatrix} x-3 \\ y-3 \end{Bmatrix} \\ &= 4(x-3)+9(y-3)=0 \end{aligned} \tag{1}$$

이 된다. 따라서 구하고자 하는 직선방정식 L은

$$4x+9y-39=0 \tag{2}$$

이 된다. 위의 점 P_0, 법선벡터 $\boldsymbol{n}$, 그리고 식 (2)의 직선방정식 L을 좌표평면상의 도형으로 나타내면, 다음 그림과 같이 된다.

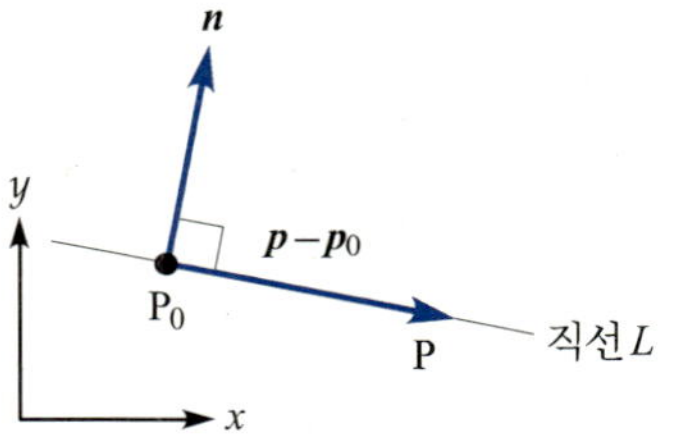

2) 법선벡터와 평면방정식

그림 8.6과 같이 **좌표공간**상에 평면 F가 주어졌을 때, F에 수직한 벡터 $\boldsymbol{n}\ (\boldsymbol{n} \neq 0)$을 평면 F의 **법선벡터**(normal vector)라 부른다.

그림 8.6에서 점 P_0를 지나고 $\boldsymbol{n}$을 법선벡터로 하는 평면 F의 방정식을 구해보자. 평면 F상의 임의의 점 P를 잡고, 점 $\mathrm{P}(x, y, z)$ 및 P_0의 위치벡터를 각각 $\boldsymbol{p}, \boldsymbol{p}_0$이라고 하면 $\boldsymbol{n} \perp \overrightarrow{\mathrm{P}_0\mathrm{P}}$, 즉 $\boldsymbol{n}$과 $\overrightarrow{\mathrm{P}_0\mathrm{P}}$는 수직을 이룬다. $\overrightarrow{\mathrm{P}_0\mathrm{P}} = \boldsymbol{p}-\boldsymbol{p}_0$이기 때문에

$$\boldsymbol{n} \cdot (\boldsymbol{p}-\boldsymbol{p}_0)=0 \tag{8.8}$$

이 된다. 위 식이 **내적**으로 표현되는 평면 F의 **벡터방정식**이다. 만약 $\boldsymbol{n}=\begin{Bmatrix} a_1 \\ a_2 \\ a_3 \end{Bmatrix}$, $\boldsymbol{p}=\begin{Bmatrix} x \\ y \\ z \end{Bmatrix}$, $\boldsymbol{p}_0=\begin{Bmatrix} x_0 \\ y_0 \\ z_0 \end{Bmatrix}$이라면, 식 (8.8)로부터 다음과 같은 평면 F의 방정식이 얻어진다.

$$a_1(x-x_0)+a_2(y-y_0)+a_3(z-z_0)=0 \tag{8.9}$$

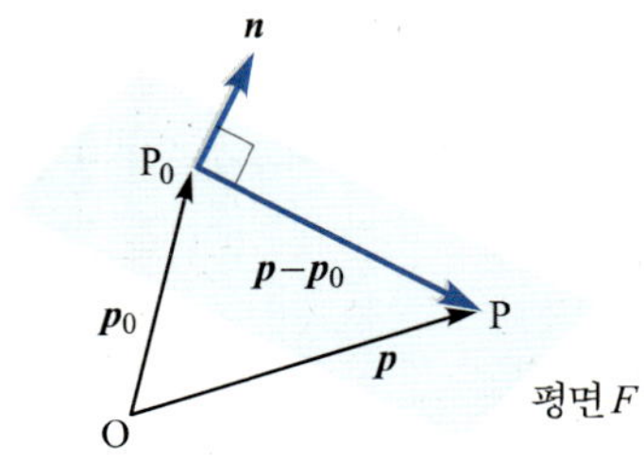

그림 8.6

예제 8.4

다음의 점 P_0를 지나고 $\boldsymbol{n}$을 법선벡터로 하는 평면방정식 F을 구하시오.

$$\mathrm{P}_0(3,2,1),\ \boldsymbol{n}=\begin{Bmatrix}3\\6\\2\end{Bmatrix}$$

풀이

점 $\mathrm{P}(x,y,z)$ 및 $\mathrm{P}_0(3,2,1)$의 위치벡터를 각각 $\boldsymbol{p},\boldsymbol{p}_0$이라고 하면,

$$\boldsymbol{p}=\begin{Bmatrix}x\\y\\z\end{Bmatrix},\ \boldsymbol{p}_0=\begin{Bmatrix}3\\2\\1\end{Bmatrix}$$

이 된다. 식 (8.8)로부터

$$\boldsymbol{n}\bullet(\boldsymbol{p}-\boldsymbol{p}_0)=\begin{Bmatrix}3\\6\\2\end{Bmatrix}\bullet\left(\begin{Bmatrix}x\\y\\z\end{Bmatrix}-\begin{Bmatrix}3\\2\\1\end{Bmatrix}\right)=\begin{Bmatrix}3\\6\\2\end{Bmatrix}\bullet\begin{Bmatrix}x-3\\y-2\\z-1\end{Bmatrix}$$

$$=3(x-3)+6(y-2)+2(z-1)=0 \qquad (1)$$

이 된다. 따라서 구하고자 하는 평면방정식 F는

$$3x+6y+2z-23=0 \qquad (2)$$

이 된다. 위의 점 P_0, 법선벡터 $\boldsymbol{n}$, 그리고 식 (2)의 평면방정식 F를 좌표평면상의 도형으로 나타내면, 다음 그림과 같이 된다.

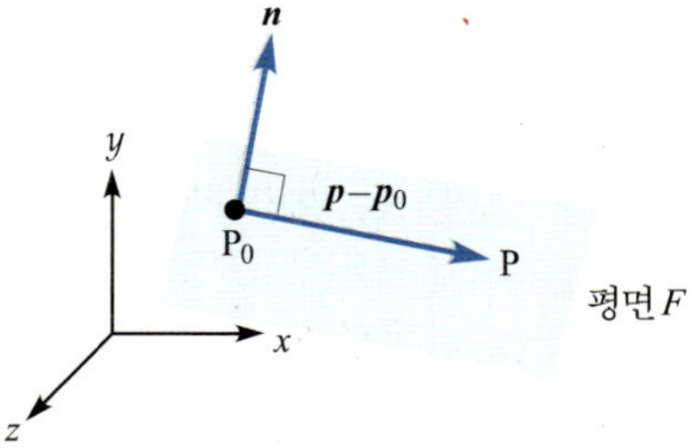

8.2 외적(벡터곱)

(1) 외적(벡터곱)과 응용

두 벡터 a와 b에 모두 수직이 되는 벡터를 그림 8.7에서 보여주는 방법으로 만들 수 있다. 즉, 그림에서 보듯이 $\mathbf{a}\times\mathbf{b}$와 수직인 두 벡터 a와 b는 공간 속의 평면위에 있는 한 평행사변형의 두 변을 형성한다. 따라서 $\mathbf{a}\times\mathbf{b}$는 벡터 a와 b가 만드는 평행사변형의 법선벡터이다. 여기서, 벡터의 **길이(크기)** $|\mathbf{a}\times\mathbf{b}|$는 그림 8.7에 보여준 것처럼 수치적으로는 두 벡터 a와 b가 만드는 평행사변형의 면적 S와 같다. 단, 두 벡터 a와 b가 평행을 이루면 평행사변형의 면적 S는 0이 된다. 이러한 개념에 의하여, 두 벡터 a, b의 **외적**[cross product 또는 **벡터곱**(vector product)]은 다음과 같이 표시되는 **벡터** v이다.

$$\mathbf{v}=\mathbf{a}\times\mathbf{b} \tag{8.10}$$

즉, 벡터 a, b의 **외적**(**벡터곱**)의 정의는 다음과 같다.

정의 8.3

벡터 a, b의 **외적**(**벡터곱**) $\mathbf{v}=\mathbf{a}\times\mathbf{b}$는 다음과 같은 성질을 갖는 **벡터**로서 정의한다.

1) $\mathbf{a}\times\mathbf{b}$는 a, b와 수직이다.
2) a, b가 평행을 이루지 않을 때, a, b, $\mathbf{v}(=\mathbf{a}\times\mathbf{b})$는 이 세 벡터의 주어진 순서대로 그림 8.8에서처럼 각각 엄지, 검지, 중지를 폈을 때에 가리키는 방향과 같은 경우이다[**오른손 법칙**(right-handed triple)].
3) 만약 두 벡터 a와 b가 모두 0이 아니라면, 벡터 $\mathbf{v}(=\mathbf{a}\times\mathbf{b})$는 다음 식과 같은 길이(크기)를 갖는다. 여기서, θ는 a와 b가 이루는 각도(사잇각)이다.

$$|\mathbf{v}|=|\mathbf{a}\times\mathbf{b}|=|\mathbf{a}||\mathbf{b}|\sin\theta \tag{8.11}$$

즉, $\mathbf{a}\times\mathbf{b}$의 길이 $|\mathbf{a}\times\mathbf{b}|$는 두 벡터 a와 b가 만드는 평행사변형의 면적($|\mathbf{a}||\mathbf{b}|\sin\theta$)이다.
4) 만약 $\mathbf{a}=\mathbf{o}$ 또는 $\mathbf{b}=\mathbf{o}$이면, $\mathbf{v}=\mathbf{a}\times\mathbf{b}=\mathbf{o}$으로 정의한다. 여기서, o는 영벡터이다.

참고로, 또 다른 경우는 그림 8.9와 같이 벡터 a를 b의 방향으로 각도 $\theta(<\pi)$만큼 회전시킬 때, 즉 오른손 나사를 돌릴 때에 나사가 진행하는 방향과 같은 방향이 벡터 $\mathbf{v}=\mathbf{a}\times\mathbf{b}$의 방향이다.

오른손 직교좌표계(right-handed Cartesian coordinate system)에서 각 축의 양의 방향에 단위벡터 **i**, **j**, **k**를 대응하여 그림 8.2에서와 같이 **오른손 법칙**을 만족하는 경우, 이러한 직교좌표계를 **오른손 좌표계**라고 부른다.

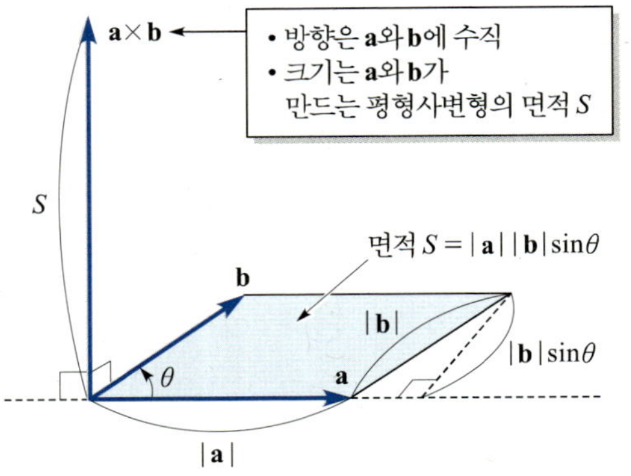

그림 8.7 외적(벡터곱)

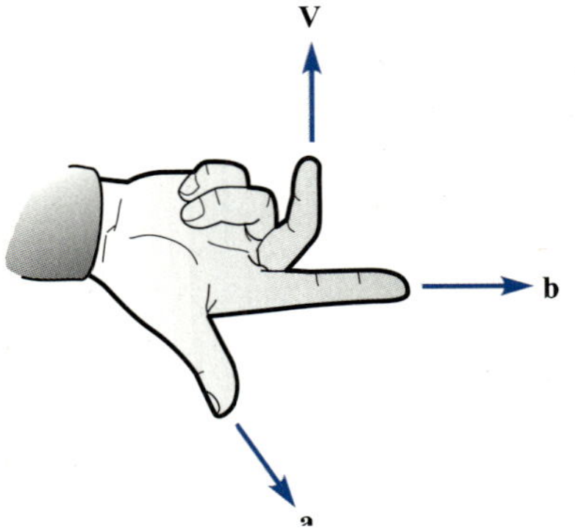

그림 8.8 벡터 a, b, v의 오른손 법칙

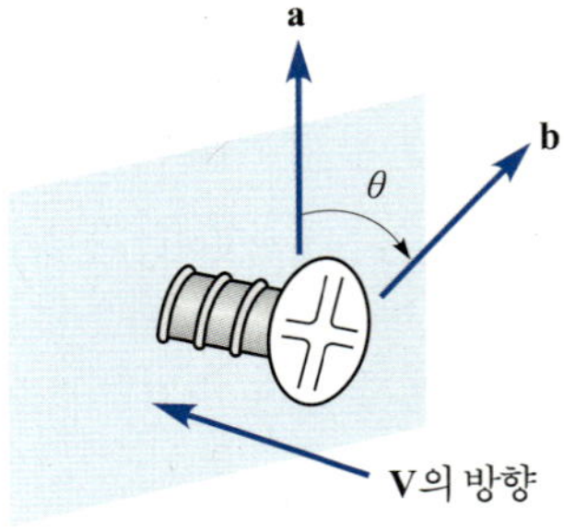

그림 8.9 오른손 나사

위에서 기술한 **외적**(**벡터곱**)의 정의와 오른손 직교좌표계를 사용할 경우, **외적**(**벡터곱**)도 내적처럼 **성분**을 이용하여 표현할 수 있다. 즉, $\mathbf{a} = a_1\mathbf{i} + a_2\mathbf{j} + a_3\mathbf{k}$와 $\mathbf{b} = b_1\mathbf{i} + b_2\mathbf{j} + b_3\mathbf{k}$에 대하여 $\mathbf{v} = \mathbf{a} \times \mathbf{b} = v_1\mathbf{i} + v_2\mathbf{j} + v_3\mathbf{k}$라면, 다음이 성립한다.

$$\begin{vmatrix} v_1 & v_2 & v_3 \\ a_1 & a_2 & a_3 \\ b_1 & b_2 & b_3 \end{vmatrix} = \begin{vmatrix} a_2 & a_3 \\ b_2 & b_3 \end{vmatrix} v_1 - \begin{vmatrix} a_1 & a_3 \\ b_1 & b_3 \end{vmatrix} v_2 + \begin{vmatrix} a_1 & a_2 \\ b_1 & b_2 \end{vmatrix} v_3 > 0 \tag{8.12}$$

외적(벡터곱)의 조건으로부터 그 성분을 구하면, $\mathbf{v}=\mathbf{a}\times\mathbf{b}=\begin{Bmatrix} v_1 \\ v_2 \\ v_3 \end{Bmatrix}=v_1\,\mathbf{i}+v_2\mathbf{j}+v_3\mathbf{k}$는 기호행렬(첫 번째 행이 숫자가 아닌 벡터로 구성된 행렬)을 다음과 같이 첫 행을 기준으로 **여인수 전개**함을 알 수 있다.

외적(벡터곱)의 성분 표현

$\mathbf{a}=a_1\,\mathbf{i}+a_2\mathbf{j}+a_3\mathbf{k}$, $\mathbf{b}=b_1\,\mathbf{i}+b_2\mathbf{j}+b_3\mathbf{k}$일 때, 다음이 성립한다.

$$\mathbf{a}\times\mathbf{b}=\begin{vmatrix} \mathbf{i} & \mathbf{j} & \mathbf{k} \\ a_1 & a_2 & a_3 \\ b_1 & b_2 & b_3 \end{vmatrix}=\begin{vmatrix} a_2 & a_3 \\ b_2 & b_3 \end{vmatrix}\mathbf{i}-\begin{vmatrix} a_1 & a_3 \\ b_1 & b_3 \end{vmatrix}\mathbf{j}+\begin{vmatrix} a_1 & a_2 \\ b_1 & b_2 \end{vmatrix}\mathbf{k} \tag{8.13}$$

행렬식의 성질로부터, 다음의 **외적(벡터곱)**의 성질이 유도된다.

외적(벡터곱)의 성질

벡터 a, b, c 및 스칼라 k에 대하여, 다음이 성립한다.

1) $\mathbf{a}\times\mathbf{b}=-\,\mathbf{b}\times\mathbf{a}$
2) $\mathbf{a}\times\mathbf{a}=\mathbf{o}$이다. 여기서, o는 영벡터이다.
3) $(k\mathbf{a})\times\mathbf{b}=\mathbf{a}\times(k\mathbf{b})=k(\mathbf{a}\times\mathbf{b})$
4) $\mathbf{a}\times(\mathbf{b}+\mathbf{c})=\mathbf{a}\times\mathbf{b}+\mathbf{a}\times\mathbf{c}$, $(\mathbf{a}+\mathbf{b})\times\mathbf{c}=\mathbf{a}\times\mathbf{c}+\mathbf{b}\times\mathbf{c}$

표준기저 i, j, k는 그 순서대로 **오른손 좌표계**에서 서로 직교하는 **단위벡터**이기 때문에,

$$\mathbf{i}\times\mathbf{j}=\mathbf{k},\quad \mathbf{j}\times\mathbf{k}=\mathbf{i},\quad \mathbf{k}\times\mathbf{i}=\mathbf{j} \tag{8.14}$$

가 된다. 또한, **외적(벡터곱)**의 성질 $\mathbf{a}\times\mathbf{b}=-\mathbf{b}\times\mathbf{a}$로부터,

$$\mathbf{j}\times\mathbf{i}=-\mathbf{k},\quad \mathbf{k}\times\mathbf{j}=-\mathbf{i},\quad \mathbf{i}\times\mathbf{k}=-\mathbf{j} \tag{8.15}$$

가 된다. 그리고 $\mathbf{a}\times\mathbf{a}=\mathbf{o}$이기 때문에, 다음이 성립한다.

$$\mathbf{i}\times\mathbf{i}=\mathbf{j}\times\mathbf{j}=\mathbf{k}\times\mathbf{k}=\mathbf{o} \tag{8.16}$$

여기서, o은 영벡터이다.

예제 8.5

$\mathrm{a}=\begin{Bmatrix} 2 \\ 2 \\ -2 \end{Bmatrix}$, $\mathrm{b}=\begin{Bmatrix} 1 \\ 2 \\ -1 \end{Bmatrix}$일 때, 다음 물음에 답하시오.

(1) a와 b가 만드는 평행사변형의 면적 S를 구하시오.
(2) a와 b의 양방향으로 수직인 단위법선벡터를 구하시오.

풀이

(1) 평행사변형의 면적 S

식 (8.13)으로부터,

$$\mathrm{a}\times\mathrm{b}=\begin{vmatrix} \mathrm{i} & \mathrm{j} & \mathrm{k} \\ 2 & 2 & -2 \\ 1 & 2 & -1 \end{vmatrix}=\begin{vmatrix} 2 & -2 \\ 2 & -1 \end{vmatrix}\mathrm{i}-\begin{vmatrix} 2 & -2 \\ 1 & -1 \end{vmatrix}\mathrm{j}+\begin{vmatrix} 2 & 2 \\ 1 & 2 \end{vmatrix}\mathrm{k}$$

$$=2\,\mathrm{i}-0\mathrm{j}+2\mathrm{k}$$

$$=\begin{Bmatrix} 2 \\ 0 \\ 2 \end{Bmatrix}$$

가 된다. 따라서 외적의 정의로부터,

$$S=|\mathrm{a}\times\mathrm{b}|=\sqrt{2^2+0^2+2^2}=2\sqrt{2}$$

가 얻어진다.

(2) 단위법선벡터

a×b는 a와 b의 양방향으로 수직인 벡터이다. 따라서 v=a×b라 놓으면, 단위법선벡터 e는 다음과 같이 구해진다. 즉,

$$e=\frac{1}{|\mathrm{v}|}\mathrm{v}=\pm\frac{1}{2\sqrt{2}}\begin{Bmatrix} 2 \\ 0 \\ 2 \end{Bmatrix}=\pm\frac{1}{\sqrt{2}}\begin{Bmatrix} 1 \\ 0 \\ 1 \end{Bmatrix}=\pm\frac{1}{\sqrt{2}}(\mathrm{i}+\mathrm{k})$$

외적(**벡터곱**)의 전형적인 **응용문제**인 그림 8.10과 같은 **회전체의 속도**에 대하여 고려해보자. **강체**의 **평면운동학**에서 그림 8.10과 같이 고정축을 중심으로 강체가 **회전**할 때, 점 P의 선형(접선)속도벡터의 크기 $|v|$, 각속도벡터의 크기 $|\omega|$, 위치벡터의 크기 $|r|$의 관계를 식으로 나타내면

$$|v|=|\omega||r|\sin\theta=|\omega\times r| \tag{8.17}$$

이 된다[식 (8.11) 참조]. 여기서, θ는 ω와 r이 이루는 각도(사잇각)이다. 따라서 1개의 직선을 회전축으로 하여 일정한 각속도 ω로 **등속원운동**을 하는 점 P의 **속도벡터** v는 **각속도벡터** ω와 **위치벡터** r과의 **외적**(**벡터곱**) $\omega\times r$이 된다. 즉,

$$v = \omega \times r \tag{8.18}$$

이 된다. 여기서, ω의 방향은 회전축의 방향이고, 회전은 **오른손 나사**를 진행시키는 방향으로 나타난다.

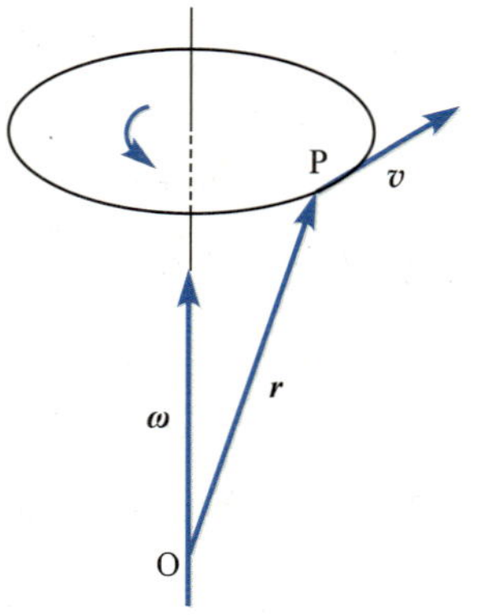

그림 8.10 강체의 회전

(2) 스칼라 삼중적

벡터 a, b, c에 대하여,

$$(\mathbf{a}\ \mathbf{b}\ \mathbf{c}) = \mathbf{a} \cdot (\mathbf{b} \times \mathbf{c}) \tag{8.19}$$

를 **스칼라 삼중적**(scalar triple product) 또는 혼용삼중적(mixed triple product)이라 부른다. 위 식의 마지막 연산이 내적이므로, **스칼라 삼중적**의 계산결과는 **스칼라**이다. $\mathbf{a} = a_1\mathbf{i} + a_2\mathbf{j} + a_3\mathbf{k}$, $\mathbf{b} = b_1\mathbf{i} + b_2\mathbf{j} + b_3\mathbf{k}$, $\mathbf{c} = c_1\mathbf{i} + c_2\mathbf{j} + c_3\mathbf{k}$라 할 때, **스칼라 삼중적** $\mathbf{a} \cdot (\mathbf{b} \times \mathbf{c})$의 값은

$$\begin{aligned}
\mathbf{a} \cdot (\mathbf{b} \times \mathbf{c}) &= (a_1\mathbf{i} + a_2\mathbf{j} + a_3\mathbf{k}) \cdot \left(\begin{vmatrix} b_2 & b_3 \\ c_2 & c_3 \end{vmatrix} \mathbf{i} - \begin{vmatrix} b_1 & b_3 \\ c_1 & c_3 \end{vmatrix} \mathbf{j} + \begin{vmatrix} b_1 & c_2 \\ c_1 & c_2 \end{vmatrix} \mathbf{k} \right) \\
&= a_1 \begin{vmatrix} b_2 & b_3 \\ c_2 & c_3 \end{vmatrix} - a_2 \begin{vmatrix} b_1 & b_3 \\ c_1 & c_3 \end{vmatrix} + a_3 \begin{vmatrix} b_1 & b_2 \\ c_1 & c_2 \end{vmatrix} \\
&= \begin{vmatrix} a_1 & a_2 & a_3 \\ b_1 & b_2 & b_3 \\ c_1 & c_2 & c_3 \end{vmatrix}
\end{aligned} \tag{8.20}$$

이 되어, **행렬식**으로 나타내는 것이 가능하다. 행렬식의 성질

$$\begin{vmatrix} a_1 & a_2 & a_3 \\ b_1 & b_2 & b_3 \\ c_1 & c_2 & c_3 \end{vmatrix} = \begin{vmatrix} b_1 & b_2 & b_3 \\ c_1 & c_2 & c_3 \\ a_1 & a_2 & a_3 \end{vmatrix} = \begin{vmatrix} c_1 & c_2 & c_3 \\ a_1 & a_2 & a_3 \\ b_1 & b_2 & b_3 \end{vmatrix} \tag{8.21}$$

으로부터, **스칼라 삼중적**에 대하여 다음이 성립한다.

$$\mathbf{a} \cdot (\mathbf{b} \times \mathbf{c}) = \mathbf{b} \cdot (\mathbf{c} \times \mathbf{a}) = \mathbf{c} \cdot (\mathbf{a} \times \mathbf{b}) \tag{8.22}$$

예제 8.6

c · (a×b)는 벡터 a, b, c를 스칼라 삼중적한 평행육면체의 체적을 나타냄을 보이시오.

풀이

벡터 a, b, c가 만드는 그림 8.11의 평행육면체의 체적을 V라고 하자. 두 벡터 a와 b가 만드는 평행사변형의 면적 S와 평행사변형의 높이 h는 각각

$S = |\mathbf{a} \times \mathbf{b}|, \ h = |\mathbf{c}| \cos \theta$

로 나타내지기 때문에, 평행육면체의 체적 V는 다음과 같이 벡터 a, b, c를 스칼라 삼중적한 값으로 표현된다.

$$V = Sh = |\mathbf{c}||\mathbf{a} \times \mathbf{b}| \cos \theta = \mathbf{c} \cdot (\mathbf{a} \times \mathbf{b}) \tag{1}$$

식 (1)에서 벡터 a, b, c가 오른손 좌표계를 구성하고 있으면 $\mathbf{c} \cdot (\mathbf{a} \times \mathbf{b}) > 0$ 이 되고, 왼손 좌표계를 구성하고 있으면 $\mathbf{c} \cdot (\mathbf{a} \times \mathbf{b}) < 0$이 된다.

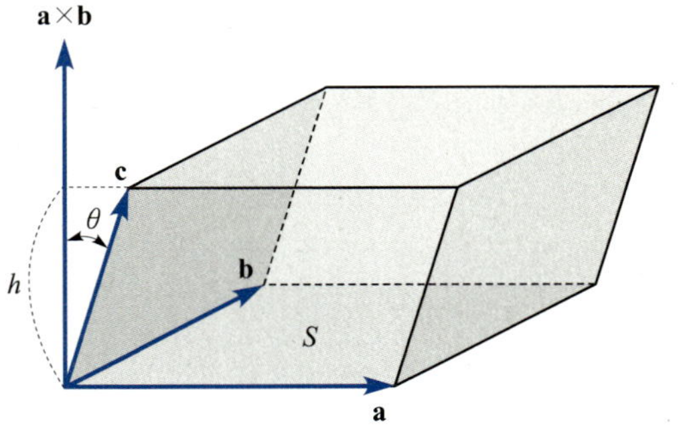

그림 8.11 스칼라 삼중적의 기하학적 해석

예제 8.7

$\mathrm{a}=\begin{Bmatrix}2\\-6\\3\end{Bmatrix}$, $\mathrm{b}=\begin{Bmatrix}1\\6\\-1\end{Bmatrix}$, $\mathrm{c}=\begin{Bmatrix}2\\24\\-2\end{Bmatrix}$ 가 만드는 평행육면체의 체적 V를 구하시오.

풀이

평행육면체의 체적 V는 다음과 같이 벡터 a, b, c를 스칼라 삼중적한 값으로 표현된다.

$$V=\mathrm{a}\cdot(\mathrm{b}\times\mathrm{c})=\begin{vmatrix}2&-6&3\\1&6&-1\\2&24&-2\end{vmatrix}=2\begin{vmatrix}6&-1\\24&-2\end{vmatrix}-(-6)\begin{vmatrix}1&-1\\2&-2\end{vmatrix}+3\begin{vmatrix}1&6\\2&24\end{vmatrix}$$
$$=60$$

또는

$$V=\mathrm{c}\cdot(\mathrm{a}\times\mathrm{b})=\begin{vmatrix}2&24&-2\\2&-6&3\\1&6&-1\end{vmatrix}=2\begin{vmatrix}-6&3\\6&-1\end{vmatrix}-24\begin{vmatrix}2&3\\1&-1\end{vmatrix}+(-2)\begin{vmatrix}2&-6\\1&6\end{vmatrix}$$
$$=60$$

8.3 기울기, 발산, 회전

(1) 스칼라장과 벡터장

1) 스칼라장

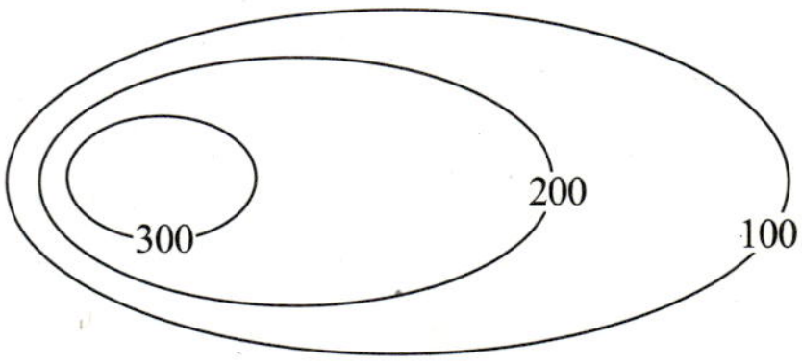

그림 8.12 등고선의 스칼라장

지도의 등고선은 그림 8.12와 같이 표고가 같은 지점을 연결한 곡선이다. 즉, 등고선은 각 지점에 대하여 그 점의 표고가 1개의 스칼라(실수)에 의해 표현되고 있다. 이와 같이 공간의 각 점 P에 대하여 1개의 스칼라 f가 정해졌을 때, f를 **스칼라장**(scalar field)이라 한다. 스칼라장이 정해진 점 전체의 집합을 스칼라장의 정의역이라 부른다. 스칼라장의 정의역에 포함되어 있는 점 $\mathrm{P}(x, y, z)$에서 **스칼라함수**(scalar function) f의 값을 $f(\mathrm{P})$ 또는 $f(x, y, z)$로 나타낸다. 등고선 이외에 전위분포, 밀도분포, 온도분포 등이 스칼라장의 예이다. 스칼라장 f에 대하여 그 값이 일정한 점 전체가 곡면을 이룰 때, 이 곡면을 스칼라장 f의 **등위곡면**(level surface)이라 부른다.

예제 8.8

다음 스칼라장의 등위곡면 $f=c^2$은 어떤 종류의 곡면인가? 단, c는 스칼라이다.

$f=x^2+y^2+z^2$

풀이

스칼라장 $f=x^2+y^2+z^2$의 값은 원점에서 공간상의 임의의 점 $\mathrm{P}(x,y,z)$에 이르는 거리의 제곱으로, f의 등위곡면 $f=c^2$를 스칼라함수로 나타내면

$$f(\mathrm{P})=f(x,y,z)=x^2+y^2+z^2=(x-0)^2+(y-0)^2+(z-0)^2=c^2$$

이다. 따라서 이 곡면은 원점 $(0,0,0)$을 중심으로 반지름이 c인 구(sphere)이다.

2) 벡터장

바람이 불고 있을 때, 각 점에서 공기의 흐름은 바람과 같은 **방향**을 갖고 바람의 세기를 **크기**로 한 **벡터**로 나타낼 수 있다. 그림 8.13은 각 점에 대하여 그 점에서 바람의 **방향**과 **크기**를 **접선벡터**(tangent vector)에 의하여 표현한 것이다. 이와 같이 공간의 각 점 P에 대하여 1개의 벡터 $\mathbf{v}$가 정해졌을 때, $\mathbf{v}$를 **벡터장**(vector field)이라 한다. 벡터장이 정해진 점 전체의 집합을 벡터장의 정의역이라 부른다. 벡터장의 정의역에 포함되어 있는 점 $\mathrm{P}(x,y,z)$에서 **벡터함수**(vector function) $\mathbf{v}$의 값을 $\mathbf{v}(\mathrm{P})$ 또는 $\mathbf{v}(x,y,z)$로 나타낸다. $\mathbf{v}(x,y,z)$는 각 성분이 직교좌표 x,y,z의 함수가 되기 때문에,

$$\mathbf{v}(x,y,z)=\begin{Bmatrix} v_1(x,y,z) \\ v_2(x,y,z) \\ v_3(x,y,z) \end{Bmatrix}=v_1(x,y,z)\mathbf{i}+v_2(x,y,z)\mathbf{j}+v_3(x,y,z)\mathbf{k} \tag{8.23}$$

로 나타낼 수 있다. 바람이외에 중력장, 전기장, 유체의 속도분포 등이 벡터장의 예이다.

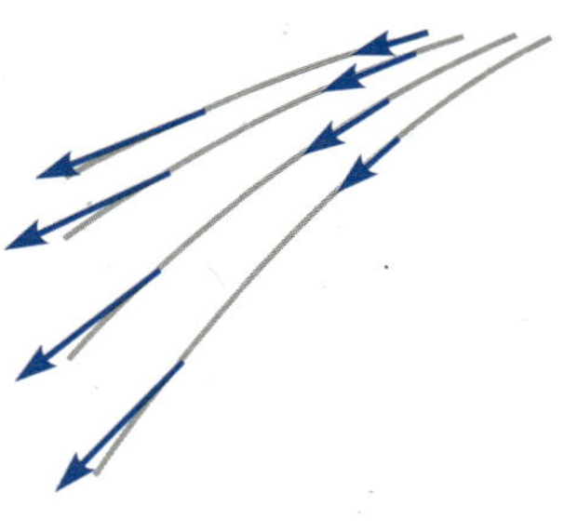

그림 8.13 바람의 벡터장

예제 8.9

xy평면상에 다음의 벡터장 v로부터 정해지는 벡터를 나타내시오.

(1) $\mathrm{v}=\frac{5}{9}(x\mathrm{i}+y\mathrm{j})$

(2) $\mathrm{v}=\frac{3}{8}y\mathrm{i}$

풀이

(1) xy평면상에 적당한 점을 택하여 그 점에서 $\mathrm{v}=\frac{5}{9}(x\mathrm{i}+y\mathrm{j})$에 대응하는 벡터를 기입하면, 다음과 같은 벡터장의 그림이 얻어진다.

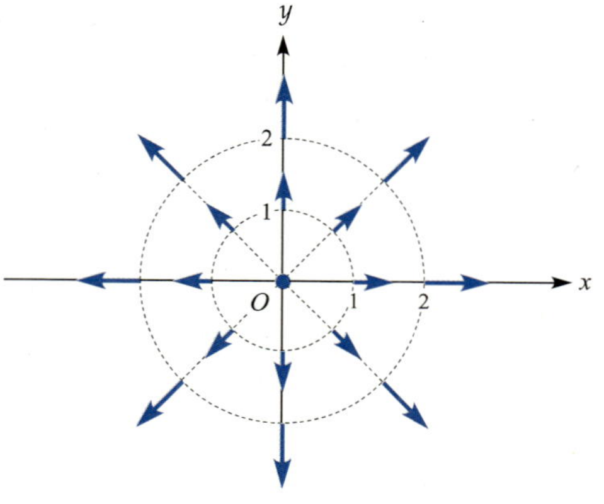

위 그림에서, • 은 영벡터가 되는 점이다.

(2) xy평면상에 적당한 점을 택하여 그 점에서 $\mathrm{v}=\frac{3}{8}y\mathrm{i}$에 대응하는 벡터를 기입하면, 다음과 같은 벡터장의 그림이 얻어진다.

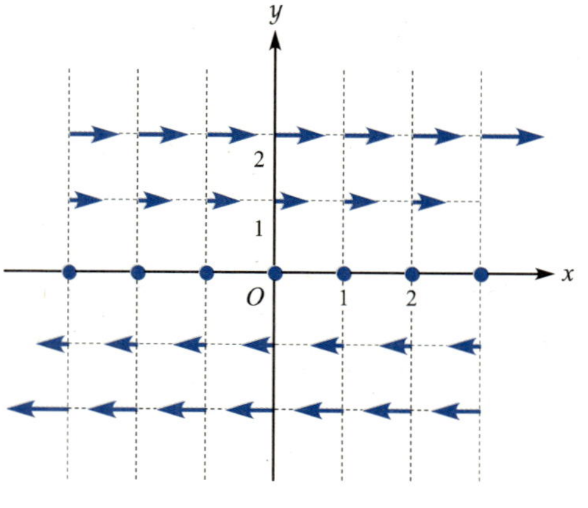

위 그림에서, • 은 영벡터가 되는 점이다.

(2) 기울기

1) 스칼라장의 기울기(gradient)

응용에 사용되는 **벡터장**은 일부분 **스칼라장**으로부터 얻어질 수 있다. **기울기**는 스칼라장으로부터 벡터장을 얻을 수 있도록 한다. 즉, 직교좌표 x, y, z로 표현되는 3차원 공간의 영역에서 미분 가능한 스칼라함수 $f(x, y, z)$를 고려해 보자. 이 함수의 **기울기**는 ∇f[**나블라**(nabla) f로 읽음] 또는 grad f로 표기한다. 그러면 $f(x, y, z)$의 기울기는 다음과 같은 **벡터함수**로 정의할 수 있다.

$$\nabla f = \operatorname{grad} f = \begin{Bmatrix} \dfrac{\partial f}{\partial x} \\ \dfrac{\partial f}{\partial y} \\ \dfrac{\partial f}{\partial z} \end{Bmatrix} = \left(\mathbf{i}\frac{\partial}{\partial x} + \mathbf{j}\frac{\partial}{\partial y} + \mathbf{k}\frac{\partial}{\partial z}\right)f = \frac{\partial f}{\partial x}\mathbf{i} + \frac{\partial f}{\partial y}\mathbf{j} + \frac{\partial f}{\partial z}\mathbf{k} \qquad (8.24)$$

위 식에서 ∇f는 **벡터장**이고, 이것을 f의 **기울기**라 부른다. 그리고 $\dfrac{\partial f}{\partial x}, \dfrac{\partial f}{\partial y}, \dfrac{\partial f}{\partial z}$는 각각 변수$x, y, z$에 관한 f의 **편도함수**(partial derivative)이다. 따라서 다음 식과 같이 정의된 **미분연산자**를 사용한 표기법 ∇를 채택한다.

$$\nabla = \frac{\partial}{\partial x}\mathbf{i} + \frac{\partial}{\partial y}\mathbf{j} + \frac{\partial}{\partial z}\mathbf{k} \qquad (8.25)$$

미적분에 의하여, 위 식에 들어있는 **편미분**들은 함수 $f(x, y, z)$에 세 좌표축 방향으로 변화율을 나타내고 있다는 것을 알 수 있다.

예제 8.10

다음 스칼라장 f의 기울기 ∇f를 구하시오.

$f = 2(xy + z^2)$

풀이

식 (8.24)로부터,

$$\nabla f = \frac{\partial f}{\partial x}\mathbf{i} + \frac{\partial f}{\partial y}\mathbf{j} + \frac{\partial f}{\partial z}\mathbf{k}$$

$$= \frac{\partial}{\partial x} 2(xy+z^2)\mathbf{i} + \frac{\partial}{\partial y} 2(xy+z^2)\mathbf{j} + \frac{\partial}{\partial z} 2(xy+z^2)\mathbf{k}$$

$$= 2y\mathbf{i} + 2x\mathbf{j} + 4z\mathbf{k}$$

가 된다.

2) 기울기의 성질

기울기에 관하여 다음의 성질이 성립한다.

기울기의 성질

스칼라장 f, g 및 스칼라 c에 대하여, 다음의 성질이 성립한다.

1) $\nabla(cf) = c\nabla f$, 즉 $\mathrm{grad}\,(cf) = c\ \mathrm{grad}\, f$

2) $\nabla(f+g) = \nabla f + \nabla g$

3) $\nabla(fg) = (\nabla f)g + f(\nabla g)$

3) 기울기와 최대증가 방향

공간상의 점 $\mathrm{P}(x_0, y_0, z_0)$의 주위에서 스칼라장 f의 값이 변화하는 상태를 조사해 보자. 그림 8.14에 보여준 것처럼 $\mathbf{a} = a_1\mathbf{i} + a_2\mathbf{j} + a_3\mathbf{k}$를 **단위벡터**로 가정하고, 점 P로부터 **a**방향으로 이동한 점$(x_0 + a_1 t,\ y_0 + a_2 t,\ z_0 + a_3 t)$에서 f의 값을 $f_{\mathbf{a}}(t)$라 한다. 합성함수의 도함수의 공식을 이용하여[**연쇄법칙**(chain rule)을 적용함], $f_{\mathbf{a}}(t) = f(x_0 + a_1 t,\ y_0 + a_2 t,\ z_0 + a_3 t)$를 t에 관하여 미분하면

$$\frac{df_{\mathbf{a}}}{dt} = \frac{\partial f}{\partial x}\frac{dx}{dt} + \frac{\partial f}{\partial y}\frac{dy}{dt} + \frac{\partial f}{\partial z}\frac{dz}{dt} = \frac{\partial f}{\partial x}a_1 + \frac{\partial f}{\partial y}a_2 + \frac{\partial f}{\partial z}a_3$$
$$= \left(\frac{\partial f}{\partial x}\mathbf{i} + \frac{\partial f}{\partial y}\mathbf{j} + \frac{\partial f}{\partial z}\mathbf{k}\right) \cdot (a_1\mathbf{i} + a_2\mathbf{j} + a_3\mathbf{k}) \tag{8.26}$$

가 된다. 식 (8.26)에서 $t = 0$일 때의 값은

$$f_{\mathbf{a}}'(0) = \mathbf{a} \cdot \mathrm{grad} f(\mathrm{P}) \tag{8.27}$$

로 나타내는 것이 가능하다. 이 값은 점 P가 **a**방향으로 움직일 때의 변화율이다. 이것을 점 P에서 스칼라장 f의 **a**방향의 **방향도함수**(directional derivative)라 부

르고, $D_{\mathbf{a}}f$로 표기한다. 즉,

$$D_{\mathbf{a}}f = \mathbf{a} \cdot \mathrm{grad} f \tag{8.28}$$

따라서 위 식은 a와 grad$f$의 **내적**이 된다.

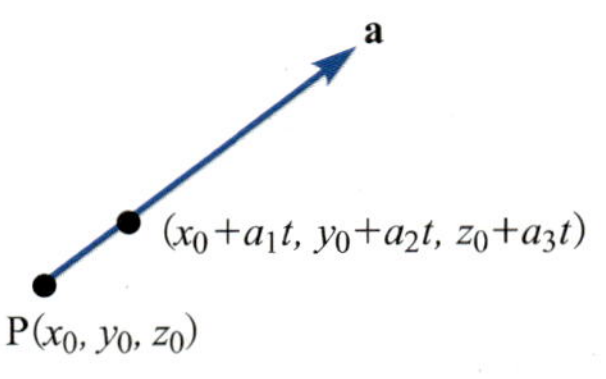

그림 8.14 단위벡터 a와 이동한 점

방향도함수 $D_{\mathbf{a}}f$가 최대가 되는 단위벡터 a의 방향을 **최대증가 방향**이라 부른다. a와 grad f가 이루는 각도를 $\theta\,(0 \le \theta \le \pi)$라 하면, $|\mathbf{a}| = 1$이기 때문에

$$D_{\mathbf{a}}f = \mathbf{a} \cdot \mathrm{grad} f = |\,\mathrm{grad} f| \cos\theta \tag{8.29}$$

가 된다. $\cos\theta$가 최대가 되는 것은 $\theta = 0$일 때이기 때문에, $D_{\mathbf{a}}f$는 a와 grad f가 같은 방향일 때에 최대가 된다. 즉, grad f의 방향은 f의 **최대증가 방향**이고 이때 $D_{\mathbf{a}}f = |\mathrm{grad} f|$가 된다. a가 f의 등위곡면에 접하고 있을 때, 점 P가 a방향으로 이동할 때의 변화율은 0이다. 이때 $D_{\mathbf{a}}f = \mathbf{a} \cdot \mathrm{grad}\, f = 0$이기 때문에, grad f는 그림 8.15와 같이 f의 **등위곡면**에 **수직**이 된다.

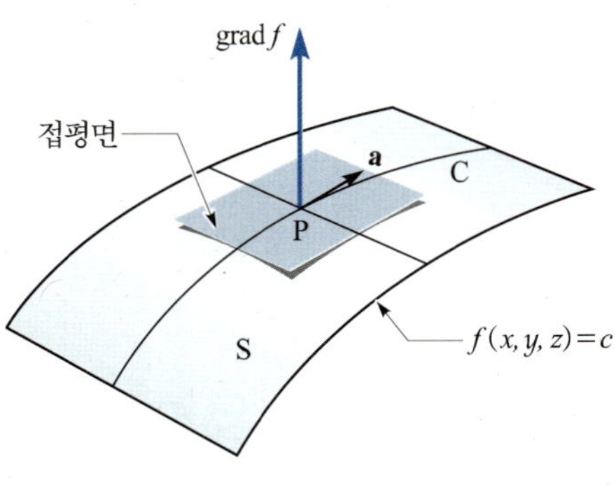

그림 8.15 곡면의 법선벡터로서의 기울기

기울기는 곡면과 연계된 많은 응용 사례를 갖고 있으며, 다음에서 다룰 곡면의 **법선벡터**(normal vector)가 그 전형적인 사례이다. $f(x, y, z)= c=$스칼라(상수)로 표현된 그림 8.15의 **등위곡면** S를 고려해 보자. 여기서, $f(x, y, z)$는 미분 가능한 함수이며, 공간상의 **곡선** C는 **등위곡면** S 위에 놓여 있으므로

$$\mathbf{r}(t)=\begin{Bmatrix} x(t) \\ y(t) \\ z(t) \end{Bmatrix} \tag{8.30}$$

로 나타낼 수 있다. 이 경우, 곡선 C가 곡면 S 위에 놓여 있기 때문에 $\mathbf{r}(t)$의 각 성분들은 $f(x, y, z)= c$를 만족해야 한다. 그러므로 C의 접선벡터는 $\mathbf{r}'(t)$가 된다. 만약 곡면 S 위에 고정된 점 P에서 점 P를 지나는 곡면 S위의 모든 곡선의 접선벡터들이 하나의 평면을 구성한다면, 이 평면을 점 P에서의 곡면 S의 **접평면**(tangent plane)이라 한다(그림 8.15 참조). 한편, 이 평면의 법선을 점 P에서의 곡면 S의 **곡면법선**(surface normal)이라 부른다. 그리고 이 법선과 평행한 벡터를 점 P에서의 곡면 S의 **곡면법선벡터**(surface normal vector)라 부른다.

예제 8.11

a를 단위벡터, 점 P의 좌표를 (2, −2, 2)라 한다. 스칼라장 $f=xy^2+xz$에 대하여 다음 물음에 답하시오.

(1) f의 기울기 grad$f$ 및 grad$f(\mathrm{P})$를 구하시오.

(2) a $=$i$+\sqrt{3}$j일 때, 점 P에서 스칼라장 f의 a방향의 방향도함수 $D_{\mathrm{a}}f(\mathrm{P})$를 구하시오.

(3) 방향도함수 $D_{\mathrm{a}}f(\mathrm{P})$가 최대가 되는 단위벡터 a를 구하시오.

풀이

(1) 식 (8.24)로부터,

$$\mathrm{grad}f=\frac{\partial f}{\partial x}\mathrm{i}+\frac{\partial f}{\partial y}\mathrm{j}+\frac{\partial f}{\partial z}\mathrm{k}=(y^2+z)\mathrm{i}+2xy\mathrm{j}+x\mathrm{k}$$

가 된다. 그리고 점 $\mathrm{P}(2,-2,2)$에서 값 grad$f(\mathrm{P})$는 다음과 같이 된다.

$$\mathrm{grad}f(\mathrm{P})=[(-2)^2+2]\mathrm{i}+2\times2\times(-2)\mathrm{j}+2\mathrm{k}=6\mathrm{i}-8\mathrm{j}+2\mathrm{k}$$

(2) 식 (8.28)로부터,

$$D_{\mathrm{a}}f(\mathrm{P})=\mathrm{a}\cdot\mathrm{grad}f(\mathrm{P})=(\mathrm{i}+\sqrt{3}\mathrm{j})\cdot(6\mathrm{i}-8\mathrm{j}+2\mathrm{k})=6-8\sqrt{3}$$

(3) grad$f(\mathrm{P})$와 같은 방향의 단위벡터가 최대증가 방향이다. 즉,

$$\mathbf{a} = \frac{1}{|\text{grad}f(\text{P})|}\text{grad}f(\text{P}) = \frac{1}{2\sqrt{26}}(6\mathbf{i}-8\mathbf{j}+2\mathbf{k}) = \frac{1}{\sqrt{26}}(3\mathbf{i}-4\mathbf{j}+\mathbf{k})$$

일 때, $D_{\mathbf{a}}f(\text{P})$는 최대가 된다.

(3) 발산

1) 벡터장의 발산(divergence)

기울기는 스칼라장으로부터 벡터장을 얻을 수 있도록 한다. 이와 반대로 **발산**은 벡터장으로부터 스칼라장을 얻을 수 있도록 한다. 스칼라장의 기울기 grad$f$는 ∇와 f의 형식적인 곱인 ∇f로 정의하였다[식 (8.24) 참조]. 직교좌표 x, y, z에 대하여, $\mathbf{v}(x, y, z)$를 미분 가능한 벡터함수라 하고 $\mathbf{v}$의 성분을 v_1, v_2, v_3이라 하자. 그러면, ∇와 벡터장 $\mathbf{v}$의 내적 $\nabla \cdot \mathbf{v}$는 다음과 같이 정해진다.

$$\begin{aligned}\nabla \cdot \mathbf{v} &= \left(\frac{\partial}{\partial x}\mathbf{i}+\frac{\partial}{\partial y}\mathbf{j}+\frac{\partial}{\partial z}\mathbf{k}\right)\cdot(v_1\mathbf{i}+v_2\mathbf{j}+v_3\mathbf{k}) \\ &= \frac{\partial v_1}{\partial x}+\frac{\partial v_2}{\partial y}+\frac{\partial v_3}{\partial z}\end{aligned} \tag{8.31}$$

위 식에서 $\nabla \cdot \mathbf{v}$는 스칼라장이고, 이것을 벡터장 $\mathbf{v}$의 **발산**이라 부르며 div $\mathbf{v}$로 표기한다. 즉,

발산

$$\text{div } \mathbf{v} = \nabla \cdot \mathbf{v} = \frac{\partial v_1}{\partial x}+\frac{\partial v_2}{\partial y}+\frac{\partial v_3}{\partial z} \tag{8.32}$$

예제 8.12

다음 벡터장 $\mathbf{v}$의 발산 div $\mathbf{v}$를 구하시오.

$$\mathbf{v} = 2x^2y\,\mathbf{i}+2xyz^2\mathbf{j}+2xy^2\mathbf{k}$$

풀이

식 (8.32)로부터,

$$\text{div } \mathbf{v} = \frac{\partial}{\partial x}(2x^2y) + \frac{\partial}{\partial y}(2xyz^2) + \frac{\partial}{\partial z}(2xy^2)$$
$$= 4xy + 2xz^2$$

이 된다.

2) 발산의 성질

발산에 관하여 기울기와 같은 형태의 다음 성질이 성립한다.

발산의 성질

벡터장 v, w, 스칼라장 f 및 스칼라 c에 대하여, 다음의 성질이 성립한다.

1) $\nabla \cdot (c\mathbf{v}) = c(\nabla \cdot \mathbf{v})$, 즉 $\text{div}\,(c\mathbf{v}) = c(\text{div}\,\mathbf{v})$
2) $\nabla \cdot (\mathbf{v}+\mathbf{w}) = \nabla \cdot \mathbf{v} + \nabla \cdot \mathbf{w}$
3) $\nabla \cdot (f\mathbf{v}) = (\nabla f) \cdot \mathbf{v} + f\nabla \cdot \mathbf{v}$

스칼라장 f에 대하여, ∇f의 발산 $\text{div}\,(\nabla f) = \nabla \cdot (\nabla f)$를 고려해 보자. 즉,

$$\nabla \cdot (\nabla f) = (\frac{\partial}{\partial x}\mathbf{i} + \frac{\partial}{\partial y}\mathbf{j} + \frac{\partial}{\partial z}\mathbf{k}) \cdot (\frac{\partial f}{\partial x}\mathbf{i} + \frac{\partial f}{\partial y}\mathbf{j} + \frac{\partial f}{\partial z}\mathbf{k})$$
$$= \frac{\partial^2 f}{\partial x^2} + \frac{\partial^2 f}{\partial y^2} + \frac{\partial^2 f}{\partial z^2} \qquad (8.33)$$

위 식에서 내적 $\nabla \cdot \nabla$를 ∇^2으로 표기하며, 이것을 **라플라스 연산자**(Laplace operator)라 칭하고, $\nabla^2 = \Delta = \frac{\partial^2}{\partial x^2} + \frac{\partial^2}{\partial y^2} + \frac{\partial^2}{\partial z^2}$로 놓으면

$$\nabla \cdot (\nabla f) = \nabla^2 f = \frac{\partial^2 f}{\partial x^2} + \frac{\partial^2 f}{\partial y^2} + \frac{\partial^2 f}{\partial z^2} \qquad (8.34)$$

가 된다. 여기서, $\nabla^2 f$를 **라플라스 작용소** 또는 **라플라시안**(Laplacian)이라 부른다. 만약

$$\nabla^2 f = \frac{\partial^2 f}{\partial x^2} + \frac{\partial^2 f}{\partial y^2} + \frac{\partial^2 f}{\partial z^2} = 0 \qquad (8.35)$$

이라면, 식 (8.35)를 **라플라스 방정식**이라 부르고 그 해인 함수 f를 **조화함수**(harmonic function)라고 한다.

3) 발산과 유량(flux)

압축성이 있는 유체(fluid) 내의 미소한 입체에서 단위시간당 빠져나가는 경계면에 대한 **유량** ΔV를 계산해 보자. 점 A를 꼭짓점으로 각 변의 길이가 $\Delta x, \Delta y, \Delta z$인 그림 8.16과 같은 미소한 직육면체를 고려하면, 직유면체의 각 경계면은 3개의 직교 좌표평면에 평행한 평면을 갖는다. 즉, yz평면에 평행한 경계면을 α_1, β_1이라 하면 xz평면에 평행한 경계면은 α_2, β_2가 되고, xy평면에 평행한 경계면은 α_3, β_3이 된다.

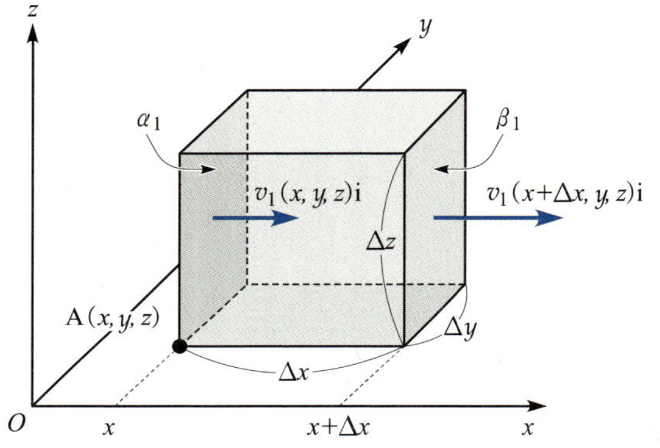

그림 8.16 발산의 물리적 해석

유체의 속도를 $\mathbf{v} = v_1(x, y, z)\mathbf{i} + v_2(x, y, z)\mathbf{j} + v_3(x, y, z)\mathbf{k}$라 할 때, 경계면 α_i, β_i $(i = 1, 2, 3)$로부터 빠져나가는 **유량** ΔV_i $(i = 1, 2, 3)$는

$$\begin{aligned}\Delta V_1 &= [v_1(x+\Delta x, y, z) - v_1(x, y, z)]\Delta y \Delta z \\ &= \frac{v_1(x+\Delta x, y, z) - v_1(x, y, z)}{\Delta x}\Delta x \Delta y \Delta z \\ &\fallingdotseq \frac{\partial v_1}{\partial x}\Delta x \Delta y \Delta z\end{aligned} \tag{8.36}$$

로 나타낼 수 있다. 여기서, $\Delta x \Delta y \Delta z$는 직육면체의 체적이다. 같은 방법으로 하면

$$\Delta V_2 \fallingdotseq \frac{\partial v_2}{\partial y}\Delta x \Delta y \Delta z, \quad \Delta V_3 \fallingdotseq \frac{\partial v_3}{\partial z}\Delta x \Delta y \Delta z \tag{8.37}$$

가 얻어지기 때문에, 빠져나가는 **유량** ΔV는

$$\begin{aligned}\Delta V &= \Delta V_1 + \Delta V_2 + \Delta V_3 = \left(\frac{\partial v_1}{\partial x} + \frac{\partial v_2}{\partial y} + \frac{\partial v_3}{\partial z}\right)\Delta x \Delta y \Delta z \\ &= (\operatorname{div} \mathbf{v})\,\Delta x \Delta y \Delta z\end{aligned} \tag{8.38}$$

가 된다. 위 식에서 div **v**는 속도장 **v**의 **발산**이다. 따라서 발산이란 **유출**에서 **유입**을 **뺀 정도**를 표현한다. 발산과 관련된 적분정리인 **가우스**(Gauss)의 **발산정리**는 9.5절에서 설명한다.

(4) 회전

1) 벡터장의 회전(curl, rotation)

회전은 벡터장으로부터 새로운 **벡터장**을 얻을 수 있도록 한다. 직교좌표 x, y, z에 대하여, **v**를 미분 가능한 벡터함수라 하고 **v**의 성분을 v_1, v_2, v_3, 즉 $\mathbf{v} = \begin{Bmatrix} v_1 \\ v_2 \\ v_3 \end{Bmatrix} = v_1\mathbf{i} + v_2\mathbf{j} + v_3\mathbf{k}$라 하자. 그러면, 벡터함수 **v**의 회전 curl **v**(또는 rot **v**로 표시하기도 함)는 다음과 같이 정의된다.

$$\begin{aligned}\operatorname{curl} \mathbf{v} &= \nabla \times \mathbf{v} = \left(\frac{\partial}{\partial x}\mathbf{i} + \frac{\partial}{\partial y}\mathbf{j} + \frac{\partial}{\partial z}\mathbf{k}\right) \times (v_1\mathbf{i} + v_2\mathbf{j} + v_3\mathbf{k}) \\ &= \begin{vmatrix} \mathbf{i} & \mathbf{j} & \mathbf{k} \\ \dfrac{\partial}{\partial x} & \dfrac{\partial}{\partial y} & \dfrac{\partial}{\partial z} \\ v_1 & v_2 & v_3 \end{vmatrix} \\ &= \mathbf{i}\begin{vmatrix} \dfrac{\partial}{\partial y} & \dfrac{\partial}{\partial z} \\ v_2 & v_3 \end{vmatrix} - \mathbf{j}\begin{vmatrix} \dfrac{\partial}{\partial x} & \dfrac{\partial}{\partial z} \\ v_1 & v_3 \end{vmatrix} + \mathbf{k}\begin{vmatrix} \dfrac{\partial}{\partial x} & \dfrac{\partial}{\partial y} \\ v_1 & v_2 \end{vmatrix} \\ &= \left(\frac{\partial v_3}{\partial y} - \frac{\partial v_2}{\partial z}\right)\mathbf{i} - \left(\frac{\partial v_3}{\partial x} - \frac{\partial v_1}{\partial z}\right)\mathbf{j} + \left(\frac{\partial v_2}{\partial x} - \frac{\partial v_1}{\partial y}\right)\mathbf{k}\end{aligned} \tag{8.39}$$

예제 8.13

다음 벡터장 v의 회전 curl v를 구하시오.

$$\mathbf{v} = xz^2\,\mathbf{i} - 3yz\mathbf{j} + 10z^2y\mathbf{k}$$

풀이

식 (8.39)로부터,

$$\text{curl } \mathbf{v} = \begin{vmatrix} \mathbf{i} & \mathbf{j} & \mathbf{k} \\ \dfrac{\partial}{\partial x} & \dfrac{\partial}{\partial y} & \dfrac{\partial}{\partial z} \\ v_1 & v_2 & v_3 \end{vmatrix} = \left(\frac{\partial v_3}{\partial y} - \frac{\partial v_2}{\partial z}\right)\mathbf{i} - \left(\frac{\partial v_3}{\partial x} - \frac{\partial v_1}{\partial z}\right)\mathbf{j} + \left(\frac{\partial v_2}{\partial x} - \frac{\partial v_1}{\partial y}\right)\mathbf{k}$$

$$= (10z^2 + 3y)\mathbf{i} - (0 - 2xz)\mathbf{j} + (0 - 0)\mathbf{k}$$

$$= (10z^2 + 3y)\mathbf{i} + 2xz\mathbf{j}$$

가 된다.

2) 회전의 성질

회전에 관하여 다음의 성질이 성립한다.

회전의 성질

벡터장 v, w, 스칼라장 f 및 스칼라 c에 대하여, 다음의 성질이 성립한다.

1) $\nabla \times (c\mathbf{v}) = c(\nabla \times \mathbf{v})$. 즉 $\text{curl}(c\mathbf{v}) = c(\text{curl } \mathbf{v})$
2) $\nabla \times (\mathbf{v} + \mathbf{w}) = \nabla \times \mathbf{v} + \nabla \times \mathbf{w}$
3) $\nabla \times (f\mathbf{v}) = (\nabla f) \times \mathbf{v} + f(\nabla \times \mathbf{v})$
4) $\nabla \times (\nabla f) = \mathbf{o}$, 여기서 o은 영벡터이다.
5) $\nabla \cdot (\nabla \times \mathbf{v}) = \mathbf{o}$

예제 8.14

다음 벡터장 v의 회전 curl v를 구하고, 회전의 의미를 고려하여 이것을 설명하시오.

$$\mathbf{v} = \frac{1}{2}(-y\,\mathbf{i} + x\mathbf{j})$$

풀이

공간 전체가 z축을 중심으로 일정한 각속도로 회전하고 있다고 하면, 이 회전을 일으키는 힘을 나타내는 벡터장 v는

$$\mathbf{v}=\frac{1}{2}(-y\,\mathbf{i}+x\mathbf{j})$$

로 표현할 수 있다. 점 A에서 $\mathbf{v}$의 크기는 점 A의 z축으로부터의 거리 r의 $\frac{1}{2}$배이고, $\frac{1}{2}$은 회전속도를 나타낸다[그림 8.17(a) 참조].

이때, $\mathbf{v}$의 회전 curl $\mathbf{v}$를 계산하면

$$\text{curl }\mathbf{v}=\begin{vmatrix}\mathbf{i} & \mathbf{j} & \mathbf{k}\\ \dfrac{\partial}{\partial x} & \dfrac{\partial}{\partial y} & \dfrac{\partial}{\partial z}\\ v_1 & v_2 & v_3\end{vmatrix}=\left(\frac{\partial v_3}{\partial y}-\frac{\partial v_2}{\partial z}\right)\mathbf{i}-\left(\frac{\partial v_3}{\partial x}-\frac{\partial v_1}{\partial z}\right)\mathbf{j}+\left(\frac{\partial v_2}{\partial x}-\frac{\partial v_1}{\partial y}\right)\mathbf{k}$$

$$=(0+0)\mathbf{i}-(0-0)\mathbf{j}+\frac{1}{2}(1+1)\mathbf{k}$$

$$=\mathbf{k}$$

가 된다. 따라서 curl $\mathbf{v}$는 그림 8.17(b)와 같이 된다. 즉, curl $\mathbf{v}$는 발생하는 회전에 대응하여 오른손 나사를 돌릴 때에 나사가 진행하는 방향과 같은 방향이며 회전 속도를 크기로 하는 벡터이다.

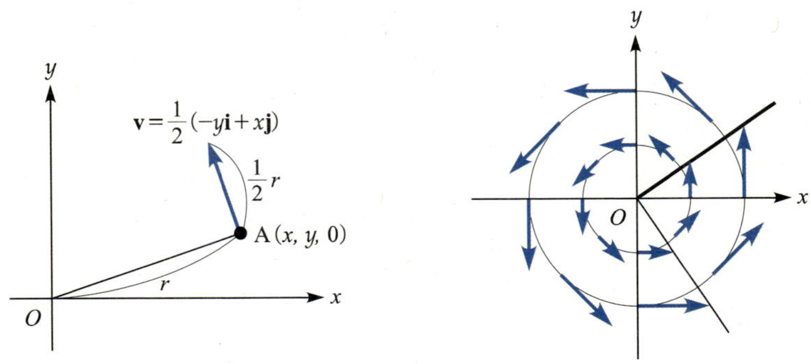

(a)

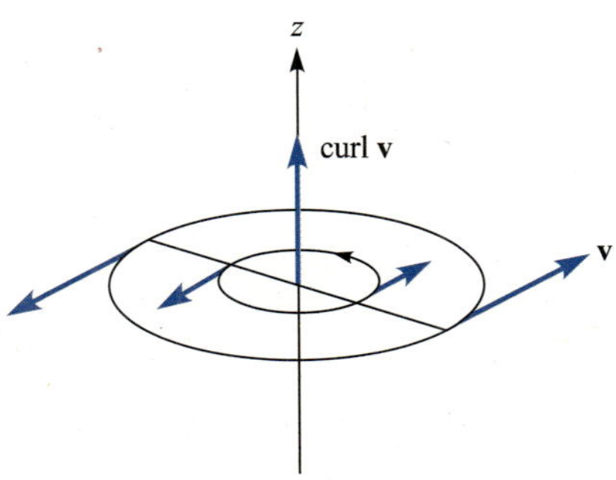

(b)

그림 8.17

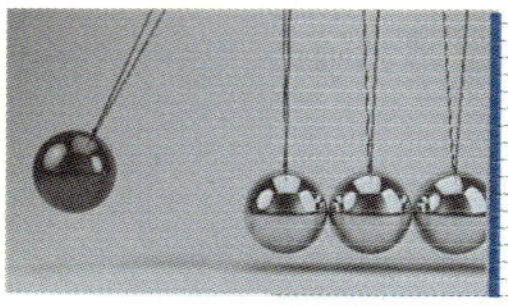

연습문제

8.1 벡터 a와 b가 다음의 조건을 만족할 때, 내적 a · b를 구하시오. 단, θ는 a와 b가 이루는 각도(사잇각)이다.

(1) $|\mathrm{a}|=5,\ |\mathrm{b}|=7,\ \theta=\dfrac{\pi}{6}$　　(2) $|\mathrm{a}|=9,\ |\mathrm{b}|=2,\ \theta=\dfrac{2\pi}{3}$

(3) $|\mathrm{a}|=5,\ |\mathrm{b}|=7,\ \theta=\dfrac{\pi}{2}$

8.2 $|\mathrm{a}|=3,\ |x|=4,\ \mathrm{a}+x=\sqrt{37}$ 일 때, 다음 값을 구하시오. 단, $\theta\ (0\le\theta\le\pi)$는 a와 x가 이루는 각도(사잇각)이다.

(1) $\mathrm{a}\cdot x$　　(2) θ

8.3 다음의 점 P_0를 지나고 n을 법선벡터로 하는 직선방정식 L을 구하시오.

$$\mathrm{P}_0(3,-2)\ ,\ n=\begin{Bmatrix}2\\2\end{Bmatrix}$$

8.4 다음의 점 P_0를 지나고 n을 법선벡터로 하는 평면방정식 F을 구하시오.

$$\mathrm{P}_0(0,4,-2)\ ,\ n=\begin{Bmatrix}6\\-2\\0\end{Bmatrix}$$

8.5 $\mathrm{a}=-\ \mathrm{i}+2\mathrm{j}-3\mathrm{k},\ \mathrm{b}=4\,\mathrm{i}-\mathrm{j}+3\mathrm{k}$의 외적(벡터곱) $\mathrm{a}\times\mathrm{b}$를 구하고, 다음을 계산하시오.

(1) a, b가 만드는 평행사변형의 면적 S

(2) a, b가 만드는 평행사변형의 단위법선벡터 e

(3) 점 $\mathrm{P}_0(1,2,-4)$를 지나고 a와 b에 평행한 평면방정식

8.6 $\mathbf{a}=\begin{Bmatrix}2\\-1\\3\end{Bmatrix}$, $\mathbf{b}=\begin{Bmatrix}2\\0\\2\end{Bmatrix}$ 일 때, 다음 물음에 답하시오.

(1) a와 b가 만드는 평행사변형의 면적 S를 구하시오.

(2) a와 b의 양방향으로 수직인 단위법선벡터를 구하시오.

8.7 $\mathbf{a}=\begin{Bmatrix}2\\1\\2\end{Bmatrix}$, $\mathbf{b}=\begin{Bmatrix}6\\-1\\7\end{Bmatrix}$, $\mathbf{c}=\begin{Bmatrix}2\\0\\2\end{Bmatrix}$ 가 만드는 평행육면체의 체적 V를 구하시오.

8.8 다음 스칼라장의 등위곡면 $f=c^2$은 어떤 종류의 곡면인가? 단, c는 스칼라이다.

(1) $f=x+2y-4z$

(2) $f=\dfrac{1}{x^2+y^2+z^2}$

8.9 xy평면상에 다음의 벡터장 v로부터 정해지는 벡터를 나타내시오.

(1) $\mathbf{v}=\dfrac{5}{9}x\mathbf{i}$

(2) $\mathbf{v}=2(-y\,\mathbf{i}+x\mathbf{j})$

8.10 다음 스칼라장 f의 기울기 ∇f를 구하시오.

(1) $f=2x+4y$

(2) $f=2x-2y^2+2z^2$

(3) $f=4y^2z^3$

8.11 a를 단위벡터, 점 P의 좌표를 $(2,-4,0)$ 이라 한다. 스칼라장 $f=\dfrac{1}{x^2+y^2}$에 대하여, 다음 물음에 답하시오.

(1) f의 기울기 grad f 및 grad $f(\mathrm{P})$를 구하시오.

(2) $\mathbf{a}=\dfrac{1}{\sqrt{2}}(\mathbf{i}+\mathbf{j})$일 때, 점 P에서 스칼라장 f의 a방향의 방향도함수 $D_{\mathbf{a}}f(\mathrm{P})$를 구하시오.

(3) 방향도함수 $D_{\mathbf{a}}f(\mathrm{P})$가 최대가 되는 단위벡터 a를 구하시오.

8.12 다음 벡터장 v의 발산 div v를 구하시오.

(1) $\mathbf{v} = 2x\,\mathbf{i} + 2y\mathbf{j} + 2z\mathbf{k}$

(2) $\mathbf{v} = 2z^2\,\mathbf{i} + 2x^2\mathbf{j} + 2y^2\mathbf{k}$

(3) $\mathbf{v} = 2xyz\,\mathbf{i} + 2y^2z\mathbf{j} + 2z^3\mathbf{k}$

8.13 다음 벡터장 v의 회전 curl v를 구하시오.

(1) $\mathbf{v} = 2y\,\mathbf{i} + 2z\mathbf{j} + 2x\mathbf{k}$

(2) $\mathbf{v} = 2xz\,\mathbf{i} + 2xy\mathbf{j} + 2yz\mathbf{k}$

(3) $\mathbf{v} = 2(y+z)\,\mathbf{i} + 2(z+x)\mathbf{j} + 2(x+y)\mathbf{k}$

8.14 다음 벡터장 v의 회전 curl v를 구하고, 회전의 발생 여부를 설명하시오.

$$\mathbf{v} = 5x\mathbf{i}$$

CHAPTER 09

벡터미적분, 적분정리

9.1 곡선

(1) 곡선의 매개변수 표현

벡터미적분은 기하학이나 물리학에서 이 절의 **곡선**과 9.3절의 **곡면**에 중요하게 이용된다. 기하학에 대하여 **벡터미분**을 응용하는 것을 **미분기하학**(differential geometry)이라 한다. 미분기하학의 응용은 공학설계 및 컴퓨터를 이용한 해석·설계, 상대성 이론, 항공, 지리학, 측지학 등에 응용된다.

공간에서의 **곡선** C는 그림 9.1과 같이 움직이는 물체의 경로를 나타낸다. 이것에 대한 표현법으로 **매개변수표현법**(parametric representation)이 이용되는데, 여기서는 다음과 같이 **매개변수**(parameter)로 t를 사용하고, 이것은 시간 혹은 다른 어떤 것이 될 수도 있다. 일반적인 **곡선**의 **매개변수표현법**은 다음과 같이 주어진다. 즉, $\alpha_1 \le t \le \alpha_2$를 만족하는 **매개변수** t에 대하여 공간의 점 P가 정해졌을 때, 점 P의 **위치벡터** $\mathbf{r}$의 x성분, y성분, z성분은 t의 **매개변수**가 되고,

$$\mathbf{r} = \begin{Bmatrix} x(t) \\ y(t) \\ z(t) \end{Bmatrix} = x(t)\mathbf{i} + y(t)\mathbf{j} + z(t)\mathbf{k} \tag{9.1}$$

로 나타낼 수 있다. 여기서 x, y, z는 일반적인 직교좌표를 나타내고, $\mathbf{r} = \mathbf{r}(t)$를 나타낸다.

정리하면, 함수 $x(t)$, $y(t)$, $z(t)$가 연속일 때, 점 P$(x(t),\ y(t),\ z(t))$는 공간에 곡선 C를 그린다. 이때 $\mathbf{r} = \mathbf{r}(t)$를 곡선 C의 매개변수표현이라 부르고, 변수 t를 매개변수, 그리고 $\alpha_1 \le t \le \alpha_2$를 곡선 C의 **정의역**이라 부른다. 이것은 t축상의 구간 $\alpha_1 \le t \le \alpha_2$를

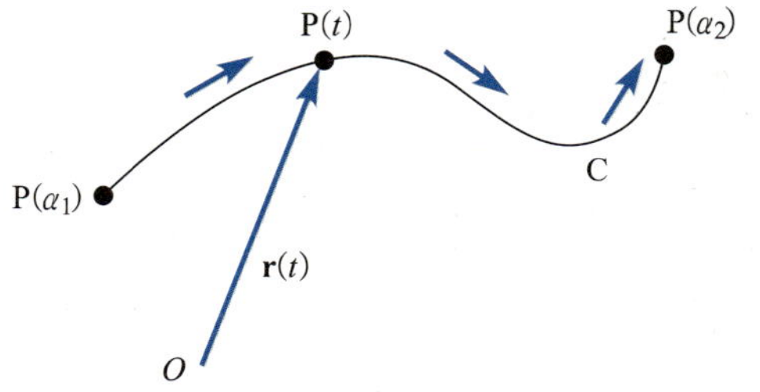

그림 9.1 곡선의 매개변수 표현

xyz공간의 곡선 C의 일부로 **사상**(mapping)하는 것, 즉 그 구간의 모든 t를 **위치벡터** $\mathbf{r}=\mathbf{r}(t)$를 가지는 P점으로 **사상**하는 것이다. 여기서, 점 $P(x(t), y(t), z(t))$는 간단하게 $P(t)$로 나타내기도 한다. $P(\alpha_1)$을 시작점 그리고 $P(\alpha_2)$를 끝점이라 부른다. t가 증가할 때, $P(t)$가 이동하는 방향을 곡선 C의 **양의 방향**(positive position)이라 한다. 따라서 t가 감소할 때, $P(t)$가 이동하는 방향은 곡선 C의 **음의 방향**(negative position)이 된다.

예제 9.1

다음 곡선을 매개변수를 사용하여 나타내시오.

(1) 그림 9.2와 같이 $P_0(x_0, y_0, z_0)$을 시작점, $P(x, y, z)$를 끝점으로 하는 선분

(2) $P_0(-1, 0, 2)$을 시작점, $P(1, 2, 4)$를 끝점으로 하는 선분

(3) 그림 9.3과 같이 평면 $z=c$(단, c는 상수)상에 있으며, 점 $(0, 0, c)$가 중심이고 반지름이 4인 원

(4) 그림 9.4와 같이 $z=ct$(단, c는 상수)상에 있는 원 나선(circular helix)

풀이

(1) 그림 9.2와 같이 시작점 $P_0(x_0, y_0, z_0)$의 위치벡터를 $\mathbf{p}_0$이라 할 때, 끝점 $P(x, y, z)$를 통과하고 벡터 $\mathbf{a}=a_1\mathbf{i}+a_2\mathbf{j}+a_3\mathbf{k}$에 평행한 직선은

$$\mathbf{r}=\mathbf{p}_0+t\mathbf{a}=\begin{Bmatrix} x_0+a_1t \\ y_0+a_2t \\ z_0+a_3t \end{Bmatrix} \tag{1}$$

로 나타낼 수가 있다. 여기서, $\mathbf{p}_0=x_0\mathbf{i}+y_0\mathbf{j}+z_0\mathbf{k}$이다. 식 (1)을 성분을 이용하여 나타내면

$$\begin{aligned}\mathbf{r} &= \mathbf{p}_0+t\mathbf{a}=x_0\mathbf{i}+y_0\mathbf{j}+z_0\mathbf{k}+t(a_1\mathbf{i}+a_2\mathbf{j}+a_3\mathbf{k}) \\ &= (x_0+a_1t)\mathbf{i}+(y_0+a_2t)\mathbf{j}+(z_0+a_3t)\mathbf{k} \end{aligned} \tag{2}$$

가 된다. 벡터 $\mathbf{a}=a_1\mathbf{i}+a_2\mathbf{j}+a_3\mathbf{k}=(x-x_0)\mathbf{i}+(y-y_0)\mathbf{j}+(z-z_0)\mathbf{k}$이므로, 식 (2)는 다음과 같이 된다.

$$\mathbf{r} = (x_0 + a_1 t)\mathbf{i} + (y_0 + a_2 t)\mathbf{j} + (z_0 + a_3 t)\mathbf{k}$$
$$= [x_0 + (x - x_0)t]\ \mathbf{i} + [y_0 + (y - y_0)t]\mathbf{j} + [z_0 + (z - z_0)t]\mathbf{k} \tag{3}$$

식 (3)에서, 직선상의 점 P(t)는 $t=0$일 때 시작점 $P_0(x_0, y_0, z_0)$이 되고 $t=1$일 때 끝점 P (x, y, z)가 되기 때문에, 따라서 식 (3)은 다음과 같이 된다.

$$\mathbf{r} = [x_0 + (x - x_0)t]\mathbf{i} + [y_0 + (y - y_0)t]\mathbf{j} + [z_0 + (z - z_0)t]\mathbf{k}\ (0 \le t \le 1) \tag{4}$$

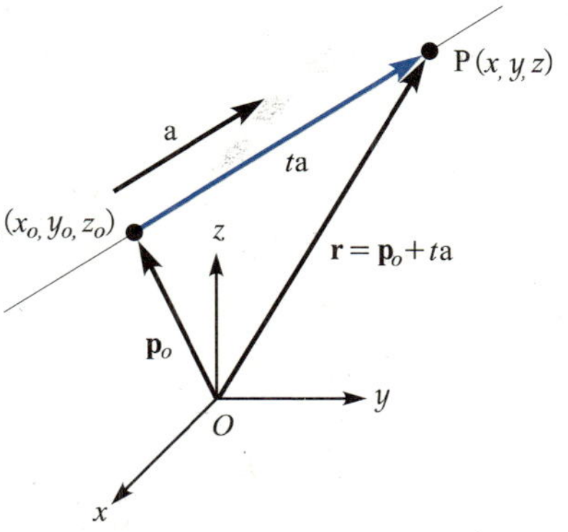

그림 9.2 직선의 매개변수 표현

(2) 식 (4)로부터, $P_0(-1, 0, 2)$를 시작점, P(1, 2, 4)를 끝점으로 하는 직선은 다음과 같이 된다.

$$\mathbf{r} = [-1 + (1 - (-1))t]\ \mathbf{i} + [0 + (2 - 0)t]\mathbf{j} + [2 + (4 - 2)t]\mathbf{k}$$
$$= (-1 + 2t)\mathbf{i} + 2t\mathbf{j} + (2 + 2t)\mathbf{k}\ (0 \le t \le 1)$$

(3) xy평면과 평행한 평면 $z = c$(단, c는 상수)상에 있으며, 점 $(0, 0, c)$가 중심이고 반지름이 4인 점은 $(4\cos t, 4\sin t, c)$로 나타내어진다. 따라서 이 원의 위치벡터함수는 다음과 같이 된다.

$$\mathbf{r} = 4\cos t\ \mathbf{i} + 4\sin t\mathbf{j} + c\mathbf{k} \tag{5}$$

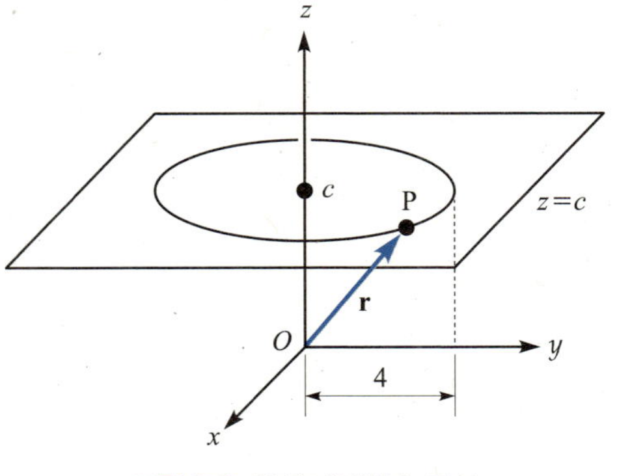

그림 9.3 원의 매개변수 표현

참고로, 위치벡터함수

$$\mathbf{r} = \begin{Bmatrix} \alpha\cos t \\ \beta\sin t \\ 0 \end{Bmatrix} = \alpha\cos t\mathbf{i} + \beta\sin t\mathbf{j} \tag{6}$$

는 중심이 원점이고 주축이 x축과 y축인 xy평면의 타원을 표현한다. 즉, $\sin^2 t+\cos^2 t=1$이므로, 식 (6)으로부터

$$\frac{x^2}{\alpha^2}+\frac{y^2}{\beta^2}=1,\ z=0 \tag{7}$$

이 얻어진다. 만약 $\alpha=\beta$이면, 식 (7)은 반지름이 α인 원이 된다.

(4) (3)의 원은 z좌표가 c이다. 이것에 대하여, 곡선

$$\mathbf{r}=4\cos t\mathbf{i}+4\sin t\mathbf{j}+ct\mathbf{k} \tag{8}$$

상의 점은 t의 변화에 동반하여 z축을 중심으로 반지름이 4인 원주면을 그림 9.4와 같이 나선형으로 감고 있다. 그리고 t가 2π씩 변화할 때, z좌표는 $2\pi c$씩 변화한다. 만약 $c>0$이면, 그림 9.4와 같은 오른손 나사 모양이 된다. 반면에 $c<0$이면, 왼손 나사 모양이 된다. 따라서 이 곡선을 원 나선이라 부른다.

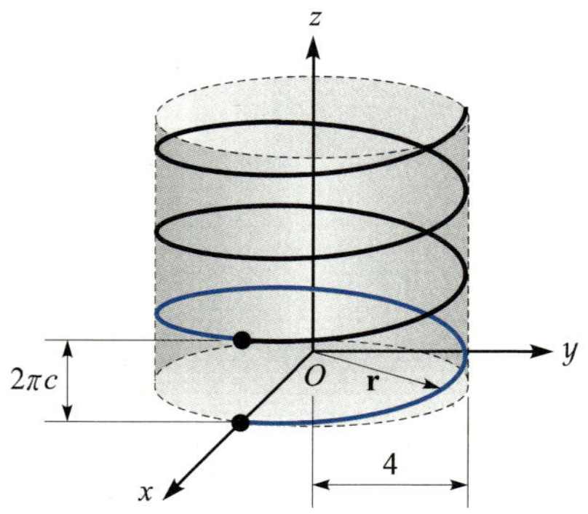

그림 9.4 원 나선의 매개변수 표현

(2) 곡선의 접선(tangent), 속도와 가속도

접선이란 그림 9.5에 보여준 것처럼 곡선에 접하는 **직선**이다. 여기서 **곡선**이 **위치벡터** $=x(t)\,\mathbf{i}+y(t)\mathbf{j}+z(t)\mathbf{k}$로 표현되고 **미분**이 가능할 때, 곡선상의 각 점 P(t)에 대하여 이 **벡터**의 **극한**은 **도함수**

$$\begin{aligned}\mathbf{r}'(t)&=\frac{d\mathbf{r}}{dt}=\lim_{\Delta t\to 0}\frac{\mathbf{r}(t+\Delta t)-\mathbf{r}(t)}{\Delta t}\\&=\lim_{\Delta t\to 0}\left[\frac{x(t+\Delta t)-x(t)}{\Delta t}\mathbf{i}+\frac{y(t+\Delta t)-y(t)}{\Delta t}\mathbf{j}+\frac{z(t+\Delta t)-z(t)}{\Delta t}\mathbf{k}\right]\\&=\frac{dx}{dt}\mathbf{i}+\frac{dy}{dt}\mathbf{j}+\frac{dz}{dt}\mathbf{k}\end{aligned} \tag{9.2}$$

가 된다. 만약 $\frac{d\mathbf{r}}{dt} \neq 0$이면, $\frac{d\mathbf{r}}{dt} = \mathbf{r}'$를 점 P($t$)에서 곡선의 **접선벡터**(tangent vector)라 부른다. 이 접선벡터에 대응하는 단위벡터

$$\mathbf{t} = \frac{1}{|\mathbf{r}'|}\mathbf{r}' = \frac{\frac{d\mathbf{r}}{dt}}{\left|\frac{d\mathbf{r}}{dt}\right|} \tag{9.3}$$

을 **단위접선벡터**(unit tangent vector)라 부른다.

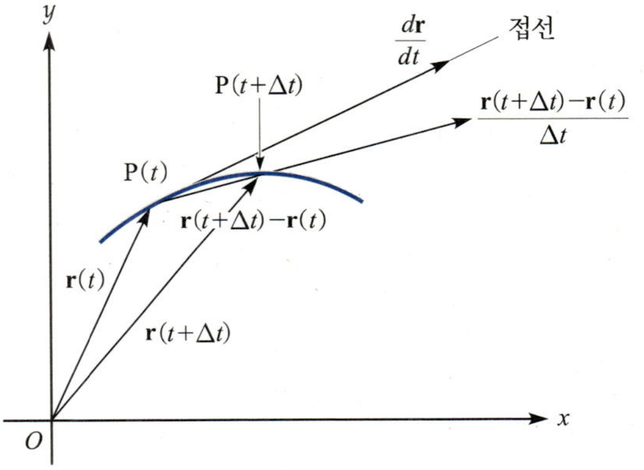

그림 9.5 곡선에서 접선의 표현

식 (9.2)에서 매개변수 t가 **시간**(time)을 나타낼 때,

$$\mathbf{v} = \mathbf{r}' = \frac{d\mathbf{r}}{dt} \tag{9.4}$$

을 **속도벡터**(velocity vector) 또는 간단히 **속도**(velocity)라 부른다. 이것은 순간적으로 움직이는 방향을 나타내며, 그 크기를 **속력**(speed)이라 하고 $|\mathbf{v}| = |\mathbf{r}'| = \sqrt{\mathbf{r}' \cdot \mathbf{r}'}$으로 나타낸다. 식 (9.3)을 $\mathbf{v}$를 이용하여 나타내면, $\mathbf{t} = \frac{1}{|\mathbf{v}|}\mathbf{v}$가 된다(그림 9.6 참조). **가속도벡터**(acceleration vector 또는 간단히 **가속도**라 함) $\mathbf{a}$는 속도벡터의 도함수이고, 그것의 크기는 **가속력**(acceleration)이라 한다. 따라서

$$\mathbf{a} = \mathbf{v}' = \mathbf{r}'' = \frac{d\mathbf{v}}{dt} = \frac{d^2\mathbf{r}}{dt^2} \tag{9.5}$$

이다.

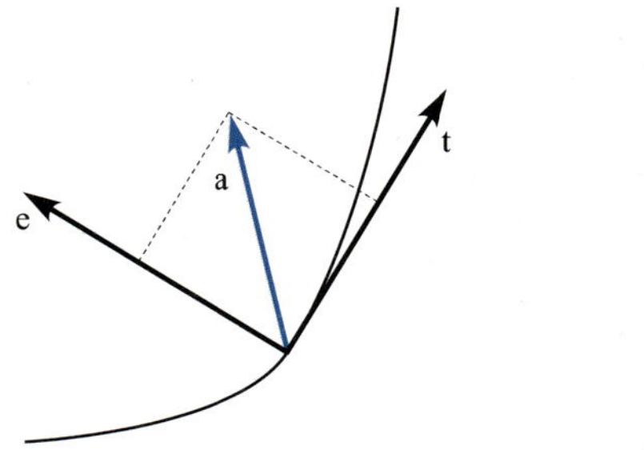

그림 9.6 단위접선벡터 t, 단위법선벡터 e, 가속도벡터 a의 표현

식 (9.3)의 경우, $\mathbf{t} \cdot \mathbf{t} = |\mathbf{t}^2| = 1$이다. $\mathbf{t} \cdot \mathbf{t} = 1$의 양변을 t에 관하여 미분하면

$$\frac{d}{dt}(\mathbf{t} \cdot \mathbf{t}) = \frac{d\mathbf{t}}{dt} \cdot \mathbf{t} + \mathbf{t} \cdot \frac{d\mathbf{t}}{dt} = 2\mathbf{t} \cdot \frac{d\mathbf{t}}{dt} = 0 \tag{9.6}$$

이 되기 때문에, 즉 내적이 0이므로 t와 $\frac{d\mathbf{t}}{dt}$는 수직을 이다. 여기서

$$e = \frac{\frac{d\mathbf{t}}{dt}}{\left|\frac{d\mathbf{t}}{dt}\right|} = \frac{1}{|\mathbf{t}'|}\mathbf{t}' \tag{9.7}$$

으로 놓으면, e는 t에 수직한 **단위법선벡터**(unit normal vector)이다(그림 9.6 참조).

다음으로, **가속도벡터** a를 t와 e에 의하여 나타내보자. 식 (9.3)~(9.5)로부터,

$$\begin{aligned} \mathbf{a} &= \frac{d}{dt}(|\mathbf{v}|\mathbf{t}) \\ &= \frac{d|\mathbf{v}|}{dt}\mathbf{t} + |\mathbf{v}|\frac{d\mathbf{t}}{dt} = \frac{d|\mathbf{v}|}{dt}\mathbf{t} + |\mathbf{v}|\left|\frac{d\mathbf{t}}{dt}\right| e \end{aligned} \tag{9.8}$$

가 된다. 위 식에서 $a_{\tan} = \frac{d|\mathbf{v}|}{dt}$, $a_{\text{norm}} = |\mathbf{v}|\left|\frac{d\mathbf{t}}{dt}\right|$라 놓으면

$$\mathbf{a} = a_{\tan}\mathbf{t} + a_{\text{norm}}\, e \tag{9.9}$$

로 표현된다(그림 9.6 참조). 여기서, $a_{\tan}$은 **접선가속도 성분**이고, a_{norm}은 **법선가속도 성분**이다. 그리고

$$\mathbf{a}\cdot\mathbf{t}=(a_{\tan}\mathbf{t}+a_{norm}e)\cdot\mathbf{t}=a_{\tan}|\mathbf{t}|^2=a_{\tan} \tag{9.10}$$

$$\mathbf{a}\cdot e=(a_{\tan}\mathbf{t}+a_{norm}e)\cdot e=a_{norm}|e|^2=a_{norm} \tag{9.11}$$

예제 9.2

원 나선 곡선 $\mathbf{r}=6\cos t\mathbf{i}+6\sin t\mathbf{j}+9t\mathbf{k}$에 대하여, 다음 물음에 답하시오.

(1) 속도 v, 속력 |v|, 가속도 a를 구하시오.

(2) 단위접선벡터 t, 단위법선벡터 e를 구하시오.

(3) 가속도 a의 접선가속도 성분 $a_{\tan}$과 법선가속도 성분 a_{norm}을 구하고, a를 t와 e를 이용하여 나타내시오.

풀이

(1) 식 (9.4)로부터,

$$\mathbf{v}=\mathbf{r}'=\frac{d\mathbf{r}}{dt}=-6\sin t\mathbf{i}+6\cos t\mathbf{j}+9\mathbf{k}=\begin{Bmatrix}-6\sin t\\ 6\cos t\\ 9\end{Bmatrix}$$

가 된다. $|\mathbf{v}|=|\mathbf{r}'|=\sqrt{\mathbf{r}'\cdot\mathbf{r}'}$이므로, 속력은

$$|\mathbf{v}|=|\mathbf{r}'|=\sqrt{\mathbf{r}'\cdot\mathbf{r}'}$$
$$=\sqrt{(-6\sin t)^2+(6\cos t)^2+9^2}=\sqrt{36(\sin^2 t+\cos^2 t)+81}=\sqrt{36+81}=3\sqrt{13}$$

이 된다. 식 (9.5)로부터,

$$\mathbf{a}=\mathbf{v}'=\frac{d\mathbf{v}}{dt}=-6\cos t\mathbf{i}-6\sin t\mathbf{j}+0\mathbf{k}=\begin{Bmatrix}-6\cos t\\ -6\sin t\\ 0\end{Bmatrix}$$

이 된다.

(2) $\mathbf{t}=\frac{1}{|\mathbf{v}|}\mathbf{v}$이므로, 단위접선벡터는

$$\mathbf{t}=\frac{1}{|\mathbf{v}|}\mathbf{v}=\frac{1}{3\sqrt{13}}(-6\sin t\mathbf{i}+6\cos t\mathbf{j}+9\mathbf{k})=\frac{1}{\sqrt{13}}(-2\sin t\mathbf{i}+2\cos t\mathbf{j}+3\mathbf{k})$$

$$=\frac{1}{\sqrt{13}}\begin{Bmatrix}-2\sin t\\ 2\cos t\\ 3\end{Bmatrix}$$

이 된다. 식 (9.7)로부터,

$$e=\frac{\frac{d\mathbf{t}}{dt}}{\left|\frac{d\mathbf{t}}{dt}\right|}=\frac{1}{|\mathbf{t}'|}\mathbf{t}'=\frac{1}{2}(-2\cos t\mathbf{i}-2\sin t\mathbf{j}+0\mathbf{k})=-\cos t\mathbf{i}-\sin t\mathbf{j}+0\mathbf{k}=\begin{Bmatrix}-\cos t\\-\sin t\\0\end{Bmatrix}$$

이 된다.

(3) 식 (9.10), (9.11)로부터,

$$a_{\tan}=\mathbf{a}\cdot\mathbf{t}=(-6\cos t\,\mathbf{i}-6\sin t\mathbf{j}+0\mathbf{k})\cdot\frac{1}{\sqrt{13}}(-2\sin t\mathbf{i}+2\cos t\mathbf{j}+3\mathbf{k})=0$$

$$a_{\text{norm}}=\mathbf{a}\cdot e=(-6\cos t\,\mathbf{i}-6\sin t\mathbf{j}+0\mathbf{k})\cdot(-\cos t\mathbf{i}-\sin t\mathbf{j}+0\mathbf{k})$$
$$=6\cos^2 t+6\sin^2 t=6$$

이 된다. 식 (9.9)로부터,

$$\mathbf{a}=a_{\tan}\,\mathbf{t}+a_{\text{norm}}\,e=0\mathbf{t}+6e=6e$$

가 된다. 따라서 이 경우 $\mathbf{a}$와 $\mathbf{t}$는 수직이고, 가속도 $\mathbf{a}$의 방향은 단위법선벡터 e의 방향과 같다.

9.2 선적분

(1) 스칼라장의 선적분의 기본개념

단위길이당 질량(선밀도)이 다른 **곡선**에서 **질량**을 구해보자. 이를 위하여 그림 9.7과 같이 곡선을 **현**들의 꺾어진 **선분**으로 근사화하고 개개의 선분의 **길이**를 Δl(m) 그리고 그 부분의 **선밀도**를 f(kg/m)라 하면, 짧은 선분의 **질량**은 $f\Delta l$이 된다. 따라서 이들의 전체를 합하고 $\Delta l\to 0$으로 하면, 곡선의 질량이 구해진다. 이것이 **스칼라장**의 **선적분**(line integral)의 기본개념이다.

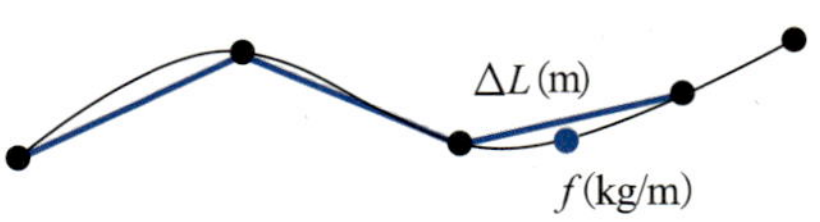

그림 9.7 곡선의 선분길이 Δl과 선밀도 f

(2) 스칼라장의 선적분

$\mathbf{r}=\begin{Bmatrix}x(t)\\y(t)\\z(t)\end{Bmatrix}=x(t)\mathbf{i}+y(t)\mathbf{j}+z(t)\mathbf{k}\ (\alpha_1\le t\le\alpha_2)$로 표현되는 곡선상의 각 점 P$(t)$에서

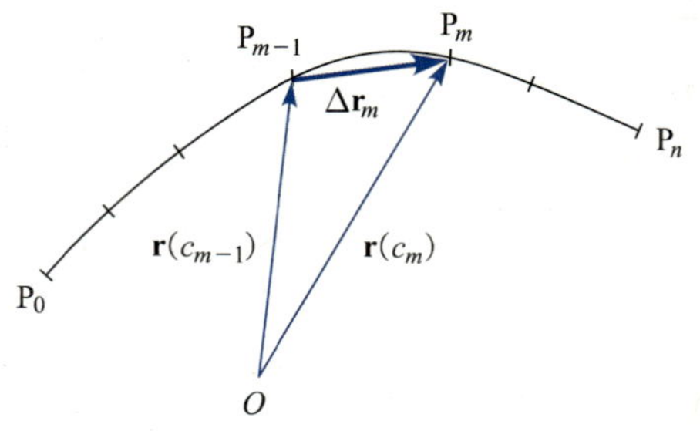

그림 9.8 점 P_{m-1}과 점 P_m을 지나는 선분의 벡터 표현

(그림 9.8 참조) **스칼라장** $f(x, y, z)$의 값이 정해졌다고 하자. 이때, 점 $P(t)$에서 f의 값을 간단히 $f(t)$로 나타낸다. 정의역 $[\alpha_1, \alpha_2]$의 분할을

$$\alpha_1 = c_0 < c_1 < c_2 < \cdots < c_n = \alpha_2 \tag{9.12}$$

라 하고, 분할된 소구간의 폭 Δt_m과 소구간에 포함된 임의의 점 t_m을

$$\Delta t_m = c_m - c_{m-1}, \quad c_{m-1} \le t_m \le c_m \quad (m = 1, 2, \cdots, n) \tag{9.13}$$

이라 한다. 분점 $t = c_m$에 대응하는 곡선상의 점 $P(c_m)$을 P_m이라 할 때, 2개의 분점 P_{m-1}, P_m을 연결하는 벡터 $\overrightarrow{P_{m-1}P_m}$을 $\Delta \mathbf{r}_m$(그림 9.8 참조) 그리고 선분 $P_{m-1}P_m$의 길이를 Δl_m으로 나타내면,

$$\Delta \mathbf{r}_m = \mathbf{r}(c_m) - \mathbf{r}(c_{m-1}), \quad \Delta l_m = |\Delta \mathbf{r}_m| \quad (m = 1, 2, \cdots, n) \tag{9.13a}$$

이 된다. 이때, f의 값 $f(t_m)$과 선분의 길이 Δl_m의 **곱**의 전체 **합** $\sum_{m=1}^{n} f(t_m) \Delta l_m$의 $n \to \infty$, 즉 주어진 구간을 임의대로 작게 세분하였을 때의 **극한값**

$$\lim_{n \to \infty} \sum_{m=1}^{n} f(t_m) \Delta l_m \tag{9.14}$$

이 존재한다면, 이 극한값을 곡선 C를 따라가는 **스칼라장** f의 **선적분**이라 부르고 다음과 같이 나타낸다.

$$\int_C f\,dl \tag{9.15}$$

$\Delta t_m > 0$이기 때문에, 식 (9.14)는

$$\lim_{n\to\infty}\sum_{m=1}^{n} f(t_m)\,\Delta l_m = \lim_{n\to\infty}\sum_{m=1}^{n} f(t_m)\,\frac{|\Delta \mathbf{r}_m|}{\Delta t_m}\,\Delta t_m \tag{9.16}$$

으로 바꿔 쓸 수 있다. 따라서 위 식의 우변은 $f(t)\left|\dfrac{d\mathbf{r}}{dt}\right|$의 **정적분**(일반적으로 정적분은 곡선 아래의 넓이를 뜻함)이 되기 때문에, 다음이 성립한다.

스칼라장의 선적분

곡선 C가 스칼라장 f의 정의역에 포함되어 있고, C가 $\mathbf{r} = \mathbf{r}(t)\ (\alpha_1 \le t \le \alpha_2)$로 표현될 때, 곡선 C를 따라가는 **스칼라장** f의 **선적분**은 다음과 같이 된다.

$$\int_C f\,dl = \int_{\alpha_1}^{\alpha_2} f(t)\left|\frac{d\mathbf{r}}{dt}\right|dt \tag{9.17}$$

여기서, 곡선 C는 **적분경로**(path of integration)이며, $\mathbf{r}(\alpha_1)$은 시작점이고 $\mathbf{r}(\alpha_2)$는 끝점이다. 따라서 선적분의 개념은 정적분을 일반화한 것이고, 선적분에서는 **피적분함수**(integrand)를 공간(또는 평면) 내의 곡선 C를 따라 적분한다. 그리고 곡선 C는 방향이 있으며, 시작점 $\mathbf{r}(\alpha_1)$으로부터 끝점 $\mathbf{r}(\alpha_2)$로의(t가 증가하는) 방향을 **양의 방향**이라 부른다. 또한, 각 점에서 접선의 방향이 연속적으로 변하는 곡선 C를 **매끄러운 곡선**(smooth curve)이라 부른다. 이 책의 선적분의 모든 적분경로는 구분적으로(piecewise) 매끄럽다는 가정 하에서 기술된 것이다.

적분경로의 시작점과 끝점이 일치할 수도 있으며, 이때 곡선 C를 **폐곡선**(closed curve, 폐경로, 닫힌 경로)이라고 부른다. 만약 적분경로가 **폐경로**(closed path, 폐곡선, 닫힌 경로)이면 적분기호로 $\int_C$ 대신에 $\oint_C$를 사용한다.

그리고 $f = 1$일 때, 식 (9.14)의 선적분의 값은 점 $P_1, P_2, \cdots, P_n$을 연결한 현들의 꺾어진 **선분** Δl들의 길이의 합의 극한값이기 때문에, **곡선** C의 **길이**이다. 따라서 곡선 C의 길이를 l이라고 하면, 다음이 성립한다.

곡선의 길이

$$l=\int_{\alpha_1}^{\alpha_2}\left|\frac{d\mathbf{r}}{dt}\right|dt=\int_{\alpha_1}^{\alpha_2}\sqrt{\left(\frac{dx}{dt}\right)^2+\left(\frac{dy}{dt}\right)^2+\left(\frac{dz}{dt}\right)^2}\,dt \tag{9.18}$$

즉, 곡선의 길이 l은 그림 9.7과 같이 n개의 현들이 꺾어진 선분 Δl들의 길이의 합으로 이루어진 수열의 극한으로 나타낼 수 있을 것이다.

예제 9.3

점 $(-1, 0, -3)$을 시작점 그리고 점 $(0, 3, -3)$을 끝점으로 하는 선분 C에서, 선분 C의 길이 및 C를 따라가는 스칼라장 $f=xyz$의 선적분 값을 구하시오.

풀이

선분 C는

$$\begin{aligned}\mathbf{r}&=[-1+(1-(-1))t]\,\mathbf{i}+[0+(3-0)t]\mathbf{j}+[-3+(-3-(-3))t]\mathbf{k}\\&=(-1+t)\mathbf{i}+3t\mathbf{j}-3t\mathbf{k}\ \ (0\le t\le 1)\end{aligned}$$

로 표현할 수 있다. 이때 $\dfrac{d\mathbf{r}}{dt}=\mathbf{i}+3\mathbf{j}$이기 때문에

$$\left|\frac{d\mathbf{r}}{dt}\right|=\sqrt{1^2+3^2}=\sqrt{10}$$

이 된다. 따라서 선분 C의 길이는

$$l=\int_0^1\left|\frac{d\mathbf{r}}{dt}\right|dt=\int_0^1\sqrt{10}\,dt=\sqrt{10}$$

이 된다. 그리고 선분상의 점 P(t)에서는 $x(t)=-1+t$, $y(t)=3t$, $z(t)=-3$이기 때문에, $f=xyz$의 P(t)에서의 값은

$$f(t)=x(t)y(t)z(t)=(-1+t)(3t)(-3)=-9t^2+9t$$

가 된다. 따라서 C를 따라가는 스칼라장 $f=xyz$의 선적분 값은 식 (9.17)에 의하여 다음과 같이 된다.

$$\int_C f\,dl=\int_0^1 f(t)\left|\frac{d\mathbf{r}}{dt}\right|dt=\int_0^1(-9t^2+9t)\sqrt{10}\,dt=\sqrt{10}\left[-3t^3+\frac{9}{2}t^2\right]_0^1=\frac{3}{2}\sqrt{10}$$

(3) 벡터장의 선적분의 기본개념

점이 **힘**을 받으면서 곡선을 따라가는 이동할 때, 힘이 그 **이동**에 대하여 한 **일**을 구해보자. 이를 위하여 그림 9.9와 같이 곡선을 따라가는 이동을 현들의 꺾어진 작은 이동의

집합으로 근사화하고, 개개의 작은 **이동**을 $\Delta \mathbf{r}$ 그리고 그 이동을 발생시키는 **힘**을 $\mathbf{f}$ 라 한다. 그때, 이동 $\Delta \mathbf{r}$에 대하여 힘 $\mathbf{f}$가 한 **일**은 $\Delta W = \mathbf{f} \cdot \Delta \mathbf{r}$ 이 된다. 따라서 이들의 전체를 합하고 $\Delta \mathbf{r} \to 0$으로 하면, 곡선을 따라가는 이동에 대하여 힘 $\mathbf{f}$가 한 일 W가 구해진다. 이것이 **벡터장**의 **선적분**의 기본개념이다.

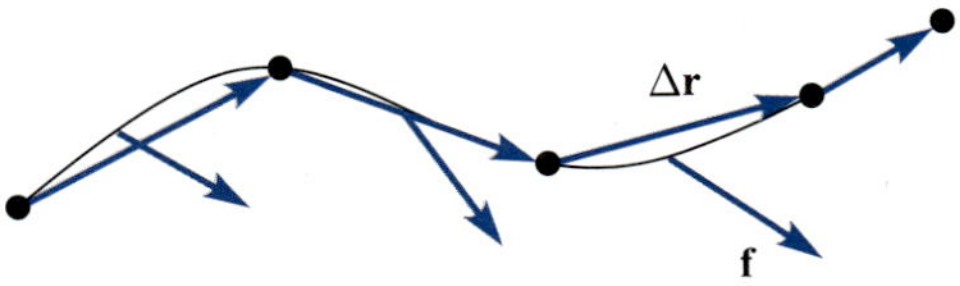

그림 9.9 곡선의 이동 $\Delta \mathbf{r}$과 힘 $\mathbf{f}$

(4) 벡터장의 선적분

곡선 C가 $\mathbf{r} = \begin{Bmatrix} x(t) \\ y(t) \\ z(t) \end{Bmatrix} = x(t)\mathbf{i} + y(t)\mathbf{j} + z(t)\mathbf{k}$ $(\alpha_1 \le t \le \alpha_2)$로 표현되고 있고 곡선 C상의 각 점에서 **벡터장** $\mathbf{f} = \mathbf{f}(x, y, z)$가 정해졌을 때, 곡선상의 점 $\mathrm{P}(t)$에서 벡터 $\mathbf{f}[x(t), y(t), z(t)]$을 간단히 $\mathbf{f}(t)$로 나타낸다. 정의역 $[\alpha_1, \alpha_2]$의 분할에 관한 기호는 스칼라장의 선적분을 정할 때와 같은 것, 즉 식 (9.12), (9.13)을 이용한다. 이때, 벡터 $\mathbf{f}(t_m)$과 $\Delta \mathbf{r}_m = \overrightarrow{\mathrm{P}_{m-1}\mathrm{P}_m}$의 **내적**의 전체 **합** $\sum_{m=1}^{n} \mathbf{f}(t_m) \cdot \Delta \mathbf{r}_m$의 $n \to \infty$, 즉 주어진 구간을 임의대로 작게 세분하였을 때의 **극한값**

$$\lim_{n \to \infty} \sum_{m=1}^{n} \mathbf{f}(t_m) \cdot \Delta \mathbf{r}_m \tag{9.19}$$

이 존재한다면, 이 극한값을 곡선 C를 따라가는 **벡터장**의 **선적분**이라 부르고 다음과 같이 나타낸다.

$$\int_{\mathrm{C}} \mathbf{f} \cdot d\mathbf{r} \tag{9.20}$$

식 (9.20)은

$$\lim_{n \to \infty} \sum_{m=1}^{n} \mathbf{f}(t_m) \cdot \Delta \mathbf{r}_m = \lim_{n \to \infty} \sum_{m=1}^{n} \mathbf{f}(t_m) \cdot \frac{|\Delta \mathbf{r}_m|}{\Delta t_m} \Delta t_m \tag{9.21}$$

으로 바꿔 쓸 수 있다. 따라서 위 식의 우변은 $\mathbf{f}(t) \cdot \dfrac{d\mathbf{r}}{dt}$의 **정적분**이 되기 때문에, 다음이 성립한다.

벡터장의 선적분

곡선 C가 벡터장 f의 정의역에 포함되어 있고 C가 $\mathbf{r} = \mathbf{r}(t)\,(\alpha_1 \leq t \leq \alpha_2)$로 표현될 때, 곡선 C를 따라가는 **벡터장 f의 선적분**은 다음과 같이 된다.

$$\int_C \mathbf{f} \cdot d\mathbf{r} = \int_{\alpha_1}^{\alpha_2} \mathbf{f}(t) \cdot \frac{d\mathbf{r}}{dt} dt \tag{9.22}$$

식 (9.22)의 우변의 **피적분함수**는

$$\begin{aligned} \mathbf{f}(t) \cdot \frac{d\mathbf{r}}{dt} &= (f_1(t)\mathbf{i} + f_2(t)\mathbf{j} + f_3(t)\mathbf{k}) \cdot \left(\frac{dx}{dt}\mathbf{i} + \frac{dy}{dt}\mathbf{j} + \frac{dz}{dt}\mathbf{k}\right) \\ &= f_1(t)\frac{dx}{dt} + f_2(t)\frac{dy}{dt} + f_3(t)\frac{dz}{dt} \end{aligned} \tag{9.22a}$$

가 되기 때문에, 구하고자 하는 **선적분**의 값은 이 함수[식 (9.22a)]를 $t = \alpha_1$에서 $t = \alpha_2$까지 t함수에 대하여 **정적분**하면 구해진다. 즉,

$$\begin{aligned} \int_C \mathbf{f} \cdot d\mathbf{r} &= \int_{\alpha_1}^{\alpha_2} \mathbf{f}(t) \cdot \frac{d\mathbf{r}}{dt} dt \\ &= \int_{\alpha_1}^{\alpha_2} [f_1(t)\frac{dx}{dt} + f_2(t)\frac{dy}{dt} + f_3(t)\frac{dz}{dt}]dt \end{aligned} \tag{9.23}$$

가 된다. 힘의 장(field)이 벡터장 f로 표현되고 점 P가 이 힘 f를 받으면서 곡선 C를 따라가는 이동할 때, 힘 f가 이 이동에 대하여 한 **일** W는

$$W = \int_C \mathbf{f} \cdot d\mathbf{r} \tag{9.24}$$

로 주어진다.

예제 9.4

xy평면상의 반지름이 3인 다음과 같은 원

$$\mathbf{r}=\begin{Bmatrix}3\cos t\\3\sin t\end{Bmatrix}=3\cos t\mathbf{i}+3\sin t\mathbf{j}\ \ (0\le t\le 2\pi)$$

를 따라가는 벡터장 $\mathbf{f}=-y\mathbf{i}+x\mathbf{j}$의 선적분을 구하시오.

풀이

원 $\mathbf{r}=\begin{Bmatrix}3\cos t\\3\sin t\end{Bmatrix}=3\cos t\mathbf{i}+3\sin t\mathbf{j}$ 상의 점 $\mathrm{P}(t)$에서는 $x(t)=3\cos t$, $y(t)=3\sin t$, $z(t)=0$이기 때문에,

$$\mathbf{f}=-y\mathbf{i}+x\mathbf{j}=-3\sin t\,\mathbf{i}+3\cos t\mathbf{j}$$

가 된다. 그리고

$$\frac{d\mathbf{r}}{dt}=-3\sin t\,\mathbf{i}+3\cos t\mathbf{j}$$

가 된다. 따라서 주어진 원을 따라가는 벡터장 $\mathbf{f}=-y\mathbf{i}+x\mathbf{j}$의 선적분 값은 식 (9.22)에 의하여 다음과 같이 된다.

$$\begin{aligned}\int_{\mathrm{C}}\mathbf{f}\cdot d\mathbf{r}&=\int_{\alpha_1}^{\alpha_2}\mathbf{f}(t)\cdot\frac{d\mathbf{r}}{dt}dt=\int_0^{2\pi}(-y\mathbf{i}+x\mathbf{j})\cdot(-3\sin t\mathbf{i}+3\cos t\mathbf{j})dt\\&=\int_0^{2\pi}(-3\sin t\mathbf{i}+3\cos t\mathbf{j})\cdot(-3\sin t\mathbf{i}+3\cos t\mathbf{j})dt\\&=\int_0^{2\pi}3^2(\sin^2 t+\cos^2 t)dt=\int_0^{2\pi}3^2dt=[9t]_0^{2\pi}=18\pi\end{aligned}$$

(5) 역방향의 곡선

벡터장의 선적분은 곡선을 짧은 벡터들의 집합으로 생각하기 때문에, 그림 9.10(a)에 보여준 것과 같이 곡선 C를 따라가는 벡터장의 선적분과 곡선 $-$C를 따라가는 벡터장의 선적분의 값은 부호가 역으로 된다. 한편, 스칼라장의 선적분은 곡선을 짧은 선분들의 집합으로 생각하기 때문에, 그림 9.10(b)에 보여준 것과 같이 곡선 C를 따라가는 스칼라장의 선적분과 곡선 $-$C를 따라가는 스칼라장의 선적분의 값은 일치한다. 따라서 곡선 C에 대하여 이것과 **역방향**의 **곡선**을 $-$C로 나타내면, 곡선 $-$C를 따라가는 **벡터장**의 **선적분**은

$$\begin{aligned}\int_{-\mathrm{C}}\mathbf{f}\cdot d\mathbf{r}&=\lim_{n\to\infty}\sum_{m=1}^{n}\mathbf{f}(t_m)\cdot(-\Delta\mathbf{r}_m)=-\lim_{n\to\infty}\sum_{m=1}^{n}\mathbf{f}(t_m)\cdot\Delta\mathbf{r}_m\\&=-\int_{\mathrm{C}}\mathbf{f}\cdot d\mathbf{r}\end{aligned}\tag{9.25}$$

이 되어, 곡선 C를 따라가는 벡터장의 선적분과 부호가 다르게 된다.

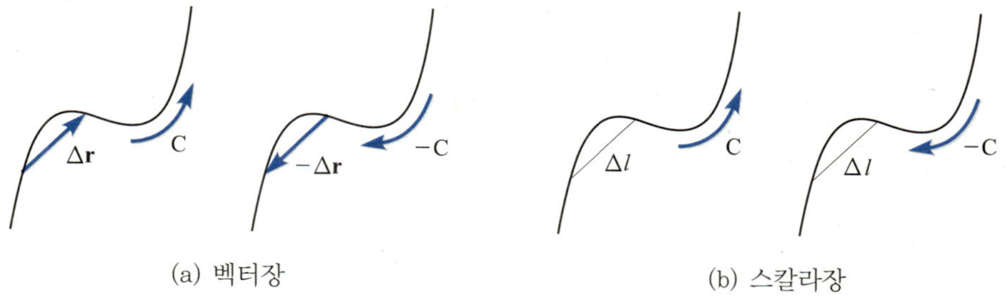

그림 9.10 곡선의 방향

(6) 기울기의 선적분

주어진 스칼라장 f에 대하여, f의 **기울기** $\text{grad}\, f$의 **선적분**을 구해보자. 시작점을 P, 끝점을 Q로한 곡선 C가 $\mathbf{r} = \begin{Bmatrix} x(t) \\ y(t) \\ z(t) \end{Bmatrix} = x(t)\mathbf{i} + y(t)\mathbf{j} + z(t)\mathbf{k}\ (\alpha_1 \le t \le \alpha_2)$로 표현되고 있을 때, 곡선 C를 따라가는 $\text{grad}\, f$의 선적분은

$$\begin{aligned}
\int_C (\text{grad}\, f) \cdot d\mathbf{r} &= \int_{\alpha_1}^{\alpha_2} \left(\frac{\partial f}{\partial x}\mathbf{i} + \frac{\partial f}{\partial y}\mathbf{j} + \frac{\partial f}{\partial z}\mathbf{k}\right) \cdot \left(\frac{dx}{dt}\mathbf{i} + \frac{dy}{dt}\mathbf{j} + \frac{dz}{dt}\mathbf{k}\right) dt \\
&= \int_{\alpha_1}^{\alpha_2} \left(\frac{\partial f}{\partial x}\frac{dx}{dt} + \frac{\partial f}{\partial y}\frac{dy}{dt} + \frac{\partial f}{\partial z}\frac{dz}{dt}\right) dt = \int_{\alpha_1}^{\alpha_2} \frac{df}{dt}\, dt \\
&= \left[f(x(t), y(t), z(t))\right]_{\alpha_1}^{\alpha_2} \\
&= f(x(\alpha_2), y(\alpha_2), z(\alpha_2)) - f(x(\alpha_1), y(\alpha_1), z(\alpha_1)) \\
&= f(\mathrm{Q}) - \mathrm{f}(\mathrm{P})
\end{aligned} \tag{9.26}$$

가 된다. 위 식으로부터, 곡선 C를 따라가는 $\text{grad}\, f$의 선적분의 값은 곡선 C의 시작점과 끝점에서 f의 값 $f(\mathrm{Q})$, $\mathrm{f}(\mathrm{P})$에 의해서만 결정되고, 곡선 C의 경로에는 독립적임을 보여주고 있다.

참고로, 벡터장 $\mathbf{f}$에 대하여 $\text{grad}\, f = \mathbf{f}$가 되는 스칼라장 f가 존재할 때, f를 $\mathbf{f}$의 **스칼라 퍼텐셜**이라 부른다. 스칼라 퍼텐셜을 갖은 벡터장을 **보존장**이라 한다. **중력장**은 **중력**에 의한 **위치에너지**를 스칼라 퍼텐셜로 하는 보존장이다. 보존장 $\mathbf{f}$의 선적분의 값은 곡선의 시작점과 끝점에서 스칼라 퍼텐셜 f의 값에 의해서만 결정된다.

예제 9.5

곡선 C의 시작점 P가 $(2, -2, 0)$이고 끝점 Q가 $(6, 4, 2)$이며, 스칼라장이 $f = \dfrac{1}{\sqrt{x^2+y^2+z^2}}$일 때, 곡선 C를 따라가는 grad f의 선적분 값을 구하시오.

풀이

식 (9.26)으로부터, 곡선 C를 따라가는 grad f의 선적분 값은

$$\begin{aligned}\int_C (\text{grad}\, f) \cdot d\mathbf{r} &= f(\mathrm{Q}) - f(\mathrm{P}) \\ &= f(6, 4, 2) - f(2, -2, 0) \\ &= \frac{1}{\sqrt{6^2+4^2+2^2}} - \frac{1}{\sqrt{2^2+(-2)^2+0^2}} = \frac{1}{2\sqrt{14}} - \frac{1}{2\sqrt{2}} \\ &= \frac{\sqrt{14} - 7\sqrt{2}}{28}\end{aligned}$$

가 된다.

9.3 곡면

(1) 곡면의 매개변수표현

uv평면상의 영역 D에 포함되어있는 점 (u, v)에 대하여 공간의 점 P가 정해졌을 때, 점 P의 위치벡터 $\mathbf{r}$의 x성분, y성분, z성분은 각각 u, v의 함수가 되고,

$$\mathbf{r} = \begin{Bmatrix} x(u, v) \\ y(u, v) \\ z(u, v) \end{Bmatrix} = x(u, v)\mathbf{i} + y(u, v)\mathbf{j} + z(u, v)\mathbf{k} \tag{9.27}$$

로 나타낼 수 있다. 여기서, $\mathbf{r} = \mathbf{r}(u, v)$를 나타낸다. 점 $\mathrm{P}(x(u, v), y(u, v), z(u, v))$ 전체가 **곡면** S를 만들 때, $\mathbf{r} = \mathbf{r}(u, v)$를 **곡면** S의 **매개변수표현**이라 부르고, 변수 u, v를 **매개변수**, 그리고 영역 D를 곡면 S의 **정의역**이라 부른다. 이처럼 **곡면**은 **2차원**이기 때문에 u, v의 두 개의 **매개변수**가 필요하다. (u, v)는 uv평면상의 어떤 영역 D 내에서 변하기 때문에 식 (9.27)과 같은 표현은 영역 D의 모든 점 (u, v)를 **위치벡터** $\mathbf{r} = \mathbf{r}(u, v)$를 가지는 **곡면** S의 점으로 **사상**하는 것이다. 여기서, 점 $\mathrm{P}(x(u, v), y(u, v), z(u, v))$는 간단하게 $\mathrm{P}(u, v)$로 나타내기도 한다.

$\mathbf{r}=\mathbf{r}(u,v)$가 **곡면** S의 **매개변수표현**일 때, k_2를 상수라고 하면,

$$\mathbf{r}(u,k_2)=x(u,k_2)\mathbf{i}+y(u,k_2)\mathbf{j}+z(u,k_2)\mathbf{k} \tag{9.28}$$

는 u만의 함수이고, $\mathbf{r}=\mathbf{r}(u,k_2)$는 $v=k_2$일 때의 곡면 S상의 곡선을 나타낸다(그림 9.11 참조). 이것을 곡면 S의 u곡선이라 부른다. 같은 방법으로 k_1이 상수일 때, $\mathbf{r}=\mathbf{r}(k_1,v)$는 곡면 S상의 v곡선을 나타낸다(그림 9.11 참조).

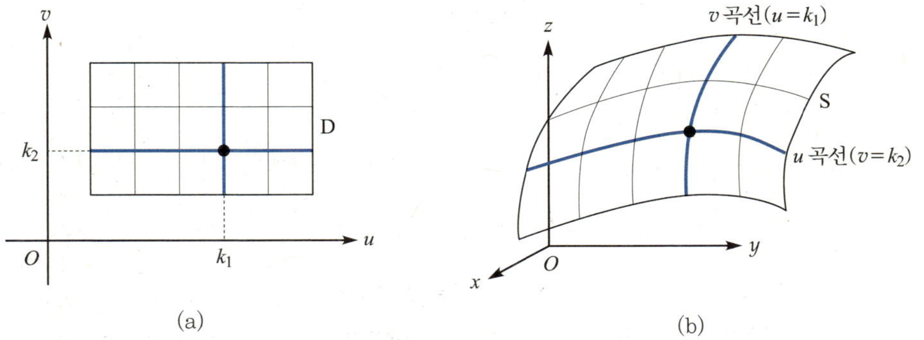

그림 9.11 곡면의 매개변수표현

몇 개의 **대표적인 곡면의 예**를 표현해 보면 다음과 같다.

- 점 P_0의 위치벡터를 $\mathbf{p}_0$이라고 하고, 2개의 벡터 $\mathbf{a}$, $\mathbf{b}$는 평행하지 않다고 할 때,

$$\mathbf{r}=\mathbf{p}_0+u\mathbf{a}+v\mathbf{b} \tag{9.29}$$

를 위치벡터로 하는 점은 그림 9.12와 같이 점 P_0를 통과하는 벡터 $\mathbf{a}$, $\mathbf{b}$와 평행한 평면상의 점이다. 여기서, **매개변수** u,v는 임의의 상수이다. $\mathbf{p}_0=x_0\mathbf{i}+y_0\mathbf{j}+z_0\mathbf{k}$, $\mathbf{a}=a_1\mathbf{i}+a_2\mathbf{j}+a_3\mathbf{k}$, $\mathbf{b}=b_1\mathbf{i}+b_2\mathbf{j}+b_3\mathbf{k}$라 하면, 이 **평면**은

$$\begin{aligned}\mathbf{r}&=x_0\mathbf{i}+y_0\mathbf{j}+z_0\mathbf{k}+u(a_1\mathbf{i}+a_2\mathbf{j}+a_3\mathbf{k})+v(b_1\mathbf{i}+b_2\mathbf{j}+b_3\mathbf{k})\\&=(x_0+a_1u+b_1v)\mathbf{i}+(y_0+a_2u+b_2v)\mathbf{j}+(z_0+a_3u+b_3v)\mathbf{k}\end{aligned} \tag{9.30}$$

라고 표현될 수 있다. 이 평면의 u곡선은 벡터 $\mathbf{a}$와 평행인 직선이고, v곡선은 벡터 $\mathbf{b}$와 평행인 직선이다(그림 9.12 참조).

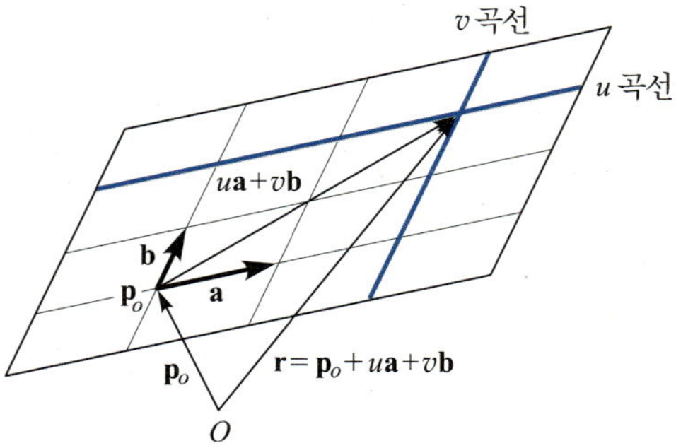

그림 9.12 평면의 매개변수표현

• z축이 중심축이고 반지름이 5인 그림 9.13과 같은 **원기둥면**은

$$\mathbf{r} = \begin{Bmatrix} 5\cos u \\ 5\sin u \\ v \end{Bmatrix} = 5\cos u\mathbf{i} + 5\sin u\mathbf{j} + v\mathbf{k} \ (0 \le u \le 2\pi, \ -1 \le v \le 3) \quad (9.31)$$

의 형식의 매개변수로 표현될 수 있다. 여기서, $\mathbf{r}$의 성분들은 $x = 5\cos u$, $y = 5\sin u$, $z = v$이고, 매개변수 u, v는 uv평면상에서 직사각형 영역 $\mathrm{D} : 0 \le u \le 2\pi$, $-1 \le v \le 3$ 내에서 변한다. 이 원기둥면에서 u곡선(즉, $v =$ 상수)은 z축에 수직한 평면상의 원이며, v곡선(즉, $u =$ 상수)은 원기둥면상의 z축에 평행한 직선이다(그림 9.13 참조).

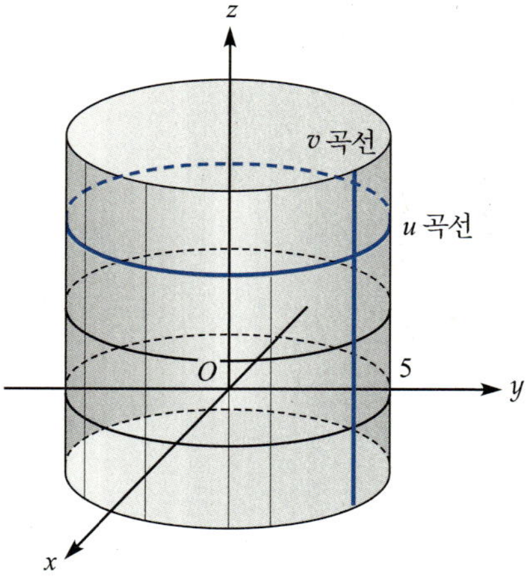

그림 9.13 원기둥면의 매개변수표현

• 원점 (0,0,0)이 중심이고 반지름이 5인 그림 9.14와 같은 **구**에서, 구면상의 점 P를 잡고 P로부터 xy평면으로 내린 수선(perpendicular)과 xy평면과의 교점을 Q라고 한다. 매개변수 u, v를 그림 9.14와 같이 취하면, 점 Q의 좌표는 $(\mathrm{OQ}\cos u, \mathrm{OQ}\sin u, 0)$이 된다. $\mathrm{OQ} = 5\cos v$이고 점 P의 z좌표는 $5\sin v$이기 때문에(그림 9.15 참조), 이 **구면**을 매개변수로 나타내면 다음과 같이 된다.

$$\mathbf{r} = 5\cos u \cos v\,\mathbf{i} + 5\sin u \cos v\,\mathbf{j} + 5\sin v\,\mathbf{k} \quad \left(0 \le u \le 2\pi,\ -\frac{\pi}{2} \le v \le \frac{\pi}{2}\right) \tag{9.32}$$

여기서, $\mathbf{r}$의 성분들은 $x = 5\cos u \cos v$, $y = 5\sin u \cos v$, $z = 5\sin v$이고, 매개변수 u, v는 uv평면상에서 부등식 $0 \le u \le 2\pi, -\frac{\pi}{2} \le v \le \frac{\pi}{2}$로 주어지는 직사각형 영역 D 내에서 변한다. 이 구면에서 u곡선(즉, v = 상수)은 xy평면에 평행한 원[**위선**, **지리학**(geography)에서 사용하는 **지구**의 **위도**]이며, v곡선(즉, u = 상수)은 xy평면에 수직한 원[**경선**, **지구**의 **경도**]이다(그림 9.14 참조).

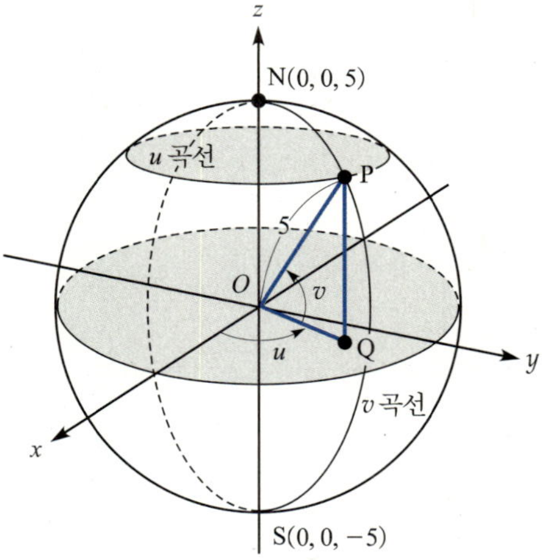

그림 9.14 구면의 매개변수표현

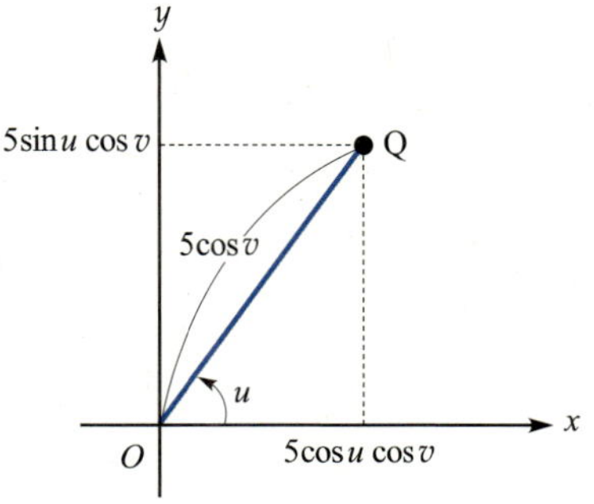

그림 9.15 점 Q의 좌표

또한, xy평면상의 영역 D를 정의역으로 하는 2개의 변수함수 $z = g(x, y)$의 그래프상의 점은

$$\mathbf{r} = \begin{Bmatrix} x \\ y \\ g(x,y) \end{Bmatrix} = x\mathbf{i} + y\mathbf{j} + g(x,y)\mathbf{k} \tag{9.33}$$

로 나타낼 수 있다. 이와 같이 매개변수 x, y를 이용하여 표현된 곡면을 곡면 $z = g(x, y)$라 부르고, 이러한 경우에는 매개변수로 x, y가 이용된다.

예제 9.6

다음 곡면을 매개변수를 사용하여 나타내시오.

(1) 점 $P_0(1, 2, 3)$을 시작점으로 하여 점 A$(-2, 2, -2)$와 점 B$(1, 1, 1)$을 통과하는 평면

(2) 곡면 $z = 2(x^2 + y^2)$

풀이

(1) 그림 9.12와 같은 평면의 매개변수표현에서,

$$\mathbf{p}_0 = x_0\mathbf{i} + y_0\mathbf{j} + z_0\mathbf{k} = \mathbf{i} + 2\mathbf{j} + 3\mathbf{k},$$

$$\mathbf{a} = a_1\mathbf{i} + a_2\mathbf{j} + a_3\mathbf{k} = (-2-1)u\mathbf{i} + (2-2)u\mathbf{j} + (-2-3)u\mathbf{k} = -3u\mathbf{i} + 0\mathbf{j} - 5u\mathbf{k},$$

$$\mathbf{b} = b_1\mathbf{i} + b_2\mathbf{j} + b_3\mathbf{k} = (1-1)v\mathbf{i} + (1-2)v\mathbf{j} + (1-3)v\mathbf{k} = 0\mathbf{i} - v\mathbf{j} - 2v\mathbf{k}$$

가 된다. 따라서 위 식들을 식 (9.30)에 대입하면, 구하고자 하는 매개변수를 사용한 평면이 다음과 같이 얻어진다.

$$\begin{aligned}\mathbf{r} &= (x_0 + a_1u + b_1v)\mathbf{i} + (y_0 + a_2u + b_2v)\mathbf{j} + (z_0 + a_3u + b_3v)\mathbf{k} \\ &= (1 - 3u + 0v)\mathbf{i} + (2 - 0u - v)\mathbf{j} + (3 - 5u - 2v)\mathbf{k} \\ &= (1 - 3u)\mathbf{i} + (2 - v)\mathbf{j} + (3 - 5u - 2v)\mathbf{k}\end{aligned}$$

(2) 곡면 $z = 2(x^2 + y^2)$을 매개변수로 나타내면, 다음과 같이 된다.

$$\mathbf{r} = x\mathbf{i} + y\mathbf{j} + z\mathbf{k} = x\mathbf{i} + y\mathbf{j} + 2(x^2 + y^2)\mathbf{k}$$

이 곡면은 포물선 $z = 2x^2$을 z축을 중심으로 회전할 때 생기는 회전면이다.

(2) 곡면의 접선벡터와 법선벡터

함수 $x(u, v)$, $y(u, v)$, $z(u, v)$의 **편도함수**가 존재하고 그들이 모두 **연속**일 때, **곡면** $\mathbf{r} = x(u, v)\mathbf{i} + y(u, v)\mathbf{j} + z(u, v)\mathbf{k}$를 **매끄러운 곡선**이라고 부른다. 이때, 이 곡면 S상의 점 P(u, v)에서

$$\frac{\partial \mathbf{r}}{\partial u}=\operatorname*{Lim}_{\Delta u\to 0}\frac{\mathbf{r}(u+\Delta u, v)-\mathbf{r}(u, v)}{\Delta u}=\frac{\partial x}{\partial u}\mathbf{i}+\frac{\partial y}{\partial u}\mathbf{j}+\frac{\partial z}{\partial u}\mathbf{k}$$
$$\frac{\partial \mathbf{r}}{\partial v}=\operatorname*{Lim}_{\Delta v\to 0}\frac{\mathbf{r}(u, v+\Delta v)-\mathbf{r}(u, v)}{\Delta v}=\frac{\partial x}{\partial v}\mathbf{i}+\frac{\partial y}{\partial v}\mathbf{j}+\frac{\partial z}{\partial v}\mathbf{k} \quad (9.34)$$

가 정해진다. 위 식들은 곡면상의 각 점 $\mathrm{P}(u, v)$에서 각각 u곡선, v곡선의 **접선벡터**이다(그림 9.16 참조). 여기서, $\frac{\partial \mathbf{r}}{\partial u}(=\mathbf{r}_u)$, $\frac{\partial \mathbf{r}}{\partial v}(=\mathbf{r}_v)$이 평행하지 않을 때, 즉 곡면 S가

$$\frac{\partial \mathbf{r}}{\partial u}\times\frac{\partial \mathbf{r}}{\partial v}=\mathbf{r}_u\times\mathbf{r}_v\neq\mathbf{o} \quad (9.35)$$

을 만족할 때, 점 P에서 곡면 S의 **접평면**이라고 부른다. 여기서, $\mathbf{o}$은 영벡터이다. 접평면에 수직한 벡터를 곡면 S의 **법선벡터**라고 부른다. 그림 9.16에서 $\pm(\frac{\partial \mathbf{r}}{\partial u}\times\frac{\partial \mathbf{r}}{\partial v})$는 곡면 S의 법선벡터이다. 그리고 길이가 1인 법선벡터

$$e=\pm\frac{1}{\left|\frac{\partial \mathbf{r}}{\partial u}\times\frac{\partial \mathbf{r}}{\partial v}\right|}\frac{\partial \mathbf{r}}{\partial u}\times\frac{\partial \mathbf{r}}{\partial v} \quad (9.36)$$

을 곡면 S의 **단위법선벡터**라고 부른다.

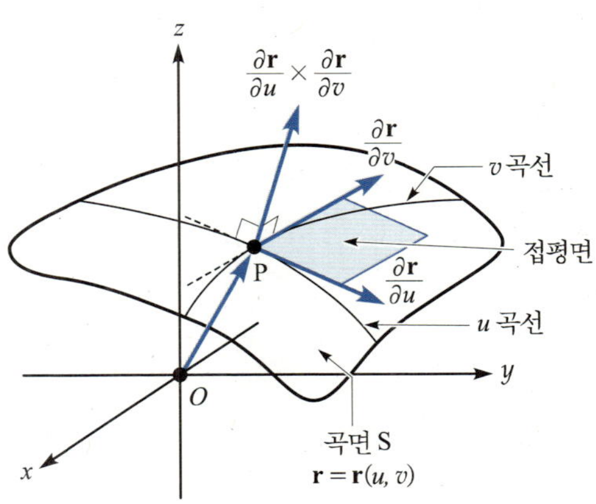

그림 9.16 접선벡터, 접평면, 법선벡터

예제 9.7

다음의 원기둥면 $\mathbf{r}=\mathbf{r}(u,v)$에 대하여, $\dfrac{\partial \mathbf{r}}{\partial u}$, $\dfrac{\partial \mathbf{r}}{\partial v}$ 및 단위법선벡터를 구하시오.

$$\mathbf{r}=\begin{Bmatrix}\cos u\\ \sin u\\ 6v\end{Bmatrix}=\cos u\mathbf{i}+\sin u\mathbf{j}+6v\,\mathbf{k}$$

풀이

원기둥면 $\mathbf{r}=\cos u\mathbf{i}+\sin u\mathbf{j}+6v\,\mathbf{k}$에 대하여,

$$\frac{\partial \mathbf{r}}{\partial u}=-\sin u\mathbf{i}+\cos u\mathbf{j}$$

$$\frac{\partial \mathbf{r}}{\partial v}=6\mathbf{k}$$

가 된다. 그림 9.17에 보여준 것처럼, $\dfrac{\partial \mathbf{r}}{\partial u}$은 원기둥면의 u곡선에서 원의 접선벡터이고, $\dfrac{\partial \mathbf{r}}{\partial v}$은 원기둥면의 v곡선에서 직선의 접선벡터이다. 그리고 벡터

$$\pm\frac{\partial \mathbf{r}}{\partial u}\times\frac{\partial \mathbf{r}}{\partial v}=\pm\begin{vmatrix}\mathbf{i} & \mathbf{j} & \mathbf{k}\\ -\sin u & \cos u & 0\\ 0 & 0 & 6\end{vmatrix}=\pm 6(\cos u\mathbf{i}+\sin u\mathbf{j})$$

는 이 원기둥면의 법선벡터이다(그림 9.17 참조). 식 (9.36)에 의하여, 단위법선벡터 e는 다음과 같이 된다.

$$e=\pm\frac{1}{\left|\dfrac{\partial \mathbf{r}}{\partial u}\times\dfrac{\partial \mathbf{r}}{\partial v}\right|}\frac{\partial \mathbf{r}}{\partial u}\times\frac{\partial \mathbf{r}}{\partial v}=\pm\frac{1}{6}[\pm 6(\cos u\mathbf{i}+\sin u\mathbf{j})]=\pm(\cos u\mathbf{i}+\sin u\mathbf{j})$$

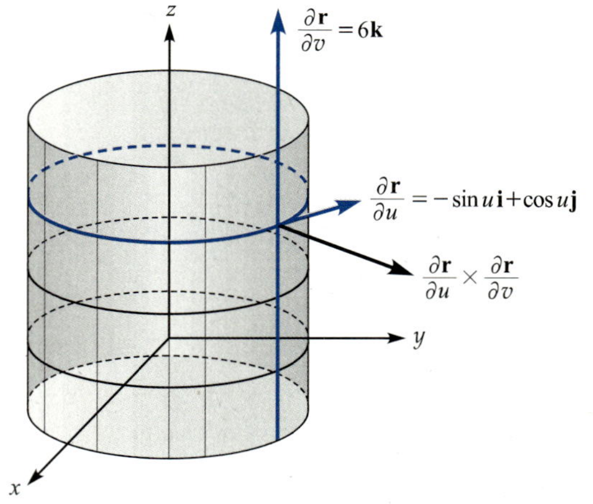

그림 9.17 원기둥면의 접선벡터와 법선벡터

9.4 면적분

(1) 스칼라장의 면적분의 기본개념

철판과 같이 질량을 가진 **곡면**에서 각 점의 **단위면적당 질량**(**면밀도**)이 다른 것을 생각해보자. 이 곡면의 질량을 구하기 위하여 그림 9.18과 같이 곡면을 작은 도형으로 분할하고 개개의 도형의 **면적**을 $\Delta S(\mathrm{m}^2)$ 그리고 그 부분의 **면밀도**를 $f(\mathrm{kg/m}^2)$라 하면, 작은 도형의 **질량**은 $f\Delta S$가 된다. 따라서 이들의 전체를 합하고 $\Delta S \to 0$으로 하면, 곡면의 질량이 구해진다. 이것이 **스칼라장**의 **면적분**(surface integral)의 기본개념이다.

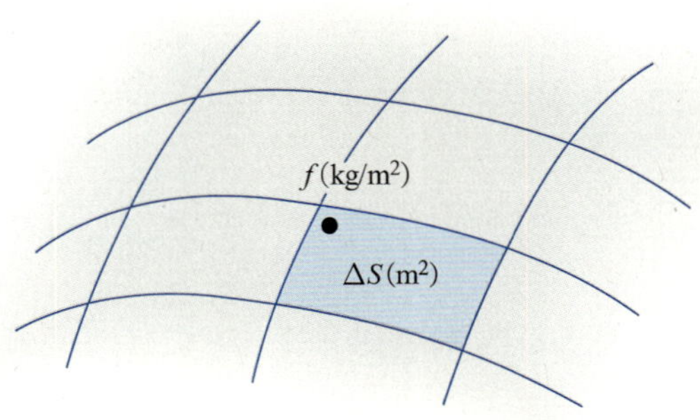

그림 9.18 곡면의 면적 ΔS와 면밀도 f

(2) 스칼라장의 면적분

곡면 S가 $\mathbf{r}=\begin{Bmatrix} x(u,v) \\ y(u,v) \\ z(u,v) \end{Bmatrix}= x(u,v)\mathbf{i}+y(u,v)\mathbf{j}+z(u,v)\mathbf{k}$로 표현되는 곡면상의 각 점 P (u,v)에서, **스칼라장** $f(x,y,z)$의 값이 정해졌다고 하자. 이때, 점 P(u,v)에서 f의 값 $f(x(u,v),y(u,v),z(u,v))$를 간단히 $f(u,v)$로 나타낸다. 곡면 S의 정의역 D가 n개의 직사각형의 소영역 $\mathrm{D}_1, \mathrm{D}_2, \cdots, \mathrm{D}_n$으로 분할되고, $m=1,2,\cdots,n$에 대하여 그림 9.19와 같은 직사각형이라고 한다.

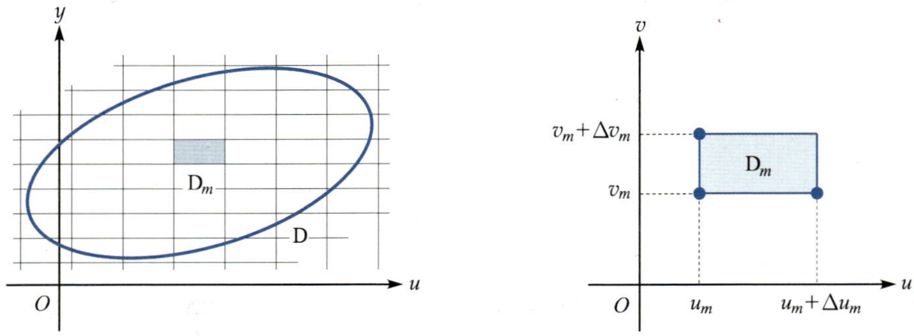

그림 9.19 영역 D의 분할

각 소영역 D_m의 3개의 정점 (u_m, v_m), $(u_m + \Delta u_m, v_m)$, $(u_m, v_m + \Delta v_m)$에 대응하는 곡면 S상의 점을 각각 P_0, P_1, P_2라 하면(그림 9.19, 9.20 참조),

$$\begin{aligned}\overrightarrow{P_0P_1} &= \mathbf{r}(u_m + \Delta u_m, v_m) - \mathbf{r}(u_m, v_m) \fallingdotseq \frac{\partial \mathbf{r}}{\partial u}\Delta u_m \\ \overrightarrow{P_0P_2} &= \mathbf{r}(u_m, v_m + \Delta v_m) - \mathbf{r}(u_m, v_m) \fallingdotseq \frac{\partial \mathbf{r}}{\partial v}\Delta v_m\end{aligned} \tag{9.37}$$

이 된다. 여기서, D_m에 대응하는 곡면 S상의 부분(그림 9.20)의 면적 ΔS_m을 2개의 벡터 $\frac{\partial \mathbf{r}}{\partial u}\Delta u_m$, $\frac{\partial \mathbf{r}}{\partial v}\Delta v_m$이 만드는 평행사변형의 면적으로 근사화시켜 나타낼 수 있다(그림 9.21 참조).

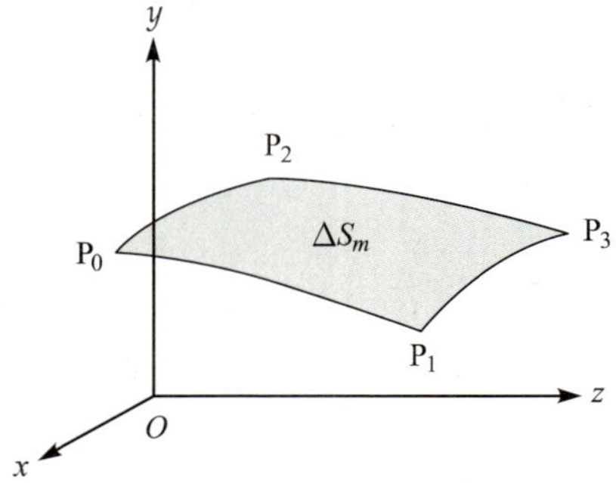

그림 9.20

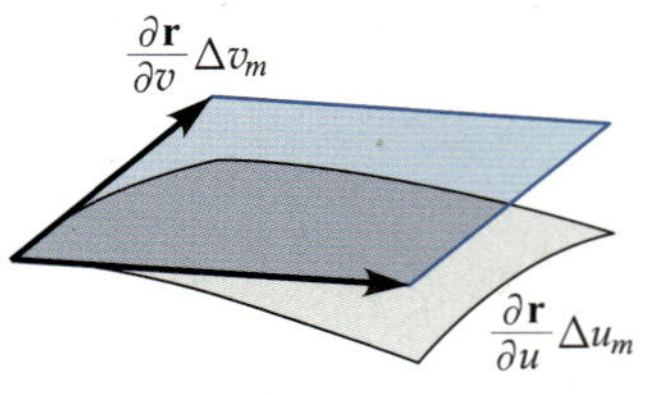

그림 9.21

이때, f의 값 $f(u_m, v_m)$과 면적 ΔS_m의 **곱**의 전체 **합** $\sum_{m=1}^{n} f(u_m, v_m)\Delta S_m$의 $n \to \infty$, 즉 주어진 구간을 임의대로 작게 세분하였을 때의 **극한값**

$$\lim_{n\to\infty}\sum_{m=1}^{n} f(u_m, v_m)\Delta S_m \tag{9.38}$$

이 존재한다면, 이 극한값을 곡면 S에서 **스칼라장** f의 **면적분**이라 부르고 다음과 같이 나타낸다.

$$\int_{S} f dS \tag{9.39}$$

$\Delta u_m > 0$, $\Delta v_m > 0$이기 때문에, 식 (9.38)은

$$\begin{aligned}&\lim_{n\to\infty}\sum_{m=1}^{n} f(u_m, v_m)\Delta S_m \\ &= \lim_{n\to\infty}\sum_{m=1}^{n} f(u_m, v_m)\left|\frac{\partial \mathbf{r}}{\partial u}\times\frac{\partial \mathbf{r}}{\partial v}\right|\Delta u_m \Delta v_m\end{aligned} \tag{9.40}$$

으로 바꿔 쓸 수 있다. 따라서 위 식의 우변은 영역 D상의 $f(u, v)\left|\frac{\partial \mathbf{r}}{\partial u}\times\frac{\partial \mathbf{r}}{\partial v}\right|$의 **이중적분**(double integral)이 되기 때문에 다음이 성립한다.

스칼라장의 면적분

정의역을 D로 하는 곡면 S에서 **스칼라장** f의 **면적분**은 다음과 같은 **이중적분**이 된다.

$$\int_{S} f dS = \iint_{D} f(u,v)\left|\frac{\partial \mathbf{r}}{\partial u}\times\frac{\partial \mathbf{r}}{\partial v}\right| du\, dv \tag{9.41}$$

특히 $f = 1$일 때, 식 (9.40)의 면적분의 값은 곡면상 소영역의 면적 ΔS_m들의 합의 극한값이기 때문에, **곡면** S의 **면적**이다. 따라서 곡면 S의 면적을 S라고 하면, 다음이 성립한다.

곡면의 면적

$$S = \int_{S} dS = \iint_{D}\left|\frac{\partial \mathbf{r}}{\partial u}\times\frac{\partial \mathbf{r}}{\partial v}\right| du\, dv \tag{9.42}$$

예제 9.8

$\mathbf{r}=\begin{Bmatrix}4\\2u\\2v\end{Bmatrix}=4\mathbf{i}+2u\mathbf{j}+2v\mathbf{k}(1\leq u\leq 2,\ 0\leq v\leq 3)$으로 표현되는 곡면 S에 대하여, 다음 물음에 답하시오.

(1) 곡면 S의 면적을 구하시오.
(2) 곡면 S에서 스칼라장 $f=2xyz$의 면적분을 구하시오.

풀이

(1) $\mathbf{r}=4\,\mathbf{i}+2u\mathbf{j}+2v\mathbf{k}(1\leq u\leq 2,\ \ 0\leq v\leq 3)$으로 표현되는 곡면 S는 $x=4$상의 직사각형이다.

이때, $\dfrac{\partial \mathbf{r}}{\partial u}=2\mathbf{j},\ \dfrac{\partial \mathbf{r}}{\partial v}=2\mathbf{k}$이기 때문에

$$\frac{\partial \mathbf{r}}{\partial u}\times\frac{\partial \mathbf{r}}{\partial v}=2\mathbf{j}\times 2\mathbf{k}=4\mathbf{i}$$

가 된다. 따라서

$$\left|\frac{\partial \mathbf{r}}{\partial u}\times\frac{\partial \mathbf{r}}{\partial v}\right|=4$$

가 된다. 정의역은 $\mathrm{D}=\ \{(u,v)\,|\,1\leq u\leq 2, 0\leq v\leq 3\}$이기 때문에, 면적 S는

$$S=\int_{\mathrm{S}}dS=\iint_{\mathrm{D}}\left|\frac{\partial \mathbf{r}}{\partial u}\times\frac{\partial \mathbf{r}}{\partial v}\right|du\,dv=\int_0^3\int_1^2 4dudv=\int_0^3 4dv=12$$

가 얻어진다.

(2) 직사각형상의 점 $\mathrm{P}(u,v)$에서는 $x(u,v)=4,\ y(u,v)=2u,\ z(u,v)=2v$이기 때문에,

$$f=2xyz=2\,x(u,v)\,y(u,v)\,z(u,v)=32uv$$

가 된다. 따라서 구하고자 하는 면적분의 값은 식 (9.41)에 의하여 다음과 같이 된다.

$$\int_{\mathrm{S}}fdS=\iint_{\mathrm{D}}f(u,v)\left|\frac{\partial \mathbf{r}}{\partial u}\times\frac{\partial \mathbf{r}}{\partial v}\right|du\,dv$$

$$=\int_0^3\int_1^2 128uvdudv=\int_0^3 128\left[\frac{u^2}{2}\right]_1^2 vdv=\int_0^3 192vdv=192\left[\frac{v^2}{2}\right]_0^3=864$$

(3) 곡면의 방향

공간에서 **곡면**의 **방향**은 그 곡면에 대한 **단위법선벡터** e의 선택과 관련이 있다(그림 9.22 참조). 지금, 곡면 S의 각 점 P에서 단위법선벡터의 각각이 점 P의 변화에 따라 곡면상에서 연속적으로 변화하고, 그림 9.22(a)와 같이 원래의 점으로 돌아왔을 때 같은 방향이 된다고 하자[참고로, 뫼비우스의 띠(Möbius strip)는 한 바퀴 돌아서 원래의 점으로 돌아왔을 때 반대방향을 가리킴]. 이때, 점 P에서 그림 9.22(a)와 같은 단위법선벡터들을 **외부방향**으로 향한다고 하고, 곡면 S에서 방향이 정해졌다고 한다. 점

P에서 외부방향의 단위법선벡터를 e_p로 나타내면, 점 P에서 영벡터가 아닌 벡터 f는

1) $\mathbf{f} \cdot e_p > 0$ (즉, f와 e_p가 이루는 각이 예각)일 때, **외부방향**

2) $\mathbf{f} \cdot e_p < 0$ (즉, f와 e_p가 이루는 각이 둔각)일 때, **내부방향**

이라고 부른다. 지구와 같이[그림 9.22(a) 참조], 어떤 입체의 표면으로 구성된 곡면은 외부로 향하는 방향이 외부방향으로 정해진다. 그러나 입체가 아닌 경우에는[그림 9.22(b) 참조] 상황에 따라 방향이 정해진다.

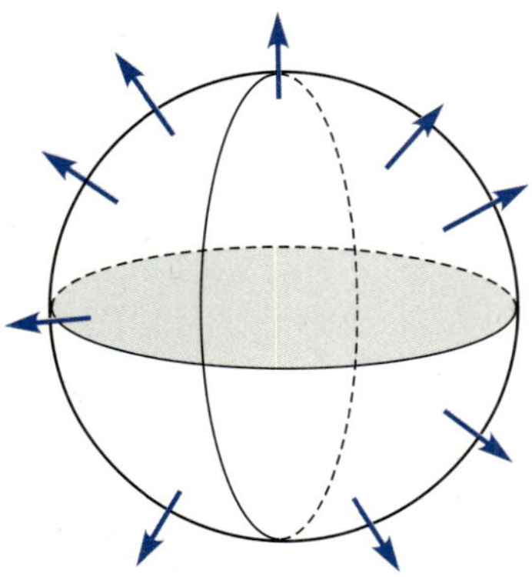

(a) 매끄러운 구면

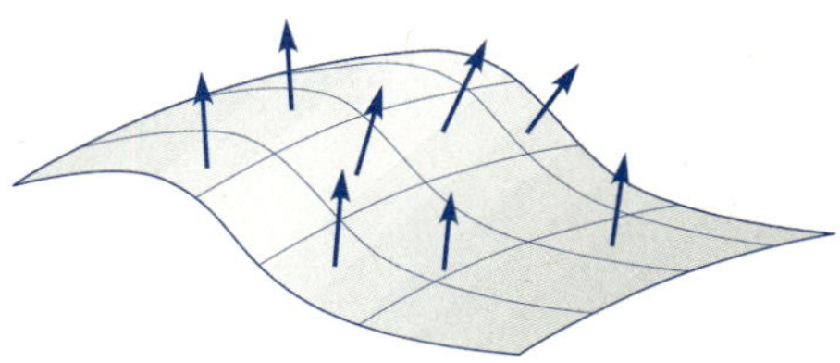

(b) 구분적으로 매끄러운 곡면

그림 9.22 곡면의 방향

예제 9.9

원점 (0,0,0)이 중심이고 반지름이 2인 그림 예제 9.9와 같은 구에서, 반지름 2의 구면 $\mathbf{r} = 2\cos u \cos v\,\mathbf{i} + 2\sin u \cos v\,\mathbf{j} + 2\sin v\,\mathbf{k}$의 외부방향으로 향하는 단위법선벡터 e를 구하시오.

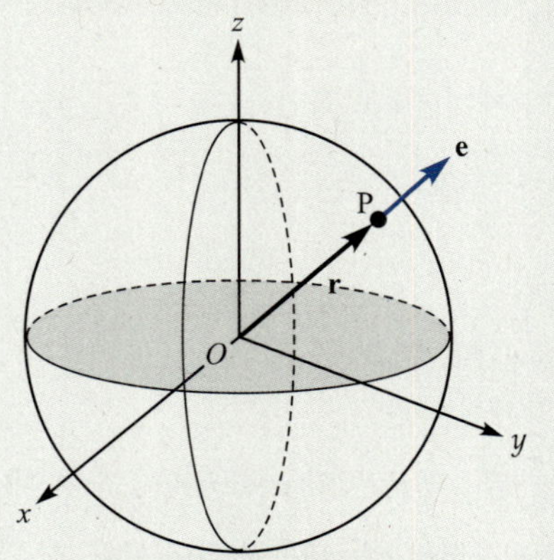

그림 예제 9.9

풀이

구면상의 점 P의 위치벡터 $\mathbf{r}$은 구면과 수직이고 외부방향의 단위법선벡터 e와 같은 방향이다. 따라서 반지름이 2인 구면

$\mathbf{r} = 2\cos u \cos v\,\mathbf{i} + 2\sin u \cos v\mathbf{j} + 2\sin v\mathbf{k}$

의 외부방향의 단위법선벡터 e는 다음과 같이 된다.

$$e = \frac{1}{|\mathbf{r}|}\mathbf{r} = \frac{1}{2\sqrt{\cos^2 u \cos^2 v + \sin^2 u \cos^2 v + \sin^2 v}}\mathbf{r}$$

$$= \frac{1}{2\sqrt{(\cos^2 u + \sin^2 u)\cos^2 v + \sin^2 v}}\mathbf{r} = \frac{1}{2\sqrt{\cos^2 v + \sin^2 v}}\mathbf{r} = \frac{1}{2}\mathbf{r}$$

$$= \cos u \cos v\,\mathbf{i} + \sin u \cos v\mathbf{j} + \sin v\mathbf{k}$$

곡면 $\mathbf{r} = \mathbf{r}(u, v)$의 방향이 정해져 있을 때, 곡면 S의 **법선벡터**

$$\frac{\partial \mathbf{r}}{\partial u} \times \frac{\partial \mathbf{r}}{\partial v} \text{ 또는 } -\frac{\partial \mathbf{r}}{\partial u} \times \frac{\partial \mathbf{r}}{\partial v} \tag{9.43}$$

중의 어느 하나가 **외부방향**이다. 여기서, $\frac{\partial \mathbf{r}}{\partial u} \times \frac{\partial \mathbf{r}}{\partial v}$ 대신에 $-\frac{\partial \mathbf{r}}{\partial u} \times \frac{\partial \mathbf{r}}{\partial v}$을 선택하는 것은 곡면 S의 방향을 바꾸는 것이다.

예제 9.10

곡면 $z = 8 - 2x^2 - 2y^2$에 대하여, 법선벡터 중에 z성분이 양(positive)이 되는 것을 외부방향이 되도록 방향을 정했다. 이때, 단위법선벡터 e를 구하시오.

풀이

곡면 $z = 8 - 2x^2 - 2y^2$을 매개변수로 표현하면 $\mathbf{r} = x\,\mathbf{i} + y\mathbf{j} + (8 - 2x^2 - 2y^2)\mathbf{k}$가 되기 때문에,

$$\frac{\partial \mathbf{r}}{\partial x} = \mathbf{i} - 4x\mathbf{k},\ \frac{\partial \mathbf{r}}{\partial y} = \mathbf{j} - 4y\mathbf{k}$$

가 된다. 그러므로

$$\frac{\partial \mathbf{r}}{\partial x} \times \frac{\partial \mathbf{r}}{\partial y} = \begin{vmatrix} \mathbf{i} & \mathbf{j} & \mathbf{k} \\ 1 & 0 & -4x \\ 0 & 1 & -4y \end{vmatrix} = 4x\mathbf{i} + 4y\mathbf{j} + \mathbf{k}$$

가 된다. 벡터 $\frac{\partial \mathbf{r}}{\partial u} \times \frac{\partial \mathbf{r}}{\partial y}$의 z성분은 양(positive)이 되기 때문에, 외부방향의 법선벡터이다. 따라서 외부방향의 단위법선벡터 e는 다음과 같이 된다.

$$e = \frac{1}{\left|\frac{\partial \mathbf{r}}{\partial x} \times \frac{\partial \mathbf{r}}{\partial y}\right|} \frac{\partial \mathbf{r}}{\partial x} \times \frac{\partial \mathbf{r}}{\partial y}$$

$$= \frac{1}{\sqrt{(4x)^2 + (4y)^2 + 1}}(4x\mathbf{i} + 4y\mathbf{j} + \mathbf{k}) = \frac{1}{\sqrt{16x^2 + 16y^4 + 1}}(4x\mathbf{i} + 4y\mathbf{j} + \mathbf{k})$$

(4) 벡터장의 면적분의 기본개념

유체 중에 방향이 정해진 곡면에서 이 곡면을 통과하는 단위시간당 **유량**을 구해보자. 이를 위해 곡면 전체를 그림 9.23과 같이 작은 도형으로 분할하고, 분할된 작은 도형의 **면적벡터**를 $\Delta\mathbf{s}$, 이 도형을 통과하는 **유체**의 **속도**를 f라 한다. 그러면 이때, 이 도형을 통과하는 단위시간당 **유량**은 $\Delta V = \mathbf{f} \cdot \Delta\mathbf{s}$가 된다. 따라서 이들의 전체를 합하고 $\Delta\mathbf{s} \to 0$으로 하면, 곡면을 통과하는 유량 V가 구해진다. 이것이 **벡터장**의 **면적분**의 기본개념이다.

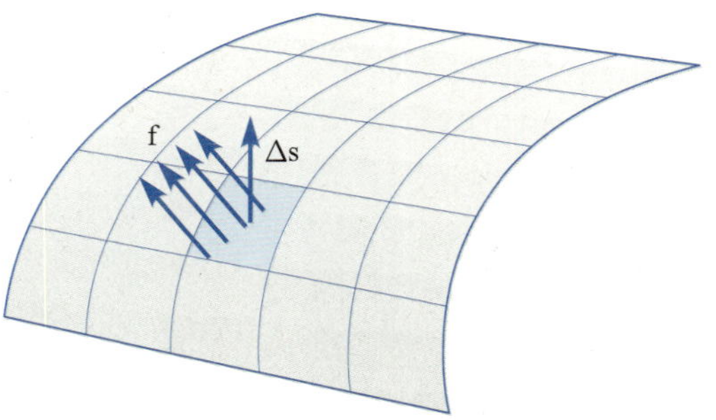

그림 9.23 곡면의 면적벡터 Δs와 유체의 속도 a

(5) 벡터장의 면적분

곡면 S가 $\mathbf{r} = \begin{Bmatrix} x(u, v) \\ y(u, v) \\ z(u, v) \end{Bmatrix} = x(u, v)\mathbf{i} + y(u, v)\mathbf{j} + z(u, v)\mathbf{k}$로 표현되고 있고 곡면 S상의 각 점에서 **벡터장** $\mathbf{f} = \mathbf{f}(x, y, z)$가 정해졌을 때, 곡면상의 점 $\mathrm{P}(u, v)$에서 벡터 $\mathbf{f}[x(u, v), y(u, v), z(u, v)]$를 간단히 $\mathbf{f}(u, v)$로 나타낸다. 곡면 S의 정의역 D의 분할에 관한 기호는 스칼라장의 면적분을 정할 때와 같은 것을 이용한다. **곡면** S의 **외부방향**의 **단위법선벡터**를 e라고 할 때, 벡터 $\frac{\partial \mathbf{r}}{\partial u}\Delta u_m$, $\frac{\partial \mathbf{r}}{\partial v}\Delta v_m$이 만드는 평행사변형의 **면적벡터** $\Delta\mathbf{s}_m$은

$$\Delta \mathbf{s}_m = e\left|\frac{\partial \mathbf{r}}{\partial u}\times\frac{\partial \mathbf{r}}{\partial v}\right|\Delta u_m \Delta v_m = \pm\left(\frac{\partial \mathbf{r}}{\partial u}\times\frac{\partial \mathbf{r}}{\partial v}\right)\Delta u_m \Delta v_m \tag{9.44}$$

이 된다. 위 식에서 부호는 $\Delta \mathbf{s}_m$이 외부방향을 향하도록 선택한다. 이때, 벡터 $\mathbf{f}(u_m, v_m)$과 면적벡터 $\Delta \mathbf{s}_m$의 **내적**의 전체 **합** $\sum_{m=1}^{n} \mathbf{f}(u_m, v_m) \cdot \Delta \mathbf{s}_m$의 $n \to \infty$, 즉 주어진 구간을 임의대로 작게 세분하였을 때의 **극한값**

$$\lim_{n\to\infty}\sum_{m=1}^{n} \mathbf{f}(u_m, v_m) \cdot \Delta \mathbf{s}_m \tag{9.45}$$

이 존재한다면, 이 극한값을 곡면 S에서 **벡터장** f의 **면적분**이라 부르고 다음과 같이 나타낸다.

$$\int_S \mathbf{f} \cdot d\mathbf{s} \tag{9.46}$$

그리고 식 (9.45)는

$$\lim_{n\to\infty}\sum_{m=1}^{n} \mathbf{f}(u_m, v_m) \cdot \Delta \mathbf{s}_m$$

$$= \lim_{n\to\infty}\sum_{m=1}^{n} \mathbf{f}(u_m, v_m) \cdot e(u_m, v_m)\left|\frac{\partial \mathbf{r}}{\partial u}\times\frac{\partial \mathbf{r}}{\partial v}\right| \Delta u_m \Delta v_m \tag{9.47}$$

$$= \pm\lim_{n\to\infty}\sum_{m=1}^{n} \mathbf{f}(u_m, v_m) \cdot \left(\frac{\partial \mathbf{r}}{\partial u}\times\frac{\partial \mathbf{r}}{\partial v}\right)\Delta u_m \Delta v_m \tag{9.48}$$

으로 바꿔 쓸 수 있다. 따라서 식 (9.47)은 **스칼라장** $\mathbf{f} \cdot e$의 S에서 **면적분**, 식 (9.48)은 $\pm\mathbf{f} \cdot \left(\frac{\partial \mathbf{r}}{\partial u}\times\frac{\partial \mathbf{r}}{\partial v}\right)$의 D상의 **이중적분**(double integral)이 되기 때문에, 다음이 성립한다.

벡터장의 면적분

방향이 정해진 곡면 S의 매개변수표현을 $\mathbf{r}=\mathbf{r}(u,v)$라 하고, 정의역을 D라 한다. **곡면** S의 **외부방향**의 **단위법선벡터**를 e라 할 때, 곡면 S에서 **벡터장** f 의 **면적분**은 다음과 같이 된다.

$$\int_S \mathbf{f} \cdot d\mathbf{s} = \int_S \mathbf{f} \cdot \mathbf{e}\, dS = \pm \iint_D \mathbf{f}(u,v) \cdot \left(\frac{\partial \mathbf{r}}{\partial u} \times \frac{\partial \mathbf{r}}{\partial v}\right) du\, dv \qquad (9.49)$$

여기서, 부호는 $\frac{\partial \mathbf{r}}{\partial u} \times \frac{\partial \mathbf{r}}{\partial v}$이 외부방향일 때에 +, 내부방향일 때에 −로 한다.

유체의 각 점에서 **속도**가 벡터장 f로 표현될 때, 곡면 S를 통과하는 **유량** V는

$$V = \int_S \mathbf{f} \cdot d\mathbf{s} \qquad (9.50)$$

로 주어진다. 따라서 면적분 식 (4.49), (4.50)을 **유량적분**(flux integral)이라고도 한다.

예제 9.11

$\mathbf{r} = \begin{Bmatrix} 4 \\ 2u \\ 2v \end{Bmatrix} = 4\mathbf{i} + 2u\mathbf{j} + 2v\mathbf{k}$ $(1 \le u \le 2,\ 0 \le v \le 3)$으로 표현되는 곡면 S에 대하여, S에서 벡터장 $\mathbf{f} = 2xy\mathbf{i} + 2yz\mathbf{j} + 2xz\mathbf{k}$의 면적분을 구하시오.

풀이

$\mathbf{r} = 4\,\mathbf{i} + 2u\mathbf{j} + 2v\mathbf{k}$ $(1 \le u \le 2,\ 0 \le v \le 3)$으로 표현되는 곡면 S는 $x=4$상의 직사각형인 평면이다. $\frac{\partial \mathbf{r}}{\partial u} = 2\mathbf{j}$, $\frac{\partial \mathbf{r}}{\partial v} = 2\mathbf{k}$이기 때문에, 이 평면 S는

$$\frac{\partial \mathbf{r}}{\partial u} \times \frac{\partial \mathbf{r}}{\partial v} = 2\mathbf{j} \times 2\mathbf{k} = 4\mathbf{i}$$

가 외부방향이 되도록 방향을 정할 수 있다. 이때, S에서 벡터장 $\mathbf{f} = 2xy\mathbf{i} + 2yz\mathbf{j} + 2xz\mathbf{k}$의 면적분을 구해보자. S상의 점 $P(u,v)$에서는 $x(u,v) = 4$, $y(u,v) = 2u$, $z(u,v) = 2v$이기 때문에,

$$\mathbf{f} = 2xy\mathbf{i} + 2yz\mathbf{j} + 2xz\mathbf{k} = 2x(u,v)y(u,v)\mathbf{i} + 2y(u,v)z(u,v)\mathbf{j} + 2x(u,v)z(u,v)\mathbf{k}$$
$$= 16u\mathbf{i} + 8uv\mathbf{j} + 16v\mathbf{k}$$

가 된다. 정의역은 $D = \{(u,v) \mid 1 \le u \le 2, 0 \le v \le 3\}$이기 때문에, 구하고자 하는 면적분의 값은 식 (9.49)에 의하여 다음과 같이 된다.

$$\int_S \mathbf{f} \cdot d\mathbf{s} = \iint_D \mathbf{f}(u,v) \cdot \left(\frac{\partial \mathbf{r}}{\partial u} \times \frac{\partial \mathbf{r}}{\partial v}\right) du\, dv = \iint_D (16u\mathbf{i} + 8uv\mathbf{j} + 16v\mathbf{k}) \cdot 4\mathbf{i}\, du\, dv$$
$$= \int_0^3 \int_1^2 64u\, du\, dv = \int_0^3 64\left[\frac{u^2}{2}\right]_1^2 dv = \int_0^3 96\, dv = 96\,[v]_0^3 = 288$$

곡면상의 1점 P에서 외부방향의 벡터 f를 지정하려면, $\pm\frac{\partial \mathbf{r}}{\partial u}\times\frac{\partial \mathbf{r}}{\partial v}$ 중에 어느 것이 외부방향인가를 판단하면 된다. 즉, 점 P에서 $\frac{\partial \mathbf{r}}{\partial u}\times\frac{\partial \mathbf{r}}{\partial v}$ 으로부터 정해지는 벡터를 $\left(\frac{\partial \mathbf{r}}{\partial u}\times\frac{\partial \mathbf{r}}{\partial v}\right)_{\mathrm{P}}$ 라 하면,

1) $\mathbf{f}\cdot\left(\frac{\partial \mathbf{r}}{\partial u}\times\frac{\partial \mathbf{r}}{\partial v}\right)_{\mathrm{P}}>0$ 일 때, $\frac{\partial \mathbf{r}}{\partial u}\times\frac{\partial \mathbf{r}}{\partial v}$ 이 **외부방향**

2) $\mathbf{f}\cdot\left(\frac{\partial \mathbf{r}}{\partial u}\times\frac{\partial \mathbf{r}}{\partial v}\right)_{\mathrm{P}}<0$ 일 때, $-\frac{\partial \mathbf{r}}{\partial u}\times\frac{\partial \mathbf{r}}{\partial v}$ 이 **내부방향**

이다.

예제 9.12

z축이 중심축이고 반지름이 6인 원기둥면

$$\mathbf{r}=\begin{Bmatrix}6\cos u\\6\sin u\\v\end{Bmatrix}=6\cos u\mathbf{i}+6\sin u\mathbf{j}+v\mathbf{k}\ \ (0\le u\le\pi,\ 0\le v\le 1)$$

을 S로 한다. S의 $u=v=0$에 대응하는 S상의 점 $\mathrm{P}(6,0,0)$에서, i 가 외부방향이 되도록 방향을 정하였다. 원기둥면 S에서 벡터장 $\mathbf{f}=xy\mathbf{i}+z^2\mathbf{j}+y\mathbf{k}$ 의 면적분을 구하시오.

풀이

$$\mathbf{r}=\begin{Bmatrix}6\cos u\\6\sin u\\v\end{Bmatrix}=6\cos u\mathbf{i}+6\sin u\mathbf{j}+v\mathbf{k}$$ 이기 때문에,

$$\frac{\partial \mathbf{r}}{\partial u}\times\frac{\partial \mathbf{r}}{\partial v}=\begin{vmatrix}\mathbf{i}&\mathbf{j}&\mathbf{k}\\-6\sin u&6\cos u&0\\0&0&1\end{vmatrix}=6\cos u\mathbf{i}+6\sin u\mathbf{j}$$

가 된다. 점 $\mathrm{P}(6,0,0)$에서 $u=v=0$이기 때문에, $\left(\frac{\partial \mathbf{r}}{\partial u}\times\frac{\partial \mathbf{r}}{\partial v}\right)_{\mathrm{P}}=6\cos 0\mathbf{i}+6\sin 0\mathbf{j}=6\mathbf{i}$가 되고 외부방향의 벡터 i와 같은 방향이 된다. 따라서 $\frac{\partial \mathbf{r}}{\partial u}\times\frac{\partial \mathbf{r}}{\partial v}$ 이 외부방향이다. 그리고 원기둥면의 점에서 $x(u,v)=6\cos u,\ y(u,v)=6\sin u,\ z(u,v)=v$이기 때문에,

$$\begin{aligned}\mathbf{f}&=xy\mathbf{i}+z^2\mathbf{j}+y\mathbf{k}=x(u,v)\,y(u,v)\mathbf{i}+[z(u,v)]^2\mathbf{j}+y(u,v)\mathbf{k}\\&=36\cos u\sin u\mathbf{i}+v^2\mathbf{j}+6\sin u\mathbf{k}\end{aligned}$$

이다. 정의역은 $\mathrm{D}=\{(u,v)\,|\,0\le u\le\pi,0\le v\le 1\}$이기 때문에, 구하고자 하는 면적분의 값은 식 (9.49)에 의하여 다음과 같이 된다.

$$\int_S \mathbf{f} \cdot d\mathbf{s} = \iint_D \mathbf{f}(u,v) \cdot \left(\frac{\partial \mathbf{r}}{\partial u} \times \frac{\partial \mathbf{r}}{\partial v}\right) du\,dv$$
$$= \iint_D (36\cos u \sin u\mathbf{i} + v^2\mathbf{j} + 6\sin u\mathbf{k}) \cdot (6\cos u\mathbf{i} + 6\sin u\mathbf{j})du\,dv$$
$$= \int_0^1 [\int_0^\pi (216\cos^2 u \sin u + 6v^2 \sin u)du]dv$$
$$= \int_0^1 (144 + 12v^2)\ dv = 148$$

예제 9.13

평면 $2x+2y+z=2$의 $x \geq 0,\ y \geq 0,\ z \geq 0$의 부분을 S로 한다. 이 평면 S의 법선벡터 n 중에 z성분이 양(positive)이 되는 것을 외부방향이 되도록 하였다. 이때, 평면 S에서 벡터장 $\mathbf{f} = 3z\mathbf{i} - 6xy\mathbf{k}$의 면적분을 구하시오.

풀이

평면 S는 그림 9.24(a)와 같이 좌표축과 $A(1,0,0)$, $B(0,1,0)$, $C(0,0,2)$에서 교차한다. 따라서 그림 9.24(b)와 같이 S의 정의역 D는

$D = \{(x,y)\,|\,0 \leq x \leq 1, 0 \leq y \leq 1-x\}$

가 된다. 평면 $2x+2y+z=2$로부터 $z=2(1-x-y)=f(x,y)$가 된다. 평면 $z=f(x,y)$를 매개변수로 표현하면 $\mathbf{r} = x\mathbf{i}+y\mathbf{j}+f(x,y)\,\mathbf{k} = x\,\mathbf{i}+y\mathbf{j}+2(1-x-y)\mathbf{k}$가 되기 때문에,

$$\frac{\partial \mathbf{r}}{\partial x} = \mathbf{i} - 2\mathbf{k},\ \frac{\partial \mathbf{r}}{\partial y} = \mathbf{j} - 2\mathbf{k}$$

가 된다. 그러므로

$$\frac{\partial \mathbf{r}}{\partial x} \times \frac{\partial \mathbf{r}}{\partial y} = \begin{vmatrix} \mathbf{i} & \mathbf{j} & \mathbf{k} \\ 1 & 0 & -2 \\ 0 & 1 & -2 \end{vmatrix} = 2\mathbf{i} + 2\mathbf{j} + \mathbf{k}$$

가 된다. 이 벡터의 z성분은 양(positive)이 되기 때문에 $\frac{\partial \mathbf{r}}{\partial x} \times \frac{\partial \mathbf{r}}{\partial y}$이 외부방향의 벡터이다.

그리고 $\mathbf{f} = 3z\mathbf{i} - 6xy\mathbf{k} = 6(1-x-y)\mathbf{i} - 6xy\mathbf{k}$이기 때문에, 따라서 구하고자 하는 면적분의 값은 다음과 같이 된다.

$$\int_S \mathbf{f} \cdot d\mathbf{s} = \iint_D \mathbf{f}(x,y) \cdot \left(\frac{\partial \mathbf{r}}{\partial x} \times \frac{\partial \mathbf{r}}{\partial y}\right) dx\,dy$$
$$= \iint_D [6(1-x-y)\mathbf{i} - 6xy\mathbf{k}\,] \cdot (2\mathbf{i} + 2\mathbf{j} + \mathbf{k})\,dx\,dy$$
$$= \int_0^1 [\int_0^{1-x} (12 - 12x - 12y - 6xy)dy]dx\ = \frac{7}{4}$$

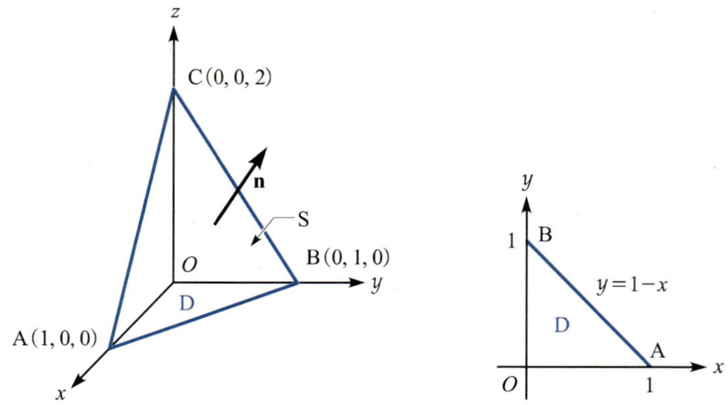

(a) 평면 S (b) S의 정사영 D

그림 9.24

9.5 가우스(Gauss)의 발산정리

(1) 스칼라장의 체적분

입체 V가 **스칼라장** f 의 정의역에 포함되어있다고 하자. 입체 V를 n개의 미소한 입체 $\mathrm{V}_m\,(m=1,2,\cdots,n)$ 으로 분할하고, V_m의 **체적**을 Δw_m, 그리고 이것에 속하는 임의의 점을 $\mathrm{P}_m\,(m=1,2,\cdots,n)$이라 한다. 이때, 점 P_m에서 스칼라장 f 의 값 $f(\mathrm{P}_m)$과 V_m의 체적 Δw_m의 **곱**의 전체 **합** $\sum_{m=1}^{n} f(\mathrm{P}_m)\Delta w_m$의 $n\to\infty$, 즉 주어진 구간을 임의대로 작게 세분하였을 때의 **극한값**

$$\lim_{n\to\infty}\sum_{m=1}^{n} f(\mathrm{P}_m)\Delta w_m \tag{9.51}$$

이 존재한다면, 이 극한값을 **입체** V에서 **스칼라장** f의 **체적분**이라 부르고 다음과 같이 나타낸다.

$$\int_{\mathrm{V}} f\,dw \tag{9.52}$$

직교좌표계에서 $dw = dxdydz$이기 때문에, 위 식은

$$\int_{V} f dw = \iiint_{V} f dxdydz \tag{9.53}$$

로 바뀌 쓸 수 있다. 따라서 위 식의 우변은 입체 V에서 스칼라장 f의 **삼중적분**(triple integral)이 된다.

입체 V의 **체적**을 w라 하면, $w = \sum_{m=1}^{n} \Delta w_m$이 된다. 따라서 특히 $f=1$일 때, 식 (9.51), (9.53)의 체적분의 값은

$$\int_{V} dw = \iiint_{V} dxdydz = \lim_{n\to\infty} \sum_{m=1}^{n} \Delta w_m = w \tag{9.54}$$

가 되므로, 즉 입체상의 소영역의 체적 Δw_m들의 합의 극한값이기 때문에, 입체 V의 **체적**이다. 또한, 1개의 입체 V가 k개의 입체 $V_1, V_2, \cdots, V_k$로 분할되었을 때

$$\int_{V} f dw = \int_{V_1} f dw + \int_{V_2} f dw + \cdots + \int_{V_k} f dw \tag{9.55}$$

가 성립한다.

예제 9.14

직육면체 $V = \{(x, y, z) | 0 \le x \le 1, 1 \le y \le 2, 0 \le z \le 4\}$에서 스칼라장 $f = 2xyz$의 체적분의 값을 구하시오.

풀이

이중적분의 계산인 예제 9.8의 스칼라장 $f = f(x, y, z)$의 면적분과 같은 방법으로 체적분의 경우도 삼중적분하면 된다. 즉, 구하고자 하는 체적분의 값은 식 (9.53)에 의하여 다음과 같이 된다.

$$\begin{aligned}\int_{V} f dw &= \iiint_{V} f dxdydz \\ &= \int_0^4 \int_1^2 \int_0^1 2xyz dxdydz = \int_0^4 \int_1^2 2yz \left[\frac{x^2}{2}\right]_0^1 dydz = \int_0^4 \int_1^2 yz dydz \\ &= \int_0^4 z \left[\frac{y^2}{2}\right]_1^2 dz = \int_0^4 \frac{3}{2} z dz = \frac{3}{2}\left[\frac{z^2}{2}\right]_0^4 = 12\end{aligned}$$

그림 9.25와 같이, D를 xy 평면상의 영역이라 할 때, 기둥형태의 입체

$$\mathrm{V}=\{(x, y, z) \mid (x, y) \in \mathrm{D}, f(x, y) \leq z \leq g(x, y)\}$$

를 생각해 보자. 이 경우, **입체** V에서 **스칼라장** f의 **체적분**은 z축에 평행한 직선을 따라 $f(x, y)$로부터 $g(x, y)$까지 적분하고 그 위에 영역 D에서 **이중적분**을 계산함으로서 다음과 같이 구할 수 있다. 즉,

$$\int_{\mathrm{V}} f dw=\iint_{\mathrm{D}}\left[\int_{f(x, y)}^{g(x, y)} f(x, y, z) dz] dx dy\right] \tag{9.56}$$

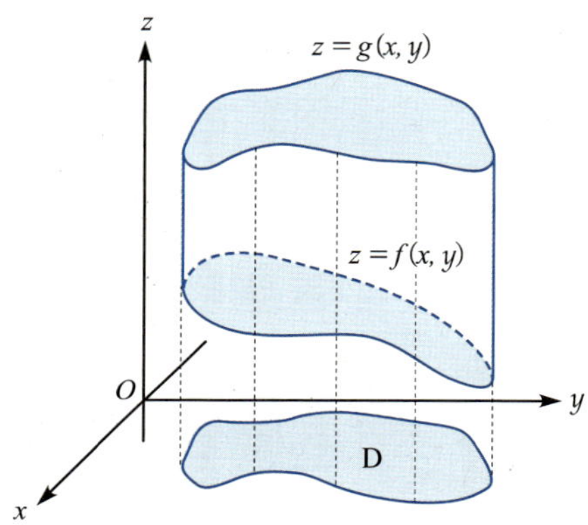

그림 9.25

예제 9.15

$\mathrm{V}=\{(x, y, z) \mid x^{2}+y^{2} \leq 1, 1 \leq z \leq 3\}$에서 다음 체적분의 값을 구하시오.

$$\int_{\mathrm{V}} 8(x+y+z) dw$$

풀이

입체 V에서 스칼라장 f의 체적분은 z축에 평행한 직선을 따라가는 적분하고 그 위에 영역 D에서 이중적분을 계산함으로서 구할 수 있다[식 (9.56) 참조]. 즉, xy 평면상의 영역을 $\mathrm{D}=\{(x, y) \mid x^{2}+y^{2} \leq 1\}$라 하고 식 (9.56)과 같은 형태의 이중적분을 계산하면,

$$\int_{\mathrm{V}} f dw=\iiint_{\mathrm{V}} f dx dy dz=\iint_{\mathrm{D}}[\int_{f(x, y)}^{g(x, y)} f(x, y, z) dz] dx dy$$

$$=\iint_{\mathrm{D}}[\int_{1}^{3} 8(x+y+z) dz] dx dy=\iint_{\mathrm{D}}\left\{8(x+y)[z]_{1}^{3}+8\left[\frac{z^{2}}{2}\right]_{1}^{3}\right\} dx dy$$

$$= 16 \iint_{\mathrm{D}} (x+y+2)dxdy$$

가 된다. 다음으로, 위의 이중적분에서 극좌표를 이용하여 $x = r\cos\theta$, $y = r\sin\theta$로 놓으면, $dxdy = rdrd\theta$가 되고, 적분영역은 $0 \le \theta \le 2\pi$, $0 \le r \le 1$이 된다. 따라서 구하고자 하는 체적분의 값은 다음과 같이 된다.

$$\int_{\mathrm{V}} fdw = 16 \iint_{\mathrm{D}} (x+y+2)dxdy$$

$$= 16 \int_0^1 \left[\int_0^{2\pi} (r\cos\theta + r\sin\theta + 2) rd\theta \right] dr = 32\pi$$

(2) 가우스(Gauss)의 발산정리

입체 V의 **표면** S에서 입체의 외부를 향하는 벡터가 외부방향을 향한다고 정할 수 있다. f가 **유체**의 **속도**를 나타내는 **벡터장**일 때, 입체 V의 표면 S로부터 단위시간당 빠져나가는 **유량** V는 다음과 같이 S에서 **벡터장** f 의 **면적분**의 값이 된다[식 (9.49) 참조].

$$\int_{\mathrm{S}} \mathbf{f} \cdot d\mathbf{s} = \int_{\mathrm{S}} \mathbf{f} \cdot \mathbf{e} dS \tag{9.57}$$

한편, 입체 V를 미소한 입체로 분할하고, 각각의 미소한 입체의 **체적**을 $\Delta w_m (m = 1, 2, \cdots, n)$이라 할 때, 분할된 미소한 입체로부터의 **유량** ΔV_m은

$$\Delta V_m \fallingdotseq (\mathrm{div}\, \mathbf{f}) \Delta w_m \tag{9.58}$$

이 된다[식 (8.38) 참조]. 따라서 모든 미소한 입체로부터의 유량의 합을 $\acute{V}$라 하면,

$$\acute{V} = \lim_{n\to\infty} \sum_{m=1}^{n} \Delta V_m = \lim_{n\to\infty} \sum_{m=1}^{n} (\mathrm{div}\, \mathbf{f}) \Delta w_m = \int_{\mathrm{V}} (\mathrm{div}\, \mathbf{f}) dw_m \tag{9.59}$$

이 된다. 위 식의 미소한 입체로부터의 유량의 합 $\acute{V}$는 입체 V의 표면 S로부터의 **유량** V와 같은 값이기 때문에, 다음과 같은 **가우스**(Gauss)**의 발산정리**가 성립한다.

가우스(Gauss)의 발산정리

입체 V의 표면을 S라 하고, 벡터장 f가 V를 포함한 영역에서 정의되었다고 하자. 이때, S에서 벡터장 f의 **면적분**의 값은 div f의 V에서 **체적분**의 값과 같다. 즉, 다음 식이 성립한다.

$$\int_S \mathbf{f} \bullet d\mathbf{s} = \int_S \mathbf{f} \bullet e\,dS = \int_V (\operatorname{div} \mathbf{f})\, dw \tag{9.60}$$

가우스(Gauss)의 발산정리를 이용하면, 입체의 표면에서 벡터장의 면적분의 값을 체적분의 계산에 의하여 구할 수 있고, 그 역도 성립한다(증명사례는 연습문제 9.16 참조 요망).

예제 9.16

원점 $(0,0,0)$이 중심이고 반지름이 7인 구 V의 체적을 w, 표면을 S라 한다. 가우스(Gauss)의 발산정리를 이용하여, S에서 벡터장 $\mathbf{f} = 2x\mathbf{i} + 4y\mathbf{j} + 6z\mathbf{k}$의 면적분의 값을 구하시오.

풀이

벡터장 $\mathbf{f} = 2x\,\mathbf{i} + 4y\mathbf{j} + 6z\mathbf{k}$의 발산은[식 (8.32) 참조],

$$\operatorname{div} \mathbf{f} = \nabla \bullet \mathbf{f} = \frac{\partial f_1}{\partial x} + \frac{\partial f_2}{\partial y} + \frac{\partial f_3}{\partial z} = 2+4+6 = 12$$

가 된다. 따라서 식 (9.60)의 가우스(Gauss)의 발산정리를 이용하여, S에서 벡터장 $\mathbf{f} = 2x\,\mathbf{i} + 4y\mathbf{j} + 6z\mathbf{k}$의 면적분의 값을 구하면 다음과 같이 된다.

$$\int_S \mathbf{f} \bullet d\mathbf{s} = \int_S \mathbf{f} \bullet e\,dS = \int_V (\operatorname{div} \mathbf{f})\, dw = \int_V 12\, dw$$

$$= 12w = 12(\text{구의 체적}) = 12 \times \frac{4\pi(7)^3}{3} = 5{,}488\pi$$

여기서, $\mathbf{f}$가 유체의 속도를 나타내는 벡터장이면, 위 식의 값은 구의 표면으로부터 단위시간당 빠져나가는 유량이다.

9.6 스토크스(Stokes)의 정리

(1) 그린(Green)의 정리

그림 9.26(b), (c)와 같이 적분경로의 시작점 A와 끝점 B가 일치하는 곡선을 **폐곡선**(closed curve, 폐경로, 닫힌 경로)이라고 부른다. 폐곡선 C가 곡선 자신과 교차하지 않을 때, **단일 폐곡선**이라고 부른다[그림 9.26(c) 참조]. 평면상의 단일 폐곡선 C는 자동적으로 내부에 영역 D가 정해지고, 곡선 C를 따라가는 진행일 때에 그림 9.26(c)와

같이 내부 D가 보이면, 곡선 C는 **양의 방향**(positive direction)을 갖는다고 한다. 만약 적분경로가 폐곡선이면, 적분기호로 $\int_C$ 대신에 $\oint_C$ 를 사용한다.

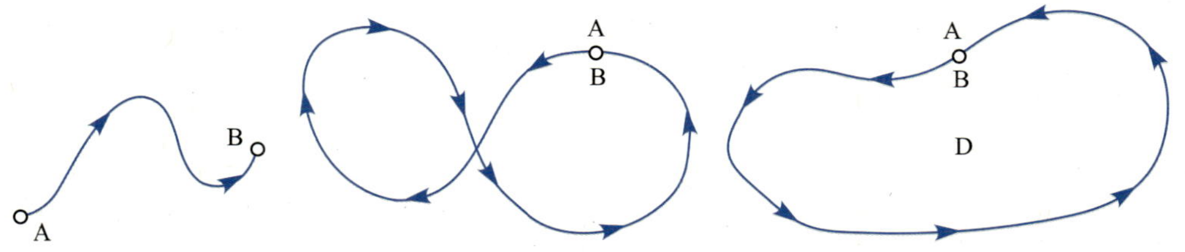

(a) 폐곡선이 아닌 곡선 (b) 단일이 아닌 폐곡선 (c) 양의 방향을 갖는 단일 폐곡선

그림 9.26 곡선의 방향

일반적으로, 함수 $F(x, y)$와 $\mathbf{r} = x(t)\,\mathbf{i} + y(t)\mathbf{j}$ $(\alpha_1 \le t \le \alpha_2)$로 표현되는 폐곡선 C에 대하여,

$$\oint_C F dx = \int_{\alpha_1}^{\alpha_2} F(x(t), y(t)) \frac{dx}{dt} dt,$$
$$\oint_C F dy = \int_{\alpha_1}^{\alpha_2} F(x(t), y(t)) \frac{dy}{dt} dt \tag{9.61}$$

로 나타낼 수가 있다. 이때, **평면**에서 다음과 같은 **그린**(Green)**의 정리**가 성립한다.

평면에서 그린(Green)의 정리

곡선 C는 양의 방향을 갖는 xy평면상의 단일 폐곡선이고, C의 내부영역을 D라고 한다. 또한, 함수 $F_1(x, y)$, $F_2(x, y)$은 연속이면서 편미분이 가능하고, 연속인 편도함수 $\frac{\partial F_1}{\partial y}$, $\frac{\partial F_2}{\partial x}$를 갖는다고 하자. 그러면, 다음 식이 성립한다.

$$\iint_D \left(\frac{\partial F_2}{\partial x} - \frac{\partial F_1}{\partial y}\right) dxdy = \oint_C F_1 dx + \oint_C F_2 dy = \oint_C (F_1 dx + F_2 dy) \tag{9.62}$$

증명

그림 9.27, 9.28과 같은 두 가지 형태의 특별한 영역에 대하여 평면에서 **그린**(Green)**의 정리**인 위의 식을 증명해 보자.

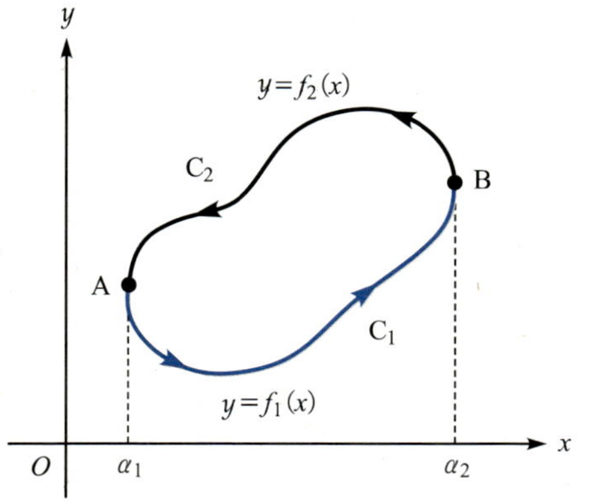

그림 9.27 특별한 영역의 예

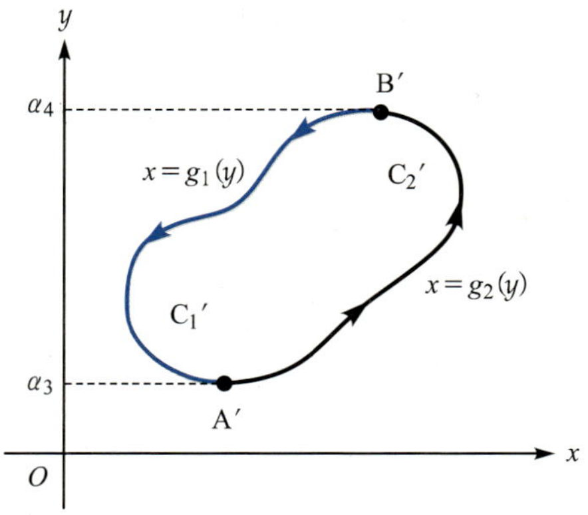

그림 9.28 특별한 영역의 예

그림 9.27로부터, **그린**(Green)**의 정리**인 식 (9.62)의 좌변의 두 번째 항은

$$\iint_{\mathrm{D}}\left(-\frac{\partial F_1}{\partial y}\right)dxdy = -\int_{\alpha_1}^{\alpha_2}\left[\int_{f_1(x)}^{f_2(x)}\frac{\partial F_1}{\partial y}dy\right]dx = -\int_{\alpha_1}^{\alpha_2}\left(\left[F_1(x,y)\right]_{f_1(x)}^{f_2(x)}\right)dx$$

$$= -\int_{\alpha_1}^{\alpha_2}F_1(x,f_2(x))dx + \int_{\alpha_1}^{\alpha_2}F_1(x,f_1(x))dx$$

$$= \int_{\mathrm{C}_2}F_1dx + \int_{\mathrm{C}_1}F_1dx = \oint_{\mathrm{C}}F_1dx \qquad (1)$$

가 되어, 식 (9.62)의 우변의 첫 번째 항과 같게 된다. 그리고 그림 9.28로부터, **그린**(Green)**의 정리**인 식 (9.62)의 좌변의 첫 번째 항은

$$\iint_{\mathrm{D}}\frac{\partial F_2}{\partial x}dxdy = \int_{\alpha_3}^{\alpha_4}\left[\int_{g_1(x)}^{g_2(x)}\frac{\partial F_2}{\partial x}dx\right]dy = \int_{\alpha_3}^{\alpha_4}\left(\left[F_2(x,y)\right]_{g_1(x)}^{g_2(x)}\right)dy$$

$$= \int_{\alpha_3}^{\alpha_4}F_2(g_2(x),y)dy - \int_{\alpha_3}^{\alpha_4}F_2(g_1(x),y)dy$$

$$= \int_{\mathrm{C'}_2}F_2dx + \int_{\mathrm{C'}_1}F_2dy = \oint_{\mathrm{C}}F_2dy \qquad (2)$$

가 되어, 식 (9.62)의 우변의 두 번째 항과 같게 된다. 위의 식 (1)과 (2)를 합하면 식 (9.62)의 결과를 얻게 되므로, 특별한 영역에서 **그린**(Green)**의 정리**가 증명된다.

예제 9.17

곡선 C의 내부영역 D를 직사각형 D : $0 \le x \le 4, 0 \le y \le 1$ (방향은 반시계방향)이라고 한다. 평면에서 그린(Green)의 정리를 이용하여, 다음 선적분의 값을 구하시오.

$$\oint_{\mathrm{C}}\{(x^3 - 3x^2y)dx + (2xy + y^2)dy\}$$

풀이

$F_1(x, y) = x^3 - 3x^2y$, $F_2(x, y) = 2xy + y^2$이라고 하면,

$$\frac{\partial F_1}{\partial y} = -3x^2, \quad \frac{\partial F_2}{\partial x} = 2y$$

가 된다. 따라서 식 (9.62)의 그린(Green)의 정리로부터, 주어진 선적분의 값은 다음과 같이 구해진다.

$$\oint_C (F_1 dx + F_2 dy) = \iint_D \left(\frac{\partial F_2}{\partial x} - \frac{\partial F_1}{\partial y}\right) dxdy = \iint_D \{2y - (-3x^2)\} dxdy$$
$$= \iint_D (2y + 3x^2) dxdy = \int_0^4 \left[\int_0^1 (2y + 3x^2) dy\right] dx$$
$$= \int_0^4 [y^2 + 3x^2 y]_{y=0}^{y=1} dx = \int_0^4 (1 + 3x^2) dx = [x + x^3]_0^4 = 68$$

(2) 스토크스(Stokes)의 정리

그린(Green)**의 정리**는 xy **평면상**의 영역 D에서 **면적분**(이중적분)과 그 경계면인 곡선 C를 따라가는 **선적분**의 관계에 대하여 기술한 것이다. **그린(Green)의 정리**를 공간의 곡면 S에서 적분과 그 경계선 C를 따라가는 적분의 관계로 일반화시켜 나타낼 수 있다. 즉, 공간의 **곡면**에서 면적분을 선적분으로 변환하거나 그 역도 성립한다는 것이 **스토크스**(Stokes)**의 정리**이며, 이것은 평면에서 **그린**(Green)**의 정리**를 곡면으로 일반화한 것이다.

그림 9.29와 같이 곡면 S는 방향이 정해질 수 있고, 그 경계선은 단일 폐곡선 C이라고 하자. 또한, 경계선 C는 그 위에 외부방향으로 서서 걸어갈 때, 곡면 S가 좌측에 보이면 **양의 방향**이라 한다.

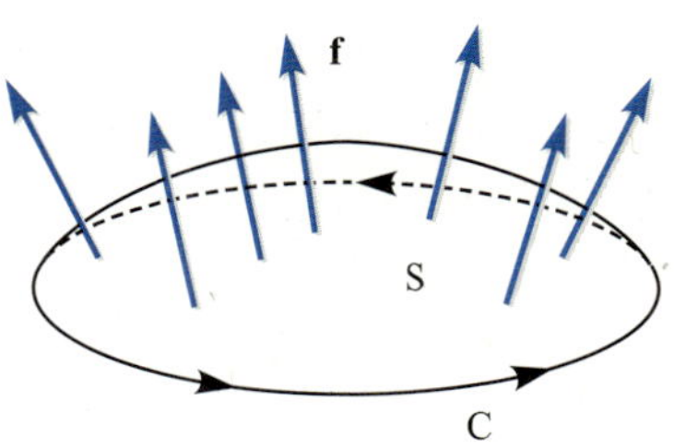

그림 9.29

지금, 벡터장 f는 **힘**을 표시한다고 하자. 이때, 점이 경계선 C를 한 바퀴 돈 **이동**에 대하여 힘 f가 한 **일** W는

$$W = \oint_C \mathbf{f} \cdot d\mathbf{r} \tag{9.63}$$

이다.

한편, **곡면** S를 소영역으로 분할하고, 각각의 소영역의 **면적벡터**를 $\Delta \mathbf{s}_m (m=1, 2, \cdots, n)$이라 할 때, 분할된 소영역의 주위를 일주하는 **이동**에 대하여 힘 $\mathbf{f}$가 한 **일** ΔW_m은

$$\Delta W_m \fallingdotseq (\text{curl}\,\mathbf{f}) \cdot \Delta \mathbf{s}_m \tag{9.64}$$

이 된다[벡터함수의 회전 curl f는 식 (8.39) 참조]. 따라서 모든 소영역의 주위를 일주할 때의 **일**의 합을 $\acute{W}$라 하면,

$$\acute{W} = \lim_{n\to\infty} \sum_{m=1}^{n} \Delta W_m = \lim_{n\to\infty} \sum_{m=1}^{n} (\text{curl}\,\mathbf{f}) \cdot \Delta \mathbf{s}_m = \int_S (\text{curl}\,\mathbf{f}) \cdot d\mathbf{s}_m \tag{9.65}$$

이 된다. 그림 9.30과 같이 붙어있는(공유하는) 2개의 소영역의 각각을 일주하였을 때에 힘 f가 한 일을 합하면, 그 경계면에서는 일의 부호가 반대가 되기 때문에 이 둘은 없어져서, 2개의 소영역을 합한 영역의 주위를 일주하였을 때의 일과 같게 된다. 그러므로 곡면 S의 주위를 일주하였을 때의 일 W는 모든 소영역의 주위를 일주할 때의 일의 합 $\acute{W}$와 같게 된다는 것을 알 수 있다. 따라서 다음과 같은 **스토크스**(Stokes)**의 정리**가 성립한다.

스토크스(Stokes)의 정리

방향이 정해진 곡면 S의 경계선을 C라 하고, C는 양의 방향을 갖는 단일 폐곡선이라고 하자. 또한, S를 포함한 영역에서 정의된 벡터장을 f라 한다. 이때, f의 C를 따라가는 선적분의 값은 curl f의 S에서 면적분의 값과 같다. 즉, 다음 식이 성립한다.

$$\oint_C \mathbf{f} \cdot d\mathbf{r} = \int_S (\text{curl}\,\mathbf{f}) \cdot d\mathbf{s} = \int_S (\text{curl}\,\mathbf{f}) \cdot \mathbf{e}\, dS \tag{9.66}$$

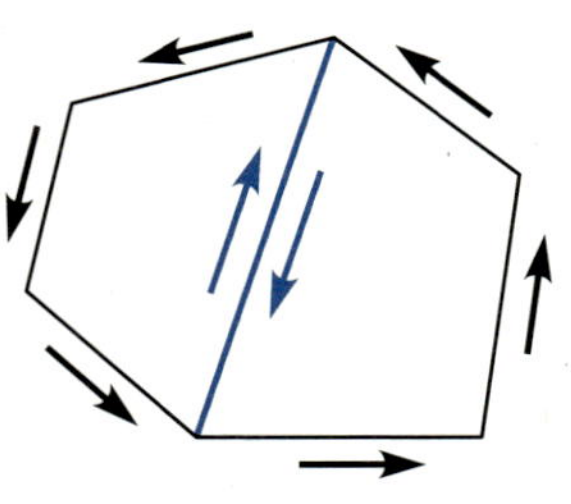

그림 9.30

스토크스(Stokes)**의 정리**를 이용하면, 곡면의 경계선을 따라가는 선적분의 값을 면적분의 계산에 의하여 구할 수 있고, 그 역도 성립한다(증명 사례는 연습문제 9.20 참조 요망).

예제 9.18

3점 $P_0(1,0,0)$, $Q_0(0,1,0)$, $R_0(0,0,2)$을 P_0, Q_0, R_0, P_0의 순서로 일주하는 굴절된 C를 갖는 곡면 S에서, 벡터장 $\mathbf{f} = 3xy^2\,\mathbf{i} + 3yz\mathbf{k}$의 C를 따라가는 선적분의 값을 구하시오.

풀이

삼각형 $P_0Q_0R_0$을 곡면 S로 하고, S의 법선벡터 중에 z성분이 양(positive)이 되는 것을 외부 방향이 되도록 방향을 정하면, 곡선 C는 곡면 S의 양의 방향을 갖는 경계선이 된다. 따라서 스토크스(Stokes)의 정리로부터, 곡선 C를 따라가는 벡터장 **f**의 선적분에 대하여

$$\oint_C \mathbf{f}\cdot d\mathbf{r} = \int_S (\mathrm{curl}\,\mathbf{f})\cdot d\mathbf{s}$$

가 성립한다. 식 (8.39)로부터,

$$\mathrm{curl}\,\mathbf{f} = \nabla\times\mathbf{f} = \begin{vmatrix} \mathbf{i} & \mathbf{j} & \mathbf{k} \\ \dfrac{\partial}{\partial x} & \dfrac{\partial}{\partial y} & \dfrac{\partial}{\partial z} \\ f_1 & f_2 & f_3 \end{vmatrix} = \left(\frac{\partial f_3}{\partial y} - \frac{\partial f_2}{\partial z}\right)\mathbf{i} - \left(\frac{\partial f_3}{\partial x} - \frac{\partial f_1}{\partial z}\right)\mathbf{j} + \left(\frac{\partial f_2}{\partial x} - \frac{\partial f_1}{\partial y}\right)\mathbf{k}$$

$$= 3z\mathbf{i} - 6xy\mathbf{k}$$

가 된다. 곡면 S는 함수 $z = 2(1-x-y)$의 $x \ge 0, y \ge 0, z \ge 0$의 부분이기 때문에, 예제 9.13에 의해 이 면적분은 $\dfrac{7}{4}$이다. 따라서 구하고자 하는 선적분의 값은

$$\oint_C \mathbf{f}\cdot d\mathbf{r} = \int_S (\mathrm{curl}\,\mathbf{f})\cdot d\mathbf{s} = \frac{7}{4}$$

이 된다.

또는 $\mathrm{curl}\,\mathbf{f} = 3z\,\mathbf{i} - 6xy\mathbf{k} = 6(1-x-y)\mathbf{i} - 6xy\mathbf{k}$이고 예제 9.13에 의해 $\dfrac{\partial \mathbf{r}}{\partial x} \times \dfrac{\partial \mathbf{r}}{\partial y} = \begin{vmatrix} \mathbf{i} & \mathbf{j} & \mathbf{k} \\ 1 & 0 & -2 \\ 0 & 1 & -2 \end{vmatrix}$ $= 2\mathbf{i} + 2\mathbf{j} + \mathbf{k}$이기 때문에, 따라서 구하고자 하는 선적분의 값은 스토크스(Stokes)의 정리에 의하여 다음과 같이 된다.

$$\oint_C \mathbf{f}\cdot d\mathbf{r} = \int_S (\mathrm{curl}\,\mathbf{f})\cdot d\mathbf{s} = \iint_D (\mathrm{curl}\,\mathbf{f})\cdot\left(\frac{\partial \mathbf{r}}{\partial x}\times\frac{\partial \mathbf{r}}{\partial y}\right)dx\,dy$$

$$= \iint_D [6(1-x-y)\mathbf{i} - 6xy\mathbf{k}]\cdot(2\mathbf{i} + 2\mathbf{j} + \mathbf{k})\,dx\,dy$$

$$= \int_0^1 [\int_0^{1-x} (12 - 12x - 12y - 6xy)dy]dx = \frac{7}{4}$$

만약 **f**가 **힘**을 표시한다면, 위의 값 $\dfrac{7}{4}$은 C를 따라가는 **이동**에 대하여 힘 **f**가 한 **일**이다.

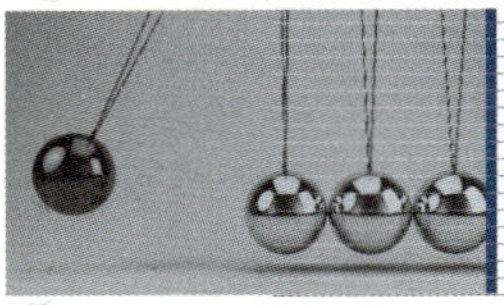

연습문제

9.1 다음 곡선을 매개변수를 사용하여 나타내시오.

(1) $P_0(1, -2, 1)$을 시작점, $P(-2, 6, 1)$을 끝점으로 하는 선분

(2) 평면 $y=2$상에 있으며, 점 $(0,2,0)$ 이 중심이고 반지름이 10인 원

9.2 곡선 $\mathbf{r}=\begin{Bmatrix} 2\sqrt{2}\,t \\ 2e^{t} \\ 2e^{-t} \end{Bmatrix}=2\sqrt{2}\,t\,\mathbf{i}+2e^{t}\mathbf{j}+2e^{-t}\mathbf{k}$ 에 대하여 다음 물음에 답하시오.

(1) 속도 $\mathbf{v}$, 속력 $|\mathbf{v}|$, 가속도 $\mathbf{a}$를 구하시오.

(2) 단위접선벡터 $\mathbf{t}$, 단위법선벡터 e를 구하시오.

(3) 가속도 $\mathbf{a}$의 접선가속도 성분 $a_{\tan}$과 법선가속도 성분 a_{norm}을 구하고, $\mathbf{a}$를 $\mathbf{t}$와 e를 이용하여 나타내시오.

9.3 원 나선 $\mathbf{r}=\begin{Bmatrix} 4\cos t \\ 4\sin t \\ 12t \end{Bmatrix}=4\cos t\,\mathbf{i}+4\sin t\mathbf{j}+12t\mathbf{k}$ $(0\le t\le 2\pi)$의 길이를 구하시오.

9.4 원점 $(0,0,0)$을 시작점 그리고 점 $(1,2,-3)$ 을 끝점으로 하는 선분 C에서, 선분 C를 따라가는 다음 스칼라장 f 의 선적분 값을 구하시오.

(1) $f=2x(y-z)$

(2) $f=8x^2yz$

9.5 다음과 같은 곡선을 따라가는 벡터장 $\mathbf{f}=-y\mathbf{i}+x\mathbf{j}+z\mathbf{k}$의 선적분 값을 구하시오.

(1) $\mathbf{r}=\begin{Bmatrix} 4t \\ 6t \\ 2t^2 \end{Bmatrix}=4t\,\mathbf{i}+6t\mathbf{j}+2t^2\mathbf{k}$ $(0\le t\le 1)$

(2) $\mathbf{r}=\begin{Bmatrix} 3t \\ 3t^2 \\ 3t^3 \end{Bmatrix}=3t\,\mathbf{i}+3t^2\mathbf{j}+3t^3\mathbf{k}$ $(0\le t\le 1)$

9.6 스칼라장이 $f=x^2+y^2+z^2$일 때, $\mathbf{r}=\begin{Bmatrix}2\cos t\\2\sin t\\2t\end{Bmatrix}=2\cos t\,\mathbf{i}+2\sin t\mathbf{j}+2t\mathbf{k}\ (0\le t\le\pi)$로 표현되는 곡선 C를 따라가는 $\mathrm{grad}\,f$의 선적분 값을 구하시오.

9.7 다음 곡면을 매개변수를 사용하여 나타내시오.

(1) 점 $\mathrm{P}_0(1,\,2,\,3)$을 시작점으로 하여 점 $\mathrm{A}(-1,\,1,\,-1)$과 점 $\mathrm{B}(2,\,2,\,2)$를 통과하는 평면

(2) x축이 중심축이고 반지름이 6인 원기둥면

(3) 곡면 $z=2(x^2-y^2)$

9.8 다음의 곡면 $\mathbf{r}=\mathbf{r}(u,v)$에 대하여 $\dfrac{\partial\mathbf{r}}{\partial u},\ \dfrac{\partial\mathbf{r}}{\partial v}$ 및 단위법선벡터를 구하시오.

(1) $\mathbf{r}=6u\mathbf{i}-2v\mathbf{j}+2(u^2+v^2)\,\mathbf{k}$

(2) $\mathbf{r}=3u\cos v\mathbf{i}+3u\sin v\mathbf{j}+3u\,\mathbf{k}\ (u\neq 0)$

9.9 원기둥면 $\mathbf{r}=\begin{Bmatrix}2\cos u\\2\sin u\\2v\end{Bmatrix}=2\cos u\mathbf{i}+2\sin u\mathbf{j}+2v\mathbf{k}\ (0\le u\le 2\pi,\ 0\le v\le 1)$로 표현되는 S에 대하여 다음 물음에 답하시오.

(1) 곡면 S의 면적을 구하시오.

(2) 곡면 S에서 스칼라장 $f=2(x^2+y^2+z^2)$의 면적분을 구하시오. 다음 곡면을 매개변수를 사용하여 나타내시오.

9.10 z축이 중심축이고 반지름이 5인 원기둥면 $\mathbf{r}=5\cos u\,\mathbf{i}+5\sin u\mathbf{j}+5v\mathbf{k}$ 의 외부방향으로 향하는 단위법선벡터 e를 구하시오.

9.11 $\mathbf{r}=\begin{Bmatrix}u\\v\\1-u^2\end{Bmatrix}=u\mathbf{i}+v\mathbf{j}+(1-u^2)\mathbf{k}\ (0\le u\le 1,\ 0\le v\le 6)$으로 표현되는 곡면 S에 대하여 S에서 벡터장 $\mathbf{f}=2y\mathbf{i}+2z\mathbf{j}-6x\mathbf{k}$의 면적분을 구하시오.

9.12 다음 그림과 같이 평면 S를 A$(1, 0, 0)$, B$(0, 1, 0)$, C$(0, 0, 1)$을 정점으로 하는 삼각형으로 하고, S의 단위법선벡터 e는 원점과 반대 측을 향하도록 하였다. 이때, 평면 S상에서 벡터장 $\mathrm{f}=\begin{Bmatrix}2x\\4y\\2\end{Bmatrix}=2x\mathrm{i}+4y\mathrm{j}+2\mathrm{k}$ 의 면적분을 구하시오.

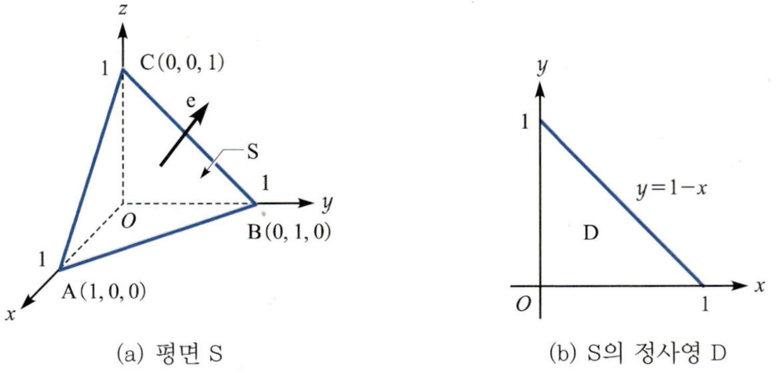

그림 연습문제 9.12

9.13 다음 그림과 같이 4개의 평면 $z=2,\ z=4-2x-2y,\ yz$평면, zx평면으로 둘러싸인 삼각뿔 입체를 V라 한다. 입체 V에서 스칼라장 $f=2x$의 체적분과 체적을 구하시오.

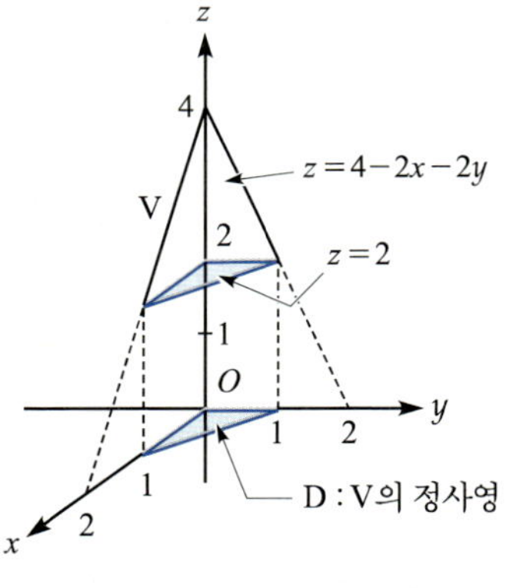

그림 연습문제 9.13

9.14 입방체 $\mathrm{V}=\{(x, y, z)\,|\,0 \le x \le 1, 0 \le y \le 1, 0 \le z \le 1\}$의 표면을 S라 한다. 가우스(Gauss)의 발산정리를 이용하여, 곡면 S에서 벡터장 $\mathrm{f}=2xy\,\mathrm{i}+2yz\mathrm{j}+2zx\mathrm{k}$의 면적분의 값을 구하시오.

9.15 유체의 속도를 표현하는 벡터장이 f$= 4x$ i$+4(x+2y)$j$+4(y+3z)$k [m/sec]로 주어졌다. 가우스(Gauss)의 발산정리를 이용하여, 반지름이 7 [m]인 구의 표면으로부터 단위시간당 빠져나가는 유량 V [m^3/sec]를 구하시오.

9.16 다음 그림과 같이 반지름과 높이가 1인 원기둥에 대하여, 벡터장이 f$=\begin{Bmatrix} x^3 \\ y^3 \\ z^3 \end{Bmatrix}= x^3$ i$+y^3$j$+z^3$k 일 때에 가우스(Gauss)의 발산정리가 성립하고 있음을 증명하시오.

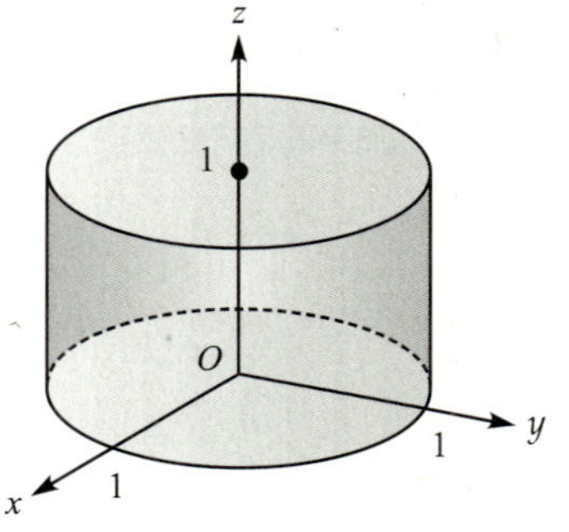

그림 연습문제 9.16

9.17 xy평면상의 단일 폐곡선 C로 둘러싸인 영역 D의 면적 S는 다음의 선적분으로 구할 수 있다는 것을 그린(Green)의 정리를 이용하여 보이시오.

$$S=\frac{1}{2}\oint_{\mathrm{C}}(xdy-ydx)$$

9.18 3점 P$_0(1,0,0)$, Q$_0(0,1,0)$, R$_0(0,0,2)$을 P$_0$, Q$_0$, R$_0$, P$_0$의 순서로 일주하는 굴절된 C를 갖는 곡면 S에서, 벡터장 f$= 2y^2$ i$+2z^2$j$+2x^2$k 의 C를 따라가는 선적분의 값을 구하시오.

9.19 유체에 의한 힘의 벡터장이 f$= 3(y+z)$ i$+6(z+x)$j$+9(x+y)$k [N]으로 주어져있다. 원 r$=$ $\cos t$i$+\sin t$j $(0 \le t \le 2\pi)$를 따라 일주하는 이동 [m]에 대하여, 힘 f가 한 일 W[J]을 구하시오.

9.20 다음 그림과 같은 반구 $x^2+y^2+z^2=1,\ z\geq 0$의 표면 S와 폐곡선 C에 대하여, 벡터장이 f= $\begin{Bmatrix}-y\\x\\z\end{Bmatrix}=-yi+xj+z$k 일 때에 스토크스(Stokes)의 정리가 성립하고 있음을 증명하시오.

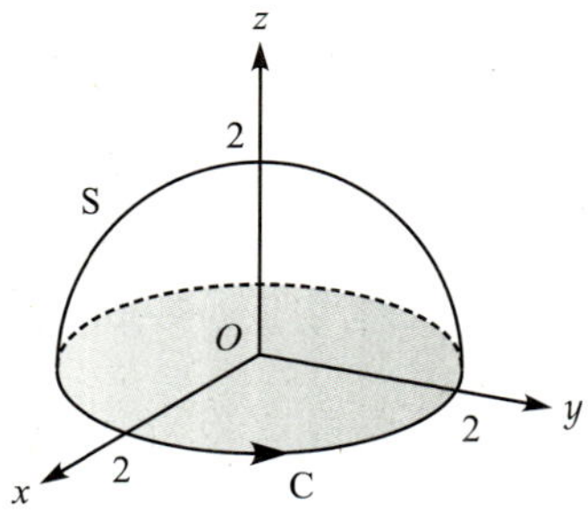

그림 연습문제 9.20

PART

03

푸리에(Fourier)해석 · 편미분방정식

CHAPTER 10

푸리에(Fourier) 해석

10.1 기본개념

푸리에(Fourier)**해석**의 시작점은 **푸리에급수**(Fourier series)이다. 푸리에급수는 무한급수(infinite series)이며, 일반적인 **주기함수**를 코사인과 사인 등의 **삼각함수**로 표현하기 위하여 설계되었다. 이것은 산업혁명을 떠받쳐주었던 열역학에 적용되었으며, 열 해석이론에 적용한 학자가 **푸리에**[Jean-Baptiste Joseph Fourier(1768~1830), 프랑스의 물리학 및 수학자]이다. 푸리에(Fourier)급수는 악기의 음 등의 복잡한 음을 단순한 음의 합성으로 표현하는데 사용될 수 있으며, 또한 여러 가지 진동현상을 해석하는데도 널리 이용되고 있다.

푸리에변환(Fourier transform)은 푸리에급수에 의한 진동해석이론을 발전시킨 것으로, 여러 가지 진동의 **주파수**(frequency, 진동수) 분포를 나타내는 함수를 만드는데 쓰인다. 푸리에(Fourier)변환은 의료분야에서 단층 촬영법(MRI)의 이론과 원자의 성분분석 등에도 중요하게 응용되고 있다.

그리고 푸리에(Fourier)해석은 기계의 회전부, 교류전류 또는 행성의 운동 등 주기적인 현상의 모델링을 가능하게 하며, 열 흐름, 정전기, 기계 분야를 비롯한 많은 다른 분야에서 초기치 및 경계치 문제와 연관되는 **편미분방정식**(11장)의 모델링 및 해를 찾는데도 중요하게 응용되고 있다.

10.2 푸리에(Fourier)급수

(1) 주기함수의 급수전개

모든 실수 x를 변수로 하는 임의의 함수 $f(x)$가 **주기**(period) T와 임의의 상수 m에 대하여

$$f(x+mT)=f(x) \tag{10.1}$$

를 만족할 때, 주기함수(periodic function)라 한다. 여기서, 주기 T는 같은 파형을 반복하는 최소시간을 의미하고, $f=\dfrac{1}{T}$을 **주파수**[**진동수**, **기본주파수**(fundamental frequency)], $\omega=2\pi f$를 **각주파수**(angular frequency, 각진동수)라고 부른다.

주기함수로서 코사인(cosine)파

$$f_1(x)=\cos\left(\frac{2\pi}{T}x\right) \tag{10.2}$$

를 고려해 보자. 삼각함수의 가법정리를 이용하면,

$$\begin{aligned} f_1(x+mT) &= \cos\frac{2\pi}{T}(x+mT) \\ &= \left(\cos\frac{2\pi}{T}x\right)(\cos 2m\pi)-\left(\sin\frac{2\pi}{T}x\right)(\sin 2m\pi) \\ &= \cos\frac{2\pi}{T}x=f_1(x) \end{aligned} \tag{10.3}$$

로부터 주기함수이라는 것을 확인할 수 있다. 여기서, T는 주기이고, m은 임의의 상수이다. 또한, $f_1(x)$의 각주파수(각진동수)를 n배한

$$f_n(x)=\cos\frac{2n\pi}{T}x \tag{10.4}$$

는 주기가 $\dfrac{T}{n}$이다. 이 경우는 주기 T 중에 n회(여기서, n은 상수)의 주기가 포함되어 있는 것을 의미하고, 주기 T의 주기함수의 구성요소라고 할 수 있다. 같은 방법으로,

$$g_n(x) = \sin\frac{2n\pi}{T}x \tag{10.5}$$

도 주기 T의 주기함수의 구성요소라고 할 수 있다. 이러한 개념을 발전시키면, 주기 T의 함수는 다음과 같이 $f_n(x)$, $g_n(x)$의 합으로 표현하는 것이 가능하다.

$$\begin{aligned} f(x) &= \frac{a_0}{2} + a_1\cos\frac{2\pi}{T}x + a_2\cos\frac{4\pi}{T}x + \cdots + a_n\cos\frac{2n\pi}{T}x + \cdots \\ &\quad + b_1\sin\frac{2\pi}{T}x + b_2\sin\frac{4\pi}{T}x + \cdots + b_n\sin\frac{2n\pi}{T}x + \cdots \\ &= \frac{a_0}{2} + \sum_{m=1}^{\infty} a_m\cos\frac{2m\pi}{T}x + \sum_{m=1}^{\infty} b_m\sin\frac{2m\pi}{T}x \end{aligned} \tag{10.6}$$

위의 식과 같이 임의의 주기함수가 삼각함수의 급수전개로 되었을 경우, 생성하고 싶은 신호를 정현파 신호에 의하여 설계하였다고 할 수 있다. 또한, 신호를 보낼 때에 신호가 왜곡되지 않도록 하기 위하여 이러한 푸리에(Fourier)급수를 사용하여 인위적으로 신호의 특성을 변경하여 처리하는 것도 가능하므로 실용적이다. 그림 10.1은 **사각파**를 **정현파**에 의하여 **푸리에**(Fourier)**급수전개**한 예를 보여주고 있다.

식 (10.6)을 주기함수 $f(x)$의 **푸리에**(Fourier)**급수전개**라고 부른다. 식 (10.6)에서 각 급수전개의 항 a_0, a_m, b_m을 **푸리에계수**(Fourier coefficient)라 한다. 그리고 삼각함수는 1주기의 평균이 0이 되기 때문에, 식 (10.6)의 우변의 첫 번째 항 $\frac{a_0}{2}$은 함수의 평균이 0 이외의 값이 되는 것도 취급하기 위해서 추가한 항이다.

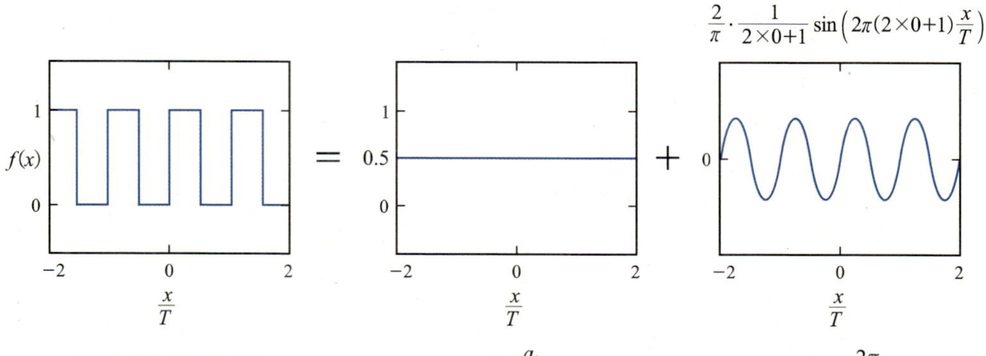

(a) 원래의 사각파 $f(x)$ (b) $\frac{a_0}{2}$ (c) $b_1\sin\frac{2\pi}{T}x$

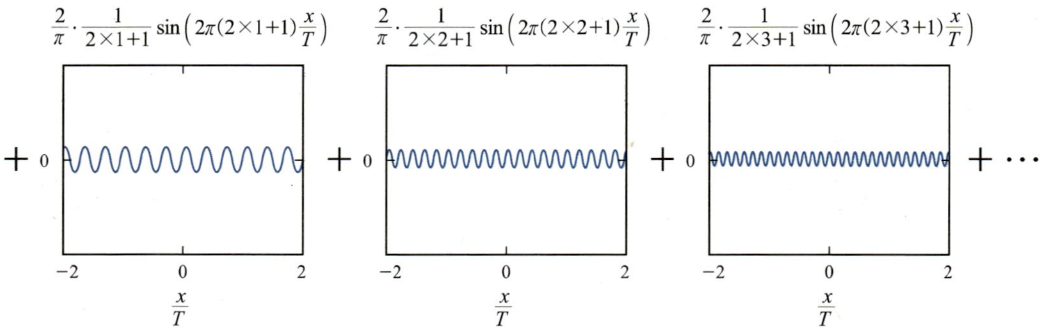

(d) $b_3 \sin\frac{6\pi}{T}x$ (e) $b_5 \sin\frac{10\pi}{T}x$ (f) $b_7 \sin\frac{14\pi}{T}x$

그림 10.1 사각파를 정현파에 의하여 푸리에(Fourier)급수전개한 예 [위 그림은 식 (10.14), (10.16)에서 $k=1$일 때에 대응되는 사각파를 항별로 정현파에 의하여 푸리에(Fourier)급수전개한 예를 보여주고 있음]

(2) 푸리에(Fourier)계수의 도출

식 (10.6)의 양변에 $\cos\frac{2n\pi}{T}x$를 곱하고, 1주기의 구간 $-\frac{T}{2}\le x\le\frac{T}{2}$에서 적분을 해 보자. 급수 합의 적분은 항별로 실시하고, 또 코사인 항에 대해서는 $m=n$과 $m\neq n$으로 나누어 고려하면

$$\begin{aligned}\int_{-\frac{T}{2}}^{\frac{T}{2}} f(x)\cos\frac{2n\pi}{T}x\,dx &= \int_{-\frac{T}{2}}^{\frac{T}{2}}\frac{a_0}{2}\cos\frac{2n\pi}{T}x\,dx+\int_{-\frac{T}{2}}^{\frac{T}{2}}a_n\cos^2\frac{2n\pi}{T}x\,dx\\ &+\int_{-\frac{T}{2}}^{\frac{T}{2}}\sum_{\substack{m=1\\ m\neq n}}^{\infty}a_m\cos\frac{2m\pi}{T}x\cos\frac{2n\pi}{T}x\,dx\\ &+\int_{-\frac{T}{2}}^{\frac{T}{2}}\sum_{m=1}^{\infty}b_m\sin\frac{2m\pi}{T}x\cos\frac{2n\pi}{T}x\,dx\end{aligned}\tag{10.7}$$

가 된다. 식 (10.7)의 우변 첫 번째 항은

$$\int_{-\frac{T}{2}}^{\frac{T}{2}}\frac{a_0}{2}\cos\frac{2n\pi}{T}x\,dx=\frac{a_0T}{4n\pi}\left[\sin\frac{2n\pi}{T}x\right]_{-T/2}^{T/2}=0$$

이 된다. 식 (10.7)의 우변 두 번째 항은 $m=n$일 때에 상당하므로,

$$\int_{-\frac{T}{2}}^{\frac{T}{2}} a_n \cos^2 \frac{2n\pi}{T} x dx = \int_{-\frac{T}{2}}^{\frac{T}{2}} a_n \frac{1+\cos(4n\pi/T)x}{2} dx$$

$$= \frac{a_n}{2}\left[x + \frac{T}{4n\pi}\sin\frac{4n\pi}{T}x\right]_{-T/2}^{T/2} = \frac{T}{2}a_n$$

이 된다. 우변의 세 번째 항은 $m \neq n$일 때에 상당하므로,

$$\int_{-\frac{T}{2}}^{\frac{T}{2}} a_m \cos\frac{2m\pi}{T}x \cos\frac{2n\pi}{T}x dx$$

$$= \int_{-\frac{T}{2}}^{\frac{T}{2}} \frac{a_m}{2}\left\{\cos\frac{2(m+n)\pi}{T}x + \cos\frac{2(m-n)}{T}x\right\}dx$$

$$= \frac{a_m}{2}\left[\frac{T}{2(m+n)\pi}\sin\frac{2(m+n)\pi}{T}x + \frac{T}{2(m-n)\pi}\sin\frac{2(m-n)\pi}{T}x\right]_{-T/2}^{T/2}$$

$$= 0$$

이 된다. 우변의 네 번째 항은

$$\int_{-\frac{T}{2}}^{\frac{T}{2}} b_m \sin\frac{2m\pi}{T}x \cos\frac{2n\pi}{T}x dx$$

$$= \int_{-\frac{T}{2}}^{\frac{T}{2}} \frac{b_m}{2}\left\{\sin\frac{2(m+n)\pi}{T}x + \sin\frac{2(m-n)}{T}x\right\}dx$$

로 변형되기 때문에, $m \neq n$일 때

$$\frac{b_m}{2}\left[-\frac{T}{2(m+n)\pi}\cos\frac{2(m+n)\pi}{T}x - \frac{T}{2(m-n)\pi}\cos\frac{2(m-n)\pi}{T}x\right]_{-T/2}^{T/2} = 0$$

이 된다. 그리고 $m = n$일 때에는 다음과 같이 된다.

$$\int_{-\frac{T}{2}}^{\frac{T}{2}} \frac{b_m}{2}\sin\frac{4n\pi}{T}x dx = \frac{b_m}{2}\left[-\frac{T}{4n\pi}\cos\frac{4n\pi}{T}x\right]_{-T/2}^{T/2} = 0$$

이상으로부터,

$$a_m = \frac{2}{T}\int_{-\frac{T}{2}}^{\frac{T}{2}} f(x)\cos\frac{2m\pi}{T}x dx \quad (m = 1, 2, \cdots) \qquad (10.8)$$

가 된다는 것을 알 수 있다.

같은 방법으로 식 (10.6)의 양변에 $\sin\frac{2n\pi}{T}x$를 곱하고, 1주기의 구간 $-\frac{T}{2} \le x \le \frac{T}{2}$에서 적분을 해보자. 급수 합의 적분은 항별로 실시하고, 또 사인 항에 대해서는 $m=n$과 $m \ne n$으로 나누어 고려하면

$$\begin{aligned}\int_{-\frac{T}{2}}^{\frac{T}{2}} f(x)\sin\frac{2n\pi}{T}x\,dx &= \int_{-\frac{T}{2}}^{\frac{T}{2}} \frac{a_0}{2}\sin\frac{2n\pi}{T}x\,dx + \int_{-\frac{T}{2}}^{\frac{T}{2}} b_n\sin^2\frac{2n\pi}{T}x\,dx \\ &+ \int_{-\frac{T}{2}}^{\frac{T}{2}} \sum_{\substack{m=1\\ m\ne n}}^{\infty} b_m\sin\frac{2m\pi}{T}x\sin\frac{2n\pi}{T}x\,dx \\ &+ \int_{-\frac{T}{2}}^{\frac{T}{2}} \sum_{m=1}^{\infty} a_m\cos\frac{2m\pi}{T}x\sin\frac{2n\pi}{T}x\,dx\end{aligned} \tag{10.9}$$

가 된다. 식 (10.9)의 우변 첫 번째 항은

$$\int_{-\frac{T}{2}}^{\frac{T}{2}} \frac{a_0}{2}\sin\frac{2n\pi}{T}x\,dx = \frac{a_0 T}{4n\pi}\left[-\cos\frac{2n\pi}{T}x\right]_{-T/2}^{T/2} = 0$$

이 된다. 식 (10.9)의 우변 두 번째 항은 $m=n$일 때에 상당하므로,

$$\begin{aligned}\int_{-\frac{T}{2}}^{\frac{T}{2}} b_n\sin^2\frac{2n\pi}{T}x\,dx &= \int_{-\frac{T}{2}}^{\frac{T}{2}} b_n\frac{1-\cos(4n\pi/T)x}{2}dx \\ &= \frac{b_n}{2}\left[x - \frac{T}{4n\pi}\sin\frac{4n\pi}{T}x\right]_{-T/2}^{T/2} = \frac{T}{2}b_n\end{aligned}$$

이 된다. 식 (10.9)의 우변 세 번째 항은 $m \ne n$일 때에 상당하므로,

$$\begin{aligned}&\int_{-\frac{T}{2}}^{\frac{T}{2}} b_m\sin\frac{2m\pi}{T}x\sin\frac{2n\pi}{T}x\,dx \\ &= \int_{-\frac{T}{2}}^{\frac{T}{2}} -\frac{b_m}{2}\left\{\cos\frac{2(m+n)\pi}{T}x - \cos\frac{2(m-n)}{T}x\right\}dx \\ &= -\frac{b_m}{2}\left[\frac{T}{2(m+n)\pi}\sin\frac{2(m+n)\pi}{T}x - \frac{T}{2(m-n)\pi}\sin\frac{2(m-n)\pi}{T}x\right]_{-T/2}^{T/2} = 0\end{aligned}$$

이 된다. 식 (10.9)의 우변 네 번째 항은

$$\int_{-\frac{T}{2}}^{\frac{T}{2}} a_m \cos\frac{2m\pi}{T}x \sin\frac{2n\pi}{T}x dx$$

$$= \int_{-\frac{T}{2}}^{\frac{T}{2}} \frac{a_m}{2}\left\{\sin\frac{2(m+n)\pi}{T}x - \sin\frac{2(m-n)}{T}x\right\}dx$$

로 변형되기 때문에, $m \neq n$일 때

$$\frac{a_m}{2}\left[-\frac{T}{2(m+n)\pi}\cos\frac{2(m+n)\pi}{T}x + \frac{T}{2(m-n)\pi}\cos\frac{2(m-n)\pi}{T}x\right]_{-T/2}^{T/2} = 0$$

이 된다. 그리고 $m = n$일 때에는 다음과 같이 된다.

$$\int_{-\frac{T}{2}}^{\frac{T}{2}} \frac{a_m}{2}\sin\frac{4n\pi}{T}x dx = \frac{a_m}{2}\left[-\frac{T}{4n\pi}\cos\frac{4n\pi}{T}x\right]_{-T/2}^{T/2} = 0$$

이상으로부터,

$$b_m = \frac{2}{T}\int_{-\frac{T}{2}}^{\frac{T}{2}} f(x)\sin\frac{2m\pi}{T}x dx \quad (m = 1, 2, \cdots) \tag{10.10}$$

가 구해진다.

a_0을 구하기 위해서는 삼각함수의 1주기의 적분(시간평균)이 0이 된다는 것을 이용한다. 즉, 식 (10.6) 자체를 구간 $-\frac{T}{2} \leq x \leq \frac{T}{2}$에서 적분하면

$$\int_{-\frac{T}{2}}^{\frac{T}{2}} f(x)dx$$

$$= \int_{-\frac{T}{2}}^{\frac{T}{2}} \frac{a_0}{2}dx + \int_{-\frac{T}{2}}^{\frac{T}{2}} \sum_{m=1}^{\infty} a_m \cos\frac{2m\pi}{T}x\,dx + \int_{-\frac{T}{2}}^{\frac{T}{2}} \sum_{m=1}^{\infty} b_m \sin\frac{2m\pi}{T}x\,dx$$

$$= \frac{T}{2}a_0$$

이 되고, 따라서

$$a_0 = \frac{2}{T}\int_{-\frac{T}{2}}^{\frac{T}{2}} f(x)dx \tag{10.11}$$

가 얻어진다. 식 (10.11)은 식 (10.8)에서 $m=0$일 때의 결과와 같기 때문에, 위 식을 식 (10.8)에 포함시켜 표현해도 좋다.

이상으로부터, 주기가 T인 함수가 $f(x)$로 주어지고 이 함수가 식 (10.6)과 같은 급수로 표현된다는 것은 식 (10.6)이 수렴하고 그 합이 $f(x)$라는 것이므로, 다음과 같이 **푸리에**(Fourier)**급수**를 표현할 수 있다.

$$f(x) = \frac{a_0}{2} + \sum_{n=1}^{\infty} a_n \cos\frac{2n\pi}{T}x + \sum_{n=1}^{\infty} b_n \sin\frac{2n\pi}{T}x \tag{10.12}$$

$$a_0 = \frac{2}{T}\int_{-\frac{T}{2}}^{\frac{T}{2}} f(x)dx \tag{10.13a}$$

$$a_n = \frac{2}{T}\int_{-\frac{T}{2}}^{\frac{T}{2}} f(x)\cos\frac{2n\pi}{T}x dx \quad (n = 1, 2, \cdots) \tag{10.13b}$$

$$b_n = \frac{2}{T}\int_{-\frac{T}{2}}^{\frac{T}{2}} f(x)\sin\frac{2n\pi}{T}x dx \quad (n = 1, 2, \cdots) \tag{10.13c}$$

위 식에서, a_0, a_n, b_n은 **푸리에**(Fourier)**계수**이다.

(3) 푸리에(Fourier)급수전개의 예

1) 사각파

먼저, 진폭 k, 사각파 펄스(pulse)의 폭 x_ω, 주기 T인 그림 10.2와 같은 **사각파**에서 **푸리에**(Fourier)**급수전개**를 해보자. 이 경우,

$$f(x) = \begin{cases} k & (NT \le x < NT + x_\omega) \\ 0 & (NT + x_\omega \le x \le (N+1)T) \end{cases} \tag{10.14}$$

로 표현될 수 있다. 여기서, N은 정수이다. 위 식을 식 (10.13)에 대입하면, **푸리에**

(Fourier)**계수**를 구할 수 있다. 즉, 식 (10.14)는 주기함수이기 때문에 적분구간을 임의의 1주기분만 선택하여 다음과 같이 적분만 하면 된다.

$$a_0 = \frac{2}{T}\int_{-\frac{T}{2}}^{\frac{T}{2}} f(x)dx = \frac{2}{T}\int_0^T f(x)dx$$

$$= \frac{2}{T}\int_0^{x_\omega} kdx + \frac{2}{T}\int_{x_\omega}^T 0dx = \frac{2}{T}[kx]_0^{x_\omega} + 0 = \frac{2kx_\omega}{T}$$

$$a_n = \frac{2}{T}\int_{-\frac{T}{2}}^{\frac{T}{2}} f(x)\cos\frac{2n\pi}{T}xdx = \frac{2}{T}\int_0^T f(x)\cos\frac{2n\pi}{T}xdx$$

$$= \frac{2}{T}\int_0^{x_\omega} k\cos\frac{2n\pi}{T}xdx + \frac{2}{T}\int_{x_\omega}^T 0\cos\frac{2n\pi}{T}xdx$$

$$= \frac{2}{T}\left[\frac{kT}{2n\pi}\sin\frac{2n\pi}{T}x\right]_0^{x_\omega} + 0$$

$$= \frac{k}{n\pi}\sin\frac{2n\pi}{T}x_\omega \quad (n = 1, 2, \cdots)$$

$$b_n = \frac{2}{T}\int_{-\frac{T}{2}}^{\frac{T}{2}} f(x)\sin\frac{2n\pi}{T}xdx = \frac{2}{T}\int_0^T f(x)\sin\frac{2n\pi}{T}xdx$$

$$= \frac{2}{T}\int_0^{x_\omega} k\sin\frac{2n\pi}{T}xdx + \frac{2}{T}\int_{x_\omega}^T 0\sin\frac{2n\pi}{T}xdx$$

$$= \frac{2}{T}\left[-\frac{kT}{2n\pi}\cos\frac{2n\pi}{T}x\right]_0^{x_\omega} + 0$$

$$= \frac{k}{n\pi}\left(1 - \cos\frac{2n\pi}{T}x_\omega\right) \quad (n = 1, 2, \cdots)$$

따라서 식 (10.12)에 의하여

$$\begin{aligned} f(x) &= \frac{a_0}{2} + \sum_{n=1}^{\infty} a_n\cos\frac{2n\pi}{T}x + \sum_{n=1}^{\infty} b_n\sin\frac{2n\pi}{T}x \\ &= \frac{kx_\omega}{T} + \sum_{n=1}^{\infty}\left\{\frac{k}{n\pi}\sin\frac{2n\pi}{T}x_\omega\cos\frac{2n\pi}{T}x + \frac{k}{n\pi}\left(1 - \cos\frac{2n\pi}{T}x_\omega\right)\sin\frac{2n\pi}{T}x\right\} \end{aligned} \tag{10.15}$$

가 된다.

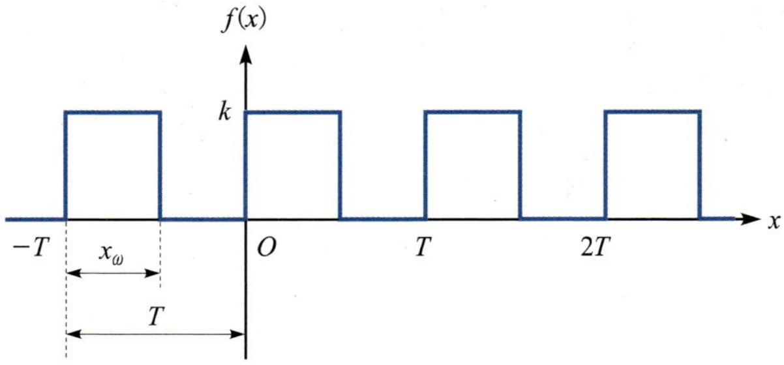

그림 10.2 사각파

만약, $x_\omega = \dfrac{T}{2}$, 즉 주기의 반의 시간폭에 대하여 진폭 k의 사각파 펄스(pulse)를 가지고 있는 경우

$$a_0 == \frac{2kx_\omega}{T} = k$$

$$a_n = \frac{k}{n\pi}\sin\frac{2n\pi}{T}x_\omega = 0$$

$$b_n = \frac{k}{n\pi}\left(1-\cos\frac{2n\pi}{T}x_\omega\right) = \frac{k}{n\pi}\{1-(-1)^n\}$$

이 되기 때문에, 사각파함수 $f(x)$는 다음과 같이 된다.

$$\begin{aligned} f(x) &= \frac{k}{2} + \sum_{n=1}^{\infty}\frac{k}{n\pi}\{1-(-1)^n\}\sin\frac{2n\pi}{T}x \\ &= \frac{k}{2} + \frac{2k}{\pi}\sum_{m=0}^{\infty}\left\{\frac{1}{2m+1}\sin\frac{2(2m+1)\pi}{T}x\right\} \end{aligned} \tag{10.16}$$

단, $n = 2m+1$ (m은 상수)이다.

그림 10.3은 식 (10.16)에서 $k=1$일 때에 대응되는 **사각파**를 **푸리에**(Fourier)**급수 전개**한 계산 예를 보여주고 있다. 즉, 원래의 사각파[그림 10.3(a)]의 **푸리에**(Fourier) **급수**의 계산을 $m=1$, 5, 10의 범위에 대하여 각각 계산한 파형을 그림 10.3(b), (c), (d)에 나타낸 것이다. 무한급수의 항수가 적으면, 그림 10.3(b)에 보여준 파형처럼 원래의 파형과 많이 다르므로 파형의 재현이 되지 않았음을 알 수 있다. 한편, 그림 10.3(c)에서는 상당히 근접한 파형이 재현되었으며, 무한급수의 항수가 많은

그림 10.3(d)에서는 원래의 파형이 거의 재현되었음을 알 수 있다. 즉, 부분합의 그래프 그림 10.3(b), (c), (d)로부터 이 급수가 수렴하며, 합이 원래의 함수 $f(x)$와 같아짐을 알 수 있다. 함수 $f(x)$의 **불연속점** $x=0$과 $x=\dfrac{T}{2}$에서 모든 부분의 합은 이 점에서 값이 0.5가 되며, 이 값은 이 점들에서 함수의 극한값인 0과 $k(=1)$의 산술평균이다. 또한, 불연속점에서 급격한 피크(peak)를 갖는 현상도 재현되었음을 알 수 있다. 이러한 현상을 **기브스**(Gibbs)**현상**이라고 부른다.

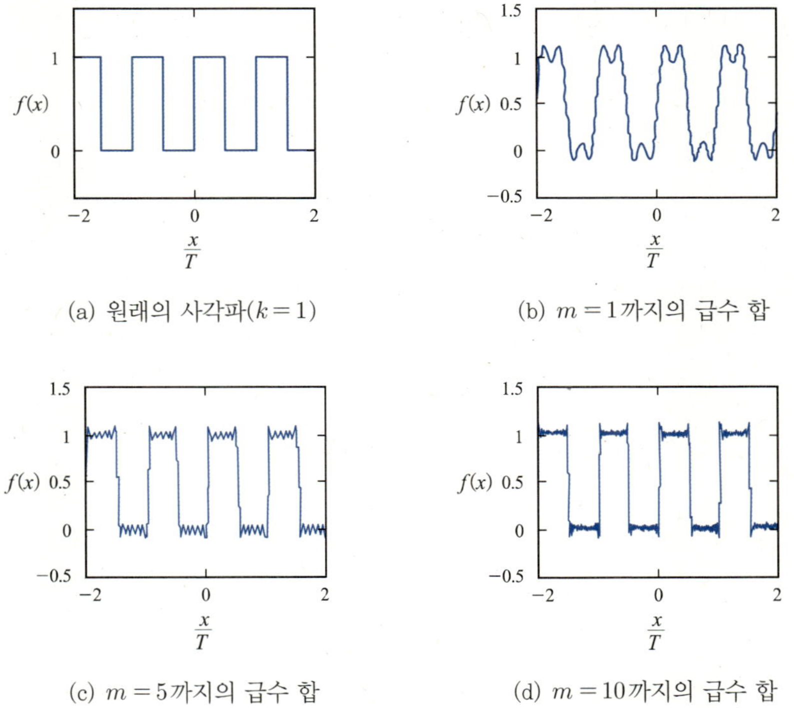

(a) 원래의 사각파($k=1$)

(b) $m=1$까지의 급수 합

(c) $m=5$까지의 급수 합

(d) $m=10$까지의 급수 합

그림 10.3 사각파의 푸리에(Fourier)급수전개의 계산 예

예제 10.1

다음 그림과 같은 주기가 2π인 함수 $f(x)=\begin{cases}0 & (-\pi<x<0)\\ x & (0\le x\le\pi)\end{cases}$ 를 푸리에(Fourier)급수전개 하시오.

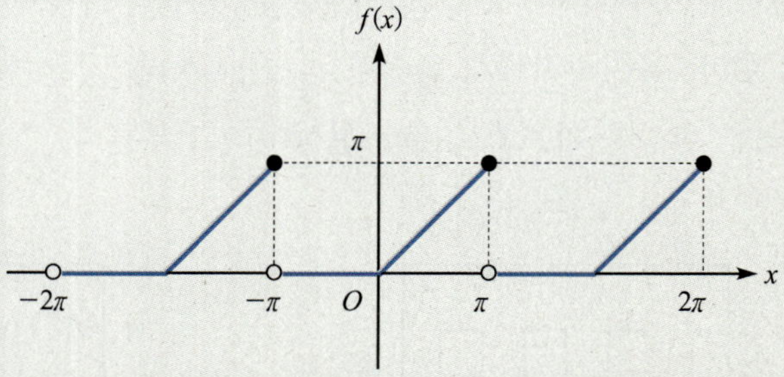

(a)

그림 예제 10.1

풀이

식 (10.13)으로부터 푸리에(Fourier)계수를 구하면 다음과 같이 된다.

$$a_0=\frac{2}{T}\int_{-\frac{T}{2}}^{\frac{T}{2}}f(x)dx=\frac{1}{\pi}\int_{-\pi}^{\pi}f(x)dx$$

$$=\frac{1}{\pi}\int_{-\pi}^{0}0dx+\frac{1}{\pi}\int_{0}^{\pi}xdx=0+\frac{1}{\pi}\left[\frac{x^2}{2}\right]_0^{\pi}=\frac{\pi}{2}$$

$$a_n=\frac{2}{T}\int_{-\frac{T}{2}}^{\frac{T}{2}}f(x)\cos\frac{2n\pi}{T}xdx=\frac{1}{\pi}\int_{-\pi}^{\pi}f(x)\cos nxdx\ \ (n=1,2,\cdots)$$

$$=\frac{1}{\pi}\int_{-\pi}^{0}0\cos nxdx+\frac{1}{\pi}\int_{0}^{\pi}x\cos nxdx$$

$$=0+\frac{1}{\pi}\left(\left[x\frac{1}{n}\sin nx\right]_0^{\pi}-\int_0^{\pi}\frac{1}{n}\sin nxdx\right)$$

$$=\frac{1}{n^2\pi}[\cos nx]_0^{\pi}=\frac{1}{n^2\pi}\{(-1)^n+1\}=\begin{cases}0 & (n=2m)\\ -\dfrac{2}{n^2\pi} & (n=2m-1)\end{cases}\ \ (m=1,2,\cdots)$$

$$b_n=\frac{2}{T}\int_{-\frac{T}{2}}^{\frac{T}{2}}f(x)\sin\frac{2n\pi}{T}xdx=\frac{1}{\pi}\int_{-\pi}^{\pi}f(x)\sin nxdx\ \ (n=1,2,\cdots)$$

$$=\frac{1}{\pi}\int_{-\pi}^{0}0\sin nxdx+\frac{1}{\pi}\int_{0}^{\pi}x\sin nxdx$$

$$=0+\frac{1}{\pi}\left(\left[x\left(-\frac{1}{n}\cos nx\right)\right]_0^{\pi}-\int_0^{\pi}-\frac{1}{n}\cos nxdx\right)$$

$$= \frac{1}{\pi}\left(\left[-\frac{\pi}{n}\cos nx\right]_0^{\pi} + \frac{1}{n^2}[\sin nx]_0^{\pi}\right)$$

$$= \frac{1}{n}(-1)^n = \frac{1}{n}(-1)^{n+1} \quad (n=1, 2, \cdots)$$

따라서 식 (10.12)에 의하여 푸리에(Fourier)급수는

$$f(x) = \frac{a_0}{2} + \sum_{n=1}^{\infty} a_n \cos\frac{2n\pi}{T}x + \sum_{n=1}^{\infty} b_n \sin\frac{2n\pi}{T}x$$

$$= \frac{\pi}{4} - \frac{2}{\pi}\left(\cos x + \frac{1}{3^2}\cos 3x + \frac{1}{5^2}\cos 5x + \cdots\right)$$

$$+ \left(\sin x + \frac{1}{2}\sin 2x + \frac{1}{3}\cos 3x - \cdots\right)$$

$$= \frac{\pi}{4} - \frac{2}{\pi}\sum_{m=1}^{\infty}\frac{1}{(2m-1)^2}\cos(2m-1)x + \sum_{n=1}^{\infty}\frac{1}{n}(-1)^{n+1}\sin nx \quad (1)$$

가 된다. 그림 예제 10.1(b)는 함수 식 (1)의 부분합을 보여주고 있다.

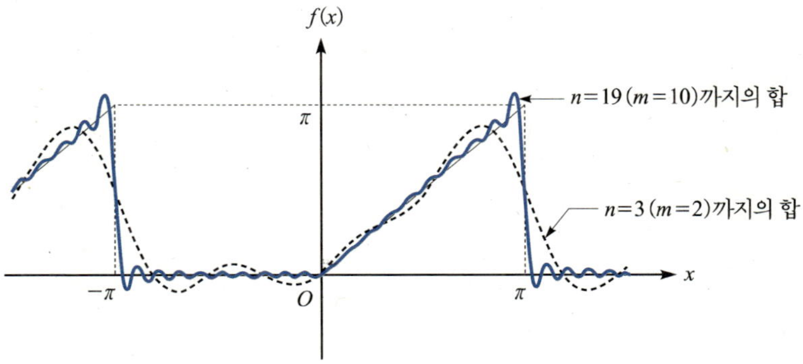

(b)

그림 예제 10.1

2) 전파(full wave)정류파형

다음과 같은 식으로 주어지는 전파정류파형의 **푸리에**(Fourier)**급수**를 구해보자.

$$f(x) = \left|\sin\frac{2\pi}{T}x\right| \quad (10.17)$$

그림 10.4로부터도 알 수 있는 것처럼, 주기는 $\frac{T}{2}$이다. 따라서 시간범위 $0 \le x \le \frac{T}{2}$에서 **푸리에**(Fourier)**계수**를 하면 된다. 즉, 식 (10.17)은 주기함수이기 때문에 적분구간을 임의의 1주기분만 선택하여 다음과 같이 적분만 하면 된다.

$$a_0 = \frac{2}{T}\int_{-\frac{T}{2}}^{\frac{T}{2}} f(x)dx = \frac{2}{T/2}\int_{0}^{\frac{T}{2}} \sin\frac{2\pi}{T}xdx$$

$$= \frac{4}{T}\int_{0}^{\frac{T}{2}} \sin\frac{2\pi}{T}xdx = \frac{4}{T}\left[-\frac{T}{2\pi}\cos\frac{2\pi}{T}x\right]_0^{T/2} = -\frac{2}{\pi}(\cos\pi - 1) = \frac{4}{\pi}$$

$$a_n = \frac{2}{T}\int_{-\frac{T}{2}}^{\frac{T}{2}} f(x)\cos\frac{2n\pi}{T}xdx = \frac{2}{T/2}\int_{0}^{\frac{T}{2}} f(x)\cos\frac{2n\pi}{T/2}xdx$$

$$= \frac{4}{T}\int_{0}^{\frac{T}{2}} \sin\frac{2\pi}{T}x\cos\frac{4n\pi}{T}xdx$$

$$= \frac{4}{T}\int_{0}^{\frac{T}{2}} \left[\left\{\sin\frac{2(2n+1)\pi}{T}x - \sin\frac{2(2n-1)\pi}{T}x\right\}/2\right]dx$$

$$= \frac{2}{T}\left[-\frac{T}{2(2n+1)\pi}\cos\frac{2(2n+1)\pi}{T}x + \frac{T}{2(2n-1)\pi}\cos\frac{2(2n-1)\pi}{T}x\right]_0^{T/2}$$

$$= \frac{2}{(2n+1)\pi} - \frac{2}{(2n-1)\pi} = \frac{4}{(1-4n^2)\pi} \quad (n = 1, 2, \cdots)$$

$$b_n = \frac{2}{T}\int_{-\frac{T}{2}}^{\frac{T}{2}} f(x)\sin\frac{2n\pi}{T}xdx = \frac{2}{T/2}\int_{0}^{\frac{T}{2}} f(x)\sin\frac{2n\pi}{T/2}xdx$$

$$= \frac{4}{T}\int_{0}^{\frac{T}{2}} \sin\frac{2\pi}{T}x\sin\frac{4n\pi}{T}xdx$$

$$= \frac{4}{T}\int_{0}^{\frac{T}{2}} \left[\left\{-\cos\frac{2(2n+1)\pi}{T}x + \cos\frac{2(2n-1)\pi}{T}x\right\}/2\right]dx$$

$$= \frac{2}{T}\left[-\frac{T}{2(2n+1)\pi}\sin\frac{2(2n+1)\pi}{T}x + \frac{T}{2(2n-1)\pi}\sin\frac{2(2n-1)\pi}{T}x\right]_0^{T/2}$$

$$= 0$$

따라서 식 (10.12)에 의하여

$$\begin{aligned} f(x) &= \frac{a_0}{2} + \sum_{n=1}^{\infty} a_n\cos\frac{2n\pi}{T}x + \sum_{n=1}^{\infty} b_n\sin\frac{2n\pi}{T}x \\ &= \frac{2}{\pi} + \frac{4}{\pi}\sum_{n=1}^{\infty}\frac{4}{(1-4n^2)}\cos\frac{4n\pi}{T}xdx \end{aligned} \tag{10.18}$$

가 된다.

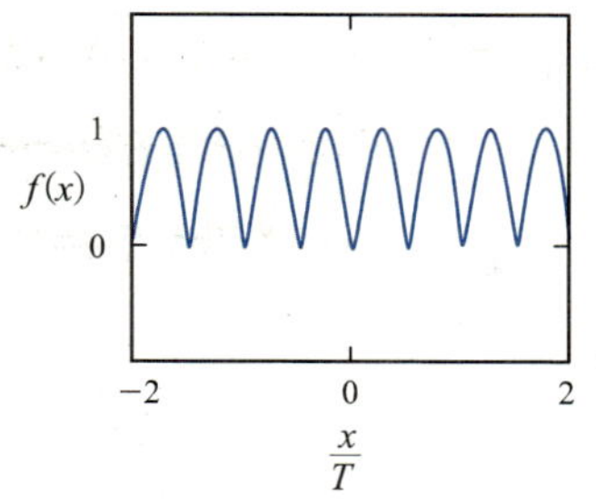

그림 10.4 전파(full wave)정류파형

(4) 복소 푸리에(Fourier)급수전개

사인과 코사인의 삼각함수는 각각 **복소지수함수**(complex exponential function)로 표현될 수 있고, 수학적으로 **푸리에**(Fourier)**계수**를 도출하는 계산이 용이하게 되는 경우가 많다. 주기함수의 푸리에(Fourier)계수가 **복소수**(complex number)로 표현되는 **복소 푸리에**(Fourier)**급수전개**를 생각해보자. 즉, 삼각함수와 지수함수의 관계를 나타내는 공식(formula)인 **오일러**(Euler)**공식** $e^{i\theta} = \cos\theta + i\sin\theta$ (i는 허수단위)로부터

$$\cos\frac{2n\pi}{T}x = \frac{e^{i\frac{2n\pi}{T}x} + e^{-i\frac{2n\pi}{T}x}}{2}, \quad \sin\frac{2n\pi}{T}x = \frac{e^{i\frac{2n\pi}{T}x} - e^{-i\frac{2n\pi}{T}x}}{i2} \tag{10.19}$$

가 되기 때문에, 위 식을 식 (10.12)에 대입하면,

$$\begin{aligned} f(x) &= \frac{a_0}{2} + \sum_{n=1}^{\infty} a_n \cos\frac{2n\pi}{T}x + \sum_{n=1}^{\infty} b_n \sin\frac{2n\pi}{T}x \\ &= \frac{a_0}{2} + \sum_{n=1}^{\infty} a_n \frac{e^{i\frac{2n\pi}{T}x} + e^{-i\frac{2n\pi}{T}x}}{2} + \sum_{n=1}^{\infty} b_n \frac{e^{i\frac{2n\pi}{T}x} - e^{-i\frac{2n\pi}{T}x}}{i2} \\ &= \frac{a_0}{2} + \sum_{n=1}^{\infty} \frac{a_n - ib_n}{2} e^{i\frac{2n\pi}{T}x} + \sum_{n=1}^{\infty} \frac{a_n + ib_n}{2} e^{-i\frac{2n\pi}{T}x} \end{aligned} \tag{10.20}$$

가 된다. 여기서, 계수 a_n, b_n의 $n\,(n = 1, 2, \cdots)$을 $-n$ 치환하면, 식 (10.13)으로부터

$$\begin{aligned} a_{-n} &= \frac{2}{T}\int_{-\frac{T}{2}}^{\frac{T}{2}} f(x)\cos\frac{2(-n)\pi}{T}xdx \\ &= \frac{2}{T}\int_{-\frac{T}{2}}^{\frac{T}{2}} f(x)\cos\frac{2n\pi}{T}xdx = a_n \end{aligned} \tag{10.21}$$

$$\begin{aligned} b_{-n} &= \frac{2}{T}\int_{-\frac{T}{2}}^{\frac{T}{2}} f(x)\sin\frac{2(-n)\pi}{T}xdx \\ &= -\frac{2}{T}\int_{-\frac{T}{2}}^{\frac{T}{2}} f(x)\sin\frac{2n\pi}{T}xdx = -a_n \end{aligned} \tag{10.22}$$

이 얻어진다. 식 (10.20)에서 지수함수의 변수 부호와 계수의 부호를 맞추기 위하여

$$c_n = \frac{a_n - ib_n}{2} \tag{10.23}$$

이라 놓으면,

$$c_{-n} = \frac{a_{-n} - ib_{-n}}{2} = \frac{a_n + ib_n}{2} \tag{10.24}$$

이 된다. 따라서

$$\begin{aligned} f(x) &= \frac{a_0}{2} + \sum_{n=1}^{\infty} \frac{a_n - ib_n}{2} e^{i\frac{2n\pi}{T}x} + \sum_{n=1}^{\infty} \frac{a_n + ib_n}{2} e^{-i\frac{2n\pi}{T}x} \\ &= \frac{a_0}{2} + \sum_{n=1}^{\infty} c_n e^{i\frac{2n\pi}{T}x} + \sum_{n=1}^{\infty} c_{-n} e^{-i\frac{2n\pi}{T}x} \\ &= \sum_{n=-\infty}^{\infty} c_n e^{i\frac{2n\pi}{T}x} \end{aligned} \tag{10.25}$$

로 표현된다. 또한,

$$c_n = \frac{a_n - ib_n}{2} = \frac{1}{T}\left[\int_{-\frac{T}{2}}^{\frac{T}{2}} f(x)\cos\frac{2n\pi}{T}xdx - i\int_{-\frac{T}{2}}^{\frac{T}{2}} f(x)\sin\frac{2n\pi}{T}xdx\right]$$
$$= \frac{1}{T}\int_{-\frac{T}{2}}^{\frac{T}{2}} f(x)\ e^{-i\frac{2n\pi}{T}x}dx \tag{10.26}$$

가 된다. 식 (10.26)의 계수 c_n을 **복소 푸리에**(Fourier)**계수**라고 부르고, 식 (10.25)와 같은 함수 $f(x)$의 급수전개를 **복소 푸리에**(Fourier)**급수전개**라 한다.

예제 10.2

그림 10.2의 사각파 $f(x) = \begin{cases} k & (NT \le x < NT + x_\omega) \\ 0 & (NT + x_\omega \le x \le (N+1)T) \end{cases}$ 를 복소 푸리에(Fourier)급수전개 하시오. 단, N은 정수이다.

풀이

적분구간 $0 \le x \le T$에 대하여, 식 (10.26)을 사용하여 복소 푸리에(Fourier)계수를 구하면 다음과 같이 된다. 즉,

i) $n = 0$일 때

$$c_0 = \frac{1}{T}\int_{-\frac{T}{2}}^{\frac{T}{2}} f(x)\ e^{-i\frac{2n\pi}{T}x}dx = \frac{1}{T}\int_0^{x_\omega} kdx = \frac{kx_\omega}{T}$$

ii) $n \ne 0$일 때

$$c_n = \frac{1}{T}\int_{-\frac{T}{2}}^{\frac{T}{2}} f(x)\ e^{-i\frac{2n\pi}{T}x}dx = \frac{1}{T}\int_0^{x_\omega} k\ e^{-i\frac{2n\pi}{T}x}dx$$
$$= \frac{k}{T}\left[-\frac{T}{i2n\pi}e^{-i\frac{2n\pi}{T}x}\right]_0^{x_\omega} = i\frac{k}{2n\pi}(e^{-i\frac{2n\pi x_\omega}{T}} - 1)$$

만약, $x_\omega = \frac{T}{2}$, 즉 주기의 반의 시간폭에 대하여 진폭 k의 사각파 펄스(pulse)를 가지고 있는 경우

$$c_0 = \frac{kx_\omega}{T} = \frac{k}{2}$$

$$c_n = i\frac{k}{2n\pi}(e^{-i\frac{2n\pi x_\omega}{T}} - 1) = i\frac{k}{2n\pi}(e^{-in\pi} - 1) = i\frac{k}{2n\pi}\{(-1)^n - 1\}$$

이 되기 때문에, 식 (10.25)에 의하여 사각파함수 $f(x)$의 복소 푸리에(Fourier)급수전개는 다음과 같이 된다.

$$f(x) = \sum_{n=-\infty}^{\infty} c_n e^{i\frac{2n\pi}{T}x} = \frac{k}{2} + i\frac{k}{2\pi}\left[\sum_{n=-\infty}^{-1} \frac{1}{n}\{(-1)^n - 1\}e^{i\frac{2n\pi}{T}x} + \sum_{n=1}^{\infty} \frac{1}{n}\{(-1)^n - 1\}e^{i\frac{2n\pi}{T}x}\right] \tag{10.27}$$

식 (10.27)을 삼각함수를 사용한 형태로 변형하면 다음과 같이 된다. 즉, n이 우함수(even function)일 때에 계수가 0이 되고 기함수(odd function)일 때에 −2가 되기 때문에 $n = 2m+1$(m은 상수)로 놓으면

$$\begin{aligned} f(x) &= \frac{k}{2} + i\frac{k}{2\pi}\left[\sum_{n=-\infty}^{-1} \frac{1}{n}\{(-1)^n - 1\}e^{i\frac{2n\pi}{T}x} + \sum_{n=1}^{\infty} \frac{1}{n}\{(-1)^n - 1\}e^{i\frac{2n\pi}{T}x}\right] \\ &= \frac{k}{2} - i\frac{k}{\pi}\sum_{m=0}^{\infty} \frac{1}{2m+1}\left[e^{i\frac{2(2m+1)\pi}{T}x} - e^{-i\frac{2(2m+1)\pi}{T}x}\right] \\ &= \frac{k}{2} + \frac{2k}{\pi}\sum_{m=0}^{\infty}\left\{\frac{1}{2m+1}\sin\frac{2(2m+1)\pi}{T}x\right\} \end{aligned}$$

가 된다. 따라서 식 (10.27)과 식 (10.16)이 일치한다는 것을 알 수 있다.

10.3 푸리에(Fourier) 변환

(1) 시간영역과 주파수영역의 관계

시간영역에서 시간적으로 강도가 변하는 파형을 **시간파형**이라 하고, 이것을 주파수(진동수) 분석하여 **주파수영역**에서 주파수 성분의 강도 분포를 나타내는 것을 **주파수스펙트럼**(frequnency spectrum)이라 한다. 그림 10.5는 시간파형과 주파수스펙트럼의 변환관계를 보여주고 있다. 여기서, 파형의 **진폭**(amplitude)을 k, 기준이 되는 좌표(시간)로부터의 **위상**(phase)을 ϕ라 하면, 주파수성분은 $ke^{i\omega x}e^{i\phi}$로 표현된다. 단, ω는 각주파수(각진동수), x는 시간이다. 주파수성분(진폭 k, 위상 $e^{i\phi}$)을 구하기 위해서 시간파형에 $e^{-i\omega x}$를 곱한다. 또한, 주파수성분의 진폭 k, 위상 $e^{i\phi}$로부터 시간파형을 구하는 것이 가능하다. 이 대응관계는 그림 10.6에 나타나 있다. 시간영역과 주파수영역의 대응관계를 수학적 해석을 통하여 나타내는 것이 **푸리에**(Fourier)**변환**과 **푸리에**(Fourier) **역변환**으로 다음에서 설명한다.

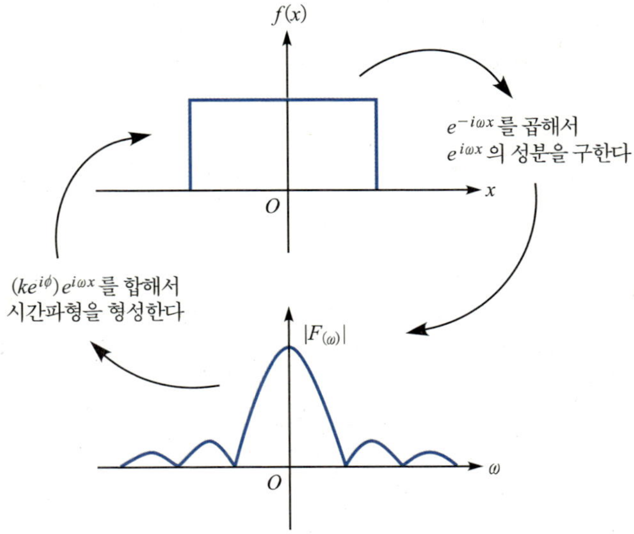

그림 10.5 시간파형과 주파수스펙트럼의 변환관계

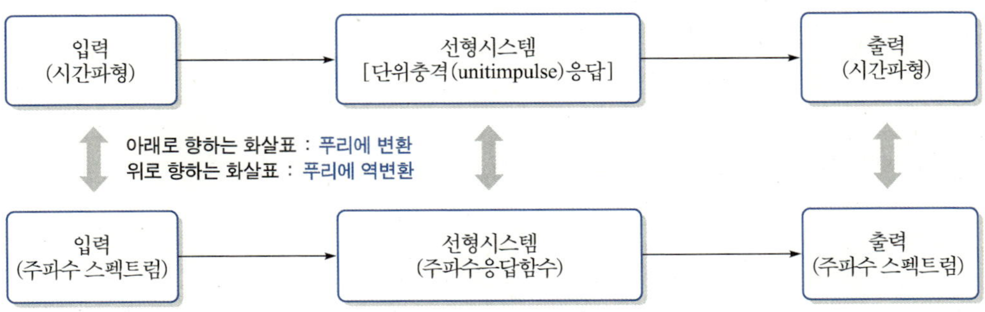

그림 10.6 시간영역과 주파수영역의 대응관계

(2) 푸리에(Fourier)변환

일반적으로는 **주기함수**가 아닌 **비주기함수**가 많기 때문에 **비주기함수**를 **주파수성**분으로 표시하는 수학적 방법인 **푸리에**(Fourier)**변환**이 필요하다. 비주기함수는 주기함수의 **푸리에**(Fourier)**급수전개**에서 주기 T를 무한대로 한 상태(주기함수의 1주기의 범위를 무한히 넓게 한 상태)라고 생각할 수 있다. 이때, 급수전개의 인접요소 간의 주파수(진동수)의 차는 $\frac{1}{T}$이기 때문에, 이것은 $0\left(=\frac{1}{\infty}\right)$에 접근하는 것이 명백하다. 따라서 **복소 푸리에**(Fourier)**급수전개**에서 Σ로 표시된 부분을 적분으로 바꾸어 나타내는 것이 다음과 같이 가능하다.

먼저, 식 (10.26)을 변수로 바꾸어 나타내면,

$$c_n = \frac{1}{T}\int_{-\frac{T}{2}}^{\frac{T}{2}} f(\tau)\, e^{-i\frac{2n\pi}{T}\tau} d\tau \tag{10.28}$$

가 된다. 다음으로, 이것을 식 (10.25)에 대입하면,

$$\begin{aligned} f(x) &= \sum_{n=-\infty}^{\infty} c_n e^{i\frac{2n\pi}{T}x} \\ &= \sum_{n=-\infty}^{\infty} \left(\frac{1}{T}\int_{-\frac{T}{2}}^{\frac{T}{2}} f(\tau)\, e^{-i\frac{2n\pi}{T}\tau} d\tau\right) e^{i\frac{2n\pi}{T}x} \\ &= \sum_{n=-\infty}^{\infty} \left(\frac{1}{T}\int_{-\frac{T}{2}}^{\frac{T}{2}} f(\tau)\, e^{-i\frac{2n\pi}{T}(x-\tau)} d\tau\right) \end{aligned} \tag{10.29}$$

로 표현된다. $\omega_n = \dfrac{2n\pi}{T}$ 라 정의하면,

$$\frac{1}{T} = \frac{1}{2\pi}\left(\frac{2(n+1)}{T} - \frac{2n\pi}{T}\right) = \frac{1}{2\pi}(\omega_{n+1} - \omega_n) \tag{10.30}$$

이라고 쓸 수 있다. $T \to \infty$ 일 때, $\omega_{n+1} - \omega_n \cong d\omega$ 라고 놓으면

$$\begin{aligned} f(x) &= \sum_{n=-\infty}^{\infty} \frac{d\omega}{2\pi}\int_{-\infty}^{\infty} f(\tau)\, e^{-i\frac{2n\pi}{T}(x-\tau)} d\tau \\ &= \frac{1}{2\pi}\int_{-\infty}^{\infty} \left(\int_{-\infty}^{\infty} f(\tau)\, e^{-i\omega\tau} d\tau\right) e^{i\omega\tau} d\omega \end{aligned} \tag{10.31}$$

로 표현된다. 여기서,

$$F(\omega) = \int_{-\infty}^{\infty} f(\tau)\, e^{-i\omega\tau} d\tau \tag{10.32}$$

로 놓고 τ를 x로 바꾸어 나타내면, 위 식은 다음과 같이 된다.

$$F(\omega) = \int_{-\infty}^{\infty} f(x)\, e^{-i\omega x} dx \tag{10.33}$$

위 식을 식 (10.31)에 대입하면 다음과 같이 된다.

$$f(x) = \frac{1}{2\pi}\int_{-\infty}^{\infty} F(\omega)\, e^{i\omega x} d\omega \tag{10.34}$$

여기서, $F(\omega)$는 비주기함수 $f(x)$의 주파수성분으로 표시한 것이고, 식 (10.33)을 **푸리에**(Fourier)**변환**(또는 주파수스펙트럼), 식 (10.34)를 **푸리에**(Fourier)**역변환**이라고 부른다.

(3) 대표적인 푸리에(Fourier)변환

다음은 자주 사용되고 있는 함수의 **푸리에**(Fourier)**변환**을 보여주고 있다.

1) 디렉델타함수[Dirac delta function, 단위충격함수(unit impulse function)]

그림 6.3의 **디렉델타함수**(**단위충격함수**)는 다음 식과 같은 성질을 만족하는 함수로 정의된다(여기서는 변수 t를 x로 바꾸어 나타낸 것임). 즉,

$$\delta(x)= \begin{cases} \infty & (x=0) \\ 0 & (x \neq 0) \end{cases}, \quad \int_{-\infty}^{\infty} \delta(x)dx = 1, \\ \int_{-\infty}^{\infty} \delta(x-0)f(x)dx = \int_{-\infty}^{\infty} \delta(x)f(x)dx = f(0) \tag{10.35}$$

위의 세 번째 식을 이용하면, **푸리에**(Fourier)**변환**은 다음과 같이 된다.

$$\begin{aligned} F(\omega) &= \int_{-\infty}^{\infty} f(x)\, e^{-i\omega x} dx \\ &= \int_{-\infty}^{\infty} \delta(x)\, e^{-i\omega x} dx = e^{-i\omega 0} = e^{0} = 1 \end{aligned} \tag{10.36}$$

따라서 디렉델타함수(단위충격함수)는 모든 주파수성분을 가지고 있고, 그 진폭이 일정하다는 것을 알 수 있다. 반대로, 식 (10.36)의 결과를 식 (10.34)를 사용하여 **푸리에**(Fourier)**역변환**하면, 원래의 디렉델타함수(단위충격함수)와 일치하기 때문에

다음과 같이 된다.

$$\begin{aligned} f(x) &= \frac{1}{2\pi}\int_{-\infty}^{\infty} F(\omega)\, e^{i\omega x} d\omega = \frac{1}{2\pi}\int_{-\infty}^{\infty} 1\, e^{i\omega x} d\omega \\ &= \frac{1}{2\pi}\int_{-\infty}^{\infty} e^{i\omega x} d\omega = \delta(x) \end{aligned} \tag{10.37}$$

2) 직류

시간적으로 일정한 수치의 함수(직류파형)를

$$f(x) = E \tag{10.38}$$

로 나타낸다. 식 (10.34)에서 x를 $-x$로 치환하면,

$$f(-x) = \frac{1}{2\pi}\int_{-\infty}^{\infty} F(\omega)\, e^{-i\omega x} d\omega \tag{10.39}$$

가 된다. 변수기호를 바꾸어도 관계는 성립하기 때문에, 즉 식 (10.39)에서 x와 ω를 서로 바꾸어 넣어도

$$\int_{-\infty}^{\infty} F(x)\, e^{-i\omega x} dx = 2\pi f(-\omega) \tag{10.40}$$

가 성립한다. 위 식으로부터 $F(x)$의 푸리에(Fourier)변환은 $2\pi f(-\omega)$가 된다는 것을 알 수 있다. 이것을 푸리에(Fourier)변환의 기본성질 중에서 **대칭성**이라고 하며, 이 대칭성을 이용하면 $f(x) = E$의 **푸리에**(Fourier)**변환**은 다음과 같이 된다 [식 (10.33), (10.37), 그리고 $\delta(-x) = \delta(x)$인 디렉델타함수(단위충격함수)의 성질 참조].

$$\begin{aligned} F(\omega) &= \int_{-\infty}^{\infty} f(x)\, e^{-i\omega x} dx = \int_{-\infty}^{\infty} E\, e^{-i\omega x} dx \\ &= 2\pi E \frac{1}{2\pi}\int_{-\infty}^{\infty} e^{-i\omega x} dx = 2\pi E \delta(-\omega) \\ &= 2\pi E \delta(\omega) \end{aligned} \tag{10.41}$$

즉, 직류파형은 $\omega=0$ 에서만 각 주파수성분을 갖고 있다는 것을 알 수 있다.

3) 삼각함수(코사인함수)

삼각함수(코사인함수)의 수식은 다음과 같다.

$$f(x)=\cos\omega_0 x=\frac{e^{i\omega_0 x}+e^{-i\omega_0 x}}{2} \tag{10.42}$$

이때의 **푸리에**(Fourier)**변환**을 계산하면,

$$\begin{aligned}F(\omega)&=\int_{-\infty}^{\infty}f(x)\,e^{-i\omega x}dx=\int_{-\infty}^{\infty}\cos\omega_0 x\ \ e^{-i\omega x}dx\\&=\int_{-\infty}^{\infty}\frac{e^{i\omega_0 x}+e^{-i\omega_0 x}}{2}e^{-i\omega x}dx\\&=\int_{-\infty}^{\infty}\left\{e^{-i(w-w_0)x}+e^{-i(\omega+\omega_0)x}\right\}dx\\&=\pi\{\delta(\omega-\omega_0)+\delta(\omega+\omega_0)\}\end{aligned} \tag{10.43}$$

이 된다. 위 식에서는 식 (10.41)의 관계를 이용하고 있다. 따라서 각 주파수성분은 $\omega=\omega_0,\ -\omega_0$의 2개소에 존재한다.

예제 10.3

다음 그림과 같은 고립된 사각파 $f(x)=\begin{cases}0 & (x<-x_\omega/2,\ x>x_\omega/2)\\ k & (-x_\omega/2\le x\le x_\omega/2)\end{cases}$ 의 푸리에(Fourier)변환을 구하시오.

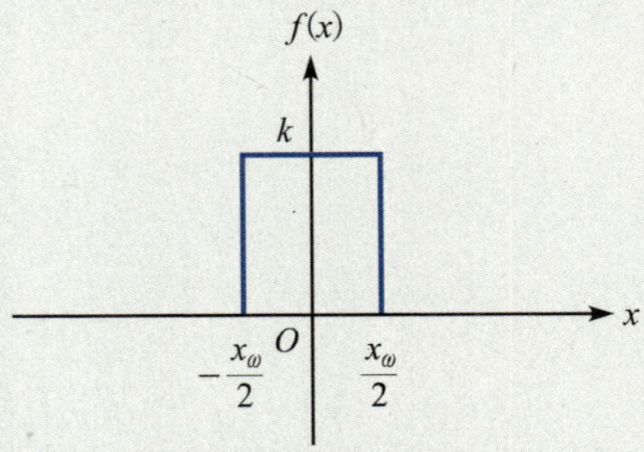

(a) 고립된 사각파의 파형

그림 예제 10.3

풀이

식 (10.33)으로부터 푸리에(Fourier)변환을 구하면 다음과 같이 된다.

$$F(\omega)=\int_{-\infty}^{\infty} f(x)\, e^{-i\omega x}dx$$

$$=\int_{-\infty}^{-x_\omega/2} 0\ e^{-i\omega x}dx+\int_{-x_\omega/2}^{x_\omega/2} k\,e^{-i\omega x}dx+\int_{x_\omega/2}^{\infty} 0\ e^{-i\omega x}dx$$

$$=0+\left[\frac{k}{-i\omega}e^{-i\omega x}\right]_{-x_\omega/2}^{x_\omega/2}+0=-\frac{k}{i\omega}\left(e^{-i\omega\frac{x_\omega}{2}}-e^{i\omega\frac{x_\omega}{2}}\right)$$

$$=\frac{2k}{\omega}\frac{e^{i\omega\frac{x_\omega}{2}}-e^{-i\omega\frac{x_\omega}{2}}}{i2}=kx_\omega\frac{\sin w\frac{x_\omega}{2}}{w\frac{x_\omega}{2}} \tag{1}$$

그림 예제 10.3(b)는 위 식의 파형을 보여주고 있다.

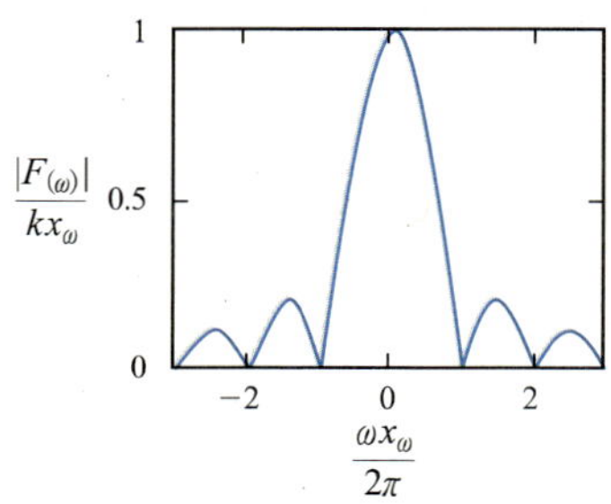

(b) 고립된 사각파의 푸리에(Fourier)변환

그림 예제 10.3

(4) 푸리에(Fourier)적분

푸리에(Fourier)**변환**이 존재하기 위한 조건은 다음 정리와 같다.

> **정리 10.1**
>
> 함수 $f(x)$의 절대값의 적분 $\int_{-\infty}^{\infty}|f(x)|dx$가 수렴할 때, 즉 $\int_{-\infty}^{\infty}|f(x)|dx<\infty$가 성립할 때, $f(x)$의 **푸리에**(Fourier)**변환** $F(\omega)$가 존재한다. 여기서, $\int_{-\infty}^{\infty}|f(x)|dx<\infty$는 $\int_{-\infty}^{\infty}|f(x)|dx=$유한값을 의미한다.

$f(x)$가 실함수인 경우, **푸리에**(Fourier)**변환**과 **푸리에**(Fourier)**역변환**을 실함수의 적분형태로 표현하는 것이 가능하다. 식 (10.33), (10.34)를 변형하여, 이 적분형태를 구해보자. 먼저, 식 (10.33)에 **오일러**(Euler)**공식** $e^{i\theta} = \cos\theta + i\sin\theta$($i$는 허수단위)를 적용하여 변형하면,

$$\begin{aligned} F(\omega) &= \int_{-\infty}^{\infty} f(x)\, e^{-i\omega x} dx = \int_{-\infty}^{\infty} f(x)\,(\cos\omega x - i\sin\omega x)dx \\ &= \int_{-\infty}^{\infty} f(x)\ \cos\omega x dx - i\int_{-\infty}^{\infty} f(x)\sin\omega x dx \end{aligned} \tag{10.44}$$

가 된다. 위 식의 우변 첫 번째 항과 두 번째 항의 적분부분을 각각 $A(\omega)$, $B(\omega)$라 놓으면,

$$A(\omega) = \int_{-\infty}^{\infty} f(x)\ \cos\omega x dx \tag{10.45}$$

$$B(\omega) = \int_{-\infty}^{\infty} f(x)\sin\omega x dx \tag{10.46}$$

가 된다. 여기서, $A(\omega)$, $B(\omega)$를 각각 **푸리에**(Fourier)**코사인변환**[푸리에(Fourier)코사인적분], **푸리에**(Fourier)**사인변환**[푸리에(Fourier)사인적분]이라고 부른다.

$A(\omega)$에 대하여 $A(\omega)= A(-\omega)$가 성립하고 있기 때문에, $A(\omega)$는 변수 ω에 대해 **우함수**이다. 한편, $B(\omega)$에 대하여 $B(\omega)=-B(-\omega)$가 성립하고 있기 때문에, $B(\omega)$는 변수 ω에 대해 **기함수**이다. 식 (10.34)로부터

$$\begin{aligned} f(x) &= \frac{1}{2\pi}\int_{-\infty}^{\infty} \{A(\omega) - iB(\omega)\}(\cos\omega x + i\sin\omega x)d\omega \\ &= \frac{1}{2\pi}\int_{-\infty}^{\infty} \{A(\omega)\cos\omega x + B(\omega)\sin\omega x\}d\omega \\ &\quad + \frac{1}{2\pi}\int_{-\infty}^{\infty} \{A(\omega)\sin\omega x - B(\omega)\cos\omega x\}d\omega \end{aligned} \tag{10.47}$$

가 된다. $A(\omega)\sin\omega x$, $B(\omega)\cos\omega x$는 기함수이고 ω에 대한 적분은 우함수가 되기 때문에, 식 (10.47)의 우변 두 번째 항은 0이 된다. 따라서

$$f(x) = \frac{1}{2\pi}\int_{-\infty}^{\infty} \{A(\omega)\cos\omega x + B(\omega)\sin\omega x\}d\omega$$
$$= \frac{1}{\pi}\int_{0}^{\infty} \{A(\omega)\cos\omega x + B(\omega)\sin\omega x\}d\omega \qquad (10.48)$$

가 된다. 위 식을 $f(x)$의 **푸리에**(Fourier)**적분**이라고 부른다.

예제 10.4

다음 그림과 같이 주어진 파형 $f(x) = e^{-|x|}$의 푸리에(Fourier)코사인변환과 푸리에(Fourier)변환을 구하시오.

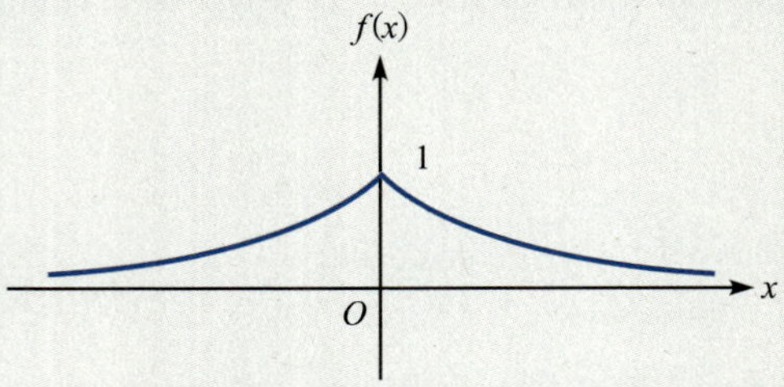

(a) 주어진 파형

그림 예제 10.4

풀이

주어진 파형 $f(x) = e^{-|x|}$가 우함수이기 때문에 $B(\omega) = 0$이 된다. 따라서 푸리에(Fourier)변환[$F(\omega)$]식 (10.44)는 다음과 같이 푸리에(Fourier)코사인변환[$A(\omega)$] 식 (10.45)와 같게 된다. 즉,

$$F(\omega) = \int_{-\infty}^{\infty} f(x)\ \cos\omega x dx = A(\omega)$$
$$= 2\int_0^{\infty} f(x)\cos\omega x dx$$
$$= 2\int_0^{\infty} e^{-x}\cos\omega x dx \qquad (1)$$

위 식의 적분에서,

$$\int_0^{\infty} e^{x}\cos\omega x dx = \left[-e^{-x}\cos\omega x\right]_0^{\infty} - \omega\int_0^{\infty} e^{-x}\ \sin\omega x dx$$
$$= 1 + \omega\left[-e^{-x}\sin\omega x\right]_0^{\infty} - \omega^2\int_0^{\infty} e^{-x}\cos\omega x dx$$
$$= 1 - \omega^2\int_0^{\infty} e^{-x}\cos\omega x dx$$

가 된다. 그러므로

$$\int_0^{\infty} e^{x} \cos \omega x dx = \frac{1}{\omega^2 + 1} \tag{2}$$

이 된다. 식 (2)를 식 (1)에 대입하면,

$$F(\omega) = A(\omega) = 2\int_0^{\infty} e^{-x} \cos \omega x dx = \frac{2}{\omega^2 + 1} \tag{3}$$

가 얻어진다. 식 (3)을 그래프로 나타내면, 그림 예제 10.4(b)와 같은 주어진 파형의 푸리에(Fourier)변환 파형이 된다.

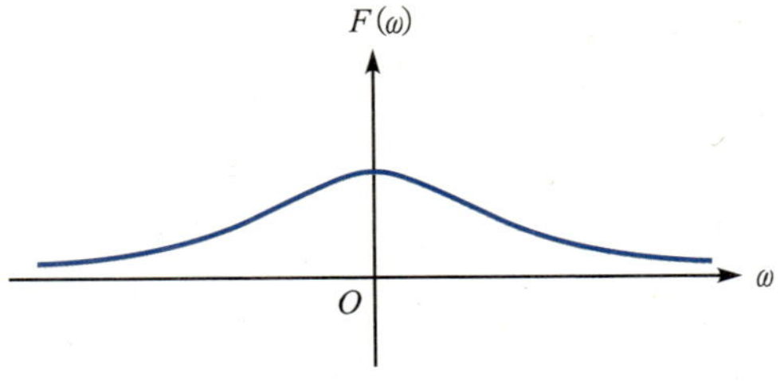

(b) 주어진 파형의 푸리에(Fourier)변환 파형

그림 예제 10.4

(5) 푸리에(Fourier)변환의 기본성질

식 (10.33)은 변수가 x 인 함수 $f(x)$ 의 **푸리에**(Fourier)**변환**을 $F(\omega)$ 로 나타냈다. 또한, **푸리에**(Fourier)**변환**을 $\mathcal{F}[\ ]$, **푸리에**(Fourier)**역변환**을 $\mathcal{F}^{-1}[\ ]$ 로 나타낸다. 즉,

$$F(\omega) = \int_{-\infty}^{\infty} f(x)\, e^{-i\omega x} dx = \mathcal{F}[f(x)] \tag{10.49}$$

$$f(x) = \frac{1}{2\pi}\int_{-\infty}^{\infty} F(\omega)\, e^{i\omega x} d\omega = \mathcal{F}^{-1}[F(\omega)] \tag{10.50}$$

가 된다. 다음은 이들 표기법을 사용하여 푸리에(Fourier)변환의 기본성질을 설명한다.

1) 선형성

2개의 함수 $f_1(x)$, $f_2(x)$ 의 **선형결합**(각 함수에 임의의 상수를 곱한 것의 합)의 **푸리에**(Fourier)**변환**은 각 함수의 푸리에(Fourier)변환의 선형 합과 같다. 즉, c_1, c_2가 임의의 상수이고 $\mathcal{F}[f_1(x)] = F_1(\omega)$, $\mathcal{F}[f_2(x)] = F_2(\omega)$일 때,

$$\mathcal{F}\left[c_1 f_1(x)+c_2 f_2(x)\right]=c_1 F_1(\omega)+c_2 F_2(\omega) \tag{10.51}$$

가 성립한다. 식 (10.49)로부터 이 관계식을 다음과 같이 도출할 수 있다. 즉,

$$F_1(\omega)=\int_{-\infty}^{\infty} f_1(x)\, e^{-i\omega x} dx \tag{10.52}$$

$$F_2(\omega)=\int_{-\infty}^{\infty} f_2(x)\, e^{-i\omega x} dx \tag{10.53}$$

이기 때문에,

$$\begin{aligned}\mathcal{F}\left[c_1 f_1(x)+c_2 f_2(x)\right] &= \int_{-\infty}^{\infty} \left[c_1 f_1(x)+c_2 f_2(x)\right] e^{-i\omega x} dx \\ &= c_1 \int_{-\infty}^{\infty} f_1(x)\ e^{-i\omega x} dx + c_2 \int_{-\infty}^{\infty} f_2(x)\, e^{-i\omega x} dx \\ &= c_1 F_1(\omega) + c_2 F_2(\omega)\end{aligned} \tag{10.54}$$

가 된다. 식 (10.54)를 **푸리에**(Fourier)**변환**의 **선형연산**이라고 부른다.

2) 시간축의 확장

$\mathcal{F}[f(x)]=F(\omega)$일 때, 임의의 상수 $\alpha(\neq 0)$에 대하여

$$\mathcal{F}\left[\alpha f(x)\right]=\frac{1}{|\alpha|}F\left(\frac{\omega}{\alpha}\right) \tag{10.55}$$

가 성립한다.

실제로 식 (10.55)는 푸리에(Fourier)변환 식 (10.49)에 $f(\alpha x)$를 대입하여 계산하면 얻어진다. 즉, 계산을 하면 다음과 같이 된다.

$$\mathcal{F}\left[f(\alpha x)\right]=\int_{-\infty}^{\infty} f(\alpha x)\, e^{-i\omega x} dx \tag{10.56}$$

위 식에서 $\tau=\alpha x$로 변수 교환을 하고 적분을 한다. 단, 임의의 상수 α의 부호에 따라 적분구간의 취급이 달라지므로 적분구간을 다음과 같이 나누어서 실시한다.

i) $\alpha > 0$인 경우

$$\begin{aligned} \mathcal{F}[f(\alpha x)] &= \int_{-\infty}^{\infty} f(\alpha x)\, e^{-i\omega x} dx \\ &= \frac{1}{\alpha}\int_{-\infty}^{\infty} f(\tau)\ e^{-i\omega\frac{\tau}{\alpha}} d\tau = \frac{1}{\alpha}F\left(\frac{\omega}{\alpha}\right) \end{aligned} \tag{10.57}$$

ii) $\alpha < 0$인 경우

변수 교환과 함께 본래의 적분구간이 반전하는 것에 주의하면,

$$\begin{aligned} \mathcal{F}[f(\alpha x)] &= \int_{-\infty}^{\infty} f(\alpha x)\, e^{-i\omega x} dx = \frac{1}{\alpha}\int_{\infty}^{-\infty} f(\tau)\ e^{-i\omega\frac{\tau}{\alpha}} d\tau \\ &= -\frac{1}{\alpha}\int_{-\infty}^{\infty} f(\tau)\ e^{-i\omega\frac{\tau}{\alpha}} d\tau = -\frac{1}{\alpha}F\left(\frac{\omega}{\alpha}\right) \end{aligned} \tag{10.58}$$

가 된다. 식 (10.57), (10.58)로부터 임의의 $\alpha(\neq 0)$에 대하여 식 (10.55)가 성립함을 알 수 있다. 이것은 시간축상에서 α배한 파형은 주파수축상에서는 $\frac{1}{\alpha}$로 변환된다는 것을 의미하고 있다.

3) 시간축상의 이동

$\mathcal{F}[f(x)] = F(\omega)$일 때,

$$\mathcal{F}[f(x-\tau)] = e^{-i\omega\tau}F(\omega) \tag{10.59}$$

가 된다.

위 식을 확인하기 위하여 푸리에(Fourier)변환 식 (10.49)에 $f(x-\tau)$를 대입하면,

$$\mathcal{F}[f(x-\tau)] = \int_{-\infty}^{\infty} f(x-\tau)\, e^{-i\omega x} dx \tag{10.60}$$

가 되고, $T = x - \tau$라 놓으면

$$\int_{-\infty}^{\infty} f(T)\, e^{-i\omega(T+\tau)} dT = e^{-i\omega\tau}\int_{-\infty}^{\infty} f(T)\, e^{-i\omega T} dT = e^{-i\omega\tau}\,F(\omega) \tag{10.61}$$

가 된다. 식 (10.60), (10.61)로부터 식 (10.59)가 성립함을 알 수 있다. 이것은 $f(x)$를 시간축(x축)상에서 τ만큼 평행**이동**(shift)한 함수의 주파수(진동수)스펙트럼은 $F(\omega)$ 에 $e^{-i\omega\tau}$를 곱한 것과 같다는 것을 의미한다.

4) 주파수축상의 이동

$\mathcal{F}[f(x)] = F(\omega)$일 때,

$$\mathcal{F}\left[e^{i\omega_c x} f(x)\right] = F(\omega_c - \omega) \tag{10.62}$$

가 성립한다.

실제로 식 (10.62)는 푸리에(Fourier)변환 식 (10.49)에 $e^{i\omega_c x}$를 곱하고 계산하면 얻어진다. 즉, 계산을 하면 다음과 같이 된다.

$$\begin{aligned}\int_{-\infty}^{\infty} e^{i\omega_c x} f(x)\, e^{-i\omega x} dx &= \int_{-\infty}^{\infty} f(x)\, e^{-i(\omega-\omega_c)x} dx \\ &= F(\omega_c - \omega)\end{aligned} \tag{10.63}$$

이것은 시간함수 $e^{i\omega_c x}$가 각 주파수 ω_c의 정현파이기 때문에 $f(x)$에 $\cos\omega_c x$를 곱하고 합하면 각 주파수 축상에서 $F(\omega)$의 형상을 유지한 상태로 ω_c만큼만 평행이동한 것을 의미한다.

5) 대칭성

$\mathcal{F}[f(x)] = F(\omega)$일 때,

$$\mathcal{F}[F(x)] = 2\pi f(-\omega) \tag{10.64}$$

가 성립한다. 이것을 **푸리에**(Fourier)**변환**의 기본성질 중에서 **대칭성**이라고 하며, 이미 식 (10.39), (10.40)을 통하여 $F(x)$의 푸리에(Fourier)변환이 $2\pi f(-\omega)$가 된다는 것을 보여주었다.

예제 10.5

다음 그림과 같은 함수 $f(x)=\dfrac{\sin \pi x}{\pi x}$ 의 푸리에(Fourier)변환을 구하시오.

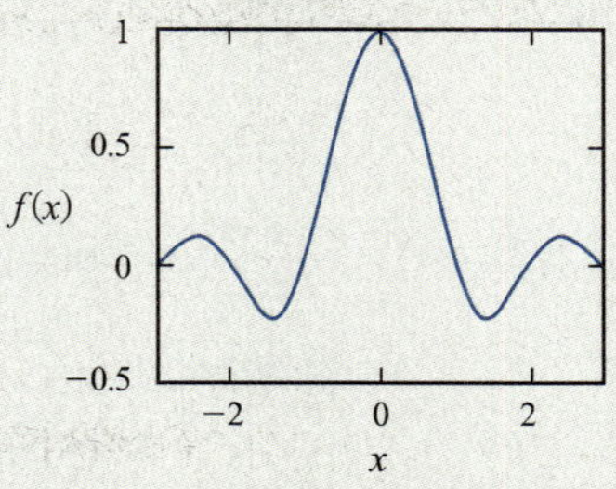

(a) 함수 $f(x)=\dfrac{\sin \pi x}{\pi x}$

그림 예제 10.5

풀이

주어진 함수 $f(x)=\dfrac{\sin \pi x}{\pi x}$ 는 예제 10.3에서 다룬 사각파의 주파수스펙트럼과 같은 형상이다. 본 예제는 함수 $f(x)=\dfrac{\sin \pi x}{\pi x}$ 의 주파수스펙트럼을 계산하는 것이기 때문에, 전술한 대칭성으로부터 생각하면 함수 $f(x)=\dfrac{\sin \pi x}{\pi x}$ 의 푸리에(Fourier)변환은 사각파형상이 된다.

예제 10.3에서 구한 것처럼,

$$f(x)=\begin{cases} 0 & (x<-x_\omega/2,\ x>x_\omega/2) \\ k & (-x_\omega/2 \le x \le x_\omega/2) \end{cases} \tag{1}$$

일 때,

$$F(\omega)=kx_\omega \frac{\sin w\dfrac{x_\omega}{2}}{w\dfrac{x_\omega}{2}} \tag{2}$$

이다. 식 (2)의 $F(\omega)$ 와 함수 $f(x)=\dfrac{\sin \pi x}{\pi x}$ 를 비교하면, $x_\omega=2\pi$, $k=\dfrac{1}{2\pi}$ 이 된다. 시간축과 주파수축을 바꾸어 넣는 것에 해당하기 때문에

$$\mathcal{F}\left[\frac{\sin \pi x}{\pi x}\right]=\begin{cases} 0 & (\omega<-\pi,\ \omega>\pi) \\ 1 & (-\pi \le \omega \le \pi) \end{cases} \tag{3}$$

가 된다. 식 (3)을 그래프로 나타내면, 사각파인 식 (1)의 형상과 같은 그림 예제 10.5(b)의 푸리에(Fourier)변환 파형이 된다.

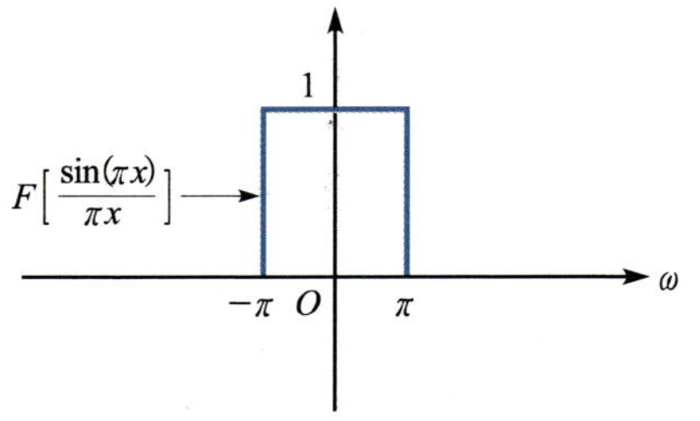

(b) 함수 $f(x)=\dfrac{\sin \pi x}{\pi x}$ 의 주파수스펙트럼

그림 예제 10.5

6) 시간미분

$f(x)$가 절대적분가능$\left(\int_{-\infty}^{\infty}|f(x)|dx<\infty\right)$하고, $\mathcal{F}\left[f(x)\right]=F(\omega)$일 때,

$$\mathcal{F}\left[f^{(n)}(x)\right]=(i\omega)^n F(\omega) \tag{10.65}$$

가 성립한다. 단, $f^{(n)}(x)$는 $f(x)$의 n계 미분, 즉 $f^{(n)}(x)=\dfrac{d^n f(x)}{dx^n}$를 의미한다.

이것을 보이기 위하여 푸리에(Fourier)변환 식 (10.49)에 부분적분을 도입한다. 절대적분가능의 조건으로부터, $\lim\limits_{x\to\pm\infty} f(x)=0$이 되기 때문에

$$\begin{aligned}
\mathcal{F}\left[f^{(n)}(x)\right] &= \int_{-\infty}^{\infty} f^{(n)}(x)\, e^{-i\omega x}dx \\
&= \left[f^{(n-1)}(x)e^{-i\omega x}\right]_{-\infty}^{\infty} - \int_{-\infty}^{\infty} f^{(n-1)}(x)(-i\omega) \\
e^{-i\omega x}dx &= i\omega \int_{-\infty}^{\infty} f^{(n-1)}(x)\ e^{-i\omega x}dx = \cdots \\
&= (i\omega)^n \int_{-\infty}^{\infty} f(x)\ e^{-i\omega x}dx \\
&= (i\omega)^n F(\omega)
\end{aligned} \tag{10.66}$$

가 된다.

7) 시간적분

$\mathcal{F}[f(x)] = F(\omega)$일 때,

$$\mathcal{F}\left[\int_{-\infty}^{x} f(\tau)d\tau\right] = \frac{1}{i\omega}F(\omega) \tag{10.67}$$

가 성립한다.

이것을 보이기 위하여, 시간미분의 성질을 이용한다. 즉, $f(x)= \dfrac{d}{dx}\left[\int_{-\infty}^{x} f(\tau)d\tau\right]$ 이기 때문에

$$\begin{aligned}&\mathcal{F}\left[\frac{d}{dx}\int_{-\infty}^{x} f(\tau)d\tau\right] = i\omega\,\mathcal{F}\left[\int_{-\infty}^{x} f(\tau)d\tau\right]\\ &\therefore\ \mathcal{F}\left[\int_{-\infty}^{\tau} f(\tau)d\tau\right] = \frac{1}{i\omega}F(\omega)\end{aligned} \tag{10.68}$$

가 된다.

8) 합성곱

2개의 시간함수 $f_1(x)$, $f_2(x)$ 각각의 푸리에(Fourier)변환을 $F_1(\omega)$, $F_2(\omega)$라 할 때, **합성곱**(convolution) $f_1(x) * f_2(x)$의 **푸리에**(Fourier)**변환**을 구해보자. 식 (6.11)로부터,

$$f_1(x) * f_2(x)= \int_{-\infty}^{\infty} f_1(\tau)f_2(x-\tau)d\tau = \int_{-\infty}^{\infty} f_1(x-\tau)f_2(\tau)d\tau \tag{10.69}$$

가 된다. 위 식을 식 (10.49)에 대입하면,

$$\begin{aligned}&\int_{-\infty}^{\infty} f_1(x) * f_2(x)\, e^{-i\omega x}dx\\ &= \int_{-\infty}^{\infty}\left[\int_{-\infty}^{\infty} f_1(\tau)f_2(x-\tau)d\tau\right] e^{-i\omega x}dx\end{aligned} \tag{10.70}$$

이다. 적분의 순서를 바꾸어도 해답은 변하지 않으므로, 위 식은

$$\int_{-\infty}^{\infty} f_1(\tau)[\int_{-\infty}^{\infty} f_2(x-\tau)\, e^{-i\omega x} dx] d\tau \quad (10.71)$$

가 된다. $x-\tau=\overline{x}$ 로 변수 변환을 하면,

$$\begin{aligned} &\int_{-\infty}^{\infty} f_1(\tau)[\int_{-\infty}^{\infty} f_2(x-\tau)\, e^{-i\omega x} dx] d\tau \\ &= \int_{-\infty}^{\infty} f_1(\tau)[\int_{-\infty}^{\infty} f_2(\overline{x})\, e^{-i\omega(\overline{x}+\tau)} d\overline{x}] d\tau \\ &= [\int_{-\infty}^{\infty} f_1(\tau)\, e^{-i\omega\tau} d\tau][\int_{-\infty}^{\infty} f_2(\overline{x})\, e^{-i\omega\overline{x}} d\overline{x}] = F_1(\omega) F_2(\omega) \end{aligned} \quad (10.72)$$

가 된다. 따라서

$$\mathcal{F}[f_1(x) * f_2(x)] = F_1(\omega) F_2(\omega) \quad (10.73)$$

가 된다. 위 식으로부터 2개 시간함수의 합성곱의 푸리에(Fourier)변환은 두 시간 함수 각각의 푸리에(Fourier)변환을 곱한 것과 같다는 것을 알 수 있다. 또한, 식 (10.73)과 같은 방법으로 하면 다음 식이 유도된다.

$$\mathcal{F}[f_1(x) f_2(x)] = \frac{1}{2\pi} F_1(\omega) * F_2(\omega) \quad (10.74)$$

예제 10.6

다음 식과 같이 사각파가 주어졌을 때, 합성곱의 푸리에(Fourier)변환 $\mathcal{F}[f_1(x) * f_2(x)]$를 구하시오.

$$f_1(x) = \begin{cases} 0 & (0 <-x,\ x > T) \\ 1 & (0 \le x \le T) \end{cases},\ f_1(x) = f_2(x)$$

풀이

$f_1(x)$, $f_2(x)$ 의 푸리에(Fourier)변환은 예제 10.3의 식 (1)에서 $x_\omega = T, k = 1$이라 놓고, 식 (10.59)의 시간축상의 이동의 관계에서 $\tau = T/2$를 대입하면 다음과 같이 구해진다.

$$F_1(\omega) = F_2(\omega) = T e^{-i\omega T/2} \frac{\sin w T/2}{w T/2}$$

따라서 식 (10.73)에 의하여,

$$\mathcal{F}[f_1(x) * f_2(x)] = F_1(\omega) F_2(\omega) = T^2 e^{-i\omega T}\left(\frac{\sin wT/2}{wT/2}\right)^2$$

이 된다.

10.4 이산 푸리에(Fourier) 변환(DFT)

(1) 표본화(sampled)정리의 기초개념

정보통신기술은 아날로그 신호를 디지털화함에 의하여 크게 발전했다. 아날로그 신호를 디지털 신호로 변환하기 위해서는 먼저 일정 시간간격으로 값을 취득하는 조작, 즉 **표본화**(sampled) 처리가 필요하다. 이 처리는 **푸리에**(Fourier)**변환**과 밀접한 관계가 있고, 함수가 아니라 표본화된 값(value)을 다루는 상황에서는 푸리에(Fourier)변환 대신에 **이산 푸리에변환**(discrete Fourier transform, DFT)이 사용된다.

입력신호파형의 값을 일정 시간간격으로 취득하는 것을 **표본화**라고 부른다. 그리고 이 시간간격을 **표본화주기** T_d, 그의 역수 $\frac{1}{T_d} = f_d$를 **표본화주파수**(표본화진동수)라고 부른다. **주파수**(진동수) 0에서부터 M까지의 범위(주파수영역 M)의 신호에 대해서는 $2M$ 이상의 표본화주파수(표본화주기 $\frac{1}{2M}$ 이하)에서 표본화를 하면 원래의 파형을 완전히 재현할 수 있다는 것이 확인되었으며, 이것을 **표본화정리**라고 부른다. 표본화정리를 설명할 때에 주파수 f를 변수로 사용하는 경우가 많지만, 여기서는 표기법을 통일하기 위하여 될 수 있으면 각주파수 ω를 사용한다. **주파수대역**은 어떤 신호를 구성하는 주파수의 범위를 지정한다. **정현파**는 진동주기가 결정된 주파수에서 **디렉델타함수**[Dirac delta function, 단위충격함수(unit impulse function)]의 성분을 가지지만, 정현파 이외의 파형에서는 어떤 주파수의 범위에 넓게 퍼져있는 성분으로 표현된다.

그림 10.7과 같이 함수 $f(x)$를 표본화주기 T_d에서 표본화한 후의 함수를 $f_\delta(x)$라 하면, $f_\delta(x)$는 다음과 같이 표현된다[식 (10.35) 참조].

$$f_\delta(x) = \sum_{n=-\infty}^{\infty} f(nT_d)\,\delta(x-nT_d) = f(x)\sum_{n=-\infty}^{\infty}\delta(x-nT_d) \tag{10.75}$$

$f_\delta(x)$의 **푸리에**(Fourier)**변환**을 구하면

$$\begin{aligned} F_\delta(\omega) &= \int_{-\infty}^{\infty} f_\delta(x)\, e^{-i\omega x}dx \\ &= \int_{-\infty}^{\infty} \left[f(x)\sum_{n=-\infty}^{\infty}\delta(x-nT_d)\right] e^{-i\omega x}dx \end{aligned} \tag{10.76}$$

가 된다.

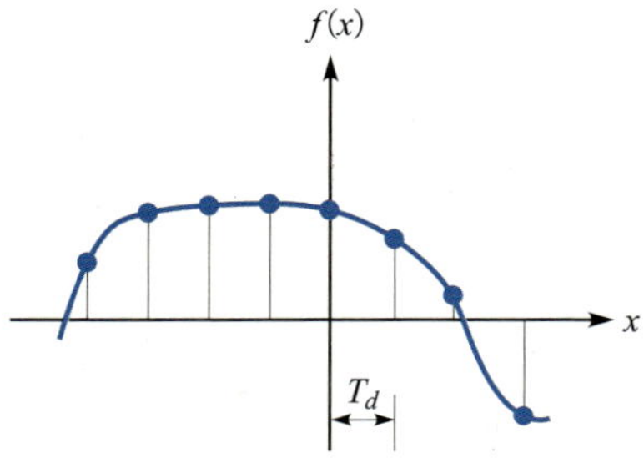

그림 10.7 아날로그 신호의 디렉델타함수(단위충격함수)에 의한 표본화

$\sum_{n=-\infty}^{\infty}\delta(x-nT_d)$는 주기 T_d의 주기함수이기 때문에, **푸리에**(Fourier)**급수전개**하면

$$\sum_{n=-\infty}^{\infty}\delta(x-nT_d) = \sum_{m=-\infty}^{\infty} c_m e^{i2m\pi f_d x} \tag{10.77}$$

로 쓸 수가 있다. c_m은 $\sum_{n=-\infty}^{\infty}\delta(x-nT_d)$의 **복소 푸리에**(Fourier)**계수**이고 다음과 같이 된다.

$$\begin{aligned} c_m &= \frac{1}{T_d}\int_{-\frac{T_d}{2}}^{\frac{T_d}{2}} \left[\sum_{n=-\infty}^{\infty}\delta(x-nT_d)\right] e^{-i2m\pi f_d x} \\ &= f_d \int_{-\frac{T_d}{2}}^{\frac{T_d}{2}} \sum_{m=-\infty}^{\infty} e^{-i2mn\pi f x}dx = f_d \end{aligned} \tag{10.78}$$

단, 디렉델타함수(단위충격함수)가 $x = nT_d$에서 0이 아닌 값을 갖고, 적분구간 내에서 디렉델타함수(단위충격함수)는 1개 밖에 없다는 것을 이용하면

$$\sum_{n=-\infty}^{\infty} \delta(x - nT_d) = f_d \sum_{m=-\infty}^{\infty} e^{i2m\pi f_d x} \tag{10.79}$$

가 된다. 위 식을 식 (10.76)에 대입하면 다음과 같이 된다.

$$\begin{aligned} F_\delta(\omega) &= \int_{-\infty}^{\infty} [\, f(x) f_d \sum_{m=-\infty}^{\infty} e^{i2m\pi f_d x}] \, e^{-i\omega x} dx \\ &= f_d \sum_{m=-\infty}^{\infty} \int_{-\infty}^{\infty} f(x) e^{-i(\omega - 2m\pi f_d)x} dx \\ &= f_d \sum_{m=-\infty}^{\infty} F(\omega - 2m\pi f_d) \end{aligned} \tag{10.80}$$

$F_\delta(\omega)$의 주파수 범위를 $-2\pi M \le \omega \le 2\pi M$으로 한정하면서 동시에 나이퀴스트(Nyquist) 주파수 $f_d = 2M$를 전제(premise)로 하고, 식 (10.75)의 우변 첫 번째 항의 푸리에(Fourier)변환과 시간축 상의 이동(shift)을 하면

$$F_\delta(\omega) = \sum_{m=-\infty}^{\infty} f\left(\frac{n}{2M}\right) e^{-i\frac{n\omega}{2M}} \tag{10.81}$$

가 된다.

(2) 이산 푸리에(Fourier)변환(DFT), 고속 푸리에(Fourier)변환(FFT)

앞에서 보여준 시간파형 $f(x)$가 주기함수(주기 NT_d)이고, $f_\delta(nT_d)$는 N개의 점으로 구성되어 있다고 하면, 식 (10.75)의 $f_\delta(x)$는 다음과 같이 표현된다.

$$f_\delta(x) = \sum_{n=0}^{N-1} f(nT_d)\,\delta(x - nT_d) \tag{10.82}$$

$f_\delta(x)$의 **푸리에**(Fourier)**변환**은 식 (10.81)을 이용하면 다음과 같이 된다.

$$F_\delta(\omega)=\sum_{n=0}^{N-1} f(nT_d)\,e^{-i\omega nT_d}=\sum_{n=0}^{N-1} f(nT_d)\,e^{-i\frac{2\pi k}{NT_d}nT_d}$$
$$=\sum_{n=0}^{N-1} f(nT_d)\,e^{-i\frac{2\pi k}{N}n}=F(k) \tag{10.83}$$

단, $k=0,1,2,\cdots,N-1$ (정수)이고, **푸리에**(Fourier)**급수전개**의 주기성분에 대응한다.

표준화주기를 기본단위로 하고 $f(nT_d)$를 $f(n)$이라고 쓰면, **이산 푸리에**(Fourier)**역변환**은 다음과 같이 표현된다.

$$f(n)=\frac{1}{NT_d}\sum_{k=0}^{N-1} T_d F(k)\ e^{i\frac{2\pi k}{N}n}$$
$$=\frac{1}{N}\sum_{k=0}^{N-1} F(k)\ e^{i\frac{2\pi k}{N}n} \tag{10.84}$$

이상의 수식을 단순화하기 위하여 $M_N=e^{i\frac{2\pi}{N}}$ 라 놓으면, 다음과 같이 된다.

$$F(k)=\sum_{n=0}^{N-1} f(n)\,M_N^{-nk}=\sum_{n=0}^{N-1} f(n)\,[M_N^{nk}]^* \tag{10.85}$$

$$f(n)=\frac{1}{N}\sum_{k=0}^{N-1} F(k)\ M_N^{nk} \tag{10.86}$$

식 (10.85)를 **이산 푸리에**(Fourier)**변환**(DFT)이라 하고, 식 (10.86)을 **이산 푸리에**(Fourier)**역변환**이라 한다.

이산 푸리에(Fourier)변환과 이산 푸리에(Fourier)역변환은 모두 N개의 데이터로 주어지기 때문에 디지털신호 처리에 적합하다. 이산 푸리에(Fourier)변환을 할 때에는 **에일리어싱**(aliasing)을 피하기 위하여 n값으로 $\frac{N}{2}$보다 훨씬 작은 값을 사용하여야 한다. 여기서, 에일리어싱은 아날로그 신호를 샘플링할 때에 샘플링 주파수를 작게 하면 원래 신호의 고차 주파수 성분이 왜곡되는 현상으로, 예를 들면 영화에서 빠르게 도는 마차바퀴가 반대로 돌아가거나 천천히 돌아가는 현상도 샘플링 주파수가 적절하지 않기 때문에 발생한다. 신호처리(signal processing) 시, 샘플링 주파수를 최대 분석 주파수의 2배 이상으로 하거나 샘플링하기 전에 저역통과필터를 이용하여 최대 분석 주파수 이상의 신호를 제거하면 이런 에일리어싱 현상을 피할 수 있다. 따라서 실제 응용 시에는 N값이 커야하나 N값이 커지면 계산량이 많아지는 문제가 발생한다. 그러나 이러한 계산량에서의 어려움은 **고속 푸리에변환**(fast Fourier transform, FFT)에 의하여 해결할 수 있다. 고속 푸리에(Fourier)변환 **FFT**는 계산량을 $O(N^2)$에서 $O(N/\log_2 N)$으로 줄이는 이산 푸리에(Fourier)변환 **DFT**의 계산방법이다. 예를 들어 $N=1{,}000$이면, $N/\log_2 N = 1{,}000/\log_2 1{,}000 \approx 100$이 되어 **DFT**연산이 1/100로 줄어든다. 1965년 개발된 **FFT** 알고리즘을 사용하면, 푸리에 변환에 이용되는 적분을 쉽고 빠르게 처리할 수 있어서 **DFT**가 쉽게 된다.

예제 10.7

주기함수 $f(x)=1+\sin(\frac{2\pi}{T}x)$를 일정한 표본화주기 $T_d=\frac{T}{N}$(N은 양의 정수)에서 표본화할 경우에 얻어지는 이산 신호열 $f(n)$은 다음과 같다.

$$f(n)=1+\sin(\frac{2\pi}{T}nT_d) \tag{1}$$

$N=4$일 때, 이 신호열 $f(n)$의 이산 푸리에(Fourier)변환을 구하시오.

풀이

식 (10.85)를 이용하여 계산하면, 다음과 같이 된다.

$$F(k)=\sum_{n=0}^{N-1} f(n)\, M_N^{-nk}$$

여기서, $N=4$이고 $M_N=e^{i\frac{2\pi}{N}}=e^{i\frac{2\pi}{4}}=e^{i\frac{\pi}{2}}$이기 때문에,

$$\begin{aligned}
F(k) &= \sum_{n=0}^{N-1} f(n)\, M_N^{-nk} = \sum_{n=0}^{N-1}\left[1+\sin\left(\frac{2\pi}{T}n\frac{T}{N}\right)\right] e^{-i\frac{\pi}{2}nk} \\
&= \sum_{n=0}^{3}\left[1+\sin\left(\frac{2\pi}{T}n\frac{T}{4}\right)\right] e^{-i\frac{\pi}{2}nk} = \sum_{n=0}^{3}\left[1+\sin\left(n\frac{\pi}{2}\right)\right] e^{-i\frac{\pi}{2}nk} \\
&= \sum_{n=0}^{3}\left(1+\frac{e^{in\pi/2}-e^{-in\pi/2}}{i2}\right) e^{-in\pi k/2} \\
&= \sum_{n=0}^{3}\left(e^{-in\pi k/2}+\frac{e^{in\pi(1-k)/2}-e^{-in\pi(1+k)/2}}{i2}\right)
\end{aligned}$$

가 된다.

i) $k=0$일 경우

$$F(0)=\sum_{n=0}^{3}\left(e^{0}+\frac{e^{in\pi/2}-e^{-in\pi/2}}{i2}\right)$$

$$=\sum_{n=0}^{3}\left(1+\frac{e^{in\pi/2}-e^{-in\pi/2}}{i2}\right)=4+\frac{1}{i2}\left(\frac{1-e^{i2\pi}}{1-e^{i\pi/2}}-\frac{1-e^{-i2\pi}}{1-e^{-i\pi/2}}\right)=4 \qquad (2)$$

ii) $k=1$일 경우

$$F(1)=\sum_{n=0}^{3}\left(e^{-in\pi/2}+\frac{e^{0}-e^{-in\pi}}{i2}\right)$$

$$=\frac{1-e^{-i2\pi}}{1-e^{-i\pi/2}}+\frac{1}{i2}\left(4-\frac{1-e^{-i4\pi}}{1-e^{-i\pi}}\right)=-i2 \qquad (3)$$

iii) $k=2$일 경우

$$F(2)=\sum_{n=0}^{3}\left(e^{-in\pi}+\frac{e^{-in\pi/2}-e^{-in3\pi/2}}{i2}\right)$$

$$=\frac{1-e^{-i4\pi}}{1-e^{-i\pi}}+\frac{1}{i2}\left(\frac{1-e^{-i2\pi}}{1-e^{-i\pi/2}}-\frac{1-e^{-i6\pi}}{1-e^{-i3\pi/2}}\right)=0 \qquad (4)$$

iv) $k=3$일 경우

$$F(3)=\sum_{n=0}^{3}\left(e^{-in3\pi/2}+\frac{e^{-in\pi}-e^{-in2\pi}}{i2}\right)$$

$$=\frac{1-e^{-i6\pi}}{1-e^{-i3\pi/2}}+\frac{1}{i2}\left(\frac{1-e^{-i4\pi}}{1-e^{-i\pi}}-4\right)=i2 \qquad (5)$$

위의 결과를 그래프로 나타내면, 그림 예제 10.8과 같이 된다. 즉, 그림 예제 10.8(a)는 표준화된 것의 파형[식 (1)]을 보여주고 있으며, 그림 예제 10.8(b)는 이산 푸리에(Fourier)변환의 결과[식 (2), (3), (4), (5)]를 보여주고 있다.

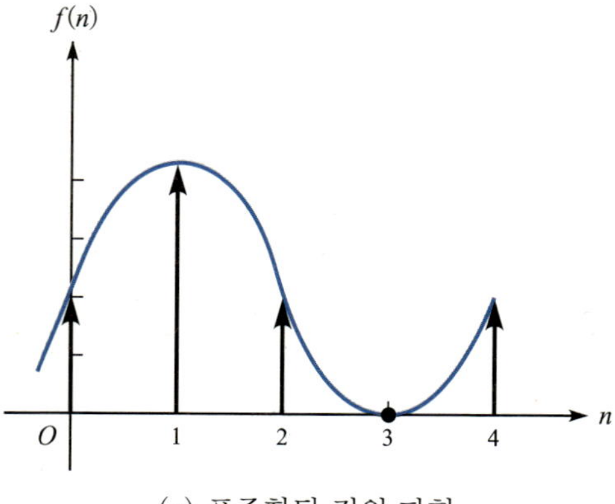

(a) 표준화된 것의 파형

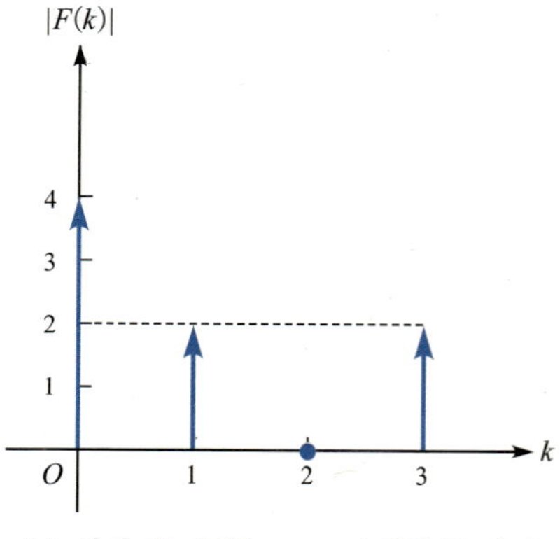

(b) 이산 푸리에(Fourier)변환의 결과

그림 예제 10.8

(3) 이산 푸리에(Fourier)변환(DFT)의 행렬 표현

이산 신호 $f(n)\,(n=0, 1, 2, \cdots, N-1)$과 그 이산 푸리에(Fourier)변환 $F(k)\,(k=0,\ 1,\ 2,\ \cdots,\ N-1)$을 구성하는 요소를 나열하면, 각각 다음과 같은 $N\times 1$ 행렬로 표현될 수 있다.

$$\mathbf{f}=\begin{bmatrix} f(0) \\ f(1) \\ \vdots \\ f(N-1) \end{bmatrix} \tag{10.87}$$

$$\mathbf{F}=\begin{bmatrix} F(0) \\ F(1) \\ \vdots \\ F(N-1) \end{bmatrix} \tag{10.88}$$

식 (10.85), (10.86)의 관계식으로부터, 위 식의 $\mathbf{f}$와 $\mathbf{F}$의 양자 간에는 다음의 관계가 성립한다. 즉, 식 (10.85)로부터 **이산 푸리에**(Fourier)**변환** $\mathbf{F}$는 다음 식으로 표현된다.

$$\mathbf{F}=\ \mathbf{M}_N^*\,\mathbf{f} \tag{10.89}$$

또한, 식 (10.86)으로부터 **이산 푸리에**(Fourier)**역변환**은 다음 식으로 표현된다.

$$\mathbf{f}=\frac{1}{N}\mathbf{M}_N\,\mathbf{F} \tag{10.90}$$

단,

$$\mathbf{M}_N=\begin{bmatrix} 1 & 1 & 1 & \cdots & 1 \\ 1 & M_N & M_N^2 & \cdots & M_N^{N-1} \\ 1 & M_N^2 & M_N^4 & \cdots & M_N^{2(N-1)} \\ \vdots & \vdots & \vdots & \ddots & \vdots \\ 1 & M_N^{N-1} & M_N^{2(N-1)} & \cdots & M_N^{(N-1)^2} \end{bmatrix} \tag{10.91}$$

이고, 행렬 $\mathbf{M}_N^*$의 각 요소는 행렬 $\mathbf{M}_N$의 각 요소의 공액복소수이다.

예제 10.8

예제 10.7의 이산 푸리에(Fourier)변환을 식 (10.89), (10.91)을 이용하여 구하시오.

풀이

$N=4$이고 $M_N=e^{i\frac{2\pi}{N}}=e^{i\frac{2\pi}{4}}=e^{i\frac{\pi}{2}}$이기 때문에, 식 (10.91)의 행렬 $\mathbf{M}_N$, $\mathbf{M}_N^*$, $\mathbf{f}$는 다음과 같이 된다.

$$\mathbf{M}_N=\begin{bmatrix}1 & 1 & 1 & 1\\ 1 & i & -1 & -i\\ 1 & -1 & 1 & -1\\ 1 & -i & -1 & i\end{bmatrix},\ \mathbf{M}_N^*=\begin{bmatrix}1 & 1 & 1 & 1\\ 1 & -i & -1 & i\\ 1 & -1 & 1 & -1\\ 1 & i & -1 & -i\end{bmatrix},\ \mathbf{f}=\begin{bmatrix}1\\2\\1\\0\end{bmatrix}$$

따라서 위 식을 식 (10.89)에 대입하면,

$$\mathbf{F}=\ \mathbf{M}_N^*\,\mathbf{f}=\begin{bmatrix}1 & 1 & 1 & 1\\ 1 & -i & -1 & i\\ 1 & -1 & 1 & -1\\ 1 & i & -1 & -i\end{bmatrix}\begin{bmatrix}1\\2\\1\\0\end{bmatrix}=\begin{bmatrix}4\\-i2\\0\\i2\end{bmatrix}$$

가 얻어진다.

연습문제

10.1 다음 그림과 같은 주기가 2π인 함수 $f(x)=\begin{cases}-1 & (-\pi < x \le 0) \\ 1 & (0 < x \le \pi)\end{cases}$을 푸리에(Fourier)급수전개 하시오.

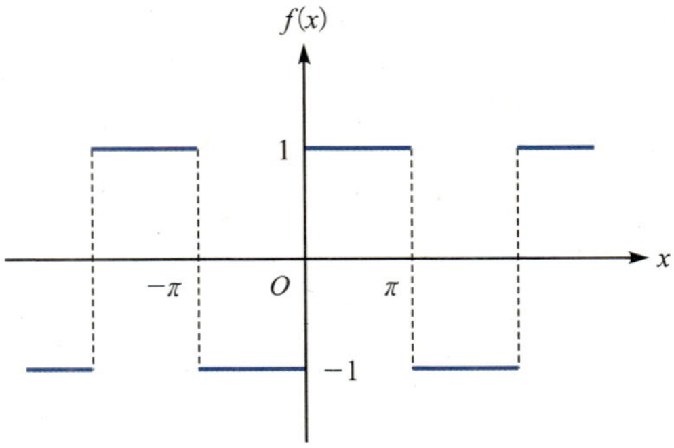

그림 연습문제 10.1

10.2 다음 그림과 같은 주기가 T인 함수 $f(x)=\begin{cases}0 & (-\frac{T}{2} < x \le 0) \\ \sin\frac{2\pi}{T}x & (0 < x \le \frac{T}{2})\end{cases}$를 푸리에(Fourier)급수전개 하시오.

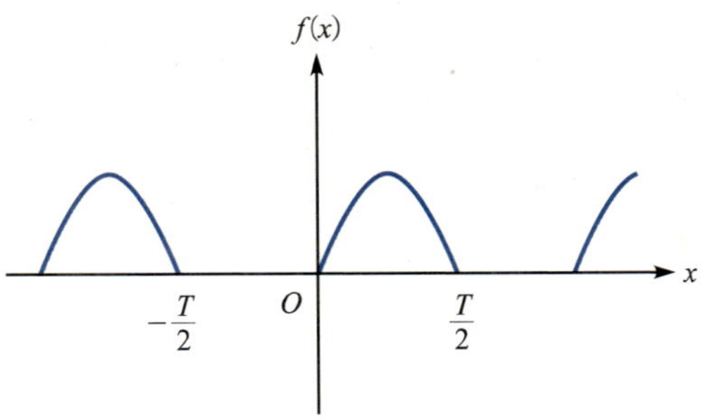

그림 연습문제 10.2

10.3 다음 그림과 같은 함수 $f(x)$의 푸리에(Fourier)급수를 구하시오.

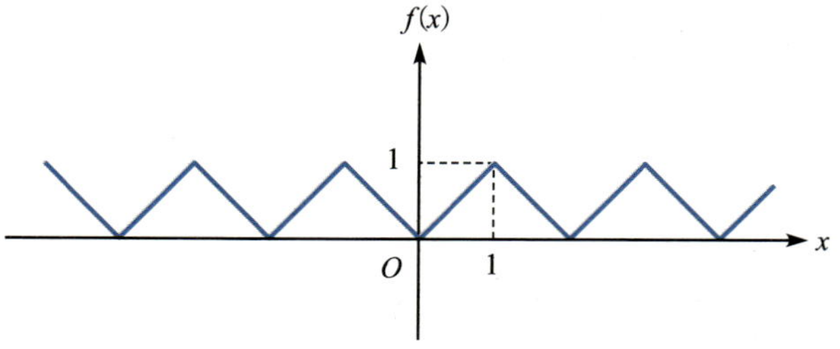

그림 연습문제 10.3

10.4 주기가 $T=2\pi$인 함수 $f(x)=e^{i\omega x}$ $(-\pi \le x < \pi)$를 복소 푸리에(Fourier)급수전개 하시오.

10.5 다음 그림과 같은 주기가 2π인 함수 $f(t)=\begin{cases} 0 & (-\pi < t \le 0) \\ \sin t & (0 < t \le \pi) \end{cases}$를 복소 푸리에(Fourier)급수 전개 하시오.

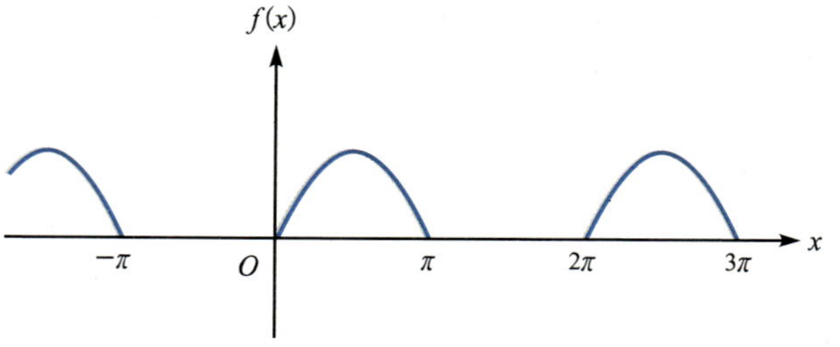

그림 연습문제 10.5

10.6 함수 $f(x)=e^{-|x|}$의 푸리에(Fourier)변환을 구하시오.

10.7 다음 그림과 같은 가우스(Gauss)분포함수 $f(x)=\frac{1}{\sqrt{2\pi}\,\sigma}e^{-\frac{x^2}{2\sigma^2}}$의 푸리에(Fourier)변환을 구하시오.

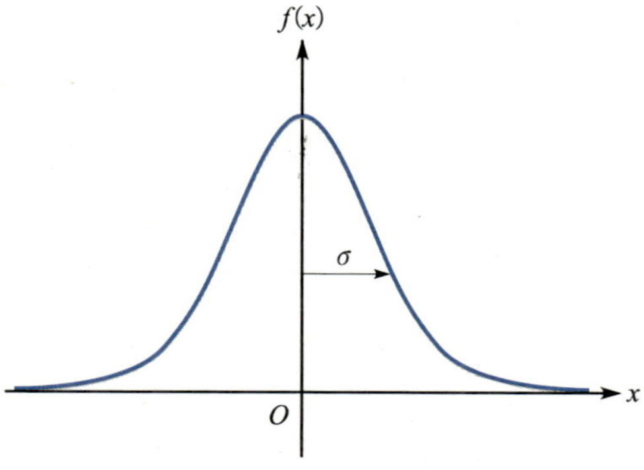

그림 연습문제 10.7

10.8 다음 함수의 푸리에(Fourier)적분을 구하시오.

(1) $f(x)=\begin{cases}1 & (0<x\le k)\\ 0 & (x\le 0, x>k)\end{cases}$

(2) $f(x)=\begin{cases}x+1 & (-1\le x\le 0)\\ -x+1 & (0\le x\le 1)\\ 0 & (|x|>1)\end{cases}$

10.9 다음 그림과 같이 주어진 파형 $f(x)=\begin{cases}1 & (0<x\le\pi)\\ -1 & (-\pi\le x<0)\\ 0 & (x<-\pi, x=0, x>\pi)\end{cases}$ 의 푸리에(Fourier)사인변환과 푸리에(Fourier)변환을 구하시오.

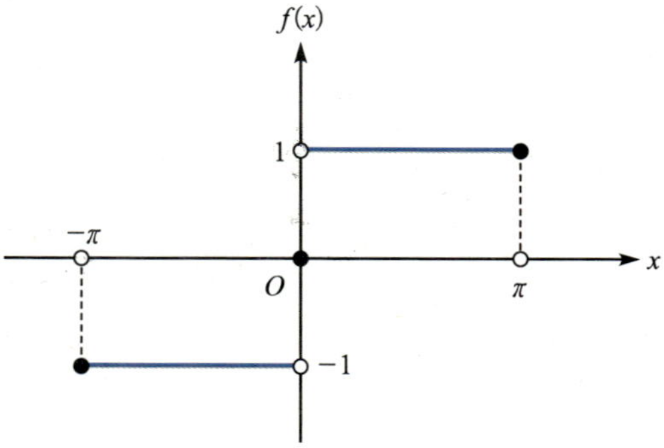

그림 연습문제 10.9 주어진 파형

10.10 예제 10.3에 의하여, 함수 $f(x)=\begin{cases}0 & (x<-a,\ x>a)\\ 1 & (-a\le x\le a)\end{cases}$의 푸리에(Fourier)변환이 $F(\omega)=\frac{2}{\omega}\frac{e^{i\omega a}-e^{-i\omega a}}{i2}=\frac{2\sin wa}{w}$임을 알 수 있다. 시간축상의 이동 식 (10.59)를 이용하여 다음 함수 $f_s(x)$의 푸리에(Fourier)변환을 구하시오.

$$f_s(x)=\begin{cases}0 & (x<0,\ x>2a)\\ 1 & (0\le x\le 2a)\end{cases}$$

10.11 예제 10.4에 의하여, 함수 $f(x)=e^{-|x|}$의 푸리에(Fourier)변환이 $F(\omega)=\frac{2}{\omega^2+1}$임을 알 수 있다. 시간축의 확장 식 (10.55)를 이용하여 함수 $f_e(x)=e^{-\alpha|x|}$의 푸리에(Fourier)변환을 구하시오.

CHAPTER

11 편미분방정식

11.1 기본개념

독립변수가 2개 이상인 미지함수의 편도함수를 포함하는 방정식이 **편미분방정식**(partial differential equation, PDF)이다. 일반적으로 독립변수는 시간 t와 1개 또는 여러 개의 공간변수들이다. 이때, 가장 높은 도함수의 **계수**(order)를 이 편미분방정식의 계수라고 한다. 주요한 편미분방정식들은 막대 혹은 전선의 온도에 관한 **열전도방정식**, 진동하는 현과 박막의 모델인 **파동방정식**, 정전기 퍼텐셜에 대한 **라플라스**(Laplace)**방정식** 등이다. 이러한 **편미분방정식**들은 단순한 물리계뿐만 아니라 열 흐름, 정전기, 기계 분야를 비롯한 많은 다른 분야에서 **초기조건**(initial condition) 및 **경계조건**(boundary condition)과 연관되는 문제의 **모델링** 및 **해**를 찾는데도 중요하게 응용되고 있다.

상미분방정식의 경우처럼, 편미분방정식의 종속변수(미지함수) v 및 그 편도함수가 1차이면 이 편미분방정식을 **선형**이라고 하고, 그렇지 않으면 **비선형**이라 한다. 그리고 이 편미분방정식의 각 항이 v 혹은 그 편도함수만을 포함하고 있을 때 이 편미분방정식을 **제차**라고 하고, 그렇지 않으면 **비제차**라 한다. 따라서 다음 식 (11.1)~(11.6)은 모두 선형이다. 또한, 식 (11.4)에서 $f(x, y) \neq 0$일 경우만 비제차이고 나머지는 제차이다.

$$\frac{\partial v}{\partial t} = k\frac{\partial^2 v}{\partial x^2} \quad \text{(1차원 열전도방정식)} \tag{11.1}$$

$$\frac{\partial^2 v}{\partial t^2} = k^2\frac{\partial^2 v}{\partial x^2} \quad \text{(1차원 파동방정식)} \tag{11.2}$$

$$\frac{\partial^2 v}{\partial x^2} + \frac{\partial^2 v}{\partial y^2} = 0 \quad \text{[2차원 라플라스(Laplace)방정식]} \tag{11.3}$$

$$\frac{\partial^2 v}{\partial x^2} + \frac{\partial^2 v}{\partial y^2} = f(x, y) \quad \text{[2차원 포아송(Poisson)방정식]} \tag{11.4}$$

$$\frac{\partial^2 v}{\partial t^2} = k^2 \left(\frac{\partial^2 v}{\partial x^2} + \frac{\partial^2 v}{\partial y^2} \right) \quad \text{[2차원 파동방정식]} \tag{11.5}$$

$$\frac{\partial^2 v}{\partial x^2} + \frac{\partial^2 v}{\partial y^2} + \frac{\partial^2 v}{\partial z^2} = 0 \quad \text{[3차원 라플라스(Laplace)방정식]} \tag{11.6}$$

여기서, t는 시간, k는 양의 상수, x, y, z는 직교좌표이다.

제차 선형인 **편미분방정식**도 **제차 선형**인 **상미분방정식**의 경우처럼 알고 있는 해로부터 **중첩**(superposition)에 의하여 다른 해를 다음 정리와 같이 얻을 수 있다.

정리 11.1

v_1, v_2가 어떤 영역 R 에서 **제차 선형 편미분방정식**의 해라 하면

$$v = av_1 + bv_2 \tag{11.7}$$

도 같은 영역에서 주어진 편미분방정식의 해가 된다. 여기서, a, b는 임의의 상수이다.

11.2 모델링과 변수분리법 : 열전도방정식

열전도 편미분방정식의 예로서, 그림 11.1과 같이 x축상에 놓여있는 일정한 단면을 가진 균질한 얇은 막대의 온도 분포를 고려해보자. 이때, 막대의 측면은 완전히 절연되어서 열이 x축 방향으로만 흐른다고 하면, **온도** v는 점 x와 시간 t에만 의존하게 되어 $v = v(x, t)$가 된다. 즉, 시간 t에서 점 x의 온도를 $v(x, t)$라 할 때, **열전도방정식**은 다음과 같이 유도된다.

그림 11.1의 화살표와 같이 막대의 열은 x축의 양의 방향으로 흐르고 있다고 하고, 막대

온도의 거리에 대한 변화율 $\frac{\partial v}{\partial x}$[K/m]를 **온도**의 **기울기**(gradient)라고 부른다. 여기서, 단위 K는 절대온도 켈빈(Kelvin)이다. 각 점에서 열이 전달되는 속도는 그 온도의 기울기에 비례한다[푸리에(Fourier)법칙]. 즉, 단위단면적당 그리고 단위시간당 전달되는 열량은 $-K\frac{\partial v}{\partial x}$[J]가 된다. 여기서, 비례상수 K[J/(K·m·sec)]를 **열전도계수**라고 부른다.

지금, 단면적이 A인 그림 11.1과 같은 막대의 길이 Δx부분에서 단면 S_0으로부터 시간 Δt 사이에 유입하는 열량을 H_0, 단면 S_1으로부터 유출하는 열량을 H_1이라고 하면

$$H_0 = -K\frac{\partial v(x,t)}{\partial x}A\,\Delta t\ ,\ H_1 = -K\frac{\partial v(x+\Delta x,t)}{\partial x}A\,\Delta t \tag{11.8}$$

가 된다. 따라서 이 Δx부분에서 증가하는 열량 H는 이들의 차

$$H = K[-\frac{\partial v(x,t)}{\partial x} - (-\frac{\partial v(x+\Delta x,t)}{\partial x})]A\,\Delta t \fallingdotseq K\frac{\partial^2 v}{\partial x^2}\Delta x\ A\,\Delta t \tag{11.9}$$

가 된다. 열이 막대의 표면으로부터 외부로 유출되지 않는다면, 열량 H에 의하여 이 부분의 온도가 상승한다. 온도의 상승을 위하여 필요한 열량은 '비열×질량×온도변화'로부터 구해질 수 있다. 막대의 **밀도**가 ρ[kg/m^3]일 때, 이 부분의 **질량**은 $\rho A\,\Delta x$가 되기 때문에 **비열**을 σ[J/(K·kg)]라고 하면

$$H = \sigma\rho A[v(x,t+\Delta t) - v(x,t)] \fallingdotseq \sigma\rho A\,\Delta x\,\frac{\partial v}{\partial t}\Delta t \tag{11.10}$$

가 성립한다. 식 (11.9)=식 (11.10)이기 때문에, **열전도방정식**은

$$\sigma\rho\frac{\partial v}{\partial t} = K\frac{\partial^2 v}{\partial x^2},\ \text{즉}\ \frac{\partial v}{\partial t} = k\frac{\partial^2 v}{\partial x^2}\ \ (\text{단},\ k = \frac{K}{\sigma\rho}) \tag{11.11}$$

가 된다. 여기서, 상수 k[m^2/sec]는 **열확산계수**이다.

식 (11.11)이 **1차원 열전도방정식**이 된다. 다음 예제는 **푸리에**(Fourier)**급수**를 이용하여 **편미분방정식**으로 표현되는 이 **1차원 열전도방정식**의 **해**를 구하는 것을 보여주고 있다.

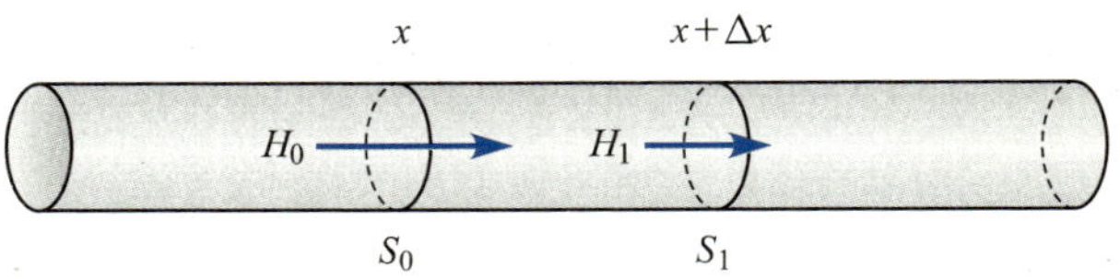

그림 11.1 고려하는 막대

예제 11.1

k를 양의 상수라 할 때, 편미분방정식

$$\frac{\partial v}{\partial t}=k\frac{\partial^2 v}{\partial x^2} \quad (t>0,\, 0<x<\pi) \tag{1}$$

의 해를 구하시오. 단, 초기조건과 경계조건은 다음과 같다[그림 예제 11.1(a) 참조].

초기조건 : $v(x,0)=x(\pi-x) \quad (0\le x\le \pi)$ (2)

경계조건 : $v(0,t)=v(\pi,t)=0 \quad (t\ge 0)$ (3)

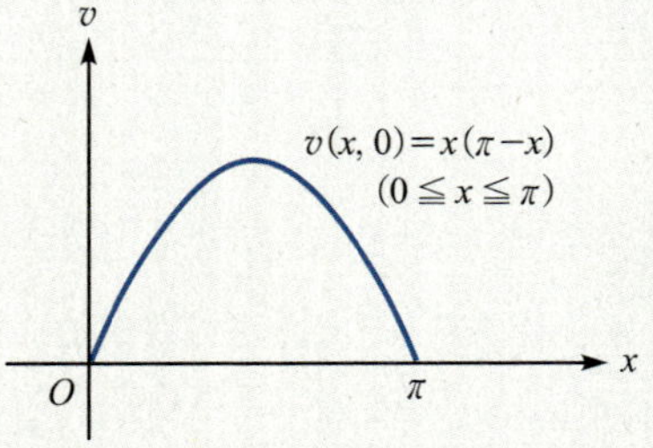

(a)

그림 예제 11.1

풀이

다음과 같이 3단계로 진행하여 해를 구해보자.

1단계. **변수분리법**(method of separating variables), 즉 **곱의 방법**(x함수와 t함수의 곱)을 적용하여 $v(x,t)=F(x)G(t)$로 놓음으로서, 식 (1)로부터 $F(x)$와 $G(t)$에 관한 2개의 **상미분방정식**을 얻는다.

2단계. 주어진 **경계조건**[식 (3)]을 만족하는 이 두 방정식의 해를 계산한다.

3단계. **푸리에**(Fourier)**급수**를 이용하여, 초기조건[식 (2)]와 경계조건[식 (3)]을 만족하는 식 (1)의 해, 즉 열전도 해석모델의 해를 찾기 위하여 2단계에서 얻은 해들을 결합한다.

1단계. 2개의 상미분방정식

변수분리법, 즉 곱의 방법에서는 열전도방정식의 해를

$$v(x,t)=F(x)G(t) \tag{4}$$

와 같이 두 함수의 곱의 형태(x함수와 t함수의 곱)로 표시하며, 이 경우 각각의 함수는 변수

x와 t중 하나의 변수에만 의존하게 된다. 이때, $\frac{\partial v}{\partial t} = F(x)\dot{G}(t)$, $\frac{\partial^2 v}{\partial x^2} = F''(x)G(t)$가 되기 때문에, 식 (1)은

$$F(x)\dot{G}(t) = kF''(x)G(t) \tag{5}$$

가 된다. 여기서, $\dot{G}(t) = \frac{dG}{dt}$이고 $F''(x) = \frac{d^2F}{dx^2}$이다. 위 식의 양변을 $kF(x)G(t)$로 나누면

$$\frac{\dot{G}(t)}{kG(t)} = \frac{F''(x)}{F(x)} \tag{6}$$

가 얻어진다. 위 식의 좌변은 x가 포함되어있지 않고 우변은 t가 포함되어있지 않으므로, 변수가 분리되었다. 즉, 위 식의 좌변은 변수 t에만 의존하고 우변은 변수 x에만 의존하므로, 위 식이 성립하려면 양변은 상수가 되어야 한다. 왜냐하면 좌변 혹은 우변이 상수가 아니라면, t 혹은 x의 변화는 좌변 혹은 우변 중 한쪽만 변화시키고 다른 쪽은 변화하지 않는 채로 유지되기 때문이다. 따라서 이 임의의 상수를 λ라 놓으면

$$\frac{\dot{G}(t)}{kG(t)} = \frac{F''(x)}{F(x)} = \lambda \tag{7}$$

가 되기 때문에, $F(x)$, $G(t)$에 관한 다음과 같은 2개의 **선형상미분방정식**이 얻어진다.

$$\dot{G}(t) - k\lambda G(t) = 0 \tag{8}$$

$$F''(x) - \lambda F(x) = 0 \tag{9}$$

2단계. 경계조건[식 (3)]의 만족

식 (9)는 **상수계수 제차 2계 선형상미분방정식**이고, 그 해는

$$\lambda > 0\text{일 때, } F(x) = Ae^{\sqrt{\lambda}\,x} + Be^{-\sqrt{\lambda}\,x} \tag{10}$$

$$\lambda = 0\text{일 때, } F(x) = Ax + B \tag{11}$$

$$\lambda < 0\text{일 때, } F(x) = A\cos\sqrt{-\lambda}\,x + B\sin\sqrt{-\lambda}\,x \tag{12}$$

가 된다 (**2.1절** 참조). 여기서, A, B는 임의의 상수이다. 경계조건[식 (3)]으로부터,

$$v(0,t) = F(0)G(t) = 0,\ v(\pi,t) = F(\pi)G(t) = 0$$

이 된다. 여기서, $G(t) = 0$이면 $v(x,t) = 0$이 되어 초기조건[식 (2)]를 만족하지 않는다. 따라서 $G(t) \neq 0$이기 때문에,

$$F(0) = F(\pi) = 0 \tag{13}$$

이 된다. 조건 (13)으로부터, $\lambda \geq 0$인 경우[식 (10), (11)]은 $A = B = 0$이 된다. 즉, 임의의 x에 대하여 $F(x) = 0$이 된다. 이때, 역시 $v(x,t) = 0$이 되어 초기조건[식 (2)]를 만족하지 않는다. 따라서 $\lambda < 0$이고,

$$F(x) = A\cos\sqrt{-\lambda}\,x + B\sin\sqrt{-\lambda}\,x$$

이다. 이때, 조건 (13)은

$$F(0) = A = 0,\ F(\pi) = A\cos\sqrt{-\lambda}\,\pi + B\sin\sqrt{-\lambda}\,\pi = 0$$

이 되기 때문에,

$$B\sin\sqrt{-\lambda}\,\pi = 0 \tag{14}$$

이 성립한다. 여기서, $B \neq 0$($F=0$을 피하기 위해서)이다. 그러므로

$$\sin\sqrt{-\lambda}\,\pi = 0, \text{ 따라서 } \sqrt{-\lambda}\,\pi = n\pi \quad (n=1,2,\cdots)$$

가 되고, 이것으로부터

$$\lambda = -n^2 \tag{15}$$

이 얻어진다. 여기서, $B=1$로 놓으면 경계조건[식 (3)]을 만족하는 식 (9)의 무한히 많은 해 $F(x)=F_n(x)$가 다음과 같이 얻어진다.

$$F_n(x) = \sin nx \quad (n=1,2,\cdots) \tag{16}$$

여기서, 음의 정수 n에 대해서는 $\sin(-\alpha)=-\sin\alpha$이므로 음 부호를 제외하고는 근본적으로 같은 해가 얻어지므로, 음의 정수 값일 때에는 생각할 필요가 없다. 또한, n이 0일 때도 생각할 필요가 없다. 이제 식 (15)로부터, 상수 $\lambda=-n^2$이므로, **제차 1계 선형상미분방정식**인 식 (8)은

$$\dot{G}(t) + kn^2 G(t) = 0 \tag{17}$$

이 되고 그 일반해는

$$G_n(t) = B_n e^{-kn^2 t} \tag{18}$$

가 된다 (**1.4절** 참조). 여기서, B_n은 임의의 상수이다. $B_n=0$이면 $G_n(t)=0$이기 때문에, 초기조건[식 (2)]를 만족하지 않는다. 따라서 $B_n \neq 0$이고 이때, 임의의 t에 대하여 $G_n(t) \neq 0$이다. 따라서 식 (16), (18)로부터, 다음 함수

$$v_n(x,t) = F_n(x)\,G_n(t) = B_n e^{-kn^2 t}\sin nx \quad (n=1,2,\cdots) \tag{19}$$

는 경계조건[식 (3)]을 만족하는 열전도방정식 (1)의 해이다. 이 함수들은 **고유값**(eigenvalue) kn^2에 대응하는 **고유함수**(eigenfunction)들이다.

3단계. 푸리에(Fourier)급수에 의한 초기조건과 경계조건을 만족하는 전체 문제의 해

지금까지 경계조건[식 (3)]을 만족하는 식 (19)를 구하였다. 고유함수 $v_n(x,t)$는 열전도방정식 (1)과 경계조건[식 (3)]을 만족하지만 일반적으로 초기조건[식 (2)]를 만족하지 않고 있다. 이제, 초기조건[식 (2)]도 만족시키는 해를 얻기 위하여 이 고유함수들의 무한급수를 고찰해보자. 즉, 방정식 (1)은 제차이고 선형이므로 **선형성의 정리 11.1**로부터 유한개의 해 $v_n(x,t)$의 합은 식 (1)의 해가 되기 때문에, 초기조건[식 (2)]를 만족하는 해를 얻기 위하여 식 (19)의 무한급수

$$v(x,t) = \sum_{n=1}^{\infty} B_n e^{-kn^2 t}\sin nx \tag{20}$$

를 고려해 보자. 식 (20)과 식 (2)로부터

$$v(x,0) = \sum_{n=1}^{\infty} B_n \sin nx = x(\pi - x) \quad (0 \le x \le \pi) \tag{21}$$

를 얻을 수 있고, 위의 초기조건을 충족시키는 임의의 상수 B_n을 정할 수 있다. 따라서 $v(x,0)$은 $x(\pi-x)\ (0 \le x \le \pi)$의 **푸리에사인급수**(Fourier sine series)가 되도록 B_n을 선정해야 한다. $T=2\pi$의 기함수이므로, $x(\pi-x)\ (0 \le x \le \pi)$의 **푸리에**(Fourier)**사인계수** B_n은

$$B_n = \frac{2}{T}\int_{-\frac{T}{2}}^{\frac{T}{2}} f(x)\sin\frac{2n\pi}{T}xdx = \frac{2}{2\pi}\int_{-\pi}^{\pi} x(\pi-x)\sin\frac{2n\pi}{2\pi}xdx$$

$$= \frac{2}{\pi}\int_0^{\pi} x(\pi-x)\sin nxdx$$

$$= \frac{2}{\pi}\left[x(\pi-x)(-\frac{1}{n}\cos nx\right]_0^{\pi} - \frac{2}{\pi}\int_0^{\pi}(\pi-2x)(-\frac{1}{n}\cos nx)dx$$

$$= \frac{2}{n\pi}\left[(\pi-2x)\frac{1}{n}\sin nx\right]_0^{\pi} - \frac{2}{n\pi}\int_0^{\pi}(-2)\frac{1}{n}\sin nxdx$$

$$= \frac{4}{n^2\pi}\left[-\frac{1}{n}\cos nx\right]_0^{\pi}$$

$$= \begin{cases} \dfrac{8}{n^3\pi} & (n\text{이 기함수}) \\ 0 & (n\text{이 우함수}) \end{cases} \tag{22}$$

가 된다(**10.2절** 참조). 따라서 구하고자 하는 **전체 문제의 해**는

$$v(x,t) = \frac{8}{\pi}\sum_{n=1}^{\infty}\frac{1}{(2n-1)^3}e^{-k(2n-1)^2 t}\sin(2n-1)x \tag{23}$$

가 된다. 시간의 경과와 함께 온도가 변화하는 양상은 그림 예제 11.1(b)와 같다.

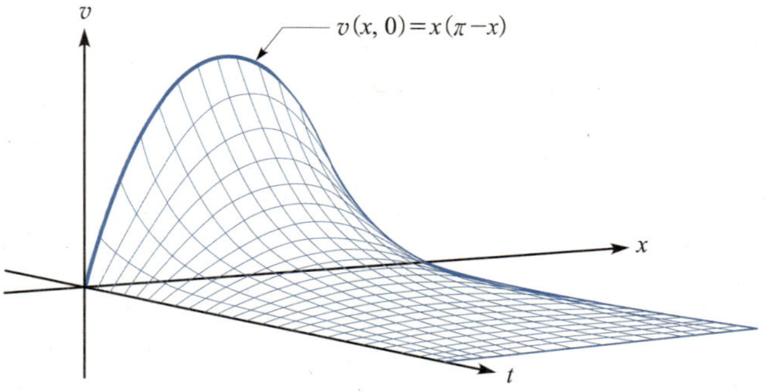

(b)

그림 예제 11.1

11.3 파동방정식

다음 예제는 **푸리에**(Fourier)**급수**를 이용하여 **편미분방정식**으로 표현되는 이 **1차원 파동방정식** (11.2)의 **해**를 구하는 것을 보여주고 있다.

예제 11.2

편미분방정식

$$\frac{\partial^2 v}{\partial t^2} = k^2 \frac{\partial^2 v}{\partial x^2} \quad (t > 0,\ 0 < x < 2) \tag{1}$$

의 해를 구하시오. 단, 초기조건과 경계조건은 다음과 같다.

$$\text{초기조건 : } v(x,0) = \begin{cases} x & (0 \le x < 1) \\ 2-x & (1 \le x < 2) \end{cases} \tag{2}$$

$$\text{경계조건 : } v(0,t) = v(2,t) = \frac{dv(x,0)}{dt} = 0 \quad (t \ge 0) \tag{3}$$

풀이

다음과 같이 3단계로 진행하여 해를 구해보자.

1단계. 2개의 상미분방정식

변수분리법, 즉 곱의 방법에서는 파동방정식의 해를

$$v(x,t) = F(x)\,G(t) \tag{4}$$

와 같이 두 함수의 곱의 형태(x함수와 t함수의 곱)로 표시하며, 이 경우 각각의 함수는 변수 x와 t중 하나의 변수에만 의존하게 된다. 이때, $\frac{\partial^2 v}{\partial t^2} = F(x)\,\ddot{G}(t)$, $\frac{\partial^2 v}{\partial x^2} = F''(x)\,G(t)$가 되기 때문에, 식 (1)은

$$F(x)\,\ddot{G}(t) = k^2 F''(x)\,G(t) \tag{5}$$

가 된다. 여기서, $\ddot{G}(t) = \frac{d^2 G}{dt^2}$이고 $F''(x) = \frac{d^2 F}{dx^2}$이다. 위 식의 양변을 $k^2 F(x)\,G(t)$로 나누면

$$\frac{\ddot{G}(t)}{k^2 G(t)} = \frac{F''(x)}{F(x)} \tag{6}$$

가 얻어진다. 위 식의 좌변은 x가 포함되어있지 않고, 우변은 t가 포함되어있지 않으므로 변수가 분리되었다. 즉, 위 식의 좌변은 변수 t에만 의존하고 우변은 변수 x에만 의존하므로, 위 식이 성립하려면 양변은 상수가 되어야 한다. 왜냐하면 좌변 혹은 우변이 상수가 아니라면, t 혹은 x의 변화는 좌변 혹은 우변 중 한쪽만 변화시키고 다른 쪽은 변화하지 않는 채로 유지되기 때문이다. 따라서 이 임의의 상수를 λ라 놓으면

$$\frac{\ddot{G}(t)}{k^2 G(t)} = \frac{F''(x)}{F(x)} = \lambda \tag{7}$$

가 되기 때문에, $F(x)$, $G(t)$에 관한 다음과 같은 2개의 **선형상미분방정식**이 얻어진다.

$$\ddot{G}(t) - k^2 \lambda G(t) = 0 \tag{8}$$

$$F''(x) - \lambda F(x) = 0 \tag{9}$$

2단계. 경계조건[식 (3)]의 만족

식 (9)는 **상수계수 제차 2계 선형상미분방정식**이고, 그 해는

$\lambda > 0$일 때, $F(x) = Ae^{\sqrt{\lambda}\,x} + Be^{-\sqrt{\lambda}\,x}$ (10)

$\lambda = 0$일 때, $F(x) = Ax + B$ (11)

$\lambda < 0$일 때, $F(x) = A\cos\sqrt{-\lambda}\,x + B\sin\sqrt{-\lambda}\,x$ (12)

가 된다(**2.1절** 참조). 여기서, A, B는 임의의 상수이다. 경계조건[식 (3)]으로부터,

$$v(0, t) = F(0)\,G(t) = 0,\ v(2, t) = F(2)\,G(t) = 0$$

이 된다. 여기서, $G(t) = 0$이면 $v(x, t) = 0$이 되어 초기조건[식 (2)]를 만족하지 않는다. 따라서 $G(t) \neq 0$이기 때문에,

$$F(0) = F(2) = 0 \tag{13}$$

이 된다. 조건 (13)으로부터, $\lambda \geq 0$인 경우[식 (10), (11)]은 $A = B = 0$이 된다. 즉, 임의의 x에 대하여 $F(x) = 0$이 된다. 이때, 역시 $v(x, t) = 0$이 되어 초기조건[식 (2)]를 만족하지 않는다. 따라서 $\lambda < 0$이고,

$$F(x) = A\cos\sqrt{-\lambda}\,x + B\sin\sqrt{-\lambda}\,x$$

이다. 이때, 조건 (13)은

$$F(0) = A = 0,\ F(2) = A\cos\sqrt{-\lambda}\,2 + B\sin\sqrt{-\lambda}\,2 = 0$$

이 되기 때문에,

$$B\sin\sqrt{-\lambda}\,2 = 0 \tag{14}$$

이 성립한다. 여기서, $B \neq 0$($F = 0$을 피하기 위해서)이다. 그러므로

$$\sin\sqrt{-\lambda}\,2 = 0,\ \text{따라서}\ \sqrt{-\lambda}\,2 = n\pi\ (n = 1, 2, \cdots)$$

가 되고, 이것으로부터

$$\lambda = -\left(\frac{n\pi}{2}\right)^2 \tag{15}$$

이 얻어진다. 여기서, $B = 1$로 놓으면 경계조건[식 (3)]을 만족하는 식 (9)의 무한히 많은 해 $F(x) = F_n(x)$가 다음과 같이 얻어진다.

$$F_n(x) = \sin\frac{n\pi}{2}x\ (n = 1, 2, \cdots) \tag{16}$$

여기서, 음의 정수 n에 대해서는 $\sin(-\alpha) = -\sin\alpha$이므로 음 부호를 제외하고는 근본적으로 같은 해가 얻어지므로, 음의 정수 값일 때에는 생각할 필요가 없다. 또한, n이 0일 때도 생각할 필요가 없다. 이제 식 (15)로부터, 상수 $\lambda = -\left(\frac{n\pi}{2}\right)^2 < 0$이므로, **상수계수 제차 2계 선형 상미분방정식**인 식 (8)은

$$\ddot{G}(t) + k^2\left(\frac{n\pi}{2}\right)^2 G(t) = 0 \tag{17}$$

이 되고, $\dfrac{dv(x, 0)}{dt} = 0$으로부터 $\dot{G}(0) = 0$이 되기 때문에 그 일반해는

$$G_n(t) = B_n\cos\frac{n\pi k}{2}t \tag{18}$$

가 된다 (**2.1절** 참조). 여기서, B_n은 임의의 상수이다. $B_n = 0$이면 $G_n(t) = 0$이기 때문에, 초기

조건[식 (2)]를 만족하지 않는다. 따라서 $B_n \neq 0$이고, 이때 임의의 t에 대하여 $G_n(t) \neq 0$이다. 따라서 식 (16), (18)로부터 다음 함수

$$v_n(x,t) = F_n(x)\,G_n(t) = B_n \cos\frac{n\pi k}{2}t \sin\frac{n\pi}{2}x \quad (n = 1, 2, \cdots) \tag{19}$$

는 경계조건[식 (3)]을 만족하는 파동방정식 (1)의 해이다. 이 함수들은 **고유값**(eigenvalue) $\dfrac{n\pi k}{2}$에 대응하는 **고유함수**(eigenfunction)들이다.

3단계. 푸리에(Fourier)급수에 의한 초기조건과 경계조건을 만족하는 전체 문제의 해

지금까지 경계조건[식 (3)]을 만족하는 식 (19)를 구하였다. 고유함수 $v_n(x,t)$는 파동방정식 (1)과 경계조건[식 (3)]을 만족하지만 일반적으로 초기조건[식 (2)]을 만족하지 않고 있다. 이제, 초기조건[식 (2)]도 만족시키는 해를 얻기 위하여 이 고유함수들의 무한급수를 고찰해보자. 즉, 방정식 (1)은 제차이고 선형이므로 **선형성의 정리 11.1**로부터 유한개의 해 $v_n(x,t)$의 합은 식 (1)의 해가 되기 때문에, 초기조건[식 (2)]를 만족하는 해를 얻기 위하여 식 (19)의 무한급수

$$v(x,t) = \sum_{n=1}^{\infty} B_n \cos\frac{n\pi k}{2}t \sin\frac{n\pi}{2}x \tag{20}$$

를 고려해 보자. 식 (20)과 식 (2)로부터

$$v(x,0) = \sum_{n=1}^{\infty} B_n \sin\frac{n\pi}{2}x = \begin{cases} x & (0 \le x < 1) \\ 2-x & (1 \le x < 2) \end{cases} \tag{21}$$

를 얻을 수 있고, 위의 초기조건을 충족시키는 임의의 상수 B_n을 정할 수 있다. 따라서 $v(x,0)$은 $\begin{cases} x & (0 \le x < 1) \\ 2-x & (1 \le x < 2) \end{cases}$의 **푸리에사인급수**(Fourier sine series)가 되도록 B_n을 선정해야 한다. $T=4$의 기함수이므로, $\begin{cases} x & (0 \le x < 1) \\ 2-x & (1 \le x < 2) \end{cases}$의 **푸리에**(Fourier)**사인계수** B_n은

$$\begin{aligned}
B_n &= \frac{2}{T}\int_{-\frac{T}{2}}^{\frac{T}{2}} f(x)\sin\frac{2n\pi}{T}x\,dx = \int_0^1 x\sin\frac{n\pi}{2}x\,dx + \int_1^2 (2-x)\sin\frac{n\pi}{2}x\,dx \\
&= \left[-\frac{2}{n\pi}x\cos\frac{n\pi}{2}x\right]_0^1 + \frac{2}{n\pi}\int_0^1 \cos\frac{n\pi}{2}x)\,dx \\
&\quad + \left[-\frac{2}{n\pi}(2-x)\cos\frac{n\pi}{2}x\right]_1^2 - \frac{2}{n\pi}\int_1^2 \cos\frac{n\pi}{2}x)\,dx \\
&= -\frac{2}{n\pi}\cos\frac{n\pi}{2} + \left(\frac{2}{n\pi}\right)^2\left[\sin\frac{n\pi}{2}x\right]_0^1 + \frac{2}{n\pi}\cos\frac{n\pi}{2} - \left(\frac{2}{n\pi}\right)^2\left[\sin\frac{n\pi}{2}x\right]_1^2 \\
&= \frac{8}{n^2\pi^2}\sin\frac{n\pi}{2}
\end{aligned} \tag{22}$$

가 된다(**10.2절** 참조). 따라서 구하고자 하는 **전체 문제의 해**는

$$v(x,t) = \frac{8}{\pi^2}\sum_{n=1}^{\infty}\frac{1}{n^2}\sin\frac{n\pi}{2}\cos\frac{n\pi k}{2}t\sin\frac{n\pi}{2}x \tag{23}$$

가 된다.

11.4 라플라스(Laplace)방정식

예제 11.3

타원형으로 분류되는 라플라스(Laplace)방정식

$$\frac{\partial^2 v}{\partial x^2}+\frac{\partial^2 v}{\partial x^2}=0\,(0\le x\le\pi, 0\le y\le\pi) \tag{1}$$

의 해를 구하시오. 단, 경계조건은 다음과 같다.

경계조건 : $v(x,0)=f(x)$, $v(x,\pi)=0$, $v(0,y)=v(\pi,y)=0$ (2)

풀이

다음과 같이 3단계로 진행하여 해를 구해보자.

1단계. 2개의 상미분방정식

변수분리법, 즉 곱의 방법에서는 라플라스(Laplace)방정식의 해를

$$v(x,y)=F(x)\,G(y) \tag{3}$$

와 같이 두 함수의 곱의 형태(x함수와 y함수의 곱)로 표시하며, 이 경우 각각의 함수는 변수 x와 y중 하나의 변수에만 의존하게 된다. 이때, $\frac{\partial^2 v}{\partial x^2}=F''(x)\,G(y)$, $\frac{\partial^2 v}{\partial y^2}=F(x)\,G''(y)$가 되기 때문에, 식 (1)은

$$F''(x)\,G(y)+F(x)\,G''(y)=0 \tag{4}$$

이 된다. 여기서, $F''(x)=\frac{d^2F}{dx^2}$이고 $G''(y)=\frac{d^2G}{dy^2}$이다. 위 식의 양변을 $F(x)G(y)$로 나누면 $\frac{F''(x)}{F(x)}+\frac{G''(y)}{G(y)}=0$이 되고, $\frac{G''(y)}{G(y)}$를 우변으로 이항하면

$$\frac{F''(x)}{F(x)}=-\frac{G''(y)}{G(y)} \tag{5}$$

가 얻어진다. 위 식의 우변은 x가 포함되어있지 않고 좌변은 y가 포함되어있지 않으므로, 변수가 분리되었다. 즉, 위 식의 우변은 변수 y에만 의존하고 좌변은 변수 x에만 의존하므로, 위 식이 성립하려면 양변은 상수가 되어야 한다. 왜냐하면 좌변 혹은 우변이 상수가 아니라면, x 혹은 y의 변화는 좌변 혹은 우변 중 한쪽만 변화시키고 다른 쪽은 변화하지 않는 채로 유지되기 때문이다. 따라서 이 임의의 상수를 $-\lambda^2$이라 놓으면

$$\frac{F''(x)}{F(x)}=-\frac{G''(y)}{G(y)}=-\lambda^2 \tag{6}$$

이 되기 때문에, $F(x)$, $G(y)$에 관한 다음과 같은 2개의 **선형상미분방정식**이 얻어진다.

$$F''(x)+\lambda^2F(x)=0 \tag{7}$$

$$G''(y)-\lambda^2G(y)=0 \tag{8}$$

2단계. 경계조건[식 (2)에서 두 번째, 세 번째, 네 번째 것]**의 만족**

식 (7), (8)은 **상수계수 제차 2계 선형상미분방정식**이고, 각각의 **특성방정식**(**2.1절** 참조)은

$$D^2+\lambda^2=0 \tag{9}$$

$$D^2-\lambda^2=0 \tag{10}$$

이 된다. 그러므로 식 (7)의 상미분방정식의 특성근은 $D=\pm\lambda i$가 되고, 식 (8)의 상미분방정식의 특성근은 $D=\pm\lambda$가 된다. 따라서 일반해는

$$F(x)=c_1\cos\lambda x+c_2\sin\lambda x \tag{11}$$

$$G(y)=c_3e^{\lambda y}+c_4e^{-\lambda y}=c_5\cosh\lambda y+c_6\sinh\lambda y \tag{12}$$

가 된다. 여기서, $c_1, c_2, c_3, c_4, c_5, c_6$은 임의의 상수이다. 식 (11), (12)를 식 (3)의 변수분리의 가정식에 대입하면, 다음과 같이 된다.

$$v(x,y)=F(x)G(y)=(c_1\cos\lambda x+c_2\sin\lambda x)(c_5\cosh\lambda y+c_6\sinh\lambda y) \tag{13}$$

경계조건[식 (2)]로부터, 상수 c_1, c_2, c_5, c_6를 다음과 같이 결정한다. 즉, 경계조건 식 (2)의 두 번째 것 이하는

$$v(x,\pi)=F(x)G(\pi)=(c_1\cos\lambda x+c_2\sin\lambda x)(c_5\cosh\lambda\pi+c_6\sinh\lambda\pi)=0 \tag{14}$$

$$v(0,y)=F(0)G(y)=c_1(c_5\cosh\lambda y+c_6\sinh\lambda y)=0 \tag{15}$$

$$v(\pi,x)=F(\pi)G(y)=(c_1\cos\lambda\pi+c_2\sin\lambda\pi)(c_5\cosh\lambda y+c_6\sinh\lambda y)=0 \tag{16}$$

이 된다. 식 (15)로부터 $c_1=0$이 얻어지고 이것을 식 (16)에 대입하면, 자명한 해를 갖지 않는 조건으로부터 $c_2\neq 0$이 되기 때문에 $\sin\lambda\pi=0$이 되어야 한다. 즉,

$$\lambda=n \quad (n=1,2,\cdots) \tag{17}$$

이 얻어진다. 여기서, λ는 **고유값**(eigenvalue) n을 갖고, 이 고유값 n에 대응하는 함수 $\sin nx$가 **고유함수**(eigenfunction)들이다. 위에서 구한 $c_1=0$, $c_2\neq 0$, $\lambda=n$을 식 (14)에 대입하면,

$$c_6=-\frac{\cosh n\pi}{\sinh n\pi}c_5$$

가 얻어진다. 이들을 가정식 (13)에 대입하면,

$$\begin{aligned} v(x,y)&=(c_1\cos\lambda x+c_2\sin\lambda x)\ (c_5\cosh\lambda y+c_6\sinh\lambda y)\\ &=c_2\sin nx\ [c_5(\cosh ny-\frac{\cosh n\pi}{\sinh n\pi}\sinh ny)]\\ &=\frac{c_2c_5}{\sinh n\pi}\sin nx(\sinh n\pi\cosh ny-\cosh n\pi\sinh ny)\\ &=B_n\sin nx\sinh n(y-\pi) \end{aligned} \tag{18}$$

가 된다. 단, 임의의 상수를 $B_n=-\dfrac{c_2c_5}{\sinh n\pi}$로 바꾸어 썼다. 따라서 경계조건[식 (2)에서 두 번째, 세 번째, 네 번째 것]을 만족하는 식 (3)의 무한히 많은 해 $v(x,y)=v_n(x,y)$가 다음과 같이 얻어진다.

$$v_n(x,y)=B_n\sin nx\sinh n(y-\pi)\quad (n=1,2,\cdots) \tag{19}$$

여기서, 음의 정수 n에 대해서는 $\sin(-\alpha) = -\sin\alpha$이므로 음 부호를 제외하고는 근본적으로 같은 해가 얻어지므로, 음의 정수 값일 때에는 생각할 필요가 없다. 또한, n이 0일 때도 생각할 필요가 없다. 식 (19)의 함수들은 경계조건[식 (2)에서 두 번째, 세 번째, 네 번째 것]을 만족하는 **라플라스**(Laplace)**방정식** (1)의 해이다. 이 함수들은 **고유값**(eigenvalue) n에 대응하는 **고유함수**(eigenfunction)들이다.

3단계. 푸리에(Fourier)급수에 의한 모든 경계조건을 만족하는 전체 문제의 해

지금까지 경계조건식 (2) 중에서 두 번째, 세 번째, 네 번째 것을 만족하는 식 (19)를 구하였다. 그러나 고유함수 $v_n(x, y)$는 경계조건식 (2) 중에서 첫 번째 것을 만족하지 않고 있다. 이제, 경계조건식 (2) 중에서 첫 번째도 만족시키는 해를 얻기 위하여 이 고유함수들의 무한급수를 고찰해 보자. 즉, 방정식 (1)은 제차이고 선형이므로 **선형성의 정리 11.1**로부터 유한개의 해 $v_n(x, y)$의 합은 식 (1)의 해가 되기 때문에, 경계조건식 (2) 중에서 첫 번째 것을 만족하는 해를 얻기 위하여 식 (19)의 무한급수

$$v(x, y) = \sum_{n=1}^{\infty} B_n \sin nx \sinh n(y-\pi) \tag{20}$$

를 고려해 보자. 식 (20)과 식 (2)의 첫 번째 경계조건으로부터

$$v(x, 0) = \sum_{n=1}^{\infty} B_n \sin nx \sinh(-n\pi)$$

$$= \sum_{n=1}^{\infty} [B_n \sinh(-n\pi)] \sin nx = f(x) \ (0 \le x \le \pi) \tag{21}$$

를 얻을 수 있고, 위의 초기조건을 충족시키는 임의의 상수 B_n을 정할 수 있다. 따라서 $v(x, 0)$은 $f(x)\,(0 \le x \le \pi)$의 **푸리에사인급수**(Fourier sine series)가 되도록 B_n을 선정해야 한다. $T = 2\pi$의 기함수이므로, $f(x)\,(0 \le x \le \pi)$의 **푸리에**(Fourier)**사인계수** B_n은

$$B_n \sinh(-n\pi) = \frac{2}{T}\int_{-\frac{T}{2}}^{\frac{T}{2}} f(x) \sin\frac{2n\pi}{T} x\,dx = \frac{2}{2\pi}\int_{-\pi}^{\pi} f(x) \sin\frac{2n\pi}{2\pi} x\,dx$$

$$= \frac{2}{\pi}\int_{0}^{\pi} f(x) \sin nx\,dx \tag{22}$$

가 되므로(10.2절 참조), 다음과 같이 된다.

$$B_n = -\frac{2}{\pi \sinh n\pi}\int_{0}^{\pi} f(x) \sin nx\,dx \tag{23}$$

따라서 식 (23)을 식 (20)에 대입하면, 구하고자 하는 **전체 문제의 해**가 다음과 같이 얻어진다.

$$v(x, y) = -\frac{2}{\pi}\sum_{n=1}^{\infty} \left[\int_{0}^{\pi} f(x) \sin nx\,dx\right] \frac{\sin nx}{\sinh n\pi} \sinh n(y-\pi) \tag{24}$$

이와 같이 경계조건이 미지함수 $f(x)$로 지정되는 문제를 **디리클레**(Dirchet)**문제**라고 부른다. 한편, 경계조건이 미지함수의 편도함수의 값으로 주어지면 **노이만**(Neumann)**문제**라고 부른다. 그리고 경계조건이 미지함수 및 그것의 편도함수로 주어지면 **로빈**(Robin)**문제**라고 부른다.

11.5 모델링 : 보의 휨(beam flexure)의 운동방정식

무수히 연결된 점들의 거동을 나타내는 수학적 절차는 위치좌표가 독립변수로 표현된 미분방정식을 이용하는 것이다. 동적문제에서는 시간도 독립변수이기 때문에 이 방법에 의한 운동은 **편미분방정식**으로 나타난다. 연속 시스템(continuous system)의 다른 분류는 물리적 특성치의 분포를 묘사하기 위하여 필요한 몇 개의 독립변수에 의해 등식화될 수 있다. 예를 들면, 지진학과 지질학에서 사용되는 파동-전파공식(wave-propagation formula)은 일반적인 3차원 고체(solid)에 대해서 표현된 운동방정식으로부터 유도된다. 또한 얇은 평판 또는 쉘 구조물의 동적거동의 연구에는 특별한 운동방정식이 이들 2차원 시스템에 대해 유도돼야 한다. 그러나 여기서는 1차원 구조물에 대해서만 언급할 것이다. 예를 들면, 물리적 특성치가 선형축을 따라 1차원으로 표현된다고 가정되는 보와 봉 타입의 구조물들이다. 그러므로 이 편미분방정식은 단지 두 개의 독립변수, 즉 축을 따라 시간과 거리만을 포함한다.

운동의 연속체방정식에서 고려되는 첫 번째 경우는 그림 11.2에 보여준 비균질 보에 대한 것이다. 이 보의 중요한 물리적 특성치는 휨강성(flexural stiffness)을 $EI(x)$로, 단위길이당 질량을 $m(x)$로, 지간 L을 따라 위치 x에 대해서 임의로 변한다고 가정한다. 횡하중 $f(x,t)$는 위치와 시간에 따라 임의로 변한다고 가정하고, 횡변위 응답 $y(x,t)$도 이 변수들의 함수이다. 보에 대한 단부지지상태는 비록 그림에서 설명을 위해 단순지지로 표현하였더라도 임의로 변할 수 있다.

이 단순 시스템의 운동방정식은 그림 11.2(b)에 보여준 보의 **미소요소**에 작용하는 **힘의 평형**을 고려함으로 쉽게 유도할 수 있다.

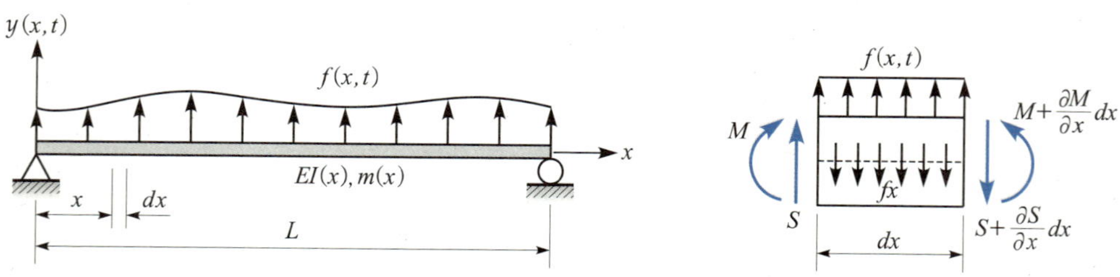

(a) 하중과 좌표　　(b) 미소요소에 작용하는 힘의 평형

그림 11.2 동하중을 받는 보

이러한 방법은 분리 좌표계(discrete-coordinate system)에 대하여 개발된 것과 같은 방법이다. 그림 11.2(b)에서 수직으로 작용하는 모든 힘들을 합하면 첫 번째 동적평형관계가 다음과 같이 유도된다.

$$S+f(x,t)\,dx-\left(S+\frac{\partial S}{\partial x}dx\right)-f_I\,dx=0 \tag{11.12}$$

여기서, $f_I\,dx$는 분포된 횡관성력을 나타내고 미소질량과 국부 가속도의 곱으로 얻어진다. 즉,

$$f_I\,dx=m(x)dx\frac{\partial^2 y(x,t)}{\partial t^2} \tag{11.13}$$

식 (11.13)을 식 (11.12)에 대입하고 간단히 하면 다음 식이 얻어진다.

$$\frac{\partial S}{\partial x}=f(x,t)-m(x)\frac{\partial^2 y(x,t)}{\partial t^2} \tag{11.14}$$

이 식은 단지 가속되는 보의 관성력을 포함한 횡하중과 전단력 사이의 전형적인 관계로 인식될 수 있다. 두 번째 평형관계식은 요소의 오른쪽 면에서 탄성축에 대해 휨모멘트를 취함으로서 다음과 같이 얻어진다.

$$M+S\,dx-\left(M+\frac{\partial M}{\partial x}dx\right)=0 \tag{11.15}$$

위 식에서 미소거리 dx 때문에 분포 횡력은 단지 휨모멘트에 대한 2차 기여(second-order contribution)만을 만든다는 것을 가리킨다. 이것은 전단력과 휨모멘트 사이의 전형적인 정적관계로 단순화된다. 즉,

$$\frac{\partial M}{\partial x}=S \tag{11.16}$$

이 경우, 관성력은 휨모멘트 평형에 무관하다. x축에 대해 식 (11.16)을 미분하고 식 (11.14)에 넣고 정리하면 다음 식이 얻어진다.

$$\frac{\partial^2 M}{\partial x^2} + m(x)\frac{\partial^2 y(x,t)}{\partial t^2} = f(x,t) \tag{11.17}$$

마지막으로, 보 이론의 기본적인 모멘트-곡률 관계식[$\frac{M}{EI(x)} = \frac{\partial y^2(x,t)}{\partial x^2}$]을 도입하면, 보의 휨(beam flexure)의 기본적 경우에 대한 **편미분 운동방정식**이 다음과 같이 유도된다.

$$\frac{\partial^2}{\partial x^2}\left\{EI(x)\frac{\partial^2 y(x,t)}{\partial x^2}\right\} + m(x)\frac{\partial^2 y(x,t)}{\partial t^2} = f(x,t) \tag{11.18}$$

여기서, $EI(x)$와 $m(x)$는 x축에 따라 임의로 변할 수 있다고 가정한다.

연습문제

11.1 포물선형으로 분류되는 열전도방정식의 편미분방정식

$$\frac{\partial v}{\partial t} = \frac{\partial^2 v}{\partial x^2} \ (t > 0,\ 0 < x < 2\pi) \tag{1}$$

의 해를 구하시오. 단, 초기조건과 경계조건은 다음과 같다.

초기조건 : $v(x, 0) = \sin x$ (2)

경계조건 : $v(0, t) = v(2\pi, t) = 0$ (3)

11.2 편미분방정식

$$\frac{\partial v}{\partial t} = \frac{\partial^2 v}{\partial x^2} \ (t > 0,\ 0 < x < 2\pi) \tag{1}$$

의 해를 구하시오. 단, 초기조건과 경계조건은 다음과 같다.

초기조건 : $v(x, 0) = -x(x - 2\pi)$ (2)

경계조건 : $v(0, t) = v(2\pi, t) = 0$ (3)

11.3 쌍곡선형으로 분류되는 파동방정식의 편미분방정식

$$\frac{\partial^2 v}{\partial t^2} = k^2 \frac{\partial^2 v}{\partial x^2} \ (t \geq 0,\ 0 \leq x \leq \alpha_1) \tag{1}$$

의 해를 구하시오. 단, k는 파의 속도이고, 초기조건과 경계조건은 다음과 같다.

초기조건 : $v(x, 0) = f(x)$, $\dot{v}(x, 0) = \dfrac{dv(x, 0)}{dt} = g(x)$ (2)

경계조건 : $v(0, t) = v(\alpha_1, t) = 0$ (3)

여기서, 초기조건[식 (2)]는 시간 $t = 0$에서 파의 진폭형상 $f(x)$ 그리고 파의 초기속도 분포 $g(x)$를 미지함수로 규정하고 있으며, 경계조건[식 (3)]은 경계 양단 $x = 0$ 및 $x = \alpha_1$에서 진폭이 0이 된다는 것을 의미한다.

11.4 다음 그림과 같이 (1) 휨강성을 무시한 모델 및 (2) 휨강성을 고려한 보의 미소요소에 작용하는 힘의 평형조건으로부터 외력이 없는 고유값 문제로 정리하여 운동방정식(파동방정식)을 각각 유도하고 장력 H를 구하시오. 단, y는 진폭, x는 보의 길이방향 좌표, S는 전단력, M은 휨모멘트, m은 단위길이당 질량, w는 분포외력, L은 케이블의 길이를 나타낸다.

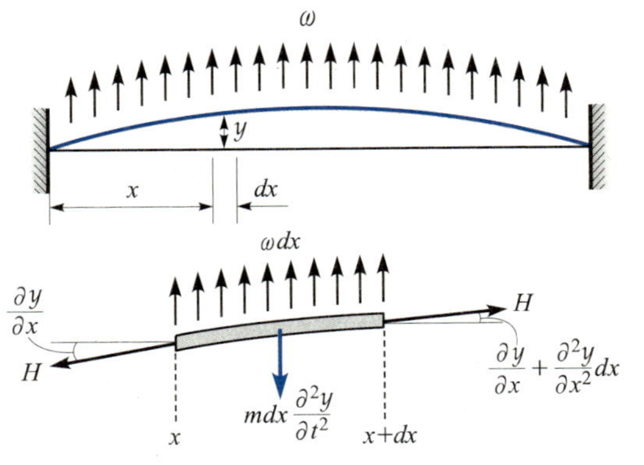

(a) 휨강성 EI를 무시한 모델의 미소요소에 작용하는 힘

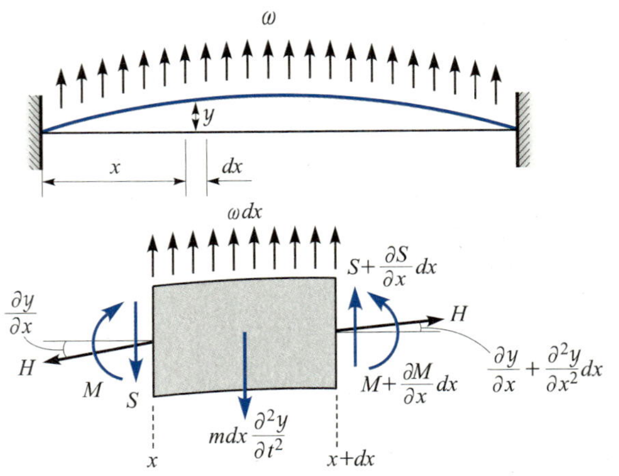

(b) 휨강성 EI를 고려한 보의 미소요소에 작용하는 힘

그림 연습문제 11.4

PART

04

복소해석

CHAPTER

12 복소수, 복소함수, 복소미분

12.1 복소해석의 기본개념

복소해석은 전자공학, 유체흐름, 정전기학, 열전도 등 여러 분야에서 많이 응용되고 있다. 복소해석에서는 **복소수**(complex number)와 **복소함수**(complex function)의 개념을 도입하여 지금까지 익숙한 **실미적분**을 **복소미적분**으로 확장시킬 수 있다. 그러므로 실적분에서는 풀기 어려운 문제들을 복소해석을 통하여 좀 더 쉽게 풀 수 있다. 그리고 복소함수(복소변수의 함수)로 접근하면 해석함수들에 대한 성질을 더 깊게 이해할 수 있으며, 실적분에서 유추할 수 없었던 상관관계들을 복소공간에서는 찾아낼 수 있다.

실적분학에서 복소적분학으로 전환되는 출발점이 되는 **12장**에서는 복소수와 복소함수의 기하학적 도식에 대하여 설명하고, 더 나아가서 해석함수 여부를 판단하는 기준이 되는 중요한 **코시-리만**(Cauchy-Riemann)**방정식**을 소개한다. **13장**에서는 복소적분의 논의가 시작될 것이고, 해석함수들이 모든 고계도함수를 가지는 **코시**(Cauchy)**적분정리**를 설명한다. 이런 면에서, 특정한 차수까지만 도함수를 가지는 실변수의 실함수보다 복소해석함수가 훨씬 더 간단하게 거동하고, 실수미적분에서는 접근이 용이하지 않는 일부 응용분야의 적분들을 복소적분에 의하여 계산해낼 수 있다. **14장**에서는 **복소적분**과 **실적분**의 값을 계산하는 강력한 적분법인 **유수적분**에 대하여 설명한다. 유수적분은 복잡한 실적분은 물론 **복소윤곽적분**(complex contour integral)까지 할 수 있는 매우 효과적인 적분법이다.

12.2 복소수와 이들의 연산

제곱을 하여 −1이 되는 수 i를 다음 식과 같이 정의한다.

$$i^2 = ii = -1 \tag{12.1}$$

즉, $i = \sqrt{-1}$이 된다. 여기서, i를 **단위허수**(imaginary unit)라 부르고 다음과 같이 표기한다.

$$i = (0, 1) \tag{12.2}$$

복소수는 **실수**와 **허수**를 합하여 다음 식과 같이 나타낸다.

$$z = x + iy \;\; (= x + yi) \tag{12.3}$$

위 식에서 x를 z의 **실수부**(real part), y를 z의 **허수부**(imaginary part)라고 부르며

$$x = \mathbf{Re}\, z, \;\; y = \mathbf{Im}\, z \tag{12.4}$$

로 나타낸다. 식 (12.3)에서 만약 x가 0이면, $z = iy$가 되고 이것을 **순허수**(pure imaginary)라고 부른다.

2개의 복소수 $z_1 = x_1 + iy_1$, $z_2 = x_2 + iy_2$가 같다는 것은 다음 식과 같이 실수부와 허수부가 동시에 같다는 것을 말한다.

$$z_1 = z_2 \Leftrightarrow x_1 = x_2 \text{ 동시에 } y_1 = y_2 \tag{12.5}$$

따라서 $z = 0$은 $x = y = 0$을 의미한다. 복소수의 **사칙연산**(arithmetic operation)은 다음 식과 같이 정의된다. 이때 실수부와 허수부는 개별로 계산하며, 곱셈에서는 $i^2 = -1$의 관계를 대입하고 나눗셈에서는 분모를 유리화한다. 즉,

$$
\begin{aligned}
&\text{덧셈 : } z_1 + z_2 = (x_1 + iy_1) + (x_2 + iy_2) = (x_1 + x_2) + i(y_1 + y_2) \\
&\text{뺄셈 : } z_1 - z_2 = (x_1 + iy_1) - (x_2 + iy_2) = (x_1 - x_2) + i(y_1 - y_2) \\
&\text{곱셈 : } z_1 z_2 = (x_1 + iy_1)(x_2 + iy_2) = (x_1 x_2 - y_1 y_2) + i(x_1 y_2 + x_2 y_1) \\
&\text{나눗셈 : } \frac{z_2}{z_1} = \frac{x_2 + iy_2}{x_1 + iy_1} = \frac{(x_2 + iy_2)(x_1 - iy_1)}{(x_1 + iy_1)(x_1 - iy_1)} \\
&\qquad\qquad = \frac{x_1 x_2 + y_1 y_2}{x_1^2 + y_1^2} + i\frac{x_1 y_2 - x_2 y_1}{x_1^2 + y_1^2}
\end{aligned}
\tag{12.6}
$$

예제 12.1

$z_1 = -4 + 6i$, $z_2 = 2 - 4i$에 대하여 다음 사칙연산을 하시오.

(1) $z_1 + z_2$ (2) $z_1 - z_2$

(3) $z_1 z_2$ (4) $\dfrac{z_2}{z_1}$

풀이

(1) 덧셈

$$z_1 + z_2 = (-4+6i) + (2-4i) = (-4+2) + (6-4)i = -2 + 2i$$

(2) 뺄셈

$$z_1 - z_2 = (-4+6i) - (2-4i) = (-4-2) + (6+4)i = -6 + 10i$$

(3) 곱셈

$$z_1 z_2 = (-4+6i)(2-4i) = (-8+24) + (16+12)i = 16 + 28i$$

(4) 나눗셈

$$\frac{z_2}{z_1} = \frac{2-4i}{-4+6i} = \frac{(2-4i)(-4-6i)}{(-4+6i)(-4-6i)} = \frac{-8-24}{52} + \frac{16-12}{52}i = \frac{-8}{13} + \frac{1}{13}i$$

12.3 복소평면

(1) 복소평면과 공액복소수

실수(real number)를 수직선상의 점에 대응시키는 것처럼, 복소수 $z=x+iy$를 그림 12.1과 같이 xy평면상에서 좌표 x, y를 갖는 점 P로 그려 넣을 수 있다. 이 xy평면을 **복소평면**(complex plane)이라고 부른다. 그림 12.1에서 수평 x축을 **실축**(real axis), 수직 y축을 **허축**(imaginary axis)이라 한다. 두 축은 모두 같은 길이의 단위를 사용하며, 이것을 **직교좌표계**(Cartesian coordinate system)라고 부른다. 실축과 허축의 교점을 원점 O라고 부른다. 원점 O와 점 P와의 거리를 복소수 z의 **절댓값**(absolute valve 또는 modulus)이라고 부르고 $|z|$로 표기한다(그림 12.1 참조). 따라서 $|z|=|x+iy|=\sqrt{x^2+y^2}$ 이 된다.

복소수 $z=x+iy$의 **공액복소수**(complex conjugate number)를 $\bar{z}$로 나타내며

$$\bar{z}=x-iy \tag{12.7}$$

로 정의되는데, 기하학적으로 복소평면상에서 **실축**과 **대칭**시킴으로서 얻을 수 있다. 그림 12.2에 복소수 $z=6+4i$와 공액복소수 $\bar{z}=6-4i$를 나타내었다.

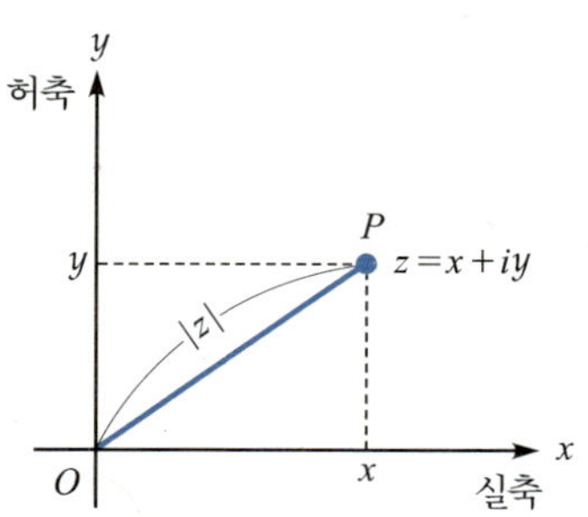

그림 12.1 복소평면

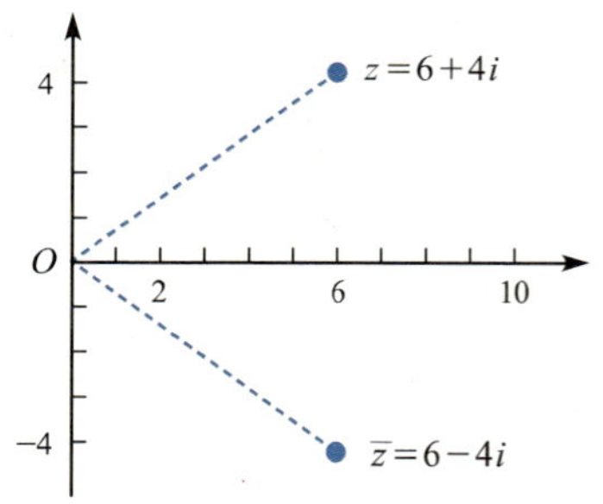

그림 12.2 공액복소수

z와 $\bar{z}$의 덧셈과 뺄셈으로부터 매우 많이 사용되는 다음의 관계식이 얻어진다.

$$\frac{1}{2}(z+\bar{z})=\text{Re } z=x,\quad \frac{1}{2i}(z-\bar{z})=\text{Im } z=y \tag{12.8}$$

또한, 공액복소수에 대해서는 다음 식이 성립한다.

$$\overline{z_1 + z_2} = \overline{z_1} + \overline{z_2} \tag{12.9a}$$

$$\overline{z_1 - z_2} = \overline{z_1} - \overline{z_2} \tag{12.9b}$$

$$\overline{z_1 z_2} = \overline{z_1}\,\overline{z_2} \tag{12.9c}$$

$$\overline{\left(\frac{z_2}{z_1}\right)} = \frac{\overline{z_2}}{\overline{z_1}} \tag{12.9d}$$

예를 들면, $z_1 z_2 = (x_1 x_2 - y_1 y_2) + i(x_1 y_2 + x_2 y_1)$이기 때문에, $\overline{z_1 z_2} = (x_1 x_2 - y_1 y_2) - i(x_1 y_2 + x_2 y_1) - i(x_1 y_2 + x_2 y_1) = (x_1 - iy_1)(x_2 - iy_2) = \overline{z_1}\,\overline{z_2}$가 되므로 식 (12.9c)의 공식이 검증된다.

예제 12.2

$z = x + iy$, $z_1 = x_1 + iy_1$, $z_2 = x_2 + iy_2$일 때, 다음 식이 성립함을 보이시오.

(1) $\overline{\overline{z}} = z$

(2) $z\overline{z} = |z|^2$

(3) $|z_1 + z_2|^2 = |z_1|^2 + 2\,\mathrm{Re}\,(z_1 \overline{z_2}) + |z_2|^2$

풀이

(1) $\overline{\overline{z}} = \overline{\overline{x + iy}} = \overline{x - iy} = x + iy = z$

(2) $z\overline{z} = (x + iy)\,(x - iy) = x^2 - ixy + ixy - i^2 y^2 = x^2 + y^2 = |z|^2$

(3) $|z_1 + z_2|^2 = (z_1 + z_2)\overline{(z_1 + z_2)} = (z_1 + z_2)\,(\overline{z_1} + \overline{z_2})$

$= z_1 \overline{z_1} + (z_1 \overline{z_2} + \overline{z_1} z_2) + z_2 \overline{z_2} = z_1 \overline{z_1} + (z_1 \overline{z_2} + \overline{\overline{z_1 \overline{z_2}}}) + z_2 \overline{z_2}$

$= |z_1|^2 + 2\,\mathrm{Re}\,(z_1 \overline{z_2}) + |z_2|^2$

그림 12.3은 2개의 복소수 $z_1 = 6 + 2i$와 $z_2 = 2 + 4i$의 덧셈 $z_1 + z_2 = 8 + 6i$를 복소평면의 그림으로 나타내서 구한 것이다. 즉, 한쪽의 복소수와 원점을 연결하는 선분을 **평행 이동**하여 다른 쪽의 점에 연결하고 있다. 뺄셈 $z_1 - z_2$은 z_1과 $-z_2$의 덧셈으로 생각하면 되기 때문에, 그림 12.4와 같이 원점에 대하여 z_2를 대칭인 위치에 $-z_2$

$(= -2-4i)$를 놓고 z_1과 더하면 된다.

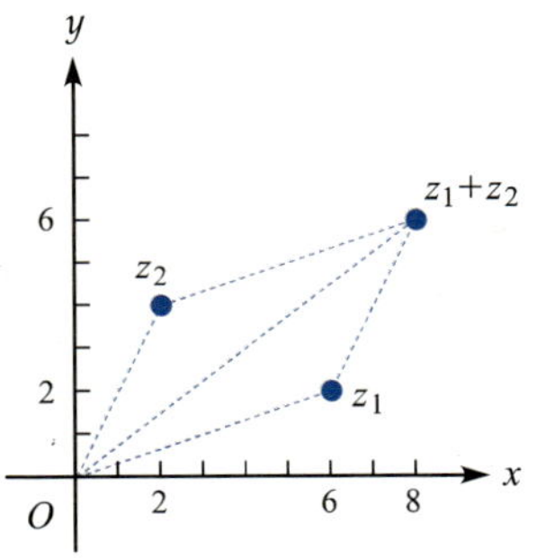

그림 12.3 복소수의 덧셈

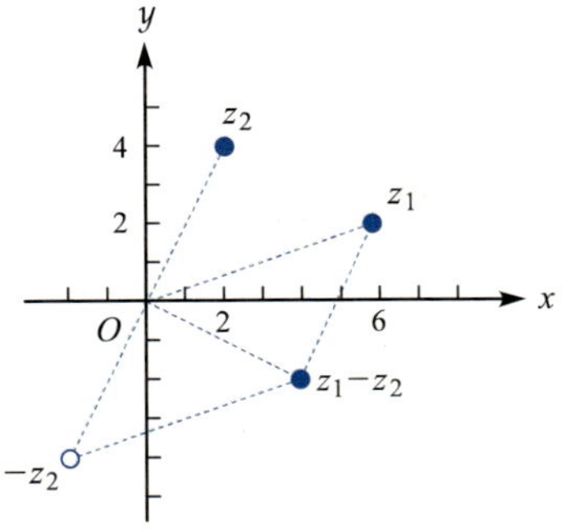

그림 12.4 복소수의 뺄셈

예제 12.3

복소수 $z=-2\sqrt{3}+2i$의 절댓값을 구하고 복소평면에 나타내시오.

풀이

$$|z|=|-2\sqrt{3}+2i|=\sqrt{(-2\sqrt{3})^2+2^2}=4$$

복소평면의 그림으로 나타내면 다음과 같이 된다.

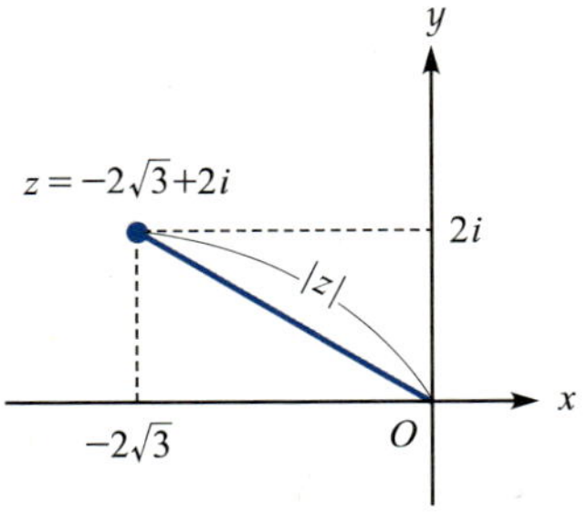

(2) 복소수의 2점간의 거리, 삼각부등식

1) 복소수의 2점간의 거리

2개의 복소수 $z_1=x_1+iy_1$, $z_2=x_2+iy_2$에 대하여

$$|z_1-z_2|=|(x_1-x_2)+i(y_1-y_2)|=\sqrt{(x_1-x_2)^2+(y_1-y_2)^2} \tag{12.10}$$

이 되고, 위 식은 복소평면상에서 2점 z_1, z_2간의 **거리**를 나타낸다. 따라서 점 z_0과 양의 실수 R에 대하여, 등식

$$|z - z_0| = R \tag{12.11}$$

은 z와 z_0의 거리가 R이라는 것을 의미한다. 즉, 식 (12.11)은 z_0을 중심으로 하고 반지름이 R인 그림 12.5와 같은 **원**(circle)을 나타내는 방정식이다. 그리고 부등식

$$|z - z_0| < R \tag{12.12}$$

은 z와 z_0의 거리가 R보다 작다는 것을 의미한다. 즉, 식 (12.12)는 z_0이 중심이고 반지름이 R인 **원**의 내부를 나타낸다(그림 12.6 참조). 이와 같이 복소평면에서는 원과 그 원의 내부를 간단한 식으로 나타낼 수 있다.

원의 내부인 $|z - z_0| < R$인 영역을 **열린 원판**(open circle disk), 원의 내부와 원 자체를 포함하는 $|z - z_0| \leq R$인 영역을 **닫힌 원판**(closed circle disk)이라고 하며, $|z - z_0| > R$은 원의 외부를 표현한다. $|z - z_0| < R$인 열린 원판은 z_0의 **근방**(neighbor-hood)이라고도 부르며, 더 정확히 말하면 z_0의 R근방이라고도 한다. z_0는 주어진 $R(>0)$ 값에 대해 무수히 많은 근방을 가지며, 정의에 의하여 그들 각각에 속해있는 한 점에 해당한다.

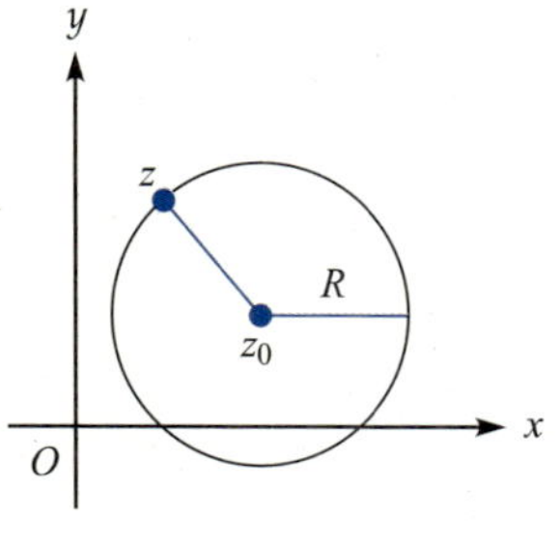

그림 12.5 원

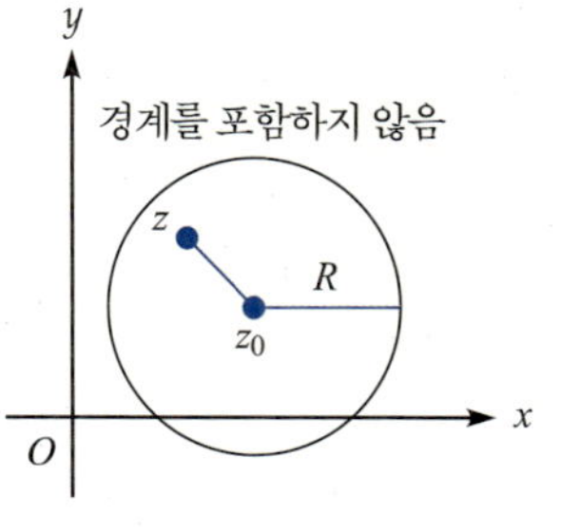

그림 12.6 원의 내부

예제 12.4

다음 등식, 부등식을 만족하는 복소평면상의 점 z를 그림으로 나타내시오.

(1) $|z|=2$ (2) $|z+2|<2$

(3) $-2\pi < \text{Im } z \le 2\pi$

풀이

(1) $|z|=2$

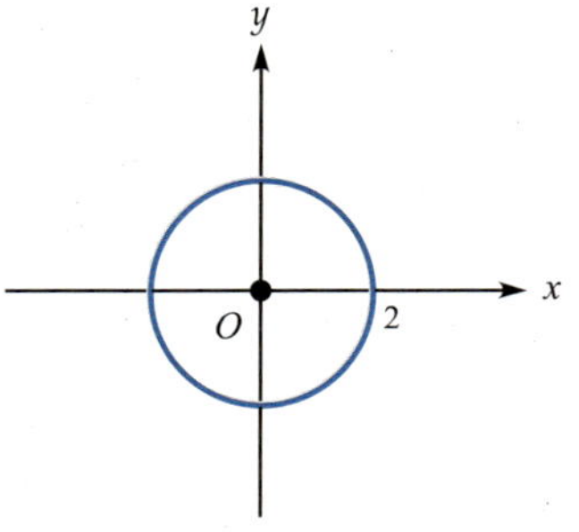

(2) $|z+2|<2$

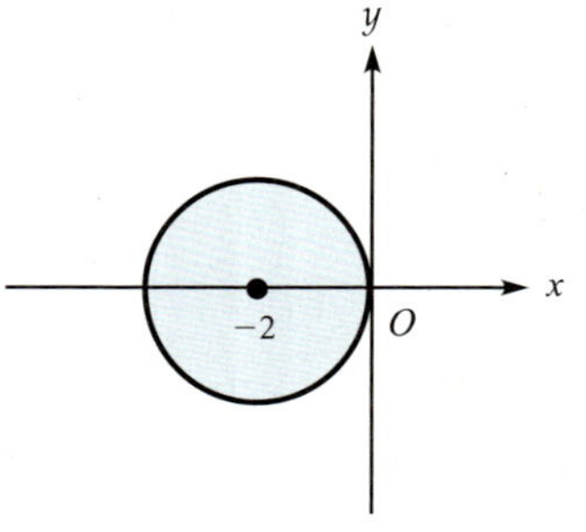

여기서, 원의 경계선은 포함하지 않는다.

(3) $-2\pi < \text{Im } z \le 2\pi$

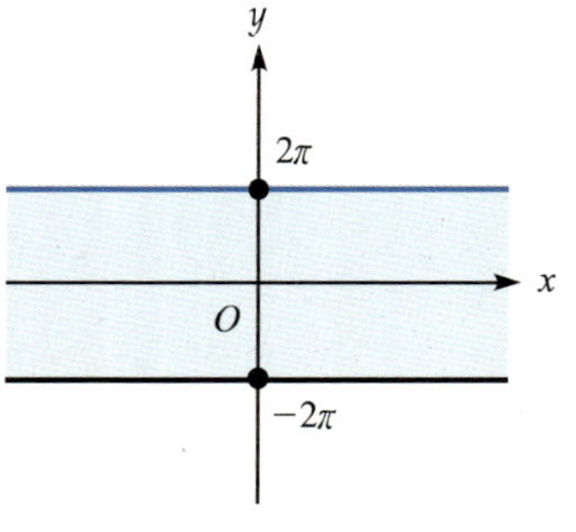

여기서, 직선 $y=2\pi$는 포함하고, $y=-2\pi$는 포함하지 않는다.

2) 삼각부등식

복소수의 경우는 크기를 정하는 자연스런 방법이 없기 때문에, $x_1 > x_2$와 같은 부등식은 실수에서는 의미가 있으나 복소수에서는 의미가 없다. 그러나 복소수 z_1이 z_2보다 원점에서 가깝다는 의미인 $|z_1| < |z_2|$의 부등식은 복소수에서 중요한 의미를 갖는다. 즉, 2개의 복소수 z_1, z_2에 대하여 부등식 $|z_1| < |z_2|$은 실수의 대소 관계를 나타내지만, $z_1 < z_2$는 의미가 없다.

임의의 삼각형에 대하여 1변의 길이는 다른 2변의 길이의 합보다 클 수 없다는 사실로부터(그림 12.7 참조), 부등식

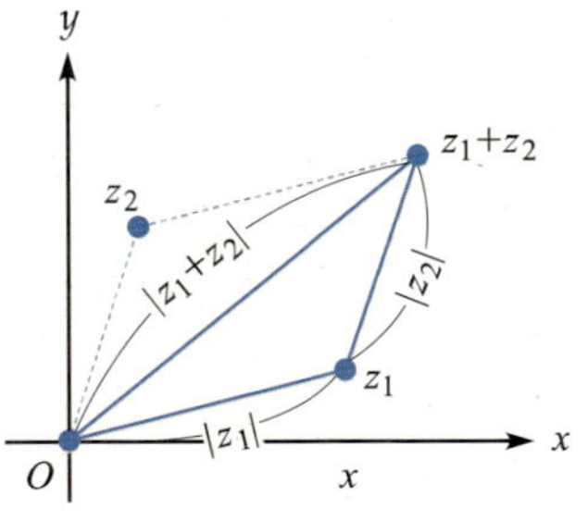

그림 12.7 삼각부등식

$$|z_1 + z_2| \leq |z_1| + |z_2| \tag{12.13}$$

가 얻어질 수 있다. 이것을 **삼각부등식**(triangle inequality)이라고 부른다. 또한, $|z|^2 = (\text{Re } z)^2 + (\text{Im } z)^2$의 관계식으로부터 부등식 $|z| \geq \text{Re } z$, $|z| \geq \text{Im } z$가 성립한다. 식 (12.13)에서 등호는 O, z_1, z_2 또는 O, z_2, z_1이 순서대로 일직선상에 있을 때에만 한하여 성립한다. 이 부등식을 $z_1 + z_2$와 $-z_2$에 대하여 적용하면,

$$|(z_1 + z_2) + (-z_2)| \leq |z_1 + z_2| + |-z_2| \text{ 에 의하여 } |z_1| \leq |z_1 + z_2| + |z_2|$$

가 되고, $|z_1| - |z_2| \leq |z_1 + z_2|$가 얻어진다. 따라서 임의의 복소수 z_1, z_2에 다음 **삼각부등식**이 성립한다.

$$|z_1| - |z_2| \leq |z_1 + z_2| \leq |z_1| + |z_2| \tag{12.14}$$

수학적 귀납법에 의하여 식 (12.13)으로부터 일반화된 삼각부등식이 다음과 같이 얻어진다.

$$|z_1 + z_2 + \cdots + z_n| \leq |z_1| + |z_2| + \cdots + |z_n| \tag{12.15}$$

따라서 복소수의 총합의 절댓값은 각 복소수 항들의 절댓값의 합을 초과할 수 없다.

12.4 복소수의 극형식, 거듭제곱과 근

(1) 복소수의 극형식, 곱셈과 나눗셈

1) 복소수의 극형식

그림 12.8과 같이 복소수 $z = x + iy$에 대응하는 복소평면상의 점을 P라 한다. 원점 O로부터 점 P까지의 거리를 R, 실축과 선분 OP가 이루는 각도를 θ라고 하면, $x = R\cos\theta,\ y = R\sin\theta$가 된다. 따라서 $z = x + iy$를 다음과 같이 **극형식**(polar form)이라고 불리는 형식으로 나타낼 수 있다.

$$z = R(\cos\theta + i\sin\theta) \tag{12.16}$$

여기서, $\theta = \tan^{-1}\dfrac{y}{x}$이고, 따라서 $z = 0$에 대해서는 θ가 정의되지 않는다. R은 복소수 z의 **절댓값**이며 $|z|$로 표기한다. 즉,

$$|z| = R = \sqrt{x^2 + y^2} = \sqrt{z\bar{z}} \tag{12.17}$$

이다. 한편, θ는 z의 **편각**(argument)이라고 부르며 $\arg z$로 표기한다. 즉,

$$\theta = \arg z \tag{12.18}$$

이다. 여기서, θ는 **라디안**(radian)으로 측정되며, 그림 12.8과 같이 실축의 양의 부분으로부터 선분 OP의 방향, 즉 **반시계방향**이 **양의 방향**이다.

1개의 편각을 θ라 하면, 일반적으로 $\arg z = \theta + 2n\pi$(n은 정수)로 표기되기 때문에 편각의 범위를 2π로 한정하는 경우가 있다. 통상 $-\pi < \theta \le \pi$ 또는 $0 < \theta \le 2\pi$의 범위가 사용되고, 이 범위의 편각을 $\arg z$의 **주값**(principal value)이라 부르고 대문자의 $\mathrm{Arg}\, z$로 표기한다. 따라서 $z \ne 0$인 복소수 $\arg z$ 값들은

$$\arg z = \mathrm{Arg}\, z \pm 2n\pi \quad (n = \pm 1, \pm 2, \cdots) \tag{12.19}$$

이다.

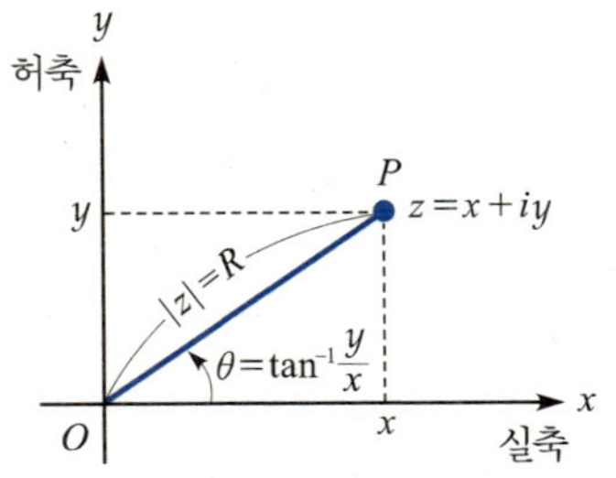

그림 12.8 복소평면, 복소수의 극형식

예제 12.5

복소수 $z=2+2i$를 극형식으로 나타내시오.

풀이

$$|z|=R=|2+2i|=\sqrt{2^2+2^2}=2\sqrt{2}\,,\ \theta=\tan^{-1}\frac{y}{x}=\tan^{-1}\frac{2}{2}=\frac{\pi}{4}$$

따라서 극형식은 다음과 같이 된다.

$$\begin{aligned} z &= 2\sqrt{2}\,\left(\frac{1}{\sqrt{2}}+i\frac{1}{\sqrt{2}}\right) \\ &= 2\sqrt{2}\left[\cos\left(\frac{\pi}{4}+2n\pi\right)+i\sin\left(\frac{\pi}{4}+2n\pi\right)\right] \end{aligned}$$

이 예제처럼, 편각의 범위가 지정되지 않았을 경우에는 편각에 $2n\pi$를 넣어준다는 것에 주의하길 바란다.

2) 극형식에서 복소수의 곱셈과 나눗셈

- 곱셈

극형식에서 2개의 **복소수** $z_1=R_1(\cos\theta_1+i\sin\theta_1)$, $z_2=R_2(\cos\theta_2+i\sin\theta_2)$의 곱을 **삼각함수**의 **가법정리**를 사용하여 정리하면

$$\begin{aligned} z_1z_2 &= R_1(\cos\theta_1+i\sin\theta_1)R_2(\cos\theta_2+i\sin\theta_2) \\ &= R_1R_2[(\cos\theta_1\cos\theta_2-\sin\theta_1\sin\theta_2)+i(\sin\theta_1\cos\theta_2+\cos\theta_1\sin\theta_2)] \\ &= R_1R_2[\cos(\theta_1+\theta_2)+i\sin(\theta_1+\theta_2)] \end{aligned} \tag{12.20}$$

가 된다. 식 (12.20)의 양변에 **절댓값**을 취하면, 곱의 절댓값은 다음과 같이 각 인자의 절댓값들의 곱과 같음을 알 수 있다.

$$|z_1 z_2| = R_1 R_2 = |z_1||z_2| \tag{12.21}$$

또한, 식 (12.20)에 대한 **편각**으로부터 곱의 편각은 다음과 같이 각 인자의 편각들의 합과 같음을 알 수 있다.

$$\arg(z_1 z_2) = \theta_1 + \theta_2 = \arg z_1 + \arg z_2 \text{(}2\pi\text{의 정수배까지)} \tag{12.22}$$

그림 12.9는 2개의 복소수의 곱 $z_1 z_2$를 복소평면에 나타낸 것이다. 따라서 어떤 복소수에 $z = \cos\theta + i\sin\theta$를 곱하면, 절댓값은 변하지 않지만 편각은 각도 θ만큼 증가한다. 예를 들면, $z = i$인 경우 $\theta = \frac{\pi}{2}$이기 때문에 어떤 복소수에 i를 곱하면 원점을 중심으로 **반시계방향**으로 $\frac{\pi}{2}$만큼 회전한다. 이 상황을 그림 12.10에 나타냈다.

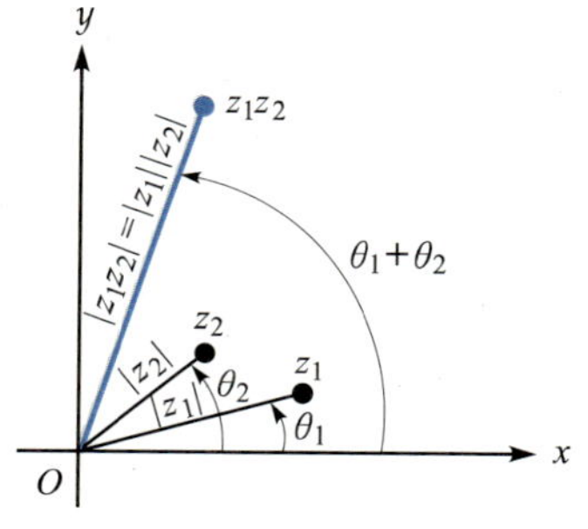

그림 12.9 복소수의 곱

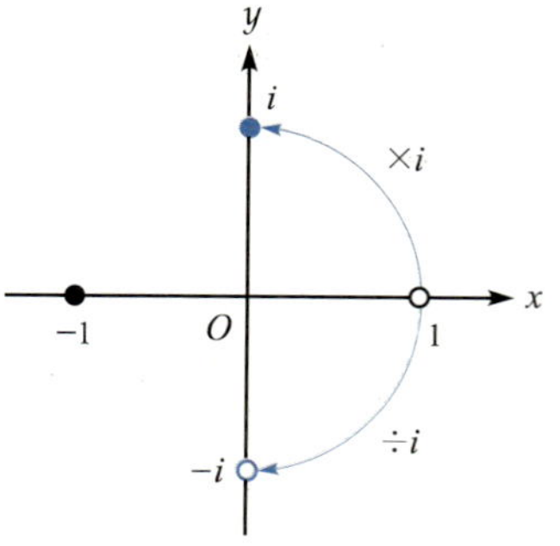

그림 12.10 i의 작용

• 나눗셈

복소수 z_2는 $z_2 = \left(\frac{z_2}{z_1}\right) z_1$을 만족하므로, **나눗셈**에 대해서는 곱셈의 식 $|zz_1| = |z||z_1|$과 $\arg(zz_1) = \arg z + \arg z_1$에서 $z = \frac{z_2}{z_1}$라고 놓으면 다음과 같은 식들이 얻어진다. 즉, $|z_2| = \left|\left(\frac{z_2}{z_1}\right) z_1\right| = \left|\frac{z_2}{z_1}\right| |z_1|$이고 $|z_1|$로 나누어 주면

$$\left|\frac{z_2}{z_1}\right| = \frac{|z_2|}{|z_1|} \ (z_1 \neq 0) \tag{12.23}$$

가 되고, 곱셈에서의 편각과 비슷하게 $\arg z_2 = \arg\left[\left(\frac{z_2}{z_1}\right)z_1\right] = \arg\left(\frac{z_2}{z_1}\right) + \arg z_1$ 이고 $\arg z_1$을 뺌으로서

$$\arg\left(\frac{z_2}{z_1}\right) = \arg z_2 - \arg z_1 \,(2\pi\text{의 정수배까지}) \tag{12.24}$$

이 된다. 식 (12.23)과 (12.24)를 결합하면 식 (12.20)과 유사한 공식인

$$\frac{z_2}{z_1} = \frac{R_2}{R_1}[\cos(\theta_2 - \theta_1) + i\sin(\theta_2 - \theta_1)] \tag{12.25}$$

을 얻는데, 이 식은 **절댓값** $\frac{R_2}{R_1}$와 **편각** $\theta_2 - \theta_1$을 갖는 어떤 복소수의 극형식에 해당함을 알 수 있다. 따라서 어떤 복소수를 i로 나누면, 그림 12.10과 같이 원점을 중심으로 **시계방향**으로 $\frac{\pi}{2}$만큼 회전한다.

예제 12.6

2개의 복소수를 $z_1 = 2+2i$, $z_2 = -2\sqrt{3}+2i$ 라 할 때, 다음 복소수를 극형식으로 나타내시오. 단, 편각 θ의 범위는 $0 < \theta \le 2\pi$이다.

(1) $z_1 z_2$

(2) $\frac{z_2}{z_1}$

풀이

(1) $z_1 z_2$

$z_1 = 2+2i = 2\sqrt{2}\,(\cos\frac{\pi}{4} + i\sin\frac{\pi}{4})$, $z_2 = -2\sqrt{3}+2i = 4(\cos\frac{5\pi}{6} + i\sin\frac{5\pi}{6})$ 이기 때문에, 이들의 곱셈인 $z_1 z_2$의 극형식은 다음 식과 같이 된다.

$$\begin{aligned} z_1 z_2 &= (2+2i)(-2\sqrt{3}+2i) = 8\sqrt{2}\,(\cos\frac{\pi}{4} + i\sin\frac{\pi}{4})(\cos\frac{5\pi}{6} + i\sin\frac{5\pi}{6}) \\ &= 8\sqrt{2}\,[\cos(\frac{\pi}{4} + \frac{5\pi}{6}) + i\sin(\frac{\pi}{4} + \frac{5\pi}{6})] \\ &= 8\sqrt{2}\,(\cos\frac{13\pi}{12} + i\sin\frac{13\pi}{12}) \end{aligned}$$

(2) $\dfrac{z_2}{z_1}$

나눗셈인 $\dfrac{z_2}{z_1}$의 극형식은 다음 식과 같이 된다.

$$\frac{z_2}{z_1} = \frac{-2\sqrt{3}+2i}{2+2i} = \frac{2}{\sqrt{2}}\left[\cos\left(\frac{5\pi}{6}-\frac{\pi}{4}\right)+i\sin\left(\frac{5\pi}{6}-\frac{\pi}{4}\right)\right]$$

$$= \sqrt{2}\left(\cos\frac{7\pi}{12}+i\sin\frac{7\pi}{12}\right)$$

(2) 거듭제곱과 근

1) 드 무아브르(De Moivre)공식

$z_1 = z_2 = z$일 때, 식 (12.21)과 (12.22)로부터 $n = 0, 1, 2, \cdots$에 대하여 다음 식을 얻는다.

$$z^n = R^n(\cos n\theta + i\sin n\theta) \tag{12.26}$$

유사한 방법으로 식 (12.25)에 $z_2 = 1$과 $z_1 = z^n$을 대입하면, $n = -1, -2, \cdots$에 대하여 같은 결과인 식 (12.26)을 얻을 수 있다. $|z| = R = 1$일 경우, 식 (12.26)은 임의의 정수 n에 대하여 다음과 같은 **드 무아브르**[De Moivre, 삼각함수에 허수를 도입한 프랑스의 수학자(1667~1754)]**공식**이 된다.

$$(\cos\theta + i\sin\theta)^n = (\cos n\theta + i\sin n\theta) \tag{12.27}$$

이 **드 무아브르**(De Moivre)**공식**은 $\cos n\theta$와 $\sin n\theta$를 $\cos\theta$와 $\sin\theta$의 거듭제곱으로 표현하는데 유용하게 사용된다.

예제 12.7

다음 계산을 하시오.

$(2+2i)^6$

풀이

$$(2+2i)^6 = \left[2\sqrt{2}\left(\cos\frac{\pi}{4}+i\sin\frac{\pi}{4}\right)\right]^6 = 512\left(\cos\frac{3\pi}{2}+i\sin\frac{3\pi}{2}\right) = -512i$$

2) 오일러(Euler)공식

실수 θ에 대하여, **오일러(Euler)공식**

$$e^{i\theta} = \cos\theta + i\sin\theta \tag{12.28}$$

가 성립한다. 따라서

$$Re^{i\theta} = R(\cos\theta + i\sin\theta)\ (R\text{은 양의 실수}) \tag{12.29}$$

가 되기 때문에, $|Re^{i\theta}| = R$, $\arg(Re^{i\theta}) = \theta$이다(그림 12.11 참조). 2개의 복소수 $z_1 = R_1 e^{i\theta_1}$, $z_2 = R_2 e^{i\theta_2}$ $(R_1, R_2 > 0)$에 대하여,

$$R_1 e^{i\theta_1} = R_2 e^{i\theta_2} \Leftrightarrow R_1 = R_2 \text{ 동시에 } \theta_1 = \theta_2 + 2m\pi(m\text{은 정수}) \tag{12.30}$$

가 성립한다.

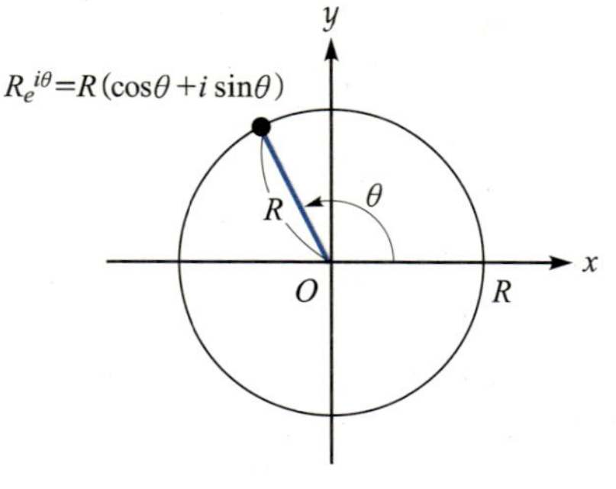

그림 12.11

예제 12.8

(1) 복소수 $6e^{\frac{\pi}{3}i}$를 $x+iy$의 형태로 나타내시오.

(2) 복소수 $-4i$를 $Re^{i\theta}$의 형태로 나타내시오.

풀이

(1) 복소수 $6e^{\frac{\pi}{3}i}$

$$6e^{\frac{\pi}{3}i} = 6\left(\cos\frac{\pi}{3} + i\sin\frac{\pi}{3}\right) = 3 + 3\sqrt{3}\,i$$

(2) 복소수 $-4i$

$$-4i = 4\left(\cos\frac{3\pi}{2} + i\sin\frac{3\pi}{2}\right) = 4e^{\frac{3\pi}{2}i} = 4e^{-\frac{\pi}{2}i}$$

3) n제곱근

n을 2 이상의 자연수라 할 때, 0이 아닌 복소수 z에 대하여 $w^n = z$를 만족하는 복소수 w를 z의 **n제곱근**이라고 부르고, 다음과 같이 표기한다.

$$w = \sqrt[n]{z} \tag{12.31}$$

특히, **2제곱근**은 **평방근**(square root) 그리고 **3제곱근**은 **입방근**이라 한다. w의 절댓값을 r, 편각을 ϕ라 하면 $w = r(\cos\phi + i\sin\phi)$이기 때문에, **드 무아브르**(De Moivre)**공식** (12.27)을 사용하면

$$w^n = r^n(\cos n\phi + i\sin n\phi) = z \tag{12.32}$$

가 된다. $z = R[\cos(\theta + 2m\pi) + i\sin(\theta + 2m\pi)]$라 놓고 식 (12.32)와 절댓값과 편각을 비교하면

$$r = \sqrt[n]{R}\ ,\ \phi = \frac{\theta}{n} + \frac{2m\pi}{n} \tag{12.33}$$

가 된다. $m = n$에서 ϕ의 두 번째 항은 2π가 되고 $m = 0$과 같게 된다. 따라서 z의 n제곱근은 다음 식으로 주어지고 $m = 0, 1, \cdots, n-1$ 의 n개의 서로 다른 값을 갖는다.

$$\sqrt[n]{z} = \sqrt[n]{R}\left(\cos\frac{\theta + 2m\pi}{n} + i\sin\frac{\theta + 2m\pi}{n}\right) \quad (m = 0, 1, \cdots, n-1) \tag{12.34}$$

이들 n개의 값들은 중심이 원점이고 반지름이 $\sqrt[n]{R}$인 원 위에 위치하며 n개의 변을 갖는 정다각형의 꼭짓점을 이룬다. 식 (12.34)에서, $\arg z$의 주값에 대응하여 $m = 0$에서의 값을 $\sqrt[n]{z}$의 **주값**(principal value)이라고 부른다. 식 (12.34)에서 $z = 1$일 때, $|z| = R = 1$이고 $\text{Arg}\, z = 0$을 만족하므로 식 (12.34)는

$$\sqrt[n]{1} = \cos\frac{2m\pi}{n} + i\sin\frac{2m\pi}{n} \quad (m = 0, 1, \cdots, n-1) \tag{12.35}$$

가 된다. 이때 n값들을 **단위n제곱근**(nth root of unity)이라고 부르는데, 이들은 중심이 원점이고 반지름이 1인 **단위원**(unit circle)상에 위치한다. 그림 12.12는 편각의 범위를 $0 \le \theta < 2\pi$로 할 경우의 3제곱근 $\sqrt[3]{1}$, 4제곱근 $\sqrt[4]{1}$, 5제곱근 $\sqrt[5]{1}$을 보여준다. 각각의 근은 다음의 식으로 주어지고 단위원을 n등분한 점임을 알 수 있다.

$$\begin{aligned} &3\text{제곱근} : 1, -\frac{1}{2} + \frac{\sqrt{3}}{2}i, -\frac{1}{2} - \frac{\sqrt{3}}{2}i \\ &4\text{제곱근} : 1, i, -1, -i \\ &5\text{제곱근} : \cos\frac{2m\pi}{5} + i\sin\frac{2m\pi}{5} \quad (m = 0, 1, 2, 3, 4) \end{aligned} \tag{12.36}$$

즉, 각 해에 대응하는 점은 반지름이 1인 원에 내접하는 3각형, 4각형, 5각형의 꼭짓점과 일치한다.

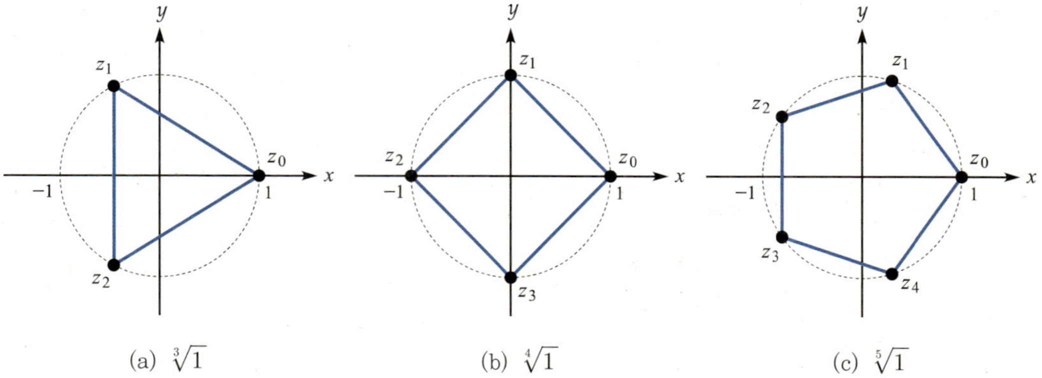

그림 12.12 $\sqrt[3]{1}$, $\sqrt[4]{1}$, $\sqrt[5]{1}$의 근

예제 12.9

$z^3 = 4i$의 해를 구하고 그림으로 나타내시오. 단, 편각 θ의 범위는 $0 \le \theta < 2\pi$이다.

풀이

$z = R(\cos\theta + i\sin\theta)$라 놓으면, $z^3 = R^3(\cos 3\theta + i\sin 3\theta)$, $z^3 = 4i = 4(\cos\frac{\pi}{2} + i\sin\frac{\pi}{2}) = 4e^{\frac{\pi}{2}i}$이기 때문에

$$R^3 = 4,\ 3\theta = \frac{\pi}{2} + 2n\pi$$

가 된다. 따라서

$$R = \sqrt[3]{4},\ \theta = \frac{\pi}{6} + \frac{2n\pi}{3}$$

가 된다. 편각 θ의 범위를 고려하여 $n = 0, 1, 2$를 넣으면,

$$z_0 = \sqrt[3]{4}\,(\cos\frac{\pi}{6} + i\sin\frac{\pi}{6}) = \frac{\sqrt[3]{4}}{2}(\sqrt{3} + i)$$

$$z_1 = \sqrt[3]{4}\,[\cos(\frac{\pi}{6} + \frac{2\pi}{3}) + i\sin(\frac{\pi}{6} + \frac{2\pi}{3})] = \sqrt[3]{4}\,(\cos\frac{5\pi}{6} + i\sin\frac{5\pi}{6}) = \frac{\sqrt[3]{4}}{2}(-\sqrt{3} + i)$$

$$z_2 = \sqrt[3]{4}\,[\cos(\frac{\pi}{6} + \frac{4\pi}{3}) + i\sin(\frac{\pi}{6} + \frac{4\pi}{3})] = \sqrt[3]{4}\,(\cos\frac{3\pi}{2} + i\sin\frac{3\pi}{2}) = -\sqrt[3]{4}\,i$$

가 되고, 그림으로 나타내면 다음과 같이 된다.

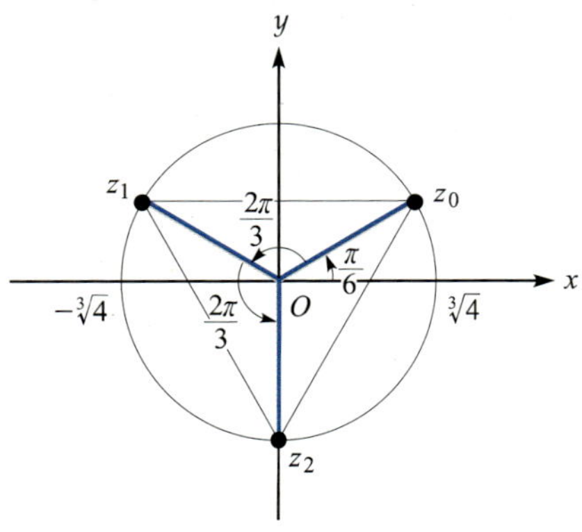

12.5 복소함수

(1) 복소함수와 등각사상

1) 복소함수

복소평면상에서 **점집합**(point set)은 유한 혹은 무한의 많은 **점**들의 **집합**을 의미한다. 예를 들면, 직선상의 점들, 일정한 크기의 원의 내부의 점들, 방정식의 해들이 이에 속한다. 그림 12.13은 집합과 점의 분류를 보여주고 있다. 집합 D에 대하여, 점 z_0과 이것과 충분히 **근방**이 집합 D에 완전히 포함되어 있는 점 z_0을 **내점**이라고 부른다. 반면에, 점 z_0과 이것과 충분히 근방이 집합 D에 완전히 포함되어 있지 않는 점 z_1을 **외점**이라 한다. 내점도 아니고 외점도 아닌 점 z_2를 **경계점**(boundary point)이라고 부르고 경계점의 집합을 **경계**(boundary)라고 한다.

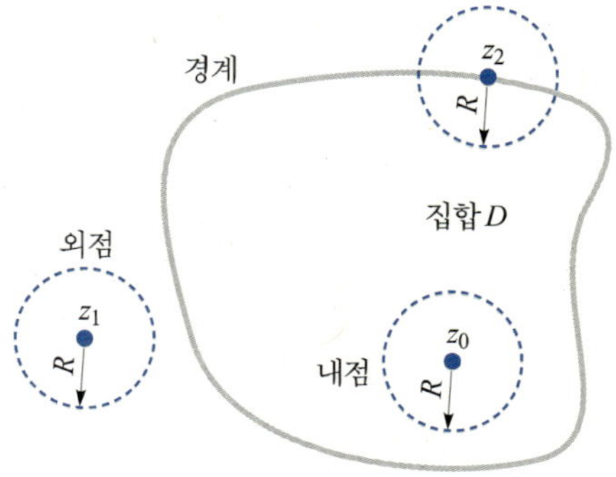

그림 12.13 집합과 점

경계점을 1개도 포함하지 않은 집합을 **개집합**(open set), 경계점을 전부 포함한 집합을 **폐집합**(closed set)이라고 부른다. 예를 들면, $|z| < 2$은 개집합이고 $|z| \leq 2$은 폐집합이다. 집합 D의 모든 점들이 오로지 D에 속한 점들로만 구성된 근방을 가질 경우, D는 열렸다(open)라고 말한다. 즉, 원 혹은 사각형의 내부의 점들 그리고 우반평면(Re $z > 0$)의 점들은 열린 개집합을 이룬다. 복소평면상의 집합 D의 **여집합**(complement)은 집합 D에 속하지 않는 복소평면 내의 모든 점들의 집합으로 정의된다. 따라서 집합 D의 여집합이 열려있을 때 집합 D는 닫혔다(closed)라고 한다.

집합 D 내의 임의의 2점을 연속곡선으로 연결하는 것이 가능할 때, 집합 D는 **연결되었다**(connected)고 한다. 그리고 연결된 폐집합을 **영역**(region)이라고 부른다. 연결되어있지 않는 예로서는 $xy > 0$이 있다. 한편, 열린 연결집합을 **열린 영역**(domain)이라고 한다. 즉, 열린 원판($|z-\alpha| < R$)과 열린 환형($R_1 < |z-\alpha| < R_2$)은 각각이 열린 영역에 해당한다.

복소평면상의 영역 D 내의 복소수 z에 복소수 w가 대응할 때, $w = f(z)$라고 표기하고 $f(z)$를 **복소함수**라 부른다. 여기서 $f(z)$는 z에서 f의 값을 나타내나, 함수

f를 사용하는 대신에 독립변수를 표기하여 간단히 함수 $f(z)$라 표기한다. 모든 **함수**들은 D 내 각각의 z에 대해 대응되는 하나의 값 $w=f(z)$를 갖는, 즉 일반적으로 **단일가관계**(single-valued relation)라고 가정한다. 한편, 하나의 z에 대해 하나 이상의 w를 만족하는 **다가관계**(multi-valued relation)의 함수를 **다가함수**(multi-valued function)라고 부른다.

영역 D(집합 D)를 f의 **정의역**(domain)이라 부른다. **복소해석학**은 어떤 정의역에서 **미분 가능한 복소함수**들과 관련되고, 대부분의 경우에 D는 열려있고 연결되어 있으므로 정의역은 위에서 정의한 열린 영역과 같다. 함수 f의 모든 값들을 f의 **치역**(range)이라고 부른다. z는 f의 **독립변수**로서 **복소변수**(complex variable)라 부른다. 그리고 w는 f의 **종속변수**라 한다. 또한, 독립변수 z가 있는 면을 z**평면**, 함수 $w=f(z)$를 나타내는 면을 w평면이라 부른다. z가 영역 D 내의 점이고 w가 영역 S 내의 점이라 할 때, z와 $f(z)$의 관계는 그림 12.14에 보여준 것처럼 서로 다른 복소평면상의 점의 관계로 대응시켜 나타낼 수 있다. 이 경우, 영역은 경계를 포함하고 있지 않기 때문에 점선으로 나타냈다.

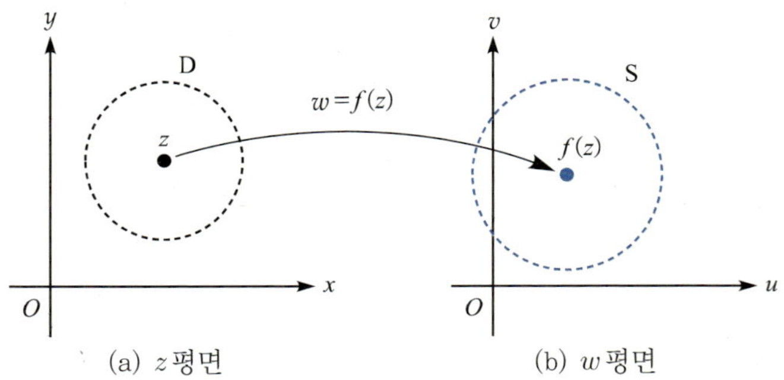

그림 12.14 복소함수 $f(z)$와 z평면 그리고 w평면의 관계

실변수(real variable) x, y가 독립변수인 경우 $z=x+iy$를 복소변수라 한다. u, v가 독립변수의 복수변수로서 $w=u+iv$($u=\text{Re}\,w$, $v=\text{Im}\,z$)라 표기할 때, $w=f(z)$로부터, u, v는 각각 x, y의 관계가 된다. 이것 때문에 w를

$$w=f(z)=u(x, y)+iv(x, y)=u+iv \tag{12.37}$$

라 표기한다. 식 (12.37)은 미적분학에서와 비슷하게 D 위에서 정의되는 함수 f는 D 내의 모든 z에 대해, f의 z에서의 값이라고 부르는 복소수 w를 대응시키는 규칙

이다. 또한, 식 (12.37)은 **복소함수** $f(z)$가 2개의 실변수 x, y에 의존하는 한 쌍의 실함수 $u(x, y), v(x, y)$와 동등하다는 것을 보여준다.

예제 12.10

$z=x+iy$로 해서 다음 함수의 실수부 $u(x, y)$, 허수부 $v(x, y)$를 구하시오.

(1) $w=z^2+2z$ (2) $w=\dfrac{2z}{\bar{z}}$

풀이

(1) $w=z^2+2z$

$$u=\text{Re } w=x^2+y^2+2x,\ v=\text{Im } z=2xy+2y$$

(2) $w=\dfrac{2z}{\bar{z}}$

$w=\dfrac{2(x+iy)(x+iy)}{(x+iy)(x-iy)}$ 로부터,

$$u=\text{Re } w=\frac{2(x^2-y^2)}{x^2+y^2},\ v=\text{Im } z=\frac{4xy}{x^2+y^2}$$

2) 등각사상

등각사상(conformal mapping)은 열 흐름, 유체 흐름, 정전기 등에 많이 응용되며 2차원 퍼텐셜이론에서 경계값 문제를 푸는데 가장 표준적인 방법 중에 하나이다. 등각사상의 가장 큰 특징 중의 하나는 몇몇 임계점을 제외하고는 각도가 유지되고 복소해석을 기하학적으로 접근할 수 있게 한다는 것이다. z평면상의 집합 D의 각 점을 **복소함수** $w=f(z)$에 의하여 w평면상의 점 $f(\text{D})$에 대응시키는 것을 **사상**(mapping) 또는 **변환**이라 하고, $f(z)$는 z의 **상**(image)이라고 부른다. 사상을 사용하면, **복소평면**의 관계를 기하학적으로 알기 쉽게 나타내는 것이 가능하다. 어떤 열린 영역에서 미분이 가능한 함수인 **해석함수** $w=f(z)$에 의한 사상은 임계점인 도함수가 0인, 즉 $f'(z)=0$인 점을 제외하고는 **등각사상**이 된다.

등각성(conformality, 원래의 곡선들과 같은 크기와 방향을 유지하는 것을 의미함)은 일찍이 지구 지도를 그리는 방법에서 유래하였다. 그러나 지구 지도는 방향을 정확히 주는 등각일 수도 있고, 또는 축소비를 제외하고 정확한 면적을 주는 등면적일 수도 있다. 따라서 정확한 지도를 제작하기 위해서는 어떤 왜곡을 선택해야

할 것인지는 지도 설계자가 선택해야 한다. 여기서는 복소함수 $f(z)$에 의하여 z평면상의 도형이 w평면상의 도형으로 어떻게 변환되는지를 보여준다.

그림 12.15는 **복소함수** $w = z + \alpha$에 의한 **사상**을 보여주고 있다. 이것은 **평행이동** 사상의 예로서, z평면상에서 중심이 z_0이고 반지름이 R인 원[$|z - z_0| = R$, 그림 12.15(a) 참조]의 w평면상의 **상**은 중심이 $z_0 + \alpha$이고 반지름이 R인 원[그림 12.15(b) 참조]이다. 그림 12.16은 복소함수 $w = \alpha z\,(|\alpha| = 1)$에 의한 사상을 보여주고 있다. 즉, z평면상 원 $|z - z_0| = R$[그림 12.16(a) 참조]의 w평면상의 상은 복소수 α의 편각 θ만큼 반시계방향으로 **회전**한 원[그림 12.16(b) 참조]이다. 따라서 복소함수

$$w = \alpha z + \beta \tag{12.38}$$

는 z평면상의 점 z를 복소수 α의 절댓값만큼 확대 또는 축소, 편각 $\arg\alpha$만큼의 회전, 그리고 β만큼의 평행이동을 나타낸다는 것을 알 수 있다. 여기서, 위 식 $w = \alpha z + \beta$에 의한 사상을 **선형변환**이라고 부른다.

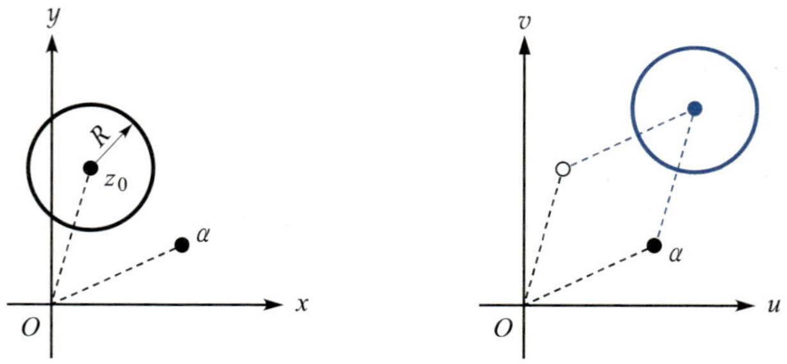

(a) z평면 (b) w평면

그림 12.15 평행이동

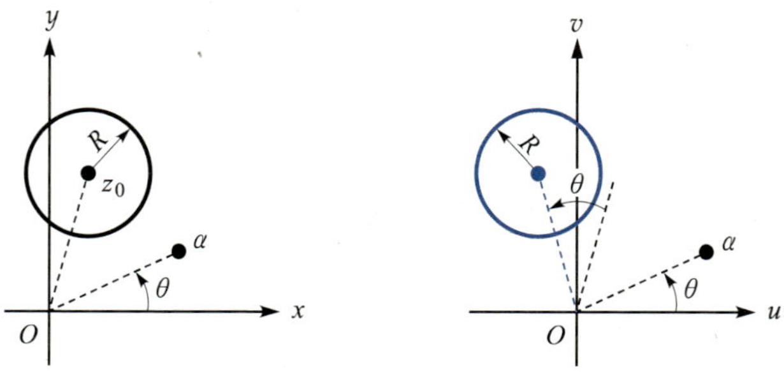

(a) z평면 (b) w평면

그림 12.16 회전

예제 12.11

w평면상의 복소함수 $w=i2z+3-i$는 z평면상의 점 z에 어떤 형태의 복소수를 대응시킨 함수인가를 $z_1=4+2i$에 대응하는 w평면상의 복소수 w_1을 구하면서 설명하시오.

풀이

복소함수 $w=\alpha z+\beta$는 z평면상의 점 z를 복소수 α의 절댓값만큼 확대 또는 축소, 편각 $\arg\alpha$만큼의 회전, 그리고 실축방향으로 $\mathrm{Re}\,\beta$, 허축방향으로 $\mathrm{Im}\,\beta$만큼 평행이동한 w평면상의 점 w에 대응된다. 그러므로 주어진 문제는 $w=\alpha z+\beta$에서 $\alpha=2i$, $\beta=3-i$인 선형변환에 해당한다.

따라서 복소함수 $w=i2z+3-i$는 점 $z_1=4+2i$를 $|\alpha|=|2i|=\sqrt{2^2}=2$배 확대, 원점을 중심으로 $\arg\alpha=\arg 2i=\frac{\pi}{2}$ 회전시키고, 실축방향으로 $\mathrm{Re}\,\beta=\mathrm{Re}\,(3-i)=3$ 그리고 허축방향으로 $\mathrm{Im}\,\beta=\mathrm{Im}\,(3-i)=-1$만큼 평행이동시킨 w평면상의 점 $w_1=-1+7i$에 대응된다. 이것을 그림으로 나타내면 그림 예제 12.11과 같다.

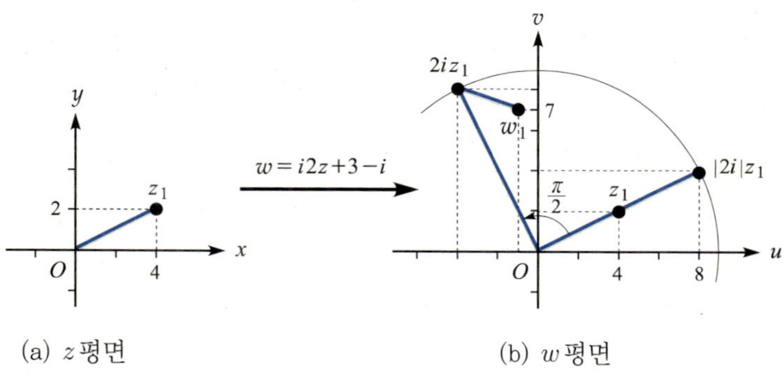

그림 예제 12.11 $w=i2z+3-i$에 의한 사상

예제 12.12

w평면상의 복소함수 $w=z^2$은 z평면상의 점 z에 어떤 형태의 복소수를 대응시킨 함수인가를 $z_1=4e^{\frac{\pi}{8}i}$, $z_2=\frac{1}{4}e^{\frac{\pi}{3}i}$에 각각 대응하는 w평면상의 복소수 w_1, w_2를 구하면서 설명하시오.

풀이

복소함수 $w=z^2$의 경우, $z=Re^{i\theta}$라 하면 $w=z^2=R^2e^{i2\theta}$이기 때문에 $|w|=|z|^2$, $\arg\omega=2\arg z$이다. 따라서 $w=z^2$는 z평면상의 점 z에 z의 절댓값을 2제곱하고 편각을 2배한 w평면상의 점 w를 대응시킨 함수이다.

예를 들면, $w=z^2$에 의하여 z평면상의 점 $z_1=4e^{\frac{\pi}{8}i}$, $z_2=\frac{1}{4}e^{\frac{\pi}{3}i}$는 각각 w평면상의 점

$$w_1=(4e^{\frac{\pi}{8}i})^2=16\,e^{\frac{\pi}{4}i},\quad w_2=(\frac{1}{4}e^{\frac{\pi}{3}i})^2=\frac{1}{16}e^{\frac{2\pi}{3}i}$$

에 대응한다. 점 z가 z평면상의 원 $|z|=R$상을 반시계방향으로 1바퀴 돌 때, 대응한 w평면상의 점 $w=z^2$은 w평면상의 원 $|w|=R^2$상을 반시계방향으로 2바퀴 돈다. $w=z^2$에 의한 z평면상의 영역에 대응하는 w평면상의 영역도 포함시켜 사상을 그림으로 나타내면 다음과 같다. 즉, 그림 예제 12.12와 같이 z평면의 z_1과 z_2는 각각 w평면의 w_1과 w_2로 사상되고, z평면의 회색과 파란색의 영역은 각각 w평면의 회색과 파란색의 영역으로 사상된다.

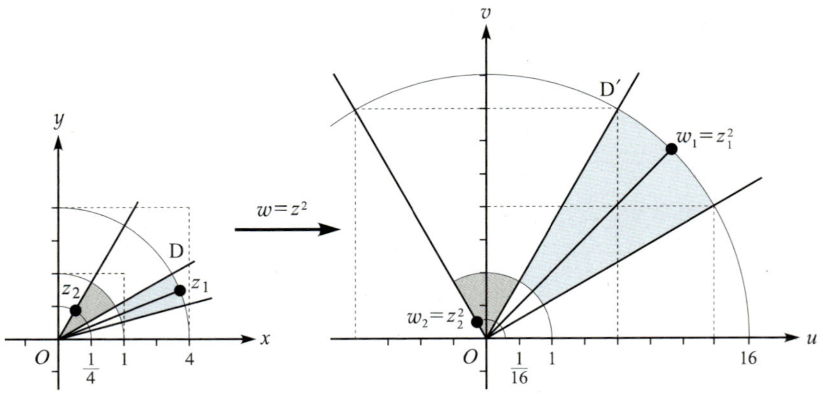

(a) z평면　　(b) w평면

그림 예제 12.12 $z_1=4e^{\frac{\pi}{8}i}$, $z_2=\frac{1}{4}e^{\frac{\pi}{3}i}$**에 각각 대응하는** w**평면상의 복소수** w_1, w_2

그림 12.17은 복소함수 $w=\frac{1}{z}$에 의한 사상을 보여주고 있다. z평면상의 단위원과 그 원주상의 점 z[그림 12.17(a)]의 w평면상의 **상**은 같은 단위원과 그 원주상의 점[그림 12.17(b)]이다. 이것은 복소수 $\frac{1}{z}$의 절댓값이 $\frac{1}{|z|}$이고 편각이 $-\arg z$이기 때문에, 이 사상을 **반전**이라고 부른다.

그림 12.18은 복소함수 $w=z^2$에 의한 **사상**을 보여주고 있다. $z=x+iy$라 놓으면 $w=u+iv=(x+iy)^2=x^2-y^2+i\,2xy$가 되기 때문에, z평면상에서 허축에 평행한 **직선** $x=1$[그림 12.18(a)에서 실선]은 w평면상에서는 $w=1-y^2+i\,2y$가 된다. 따라서 $u=1-\left(\frac{v}{2}\right)^2$이 되기 때문에, w평면상에서는 u의 양의 방향으로 볼록한

포물선이 된다[그림 12.18(b)에서 실선 참조]. 한편, z평면상에서 실축에 평행한 직선 $y=1$[그림 12.18(a)에서 점선]은 $w=-1+x^2+i2x$이 되고, 이것으로부터 $u=-1+\left(\frac{v}{2}\right)^2$이 되기 때문에 w평면상에서는 u의 음의 방향으로 볼록한 포물선이 된다[그림 12.18(b)에서 점선 참조]. z평면상의 2개의 직선($x=1$, $y=1$)은 **직교**하고, w평면상의 2개의 포물선[$u=1-\left(\frac{v}{2}\right)^2$, $u=-1+\left(\frac{v}{2}\right)^2$]도 교점에서 접선을 그리면 서로 **직교**하고 있다는 것을 알 수 있다(그림 12.18 참조). 이와 같이 곡선 간의 각도가 사상에 의하여 변하지 않는 경우를 **등각사상**이라 한다. 즉, 사상 $w=f(z)$가 **유향곡선**(oriented curve)들 간 사잇각의 크기와 방향을 보존한다면 등각사상이라고 부른다.

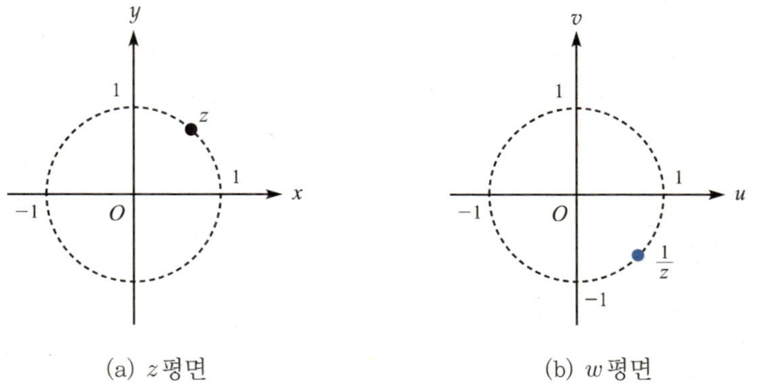

그림 12.17 $\frac{1}{z}$에 의한 회전

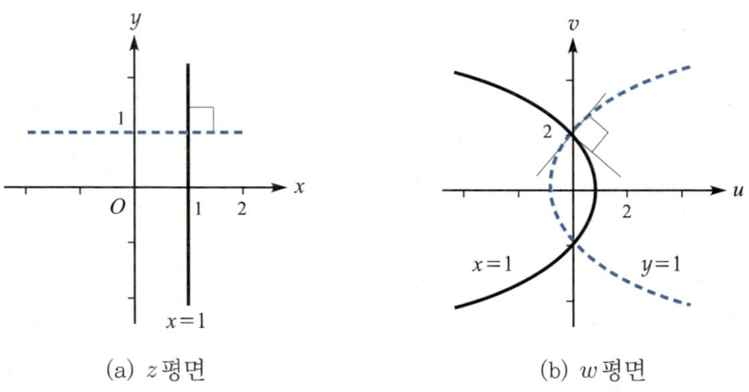

그림 12.18 $w=z^2$에 의한 사상

예제 12.13

복소수 $z=x+iy$의 실수부와 허수부의 관계가 $y=x$일 때, 복소함수 $w=z^2+2$에 의하여 변환되는 w평면상의 도형을 그리시오.

풀이

z^2+2에 $z=x+iy$, $y=x$를 대입하면,

$$z^2+2=(x+iy)^2+2=x^2-y^2+2+i2xy=2+i2x^2$$

이 된다. 따라서 $u=2$, $v=2x^2(\geq 0)$이 되기 때문에, w평면상의 상은 다음 그림과 같이 $u=2$, $v\geq 0$의 선이 된다.

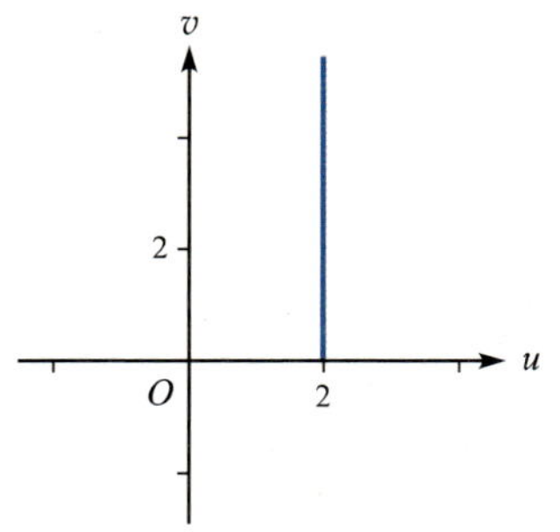

3) 선형분수변환

등각사상은 경계값 문제에서 처음 주어진 영역들을 또 다른 영역의 등각으로 사상함으로서 문제를 모델링하고 해를 구하는데 도움을 줄 수 있다. 등각사상에는 앞서 설명한 유형, 즉 **평행이동**, **회전**, **선형변환**, 단위원에서 **반전** 등이 있으며, 여기서 설명하는 **선형분수변환**[또는 뫼비우스(Möbius)변환]도 등각사상의 중요한 유형 중의 하나이다. 선형분수변환이란

$$w=\frac{\alpha_1 z+\beta_1}{\alpha_2 z+\beta_2}\ (\alpha_1\beta_2-\beta_1\alpha_2\neq 0) \tag{12.39}$$

의 사상이다. 여기서, $\alpha_1, \alpha_2, \beta_1, \beta_2$는 복소수 또는 실수이다. $\alpha_1\neq 0, \alpha_2=0$인 경우 $\alpha_1\beta_2-\beta_1\alpha_2\neq 0$의 조건으로부터 $\beta_2\neq 0$이 되고, 따라서 $w=\dfrac{\alpha_1}{\beta_2}z+\dfrac{\beta_1}{\beta_2}$이 된다. 이것은 **선형변환식** (12.38) $w=\alpha z+\beta$와 같은 형태의 확대 또는 축소, 회전,

그리고 평행이동을 나타낸다. 다음으로, $\alpha_2 \neq 0$인 경우에는 $w = \dfrac{\dfrac{\alpha_1}{\alpha_2}z + \dfrac{\beta_1}{\alpha_2}}{z + \dfrac{\beta_2}{\alpha_2}} = \dfrac{\alpha_1}{\alpha_2} + \dfrac{\dfrac{\beta_1\alpha_2 - \alpha_1\beta_2}{\alpha_2^2}}{z + \dfrac{\beta_2}{\alpha_2}}$로 변형되기 때문에, 우변의 첫 번째 항은 평행이동, 두 번째 항의 분자는 확대 또는 축소, 두 번째 항의 분모는 반전과 평행이동을 나타낸다. 이와 같이 선형분수변환은 선형변환의 기본변환요소를 포함하고 있다.

3개의 다른 점들 z_1, z_2, z_3이 3개의 정해진 다른 점들 w_1, w_2, w_3으로 사상될 경우, 이를 만족하는 선형분수변환 $w = f(z)$는 단 하나만 존재한다. 이 경우, 이 **선형분수변환**의 사상은 다음 식으로부터 얻을 수 있다.

$$\frac{w - w_1}{w - w_3}\frac{w_2 - w_3}{w_2 - w_1} = \frac{z - z_1}{z - z_3}\frac{z_2 - z_3}{z_2 - z_1} \tag{12.40}$$

이것은 위 식을 $(w - w_1)(w_2 - w_3)(z - z_3)(z_2 - z_1) = (w - w_3)(w_2 - w_1)(z - z_1)(z_2 - z_3)$로 변형시키고 $z = z_1$이라고 하면 우변이 0이 되기 때문에, $w = w_1$이 되고, 또한 z_2, z_3도 각각 w_2, w_3으로 변환되기 때문이다.

예를 들면, $z = -1$, $z_2 = 0$, $z_3 = 1$을 $w_1 = -1$, $w_2 = -i$, $w_3 = 1$로 사상하는 선형분수변환은 식 (12.40)으로부터 $w = \dfrac{z - i}{1 - iz}$가 된다. 그림 12.19는 이 상황을 보여주고 있다. 그림 12.19(a)의 z평면에서의 값들은 실축상의 점이기 때문에 $z = x$라 놓으면, $w = \dfrac{x - i}{1 - ix}$가 되고, 따라서 $w\overline{w} = |w|^2 = \dfrac{x - i}{1 - ix}\dfrac{x + i}{1 + ix} = 1$이 된다. 즉, z평면의 실축은 w평면의 단위원[12.19(b) 참조]이 된다. 또한, $z = i$의 상(image)은 $w = 0$이다. 더욱이, 그림 12.19(a)의 회색으로 표시한 z평면의 (열린) **상반평면**[(open) upper half-plane] $y > 0$은 w평면에서 **단위원**의 **내부**[12.19(b)의 회색 부분 참조]로 변환된다.

참고로, 비슷하게 $y < 0$의 조건일 때 **하반평면**(lower half-plane), $x > 0$의 조건일 때 **우반평면**(right half-plane), $x < 0$의 조건일 때 **좌반평면**(left half-plane)으로 정의된다.

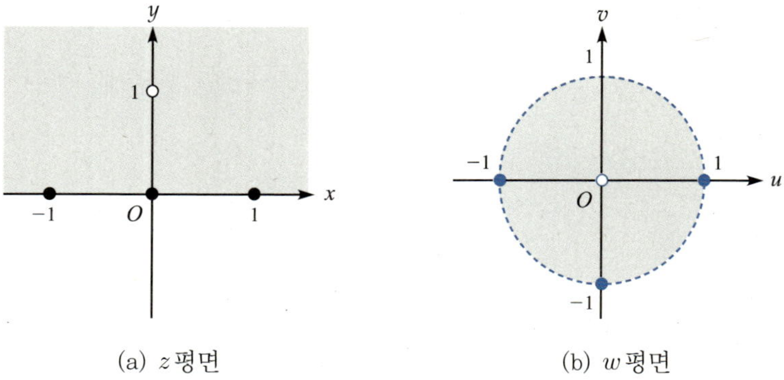

그림 12.19 $w=\dfrac{z-i}{1-iz}$의 사상

예제 12.14

선형분수변환 $w=\dfrac{2z+1}{z-1}$에 의한 원 $|z|=\dfrac{1}{2}$의 사상을 구하시오.

풀이

$w=\dfrac{2z+1}{z-1}$를 z에 대하여 풀면, $z=\dfrac{w+1}{w-2}$이 된다. 여기에 $|z|=\dfrac{1}{2}$를 대입하면, $\left|\dfrac{w+1}{w-2}\right|=\dfrac{1}{2}$ 이 되고, 이것으로부터

$$2|w+1|=|w-2| \tag{1}$$

이 얻어진다. 양변을 제곱하고 $w\overline{w}=|w|^2$의 관계를 이용하여 전개하면,

$$2^2|w+1|^2=4w\overline{w}+4w+4\overline{w}+4 \tag{2}$$

$$|w-2|^2=w\overline{w}-2w-2\overline{w}+4 \tag{3}$$

가 된다. 식 (2)−식 (3)을 하면 다음과 같이 된다. 즉,

$$\text{식 (2)−식 (3)}=3w\overline{w}+6w+6\overline{w}=0 \Rightarrow w\overline{w}+2w+2\overline{w}=0 \Rightarrow (w+2)(\overline{w}+2)-4=0$$
$$\Rightarrow |w+2|=2$$

따라서 중심이 −2이고 반지름이 2인 다음 그림과 같은 원으로 사상된다.

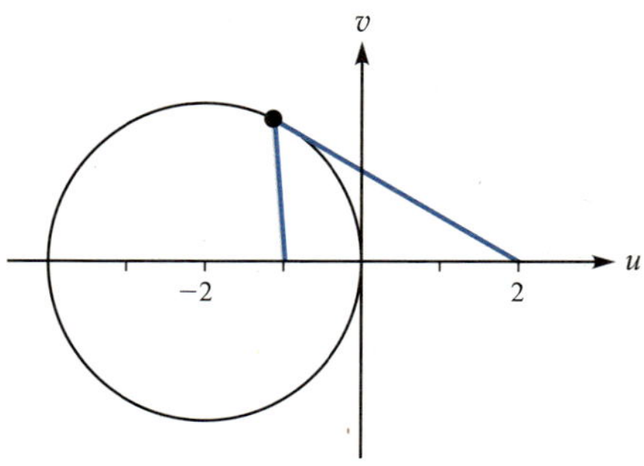

(2) 기본적인 복소함수

1) 지수함수

본 절의 나머지 부분에서는 **지수함수**, **삼각함수**, **로그함수** 등의 기본적인 **초등 복소함수**를 다룰 것이다. 이 함수들은 미적분학에서 친숙하게 다루었던 함수에 대응되고 $z=x$일 경우에 **실함수**와 동일하다. 이들은 실함수에서 나타나지 않는 몇 가지 흥미로운 성질을 갖고 있으며, 여기서는 먼저 중요한 **해석함수**(analytical function, 어떤 열린 영역에서 미분 가능한 함수를 해석함수라 칭함)인 **복소지수함수**(complex exponential function) e^z 또는 $\exp z$에 대하여 설명한다. 이것은 실함수 e^x, $\cos y$, $\sin y$로부터 다음과 같이 정의한다. 즉, $z=x+iy$에 대하여 함수 e^z를

$$e^z = e^{x+iy} = e^x(\cos y + i\sin y) \tag{12.41}$$

로 정의한다. e^z는 실함수 e^x의 확장이기 때문에 다음과 같은 성질이 성립한다.

i) e^z는 $z=x$에서 e^x와 동일하다[이것은 식 (12.41)에서 $y=0$일 때 확인이 가능함].

ii) **완전함수**[entire function, 모든 z에 대하여 미분 가능한 해석적인 함수 $f(z)$를 완전함수라고 칭함]이다.

iii) **도함수**는 $(e^z)'=e^z$이다.

또한, z가 순허수 iy인 경우는 식 (12.41)에서 $x=0$으로 놓으면, 다음의 **오일러**(Euler)**공식**이 얻어진다[식 (12.28) 참조].

$$e^{iy} = \cos y + i\sin y \tag{12.42}$$

위 식에서, $y=2n\pi$(n은 정수)이면 $e^{i2n\pi}=1$이다. 식 (12.41)의 괄호 안을 식 (12.42)로 치환하면, $e^z=e^xe^{iy}$가 된다. 이것에 $z=x+iy$를 대입하면 $e^z=e^{x+iy}=e^xe^{iy}$가 되기 때문에, 미적분에서와 같은 **함수관계**(functional relation)

$$e^{z_1+z_2} = e^{z_1}e^{z_2} \tag{12.43}$$

가 임의의 복소수 $z_1=x_1+iy_1$, $z_2=x_2+iy_2$에 대해서도 성립한다.

식 (12.42)를 사용하면, 복소수의 **극형식** $z=R(\cos\theta+i\sin\theta)$는

$$z = Re^{i\theta} \tag{12.44}$$

로 간단하게 나타낼 수 있다. 이것을 극형식의 **지수표시**라고 부른다.

예제 12.15

복소수 $z = 2 + i\frac{\pi}{3}$에 대하여, 복소함수 $w = e^z$를 w평면에 나타내시오.

풀이

$$w = e^z = e^{2+i\frac{\pi}{3}} = e^2 e^{i\frac{\pi}{3}} = e^2(\cos\frac{\pi}{3} + i\sin\frac{\pi}{3}) = e^2(\frac{1}{2} + \frac{\sqrt{3}}{2}i)$$

따라서 $w = e^z$를 w평면에 나타내면, 다음 그림과 같이 된다.

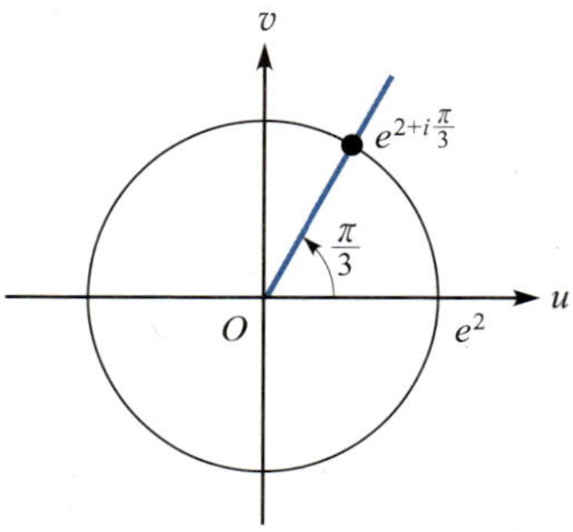

극형식에서 복소수의 **곱셈**[식 (12.21), (12.22)]과 **나눗셈**[식 (12.23), (12.24)] 그리고 **드 무아브르**(De Moivre)**공식**[식 (12.27)]으로부터, 임의의 복소수 z, z_1, z_2 및 정수 n에 대하여 다음 식이 성립함을 알 수 있다.

i) $\dfrac{e^{z_1}}{e^{z_2}} = e^{z_1 - z_2}$

ii) $(e^z)^n = e^{nz}$ $(n = 0, \pm 1, \pm 2, \cdots)$

iii) $e^{z+2n\pi} = e^z$ $(n = 0, \pm 1, \pm 2, \cdots)$

$z = x + iy$에 대하여 복소함수를 $f(z) = e^z$라고 하면, $e^{i2\pi} = \cos 2\pi + i\sin 2\pi = 1$이기 때문에

$$f(z + i2\pi) = e^{z+i2\pi} = e^z e^{i2\pi} = e^z = f(z)$$

가 된다. 따라서 지수함수 $f(z)=e^{z}$는 주기 $i2\pi$의 주기함수이다. 또한, 임의의 실수 x, y에 대하여 $|e^{z}|=e^{x}\neq 0$, $\cos y+i\sin y\neq 0$이기 때문에

$$f(z)=e^{z}=e^{x+iy}=e^{x}e^{iy}=e^{x}(\cos y+i\sin y)\neq 0 \tag{12.45}$$

이다. 즉, 모든 z에 대하여 결코 0이 되지 않는 **완전함수**를 얻게 된다.

그림 12.20은 복소지수함수 $w=e^{z}$에 의한 **사상**을 보여주고 있다. $w=e^{z}=e^{x+iy}=e^{x}e^{iy}=e^{x}(\cos y+i\sin y)=u+iv$이기 때문에, $u=e^{x}\cos y$, $v=e^{x}\sin y$이다. 이것으로부터 $u^2+v^2=e^{2x}$, $v=v\tan y$가 된다. 따라서 z평면에서 허축에 평행한 **직선** $x=2$[그림 12.20(a)에서 실선]의 w평면의 상(image)은 원점이 중심이고 반지름이 e^2인 **원**[그림 12.20(b)에서 실선]이 되고, 실축에 평행한 **직선** $y=2$[그림 12.20(a)에서 점선]의 w평면의 상(image)은 각도 $\tan 2$에서 원점을 포함하지 않는 반직선[그림 12.20(b)에서 점선]이 된다. 또한, z평면에서 **무한 띠** $\pi<y\leq\pi$[그림 12.20(a)에서 회색 부분, 이것을 e^{z}의 **기본영역**(fundamental region)이라고 칭함]의 w평면의 상(image)은 원점을 제외한 **전평면**[그림 12.20(b)에서 파란색 부분]이 된다.

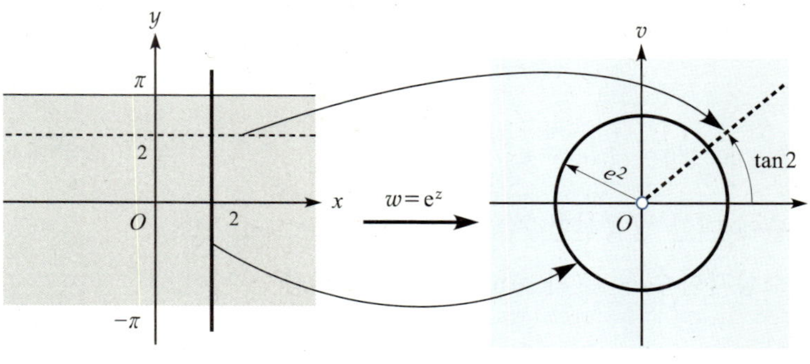

(a) z평면　　(b) w평면

그림 12.20 $w=e^{z}$에 의한 사상

2) 삼각함수와 쌍곡선함수

오일러(Euler)**공식** (12.42)로부터 $e^{\pm ix}=\cos x\pm i\sin x$이기 때문에, $\cos x=\frac{1}{2}(e^{ix}+e^{-ix})$, $\sin x=\frac{1}{2i}(e^{ix}-e^{-ix})$가 된다. 이것으로부터 **복소삼각함수**인 **복소코사인**

함수 $\cos z$와 **복소사인함수** $\sin z$을 다음 식과 같이 정의되고, 그것 이외의 삼각함수는 cos와 sin에 의하여 정의된다.

$$\cos z = \frac{1}{2}(e^{iz} + e^{-iz}), \ \sin z = \frac{1}{2i}(e^{iz} - e^{-iz}) \tag{12.46a}$$

$$\tan z = \frac{\sin z}{\cos z}, \ \cot z = \frac{\cos z}{\sin z} \tag{12.46b}$$

$$\sec z = \frac{1}{\cos z}, \ \operatorname{cosec} z = \frac{1}{\sin z} \tag{12.46c}$$

식 (12.46a)로부터 e^{-iz}를 소거하면, 다음과 같은 복소평면에서 **오일러**(Euler)**공식**이 얻어진다.

$$e^{iz} = \cos z + i \sin z \tag{12.47}$$

$z = x + iy$에 대하여 $\cos z$와 $\sin z$을 전개하면, 다음과 같은 식이 얻어진다.

$$\cos z = \cos x \cosh y - i \sin x \sinh y \tag{12.48a}$$

$$\sin z = \sin x \cosh y + i \cos x \sinh y \tag{12.48b}$$

여기서, $\cosh y = \frac{1}{2}(e^{y} + e^{-y})$, $\sinh y = \frac{1}{2}(e^{y} - e^{-y})$는 미적분에서 이미 알고 있는 실변수에 대한 **쌍곡선함수**(hyperbolic function)이다.

복소삼각함수 $\cos z$와 $\sin z$에 대하여 다음 식이 성립한다.

$$\cos^2 z + \sin^2 z = 1 \tag{12.49a}$$

$$\cos(z_1 \pm z_2) = \cos z_1 \cos z_2 \mp \sin z_1 \sin z_2 \ \text{(부호동순)} \tag{12.49b}$$

$$\sin(z_1 \pm z_2) = \sin z_1 \cos z_2 \pm \sin z_2 \cos z_1 \ \text{(부호동순)} \tag{12.49c}$$

$$\cos(-z) = \cos z \tag{12.49d}$$

$$\sin(-z) = -\sin z \tag{12.49e}$$

$$|\cos z|^2 = \cos^2 x + \sinh^2 y \ (z = x + iy,\ x\text{와 } y\text{는 실수}) \tag{12.49f}$$

$$|\sin z|^2 = \sin^2 x + \sinh^2 y \ (z = x + iy,\ x\text{와 } y\text{는 실수}) \tag{12.49g}$$

여기서, 식 (12.49a)는 항등식, 식 (12.49b)와 (12.49c)는 삼각함수의 가법정리, 식 (12.49d)와 (12.49e)는 각각 우함수와 기함수의 공식, 식 (12.49f)와 (12.49g)는 절댓값의 공식이다. 절댓값의 공식은 식 (12.48)과 삼각함수의 공식 $\cos^2 x + \sin^2 x = 1$ 및 쌍곡선의 공식 $\cosh^2 y - \sinh^2 y = 1$을 이용하면 유도될 수 있다. 또한, 식 (12.48)로부터, **복소삼각함수**는 실수의 경우와 같이 주기가 2π인 **주기함수**이다. 즉, $f(z) = w = \cos z$에 대하여 $e^{\pm i2\pi} = 1$이기 때문에,

$$\begin{aligned}\cos(z + 2\pi) &= \frac{1}{2}[e^{i(z+2\pi)} + e^{-i(z+2\pi)}] = \frac{1}{2}[e^{iz}e^{i2\pi} + e^{-iz}e^{-i2\pi}] \\ &= \frac{1}{2}(e^{iz} + e^{-iz}) \\ &= \cos z\end{aligned} \tag{12.50}$$

가 성립한다. 같은 방법으로 하면, $f(z) = w = \sin z$도 주기가 2π인 주기함수이다.

항등식 (12.49a)의 경우, 임의의 복소수 z에 대하여,

$$\begin{aligned}\cos^2 z + \sin^2 z &= [\frac{1}{2}(e^{iz} + e^{-iz})]^2 + [\frac{1}{2i}(e^{iz} - e^{-iz})]^2 \\ &= \frac{1}{4}(e^{i2z} + 2 + e^{-i2z}) - \frac{1}{4}(e^{i2z} - 2 - e^{-i2z}) \\ &= 1\end{aligned}$$

이 성립한다.

한편, **복소쌍곡선함수**인 **복소쌍곡코사인**(complex hyperbolic cosine)과 **복소쌍곡사인**(complex hyperbolic sine)은 미적분에서 이미 알고 있는 실변수에 대한 쌍곡선함수[$\cosh y = \frac{1}{2}(e^y + e^{-y})$, $\sinh y = \frac{1}{2}(e^y - e^{-y})$]로부터 다음과 같은 공식으로 정의된다.

$$\cosh z = \frac{1}{2}(e^z + e^{-z}),\ \sinh z = \frac{1}{2}(e^z - e^{-z}) \tag{12.51}$$

이 함수들도 미적분에서와 같은 도함수 형태, 즉 $(\cosh z)' = \sinh z$, $(\sinh z)' = \cosh z$를 갖는 **완전함수**이다. 그리고 또 다른 복소쌍곡선함수들은 다음과 같이 정의된다.

$$\tanh z = \frac{\sinh z}{\cosh z}, \ \coth z = \frac{\cosh z}{\sinh z} \tag{12.52a}$$

$$\operatorname{sech} z = \frac{1}{\cosh z}, \ \operatorname{cosech} z = \frac{1}{\sinh z} \tag{12.52b}$$

복소삼각함수와 **복소쌍곡선함수**는 다음과 같이 서로 연관되어 있다. 즉, 식 (12.51)의 z 대신에 iz로 치환하고 식 (12.46a)를 이용하면

$$\cosh iz = \cos z \tag{12.53a}$$

$$\sinh iz = i\sin z \tag{12.53b}$$

를 얻을 수 있고, 비슷한 방법으로 식 (12.46a)의 z 대신에 iz로 치환하고 식 (12.51)을 이용하면

$$\cos iz = \cosh z \tag{12.54a}$$

$$\sin iz = i\sinh z \tag{12.54b}$$

를 얻을 수 있다. 또한, **복소쌍곡선함수** $\cosh z$와 $\sinh z$에 대하여 다음 식이 성립한다.

$$\cosh(z_1 \pm z_2) = \cosh z_1 \cosh z_2 \pm \sinh z_1 \sinh z_2 \ (\text{부호동순}) \tag{12.55a}$$

$$\sinh(z_1 \pm z_2) = \sinh z_1 \cosh z_2 \pm \cosh z_1 \sinh z_2 \ (\text{부호동순}) \tag{12.55b}$$

$$\cosh^2 z - \sinh^2 z = 1 \tag{12.55c}$$

예제 12.16

다음 복소삼각함수의 값을 구하시오.

(1) $\sin i\dfrac{2\pi}{3}$

(2) $\cos\left(\dfrac{\pi}{2}+i\right)$

(3) $\cosh\left(2+i\dfrac{\pi}{2}\right)$

풀이

(1) $\sin i\dfrac{2\pi}{3}=\dfrac{1}{2i}\left(e^{ii\frac{2\pi}{3}}-e^{-ii\frac{2\pi}{3}}\right)=\dfrac{i}{2}\left(e^{\frac{2\pi}{3}}-e^{-\frac{2\pi}{3}}\right)$

(2)
$$\begin{aligned}\cos\left(\frac{\pi}{2}+i\right)&=\cos\frac{\pi}{2}\cosh 1-i\sin\frac{\pi}{2}\sinh 1\\&=0\times\frac{1}{2}(e^{1}+e^{-1})-i\times 1\times\frac{1}{2}(e^{1}-e^{-1})\\&=-\frac{i}{2}(e^{1}-e^{-1})\end{aligned}$$

(3)
$$\begin{aligned}\cosh\left(2+i\frac{\pi}{2}\right)&=\frac{1}{2}\left[e^{2+i\frac{\pi}{2}}+e^{-(2+i\frac{\pi}{2})}\right]\\&=\frac{1}{2}\left[e^{2}\left(\cos\frac{\pi}{2}+i\sin\frac{\pi}{2}\right)+e^{-2}\left(\cos\frac{\pi}{2}-i\sin\frac{\pi}{2}\right)\right]\\&=\frac{i}{2}(e^{2}-e^{-2})\end{aligned}$$

$f(z)=w=\sin z$에 의한 **사상**을 고려해 보자. $f(z)=w=\sin z=\sin x\cosh y+i\cos x\sinh y=u+iv$이기 때문에, $u=\sin x\cosh y$, $v=\cos x\sinh y$이다. 이것으로부터 $\cos x=\dfrac{v}{\sinh y}$, $\sin x=\dfrac{u}{\cosh y}$, $\cosh y=\dfrac{u}{\sin x}$, $\sinh y=\dfrac{v}{\cos x}$로 변형시키고 실함수의 공식 $\cos^2 x+\sin^2 x=1$ 및 $\cosh^2 y-\sinh^2 y=1$에 대입하면, 다음과 같은 식이 얻어진다.

$$\frac{u^2}{\cosh^2 y}+\frac{v^2}{\sinh^2 y}=1 \tag{12.56a}$$

$$\frac{u^2}{\sin^2 x}-\frac{v^2}{\cos^2 x}=1 \tag{12.56b}$$

여기서, 식 (12.56a)에서 y가 일정하면 **타원방정식**이 되고, 식 (12.56b)에서 x가 일정하면 **쌍곡선방정식**이 된다.

그림 12.21은 복소삼각함수 $f(z) = w = \sin z$에 의한 **사상**을 보여주고 있다. z평면에서 실축에 평행한 **직선** $y = -\frac{\pi}{4}$[그림 12.21(a)에서 점선]의 w평면의 상(image)은 식 (12.56a)에 $y = -\frac{\pi}{4}$를 대입하면 **타원** $\frac{u^2}{(1.18)^2} + \frac{v^2}{(1.01)^2} = 1$[그림 12.21(b)에서 점선]이 된다. 허축에 평행한 **직선** $x = \frac{\pi}{4}$[그림 12.21(a)에서 실선]의 w평면의 상(image)은 식 (12.56b)에 $x = \frac{\pi}{4}$를 대입하면 **쌍곡선** $2(u^2 - v^2) = 1$[그림 12.21(b)에서 실선]이 된다.

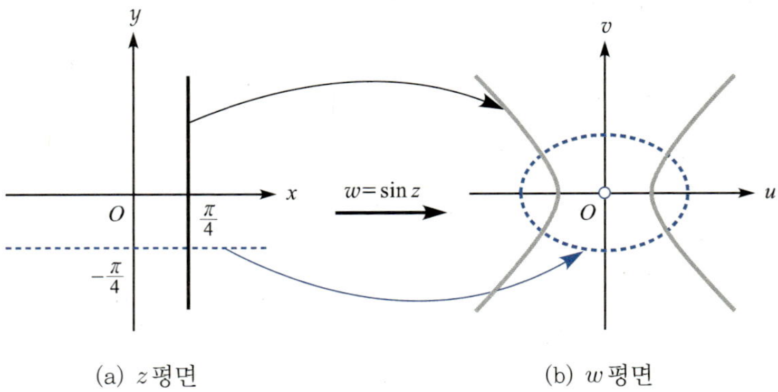

그림 12.21 $w = \sin z$에 의한 사상

식 (12.49f), (12.49e)는 **복소코사인** 및 **복소사인함수**와 **실코사인** 및 **실사인함수**의 근본적인 차이를 지적해 준다. 즉, $|\cos x| \le 1$이고 $|\sin x| \le 1$이나, $|\cos z| \le 1$ 및 $|\sin z| \le 1$은 성립하지 않는다. 그 이유는 식 (12.49f), (12.49e)에서 $y \to \infty$일 경우 $\sinh y \to \infty$이기 때문이다. 또한, 실함수에서 $\sinh x = 0$일 때는 $x = 0$이 되지만, 복소함수 $\sinh z = 0$일 때는 $z \neq 0$이다. 이것은 $\sin z = \frac{1}{2i}(e^{iz} - e^{-iz}) = 0$으로부터 $e^{i2z} = 1 = e^{i2n\pi}$가 되고, 따라서 $z = n\pi$(n은 정수)가 되기 때문이다.

3) 로그함수

실함수의 경우처럼 **복소지수함수** $w = e^z$의 **역함수**(inverse function)를 **복소로그함수**(complex logarithm)라고 부른다. $w = e^z$의 양변에 **자연로그**(natural logarithm)

를 취하면 $\ln w = z$가 되고, $z \neq 0$에 대하여 변수를 바꾸어 넣으면 다음과 같이 **복소자연로그**가 정의된다.

$$w = \ln z \ (\text{또는 } w = \log z) \tag{12.57}$$

여기서, $z = e^w \neq 0$이기 때문에 로그함수는 0을 제외한 영역에서 정의된다. $w = u + iv$라 놓고, 식 (12.44)를 대입하면

$$e^w = e^{u+iv} = e^u e^{iv} = z = Re^{i\theta} \tag{12.58}$$

가 되고, $e^u = R$로부터 $u = \ln R$ 그리고 $v = \theta$이기 때문에 $w = \ln z$는 다음과 같이 된다.

$$\ln z = \ln R + i\theta \ (R = |z|,\ \theta = \arg z) \tag{12.59}$$

$z = Re^{i\theta}$의 편각은 2π의 주기를 가지고 있기 때문에, **복소자연로그** $\ln z$는 무한히 많은 값들을 갖는다. 따라서 $\ln z$를 **무한 다가함수**(multiple-valued function)라고 부른다. 또한, 편각의 주값 $\mathrm{Arg\,z}$에 대응시키면 $\ln z$의 **주값** $\mathrm{Ln}z$가 다음 식과 같이 정해진다.

$$\mathrm{Ln}\, z = \ln|z| + i\ \mathrm{Arg\,z}\,(-\pi < \mathrm{Arg\,z} \leq \pi \ \text{또는}\ 0 < \mathrm{Arg\,z} \leq 2\pi) \tag{12.60}$$

주어진 z에 대한 $\mathrm{Arg\,z}$는 유일한 값을 갖고 $\arg z$의 다른 값들은 2π의 정수배만큼 다르므로, **복소로그함수**는 다음 식과 같이 된다.

$$\ln z = \mathrm{Ln}\, z + i\,2n\pi \ (n = 0, \pm 1, \pm 2, \cdots) \tag{12.61}$$

예를 들면,

$$\begin{aligned}\ln 1 &= \mathrm{Ln}\,1 + i\,2n\pi = \ln|1| + i\,\mathrm{Arg}\,1 + i\,2n\pi = 0 + i(0 + 2n\pi) \\ &= i\,2n\pi\,(n = 0, \pm 1, \pm 2, \cdots)\end{aligned}$$

가 된다. 여기서, 실수부는 0으로 일정하지만 허수부는 2π의 정수배의 다른 값을 가지기 때문에, 복소수로서의 $\ln 1$의 값은 무한개이다. 실수의 로그함수에서는 $\ln 1 = 0$이다. 이것은 무한개인 복소로그함수 $\ln 1$의 값 중에서 $n = 0$일 경우에 해당한다.

식 (12.61)에서 무한히 많은 값들 각각을 복소로그의 **가지**(branch)라고 부르는데, $n=0$일 경우의 가지를 **주가지**(principal branch)라고 부른다. 한편, 음의 실축을 **가지절단**(branch cut)이라고 부른다.

예제 12.17

로그함수 $\ln(2-2i)$의 값을 전부 구하고 주값을 계산하시오.

풀이

$2-2i=2\sqrt{2}\,e^{-\frac{\pi}{4}i}\left(=2\sqrt{2}\,e^{\frac{7\pi}{4}i}\right)$로부터,

$$\begin{aligned}\ln(2-2i)&=\ln|2-2i|+i\,\mathrm{Arg}(2-2i)+i\,2n\pi\\&=\ln 2\sqrt{2}+i\left[\tan^{-1}\left(\frac{-2}{2}\right)\right]+i\,2n\pi=\ln 2\sqrt{2}+i\left(-\frac{\pi}{4}\right)+i\,2n\pi\\&=\ln 2\sqrt{2}+i\left(-\frac{\pi}{4}+2n\pi\right)\left[=\ln 2\sqrt{2}+i\left(\frac{7\pi}{4}+2n\pi\right)\right]\quad(n=0,\pm 1,\pm 2,\cdots)\end{aligned}$$

이다.

주값은 $\mathrm{Ln}(2-2i)=\ln|2-2i|+i\,\mathrm{Arg}(2-2i)=\ln 2\sqrt{2}-\frac{\pi}{4}i$이다.

복소로그함수의 공식은 다음과 같다.

$$\text{덧셈}:\ \ln z_1+\ln z_2=\ln z_1 z_2 \tag{12.62a}$$

$$\text{뺄셈}:\ \ln z_1-\ln z_2=\ln\frac{z_1}{z_2} \tag{12.62b}$$

식 (12.62a)는 다음과 같이 유도된다. 즉, $\ln z_1=w_1$, $\ln z_2=w_2$라 놓으면, $z_1=e^{w_1}$, $z_2=e^{w_2}$가 된다. 지수함수의 공식 $e^{w_1}e^{w_2}=e^{w_1+w_2}$를 사용하면 $z_1z_2=e^{w_1}e^{w_2}=e^{w_1+w_2}$이기 때문에, $\ln z_1z_2=w_1+w_2=\ln z_1+\ln z_2$가 된다.

또한, 복소로그함수는 모든 $n=0,\pm 1,\pm 2,\cdots$에 대해 식 (12.61)은 0과 음의 실축을 제외한 모든 점에서 해석적이고 다음의 **도함수**를 갖는다.

$$(\ln z)'=\frac{1}{z} \tag{12.63}$$

4) 거듭제곱함수

실수 a, b의 거듭제곱 $a^b = e^{\ln a^b} = e^{b \ln a}$를 확장하여, 다음 식과 같이 **복소거듭제곱함수**를 정의한다.

$$z^a = e^{a \ln z} \tag{12.64}$$

거듭제곱함수는 a의 종류에 따라 **단일가**(single-valued)로부터 **무한 다가**까지의 다른 성질을 보인다. 예를 들면, $a = 2$에서는 $z^2 = e^{2\ln z} = e^{2\ln R + i2(\theta + 2n\pi)} = R^2 (\cos 2\theta + i\sin 2\theta)$로부터 **단일가함수**(single-valued function)이다. 따라서 a가 양의 정수 $k = 1, 2, \cdots$ 인 경우는 식 (12.61)에 의하여,

$$\begin{aligned} z^k &= e^{k\ln z} = e^{k(\mathrm{Ln}\, z + i2n\pi)} = e^{k\mathrm{Ln}\, z} e^{ik2n\pi} = e^{k\mathrm{Ln}\, z} \\ &= e^{\mathrm{Ln}\, z} e^{\mathrm{Ln}\, z} \cdots e^{\mathrm{Ln}\, z} \ (\text{즉, } e^{\mathrm{Ln}\, z}\text{의 } k\text{개의 곱}) \\ &= z z \cdots z \ (\text{즉, } z\text{의 } k\text{개의 곱}) \\ &= z^k \end{aligned} \tag{12.65}$$

가 되고 단일가함수이다. $a = \dfrac{1}{k}$ (k는 양의 정수)인 경우는 다음 식과 같이 된다.

$$z^{\frac{1}{k}} = e^{\frac{\ln z}{k}} = e^{\frac{R + i(\theta + 2n\pi)}{k}} = e^{i\left(\frac{\theta}{k} + \frac{2n\pi}{k}\right)} \tag{12.66}$$

위 식은 n제곱근 같은 형태로 $n = 1, 2, \cdots, k-1$의 다른 값을 갖기 때문에 k다가함수이다. 더욱이 a가 무리수이면, z^a는 무한 다가함수가 된다. 이 경우에 $e^{a\,\mathrm{Ln}\, z}$를 z^a의 **주값**(principal value)이라고 한다.

예제 12.18

복소수 4^i의 값을 전부 구하시오.

풀이

$$\begin{aligned} 4^i &= e^{i\ln 4} = e^{i(\mathrm{Ln}\, 4 + i2n\pi)} = e^{i\mathrm{Ln}\, 4 + ii2n\pi} = e^{-2n\pi} e^{i\mathrm{Ln}\, 4} \\ &= e^{-2n\pi}[\cos(\mathrm{Ln}\, 4) + i\sin(\mathrm{Ln}\, 4)] \quad (n = 0, \pm 1, \pm 2, \cdots) \end{aligned}$$

(3) 복소함수의 극한, 연속성

1) 복소함수의 극한

복소평면에서 함수 $f(z)$가 α_1 **근방**(α_1 자신은 제외될 수 있음)에서 정의되고 α_1에 근접한 모든 z에 대하여 함수 $f(z)$가 β_1에 **근접**할 때, $f(z)$는 β_1에 **수렴**(convergence)한다고 말하고

$$\lim_{z \to \alpha_1} f(z) = \beta_1 \tag{12.67}$$

로 표기한다. 이때, β_1을 $z \to \alpha_1$일 때의 $f(z)$의 **극한값**(limiting value)이라고 부른다. 한편, $f(z)$가 수렴하지 않을 때는 **발산**(divergence)한다고 말한다.

$z = x + iy$, $f(z) = w = u(x, y) + iv(x, y) = u + iv$[식 (12.37)], $\beta_1 = b_1 + ib_2$일 때, $\lim_{z \to \alpha_1} f(z) = \beta_1$이 성립하는 경우는 $\lim_{z \to \alpha_1} u(x, y) = b_1$이면서 동시에 $\lim_{z \to \alpha_1} v(x, y) = b_2$일 때뿐이다(그림 12.22 참조). 실수의 경우는 단지 실축을 따라서만 x가 x_0에 접근하지만, 복소수의 경우는 그림 12.22에 보여준 것처럼 정의에 의하여 z는 복소평면에서 임의의 방향으로 α_1에 접근할 수 있다.

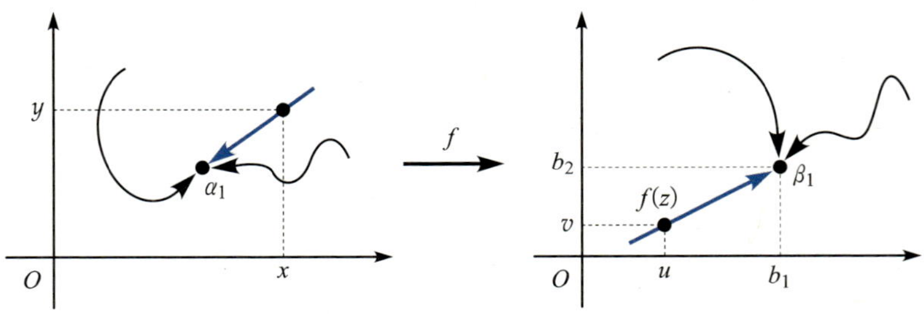

그림 12.22 극한

예제 12.19

다음 복소함수의 수렴 · 발산 여부를 판정하고, 수렴할 때에는 그 극한값을 구하시오.

(1) $\lim_{z \to 0} \frac{2z}{|z|}$ (2) $\lim_{z \to 4i} \frac{z^2 + 16}{z^2 - i4z}$

풀이

(1) $z = Re^{i\theta}\,(R > 0)$라 놓으면, $|z| = R$이기 때문에

$$\frac{2z}{|z|} = \frac{2Re^{i\theta}}{R} = 2e^{i\theta}$$

가 된다. 이 값은 θ의 값에 따라 다르기 때문에, $z \to 0$일 때 $\frac{2z}{|z|}$는 발산한다.

(2) $z \neq 4i$일 때, $\frac{z^2+16}{z^2-i4z} = \frac{(z+4i)(z-4i)}{z(z-4i)} = \frac{z+4i}{z}$이기 때문에

$$\lim_{z \to 4i} \frac{z^2+16}{z^2-i4z} = \lim_{z \to 4i} \frac{z+4i}{z} = \frac{4i+4i}{4i} = 2$$

가 된다. 따라서 $z \to 4i$일 때, $\frac{z^2+16}{z^2-i4z}$은 2에 수렴한다.

2) 복소함수의 연속성

점 α_1을 포함한 영역 D에서 정의된 복소함수 $f(z)$에 대하여 극한값 $\lim_{z \to \alpha_1} f(z)$가 존재하고

$$\lim_{z \to \alpha_1} f(z) = f(\alpha_1) \tag{12.68}$$

을 만족할 때, 함수 $f(z)$는 점 α_1에서 **연속**(continuous)이라고 말한다. 이 경우, **극한**(limit)의 정의에 의하여 함수 $f(z)$가 점 α_1의 **근방**에서 정의된다는 것을 유념하길 바란다. 또한, 함수 $f(z)$가 영역 D의 모든 점에서 연속일 때, $f(z)$는 D에서 연속이라고 말한다. $f(z)$, $f_1(z)$, $f_2(z)$가 영역 D에서 연속이라면, k를 복소수의 상수라고 할 때

$$kf(z),\ f_1(z)+f_2(z),\ f_1(z)f_2(z),\ \frac{f_1(z)}{f_2(z)}\ [f_2(z) \neq 0],\ \overline{f(z)} \tag{12.69}$$

도 D에서 연속이다. $f(z) = u(x, y) + iv(x, y)$라 할 때, $f(z)$가 연속이기 위한 필요충분조건은 실함수 $u(x, y)$, $v(x, y)$가 동시에 연속이어야 한다.

12.6 코시-리만(Cauchy-Riemann)방정식

(1) 복소함수의 미분가능성과 해석함수

복소함수 $f(z)$에 대하여, 영역 D에 포함되어 있는 점 α_1과 복소수 Δz에 대한 **극한값**

$$\lim_{\Delta z \to 0} \frac{f(\alpha_1 + \Delta z) - f(\alpha_1)}{\Delta z} \tag{12.70}$$

이 존재할 때, $f(z)$는 점 α_1에서 **미분 가능**(differentiable)하다고 말한다. 여기서, 식 (12.70)을 $f'(\alpha_1)$로 표기하고 점 α_1에서 복소함수 $f(z)$에 대한 **도함수**(derivative)라 한다. 즉,

$$f'(\alpha_1) = \lim_{\Delta z \to 0} \frac{f(\alpha_1 + \Delta z) - f(\alpha_1)}{\Delta z} \tag{12.71}$$

로 정의되고, $\Delta z = z - \alpha_1$이라 놓으면 $z = \alpha_1 + \Delta z$이고, 따라서 위 식은 다음과 같이 된다.

$$f'(\alpha_1) = \lim_{z \to \alpha_1} \frac{f(z) - f(\alpha_1)}{z - \alpha_1} \tag{12.72}$$

극한의 정의에 따르면 $f(z)$가 α_1 근방에서 정의되고 식 (12.72)의 z는 복소평면에서 임의의 방향으로부터 α_1에 접근할 수 있다. 따라서 α_1에서 미분 가능하다는 것은 z가 어떤 경로를 따라 α_1에 접근하더라도 식 (12.72)의 몫은 어떤 값에 항상 수렴하며 또한, 그 값이 모두 같다는 것을 의미한다.

점 $z = \alpha_1$을 포함한 어떤 영역 D의 모든 점에서 $f(z)$가 미분 가능하다고 할 때, $f(z)$는 영역 D에서 **해석적**(analytical)이라고 말한다. 이때, $f(z)$를 영역 D상의 **해석함수**(analytical function)라고 말한다. 한편, 최근에는 영역 D에서 **해석적**이란 용어를 영역 D에서 **정칙**(holomorphic)이라고 하기도 한다. 영역 D상의 해석함수 $w = f(z)$의 **도함수**는

$$w', \ f'(z), \ \frac{dw}{dz}, \ \frac{df}{dz} \tag{12.73}$$

로 표기한다. 이 기호를 이용하면, 해석함수 $w=f(z)$의 **도함수**는 다음과 같이 표기된다.

$$f'(z)=\lim_{\Delta z\to 0}\frac{f(z+\Delta z)-f(z)}{\Delta z} \tag{12.74}$$

일반적으로, n이 자연수일 때, $w=z^n$은 복소평면 전체에서 해석적이고 그 도함수는 실함수의 경우와 동일한 형태로 다음 식이 성립한다.

$$w'=(z^n)'=nz^{n-1} \tag{12.75}$$

또한, $f(z)=k$(k는 상수)일 때, $f'(z)=(k)'=0$이 된다.

(2) 코시-리만(Cauchy-Riemann)방정식

함수 $u(x,y)$, $v(x,y)$가 편미분이 가능할 때, 복소함수 $f(z)=u(x,y)+iv(x,y)$가 **해석적**이기 위한 **필요조건**에 대하여 조사해 보자. $f(z)$가 해석적인 경우에는 각 점 z에서 극한값 식 (12.74)가 존재한다. 식 (12.74)에서 $z=x+iy$, $\Delta z=l+ic$라 하면, $\Delta z\to 0$일 때에 $l\to 0$, $c\to 0$이다. 특히, $c=0$, $\Delta z=l$일 때의 극한값 식 (12.74)는

$$\begin{aligned}f'(z)&=\lim_{\Delta z\to 0}\frac{f(z+\Delta z)-f(z)}{\Delta z}\\&=\lim_{l\to 0}\frac{[u(x+l,y)-iv(x+l,y)]-[u(x,y)+iv(x,y)]}{l}\\&=\lim_{l\to 0}\left[\frac{u(x+l,y)-u(x,y)]}{l}+i\frac{v(x+l,y)-v(x,y)}{l}\right]\\&=\frac{\partial u}{\partial x}+i\frac{\partial v}{\partial x}=u_x+iv_x\end{aligned} \tag{12.76}$$

가 된다. 한편, $l=0$, $\Delta z=ic$일 때의 극한값 식 (12.74)는

$$\begin{aligned}f'(z)&=\lim_{\Delta z\to 0}\frac{f(z+\Delta z)-f(z)}{\Delta z}\\&=\lim_{c\to 0}\frac{[u(x,y+c)-iv(x,y+c)]-[u(x,y)+iv(x,y)]}{ic}\\&=\lim_{c\to 0}\left[-i\frac{u(x,y+c)-u(x,y)]}{c}\;\frac{v(x,y+c)-v(x,y)}{c}\right]\\&=\frac{\partial v}{\partial y}-i\frac{\partial u}{\partial y}=v_y-iu_y\end{aligned} \tag{12.77}$$

가 된다. $f(z)$가 **해석적(정칙)**이라면, 식 (12.76)과 (12.77)은 일치해야 하므로

$$u_x + iv_x = v_y - iu_y \tag{12.78}$$

가 성립한다. 위 식의 양변의 실수부와 허수부를 비교하면,

$$u_x = v_y, \ v_x = -u_y \tag{12.79}$$

가 얻어진다. 식 (12.79)는 복소해석학의 기둥이 되는 개념 중의 하나인 중요한 **코시-리만**(Cauchy-Riemann)**방정식**이다.

한편, $f(z)$가 **해석적**이기 위한 **충분조건**으로서 다음의 정리가 성립한다는 것이 알려져 있다.

정리 12.1 함수의 해석성(analyticity)

영역 D의 각 점에서 $u(x,y)$, $v(x,y)$가 다 같이 편미분이 가능하며 모든 편도함수가 연속이라고 하자. 이때, 식 (12.79)의 **코시-리만**(Cauchy-Riemann)**방정식**을 만족하면, 복소함수 $f(z) = u(x,y) + iv(x,y)$는 **해석적**이고

$$f'(z) = \frac{f(z)}{dz} = u_x + iv_x = v_y - iu_y \tag{12.80}$$

가 성립한다.

예제 12.20

코시-리만(Cauchy-Riemann)방정식을 사용하여, 다음 복소함수가 해석적인가 아닌지를 판정하고, 해석적이면 그 도함수를 구하시오.

(1) $f(z) = 2\bar{z}$　　　　(2) $f(z) = 4z^2$

풀이

$z = x + iy$, $f(z) = u(x,y) + iv(x,y) = u + iv$라 한다.

(1) $f(z) = 2\bar{z} = 2x - i2y$이기 때문에, $u = 2x$, $v = -2y$ 이다. 이때,

$$u_x = 2, \ v_y = -2$$

가 된다. $u_x \neq v_y$이기 때문에, u, v의 편도함수는 코시-리만(Cauchy-Riemann)방정식을 만족하지 않는다. 따라서 $f(z) = 2\bar{z}$ 는 해석적이지 않다.

(2) $f(z)=4z^2=4(x+iy)^2=4(x^2-y^2)+i8xy$이기 때문에, $u=4x^2-4y^2$, $v=8xy$이다. $u(x,y)$, $v(x,y)$는 편미분이 가능하고,

$$u_x=v_y=8x,\ v_x=-u_y=8y$$

가 된다. $u_x=v_y$, $v_x=-u_y$이기 때문에, u, v의 편도함수는 연속이고 코시-리만(Cauchy-Riemann) 방정식을 만족한다. 따라서 $f(z)=4z^2$는 복소평면 전체에서 해석적이다. $f(z)=4z^2$의 도함수를 구하면, 다음과 같이 된다.

$$f'(z)=\frac{f(z)}{dz}=u_x+iv_x=8x+i8y=8z$$

12.7 해석함수의 도함수

(1) 도함수의 공식

실함수의 도함수의 경우와 같은 형태로, **복소함수**의 **도함수**에 대하여 다음 공식이 성립한다. 즉, $f(z)$, $f_1(z)$, $f_2(z)$가 해석적일 때

$$[kf(z)]'=kf'(z)\ (k\text{는 상수}) \tag{12.81a}$$

$$[f_1(z)\pm f_2(z)]'=f'_1(z)\pm f'_2(z)\ (\text{부호동순}) \tag{12.81b}$$

$$[f_1(z)f_2(z)]'=f_1'(z)f_2(z)+f_1(z)f_2'(z) \tag{12.81c}$$

$$[\frac{f_1(z)}{f_2(z)}]'=\frac{f_1'(z)f_2(z)-f_1(z)f_2'(z)}{[f_2(z)]^2}\ (\text{단, } f_2(z)\neq 0) \tag{12.81d}$$

$$[f_1\{f_2(z)\}]'=f_1'\{f_2(z)\}f_2'(z) \tag{12.81e}$$

가 성립한다.

예제 12.21

다음 복소함수의 도함수를 구하시오.

(1) $f(z)=2(z+i)(iz-1)$

(2) $f(z)=\dfrac{2z+2}{iz-1}$

풀이

(1) $f'(z)=[2(z+i)(iz-1)]'=2(iz-1)+2(z+i)i=2(iz-1)+2(zi-1)\ =-4+i4z$

(2) $f'(z)=[\frac{2z+2}{iz-1}]'=\frac{2(iz-1)-(2z+2)i}{(iz-1)^2}=-\frac{2+2i}{(iz-1)^2}$

(2) 지수함수의 도함수

복소지수함수 $f(z)=e^z=e^x(\cos y+i\sin y)$의 실수부 u와 허수부 v는 각각 $u=e^x\cos y$와 $v=e^x\sin y$이고

$$u_x=v_y=e^x\cos y,\ v_x=-u_y=e^x\sin y$$

이기 때문에, 편도함수는 모두 연속이고 **코시-리만**(Cauchy-Riemann)**방정식**을 만족한다. 따라서 $f(z)=e^z$는 복소평면 전체에서 해석적이다. 또한, 이 도함수에 대하여 실함수 e^x와 같은 형태로 다음이 성립한다.

$$\begin{aligned} f'(z)&=\frac{f(z)}{dz}=(e^z)'=u_x+iv_x=e^x\cos y+ie^x\sin y \\ &=e^x(\cos y+i\sin y)=e^z \end{aligned} \tag{12.82}$$

(3) 삼각함수의 도함수

예제 12.22

복소함수 $f(z)=\cos z$의 도함수를 구하시오.

풀이

e^z는 복소평면 전체에서 해석적이기 때문에

$$\cos z=\frac{1}{2}(e^{iz}+e^{-iz}),\ \sin z=\frac{1}{2i}(e^{iz}-e^{-iz})$$

도 복소평면 전체에서 해석적이다. $\cos z$의 도함수에 대하여,

$$\begin{aligned} f'(z)&=\frac{f(z)}{dz}=(\cos z)'=[\frac{1}{2}(e^{iz}+e^{-iz})]'=\frac{1}{2}[(e^{iz})'+(e^{-iz})'] \\ &=\frac{1}{2}(ie^{iz}-ie^{-iz})=-\frac{1}{2i}(e^{iz}-e^{-iz}) \\ &=-\sin z \end{aligned}$$

가 된다. 참고로, 다음 도함수의 공식이 성립한다.

$$(\sin z)' = \cos z, \quad (\tan z)' = \frac{1}{\cos^2 z}$$

12.8 2차원 흐름과 복소함수

번화가에서 사람의 흐름을 멀리서 조망하면, 평면상의 점이 흐르고 있는 것처럼 보인다. 이것을 모델링하여 **2차원 흐름**을 생각해 보자. 평면상의 좌표를 (x, y)라 하고, 시간 t에서 점 (x, y)의 흐름의 **속도벡터**(velocity vector)를 $\mathbf{v} = \{u(x, y, t), v(x, y, t)\}$라고 하자. 그러면 각 점 (x, y)에 속도벡터 $\mathbf{v}$가 대응하기 때문에, 흐름의 속도장이 된다. 흐름의 속도장은 일반적으로 시간에 따라 변화한다. 이 **흐름**의 속도성분 u, v를 어떤 함수 $\Phi(x, y)$에 의하여

$$u = \frac{\partial \Phi}{\partial x}, \quad v = \frac{\partial \Phi}{\partial y} \tag{12.83}$$

로 나타내어질 때, 함수 Φ를 흐름의 **속도퍼텐셜**(velocity potential)이라고 부른다. 이때,

$$\text{curl}\,\mathbf{v} = \nabla \times \mathbf{v} = \frac{\partial v}{\partial x} - \frac{\partial u}{\partial y} = \frac{\partial^2 \Phi}{\partial x \partial y} - \frac{\partial^2 \Phi}{\partial y \partial x} = 0 \tag{12.84}$$

이 된다. 위 식처럼 $\text{curl}\,\mathbf{v} = 0$이 되는 흐름을 회전이 발생하지 않는 흐름, 즉 와류가 생기지 않는 흐름이라고 한다. 더욱이, 유체의 밀도가 일정할 때 유체의 연속방정식에 의하여 $\text{div}\,\mathbf{v} = \nabla \cdot \mathbf{v} = 0$이 되기 때문에, **속도퍼텐셜** Φ는

$$\nabla^2 \Phi = \frac{\partial^2 \Phi}{\partial x^2} + \frac{\partial^2 \Phi}{\partial y^2} = 0 \tag{12.85}$$

인 **라플라스 방정식**[식 (8.35) 참조]을 만족한다. 그리고 위 식의 해인 함수 Φ를 **조화함수**(harmonic function)라고 부른다.

여기서, 흐름의 속도퍼텐셜 $\Phi(x, y)$를 실수부로 하는 해석(정칙)함수 $F(z)$를

$$F(z) = \Phi(x, y) + i\Psi(x, y) \tag{12.86}$$

로 하면, **코시-리만**(Cauchy-Riemann)**방정식**에 의하여

$$F'(z) = \frac{F(z)}{dz} = \frac{\partial \Phi}{\partial x} + i\frac{\partial \Psi}{\partial x} = \frac{\partial \Phi}{\partial x} - i\frac{\partial \Phi}{\partial y} = u - iv \tag{12.87}$$

가 된다. 위 식에서, $F(z)$를 흐름에 대한 **복소퍼텐셜**(complex potential), $\Psi(x, y)$를 **흐름함수**(stream function), $F'(z) = \frac{F(z)}{dz} = u - iv$를 **복소속도**라고 부른다. 그리고 복소속도를 알면, 원래의 속도를 알 수 있다.

해석(정칙)함수 $F(z)$에 의하여 각종 **유체흐름**을 기술할 수 있다. 이와 같이 해석(정칙)함수를 사용하여 2차원의 흐름을 연구하는 학문을 복소**유체역학**이라고 부른다.

연습문제

12.1 $z_1 = 4+6i$, $z_2 = 8-2i$에 대하여 다음 사칙연산을 하시오.

(1) $z_1 + z_2$ (2) $z_1 - z_2$

(3) $z_1 z_2$ (4) $\dfrac{z_1}{z_2}$

12.2 다음 복소수에 대응하는 각 점을 복소평면에 나타내시오.

$$-2,\ -4i,\ 6+2i,\ -2+4i,\ \overline{-2+4i},\ (6+2i)+(-2+4i),\ \ (6+2i)-(-2+4i)$$

12.3 다음 복소수의 절댓값을 구하시오.

(1) $z = -2\sqrt{3} - 6i$ (2) $z = 90$

(3) $z = 100i$

12.4 다음 관계식을 만족하는 범위를 복소평면에 그림으로 나타내시오.

(1) $2 \le |z-2-2i| < 4$ (2) $\dfrac{2}{7}\pi < \theta \le \dfrac{5}{7}\pi$

12.5 다음 복소수 z의 편각 $\arg z$를 구하시오. 단, 편각 $\arg z$의 범위는 $0 \le \arg z < 2\pi$이다.

(1) $z = -7\sqrt{3} + 7i$ (2) $z = -7i$

12.6 복소수 $z = -7\sqrt{3} + 7i$ 를 극형식으로 나타내시오. 단, 편각의 범위는 $0 \le \arg z < 2\pi$이다.

12.7 2개의 복소수를 $z_1 = -2-2i$, $z_2 = 2+2\sqrt{3}\,i$라 할 때, 다음 복소수를 극형식으로 나타내시오. 단, 편각 θ의 범위는 $0 < \theta \le 2\pi$이다.

(1) z_1 (2) z_2

(3) $z_1 z_2$ (4) $\dfrac{z_1}{z_2}$

12.8 다음 계산을 하시오.

(1) $(2\sqrt{3}+2i)^5$ (2) $(2-2i)^4$

12.9 다음 복소수를 $x+iy$의 형태로 나타내시오.

(1) $3e^{\pi i}$ (2) $3e^{\frac{\pi}{4}i}$

(3) $6e^{-\frac{\pi}{6}i}$

12.10 다음 복소수를 $Re^{i\theta}$의 형태로 나타내시오. 단, 편각의 범위는 $0 < \theta \le 2\pi$이다.

(1) $4\sqrt{3}+4i$ (2) $4-4i$

(3) -8 (4) $6i$

12.11 $z^3 = 2-2i$의 해를 구하고 그림으로 나타내시오. 단, 편각 θ의 범위는 $0 \le \theta < 2\pi$이다.

12.12 다음 식이 표현하는 영역을 그림으로 나타내고, 개집합인가 폐집합인가를 판정하시오. 단, $z = x+iy$이다.

(1) $|z-2| \le 2$

(2) $|\mathrm{Re}\ z| > 2$

(3) $2 < |z| < 4$

12.13 w평면상의 다음 복소함수는 z평면상의 점 z에 어떤 형태의 복소수를 대응시킨 함수인가를 설명하시오. 또한, $z_1=6$, $z_2=-3-3i$에 대응하는 w평면상의 복소수 w_1, w_2를 각각 구하시오.

(1) $w=\dfrac{1+i}{3}z-2+i$ (2) z^3

12.14 복소함수 $w=\dfrac{1}{z}$에 대하여, 다음 물음에 답하시오.

(1) $z=x+iy$, $w=u+iv$일 때, u, v를 x, y의 함수로 나타내시오.

(2) z평면에서 원점을 중심으로 한 원 $|z|=R\ (R>0)$은 z평면상의 어떤 도형에 대응하는가를 설명하시오.

(3) z평면에서 원점을 끝점으로 한 반직선 $\arg z=\theta$는 z평면상의 어떤 도형에 대응하는가를 설명하시오.

12.15 다음 복소수 z에 대하여, 복소함수 $w=e^z$를 w평면에 나타내시오.

(1) $z=3+i\dfrac{7\pi}{3}$ (2) $z=3-i\dfrac{\pi}{3}$

(3) $z=-3+i\dfrac{\pi}{3}$

12.16 다음 복소삼각함수의 값을 구하시오.

(1) $\cos i\dfrac{\pi}{2}$ (2) $\sin\left(\dfrac{\pi}{2}-2i\right)$

(3) $\cosh\left(1-i\dfrac{\pi}{2}\right)$

12.17 다음 로그함수의 값을 전부 구하고 주값을 계산하시오.

(1) $\ln(6)$ (2) $\ln(4i)$

(3) $\ln(-2e)$ (4) $\ln(2-2\sqrt{3}i)$

12.18 다음 복소수의 값을 전부 구하시오.

(1) $4^{\frac{i}{2}}$ (2) 6^{1+i}

(3) $(2+2i)^i$

12.19 다음 복소함수의 수렴 · 발산 여부를 판정하고, 수렴할 때에는 그 극한값을 구하시오.

(1) $\lim\limits_{z \to 0} \dfrac{2z^3}{|z|^3}$ (2) $\lim\limits_{z \to 2i} \dfrac{z^2+4}{z-2i}$

12.20 코시-리만(Cauchy-Riemann)방정식을 사용하여, 다음 복소함수가 해석적인지 아닌지를 판정하고, 해석적이면 그 도함수를 구하시오.

(1) $f(z)=2z^3$ (2) $f(z)=4|z|^2$

12.21 다음 복소함수의 도함수를 구하시오.

(1) $f(z)=2z+\dfrac{1}{z}$ (2) $f(z)=\dfrac{2}{(1-z)^2}$

12.22 다음 복소지수함수의 도함수를 구하시오.

(1) $f(z)=4e^{3z}-6e^{i3z}$ (2) $f(z)=2(1+e^{iz})^3$

12.23 다음 복소삼각함수의 도함수를 구하시오.

(1) $\sin z$ (2) $\tan z$

(3) $\cos(iz)$

CHAPTER

13 복소함수의 적분

13.1 복소평면에서의 선적분

(1) 복소평면상의 곡선

매개변수(parameter, 9.1절 참조)로 t를 사용하여 나타낸 함수 $x(t)$, $y(t)$가 연속일 때, 복소평면상의 점

$$z = x(t) + iy(t) \ (\alpha_1 \leq t \leq \alpha_2) \tag{13.1}$$

는 복소평면상에서 **곡선** C를 그린다. 이 곡선 C를 $z = z(t)$라고 나타낸다. $\alpha_1 \leq t \leq \alpha_2$를 곡선 C의 **정의역**이라고 부른다. $z(\alpha_1)$을 **시작점**, $z(\alpha_2)$를 **끝점**이라고 부른다. 매개변수 t의 증가와 함께 점 $z(t)$가 이동하는 **방향**을 곡선 C의 방향이라고 부른다. 또한, 곡선 C의 **역방향** 곡선을 $-$C로 나타낸다.

예를 들면, 매개변수 t를 사용하여 $z = \alpha + Re^{it} (R > 0, 0 \leq t \leq 2\pi)$로 나타내어지는 곡선을 C라 하자. 이때,

$$\begin{aligned} |z - \alpha| = |Re^{it}| = R|e^{it}| = R|\cos t + i \sin t| \\ = R\sqrt{\cos^2 t + \sin^2 t} = R \end{aligned} \tag{13.2}$$

이기 때문에, 곡선 C는 점 α를 중심으로 한 반지름이 R인 원[그림 13.1(a)]이다. 이때, 곡선 C의 역방향 곡선 $-$C는 $z = \alpha + Re^{-it} (R > 0, 0 \leq t \leq 2\pi)$로 나타내어진다[그림 13.1(b) 참조].

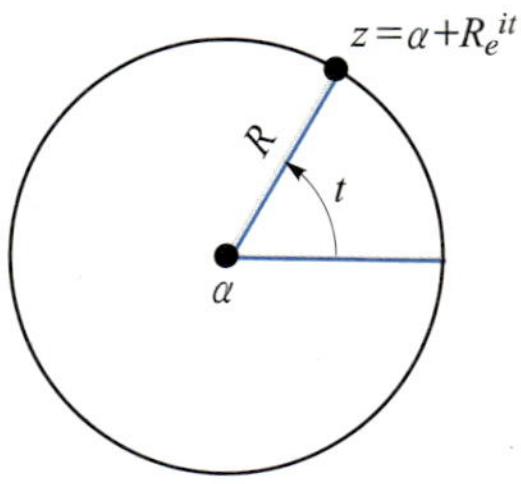

(a) $z=\alpha+Re^{it}$

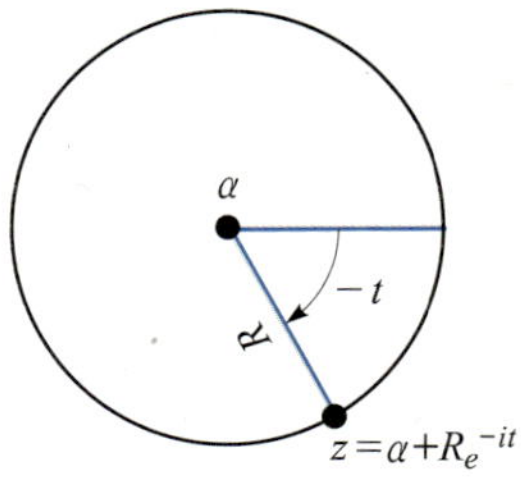

(b) $z=\alpha+Re^{-it}$

그림 13.1 복소평면에서 곡선의 방향표현

복소평면상의 곡선 $z=x(t)+iy(t)$에 대하여 $x(t)$, $y(t)$의 도함수가 존재하고 연속일 때, 이 곡선 C를 **매끄러운 곡선**(smooth curve)이라 부른다. 따라서 매끄러운 곡선에서는

$$\dot{z}(t)=\frac{dz}{dt}=\frac{dx}{dt}+i\frac{dy}{dt}\neq 0 \tag{13.3}$$

이 된다. 식 (13.3)의 조건은 t를 시간으로 하여 $z=z(t)$를 점의 운동이라고 생각할 때, 이 운동은 정지하지 않는 것을 의미한다.

2개의 매끄러운 곡선 C_1, C_2에 대하여 C_1의 끝점과 C_2의 시작점이 일치할 때, C_1과 C_2를 연결하여 얻어진 곡선을 C_1+C_2로 나타낸다. 3개 이상의 곡선을 연결할 때에도 같은 방법으로 정한다. 즉 C_1, C_2, $\cdots$, C_n이 매끄러운 곡선일 때, $C=C_1+C_2+\cdots+C_n$에 의하여 정해지는 곡선 C를 **구분적으로**(piecewise) **매끄럽다**고 말한다.

(2) 복소선적분

곡선 C를 포함한 영역에서 정의된 복소함수 $f(z)$의 곡선 C를 따라가는 적분을 고려해 보자. 이 경우, 복소함수 내의 이 곡선 C를 **적분경로**(path of integration)라고 부른다. 곡선 C가 $z=z(t)\,(\alpha_1\le t\le \alpha_2)$로 표현될 때, 구간 α_1, α_2의 **분할**(partition)과 분할되어진 소구간에 포함된 점 t_m을

$$\alpha_1=k_0<k_1<k_2<\cdots<k_n=\alpha_1,\ k_{m-1}\le t_m\le k_m\,(m=1,2,\cdots,n)$$

이라 하고, $\Delta t_m=k_m-k_{m-1}$, $\Delta z_m=z(k_m)-z(k_{m-1})$이라 놓는다. 이때, $f(z(t_m))$과 Δz_m의 **곱**의 전체 **합** $\sum_{m=1}^{n} f(z(t_m))\Delta z_m$의 $n\to\infty$, 즉 주어진 구간을 임의대로 작게

세분하였을 때의 **극한값**

$$\lim_{n \to \infty} \sum_{m=1}^{n} f(z(t_m)) \Delta z_m \tag{13.4}$$

이 존재한다면, 이 극한값을 곡선 C를 따라가는 복소함수 $f(z)$의 **선적분**(line integration 또는 단순히 **적분**)이라 부르고 다음과 같이 나타낸다.

$$\int_C f(z) dz \tag{13.5}$$

복소함수의 선적분(적분)을 실함수의 적분과 구별하여 **복소선적분**(또는 단순히 **복소적분**)이라 부른다. 또한, 실함수의 적분을 **실적분**이라 부른다.

$f(z)$가 연속이면, **극한값** 식 (13.4)가 존재한다는 것을 알 수 있다. **극한값** 식 (13.4)를

$$\lim_{n \to \infty} \sum_{m=1}^{n} f(z(t_m)) \Delta z_m = \lim_{n \to \infty} \sum_{m=1}^{n} f(z(t_m)) \frac{\Delta z_m}{\Delta t_m} \Delta z_m \tag{13.6}$$

으로 변형하면, 우변은 $f(z(t)) \dfrac{dz}{dt}$의 적분이기 때문에 다음 정리가 성립한다.

13.1 복소선적분(복소적분)

곡선 C가 $z = z(t)$ $(\alpha_1 \leq t \leq \alpha_2)$로 표현될 때, 연속인 복소함수 $f(z) = w$의 곡선 C를 따라가는 **선적분**(또는 단순히 **적분**)은 다음과 같이 된다.

$$\int_C f(z) dz = \int_{\alpha_1}^{\alpha_2} f(z(t)) \frac{dz}{dt} dt \tag{13.7}$$

위의 식처럼, 복소적분에서도 실적분과 같은 방법으로 $dz = \dfrac{dz}{dt} dt$를 구하여 계산하는 것이 가능하다. 한편, 주어진 함수 $f(z)$를 서로 다른 경로를 따라 점 α_1에서 점 α_2까지 적분하면 일반적으로 다른 값이 얻어진다. 이것은 복소적분이 경로의 양 끝점에 의존할 뿐만 아니라 경로 자체에도 의존하는 것, 즉 일반적으로 **경로 의존성**을 보여준다.

반면에, 복소적분이 경로의 양 끝점에만 의존하고 경로의 선택에 의존하지 않을 때, 즉 점 α_1부터 점 α_2에 이르는 모든 경로에서의 $f(z)$ 적분이 같은 값을 줄 때, $f(z)$ 적분은 **경로에 독립**이라고 한다. 이 경우, 양 끝점은 고정한 상태로 적분 경로를 연속적으로 변형할 수 있다. 변형경로가 항상 $f(z)$가 해석적(정칙)인 점만 포함하는 한, 적분의 값은 어떠한 경로를 선택하여도 같은 값을 유지한다. 이것을 **경로변경의 원리**라고 하며 예제 13.2와 13.2절의 **코시**(Cauchy)**적분정리**에서 더 자세히 알아본다.

예제 13.1

곡선 C를 따라가는 다음 복소적분의 값을 구하시오.

(1) $\int_C 2z^2 dz$, C : $z=1+it\ (0\le t\le 1)$

(2) $\int_C \frac{3}{(z-1)^2}dz$, C : $z=1+e^{it}\ (0\le t\le \pi)$

풀이

(1) $z=1+it$일 때,

$$dz=\frac{dz}{dt}dt=i\,dt,\quad z^2=(1+it)^2=1+i2t+(it)^2=1-t^2+i2t$$

이다. 따라서 식 (13.7)에 의하여, 구하고자 하는 복소적분의 값은 다음과 같이 된다.

$$\int_C 2z^2dz=\int_0^1 2(1-t^2+i2t)\,i\,dt=-\int_0^1 4t\,dt+\int_0^1 2(1-t^2)\,dt$$
$$=-2+\frac{4}{3}i$$

(2) $z=1+e^{it}$일 때,

$$dz=\frac{dz}{dt}dt=ie^{it}dt,\quad \frac{3}{(z-1)^2}=\frac{3}{[(1+e^{it})-1]^2}=\frac{3}{(e^{it})^2}=3e^{-i2t}$$

이다. 따라서 식 (13.7)에 의하여, 구하고자 하는 복소적분의 값은 다음과 같이 된다.

$$\int_C \frac{3}{(z-1)^2}dz=\int_0^\pi 3e^{-i2t}\,ie^{it}dt=3i\int_0^\pi e^{-it}dt$$
$$=3i\left[-\frac{1}{i}e^{-it}\right]_0^\pi=-3(e^{-\pi i}-e^0)=-3\{\cos(-\pi)+i\sin(-\pi)-1\}$$
$$=6$$

(3) 복소적분의 성질

지금부터는 복소적분을 단순히 적분이라고 말한다. 실적분과 유사하게,

$$\int_{C} \kappa f(z)dz = \kappa \int_{C} f(z)dz \ (\kappa\text{는 상수}) \tag{13.8a}$$

$$\int_{C} [f_1(z) \pm f_2(z)]dz = \int_{C} f_1(z)dz \pm \int_{C} f_2(z)dz \ (\text{부호동순}) \tag{13.8b}$$

가 성립한다. 즉, 적분은 **선형연산**(linear operation)이다. 또한, **역방향**의 곡선 $-C$를 따라가는 적분 및 곡선 $C=C_1+C_2$를 따라가는 $f(z)$의 **경로 분할**(partitioning of path) 적분에 대하여,

$$\int_{-C} f(z)dz = -\int_{C} f(z)dz \tag{13.9a}$$

$$\int_{C} f(z)dz = \int_{C_1+C_2} f(z)dz = \int_{C_1} f(z)dz + \int_{C_2} f(z)dz \tag{13.9b}$$

가 성립한다. 그리고 복소적분의 정의에 있어서 식 (12.14)의 **삼각부등식**과 $\Delta t_m > 0$이라는 것을 이용하면,

$$\begin{aligned} &\left| \sum_{m=1}^{n} f(z(t_m))\Delta z_m \right| \\ &\leq \sum_{m=1}^{n} \left| f(z(t_m)) \frac{\Delta z_m}{\Delta t_m} \Delta t_m \right| - \sum_{m=1}^{n} |f(z(t_m))| \left| \frac{\Delta z_m}{\Delta t_m} \right| \Delta t_m \end{aligned} \tag{13.10a}$$

이 성립한다. 따라서 다음 부등식이 성립한다.

$$\left| \int_{C} f(z)dz \right| \leq \int_{\alpha_1}^{\alpha_2} |f(z(t))| \, |z'(t)| \, dt \tag{13.10b}$$

예제 13.2

다음 그림과 같은 경로 C_0, C_1, C_2를 따라가는 적분 $\int_C 6z^2dz$의 값을 구하시오. 단, 경로 C_0은 원점으로부터 $z=1+i$까지 진행하는 1개의 선분이다. 경로 C_1은 원점으로부터 실축을 따라 $z=1$까지 진행한 후에 수직으로 $z=1+i$까지 진행한다. 경로 C_2는 원점으로부터 $z=\sqrt{2}$까지 실축상을 진행한 후에 원점을 중심으로 한 반지름이 $\sqrt{2}$인 원주상을 $z=1+i$까지 진행한다.

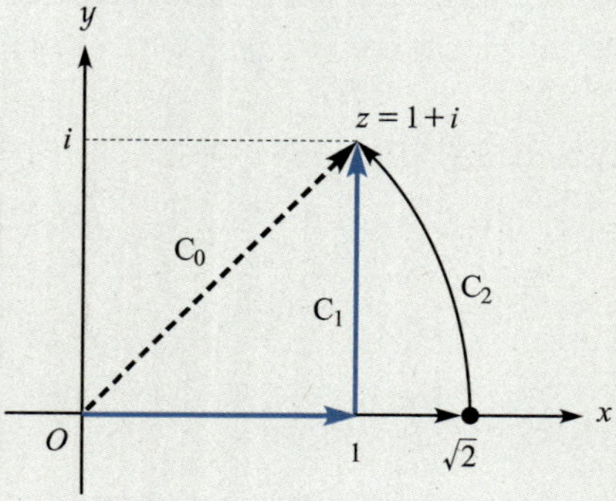

그림 예제 13.2

풀이

(1) 경로 C_0을 따라가는 적분

xy평면상에서 직선의 식 $y=(1+i)x$를 참고로 하여, 복소평면상의 경로 C_0의 직선을 매개변수 t를 사용하며 나타내면 $C_0 : z=(1+i)t \ (0 \le t \le 1)$가 된다. 따라서

$$dz = \frac{dz}{dt}dt = (1+i)\,dt$$

$$6z^2 = 6[(1+i)t]^2 = 6(1+2i+i^2)t^2 = 6(1+2i-1)t^2 = i12t^2$$

이다. 그러므로 식 (13.7)에 의하여, 구하고자 하는 적분의 값은 다음과 같이 된다.

$$\int_C 6z^2dz = \int_0^1 (i12t^2)(1+i)\,dt = 12i(1+i)\int_0^1 t^2dt = 12(i-1)\left[\frac{1}{3}t^3\right]_0^1$$
$$= 4(i-1)$$

(2) 경로 C_1을 따라가는 적분

복소평면상의 경로 C_1을 다음과 같이 경로를 $C_{1,1}$과 $C_{1,2}$로 분할한 후에 매개변수 t를 사용하며 나타내면,

원점으로부터 실축을 따라 $z=1$까지 진행하는 경로 $C_{1,1}$: $z=t \ (0 \le t \le 1)$

$z=1$로부터 $z=1+i$까지 진행하는 경로 $C_{1,2}$: $z=1+it \ (0 \le t \le 1)$

가 된다. 이 경우, $C_1 = C_{1,1}+C_{1,2}$이므로 식 (13.9b)를 사용하여 계산하면

$$\int_{C_1} 6z^2dz = \int_{C_{1,1}} 6z^2dz + \int_{C_{1,2}} 6z^2dz = \int_0^1 6t^2dt + \int_0^1 6(1+it)^2 i dt$$

$$= [2t^3]_0^1 + \int_0^1 6(i-2t-it^2)dt = 2 + 6\left[it - t^2 - \frac{i}{3}t^3\right]_0^1$$
$$= 4(i-1)$$

을 얻는다.

(3) 경로 C_2을 따라가는 적분

복소평면상의 경로 C_2을 다음과 같이 경로를 $C_{2,1}$과 $C_{2,2}$로 분할한 후에 매개변수 t를 사용하며 나타내면,

원점으로부터 실축을 따라 $z=\sqrt{2}$ 까지 진행하는 경로 $C_{2,1}$: $z=t$ $(0 \le t \le \sqrt{2})$

$z=\sqrt{2}$ 로부터 $z=1+i$까지 원주상을 진행하는 경로 $C_{2,2}$: $z=\sqrt{2}e^{it}$ $\left(0 \le t \le \frac{\pi}{4}\right)$

가 된다. 이 경우, $C_2 = C_{2,1}+C_{2,2}$이므로 식 (13.9b)를 사용하여 계산하면

$$\int_{C_2} 6z^2dz = \int_{C_{2,1}} 6z^2dz + \int_{C_{2,2}} 6z^2dz = \int_0^{\sqrt{2}} 6t^2dt + \int_0^{\frac{\pi}{4}} 6(\sqrt{2}e^{it})^2 i\sqrt{2}e^{it}dt$$
$$= [2t^3]_0^{\sqrt{2}} + \int_0^{\frac{\pi}{4}} i12\sqrt{2}e^{i3t}dt = 4\sqrt{2} + 12\sqrt{2}\left[\frac{1}{3}e^{i3t}\right]_0^{\frac{\pi}{4}}$$
$$= 4\sqrt{2} + 4\sqrt{2}[\cos(3t) + i\sin(3t)]_0^{\frac{\pi}{4}}$$
$$= 4\sqrt{2} + 4\sqrt{2}[\cos\frac{3\pi}{4} + i\sin\frac{3\pi}{4} - \cos 0 - i\sin 0]$$
$$= 4\sqrt{2} + 4\sqrt{2}[-\frac{\sqrt{2}}{2} + \frac{\sqrt{2}}{2}i - 1]$$
$$= 4(i-1)$$

을 얻는다.

이와 같이 구한 적분의 값은 어떤 경로를 선택하여도 같은 값을 보여주고 있다. 이것은 함수 $f(z)=6z^2$이 해석적(정칙)인 경우에는 경로에 관계없이 경로의 양 끝점에만 의존하는, 즉 **경로에 독립**인 **경로변경의 원리**를 보여주고 있다.

(4) 단일 폐곡선을 따라가는 적분

시작점과 끝점이 일치하는 곡선을 **폐곡선**(closed curve, **폐경로**, **닫힌 경로**)이라고 부른다. 또한, 자신과 교차하지 않는 폐곡선을 **단일 폐곡선**이라고 부른다. 단일 폐곡선 C는 자동적으로 내부에 영역 D가 정해지고, 곡선 C를 따라가는 진행일 때 좌측에 내부 D가 보이면, 곡선 C는 **양의 방향**(positive direction)을 갖는다고 한다. 그리고 이것과 역방향을 **음의 방향**(negative direction)이라고 한다.

예를 들면, 점 α를 중심으로 한 반지름이 R인 원

$$z = \alpha + Re^{i\theta} \ \ (R > 0,\ 0 \leq \theta \leq 2\pi) \tag{13.11}$$

는 그림 13.2와 같이 θ의 증가와 함께 점 $z = z(\theta)$가 반시계방향으로 회전하고 좌측에 내부영역 D가 보이기 때문에, 양의 방향을 갖는 단일 폐곡선이다. 이와 같이 단일 폐곡선은 일반적으로 양의 방향을 갖고 있으며, 원을 표현할 때는 변수 θ를 **매개변수**로 사용하는 경우가 많다. 단일 폐곡선과 같이 **단순 닫힌 경로**(simple closed path)를 **윤곽선**(contour)이라 하고, 그러한 경로를 따라가는 적분을 **윤곽선 적분**(contour integral)이라고 부른다. 그리고 만약 적분 경로가 폐곡선이면, 적분기호로 $\int_C f(z)dz$ 또는 $\oint_C f(z)dz$를 사용한다.

따라서 그림 13.2의 원 $|z-\alpha| = R$을 양의 방향으로 일주하는 곡선 $z = \alpha + Re^{i\theta}$ $(0 \leq \theta \leq 2\pi)$를 따라가는 복소함수 $f(z)$의 적분(윤곽선 적분)을 다음과 같이 표기한다.

$$\oint_{|z-\alpha|=R} f(z)dz \tag{13.12}$$

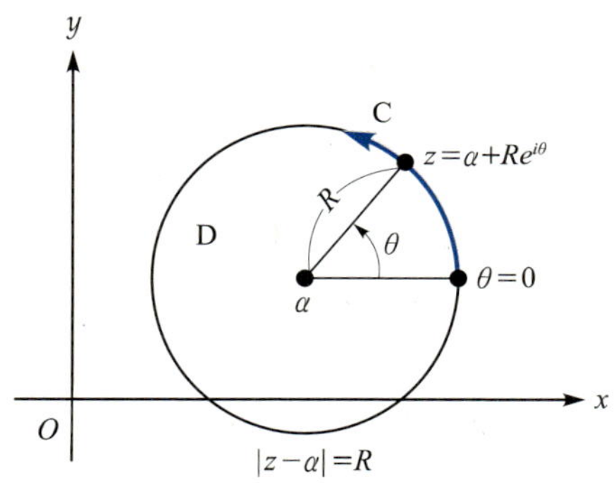

그림 13.2 곡선 $z = \alpha + Re^{i\theta}$ $(R > 0, 0 \leq \theta \leq 2\pi)$의 경로

예제 13.3

임의의 점 α에 대하여, 다음 식이 성립함을 설명하시오. 단, R은 양의 상수이다.

$$\oint_{|z-\alpha|=R} \frac{1}{z-\alpha}dz = 2\pi i$$

풀이

주어진 적분은 원 $z=\alpha+Re^{i\theta}(R>0,\ 0\le\theta\le 2\pi)$를 따라가는 적분(윤곽선적분)이다. 이 원 위에서는

$$dz=\frac{dz}{d\theta}d\theta=iRe^{i\theta}d\theta,\ z-\alpha=Re^{i\theta}$$

이다. 따라서 다음 식이 성립한다.

$$\oint_C \frac{1}{z-\alpha}dz=\oint_{|z-\alpha|=R}\frac{1}{z-\alpha}dz=\int_0^{2\pi}\frac{1}{Re^{i\theta}}iRe^{i\theta}d\theta=i\int_0^{2\pi}d\theta=i[\theta]_0^{2\pi}$$
$$=2\pi i$$

13.2 코시(Cauchy) 적분정리

복소함수 $f(z)$는 단일 폐곡선 C 및 그의 내부영역에서 해석적(정칙)이라고 하자. 이때, $f(z)$의 C를 따라가는 적분(윤곽선적분)을 고려해 보자. 예를 들면, 해석적인 함수 $f(z)=z^2$의 단일 폐곡선 $|z|=R$(R은 양의 상수)을 따라가는 적분(윤곽선적분)을 구할 수 있다. $|z|=R$은 원점을 중심으로 한 반지름이 R인 원이기 때문에, $z=Re^{i\theta}\ (0\le\theta\le 2\pi)$로 표현된다. 이 곡선상에서

$$dz=\frac{dz}{d\theta}d\theta=iRe^{i\theta}d\theta,\ z^2=(Re^{i\theta})^2=R^2e^{i2\theta}$$

가 되기 때문에, $f(z)=z^2$의 $|z|=R$을 따라가는 적분의 값은 다음과 같이 된다.

$$\oint_{|z|=R} z^2dz=\int_0^{2\pi}R^2e^{i2\theta}iRe^{i\theta}d\theta=iR^3\int_0^{2\pi}e^{i3\theta}d\theta$$
$$=iR^3\left[\frac{1}{3i}\theta^{i3\theta}\right]_0^{2\pi}$$
$$=0$$

일반적으로, 함수 $f(z)$가 단일 폐곡선 C 및 그의 내부영역에서 해석적(정칙)일 때, C를 따라가는 $f(z)$의 적분은 항상 0이 된다. 이것에 관한 다음의 **코시**(Cauchy)**적분정리**는 복소함수론에서 중요한 정리의 하나가 된다.

13.2 코시(Cauchy)적분정리 I

함수 $f(z)$가 단일 폐곡선 C 및 그의 내부영역에서 해석적(정칙)일 때, 다음 식이 성립한다.

$$\oint_C f(z)dz = 0 \tag{13.13}$$

증명

$f(z)=u(x,y)+iv(x,y)$라 하자. 폐곡선 C가 $z=x(t)+iy(t)\ \ (\alpha_1 \le t \le \alpha_2)$로 표현될 때,

$$\begin{aligned}\oint_C f(z)dz &= \int_{\alpha_1}^{\alpha_2} [u(x(t),y(t))+iv(x(t),y(t))]\frac{dz}{dt}dt \\ &= \int_{\alpha_1}^{\alpha_2} [u(x(t),y(t))+iv(x(t),y(t))](\frac{dx}{dt}+i\frac{dy}{dt})dt \\ &= \int_{\alpha_1}^{\alpha_2} [u(x(t),y(t))\frac{dx}{dt}-v(x(t),y(t))\frac{dy}{dt}]dt \\ &\quad +i\int_{\alpha_1}^{\alpha_2} [v(x(t),y(t))\frac{dx}{dt}+u(x(t),y(t))\frac{dy}{dt}]dt \\ &= \oint_C (udx-vdy)+i\oint_C (vdx+udy)\end{aligned}$$

가 된다. 따라서 곡선 C의 내부영역을 D라고 하면, **그린**(Green)**의 정리** 식 (9.62)에 의하여

$$\begin{aligned}\oint_C f(z)dz &= \oint_C (udx-vdy)+i\oint_C (vdx+vdy) \\ &= \iint_D (-\frac{\partial v}{\partial x}-\frac{\partial u}{\partial y})\,dxdy + i\iint_D (\frac{\partial u}{\partial x}-\frac{\partial v}{\partial y})\,dxdy\end{aligned}$$

이다. $f(z)$가 해석적(정칙)이기 때문에, u, v는 **코시-리만**(Cauchy-Riemann)**방정식**[식 (12.79) 참조]

$$\frac{\partial u}{\partial x}=\frac{\partial v}{\partial y},\ \frac{\partial v}{\partial x}=-\frac{\partial u}{\partial y}$$

를 만족한다. 따라서 $\oint_C f(z)dz=0$ 이 성립한다.

내부에 해석적(정칙)이지 않는 점을 포함하지 않는 함수의 경우는 **코시**(Cauchy)**적분정리 I**을 적용할 수 없기 때문에, 단일 폐곡선을 따라가는 적분(윤곽선 적분)의 값이 반드시 0이라고는 할 수 없다. 예를 들면, $f(z)=\dfrac{1}{z-\alpha}$는 원 $|z-\alpha|=1$의 내부의 점 $z=\alpha$에서 해석적(정칙)이지 않기 때문에 $f(z)=\dfrac{1}{z-\alpha}$의 $|z-\alpha|=1$을 따라가는 적분(윤곽선 적분)의 값은 0이 아니고 다음과 같이 된다(예제 13.2 참조).

$$\oint_{|z-\alpha|=1}\frac{1}{z-\alpha}dz=\int_0^{2\pi}\frac{1}{e^{i\theta}}ie^{i\theta}d\theta=i\int_0^{2\pi}d\theta=i[\theta]_0^{2\pi}=2\pi i$$

함수 $f(z)$가 점 $z=\alpha$에서 해석적(정칙)이지 않을 때, 즉 $f(z)$가 점 $z=\alpha$에서 미분가능하지 않을 때 점 α를 **특이점**(singular point)이라고 부른다. 단일 폐곡선 C의 내부에 $f(z)$의 특이점이 존재하는 경우, C를 따라가는 적분(윤곽선 적분)에 대하여 다음의 **코시**(Cauchy)**적분정리 II**가 성립한다.

13.3 코시(Cauchy)적분정리 II

곡선 C를 단일 폐곡선이라고 하자.

1) 그림 13.3(a)와 같이 C_1을 C의 내부에 포함되어 있는 단일 폐곡선이라 하면, 함수 $f(z)$가 C의 내부영역 D[그림 13.3(a)에서 파란색 부분] 및 경계선상에서 해석적(정칙)일 때 다음 식이 성립한다.

$$\oint_C f(z)dz = \oint_{C_1} f(z)dz \tag{13.14}$$

2) C의 내부에 포함되어 있는 곡선 $C_1, C_2, \cdots, C_n$을 그림 13.3(b)와 같이 서로서로 외부에 있는 단일 폐곡선이라 하면, 함수 $f(z)$가 C의 내부영역 D[그림 13.3(b)에서 파란색 부분] 및 경계선상에서 해석적(정칙)일 때 다음 식이 성립한다.

$$\oint_C f(z)dz = \sum_{m=1}^{n} \oint_{C_m} f(z)dz \tag{13.15}$$

증명

위의 적분정리 2)에서 $n=2$인 경우를 나타내 보자. 곡선 C, C_1, C_2는 그림 13.3(C)와 같이 나타내고, 그림 13.3(d), (e)의 경로를 따라가는 적분(윤곽선 적분)을 고려해 보자. 그림 13.3(d), (e)의 내부에서 함수 $f(z)$가 해석적(정칙)이기 때문에,

$$\oint_{C_\beta + C'_1 + C_{1\beta} + C'_2 + C_{2\beta} + C'_3} f(z)dz = 0 \tag{13.16}$$

$$\oint_{C_\gamma + (-C'_3) + C_{2\gamma} + (-C'_2) + C_{1\gamma} + (-C'_1)} f(z)dz = 0 \tag{13.17}$$

이 성립한다. 식 (13.16), (13.17)은 그림 13.3(C)의 윤곽선 적분을 각각 6개의 곡선을 따라가는 적분의 합으로 분해한 것이다. $C_\beta + C_\gamma = C$, $C_{1\beta} + C_{1\gamma} = -C_1$, $C_{2\beta} + C_{2\gamma} = -C_2$이고, 식 (13.16)과 (13.17)을 합하면 C'_1, C'_2, C'_3상의 적분은 서로서로 없어지므로

$$\oint_C f(z)dz + \oint_{-C_1} f(z)dz + \oint_{-C_2} f(z)dz = 0 \tag{13.18}$$

이 얻어진다. 따라서

$$\oint_{C} f(z)dz = \oint_{C_1} f(z)dz + \oint_{C_2} f(z)dz \tag{13.19}$$

가 성립한다. 다른 경우도 같은 방법으로 나타내는 것이 가능하다.

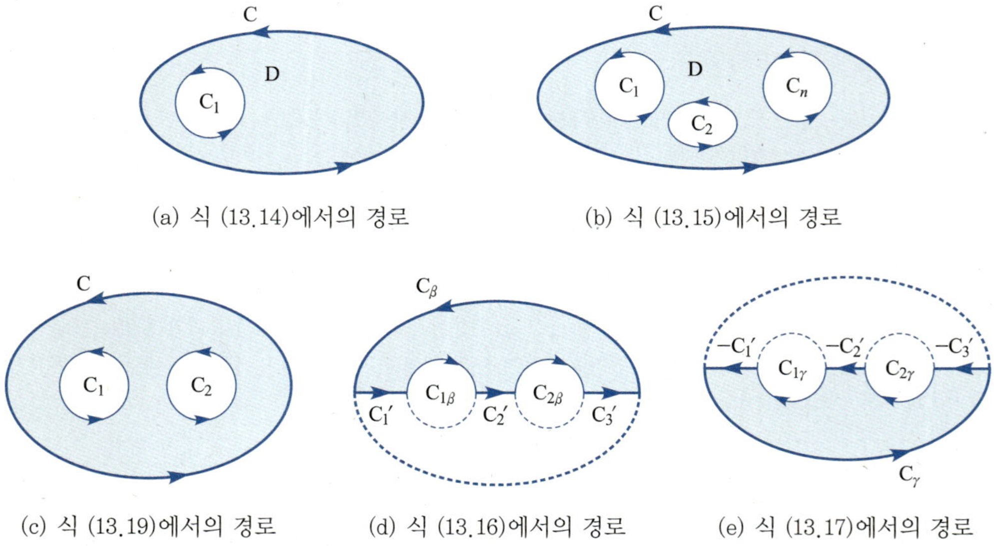

그림 13.3 코시(Cauchy)적분정리 II에 있어서 곡선의 내부영역과 경로

예제 13.4

곡선 C가 $z=6$을 내부에 포함하는 단일 폐곡선일 때, C를 따라가는 적분(윤곽선적분) $\oint_{C} \frac{z}{z-6}dz$의 값을 구하시오.

풀이

$f(z) = \frac{z}{z-6}$ 라고 놓으면 $f(z)$의 특이점은 $z=6$이고, 그 이외의 점에서는 해석적(정칙)이다. 다음 그림과 같이 $z=6$을 중심으로 한 원 $|z-6| = R$ (R은 양의 상수)이 곡선 C의 내부에 포함되어 있다고 선택한다. 이때, 코시(Cauchy)적분정리 II에 의하여

$$\oint_{C} \frac{z}{z-6}dz = \oint_{|z-6|=R} \frac{z}{z-6}dz$$

이다.

원 $|z-6| = R$은 $z = 6 + Re^{i\theta}$ $(R>0,\ 0 \le \theta \le 2\pi)$로 표현될 수 있기 때문에,

$$dz = \frac{dz}{d\theta}d\theta = iRe^{i\theta}d\theta, \quad \frac{z}{z-6} = \frac{6+Re^{i\theta}}{Re^{i\theta}}$$

가 된다. 따라서 구하고자 하는 적분은 다음과 같이 된다.

$$\oint_C \frac{z}{z-6}dz = \oint_{|z-6|=R} \frac{z}{z-6}dz = \int_0^{2\pi} \frac{6+Re^{i\theta}}{Re^{i\theta}} iRe^{i\theta}d\theta = i\int_0^{2\pi} (6+Re^{i\theta})\,d\theta$$

$$= i\left[6\theta + \frac{1}{i}Re^{i\theta}\right]_0^{2\pi} = 12\pi i$$

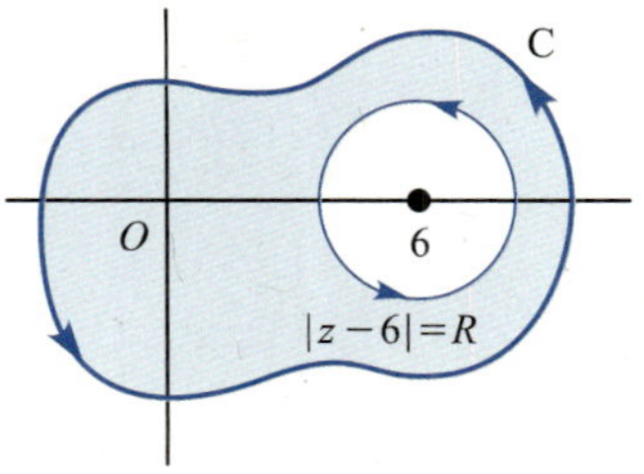

코시(Cauchy)**적분정리** II에서는 특이점을 내부에 포함하는 단일 폐곡선을 따라가는 적분(윤곽선적분)의 값이 특이점을 둘러싼 단일 폐곡선을 따라가는 적분(윤곽선적분)의 값을 더한 것 등과 같다고 설명하고 있다. 계산의 편이를 위하여, 위의 예제 13.3처럼 특이점을 둘러싼 단일 폐곡선을 원으로 선택하는 경우가 많다. 예제 13.3에서 원의 반지름 R은 원이 곡선 C의 내부에 포함되어 있으면 어떻게 선택하여도 구한 **윤곽선 적분**의 값은 변하지 않는다.

13.3 코시(Cauchy) 적분공식

(1) 코시(Cauchy)적분공식

코시(Cauchy)**적분정리**로부터 다음의 **코시**(Cauchy)**적분공식**이 얻어진다.

13.4 코시(Cauchy)적분공식 I

곡선 C를 단일 폐곡선이라고 하자.

1) 함수 $f(z)$가 곡선 C의 내부영역(그림 13.4에서 파란색 부분) 및 경계선에서 해석적(정칙)일 때, 곡선 C의 내부 임의의 점 α에 대하여 다음 식이 성립한다.

$$f(\alpha)=\frac{1}{2\pi i}\oint_{C}\frac{f(z)}{z-\alpha}dz \tag{13.20}$$

2) 그림 13.5와 같이 곡선 C_1을 C의 내부에 포함된 단일 폐곡선이라고 하자. 함수 $f(z)$가 곡선 C의 내부영역(그림 13.5에서 파란색 부분) 및 경계선상에서 해석적(정칙)일 때, 곡선 C의 내부 임의의 점 α에 대하여 다음 식이 성립한다.

$$f(\alpha)=\frac{1}{2\pi i}\left[\oint_{C}\frac{f(z)}{z-\alpha}dz-\oint_{C_1}\frac{f(z)}{z-\alpha}dz\right] \tag{13.21}$$

증명

1) 양의 상수인 R을 작게 만들어 점 α를 중심으로 한 반지름이 R인 원 $|z-\alpha|=R$이 그림 13.4와 같이 단일 폐곡선 C의 내부에 포함되도록 한다. $\dfrac{f(z)}{z-\alpha}$는 곡선 C의 내부영역(그림 13.4에서 파란색 부분) 및 경계선에서 해석적(정칙)이기 때문에, **코시**(Cauchy)**적분정리 II 1)**에 의하여

$$\oint_{C}\frac{f(z)}{z-\alpha}dz=\oint_{|z-\alpha|=R}\frac{f(z)}{z-\alpha}dz$$

가 성립한다. 원 $|z-\alpha|=R$은 $z=\alpha+Re^{i\theta}(R>0,\ 0\le\theta\le 2\pi)$로 표현되어지고,

$$dz=\frac{dz}{d\theta}d\theta=iRe^{i\theta}d\theta,\ z-\alpha=Re^{i\theta}$$

가 되기 때문에,

$$\begin{aligned}\oint_{C}\frac{f(z)}{z-\alpha}dz&=\oint_{|z-\alpha|=R}\frac{f(z)}{z-\alpha}dz\\&=\int_0^{2\pi}\frac{f(\alpha+Re^{i\theta})}{Re^{i\theta}}iRe^{i\theta}d\theta=i\int_0^{2\pi}f(\alpha+Re^{i\theta})\,d\theta\end{aligned} \tag{13.22}$$

가 된다. 함수 $f(z)$는 연속이기 때문에, $R\to 0$일 때 $f(\alpha+Re^{i\theta})\to f(\alpha)$가 된다. 식 (13.22)의 적분 값은 R의 크기에 무관하기 때문에 $R\to 0$으로 해도 성립한다. 따라서

$$\oint_{C}\frac{f(z)}{z-\alpha}dz=\lim_{R\to 0}i\int_0^{2\pi}f(\alpha+Re^{i\theta})\,d\theta=i\int_0^{2\pi}f(\alpha)\,d\theta=2\pi i f(\alpha) \tag{13.23}$$

가 얻어진다. 그러므로 $f(\alpha)=\dfrac{1}{2\pi i}\displaystyle\oint_{C}\frac{f(z)}{z-\alpha}dz$가 성립한다.

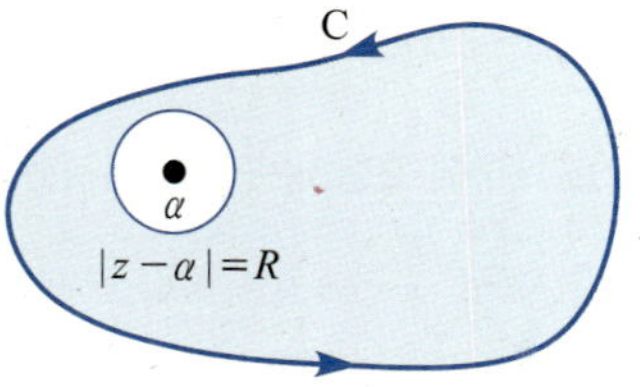

그림 13.4 곡선 C의 내부영역과 경로

2) 원 $|z-\alpha|=R$이 그림 13.5와 같이 곡선 C_1의 외부에 있도록 양의 상수인 R을 선택하자. 이때, $\frac{f(z)}{z-\alpha}$는 곡선 C의 내부영역(그림 13.5에서 파란색 부분) 및 경계선에서 해석적(정칙)이기 때문에 **코시**(Cauchy)**적분정리 II 2)**에 의하여

$$\oint_C \frac{f(z)}{z-\alpha}dz = \oint_{|z-\alpha|=R} \frac{f(z)}{z-\alpha}dz + \oint_{C_1} \frac{f(z)}{z-\alpha}dz \tag{13.24}$$

가 성립한다. 식 (13.24)의 우변의 첫 번째 항은 R의 크기에 무관하고 위의 1)과 같은 이유에 의하여 우변의 첫 번째 항은 $R \to 0$일 때 $2\pi i f(\alpha)$에 수렴한다. 따라서 식 (13.24)의 양변에서 $R \to 0$일 때 극한을 취하면

$$\oint_C \frac{f(z)}{z-\alpha}dz = 2\pi i f(\alpha) + \oint_{C_1} \frac{f(z)}{z-\alpha}dz \tag{13.25}$$

가 된다. 그러므로 $f(\alpha) = \frac{1}{2\pi i}\left[\oint_C \frac{f(z)}{z-\alpha}dz - \oint_{C_1} \frac{f(z)}{z-\alpha}dz\right]$가 성립한다.

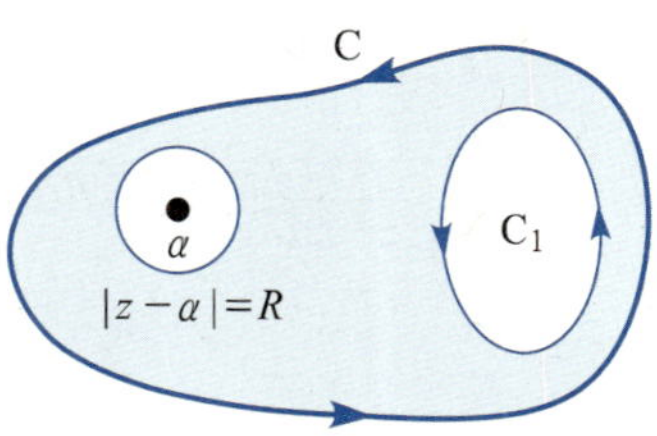

그림 13.5 곡선 C의 내부영역과 경로

코시(Cauchy)**적분정리 II 1)**로부터, 해석(정칙)함수 $f(z)$와 점 α를 내부에 포함한 임의의 단일 폐곡선 C에 대하여 다음 식이 성립한다.

$$\oint_C \frac{f(z)}{z-\alpha}dz = 2\pi i f(\alpha) \tag{13.26}$$

위 식은 $f(\alpha)$의 값을 구하는 것만으로도 좌변의 적분 값을 알 수 있다는 것을 의미하고 있다.

예제 13.5

다음 그림과 같이 곡선 C가 $z=2i$을 내부에 포함하는 단일 폐곡선일 때, C를 따라가는 적분(윤곽선 적분) $\oint_{|z-2i|=1} \frac{3z^2+9}{z(z-2i)}dz$의 값을 구하시오.

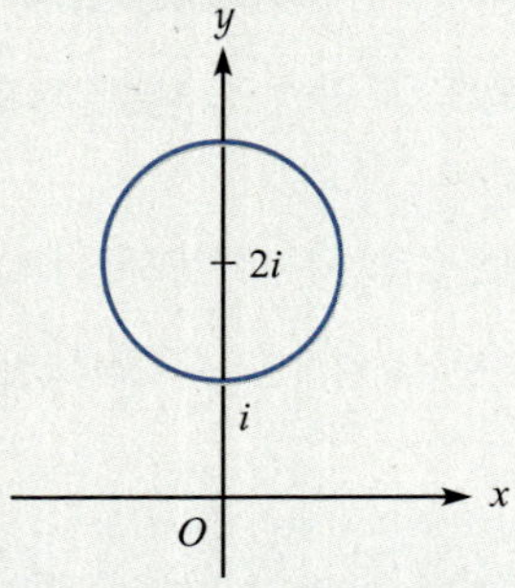

그림 예제 13.5 $|z-2i|=1$의 경로

풀이

$f(z)=\frac{3z^2+9}{z}$라고 놓는다. 그러면, 점 $z=0$은 원 $|z-2i|=1$의 외부에 있기 때문에, $f(z)=\frac{3z^2+9}{z}$는 $|z-2i|=1$의 내부영역 및 경계선에서 해석적(정칙)이다. 이 경우, 피적분함수는

$$\frac{3z^2+9}{z(z-2i)}=\frac{(3z^2+9)/z}{z-2i}=\frac{f(z)}{z-2i}$$

로 변형되기 때문에, **코시**(Cauchy)**적분정리** I 1)에 의하여 구하고자 하는 적분의 값은 다음과 같이 된다.

$$\oint_{|z-2i|=1}\frac{3z^2+9}{z(z-2i)}dz=\oint_{|z-2i|=1}\frac{f(z)}{z-2i}dz=2\pi i f(2i)=2\pi i\left[\frac{3(2i)^2+9}{2i}\right]$$
$$=-3\pi$$

(2) 코시(Cauchy)적분공식의 확장

코시(Cauchy)**적분공식**은 다음과 같이 확장된다. 이 공식에서 $n=0$인 경우가 **코시**(Cauchy)**적분공식** I이 된다.

13.5 코시(Cauchy)적분공식 II

함수 $f(z)$가 영역 D에서 해석적(정칙)일 때, $f(z)$는 영역 D에서 몇 번이고 미분이 가능하다. 특히, 단일 폐곡선 C 및 그의 내부가 D에 포함되어 있을 때, 곡선 C의 내부 임의의 점 α에 대하여 다음 식이 성립한다.

$$f^{(m)}(\alpha)=\frac{m!}{2\pi i}\oint_{C}\frac{f(z)}{(z-\alpha)^{m+1}}dz \quad (m=0,\ 1,\ 2,\ \cdots) \tag{13.27}$$

증명

$m=1$일 때, 도함수의 정의로부터

$$f'(\alpha)=\lim_{l\to 0}\frac{f(\alpha+l)-f(\alpha)}{l}$$

이다. 여기서 $f(\alpha+l)$, $f(\alpha)$을 **코시**(Cauchy)**적분공식 I**을 이용하여 적분의 형태로 나타내고, 그것을 정리하면

$$\begin{aligned}\frac{f(\alpha+l)-f(\alpha)}{l} &= \frac{1}{l}\ [\frac{1}{2\pi i}\oint_{C}\frac{f(z)}{z-(\alpha+l)}dz-\frac{1}{2\pi i}\oint_{C}\frac{f(z)}{z-\alpha}dz] \\ &= \frac{1}{2l\pi i}\ [\oint_{C}\frac{f(z)\,[(z-\alpha)-(z-\alpha-l)]}{(z-\alpha-l)(z-\alpha)}dz \\ &= \frac{1}{2\pi i}\oint_{C}\frac{f(z)}{(z-\alpha-l)(z-\alpha)}dz\end{aligned}$$

가 된다. 위 식의 양변에서 $R\to 0$으로 할 때의 극한을 취하면, 구하고자 하는 공식

$$f'(\alpha)=\frac{1}{2\pi i}\oint_{C}\frac{f(z)}{(z-\alpha)^{2}}dz \tag{13.28}$$

가 얻어진다. 같은 방법으로, $m=k$일 때 성립하는 것을 가정해서 $m=k+1$일 때에 성립하는 것을 보일 수 있다. 따라서 수학적 귀납법에 의하여 식 (13.27)이 성립함을 알 수 있다.

코시(Cauchy)**적분공식 II**에서 m을 $m-1$로 고쳐 쓰면, 해석(정칙)함수 $f(z)$와 점 α를 내부에 포함한 임의의 단일 폐곡선 C에 대하여 다음 식이 성립한다.

$$\oint_{C}\frac{f(z)}{(z-\alpha)^{m}}dz=\frac{2\pi i}{(m-1)!}f^{(m-1)}(\alpha) \quad (m=0,\ 1,\ 2,\ \cdots) \tag{13.29}$$

위 식은 **도함수**나 **고계도함수**의 구하는 것만으로도 좌변의 적분 값을 알 수 있다는 것을 의미하고 있다.

예제 13.6

코시(Cauchy)적분공식 II를 이용하여, 적분 $\oint_{|z|=1} \frac{4e^{iz}}{z^3}dz$의 값을 구하시오.

풀이

$f(z) = 4e^{iz}$ 라 놓으면 $f(z)$는 복소평면 전체에서 해석적(정칙)이다. 점 $z=0$은 원 $|z|=1$의 내부에 있다. $f''(\alpha) = 4i^2e^{iz} = -4e^{iz}$이기 때문에, 식 (13.29)에 의하여 구하고자 하는 적분의 값은 다음과 같이 된다.

$$\oint_{|z|=1} \frac{4e^{iz}}{z^3}dz = \frac{2\pi i}{(3-1)!} f^{(3-1)}(0) = \frac{2\pi i}{2!} f''(0)$$

$$= \frac{2\pi i}{2}(-4e^0) = -4\pi i$$

표 13.1 여러 가지 적분공식 [단, $f(z)$는 파란색 영역 D 및 경계선에서 해석적(정칙)이다.]

적분 공식	곡선의 영역 및 경로
1) 코시(Cauchy)적분정리 I : $\oint_C f(z)dz = 0$	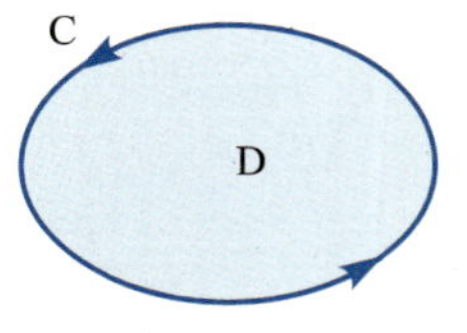
2) 코시(Cauchy)적분정리 II : $\oint_C f(z)dz = \oint_{C_1} f(z)dz$	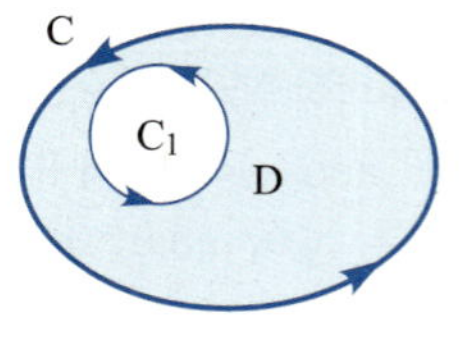
3) 코시(Cauchy)적분공식 I : $f(\alpha) = \frac{1}{2\pi i}\oint_C \frac{f(z)}{z-\alpha}dz$	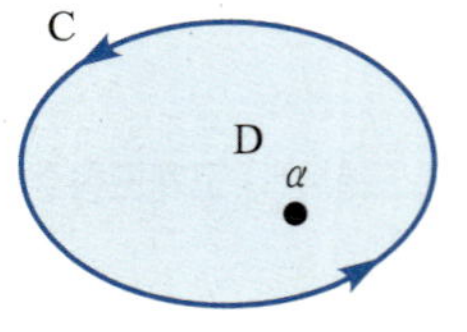
4) 코시(Cauchy)적분공식 II : $f^{(m)}(\alpha) = \frac{m!}{2\pi i}\oint_C \frac{f(z)}{(z-\alpha)^{m+1}}dz$ $(m=0, 1, 2, \cdots)$	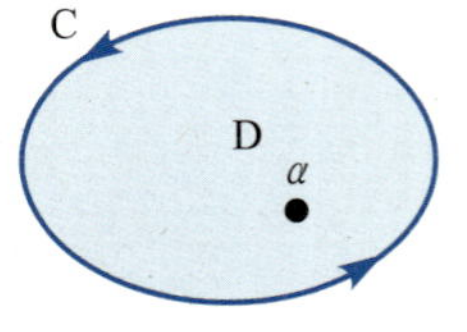

연습문제

13.1 곡선 C를 따라가는 다음 복소적분의 값을 구하시오.

(1) $\int_C 3z dz$, C : $z = 1 - t + it \ (0 \le t \le 1)$

(2) $\int_C \frac{2z}{(z-i)^2} dz$, C : $z = i + e^{it} \ (0 \le t \le \pi)$

13.2 곡선 C가 ( ) 내의 점을 내부에 포함하는 단일 폐곡선일 때, 다음 적분의 값을 구하시오.

(1) $\oint_C \frac{2z+2}{z+2i} dz \ (z = -2i)$

(2) $\oint_C \frac{3z^2+9}{z} dz \ (z = 0)$

13.3 코시(Cauchy)적분정리 I 1)을 이용하여, 다음 적분의 값을 구하시오.

(1) $\oint_{|z-3|=2} \frac{7z}{z-3} dz$

(2) $\oint_{|z-i|=1} \frac{2z+4i}{z^2+1} dz$

13.4 코시(Cauchy)적분공식 II를 이용하여, 다음 적분의 값을 구하시오.

(1) $\oint_{|z|=1} \frac{2(z+i)^3}{z^4} dz$

(2) $\oint_{|z-2|=1} \frac{5\sin\frac{\pi}{2}z}{(z-2)^2} dz$

CHAPTER 14

로렌(Laurent)급수, 유수적분

14.1 급수

(1) 수열의 극한

미적분에서와 마찬가지로, **복소수열**(complex sequence)의 기본적인 정의는 각각의 양의 정수 m에 대해 한 개의 복소수 q_m이 배정될 때

$$q_1,\ q_2,\ \cdots \ \text{또는}\ \{q_1,\ q_2,\ \cdots\}\ \text{또는 간단히}\ \{q_m\} \tag{14.1}$$

을 복소수의 **무한수열**(infinite sequence) 또는 간단히 **수열**(sequence)이라고 부른다. 여기서, q_m을 이 수열의 **항**(term)이라고 부른다. 한편, 각 항이 실수인 수열을 **실수열**(real sequence)이라고 부른다.

m이 무한이 커질 때, 복소수 q_m이 어떤 복소수 α에 한없이 접근한다면 수열 $\{q_m\}$은 α에 **수렴**(convergence)한다고 말하고

$$\lim_{m \to \infty} q_m = \alpha \ \text{또는}\ q_m \to \alpha\,(m \to \infty) \tag{14.2}$$

로 표기한다. 이때, α를 수열 $\{q_m\}$의 **극한값**(limit)이라고 부른다. $\lim_{m \to \infty} |q_m - \alpha| = 0$일 때, 수열 $\{q_m\}$은 α에 수렴한다. 수렴하지 않는 수열 $\{q_m\}$은 **발산**(divergence)한다고 말한다. 다음 예제는 **복소수열**의 **극한**을 구하는 예를 보여주고 있다.

예제 14.1

수열의 항 q_m이 다음 식과 같이 주어진 복소수열 $\{q_m\}$의 수렴 · 발산 여부를 판정하고, 수렴할 때에는 극한값을 구하시오.

(1) $q_m = e^{\frac{m\pi}{2}i}$ (2) $q_m = 3 + \frac{1}{m}e^{\frac{m\pi}{4}i}$ (3) $q_m = (2\sqrt{3} - 2i)^m$

풀이

(1) $m = 1, 2, 3, 4, 5, \cdots$ 라고 하면, 수열 $\{q_m\}$은

$i, -1, -i, 1, i, \cdots$

과 같은 수의 열을 반복하기 때문에 특정한 수에 근접하지 않는다. 따라서 수열 $\{q_m\}$은 발산한다.

(2) $q_m - 3 = \frac{1}{m}e^{\frac{m\pi}{4}i}$의 절댓값을 계산하면

$$|q_m - 3| = \left|\frac{1}{m}e^{\frac{mpi}{4}i}\right| = \frac{1}{m}$$

이 된다. 따라서 $\lim_{m \to \infty}|q_m - 3| = \lim_{m \to \infty}\frac{1}{m} = 0$이므로, 이 수열은 수렴하고 극한값은 3이다.

(3) $|2\sqrt{3} - 2i| = 4$이기 때문에,

$$\lim_{m \to \infty}|q_m| = \lim_{m \to \infty}4^m = \infty$$

이다. 따라서 수열 $\{q_m\}$은 발산한다.

특히, 어떤 복소수 z를 이용하여 만든 수열 $\{z^m\}$에 대하여 다음과 같은 **비판정법**(ratio test)이 성립한다.

i) $|z| < 1$이 되면, 수열 $\{z^m\}$은 0에 **수렴**한다.

ii) $|z| > 1$이 되면, 수열 $\{z^m\}$은 **발산**한다.

(2) 급수의 수렴과 발산

수열 $\{q_m\}$에 대하여 그 **합**(sum)

$$\sum_{m=0}^{\infty} q_m = q_0 + q_1 + q_2 + \cdots + q_m + \cdots \tag{14.3}$$

을 **무한급수**(infinite series) 또는 간단히 **급수**(sequence series)라고 부른다. 급수

$\sum_{m=0}^{\infty} q_m$ 은 그의 부분합

$$s_m = \sum_{k=0}^{m} q_k = q_0 + q_1 + q_2 + \cdots + q_m \tag{14.4}$$

으로부터 되는 수열 $\{s_m\}$이 수렴할 때, **수렴**한다고 판정한다. 이때, 수열 $\{s_m\}$의 극한값 s를 **급수**의 **합** 또는 **값**(value)이라고 부른다. 수렴하지 않는 급수는 **발산**한다고 말한다.

(3) 등비급수

어떤 복소수 z를 이용하여 만든 급수

$$\sum_{k=0}^{\infty} z^k = 1 + z + z^2 + \cdots + z^m + \cdots \tag{14.5}$$

을 **등비급수**(geometric series)라고 부른다. $z \neq 1$일 때, 등비급수의 부분합은

$$s_m = \sum_{k=0}^{m} z^k = 1 + z + z^2 + \cdots + z^m = \frac{1 - z^{m+1}}{1 - z} \tag{14.6}$$

이 되기 때문에, 등비급수의 수렴 · 발산에 대하여 다음 사항이 성립한다.

14.1 등비급수의 합

등비급수 $\sum_{m=0}^{\infty} z^m$은 $|z| < 1$일 때 **수렴**하고, 그 합은

$$\sum_{m=0}^{\infty} z^m = 1 + z + z^2 + \cdots + z^m + \cdots = \frac{1}{1-z} \tag{14.7}$$

이다. $|z| \geq 1$일 때, 등비급수는 **발산**한다.

예제 14.2

다음 식과 같이 주어진 z에 대하여, 등비급수 $\sum_{m=0}^{\infty} z^m$의 수렴 · 발산 여부를 판정하고, 수렴할 때에는 그 합을 구하시오.

$$z=\frac{1+i}{4}$$

풀이

등비급수

$$\sum_{m=0}^{\infty}\left(\frac{1+i}{4}\right)^m=1+\frac{1+i}{4}+\left(\frac{1+i}{4}\right)^2+\cdots+\left(\frac{1+i}{4}\right)^m+\cdots$$

은 $|z|=\left|\frac{1+i}{4}\right|=\frac{\sqrt{2}}{4}<1$이기 때문에 수렴한다. 식 (14.7)에 의하여, 그 합은

$$\sum_{m=0}^{\infty} z^m=\frac{1}{1-z}=\frac{1}{1-\frac{1+i}{4}}=\frac{4}{4-1-i}=\frac{4}{3-i}$$

$$=\frac{4(3+i)}{(3-i)(3+i)}=\frac{4(3+i)}{3^2-i^2}=\frac{6}{5}+\frac{2}{5}i$$

가 된다.

(4) 거듭제곱급수와 수렴반경

α, q_m을 상수라 할 때, 급수

$$\sum_{m=0}^{\infty} q_m(z-\alpha)^m$$
$$=q_0+q_1(z-\alpha)+q_2(z-\alpha)^2+\cdots+q_m(z-\alpha)^m+\cdots \quad (14.8)$$

을 $z=\alpha$를 **중심**(center)으로 한 **거듭제곱급수**(power series)라고 부른다. 여기서, z는 복소변수이고, q_1, q_2, $\cdots$은 복소수(또는 실수)로 이 급수의 **계수**(coefficient)라 한다. 그리고 이 급수의 **중심**인 α도 또한 복소수(또는 실수)이다. 모든 해석적(정칙)인 **복소함수**는 거듭제곱급수에 의하여 나타낼 수 있다. 그러나 일반적으로 **실함수**에서는 이것이 성립하지 않는다. 즉, 모든 계의 도함수를 가지면서도 거듭제곱급수에 의하여 나타낼 수 없는 실함수들이 있다.

거듭제곱급수 식 (14.8)은 $|z-\alpha|<R_0$일 때 수렴하고 $|z-\alpha|>R_0$일 때 발산하도록

하는 양의 수가 존재할 경우, R_0을 거듭제곱급수의 **수렴반경**(radius of convergence)이라 부른다. 임의의 복소수에 수렴할 때에는 수렴반경이 무한대라고 하며 $R_0 = \infty$ 라고 쓴다.

거듭제곱급수식 (14.8)의 수렴반경이 R_0일 때, 원 $|z-\alpha| = R_0$을 식 (14.8)의 수렴원(circle of convergence)이라고 부른다. 이때, 급수식 (14.8)은 수렴원 내부의 임의의 점 z에 대하여 수렴한다. 예를 들면, 등비급수 $\sum_{m=0}^{\infty} z^m = 1 + z + z^2 + \cdots + z^m + \cdots$은 $z=0$으로 한 거듭제곱급수이고, 수렴반경은 $R_0 = 1$, 수렴원은 $|z| = 1$이다.

참고로, 식 (14.8)에 대하여 $\lim_{m \to \infty} \frac{|q_m|}{|q_{m+1}|}$이 존재하면, 그 **극한값**이 **수렴반경** R_0과 일치한다.

(5) 함수의 거듭제곱급수 전개

등비급수식 (14.7)의 좌변과 우변을 교환한 식

$$\frac{1}{1-z} = 1 + z + z^2 + \cdots + z^m + \cdots \quad (|z| < 1) \tag{14.9}$$

은 수렴원 $|z| = 1$의 내부에서, 함수 $f(z) = \frac{1}{1-z}$이 $z=0$을 중심으로 한 거듭제곱급수로 표현되어지고 있다는 것을 의미한다.

일반적으로, 복소함수 $f(z)$가 $z=\alpha$를 중심으로 한 거듭제곱급수에 의하여

$$\begin{aligned} f(z) &= \sum_{m=0}^{\infty} q_m (z-\alpha)^m \\ &= q_0 + q_1(z-\alpha) + q_2(z-\alpha)^2 + \cdots + q_m(z-\alpha)^m + \cdots \end{aligned} \tag{14.10}$$

으로 나타내어질 때, 이것을 $f(z)$의 $z=\alpha$를 중심으로 한 거듭제곱급수라고 부른다. 식 (14.9)는 함수 $f(z) = \frac{1}{1-z}$의 $z=0$을 중심으로 한 거듭제곱급수이고 $|z| < 1$의 일 때에 성립한다.

수렴하는 거듭제곱급수에 대하여, 다음 사항이 성립한다.

14.2 거듭제곱급수의 성질

거듭제곱급수 $\sum_{m=0}^{\infty} q_m(z-\alpha)^m$, $\sum_{m=0}^{\infty} r_m(z-\alpha)^m$이 수렴할 때, 다음 식이 성립한다.

$$\sum_{m=0}^{\infty} \kappa q_m(z-\alpha)^m = \kappa \sum_{m=0}^{\infty} q_m(z-\alpha)^m \quad (\kappa\text{는 상수}) \tag{14.11a}$$

$$\sum_{m=0}^{\infty} (q_m \pm r_m)(z-\alpha)^m \sum_{m=0}^{\infty} q_m(z-\alpha)^m \pm \sum_{m=0}^{\infty} r_m(z-\alpha)^m \quad (\text{부호동순}) \tag{14.11b}$$

$$\text{항별미분 : } [\sum_{m=0}^{\infty} q_m(z-\alpha)^m]' = \sum_{m=0}^{\infty} m q_m(z-\alpha)^{m-1} \tag{14.11c}$$

여기서, q_m, r_m은 복소수(또는 실수)이다.

14.2 테일러(Taylor)급수

해석(정칙)함수는 몇 번이고 미분이 가능하며 거듭제곱급수로 전개할 수 있고, 다음 사항이 성립한다.

14.3 해석(정칙)함수의 테일러(Taylor)급수

함수 $f(z)$는 점 α를 중심으로 한 반지름이 R_0인 원 C 및 그 내부를 포함한 영역에서 해석적(정칙)이라고 하자. 이때, 원 C의 내부 임의의 점 z에 대하여, $f(z)$는 다음과 같은 거듭제곱급수로 전개하는 것이 가능하다. 이것을 $z=\alpha$를 중심으로 한 **테일러**(Taylor)**급수**라고 부른다.

$$f(z) = \sum_{m=0}^{\infty} \frac{f^{(m)}(\alpha)}{m!} (z-\alpha)^m \tag{14.12}$$

증명

$f(z)$는 C 및 그 내부에서 해석적(정칙)이기 때문에, **코시**(Cauchy)**적분공식 I 1)**[식 (13.20)]에서 z를 ξ로, α를 z로 바꾸어 쓰면

$$f(z) = \frac{1}{2\pi i} \oint_{|\xi-\alpha|=R_0} \frac{f(\xi)}{\xi - z} d\xi \tag{14.13}$$

를 얻는다. 여기서 z는 C의 내부에 놓여 있으며, C는 반지름이 R_0이고 중심이 α인 원이다(그림 14.1 참조). ξ는 원 C상의 점, z는 C의 내부의 점이기 때문에

$$|\xi-\alpha|=R_0,\ |z-\alpha|<R_0$$

이다. 그러므로

$$\left|\frac{z-\alpha}{\xi-\alpha}\right|<1 \tag{14.14}$$

이다. 등비급수 합의 공식 (14.7)을 이용하면,

$$\begin{aligned}\frac{1}{\xi-z}&=\frac{1}{(\xi-\alpha)-(z-\alpha)}=\frac{1}{(\xi-\alpha)(1-\frac{z-\alpha}{\xi-\alpha})}\\&=\frac{1}{\xi-\alpha}\sum_{m=0}^{\infty}\left(\frac{z-\alpha}{\xi-\alpha}\right)^m=\sum_{m=0}^{\infty}\frac{(z-\alpha)^m}{(\xi-\alpha)^{m+1}}\end{aligned} \tag{14.15}$$

이 된다.

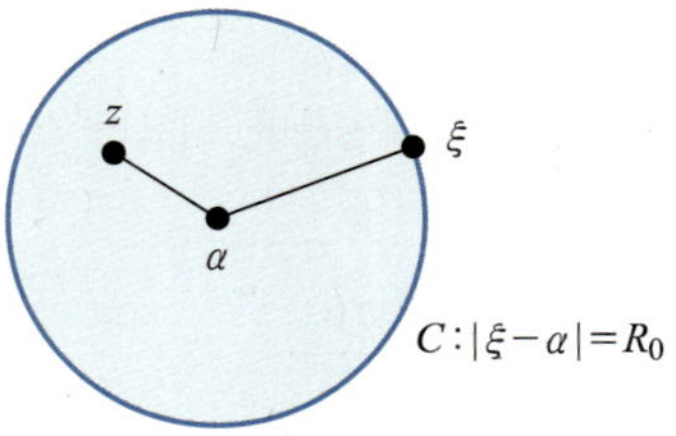

그림 14.1 코시(Cauchy)적분공식 (14.13)

식 (14.15)를 식 (14.13)에 대입하면,

$$\begin{aligned}f(z)&=\frac{1}{2\pi i}\oint_{|\xi-\alpha|=R_0}f(\xi)\frac{1}{\xi-z}d\xi\\&=\frac{1}{2\pi i}\oint_{|\xi-\alpha|=R_0}f(\xi)\sum_{m=0}^{\infty}\frac{(z-\alpha)^m}{(\xi-\alpha)^{m+1}}d\xi\\&=\sum_{m=0}^{\infty}[\frac{1}{2\pi i}\oint_{|\xi-\alpha|=R_0}\frac{f(\xi)}{(\xi-\alpha)^{m+1}}d\xi](z-\alpha)^m\end{aligned} \tag{14.16}$$

이 성립한다. 여기서, [ ]안의 식에 **코시**(Cauchy)**적분공식 II** [식 (13.27)]를 적용하면, **테일러**(Taylor)**급수**

$$f(z)=\sum_{m=0}^{\infty}\frac{f^{(m)}(\alpha)}{m!}(z-\alpha)^m$$

이 얻어진다.

예제 14.3

식 (14.12)를 사용하여, 함수 $f(z)=\dfrac{1}{1-z}$ 의 중심이 $z=0$인 테일러(Taylor)급수를 구하시오.

풀이

$$f'(z)=\frac{1}{(1-z)^2}=\frac{1!}{(1-z)^2},\ f''(z)=\frac{2}{(1-z)^3}=\frac{2!}{(1-z)^3},$$

$$f^{(3)}(z)=\frac{6}{(1-z)^4}=\frac{3!}{(1-z)^4},\ \cdots,\ f^{(m)}(z)=\frac{m!}{(1-z)^{m+1}},\ \cdots$$

$z=0$에서 도함수는

$$f^{(0)}(0)=f(0)=\frac{1}{1-0}=1,\ f^{(1)}(0)=f'(0)=\frac{1!}{(1-0)^2}=1!,$$

$$f^{(2)}(0)=f''(0)=\frac{2!}{(1-0)^3}=2!,\ f^{(3)}(0)=\frac{3!}{(1-0)^4}=3!\ \cdots,$$

$$f^{(m)}(0)=\frac{m!}{(1-0)^{m+1}}=m!,\ \cdots$$

이 된다. 따라서 위 식들을 식 (14.12)에 대입하면, 다음과 같이 $f(z)=\dfrac{1}{1-z}$ 의 테일러(Taylor) 급수가 얻어진다.

$$\begin{aligned}f(z)&=\sum_{m=0}^{\infty}\frac{f^{(m)}(0)}{m!}(z-0)^m=\sum_{m=0}^{\infty}\frac{f^{(m)}(0)}{m!}(z)^m\\&=\frac{f^{(0)}(0)}{0!}z^0+\frac{f^{(1)}(0)}{1!}z^1+\frac{f^{(2)}(0)}{2!}z^2+\frac{f^{(3)}(0)}{3!}z^3+\cdots+\frac{f^{(m)}(0)}{m!}z^m+\cdots\\&=1+z+z^2+z^3+\cdots+z^m+\cdots\end{aligned}$$

위의 예제와 같이, $z=0$을 중심으로 한 테일러(Taylor)급수를 **매클로린**(Maclaurin)**급수**라고 부른다. 기본적인 함수에 대하여 테일러(Taylor)급수식 (14.12)를 사용하여 전개하면, 다음과 같은 매클로린(Maclaurin)급수가 얻어진다. 식 (14.12)에서 R_0은 수렴반경이다.

14.4 매클로린(Maclaurin)급수

$$\frac{1}{1-z}=1+z+z^2+z^3+z^4+z^5\cdots\quad(R_0=1)\qquad\text{(14.17a)}$$

$$e^z=1+\frac{z}{1!}+\frac{z^2}{2!}+\frac{z^3}{3!}+\frac{z^4}{4!}+\frac{z^5}{5!}\cdots\quad(R_0=\infty)\qquad\text{(14.17b)}$$

$$\sin z = \frac{z}{1!} - \frac{z^3}{3!} + \frac{z^5}{5!} - \frac{z^7}{7!} + \frac{z^9}{9!} - \frac{z^{11}}{11!} + \cdots \quad (R_0 = \infty) \tag{14.17c}$$

$$\cos z = 1 - \frac{z^2}{2!} + \frac{z^4}{4!} - \frac{z^6}{6!} + \frac{z^8}{8!} - \frac{z^{10}}{10!} + \cdots \quad (R_0 = \infty) \tag{14.17d}$$

예제 14.4

다음 함수의 매클로린(Maclaurin)급수를 구하시오.

(1) $\dfrac{1}{1+2z}$　　(2) e^{3z}

풀이

(1) 매클로린(Maclaurin)급수 식 (14.17a)에서 z를 $-2z$라고 하면, 다음과 같은 식이 얻어진다.

$$\frac{1}{1+2z} = 1 - 2z + 4z^2 - 8z^3 + \cdots$$

(2) 매클로린(Maclaurin)급수 식 (14.17b)에서 z를 $3z$라고 하면, 다음과 같은 식이 얻어진다.

$$e^{3z} = 1 + \frac{3z}{1!} + \frac{9z^2}{2!} + \frac{27z^3}{3!} + \cdots$$

14.3 로렌(Laurent)급수

테일러(Taylor)급수를 일반화시킨 것이 **로렌**(Laurent)**급수**이다. **테일러**(Taylor)**급수**는 양의 정수인 거듭제곱을 가지고 원판에서 수렴한다. 반면에, **로렌**(Laurent)**급수**는 $z-\alpha$의 양과 **음**의 **거듭제곱급수**이며 중심 α를 가진 원형고리(환형)에서 수렴한다. 따라서 **로렌**(Laurent)**급수**는 그림 14.2에 보여준 것처럼 원형고리(환형) 안에서는 해석적(정칙)이지만, 환형의 바깥 또는 구멍에서는 **특이점**(singular point) α를 가질 수도 있는 함수 $f(z)$로 나타낼 수 있다.

원과 그 내부에서 해석(정칙)함수는 원 내부의 점을 중심으로 한 테일러(Taylor)급수로 전개하는 것이 가능하다. 여기서는 원 내부에 특이점을 가진 함수의 전개에 대하여 조사한다.

예를 들면, 함수 $\frac{e^z}{z^3}$는 $z=0$에서 해석적(정칙)이지 않다. 그러나 $z=0$을 제외한 임의의 점에 대하여,

$$\begin{aligned}\frac{e^z}{z^3} &= \frac{1}{z^3}\left(1+\frac{z}{1!}+\frac{z^2}{2!}+\frac{z^3}{3!}+\frac{z^4}{4!}+\frac{z^5}{5!}+\cdots\right)\\ &= \frac{1}{z^3}+\frac{1}{1!z^2}+\frac{1}{2!z}+\frac{1}{3!}+\frac{z}{4!}+\frac{z^2}{5!}\cdots\\ &= \sum_{m=-3}^{\infty}\frac{z^m}{(m+3)!}\end{aligned} \tag{14.18a}$$

이 성립한다. 또한, 함수 $z^3e^{\frac{1}{z}}$은 $z=0$에서 해석적(정칙)이지 않다. 그러나 $z=0$을 제외한 임의의 점에 대하여,

$$\begin{aligned}z^3e^{\frac{1}{z}} &= z^3\left(1+\frac{1}{1!z}+\frac{1}{2!z^2}+\frac{1}{3!z^3}+\frac{1}{4!z^4}+\frac{1}{5!z^5}\cdots\right)\\ &= z^3+\frac{z^2}{1!}+\frac{z}{2!}+\frac{1}{3!}+\frac{1}{4!z}+\frac{1}{5!z^2}+\cdots\\ &= \sum_{m=-\infty}^{3}\frac{z^m}{(3-m)!}\end{aligned} \tag{14.18b}$$

이 성립한다. 식 (14.18)과 같은 **음**의 **거듭제곱**을 포함한 **급수**

$$\begin{aligned}&\sum_{m=-\infty}^{\infty} q_m(z-\alpha)^m\\ &= \cdots+\frac{q_{-2}}{(z-\alpha)^2}+\frac{q_{-1}}{z-\alpha}+q_0+q_1(z-\alpha)+q_2(z-\alpha)^2+\cdots\end{aligned} \tag{14.19}$$

은 $\sum_{m=0}^{\infty} q_m(z-\alpha)^m$, $\sum_{m=-\infty}^{-1} q_m(z-\alpha)^m$이 함께 수렴할 때에 한하여 수렴한다.

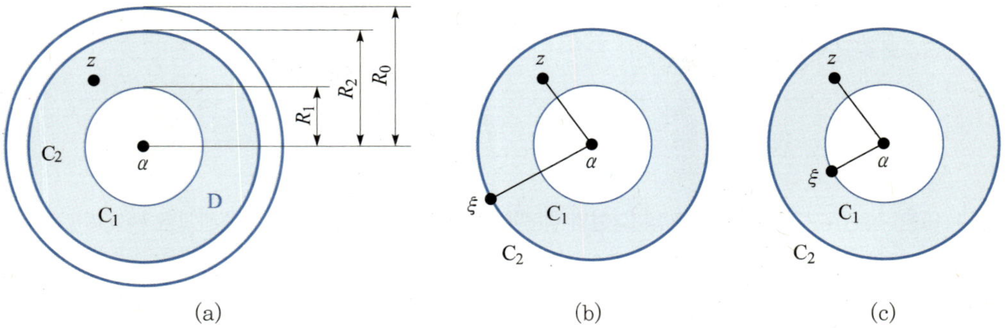

그림 14.2 로렌(Laurent)급수의 증명을 위한 수렴 영역

점 α가 함수 $f(z)$의 특이점이어도 $z=\alpha$를 제외한 영역 $0<|z-\alpha|<R_0$에서 해석적(정칙)일 때, 그 영역에 포함되어 있는 임의의 점 z에 대하여 $f(z)$는 다음과 같은 급수로 전개할 수 있다. 이것을 $z=\alpha$를 중심으로 한 **로렌**(Laurent)**급수**라고 부른다.

14.5 로렌(Laurent)급수

함수 $f(z)$가 영역 $0<|z-\alpha|<R_0$에서 해석적(정칙)일 때, 그 영역에 포함되어 있는 임의의 점 z에 대하여

$$f(z)=\sum_{m=-\infty}^{\infty} q_m (z-\alpha)^m \tag{14.20}$$

이 성립한다. 이때, **계수** q_m은 $0<R<R_0$을 만족하는 임의의 수로서 다음과 같이 표현될 수 있다.

$$q_m=\frac{1}{2\pi i}\oint_{|\xi-\alpha|=R}\frac{f(\xi)}{(\xi-\alpha)^{m+1}}d\xi \tag{14.21}$$

증명

영역 $0<|z-\alpha|<R_0$의 내부의 임의의 점을 z라 하고, 그림 14.2(a)와 같이 상수 R_1, R_2를 $R_1<|z-\alpha|<R_2<R_0$이 되도록 선택한다. 이때, α를 중심으로 한 반지름이 R_1, R_2인 2개의 원을 각각 C_1, C_2라 하고, C_1, C_2로 둘러싸인 영역 $R_1<|z-\alpha|<R_2$를 D라 한다[그림 14.2(a) 참조].

$f(z)$는 영역 D의 경계선상 및 그 내부에서 해석적(정칙)이기 때문에, **코시**(Cauchy)**적분공식 I 2)** [식 (13.21)]에 의하여 D에 포함되어 있는 점 z에 대하여

$$f(z)=\frac{1}{2\pi i}\left[\oint_{C_2}\frac{f(\xi)}{\xi-z}d\xi-\oint_{C_1}\frac{f(\xi)}{\xi-z}d\xi\right] \tag{14.22}$$

가 성립한다. 식 (14.22)의 첫 번째 항의 C_2상의 적분에서는 $|z-\alpha|<|\xi-\alpha|$이기 때문에[그림 14.2(b)] 테일러(Taylor)급수의 증명과 같은 방법에 의하여

$$\frac{1}{2\pi i}\oint_{C_2}\frac{f(\xi)}{\xi-z}d\xi=\sum_{m=0}^{\infty}\frac{1}{2\pi i}\oint_{C_2}\frac{f(\xi)}{(\xi-\alpha)^{m+1}}d\xi\,(z-\alpha)^m \tag{14.23}$$

이 된다. 또한, 식 (14.22)의 두 번째 항의 C_1상의 적분에서는 $|\xi-\alpha|<|z-\alpha|$이기 때문에[그림 14.2(c)],

$$\begin{aligned}\frac{1}{\xi-z}&=-\frac{1}{(z-\alpha)-(\xi-\alpha)}=-\frac{1}{(z-\alpha)(1-\frac{\xi-\alpha}{z-\alpha})}\\&=-\sum_{m=0}^{\infty}\frac{(\xi-\alpha)^m}{(z-\alpha)^{m+1}}\end{aligned} \tag{14.24}$$

이 된다. 여기서, $k=-(m+1)$이라 놓으면 $m=-(k+1)$이고, $m=0$일 때 $k=-1$이기 때문에 위 식은

$$\frac{1}{\xi-z}=-\sum_{k=-\infty}^{-1}(\xi-\alpha)^{-(k+1)}(z-\alpha)^k \tag{14.25}$$

로 바꾸어 쓸 수 있다. 그리고 식 (14.25)에서 k를 m으로 치환하면, 식 (14.22)의 두 번째 항은

$$\begin{aligned}-\frac{1}{2\pi i}\oint_{C_1}\frac{f(\xi)}{\xi-z}d\xi&=\sum_{k=-\infty}^{-1}\frac{1}{2\pi i}\oint_{C_1}f(\xi)(\xi-\alpha)^{-(k+1)}(z-\alpha)^k d\xi\\&=\sum_{m=-\infty}^{-1}\frac{1}{2\pi i}\oint_{C_1}\frac{f(\xi)}{(\xi-\alpha)^{m+1}}d\xi(z-\alpha)^m\end{aligned} \tag{14.26}$$

이 된다. $f(z)$는 $0<|z-\alpha|<R_0$에서 해석적(정칙)이기 때문에, **코시**(Cauchy)**적분정리 II**에 의하여, $0<R<R_0$을 만족하는 임의의 R에 대해

$$\oint_{C_1}\frac{f(\xi)}{(\xi-\alpha)^{m+1}}d\xi=\oint_{C_2}\frac{f(\xi)}{(\xi-\alpha)^{m+1}}d\xi=\oint_{|\xi-\alpha|=R}\frac{f(\xi)}{(\xi-\alpha)^{m+1}}d\xi \tag{14.27}$$

가 성립한다. 여기서

$$q_m=\frac{1}{2\pi i}\oint_{|\xi-\alpha|=R}\frac{f(\xi)}{(\xi-\alpha)^{m+1}}d\xi$$

라 놓으면, 식 (14.22), (14.23), (14.26)으로부터 $f(z)$는

$$f(z)=\sum_{m=-\infty}^{\infty}q_m(z-\alpha)^m$$

이라고 표현할 수가 있다.

테일러(Taylor)급수를 구하는 예제 14.3과 같은 방법으로, **로렌**(Laurent)**급수**도 이것을 구하는 방법에 관계없이 **정리 14.5**에 주어진 식 (14.20), (14.21)에 의하여 구할 수 있다. 식 (14.18a), (14.18b)는 각각 $\frac{e^z}{z^3}$, $z^3e^{\frac{1}{z}}$의

로렌(Laurent)급수이다. 실제의 전개에서는 다음 예제와 같이 **등비급수**의 공식과 **매클로린**(Maclaurin)**급수** 등을 이용하는 경우가 많다.

예제 14.5

다음 함수의 중심이 $z=0$인 로렌(Laurent)급수를 구하시오.

(1) $\dfrac{\sin z}{z^3}$ (2) $z^4 \cos\dfrac{1}{z}$

풀이

$\sin z$, $\cos z$의 매클로린(Maclaurin)급수 (14.17c), (14.17d)로부터, 다음과 같은 로렌(Laurent)급수가 얻어진다.

(1) $$\frac{\sin z}{z^3} = \frac{1}{z^3}\left(\frac{z}{1!}-\frac{z^3}{3!}+\frac{z^5}{5!}-\frac{z^7}{7!}+\cdots\right)$$
$$= \frac{1}{z^2}-\frac{1}{3!}+\frac{z^2}{5!}-\frac{z^4}{7!}+\cdots$$

(2) $$z^4\cos\frac{1}{z} = z^4\left[1-\frac{1}{2!}\left(\frac{1}{z}\right)^2+\frac{1}{4!}\left(\frac{1}{z}\right)^4-\frac{1}{6!}\left(\frac{1}{z}\right)^6+\cdots\right]$$
$$= z^4-\frac{1}{2!}z^2+\frac{1}{4!}-\frac{1}{6!\,z^2}+\cdots$$
$$= \cdots-\frac{1}{6!\,z^2}+\frac{1}{4!}-\frac{1}{2!}z^2+z^4$$

14.4 유수

(1) 고립특이점

함수 $f(z)$가 점 α에서는 해석적(정칙)이지 않지만 점 α를 중심으로 한 원으로부터 점 α를 제외한 영역 $0<|z-\alpha|<R$에서 해석적(정칙)일 때, 점 α를 함수 $f(z)$의 **고립특이점**(isolated singularity)이라고 부른다. 즉, $z=\alpha$가 더 이상의 함수 $f(z)$의 **특이성**(singularity)을 갖지 않은 **근방**을 갖고 있을 때, $z=\alpha$를 함수 $f(z)$의 **고립특이점**이라 한다. 예를 들면,

1) 함수 $f(z)=\dfrac{2}{z^2+1}$의 특이점은 $z=\pm i$이고, 이들 어느 것이나 다 고립특이점이다.

2) 함수 $f(z)=\dfrac{3}{\cos z}$의 특이점은 $z=\dfrac{\pi}{2}\pm m\pi$(m은 정수)이고, 이들 어느 것이나 다 고립특이점이다.

3) 함수 $f(z)=\dfrac{4}{\sin\dfrac{1}{z}}$의 특이점은 $z=0,\ \dfrac{1}{m\pi}$(m은 정수)이다. $\lim\limits_{m\to\infty}\dfrac{1}{m\pi}=0$이기 때문에, $z=0$을 포함한 어떤 영역에서도 함수 $f(z)$의 특이점이 포함되어 있다. 따라서 $z=0$는 고립특이점이 아니다.

(2) 고립특이점의 분류

일반적으로, 해석(정칙)함수 $f(z)$의 특이점은 $f(z)$가 해석적(정칙)이지 않는 점 z이고 **영점**(zero)은 $f(z)=0$인 점 z이다. $z=\alpha$가 함수 $f(z)$의 고립특이점일 때, $f(z)$의 $z=\alpha$를 중심으로 한 **로렌**(Laurent)**급수**를

$$f(z)=\sum_{m=1}^{\infty}\frac{q_{-m}}{(z-\alpha)^m}+\sum_{m=0}^{\infty}q_m(z-\alpha)^m \qquad (14.28)$$

이라고 하자. 이때, **음**의 **거듭제곱** 부분

$$\sum_{m=1}^{\infty}\frac{q_{-m}}{(z-\alpha)^m} \qquad (14.29)$$

을 로렌(Laurent)급수의 **주부**(principal part)라고 부른다. 주부의 상태에 따라 **고립특이점**을 다음과 같이 분류한다.

i) 주부가 없는 경우

즉, 임의의 자연수 m에 대하여 $q_{-m}=0$일 때, 점 α는 $f(z)$의 **제거 가능**한 **특이점**이라고 부른다. 점 α가 제거 가능한 특이점일 때, $0<|z-\alpha|<R$에서 $f(z)=\sum\limits_{m=0}^{\infty}q_m(z-\alpha)^m$이라고 전개할 수 있다. 따라서 $f(z)=c_0$이 정해지면, $f(z)$는 α를 중심으로 한 원의 내부에서 해석적(정칙)이 된다.

ii) 주부가 존재하지만 그 항이 유한개인 경우

$f(z)$의 **고립특이점** α를 중심으로 한 **로렌**(Laurent)**급수**는

$$f(z)=\sum_{m=1}^{n}\frac{q_{-m}}{(z-\alpha)^m}+\sum_{m=0}^{\infty}q_m(z-\alpha)^m \quad (q_{-n}\neq 0) \tag{14.30}$$

이 된다. 이때, 점 α를 $f(z)$의 **극**(pole)이라고 부르고, n을 **위수**(order)라고 부른다. 위수가 1인 극을 **단순극**(order)이라고 한다.

iii) 주부에 무한개의 항이 포함되어 있는 경우

즉, $q_{-m}\neq 0$인 자연수 m이 무한개일 때, $f(z)$는 α에서 **고립진성특이성**(isolated essential singularity 또는 **진성특이점**)을 갖는다고 한다.

예제 14.6

다음 함수의 고립특이점 $z=0$을 중심으로 한 로렌(Laurent)급수의 주부를 구하시오. 또한, 그들은 어떠한 고립특이점인가?

(1) $\dfrac{\sin z}{z}$ (2) $\dfrac{e^z}{z^3}$ (3) $z^4\cos\dfrac{1}{z}$

풀이

(1) $\sin z$의 매클로린(Maclaurin)급수 (14.17c)로부터, 다음과 같은 로렌(Laurent)급수가 얻어진다.

$$\begin{aligned}\frac{\sin z}{z}&=\frac{1}{z}\left(\frac{z}{1!}-\frac{z^3}{3!}+\frac{z^5}{5!}-\frac{z^7}{7!}+\cdots\right)\\&=1-\frac{z^2}{3!}+\frac{z^4}{5!}-\frac{z^6}{7!}+\cdots\end{aligned}$$

이 되고, 주부는 없다. 따라서 $z=0$은 $\dfrac{\sin z}{z}$의 제거 가능한 고립특이점이다.

(2) 식 (14.18a)로부터,

$$\begin{aligned}\frac{e^z}{z^3}&=\frac{1}{z^3}\left(1+\frac{z}{1!}+\frac{z^2}{2!}+\frac{z^3}{3!}+\frac{z^4}{4!}+\frac{z^5}{5!}+\cdots\right)\\&=\frac{1}{z^3}+\frac{1}{1!z^2}+\frac{1}{2!z}+\frac{1}{3!}+\frac{z}{4!}+\frac{z^2}{5!}\cdots\end{aligned}$$

이고, 주부는 $\dfrac{1}{z^3}+\dfrac{1}{1!z^2}+\dfrac{1}{2!z}$이다. 따라서 고립특이점 $z=0$은 $\dfrac{e^z}{z^3}$의 위수 3의 극이다.

(3) 예제 14.5(b)로부터,

$$z^4 \cos \frac{1}{z} = z^4[1 - \frac{1}{2!}(\frac{1}{z})^2 + \frac{1}{4!}(\frac{1}{z})^4 - \frac{1}{6!}(\frac{1}{z})^6 + \cdots]$$

$$= z^4 - \frac{1}{2!}z^2 + \frac{1}{4!} - \frac{1}{6!\,z^2} + \cdots$$

$$= \cdots - \frac{1}{6!\,z^2} + \frac{1}{4!} - \frac{1}{2!}z^2 + z^4$$

이고, 주부는 $\cdots - \frac{1}{6!\,z^2}$ 이다. 따라서 $z^4 \cos \frac{1}{z}$은 $z=0$에서 고립진성특이성(진성특이점)을 갖는다.

(3) 유수

$z=\alpha$는 함수 $f(z)$의 고립특이점이라 하고, $0<|z-\alpha|<R_0$에서 $f(z)$는 해석적(정칙)이라 하자. 이때, 함수 $f(z)$의 $z=\alpha$를 중심으로 한 **로렌**(Laurent)**급수**의 **계수**는

$$q_m = \frac{1}{2\pi i}\oint_{|z-\alpha|=R} \frac{f(z)}{(z-\alpha)^{m+1}}dz \quad (0<R<R_0) \tag{14.31}$$

이다. 특히, $m=-1$일 때 $\frac{1}{z-\alpha}$의 **계수** q_{-1}은

$$q_{-1} = \frac{1}{2\pi i}\oint_{|z-\alpha|=R} \frac{f(z)}{(z-\alpha)^0}dz = \frac{1}{2\pi i}\oint_{|z-\alpha|=R} f(z)dz \tag{14.32}$$

가 되기 때문에, $2\pi i\, q_{-1}$은 함수 $f(z)$의 곡선 $|z-\alpha|=R$을 따라가는 적분(윤곽선적분)의 값이다. **계수** q_{-1}을 함수 $f(z)$의 고립특이점 α에서 **유수**(residue 또는 **잔류물**)라고 부르며, $\mathrm{Res}[f(z),\alpha]$로 표기한다. 즉, 로렌(Laurent)급수에서 계수 q_{-1}을 포함한 항만 남기 때문에 유수(잔류물)라고 불린다. 이때,

$$\oint_{|z-\alpha|=R} f(z)dz = 2\pi i\ \mathrm{Res}[f(z),\alpha] \tag{14.33}$$

가 성립한다. 따라서 유수가 알려지면 적분의 값을 구하는 것이 가능해진다.

예제 14.7

R이 양의 상수일 때, 다음 적분의 값을 구하시오.

(1) $\oint_{|z|=R} \frac{\sin z}{z} dz$

(2) $\oint_{|z|=R} \frac{e^z}{z^3} dz$

(3) $\oint_{|z|=R} z^4 \cos \frac{1}{z} dz$

풀이

예제 14.6의 로렌(Laurent)급수를 참조하면, $z=0$에서 유수 및 $|z|=R$을 따라가는 적분(윤곽선 적분)의 값을 구하는 것이 가능하다.

(1) $f(z)=\frac{\sin z}{z}$ 의 $z=0$을 중심으로 한 로렌(Laurent)급수는 주부가 없다. 따라서

$$\text{Res}[f(z),0]=\text{Res}[\frac{\sin z}{z},0]=q_{-1}=0$$

이 되고, 다음과 같은 적분 값이 얻어진다.

$$\oint_{|z|=R} \frac{\sin z}{z} dz = 2\pi i \ \text{Res}[\frac{\sin z}{z},0]=2\pi i \times 0 = 0$$

(2) $f(z)=\frac{e^z}{z^3}$ 의 $z=0$을 중심으로 한 로렌(Laurent)급수의 $\frac{1}{z}$ 의 계수는 $\frac{1}{2}$ 이다. 따라서

$$\text{Res}[f(z),0]=\text{Res}[\frac{e^z}{z^3},0]=q_{-1}=\frac{1}{2}$$

이 되고, 다음과 같은 적분 값이 얻어진다.

$$\oint_{|z|=R} \frac{e^z}{z^3} dz = 2\pi i \ \text{Res}[\frac{e^z}{z^3},0]=2\pi i \times \frac{1}{2} = \pi i$$

(3) $f(z)=z^4 \cos \frac{1}{z}$ 의 $z=0$을 중심으로 한 로렌(Laurent)급수의 $\frac{1}{z}$ 의 계수는 0이다. 따라서

$$\text{Res}[f(z),0]=\text{Res}[z^4 \cos \frac{1}{z},0]=q_{-1}=0$$

이 되고, 다음과 같은 적분 값이 얻어진다.

$$\oint_{|z|=R} z^4 \cos \frac{1}{z} dz = 2\pi i \ \text{Res}[z^4 \cos \frac{1}{z},0]=2\pi i \times 0 = 0$$

(4) 극의 위수와 유수

함수 $f(z)$의 고립특이점 $z=\alpha$에서 **유수**를 구해보자.

$z=\alpha$가 $f(z)$의 **위수** m의 **극**일 때, 점 α를 중심으로 한 $f(z)$의 **로렌**(Laurent)**급수**는

$$f(z)=\frac{q_{-n}}{(z-\alpha)^n}+\frac{q_{-n+1}}{(z-\alpha)^{n-1}}+\cdots+\frac{q_{-1}}{z-\alpha}+q_0+\cdots(q_{-n}\neq 0) \quad (14.34)$$

이 된다. 위 식의 양변에 $(z-\alpha)^n$을 곱하면,

$$\begin{aligned}&(z-\alpha)^n f(z)\\&=q_{-n}+q_{-n+1}(z-\alpha)+\cdots+q_{-1}(z-\alpha)^{n-1}+q_0(z-\alpha)^n+\cdots\end{aligned} \quad (14.35)$$

이 된다. 따라서

$$\lim_{z\to\alpha}(z-\alpha)^n f(z)=q_{-n}\neq 0 \quad (14.36)$$

이 성립한다. 반대로, $\lim_{z\to\alpha}(z-\alpha)^n f(z)$가 0이 아닌 극한값을 갖는 자연수 n이라면, $z=\alpha$는 $f(z)$의 위수 n의 극이다. 특히, $f_1(z)$가 $f_1(\alpha)\neq 0$을 만족하는 해석(정칙)함수일 때,

$$f(z)=\frac{f_1(z)}{(z-\alpha)^n}\ (n\text{은 자연수}) \quad (14.37)$$

의 고립특이점 $z=\alpha$가 $f(z)$의 위수 n의 극이라는 것을 알 수 있다.

다음으로, **유수**를 구해보면

1) 점 α가 $f(z)$의 위수 n의 극일 때, 계수 q_{-1}을 구하기 위하여 식 (14.35)의 양변을 $n-1$번 미분하면

$$\frac{d^{n-1}}{dx^{n-1}}[(z-\alpha)^n f(z)]=(n-1)!\,q_{-1}n(n-1)\cdots 2\,q_0(z-\alpha)+\cdots$$

이 된다. 여기서, $z\to\alpha$라 하면 점 α에서 유수는

$$\mathrm{Res}[f(z), \alpha] = q_{-1} = \frac{1}{(n-1)!} \lim_{z \to \alpha} \frac{d^{n-1}}{dx^{n-1}} (z-\alpha)^n f(z) \tag{14.38}$$

가 된다. 특히, α가 위수 1의 극일 때는 다음과 같이 된다.

$$\mathrm{Res}[f(z), \alpha] = \lim_{z \to \alpha} (z-\alpha) f(z) \tag{14.39}$$

2) 함수 $f_2(z)$, $f_3(z)$가 해석적(정칙)이고, $f_3(\alpha) = 0$, $f_3{}'(\alpha) \neq 0$이라고 하자. 이때,

$$\lim_{z \to \alpha} (z-\alpha) \frac{f_2(z)}{f_3(z)} = \lim_{z \to \alpha} \frac{f_2(z)}{\dfrac{f_3(z) - f_3(\alpha)}{z-\alpha}} = \frac{f_2(\alpha)}{f_3{}'(\alpha)} \tag{14.40}$$

가 된다. 따라서 $f_2(\alpha) \neq 0$이면 $z = \alpha$는 $\dfrac{f_2(z)}{f_3(z)}$의 위수 1의 극이고, $\mathrm{Res}[\dfrac{f_2(z)}{f_3(z)}, \alpha]$ $= \dfrac{f_2(\alpha)}{f_3{}'(\alpha)}$가 된다. 또한, $f_1(\alpha) = 0$일 때는 $z = \alpha$가 제거 가능한 고립특이점이 되고

$$\mathrm{Res}[\frac{f_2(z)}{f_3(z)}, \alpha] = q_{-1} = 0 = \frac{f_2(\alpha)}{f_3{}'(\alpha)} \tag{14.41}$$

가 되며, 같은 결론이 성립한다.

따라서 다음이 성립한다.

정리 14.6 극의 위수와 유수

1) 점 α가 함수 $f(z)$의 위수 1의 극일 때, 다음 식이 성립한다.

$$\mathrm{Res}[f(z), \alpha] = \lim_{z \to \alpha} (z-\alpha) f(z) \tag{14.42}$$

점 α가 함수 $f(z)$의 위수 n $(n \geq 2)$의 극일 때, 다음 식이 성립한다.

$$\mathrm{Res}[f(z), \alpha] = \frac{1}{(n-1)!} \lim_{z \to \alpha} \frac{d^{n-1}}{dx^{n-1}} (z-\alpha)^n f(z) \tag{14.43}$$

2) 함수 $f_2(z)$, $f_3(z)$가 해석적이고, $f_2(\alpha)=0$, $f_2{}'(\alpha)\neq 0$일 때, 다음 식이 성립한다.

$$\text{Res}[\frac{f_2(z)}{f_3(z)}, \alpha] = \frac{f_2(\alpha)}{f_3{}'(\alpha)} \tag{14.44}$$

예제 14.8

함수 $f(z)=\dfrac{4z^3+2i}{z(z-i)^2}$의 고립특이점을 구하고, 고립특이점에서 유수를 구하시오.

풀이

주어진 함수 $f(z)=\dfrac{4z^3+2i}{z(z-i)^2}$의 분모를 0으로 만드는 2개의 점 $z=0$과 점 $z=i$가 고립특이점이다.

먼저, 점 $z=0$에서 유수를 구해보자. 식 (14.37)을 이용하여 극 $z=0$의 위수를 구하면, $f_1(z)=\dfrac{4z^3+2i}{(z-i)^2}$이므로, 이 함수는 $z=0$의 근방에서 해석적(정칙)이고 $f_1(0)\neq 0$이다. 그러므로 점 $z=0$은 $f(z)$의 위수 1의 극이다. 따라서 정리 14.6 1)의 식 (14.42)에 의하여, 점 $z=0$에서 유수는 다음과 같이 된다.

$$\begin{aligned}\text{Res}[f(z),0] &= \text{Res}[\frac{4z^3+2i}{z(z-i)^2},0]\\ &= \lim_{z\to 0} z\frac{4z^3+2i}{z(z-i)^2} = \lim_{z\to 0}\frac{4z^3+2i}{(z-i)^2} = \frac{4(0^3)+2i}{(0-i)^2}\\ &= -2i\end{aligned}$$

다음으로, 점 $z=i$에서 유수를 구해보자. 식 (14.37)을 이용하여 극 $z=i$의 위수를 구하면, $f_1(z)=\dfrac{4z^3+2i}{z}$이므로, 이 함수는 $z=i$의 근방에서 해석적(정칙)이고 $f_1(i)\neq 0$이다. 그러므로 점 $z=i$는 $f(z)$의 위수 2의 극이다. 따라서 정리 14.6 1)의 식 (14.43)에서 $n=2$이므로, 점 $z=i$에서 유수는 다음과 같이 된다.

$$\begin{aligned}\text{Res}[f(z),i] &= \text{Res}[\frac{4z^3+2i}{z(z-i)^2},i]\\ &= \frac{1}{(2-1)!}\lim_{z\to i}\frac{d^{2-1}}{dx^{2-1}}[(z-i)^2\frac{4z^3+2i}{z(z-i)^2}] = \lim_{z\to i}\frac{d}{dx}[(z-i)^2\frac{4z^3+2i}{z(z-i)^2}]\\ &= \lim_{z\to i}\frac{d}{dx}(\frac{4z^3+2i}{z}) = \lim_{z\to i}\frac{8z^3-2i}{z^2} = \frac{8z^3-2i}{z^2}\\ &= 10i\end{aligned}$$

14.5 유수적분법

(1) 유수정리

함수 $f(z)$는 단일 폐곡선 C와 그 내부에서 C 내부의 n개의 점 $\alpha_m (m=1, 2, \cdots, n)$을 제외하고는 해석적(정칙)이라고 하자. 점 $z=\alpha_m$을 중심으로 한 원 C_m은 곡선 C의 내부에 포함되어 있다. 즉, C의 내부에 포함되어 있는 C_1, C_2, $\cdots$, C_n이 그림 13.3(b)와 같이 서로서로 외부에 있다. 이때, **코시**(Cauchy)**적분정리 II 2)**[식 (13.15)]에 의하여

$$\oint_C f(z)dz = \sum_{m=1}^{n} \oint_{C_m} f(z)dz$$

가 성립한다. 위 식 우변의 곡선 C_m을 따라가는 적분(윤곽선적분)의 값을 $z=\alpha_m$에서 **유수**를 이용하여 나타내면

$$\oint_C f(z)dz = 2\pi i \sum_{m=1}^{n} \mathrm{Res}[f(z), \alpha_m]$$

이 된다. 따라서 다음의 **유수정리**가 성립한다.

14.7 유수정리

함수 $f(z)$는 단일 폐곡선 C와 그 내부에서, C 내부의 n개의 점 $\alpha_m (m=1, 2, \cdots, n)$을 제외하고는 해석적(정칙)이라고 하면 반시계방향(양의 방향)의 경로 C에 대한 다음과 같은 **유수적분**(residual integral)이 성립한다.

$$\oint_C f(z)dz = 2\pi i \sum_{m=1}^{n} \mathrm{Res}[f(z), \alpha_m] \qquad (14.45)$$

예제 14.9

다음 그림과 같은 원을 따라가는 적분(윤곽선적분) $\oint_{|z-i|=2} \frac{4z^3+2i}{z(z-i)^2}dz$의 값을 구하시오.

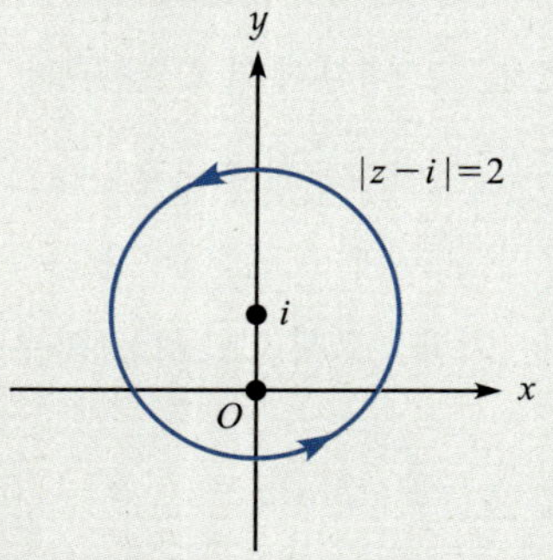

그림 예제 14.9 $|z-i|=2$의 경로

풀이

주어진 함수 $f(z)=\frac{4z^3+2i}{z(z-i)^2}$의 분모를 0으로 만드는 2개의 점 $z=0$과 점 $z=i$가 고립특이점이다. 그림 예제 14.9에 보여준 것처럼 이 고립특이점들은 곡선 $|z-i|=2$의 내부에 있고, 각각의 고립특이점에서 유수는

$$\text{Res}[\frac{4z^3+2i}{z(z-i)^2}, 0] = -2i, \ \text{Res}[\frac{4z^3+2i}{z(z-i)^2}, i] = 10i$$

이다(예제 14.8 참조). 따라서 유수적분식 (14.45)에 의하여, 구하고자 하는 적분 값은

$$\oint_{|z-i|=2} \frac{4z^3+2i}{z(z-i)^2}dz = 2\pi i\ \{\text{Res}[\frac{4z^3+2i}{z(z-i)^2}, 0]+\text{Res}[\frac{4z^3+2i}{z(z-i)^2}, i]\}$$
$$= 2\pi i(-2i+10i) = -16\pi$$

이다.

(2) 실적분의 유수적분

다음 예제와 같이, 유수적분을 이용하여 어떤 종류의 복잡한 실적분의 값을 구할 수 있는 경우가 있다. 이것은 복소해석의 장점을 보여준다.

예제 14.10

실적분 $\int_0^{2\pi} \frac{4}{2+\cos x}\,dx$의 값을 구하시오.

풀이

$z=e^{ix}$ 라 놓으면, $\cos x = \frac{1}{2}(e^{ix}+e^{-ix})$ 이므로

$$dz = \frac{dz}{dx}dx = i\,e^{ix}dx \quad \Rightarrow \quad dx = \frac{1}{i\,e^{ix}}dz = \frac{1}{i\,z}dz$$

$$\cos x = \frac{1}{2}(z+\frac{1}{z})$$

이 된다. x가 0에서 2π까지 움직이면, z는 단위원 $|z|=1$을 양의 방향으로 일주하기 때문에 주어진 정적분은

$$\int_0^{2\pi} \frac{4}{2+\cos x}dx = \oint_{|z|=1} \frac{4}{2+\frac{1}{2}(z+\frac{1}{z})}\frac{1}{i\,z}dz = \frac{8}{i}\oint_{|z|=1}\frac{1}{z^2+4z+1}dz$$

가 된다. 위 식에서, 피적분함수의 특이점은 $z^2+4z+1=0$의 해 $z=-2\pm\sqrt{3}$이다. 이 값 중에 단위원 내부에 있는 것은 $\alpha=-2+\sqrt{3}$ 뿐이다. 즉, $\alpha=-2+\sqrt{3}$만이 고립특이점이다. 고립특이점 $\alpha=-2+\sqrt{3}$에서 유수를 구해보자. 식 (14.44)에서, $f_2(z)=1$, $f_3(z)=z^2+4z+1$이라고 놓으며, $f_3(\alpha)=0$이고 $f_3{}'(\alpha)=2\alpha+4=2\sqrt{3}\neq 0$이다. 따라서 정리 14.6 2)의 식 (14.44)에 의하여, 점 $\alpha=-2+\sqrt{3}$에서 유수는 다음과 같이 된다.

$$\begin{aligned}\text{Res}[f(z),\alpha] &= \text{Res}[\frac{1}{z^2+4z+1},\alpha] = \frac{f_2(\alpha)}{f_3{}'(\alpha)} \\ &= \frac{1}{2\sqrt{3}}\end{aligned}$$

이 된다. 따라서 유수적분식 (14.45)에 의하여, 구하고자 하는 적분 값은

$$\begin{aligned}\int_0^{2\pi}\frac{4}{2+\cos x}dx &= \frac{8}{i}\oint_{|z|=1}\frac{1}{z^2+4z+1}dz \\ &= \frac{8}{i}2\pi i\,\text{Res}[\frac{1}{z^2+4z+1},\alpha] = \frac{8}{i}2\pi i\frac{1}{2\sqrt{3}} \\ &= \frac{8\pi}{\sqrt{3}}\end{aligned}$$

이다.

예제 14.11

다음 그림과 같이 곡선 C를 C= $C_0+C_{R_0}$인 반원이라고 하자. 실적분 $\int_0^\infty \frac{2\cos x}{x^2+1}dx$의 값을 구하시오. 단, $R_0>1$이다.

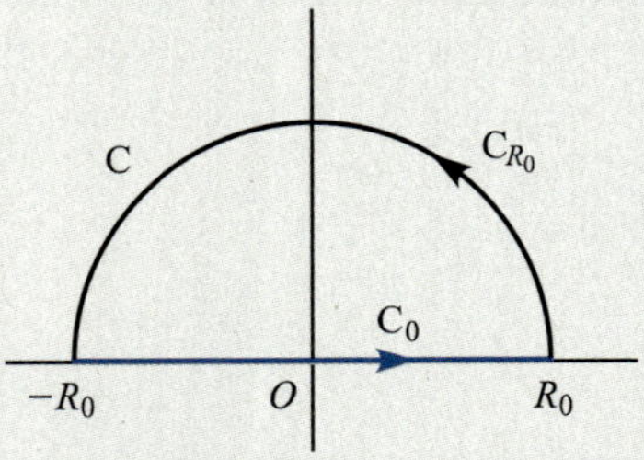

그림 예제 14.11 적분경로

풀이

C_0 위에서는 $z=x$(x는 실수, $-R_0 \le x \le R_0$)가 된다. $\frac{2\sin x}{x^2+1}$는 기함수이기 때문에 다음과 같은 식이 얻어진다.

$$\oint_{C_0} \frac{2e^{iz}}{z^2+1}dz = \int_{-R_0}^{R_0} \frac{2(\cos x + i\sin x)}{x^2+1}dx = \int_{-R_0}^{R_0} \frac{2\cos x}{x^2+1}dx \qquad (1)$$

C_{R_0}을 $z=R_0e^{i\theta}\ (0 \le \theta \le \pi)$라고 나타내면, $dz=\frac{dz}{d\theta}d\theta = iR_0e^{i\theta}d\theta$이다. $-R_0\sin\theta \le 0$이기 때문에, $|e^{iz}|=|e^{iR_0(\cos\theta+i\sin\theta)}|=e^{-R_0\sin\theta} \le 1$이고 $|R_0^2e^{i2\theta}+1| \ge |R_0^2e^{i2\theta}|-1=R_0^2-1$이다. 따라서 식 (13.10b)에 의하여,

$$\left|\oint_{C_{R_0}} \frac{2e^{iz}}{z^2+1}\right| \le \int_0^\pi \left|\frac{2e^{iz}}{R_0^2e^{i2\theta}+1}\right| |iR_0e^{i\theta}|d\theta \le \int_0^\pi \frac{2R_0}{R_0^2-1}d\theta = \frac{2R_0\pi}{R_0^2-1} \to 0\ (R_0 \to \infty)$$

이 된다. 따라서

$$\lim_{R_0\to\infty} \oint_{C_{R_0}} \frac{2e^{iz}}{z^2+1}dz = 0 \qquad (2)$$

이 성립한다.

$R_0>1$이므로, C의 내부에 있는 $\frac{2e^{iz}}{z^2+1} = \frac{2e^{iz}}{(z+i)(z-i)}$의 고립특이점은 $z=i$이고 위수 1의 극이다. 따라서 정리 14.6[식 (14.42)]과 유수정리[식 (14.45)]에 의하여, 다음의 유수적분 값이 얻어진다.

$$\oint_C \frac{2e^{iz}}{z^2+1}dz = 2\pi i \lim_{z\to i}(z-i)\frac{2e^{iz}}{z^2+1} = 2\pi i \lim_{z\to i}(z-i)\frac{2e^{iz}}{(z-i)(z+i)}$$

$$= 2\pi i \frac{2e^{ii}}{(i+i)} = \frac{2\pi}{e} \qquad (3)$$

$R_0 > 1$이므로,

$$\oint_C \frac{2e^{iz}}{z^2+1}dz = \oint_{C_0} \frac{2e^{iz}}{z^2+1}dz + \oint_{C_{R_0}} \frac{2e^{iz}}{z^2+1}dz \tag{4}$$

가 성립한다. 식 (4)의 좌변의 적분 값은 R_0의 값에 관계없이 $\frac{2\pi}{e}$이기 때문에, 식 (4)에서 $R_0 \to \infty$라고 할 때의 극한은

$$\begin{aligned}\frac{2\pi}{e} &= \lim_{R_0\to\infty}\oint_{C_0}\frac{2e^{iz}}{z^2+1}dz + \oint_{C_{R_0}}\lim_{R_0\to\infty}\frac{2e^{iz}}{z^2+1}dz \\ &= \lim_{R_0\to\infty}\int_{-R_0}^{R_0}\frac{2\cos x}{x^2+1}dx + 0 = \int_{-\infty}^{\infty}\frac{2\cos x}{x^2+1}dx \\ &= 2\int_0^{\infty}\frac{2\cos x}{x^2+1}dx \end{aligned} \tag{5}$$

가 된다. 따라서 식 (5)로부터, 구하고자 하는 적분의 값은 다음과 같이 된다.

$$\int_0^{\infty}\frac{2\cos x}{x^2+1}dx = \frac{\pi}{e}$$

참고로, 식 (5)에서 적분구간이 유한이 아닌 $\int_{-\infty}^{\infty}\frac{2\cos x}{x^2+1}dx$ 형태의 적분을 이상적분(improper integral)이라고 부른다.

연습문제

14.1 수열의 항 q_m이 다음 식과 같이 주어진 복소수열 $\{q_m\}$의 수렴 · 발산 여부를 판정하고, 수렴할 때에는 극한값을 구하시오.

(1) $q_m = (2+2i)^m$ (2) $q_m = 3+(3i)^m$

(3) $q_m = \left(\dfrac{1+i}{4}\right)^m$

14.2 다음 식과 같이 주어진 z에 대하여, 등비급수 $\sum_{m=0}^{\infty} z^m$의 수렴 · 발산 여부를 판정하고, 수렴할 때에는 그 합을 구하시오.

(1) $z = \dfrac{i}{4}$ (2) $z = 4i$

14.3 다음 함수의 중심이 $z=0$인 로렌(Laurent)급수를 구하시오.

(1) $\dfrac{\cos z}{z^2}$ (2) $\dfrac{1}{z^3(1-z)}$

14.4 다음 함수의 고립특이점 $z=0$을 중심으로 한 로렌(Laurent)급수의 주부를 구하시오. 또한, 그들은 어떠한 고립특이점인가?

(1) $\dfrac{1-\cos z}{z}$ (2) $\dfrac{\sin z}{z^2}$

(3) $z^4 e^{\frac{1}{z}}$

14.5 R이 양의 상수일 때, 다음 적분의 값을 구하시오.

(1) $\oint_{|z|=R} \frac{1-\cos z}{z} dz$

(2) $\oint_{|z|=R} \frac{\sin z}{z^2} dz$

(3) $\oint_{|z|=R} z^4 e^{\frac{1}{z}} dz$

14.6 다음 함수의 고립특이점을 구하고, 고립특이점에서 유수를 구하시오.

(1) $\frac{2}{z(z-1)(z+2)}$

(2) $\frac{6z^3+2i}{z(z^2+1)}$

(3) $\frac{3}{z^3(z-1)^2}$

14.7 다음 곡선 C를 따라가는 적분(윤곽선적분) $\oint_{C} \frac{7}{z^2(2z-3i)} dz$의 값을 구하시오.

(1) C : $|z+i|=2$

(2) C : $|z+i|=\frac{1}{4}$

14.8 실적분 $\int_0^{2\pi} \frac{3}{2-\cos x} dx$의 값을 구하시오.

14.9 실적분 $\int_{-\infty}^{\infty} \frac{1}{x^2+\frac{R_0^2}{4}} dx$의 값을 구하시오. 단, $R_0>0$이다.

부 록

I 연습문제 해답

CHAPTER 1 1계 상미분방정식

1.1 해답

(1) $x^2 + e^{-y^2} = C_1$

(2) $y = C_1(x+3) - 2$

(3) $y = 2\sin x\,[\ln(\sin x)] + C_1 \sin x$

(4) $x^2 + y^2 = C_1 y$

(5) $y = C_1\left(x + \sqrt{x^2+1}\right)$

(6) $y = \dfrac{4e^x}{1+e^x}$

(7) $y = 7e^{\cos x}$

1.2 해답

(1) 특수해 : $y = 4e^x$
$y' - y = 0$의 방향장과 초기조건을 만족하는 특수해의 곡선

(2) 특수해 : $y = 4e^{-x^2}$
$y' + 2xy = 0$의 방향장과 초기조건을 만족하는 특수해의 곡선

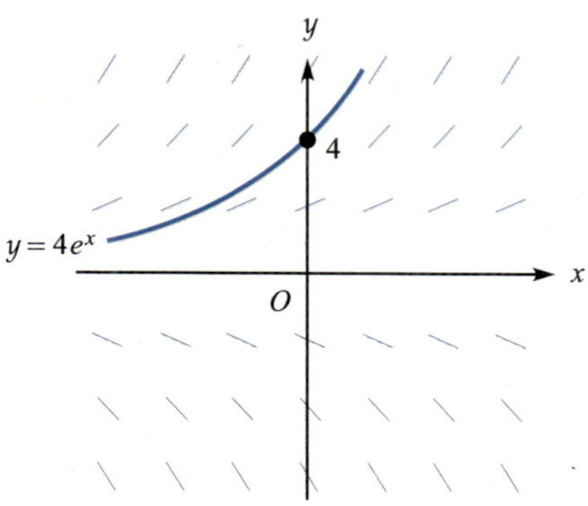

(1)

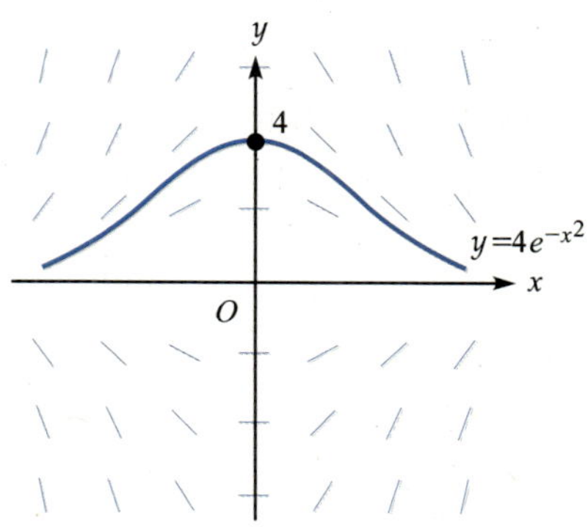

(2)

1.3 해답

(1) $y = C_2e^{2x} - e^{-x}$

(2) $y = C_0e^{-x} + x^2 - 2x + 2$

(3) $\cos y = C_1 \cos x$

(4) $4x^2 = -x^4u + C_0$

(5) $x^2 + 4xy^2 + y^2 = C_1$

(6) $x^2y - 2xy^2 - 2 = C_1y$

1.4 해답

$$v = \frac{mg}{\frac{M}{2} + m}t,\ h = \frac{r^2\omega^2}{2mg}\left(\frac{M}{2} + m\right)$$

1.5 해답

$$F = M\frac{dv}{dt} + um_e$$

1.6 해답

(1) $u = C_0e^{At}$

(2) $u = \dfrac{1}{1 + e^{-At}}$

CHAPTER 2 2계 상미분방정식

2.1 해답

(1) $W\{e^{\beta x}, xe^{\beta x}\} = e^{2\beta x} \neq 0$

(2) $W\{\cos\mu x, \sin\mu x\} = \mu \neq 0$

(3) $W\{e^{\beta x}\cos\mu x, e^{\beta x}\sin\mu x\} = \beta e^{2\beta x} \neq 0$

2.2 해답

(1) $y = B_1e^{2x} + B_2e^{8x}$

(2) $y = (B_1 + B_2x)e^{-4x}$

(3) $y = e^{2x}(A_1\cos 2x + A_2\sin 2x)$

(4) $y = A_1\cos 4x + A_2\sin 4x$

(5) $y = (B_1 + B_2x)e^{6x}$

2.3 해답

(1) $y_p = \dfrac{4}{5}e^{2x} + 2x + 6$

(2) $y_p = -\dfrac{2}{5}\cos x - \dfrac{1}{5}A_2\sin x - e^x$

(3) $y_p = -2xe^{2x}$

(4) $y_p = x^2e^x$

2.4 해답

(1) $y = (-1 + 3x)e^x + \cos x$

(2) $y = (B_1 + B_2x)e^x + 3$

(3) $y = B_1e^{-x} + B_2e^{\frac{1}{2}x} - 2x^3 - 6x^2 - 36x - 60$

2.5 해답

(1) $-3e^{-x}$　　(2) $(-4+5x)e^{-2x}$

(3) $4x+14$

2.6 해답

$$u(t)=u_c(t)+u_p(t)=\frac{f_0}{k}\frac{1}{1-\beta^2}(\sin\omega_e t-\beta\sin\omega t)$$

여기서, $\omega=\sqrt{\frac{k}{m}}$ (rad/sec), $\beta=\frac{\omega_e}{\omega}$

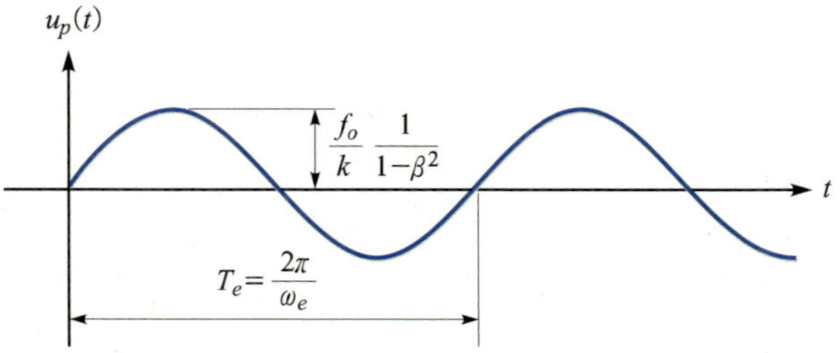

(c) 정상상태의 응답 $u_p(t)$

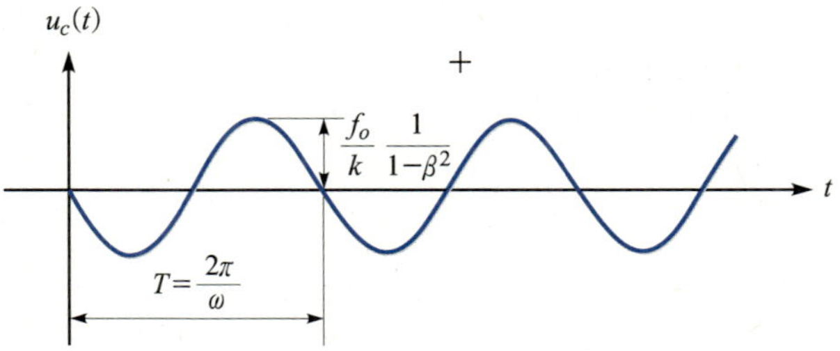

(d) 천이응답 $u_c(t)$

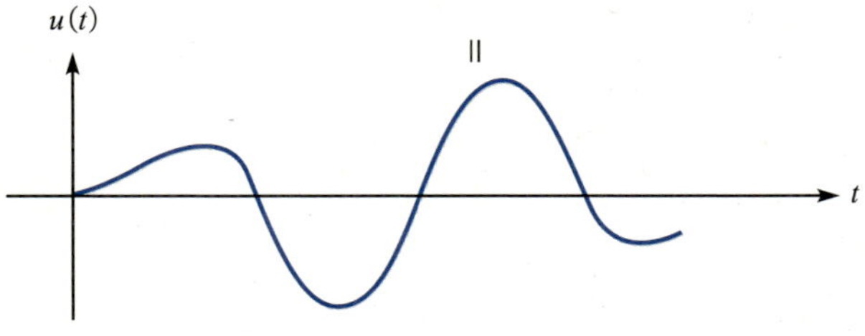

(e) 전체응답 $u(t)=u_c(t)+u_p(t)$

2.7 해답

$$I_p=-\frac{1}{4}\cos 2t+\frac{1}{4}\sin 2t$$

2.8 해답

$$y=\frac{wl^4}{24EI}\left(\frac{x^4}{l^4}-4\frac{x}{l}+3\right),\ y_{\max}=\frac{wl^4}{8EI}$$

CHAPTER 3 n계 상미분방정식

3.1 해답

(1) $u=a_1+a_2e^{-2x}+a_3e^{-x}+a_4e^{x}$

(2) $u=a_1+a_2e^{-3x/2}+a_3xe^{-3x/2}$

(3) $u=a_1+a_2e^{-2x}+a_3xe^{-2x}+a_4x^2e^{-2x}$

(4) $u=a_1e^{2x}+e^{-x}(a_2\cos\sqrt{3}x+a_3\sin\sqrt{3}x)$

(5) $u=a_1+a_2x+a_3\cos x+a_4\sin x)$

3.2 해답

$$y=-\frac{3}{8}e^{-x}+\frac{3}{8}e^{x}-\frac{1}{8}xe^{-x}-\frac{1}{4}xe^{x}+\frac{1}{8}x^2e^{x}$$

3.3 해답

특수해 $y_p=\cos x+\frac{1}{8}x^2e^x$

일반해 $y==a_1e^{-x}+a_2e^{x}+a_3xe^{-x}+a_4xe^{x}+\cos x+\frac{1}{8}x^2e^x$

3.4 해답

(1) $y=A_1\cos kx+A_2\sin x+\cos kx\int\frac{-\sin kx\cdot r(x)}{k}dx+\sin kx\int\frac{\cos kx\cdot r(x)}{k}dx$

(2) $y=(B_1+B_2x)e^{x}+x^2e^x\left(\frac{\ln x}{2}-\frac{3}{4}\right)$

(3) $y=A_1\cos x+A_2\sin x+3+x\sin x+\cos x\ln|\cos x|$

(4) $y=(B_1+B_2x)e^{-3x}+\frac{e^{-3x}}{2x}$

(5) $y=a_1e^{-x}+e^{-x}(a_2\cos x+a_3\sin x)+e^{-x}\left[\ln\left|\tan\left(\frac{x}{2}+\frac{\pi}{4}\right)\right|+\frac{x^2}{2}-x\cos x+\sin x\ln|\cos x|-1\right]$

(6) $y=(a_1+a_2x+a_3x^2)e^x+\frac{e^x}{2}\left[-x^3-\frac{3}{4}x^2+\frac{x}{4}+\frac{1}{8}(2x-1)^2\ln(2x-1)\right]$

3.5 해답

$u_2=e^{-x}$

3.6 해답

(1) $y = x[a_1 \cos(\ln x) + a_2 \sin(\ln x)]$

(2) $y = [a_1 + a_2(\ln x) + a_3(\ln x)^2]\dfrac{1}{x}$

(3) $y = a_1 x + \dfrac{1}{\sqrt{x}}\left[a_2 \cos\left(\dfrac{\sqrt{3}}{2}\ln x\right) + a_3 \sin\left(\dfrac{\sqrt{3}}{2}\ln x\right)\right] + x\ln x + 7$

(4) $y = a_1 + (a_2 + a_3 \ln x)]x$

CHAPTER 4 연립상미분방정식

4.1 해답

(1) 고유값 : $D_1 = 2$, $D_2 = 7$, 고유벡터 : $\mathbf{p}_1 = \begin{Bmatrix} 1 \\ -2 \end{Bmatrix}$, $\mathbf{p}_2 = \begin{Bmatrix} 1 \\ 0.5 \end{Bmatrix}$

(2) 고유값 : $D_1 = 2$, $D_2 = 4$, $D_3 = 6$, 고유벡터 : $\mathbf{p}_1 = \begin{Bmatrix} 1 \\ 2 \\ 2 \end{Bmatrix}$, $\mathbf{p}_2 = \begin{Bmatrix} 1 \\ 0 \\ -2 \end{Bmatrix}$, $\mathbf{p}_3 = \begin{Bmatrix} 1 \\ -2 \\ 2 \end{Bmatrix}$

4.2 해답

$u_1 = c_1 e^{3x} + c_2 e^{-x}$, $u_2 = 0.5c_1 e^{3x} - 0.5c_2 e^{-x}$

4.3 해답

$u = c_1 e^{-0.5x} + c_2 e^{-1.5x}$

4.4 해답

$$\mathrm{y} = \begin{Bmatrix} y_1 \\ y_2 \\ y_3 \end{Bmatrix} = \begin{Bmatrix} c_1 e^x + c_2 e^{-x} + c_3 \cos x + c_4 \sin x + \dfrac{2}{3}e^{2x} \\ c_1 e^x + c_2 e^{-x} - c_5 \cos\sqrt{3}\,x - c_6 \sin\sqrt{3}\,x + \dfrac{2}{3}e^{2x} \\ c_3 \cos x + c_4 \sin x \end{Bmatrix}$$

4.5 해답

$y_1 = B_1 e^x + B_2 e^{-x} - 2x$, $y_2 = B_1 e^x - B_2 e^{-x} - 2$

4.6 해답

(1) $\begin{bmatrix} m_1 & 0 \\ 0 & m_2 \end{bmatrix}\begin{Bmatrix} \ddot{u}_1(t) \\ \ddot{u}_2(t) \end{Bmatrix} + \begin{bmatrix} k_1 + k_2 & -k_2 \\ -k_2 & k_2 \end{bmatrix}\begin{Bmatrix} u_1(t) \\ u_2(t) \end{Bmatrix} = \begin{Bmatrix} 0 \\ 0 \end{Bmatrix}$

(2) $m_1 m_2 w^4 - [(k_1 + k_2)m_2 + m_1 k_2]w^2 + k_1 k_2 = 0$

(3) 고유진동수 : $w_1 = 17.1\,\mathrm{rad/sec}$, $w_2 = 41.3\,\mathrm{rad/sec}$

고유모드(고유벡터) : $\mathbf{p}_1 = \begin{Bmatrix} 1 \\ 1.414 \end{Bmatrix}$, $\mathbf{p}_2 = \begin{Bmatrix} 1 \\ -1.414 \end{Bmatrix}$

4.7 해답

$$\begin{bmatrix} m_1 & 0 & 0 \\ 0 & m_2 & 0 \\ 0 & 0 & m_3 \end{bmatrix}\begin{Bmatrix} \ddot{u}_1(t) \\ \ddot{u}_2(t) \\ \ddot{u}_3(t) \end{Bmatrix}+\begin{bmatrix} c_1 & -c_1 & 0 \\ -c_1 & c_1+c_2 & -c_2 \\ 0 & -c_2 & c_2+c_3 \end{bmatrix}\begin{Bmatrix} \dot{u}_1(t) \\ \dot{u}_2(t) \\ \dot{u}_3(t) \end{Bmatrix}+\begin{bmatrix} k_1 & -k_1 & 0 \\ -k_1 & k_1+k_2 & -k_2 \\ 0 & -k_2 & k_2+k_3 \end{bmatrix}\begin{Bmatrix} u_1(t) \\ u_2(t) \\ u_3(t) \end{Bmatrix}=\begin{Bmatrix} f_1(t) \\ f_2(t) \\ f_3(t) \end{Bmatrix}$$

CHAPTER 5 상미분방정식의 급수해와 특수함수

5.1 해답

$$u=\sum_{m=0}^{\infty} a_0(2t)^m \frac{1}{m!}x^m = a_0 e^{2tx}$$

5.2 해답

$$u=a_0\sum_{k=0}^{\infty}\frac{1}{2^k k!}x^{2k}+a_1x+a_1\sum_{k=1}^{\infty}\frac{1}{(2k+1)(2k-1)\cdot\cdot\cdot 3}x^{2k+1}$$

5.3 해답

$$u=a_1 J_{1/2}(\sqrt{3}\,x)+a_2 J_{-1/2}(\sqrt{3}\,x)$$

5.4 해답

$$u=a_1 J_\nu(x^2)+a_2 N_\nu(x^2)$$

CHAPTER 6 라플라스(Laplace)변환

6.1 해답

(1) $F(s)=\int_0^\infty ae^{-st}dt=\frac{a}{s}$

(2) $F(s)=\int_0^\infty e^{at}e^{-st}dt=\frac{1}{s-a}$

(3) $F(s)=\int_0^\infty t^2e^{-st}dt=\frac{2}{s^3}$

(4) $F(s)=\int_0^\infty \cosh t\, e^{-st}dt=\frac{s}{s^2-1}$

(5) $F(s)=\int_0^\infty U(t-a)e^{-st}dt=\frac{e^{-as}}{s}$

(6) $F(s)=\mathcal{L}[\sum_{a=1}^{\infty}U(t-a)]=\frac{1}{s(e^s-1)}$

(7) $F(s)=\mathcal{L}[\sum_{a=1}^{\infty}(-1)^{a+1}U(t-a)]=\frac{e^{-s}}{s(1+e^{-s})}$

(8) $F(s)=\mathcal{L}[\delta_k(t)]==\int_0^\infty \delta_k(t)e^{-st}dt=\frac{1-e^{-ks}}{ks}$

6.2 해답

(1) $-1+e^t$

(2) $\frac{t^4}{12}$

(3) $-1-t+e^t$

(4) $-e^t+e^{2t}$

6.3 해답

(1) $-F'(s)$

(2) $\int_s^\infty F(\bar{s})d\bar{s}$

(3) $\frac{s+a}{(s+a)^2-k^2}$

6.4 해답

(1) $\mathcal{L}^{-1}\left[\frac{k}{s+a}\right]=ke^{-at}$

(2) $\mathcal{L}^{-1}\left[\frac{ks}{(s+a)^2+\omega^2}\right]=ke^{-at}\cos\omega t-\frac{ak}{\omega}e^{-at}\sin\omega t \ (\omega\neq 0)$

(3) $\mathcal{L}^{-1}\left[\frac{e^{-as}}{s-k}\right]=U(t-a)e^{k(t-a)}$

(4) $\mathcal{L}^{-1}\left[\frac{1}{(s-5)(s+5)}\right]=\frac{1}{10}(e^{5t}-e^{-5t})$

(5) $\mathcal{L}^{-1}\left[\frac{1}{s^3+6s^2+11s+6}\right]=-\frac{1}{2}e^{-t}+2e^{-2t}-\frac{3}{2}e^{-3t}$

(6) $\mathcal{L}^{-1}\left[\frac{1}{s^3-s^2+s-1}\right]=\frac{1}{5}(e^{2t}-\cos t-2\sin t)$

(7) $\mathcal{L}^{-1}\left[\frac{s}{(s^2+1)(s^2+1)}\right]==\frac{1}{2}t\sin t$

(8) $\mathcal{L}^{-1}\left[\frac{2s}{(s+1)^2}\right]=2(e^{-t}-te^{-t})$

6.5 해답

(1) $f(t)=3e^{-5t}$

(2) $f(t)=\frac{k}{a}+\left(2-\frac{k}{a}\right)e^{-at} \ (a\neq 0)$

(3) $f(t)=\frac{1}{2}(e^{-t}+e^{-3t})$

(4) $f(t)=\frac{1}{10}(\cos t+\sin t-19e^{3t}+28e^{2t})$

(5) $f(t)=\frac{1}{4}+a_1e^{-2t}+a_2te^{-2t}$

(6) $f(t)=te^t+e^{-2t}$

6.6 해답

$$y=-\frac{qt^4}{24EI}+\frac{qlt^3}{12}-\frac{ql^2t^2}{24}$$

6.7 해답

$$\begin{Bmatrix} f_1(t) \\ f_2(t) \end{Bmatrix}=\begin{Bmatrix} 5\cos t+3\sin t-8e^{-2t}+3e^{-3t} \\ \cos t+\sin t-4e^{-2t}+3e^{-3t} \end{Bmatrix}$$

6.8 해답

$$\begin{Bmatrix} i_1(t) \\ i_2(t) \end{Bmatrix}=\frac{1}{27}\begin{Bmatrix} -8\cos t-\sin t+8\cos 2t+14\sin 2t \\ -10\cos t+10\sin t+10\cos 2t-5\sin 2t \end{Bmatrix}e^{-t}$$

6.9 해답

$$m_1\ddot{u}_1(t)+(k_1+k)u_1(t)-ku_2(t)=0$$
$$m_2\ddot{u}_2(t)-ku_1(t)+(k+k_2)u_2(t)=0$$

CHAPTER 7 선형대수

7.1 해답

(1) $\begin{bmatrix} 4 & 0 & 2 \\ 0 & 6 & -2 \end{bmatrix}$

(2) $\begin{bmatrix} 5 & 9 \\ 6 & 3 \end{bmatrix}$

7.2 해답

(1) $\begin{bmatrix} 3 & 2 \\ 0 & 4 \end{bmatrix}$

(2) $\begin{bmatrix} 2 & 14/3 \\ -2 & 22/3 \end{bmatrix}$

7.3 해답

(1) $\begin{Bmatrix} 21 \\ 26 \end{Bmatrix}$

(2) $\begin{bmatrix} 10 & 24 \\ 43 & 54 \end{bmatrix}$

(3) $\begin{Bmatrix} a_1 \\ a_2 \end{Bmatrix}$

(4) $\begin{bmatrix} ae & 0 \\ 0 & bf \end{bmatrix}$

7.4 해답

(1) $\begin{bmatrix} 8 & 27 \\ 14 & 21 \end{bmatrix}$

(2) $\begin{bmatrix} -11 & 10 & 7 \\ -1 & 2 & -4 \\ -16 & 8 & 38 \end{bmatrix}$

7.5 해답

(1) $|\mathrm{A}|=16$

(2) $|\mathrm{A}|=3$

7.6 해답

(1) $A^{-1}=\frac{1}{7}\begin{bmatrix}6 & -1\\ -5 & 2\end{bmatrix}$

(2) $A^{-1}=-\frac{1}{14}\begin{bmatrix}20 & -12 & -9\\ -26 & 10 & 11\\ 8 & -2 & -5\end{bmatrix}$

7.7 해답

(1) $x_1=0,\ x_2=1$

(2) $x=-\frac{4}{7},\ y=\frac{3}{7},\ z=\frac{10}{7}$

7.8 해답

$$I_G=\frac{(R_2R_4-R_1R_3)E}{(R_1+R_2)R_4(R_2+R_3+R_G)+R_2(R_1R_3-R_2R_4)+R_GR_3(R_1+R_2)}$$

$I_G=0$으로 주어지는 브릿지의 평형조건은 다음과 같이 된다.

$R_2R_4=R_1R_3$

7.9 해답

(1) $x_1=15,\ x_2=-7$

(2) $x_1=-7,\ x_2=-7,\ x_3=4$

(3) 무수히 많은 해를 갖는다.

(4) 해는 없다.

7.10 해답

(1) rank(A) = 2 = 미지수의 개수이기 때문에, 자명한 해가 아닌 해를 갖지 않는다.
(2) rank(A) = 2 < 미지수의 개수 = 3이기 때문에, 자명한 해가 아닌 해를 갖는다.
(3) rank(A) = 3 = 미지수의 개수이기 때문에, 자명한 해가 아닌 해를 갖지 않는다.

7.11 해답

(1) $A^{-1}=\begin{bmatrix}-5/2 & 3/2\\ 1 & -1/2\end{bmatrix}$

(2) $A^{-1}=\begin{bmatrix}1/2 & -2 & 0\\ -1/8 & 1/4 & -1/4\\ -1/16 & 5/8 & -1/8\end{bmatrix}$

7.12 해답

표현행렬 $A=\begin{bmatrix}2 & -2\\ -3 & 2\end{bmatrix}$, F에 의한 사상(mapping) $F(\mathbf{a})=\begin{Bmatrix}2\\ -5\end{Bmatrix}$

7.13 해답

$G\circ F$의 표현행렬은 $BA=\begin{bmatrix}0 & -1\\ 2 & 0\end{bmatrix}$이 되고, 합성변환 $G\circ F$는 점 $(-4,4)$로 이동한다.

$F\circ G$의 표현행렬은 $AB=\begin{bmatrix}0 & -2\\ 1 & 0\end{bmatrix}$이 되고, 합성변환 $F\circ G$는 점 $(-8,2)$로 이동한다.

7.14 해답

F^{-1}의 표현행렬은 $A^{-1}=\begin{bmatrix}4 & 1\\1 & -2\end{bmatrix}^{-1}=\begin{bmatrix}2/9 & 1/9\\1/9 & -4/9\end{bmatrix}$가 된다.

$F(a)=\begin{Bmatrix}6\\-2\end{Bmatrix}$가 되는 벡터 a는 $a=A^{-1}F(a)=\begin{Bmatrix}10/9\\14/9\end{Bmatrix}$가 된다.

7.15 해답

$b_1 \bullet b_2=1\times(-12)+3\times4=0$이기 때문에, b_1, b_2는 상호 직교한다.

직교행렬은 $A=\begin{bmatrix}\dfrac{1}{\sqrt{10}} & \dfrac{-3}{\sqrt{10}}\\ \dfrac{3}{\sqrt{10}} & \dfrac{1}{\sqrt{10}}\end{bmatrix}$이 된다.

CHAPTER 8 벡터 내적, 외적, 기울기, 발산, 회전

8.1 해답

(1) $\dfrac{35\sqrt{3}}{2}$

(2) -9

(3) 0

8.2 해답

(1) 6

(2) $\dfrac{\pi}{3}$

8.3 해답

$x+y-1=0$

8.4 해답

$3x-y+4=0$

8.5 해답

$a\times b=3i-9j-7k$

(1) $S=\sqrt{139}$

(2) $e=\pm\dfrac{1}{\sqrt{139}}(3i-9j-7k)$

(3) $3x-9y-7z=13$

8.6 해답

(1) $S=2\sqrt{3}$

(2) $\pm\dfrac{1}{\sqrt{3}}\begin{Bmatrix}-1\\1\\1\end{Bmatrix}=\pm\dfrac{1}{\sqrt{3}}(-i+j+k)$

8.7 해답

2

8.8 해답

(1) 평면 $x+2y-4z=c^2$

(2) 구면 $x^2+y^2+z^2=\frac{1}{c^2}$

8.9 해답

(1)

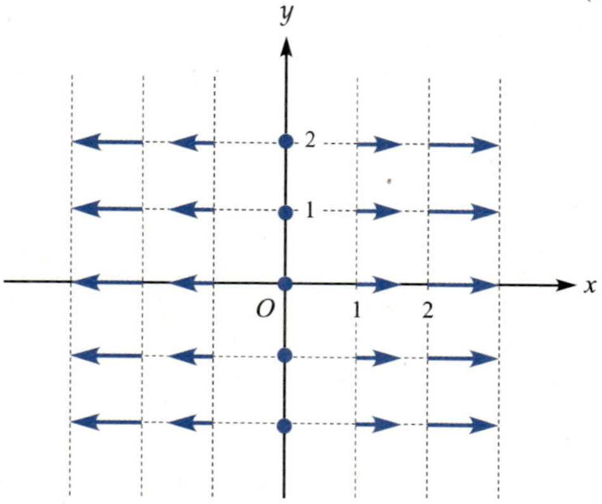

(2)

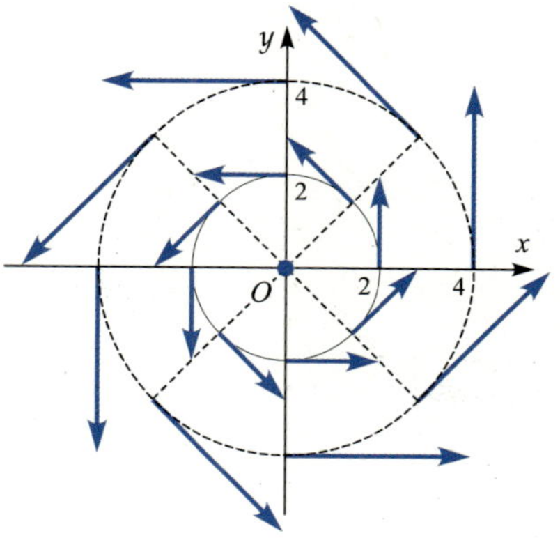

8.10 해답

(1) $\nabla f=2\mathbf{i}+4\mathbf{j}$

(2) $\nabla f=2\mathbf{i}-4y\mathbf{j}+6z^2\mathbf{k}$

(3) $\nabla f=8yz^3\mathbf{j}+12y^2z^2\mathbf{k}$

8.11 해답

(1) $\text{grad} f=-\frac{2x}{(x^2+y^2)^2}\mathbf{i}-\frac{2y}{(x^2+y^2)^2}\mathbf{j}$, $\text{grad} f(\text{P})=-\frac{1}{100}\mathbf{i}+\frac{1}{50}\mathbf{j}$

(2) $D_{\mathbf{a}}f(\text{P})=\frac{\sqrt{2}}{200}$

(3) $\mathbf{a}=\frac{1}{\sqrt{5}}(-\mathbf{i}+2\mathbf{j})$

8.12 해답

(1) 6

(2) 0

(3) $6yz+6z^2$

8.13 해답

(1) $-2\mathbf{i}-2\mathbf{j}-2\mathbf{k}$

(2) $2z\mathbf{i}+2x\mathbf{j}+2y\mathbf{k}$

(3) 0

8.14 해답

curl $\mathbf{v}=0$ 이 된다. 즉, $\mathbf{v}$는 x축에 평행한 흐름이고, y좌표, z좌표가 변하여도 흐름의 크기는 변하지 않는다. 따라서 회전은 발생하지 않는다.

CHAPTER 9 벡터미적분, 적분정리

9.1 해답

(1) $\mathbf{r}=(1-3t)\,\mathbf{i}+(-2+8t)\mathbf{j}+\mathbf{k}\ (0\le t\le 1)$

(2) $\mathbf{r}=10\cos t\,\mathbf{i}+2\mathbf{j}+10\sin t\mathbf{k}$

9.2 해답

(1) $\mathbf{v}=2\sqrt{2}\,\mathbf{i}+2e^{t}\mathbf{j}-2e^{-t}\mathbf{k}=\begin{Bmatrix}2\sqrt{2}\\2e^{t}\\-2e^{-t}\end{Bmatrix}$

$|\mathbf{v}|=2(e^{t}+e^{-t})$

$\mathbf{a}=\ 0\mathbf{i}+2e^{t}\mathbf{j}+2e^{-t}\mathbf{k}=\begin{Bmatrix}0\\2e^{t}\\2e^{-t}\end{Bmatrix}$

(2) $\mathbf{t}=\dfrac{1}{e^{t}+e^{-t}}\,(\sqrt{2}\,\mathbf{i}+e^{t}\mathbf{j}-e^{-t}\mathbf{k})=\dfrac{1}{e^{t}+e^{-t}}\begin{Bmatrix}\sqrt{2}\\e^{t}\\-e^{-t}\end{Bmatrix}$

$\mathbf{e}=\dfrac{1}{e^{t}+e^{-t}}((-e^{t}+e^{-t})\mathbf{i}+\sqrt{2}\,\mathbf{j}+\sqrt{2}\,\mathbf{k})=\dfrac{1}{e^{t}+e^{-t}}\begin{Bmatrix}e^{t}+e^{-t}\\\sqrt{2}\\\sqrt{2}\end{Bmatrix}$

(3) $a_{\tan}=2(e^{t}-e^{-t})$

$a_{\text{norm}}=2\sqrt{2}$

$\mathbf{a}=2(e^{t}-e^{-t})\mathbf{t}+2\sqrt{2}\,\mathbf{e}$

9.3 해답

$8\sqrt{10}\,\pi$

9.4 해답

(1) $\dfrac{10\sqrt{14}}{3}$

(2) $-\dfrac{48\sqrt{14}}{5}$

9.5 해답

(1) 2

(2) $\dfrac{15}{2}$

9.6 해답

$4\pi^{2}$

9.7 해답

(1) $\mathbf{r} = (1-2u+v)\mathbf{i} + (2-u)\mathbf{j} + (3-4u-v)\mathbf{k}$

(2) $\mathbf{r} = u\mathbf{i} + 6\cos v\mathbf{j} + 6\sin v\mathbf{k}$

(3) $\mathbf{r} = x\,\mathbf{i} + y\mathbf{j} + 2(x^2-y^2)\mathbf{k}$

9.8 해답

(1) $\dfrac{\partial \mathbf{r}}{\partial u} = 6\mathbf{i} + 4u\,\mathbf{k},\ \dfrac{\partial \mathbf{r}}{\partial v} = -2\mathbf{j} + 4v\,\mathbf{k},\ \mathbf{e} = \pm\dfrac{1}{\sqrt{4u^2+36v^2+9}}(2u\mathbf{i} - 6v\mathbf{j} - 3\mathbf{k})$

(2) $\dfrac{\partial \mathbf{r}}{\partial u} = 3\cos v\mathbf{i} + 3\sin v\mathbf{j} + 3\,\mathbf{k},\ \dfrac{\partial \mathbf{r}}{\partial v} = -3u\sin v\,\mathbf{i} + 3u\cos v\mathbf{j},\ \mathbf{e} = \pm\dfrac{1}{\sqrt{2}}(-\cos v\mathbf{i} - \sin v\mathbf{j} + \mathbf{k})$

9.9 해답

(1) 8π (2) $\dfrac{256}{3}\pi$

9.10 해답

$\mathbf{e} = \cos u\,\mathbf{i} + \sin u\,\mathbf{j}$

9.11 해답

18

9.12 해답

2

9.13 해답

체적분 : $\displaystyle\int_V f dw = \frac{1}{6}$, 체적 : $w = \dfrac{1}{3}$

9.14 해답

3

9.15 해답

$V = 4{,}000\pi\ [\mathrm{m}^3/\mathrm{sec}]$

9.16 해답

체적분을 실행하기 위하여, 반지름이 a이고 높이가 v인 원기둥 극좌표는 다음과 같이 된다.

$$\mathbf{r} = \begin{Bmatrix} a\cos u \\ a\sin u \\ v \end{Bmatrix} = a\cos u\mathbf{i} + a\sin u\mathbf{j} + v\,\mathbf{k}\ \ (0 \le a \le 1,\ 0 \le u \le 2\pi,\ 0 \le v \le 1)$$

$dw = dxdydz = adadudv$이고 $\operatorname{div}\mathbf{f} = \nabla \cdot \mathbf{f} = 3x^2 + 3y^2 + 3z^2 = 3a^2 + 3v^2$ 이므로, 따라서 식 (9.60)의

가우스(Gauss)의 발산정리를 이용하여, S에서 벡터장 $\mathbf{f}=\begin{Bmatrix} x^3 \\ y^3 \\ z^3 \end{Bmatrix}= x^3\,\mathbf{i}+y^3\mathbf{j}+z^3\mathbf{k}$의 면적분의 값을 구하면 다음과 같이 된다.

$$\int_S \mathbf{f}\cdot d\mathbf{s}=\int_S \mathbf{f}\cdot \mathbf{e}\,dS=\int_V (\operatorname{div}\mathbf{f})\,dw=\frac{5\pi}{2} \tag{1}$$

다음으로, 측면에 대하여 면적분을 구하면 다음과 같이 된다.

$$\mathbf{r}(u,v)=\begin{Bmatrix} \cos u \\ \sin u \\ v \end{Bmatrix}=\cos u\mathbf{i}+\sin u\mathbf{j}+v\,\mathbf{k}(\mathrm{D} : 0\le u\le 2\pi,\ 0\le v\le 1)$$

위 식으로부터,

$$\frac{\partial \mathbf{r}}{\partial u}\times\frac{\partial \mathbf{r}}{\partial v}=\begin{vmatrix} \mathbf{i} & \mathbf{j} & \mathbf{k} \\ -\sin u & \cos u & 0 \\ 0 & 0 & 1 \end{vmatrix}=\cos u\mathbf{i}+\sin u\mathbf{j}$$

가 된다. 따라서 구하고자 하는 측면에 대한 면적분의 값은 다음과 같이 된다.

$$\int_{\text{측면}} \mathbf{f}\cdot d\mathbf{s}=\iint_D \mathbf{f}(u,v)\cdot\left(\frac{\partial \mathbf{r}}{\partial u}\times\frac{\partial \mathbf{r}}{\partial v}\right)du\,dv=\frac{3\pi}{2} \tag{2}$$

상면의 경우, $\mathbf{f}\cdot\mathbf{e}=1$이 되기 때문에 상면에 대한 면적분의 값은 다음과 같이 된다.

$$\int_{\text{상면}} \mathbf{f}\cdot d\mathbf{s}=\int_{\text{상면}} \mathbf{f}\cdot\mathbf{e}\,dS=\int_{\text{상면}} dS=S=\text{상면의 면적}=\pi(1)^2=\pi \tag{3}$$

하면의 경우, $\mathbf{f}\cdot\mathbf{e}=0$이 되기 때문에 하면에 대한 면적분의 값은 다음과 같이 된다.

$$\int_{\text{하면}} \mathbf{f}\cdot d\mathbf{s}=\int_{\text{하면}} \mathbf{f}\cdot\mathbf{e}\,dS=0 \tag{4}$$

식 (2), (3), (4)의 값들을 더하면, 원기둥 표면에서의 면적분의 값이 구해진다. 즉,

$$\int_S \mathbf{f}\cdot d\mathbf{s}=\int_S \mathbf{f}\cdot\mathbf{e}\,dS=\frac{5\pi}{2} \tag{5}$$

이다. 따라서 식 (1)과 (5)의 값이 같으므로, 가우스(Gauss)의 발산정리가 성립하고 있다.

9.17 해답

식 (9.62)의 그린(Green)의 정리에서 $F_1(x,y)=0$, $F_2(x,y)=x$로 선택하고, 다음에 $F_1(x,y)=-y$, $F_2(x,y)=0$을 선택하면 다음 두 식이 얻어진다.

$$\oint_C (F_1dx+F_2dy)=\iint_D \left(\frac{\partial F_2}{\partial x}-\frac{\partial F_1}{\partial y}\right)dxdy=\iint_D dxdy=\oint_C xdy \tag{1}$$

$$\oint_C (F_1dx+F_2dy)=\iint_D \left(\frac{\partial F_2}{\partial x}-\frac{\partial F_1}{\partial y}\right)dxdy=\iint_D dxdy=-\oint_C ydx \tag{2}$$

따라서 다음과 같이 면적 S가 구해진다.

$$S=\frac{1}{2}\oint_C (xdy-ydx)$$

9.18 해답

-2

9.19 해답

$W=3\pi\,[\mathrm{J}]$

9.20 해답

식 (8.39)로부터,

$$\mathrm{curl}\ \mathbf{f}=\nabla\times\mathbf{f}=2\mathbf{k}$$

가 된다. 이 반구는

$$\mathbf{r}(x,y)=\begin{Bmatrix} x \\ y \\ \sqrt{4-x^2-y^2} \end{Bmatrix}=x\mathbf{i}+y\mathbf{j}+\sqrt{4-x^2-y^2}\ \mathbf{k}$$

$$(\mathrm{D}:\ -2\le x\le 2,\ -\sqrt{4-x^2}\le y\le \sqrt{4-x^2})$$

으로 표현되기 때문에,

$$\frac{\partial\mathbf{r}}{\partial x}\times\frac{\partial\mathbf{r}}{\partial y}=\frac{x}{\sqrt{4-x^2-y^2}}\mathbf{i}+\frac{y}{\sqrt{4-x^2-y^2}}\mathbf{j}+\mathbf{k}$$

가 된다. 따라서 구하고자 하는 선적분의 값은 스토크스(Stokes)의 정리에 의하여 다음과 같이 된다.

$$\oint_{\mathrm{C}}\mathbf{f}\cdot d\mathbf{r}=\int_{\mathrm{S}}(\mathrm{curl}\ \mathbf{f})\cdot d\mathbf{s}=\iint_{\mathrm{D}}(\mathrm{curl}\ \mathbf{f})\cdot\left(\frac{\partial\mathbf{r}}{\partial x}\times\frac{\partial\mathbf{r}}{\partial y}\right)dx\,dy$$

$$=\iint_{\mathrm{D}}2\,dx\,dy=8\pi \qquad (1)$$

다음으로, 곡선 C는

$$\mathbf{r}(u)=\begin{Bmatrix} 2\cos u \\ 2\sin u \\ 0 \end{Bmatrix}=2\cos u\mathbf{i}+2\sin u\mathbf{j}\ (\mathrm{D}:\ 0\le u\le 2\pi)$$

로 표현된다. 따라서 주어진 원을 따라가는 벡터장 $\mathbf{f}=-y\mathbf{i}+x\mathbf{j}+z\mathbf{k}=-2\sin u\mathbf{i}+2\cos u\mathbf{j}$의 선적분 값은 식 (9.22)에 의하여 다음과 같이 된다.

$$\int_{\mathrm{C}}\mathbf{f}\cdot d\mathbf{r}=8\pi \qquad (2)$$

식 (1)과 (2)의 값이 같으므로, 스토크스(Stokes)의 정리가 성립하고 있다.

CHAPTER 10 푸리에 (Fourier) 해석

10.1 해답

$$f(x)=\frac{4}{\pi}(\sin x+\frac{1}{3}\sin 3x+\frac{1}{5}\sin 5x+\cdots)\ \ (-\pi<x\le\pi)$$

10.2 해답

$$f(x)=\frac{1}{\pi}+\frac{1}{2}\sin\frac{2\pi}{T}x-\frac{2}{\pi}\sum_{m=1}^{\infty}\frac{1}{4m^2-1}\cos\frac{4m\pi}{T}x\left(-\frac{T}{2}<x\le\frac{T}{2}\right)$$

10.3 해답

$$f(x)=\frac{1}{2}-\frac{4}{\pi^2}(\cos n\pi x+\frac{1}{3^2}\cos 3\pi x+\cdots)\ \ (-1<x\le 1)$$

10.4 해답

$$f(x)=\sum_{n=-\infty}^{\infty}\frac{\sin\pi(\omega-n)}{\pi(\omega-n)}e^{inx}\ \ (-\pi\le x<\pi)$$

10.5 해답

$$\begin{aligned}f(t)&=\frac{1}{\pi}+\frac{1}{i4}e^{it}-\frac{1}{i4}e^{-it}-\sum_{n=2}^{\infty}\frac{1+(-1)^n}{2\pi(n^2-1)}(e^{int}+e^{-int})\\&=\frac{1}{\pi}+\frac{1}{2}\sin t-\sum_{n=2}^{\infty}\frac{1+(-1)^n}{\pi(n^2-1)}\cos nt\ \ (-\pi<x\le\pi)\end{aligned}$$

10.6 해답

$$F(\omega)=\frac{2}{\omega^2+1}$$

10.7 해답

$$F(\omega)=\frac{\sqrt{2\pi}}{\sigma}\left(\frac{1}{\sqrt{2\pi}\,\sigma^{-1}}e^{-\frac{\omega^2}{2\sigma^{-2}}}\right)$$

10.8 해답

(1) $f(x)=\dfrac{1}{\pi}\displaystyle\int_0^{\infty}\left\{\frac{\sin k\omega}{\omega}\cos\omega x+\frac{1-\cos k\omega}{\omega}\sin\omega x\right\}d\omega$

(2) $f(x)=\dfrac{2}{\pi}\displaystyle\int_0^{\infty}\frac{1}{\omega^2}(1-\cos\omega)\cos\omega x\,d\omega$

10.9 해답

푸리에(Fourier)사인변환 : $B(\omega)=\frac{2}{\omega}(1-\cos\pi\omega)$

푸리에(Fourier)변환 : $F(\omega)=-i\frac{2}{\omega}(1-\cos\pi\omega)$

10.10 해답

$$\mathcal{F}[f_s(x)]=\mathcal{F}[f(x-a)]=\frac{1}{i\omega}(1-e^{-i2a\omega})$$

10.11 해답

$$\mathcal{F}[f_e(x)]=\mathcal{F}[e^{-\alpha|x|}]=\frac{2\alpha}{\omega^2+\alpha^2}$$

CHAPTER 11 편미분방정식

11.1 해답

$$v(x,t)=e^{-t}\sin\frac{n}{2}x$$

11.2 해답

$$v(x,t)=\sum_{n=1}^{\infty}\frac{16}{n^3\pi}[1-(-1)^n]\,e^{-\frac{n^2}{4}t}\sin\frac{n}{2}x$$

11.3 해답

$$v(x,t)=\sum_{n=1}^{\infty}[\frac{2}{\alpha_1}\int_0^{\alpha_1}f(x)\sin\frac{n\pi}{\alpha_1}x\,dx\cdot\cos\frac{n\pi k}{\alpha_1}t$$
$$+\frac{2}{n\pi k}\int_0^{\alpha_1}g(x)\sin\frac{n\pi}{\alpha_1}x\,dx\cdot\sin\frac{n\pi k}{\alpha_1}t]\sin\frac{n\pi}{\alpha_1}x$$

11.4 해답

(1) 운동방정식(파동방정식) : $H\frac{\partial^2 y}{\partial x^2}-m\frac{\partial^2 y}{\partial t^2}=0$,

케이블 장력 : $H=\frac{4sL^2}{n^2 g}f_n^2$

여기서, y는 진폭, x는 보의 길이방향 좌표, m은 단위길이당 질량, s는 케이블의 단위중량, g는 중력가속도, f_n는 n차 모드의 케이블 고유주파수(고유진동수), L은 케이블의 길이를 나타낸다.

(2) 운동방정식 : $EI\frac{\partial^4 y}{\partial x^4}+H\frac{\partial^2 y}{\partial x^2}-\frac{s}{g}\frac{\partial^2 y}{\partial t^2}=0$,

케이블 장력 : $H=\frac{4sL_{eff}^2}{g}\left(\frac{f_n}{n}\right)^2-\frac{EI\pi^2}{L_{eff}^2}n^2$

여기서, EI는 휨강성, L_{eff}는 케이블의 유효길이를 나타낸다.

CHAPTER 12 복소수, 복소함수, 복소미분

12.1 해답

(1) $12+4i$

(2) $-4+8i$

(3) $44+40i$

(4) $\frac{5}{17}+\frac{14}{17}i$

12.2 해답

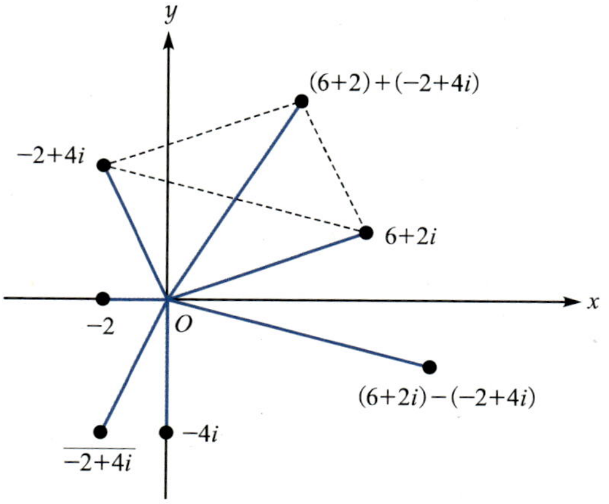

12.3 해답

(1) $4\sqrt{3}$

(2) 90

(3) 100

12.4 해답

(1) 단, 실선은 점을 포함하고 점선은 점을 포함하지 않는다.

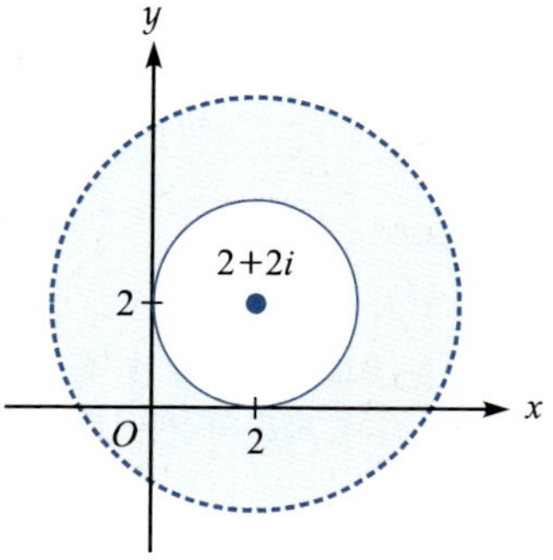

(2)

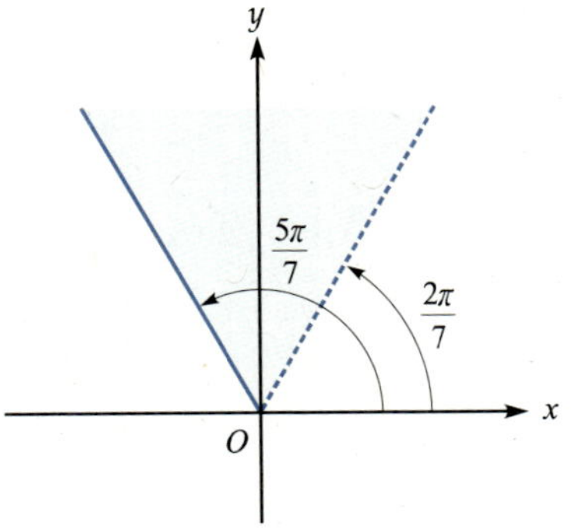

단, 실선은 점을 포함하고 점선은 점을 포함하지 않는다.

12.5 해답

(1) $\arg z = \frac{5\pi}{6}$　　(2) $\arg z = \frac{3\pi}{2}$

12.6 해답

$z = 14\left(\cos\frac{5\pi}{6} + i\sin\frac{5\pi}{6}\right)$

12.7 해답

(1) $z_1 = 2\sqrt{2}\left(\cos\frac{5\pi}{4} + i\sin\frac{5\pi}{4}\right)$　　(2) $z_2 = 4\left(\cos\frac{\pi}{3} + i\sin\frac{\pi}{3}\right)$

(3) $z_1 z_2 = 8\sqrt{2}\left(\cos\frac{19\pi}{12} + i\sin\frac{19\pi}{12}\right)$　　(4) $\frac{z_1}{z_2} = \frac{\sqrt{2}}{2}\left(\cos\frac{11\pi}{12} + i\sin\frac{11\pi}{12}\right)$

12.8 해답

(1) $-512\sqrt{3} + 512i$　　(2) -64

12.9 해답

(1) -3　　(2) $\frac{3\sqrt{2}}{2} + \frac{3\sqrt{2}}{2}i$

(3) $3\sqrt{3} - 3i$

12.10 해답

(1) $8e^{\frac{\pi}{6}i}$　　(2) $4\sqrt{2}\,e^{\frac{7\pi}{4}i}$

(3) $8e^{\pi i}$　　(4) $6e^{\frac{\pi}{2}i}$

12.11 해답

$$z_0 = \sqrt{2}\,(\cos\frac{7\pi}{12} + i\sin\frac{7\pi}{12})$$

$$z_1 = \sqrt{2}\,[\cos(\frac{7\pi}{12} + \frac{2\pi}{3}) + i\sin(\frac{7\pi}{12} + \frac{2\pi}{3})] = \sqrt{2}\,(\cos\frac{5\pi}{4} + i\sin\frac{5\pi}{4})$$

$$z_2 = \sqrt{2}\,[\cos(\frac{7\pi}{12} + \frac{4\pi}{3})\,i\sin(\frac{7\pi}{12} + \frac{4\pi}{3})] = \sqrt{2}\,(\cos\frac{23\pi}{12} + i\sin\frac{23\pi}{12})$$

가 되고, 그림으로 나타내면 다음과 같이 된다.

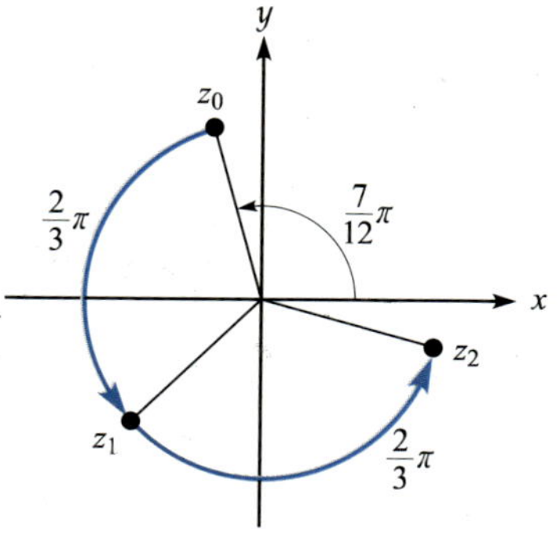

12.12 해답

(1) 폐집합이다. 단, 그림에서 경계는 포함한다.

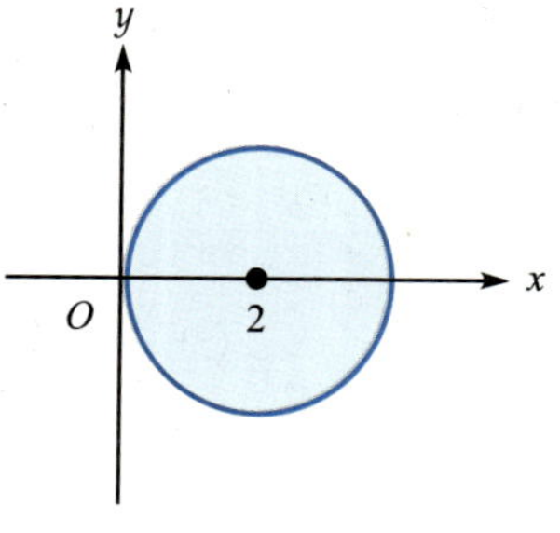

(2) 개집합이다. 단, 그림에서 경계는 포함하지 않는다.

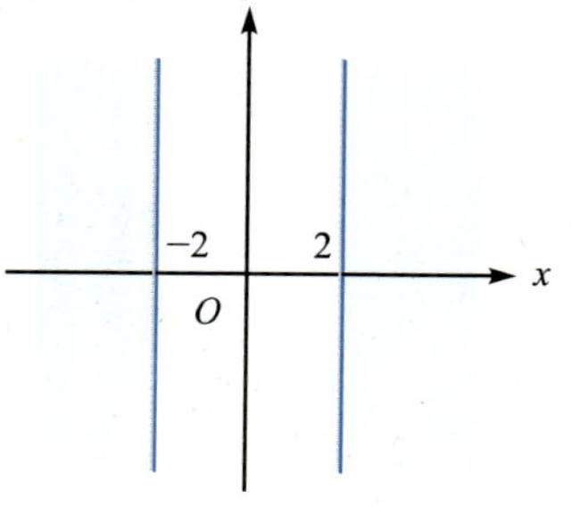

(3) 개집합이다. 단, 그림에서 경계는 포함하지 않는다.

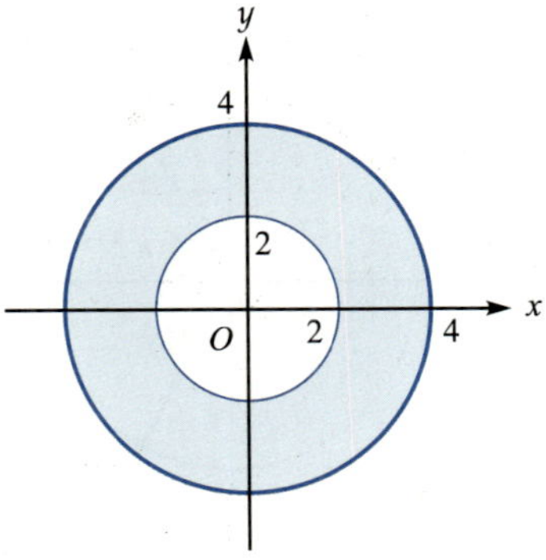

12.13 해답

(1) 주어진 문제는 $w=\alpha z+\beta$에서 $\alpha=\frac{1+i}{3}$, $\beta=-2+i$인 선형변환에 해당한다. 따라서 복소함수 $w=\frac{1+i}{3}z-2+i$는 점 z를 $|\alpha|=\left|\frac{1+i}{3}\right|=\frac{\sqrt{2}}{3}$배 확대, 원점을 중심으로 $\arg\alpha=\arg\left(\frac{1+i}{3}\right)=\frac{\pi}{4}$ 회전시키고, 실축방향으로 $\mathbf{Re}\ \beta=\mathbf{Re}\ (-2+i)=-2$ 그리고 허축방향으로 $\mathbf{Im}\ \beta=\mathbf{Im}\ (-2+i)=1$ 만큼 평행 이동시킨 w평면상의 점 w에 대응된다. 그러므로 w평면상의 복소수 w_1, w_2는 각각 다음과 같이 된다.

$w_1=3i$, $w_2=w_2=-2-i$

(2) 복소함수 $w=z^3$의 경우, $z=Re^{i\theta}$라 하면 $w=z^3=R^3e^{i3\theta}$이기 때문에 $|w|=|z|^3$, $\arg\omega=3\arg z$이다. 따라서 $w=z^3$은 z평면상의 점 z에 z의 절댓값을 3제곱하고 편각을 3배한 w평면상의 점 w를 대응시킨 함수이다. 그러므로 w평면상의 복소수 w_1, w_2는 각각 다음과 같이 된다.

$w_1=216$, $w_2=54-54i$

12.14 해답

(1) $z=x+iy$, $w=u+iv$일 때,

$u=\frac{x}{x^2+y^2}$, $v=\frac{-y}{x^2+y^2}$

(2) 이 사상은 z평면에서 원점을 중심으로 한 원 $|z|=R\ (R>0)$을 반전시킨 것이다. 따라서 점 z가 원 $|z|=R\ (R>0)$ 위를 반시계방향으로 일주할 때, 대응하는 점 w는 원 $|w|=\frac{1}{R}\ (R>0)$ 위를 시계방향으로 일주한다.

(3) z평면에서 원점을 끝점으로 한 반직선 $\arg z=\theta$는 w평면상의 원점을 끝점으로 한 반직선 $\arg w=-\theta$에 대응한다.

12.15 해답

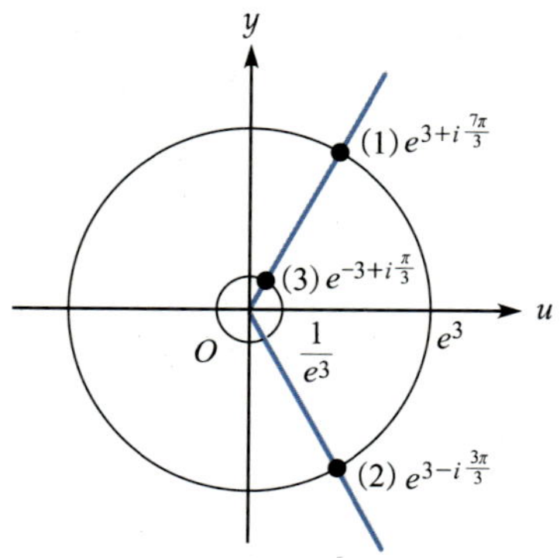

12.16 해답

(1) $\frac{1}{2}(e^{-\frac{\pi}{2}}+e^{\frac{\pi}{2}})$

(2) $\frac{1}{2}(e^{2}+e^{-2})$

(3) $\frac{i}{2}(-e+e^{-1})$

12.17 해답

(1) $\ln(6)=\ln 6+i2n\pi\ \ (n=0,\pm 1,\pm 2,\cdots)$
주값 : $\mathrm{Ln}\,6=\ln|6|+i\ \ \mathrm{Arg}\,6=\ln 6$

(2) $\ln(4i)=\ln 4+i(\frac{\pi}{2}+2n\pi)\ \ (n=0,\pm 1,\pm 2,\cdots)$

주값 : $\mathrm{Ln}(4i)=\ln 4+i\frac{\pi}{2}$

(3) $\ln(-2e)=(\ln 2+1)+i(\pi+2n\pi)\ \ (n=0,\pm 1,\pm 2,\cdots)$
주값 : $\mathrm{Ln}(-2e)=(\ln 2+1)+i\pi$

(4) $\ln(2-2\sqrt{3}i)=\ln 4+i(\frac{5\pi}{3}+2n\pi)$

주값 : $\mathrm{Ln}(2-2\sqrt{3}i)=\ln 4+i\frac{5\pi}{3}$

12.18 해답

(1) $e^{-n\pi}[\cos(\frac{1}{2}\mathrm{Ln}\,4)+i\sin(\frac{1}{2}\mathrm{Ln}\,4)]\ \ (n=0,\pm 1,\pm 2,\cdots)$

(2) $6e^{-2n\pi}[\cos(\mathrm{Ln}\,6)+i\sin(\mathrm{Ln}\,6)]\ \ (n=0,\pm 1,\pm 2,\cdots)$

(3) $e^{-(\frac{\pi}{4}+2n\pi)}[\cos(\ln 2\sqrt{2})+i\sin(\ln 2\sqrt{2})]\ \ (n=0,\pm 1,\pm 2,\cdots)$

12.19 해답

(1) 발산한다.

(2) $4i$에 수렴한다.

12.20 해답

(1) 해석적이다. $f(z)=2z^3$ 의 도함수를 구하면, 다음과 같이 된다.

$f'(z) = \ = 6z^2$

(2) $f(z)=4|z|^2$은 해석적이지 않다.

12.21 해답

(1) $2-\dfrac{1}{z^2}$

(2) $\dfrac{4}{(1-z)^3}$

12.22 해답

(1) $12e^{3z}-i\,18e^{i3z}$

(2) $i6e^{iz}(1+e^{iz})^2$

12.23 해답

(1) $\cos z$

(2) $\dfrac{1}{\cos^2 z}$

(3) $\sinh z$

CHAPTER 13 복소함수의 적분

13.1 해답

(1) -3

(2) $(4+2\pi)i$

13.2 해답

(1) $8\pi+4\pi i$

(2) $18\pi i$

13.3 해답

(1) $42\pi i$

(2) $6\pi i$

13.4 해답

(1) $4\pi i$

(2) $-5\pi^2 i$

CHAPTER 14 로렌(Laurent)급수, 유수적분

14.1 해답

(1) 발산한다.　　(2) 발산한다.

(3) 수렴하고 극한값은 0이다.

14.2 해답

(1) 수렴한다. 그 합은 $\frac{16}{17}+\frac{4}{17}i$가 된다.　　(2) 발산한다.

14.3 해답

(1) $\frac{1}{z^2}-\frac{1}{2!}+\frac{z^2}{4!}-\frac{z^4}{6!}+\frac{z^6}{8!}-\frac{z^8}{10!}+\cdots$　　(2) $\frac{1}{z^3}+\frac{1}{z^2}+\frac{1}{z}+1+z+z^2+\cdots \quad (|z|<1)$

14.4 해답

(1) 주부는 없다. 따라서 $z=0$은 $\frac{1-\cos z}{z}$의 제거 가능한 고립특이점이다.

(2) 주부는 $\frac{1}{z}$이다. 따라서 고립특이점 $z=0$은 $\frac{\sin z}{z^2}$의 위수 1의 극이다.

(3) 주부는 $\cdots+\frac{1}{5!z}$이다. 따라서 $z^4e^{\frac{1}{z}}$은 $z=0$에서 고립진성특이성(진성특이점)을 갖는다.

14.5 해답

(1) 0　　(2) $2\pi i$

(3) $\frac{\pi i}{60}$

14.6 해답

(1) 점 $z=0, 1, -2$ 가 고립특이점이고, 각각에 대한 유수는 -1, $\frac{2}{3}$, $\frac{1}{3}$이다.

(2) 점 $z=0, i, -i$가 고립특이점이고, 각각에 대한 유수는 $2i$, $2i$, $-4i$이다.

(3) 점 $z=0, 1$이 고립특이점이고, 각각에 대한 유수는 9, -9이다.

14.7 해답

(1) $\frac{28\pi i}{9}$　　(2) 0

14.8 해답

$2\sqrt{3}$

14.9 해답

$\frac{2\pi}{R_0}$

II 찾아보기

ㄴ

ㄷ

ㄹ

ㅁ

ㅂ

ㅅ

ㅇ

ㅈ

ㅊ

ㅋ

ㅌ

ㅍ

ㅎ

숫자 및 영문

공업수학 정가 22,000원

저자 : 공업수학교재연구회

발행인 : 임해진
발행처 : 도서출판 구미서관

인쇄 : 2019년 1월 2일
발행 : 2019년 1월 9일

등록 : 1979년 6월 29일 No.9-6호
주소 : 서울시 마포구 신촌로 2길 5-15 구미빌딩
전화 : 02-333-1101
팩스 : 02-335-2201
http://www.goomibook.com

ISBN 979-11-6257-048-7 (93530)